NATURA 9/10

Biologie für Gymnasien

bearbeitet von

Sylvia Laschitza
Daniela Machander

Ausgabe B

Ernst Klett Schulbuchverlage
Stuttgart Leipzig

Gefahrensymbole und Experimente im Unterricht

Eine Naturwissenschaft ist ohne Experimente nicht denkbar. Auch in Natura finden sich eine Reihe von Versuchen.

Experimentieren mit Chemikalien ist jedoch nie völlig gefahrlos. Deswegen ist es wichtig, vor jedem Versuch mit dem Lehrer die möglichen Gefahrenquellen zu besprechen. Insbesondere müssen immer wieder die im Labor selbstverständlichen Verhaltensregeln beachtet werden. Die Vorsichtsmaßnahmen richten sich nach der Gefahr durch die jeweils verwendeten Stoffe.

Daher sind in jeder Versuchsanleitung die verwendeten Chemikalien mit den Symbolen der Gefahrenbezeichnung gekennzeichnet, die ebenfalls auf den Etiketten der Vorratsflaschen angegeben sind.

Dabei bedeuten:

C = ätzend, *corrosive:*
Lebendes Gewebe und Material, das mit diesen Stoffen in Berührung kommt, wird an der betroffenen Stelle zerstört.

F = leicht entzündlich, *flammable:*
Stoffe, die durch das kurze Einwirken einer Zündquelle entzündet werden können.

Xi = reizend, *irritating* (X für Andreaskreuz):
Stoffe, die reizend auf Haut, Augen oder Atemorgane wirken können.
Xn = gesundheitsschädlich, *noxious* (schädlich):
Stoffe, die beim Einatmen, Verschlucken oder bei Hautkontakt Gesundheitsschäden hervorrufen können.

Schülersoftware zu Natura

Wenn du testen willst, ob du den Stoff verstanden hast, manche Inhalte noch mal üben oder vertiefen möchtest, dann kannst du das mit dem **Natura Biologie-Trainer** tun. Diese Schülersoftware enthält auf 2 CD-ROMs mehr als 350 Übungs- und Testaufgaben, die den gesamten Stoff der Klassen 7–10 abdecken. Du kannst dich selbst kontrollieren und wirst beim Testen und Üben bestimmt viel Spaß haben. Dieses Buch verweist an vielen Stellen auf den **Natura Biologie-Trainer** — beachte die Erklärung auf Seite 3 rechts unten.

Den **Natura Biologie-Trainer** erhältst du im Buchhandel oder unter www.klett.de (im Internet gibt's auch weitere Infos):
- Natura Biologietrainer A (Tier, Pflanze, Lebensraum) ISBN 3-12-156010-7
- Natura Biologietrainer B (Mensch, Genetik, Evolution) ISBN 3-12-156011-5
- Trainer A + B im Paket: ISBN 3-12-156014-X

1. Auflage

1 6 5 4 3 2 | 2014 2013 2012 2011 2010 2009

Alle Drucke dieser Auflage sind unverändert und können im Unterricht nebeneinander verwendet werden. Die letzte Zahl bezeichnet das Jahr des Druckes.

Autoren
Sylvia Laschitza, Berlin
Daniela Machander, Berlin

unter Mitarbeit von
Dr. Irmtraud Beyer, Dr. Horst Bickel, Günter Bunten, Roman Claus, Martina Fichtner, Roland Frank, Gert Haala, Friedgard Haaser, Hanno Heuser, Jörg Hüttenhoff, Ulrich Janzen, Tobias Kirschbaum, Prof. Dr. Siegfried Kluge, Bärbel Knabe, Reiner Kohl, Martin Lüdecke, Michael Neffgen, Ellen Rehmann, Roman Remé, Imke Schlufter, Bärbel Schreiber, Raimund Servos, Christian Steinert, Bernhard Teichfischer, Günther Wichert, Dirk Zohren

Gutachter
Prof. Dr. Lothar Staeck, Berlin

Redaktion
Dr. Sigrid Schrooten

Mediengestaltung
Ingrid Walter

Layoutkonzeption und Gestaltung
Prof. Jürgen Wirth; Visuelle Kommunikation, Dreieich
unter Mitarbeit von Matthias Balonier, Evelyn Junqueira, Nora Wirth

Umschlaggestaltung
normal Industriedesign, Schwäbisch Gmünd; unter Verwendung zweier Fotos von Okapia (Patricio Robles-Gil) und Getty images (stone/Ian O'Leary)

Reproduktion
Meyle + Müller, Medien-Management, Pforzheim

Druck
Firmengruppe APPL, aprinta druck, 86650 Wemding

Printed in Germany

ISBN 978-3-12-045810-4

Zu diesem Buch

In Natura gibt es verschiedene Sonderseiten, ein besonderer Typ davon sind die **Basiskonzepte**. Wie sie aufgebaut sind, zeigt die Abbildung rechts. Eine Doppelseite enthält neben der Überschrift einen Einleitungstext, sechs „Knoten“ und mehrere Aufgaben.

Die Basiskonzepte beschäftigen sich mit biologischen Prinzipien. **Biologische Prinzipien** beschreiben Regeln, Gesetzmäßigkeiten und immer wiederkehrende Erscheinungen bei Lebewesen, die auf den ersten Blick wenig miteinander zu tun haben. Biologische Prinzipien sind Hilfen zur Orientierung angesichts der Vielfalt der Lebensformen und der **biologischen Phänomene.**

Die Basiskonzepte stehen am Ende des Buchs, weil sie diese Phänomene *zusammenführen* und *verknüpfen*. Im Verlauf eines Schuljahres wirst du viele Phänomene kennen lernen, die sich bestimmten Prinzipien zuordnen lassen. An vielen Stellen im Buch gibt es daher

Verweise ▶

auf die einzelnen Basiskonzepte. Man sollte also immer dann mit ihnen arbeiten, wenn man auf einen *Seitenverweis* stößt. Zu jedem Basiskonzept gibt es mehrere Verweise im Buch. Im Einleitungstext ist das Konzept beschrieben, ohne dass auf ein bestimmtes Beispiel eingegangen wird – dieses findest du an den „Knoten“ der Seiten.

Knoten
zeigen Beispiele, auf die das Konzept angewendet wird.

Thema

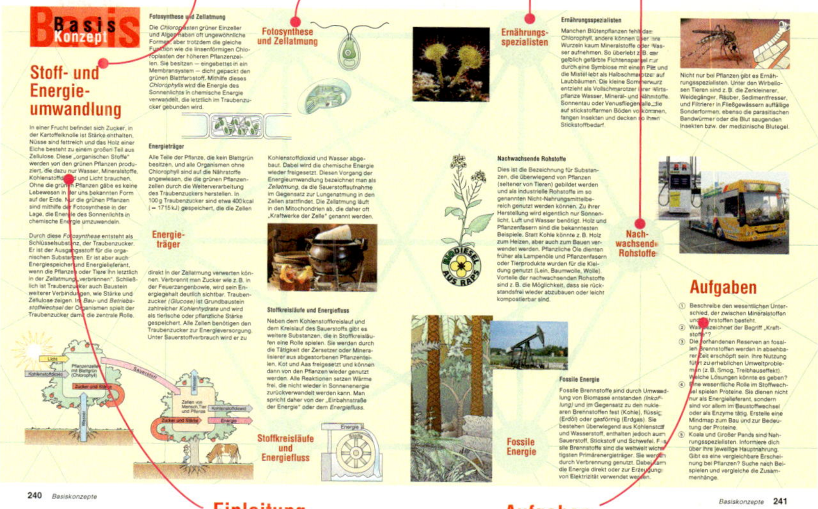

Einleitung
Sie stellt das biologische Konzept allgemein dar.

Aufgaben
fordern zur Auseinandersetzung mit dem biologischen Konzept auf.

Wie du mit den Basiskonzeptseiten umgehen kannst, dazu leiten dich die Aufgaben an. Mit der *ersten Aufgabe* kannst du stets das Konzept anhand der Knotenbeispiele *erschließen*.
Darauf folgen Aufgaben, mit denen du die einzelnen Knotenbeispiele *intensiver* bearbeiten kannst. Mit weiteren *Aufgaben* kannst du das Basiskonzept auf andere biologische oder auch nicht biologische Bereiche *übertragen*. Manche Aufgaben liefern darüber hinaus auch Ideen für Referate und Präsentationen und du kannst dich selbstständig und weitergehend mit einen Thema beschäftigen.
Nach der Arbeit mit den Basiskonzepten kannst du Prinzipien der Biologie auch in neuen Zusammenhängen wiedererkennen.

Weitere Sonderseiten

Die **Methodenseiten** zeigen dir, wie du allgemeine Arbeitsmethoden im Fach Biologie anwenden kannst.

Die **Lexikonseiten** laden zum Schmökern ein und liefern interessante Zusatzinformationen zu einem bestimmten Themengebiet.

Die **Praktikumseiten** leiten zur Anwendung wichtiger biologischer Arbeitsmethoden an, wie Beobachten, Präparieren, Mikroskopieren und Experimentieren.

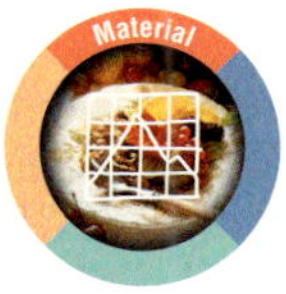

Auf den **Materialseiten** findest du Aufgaben zu einem Themengebiet, die mithilfe der Materialien dieser Seite und den Informationen des Kapitels lösbar sind.

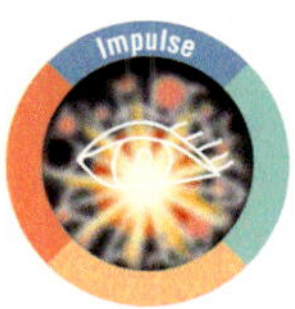

Die **Impulseseiten** geben dir Anstöße zur Vertiefung eines Themas. Sie werfen Fragen auf, die auch über das Fach Biologie hinausgehen und als Anregung zur Bearbeitung in Form eines kleinen Projekts dienen können.

Weitere Symbole

Das Symbol in der Fußzeile zeigt dir, zu welchem Thema der **Natura Biologie-Trainer** interaktive Medien anbietet. Interaktiv heißt dass du selbstständig wichtige Inhalte durchprobieren kannst – der Trainer zeigt dir, ob du alles verstanden hast. CD A bedeutet, du findest das Passende auf CD A, CD B bedeutet, du solltest die CD B einlegen.

Inhaltsverzeichnis

Methoden – Zu jedem Versuch ein Protokoll

Themenfeld: Grundlagen der Vererbung

Themenfeld: Abstammungslehre

Beobachten und Protokollieren

Geht man im Spätsommer am Waldrand oder an einer Hecke entlang, so sieht man an vielen Büschen und krautigen Pflanzen Früchte hängen. Ihre Farben sind vielfältig. Manche sind leuchtend rot oder weiß, andere sind dunkelblau oder schwarz gefärbt.

Eigentlich sind das bekannte Erscheinungen, die man jedes Jahr sieht. Nun birgt das Vertraute für uns meist nichts Besonderes mehr und viele Menschen gehen dann achtlos vorüber. Bleibt man jedoch stehen und schaut genauer hin, so bemerkt man schnell viele Einzelheiten, die man bislang gar nicht wahrgenommen hat:

- Welche Farbe haben die Früchte?
- Stehen die Früchte einzeln oder zu mehreren oder an einem Zweig?
- Sind es viele oder wenige, die beieinander stehen?
- Welche Form haben die Laubblätter?
- Welches Blattmerkmal ist auffällig und daher leicht zu merken?

Betrachten wir zwei Pflanzen:
Die **rote Himbeere** ist eine typische *Heckenfrucht,* die fast jeder kennt. Sie wächst an einem Strauch und ist gut erkennbar aus einzelnen Früchtchen zusammengesetzt. Ihre Form ist so kennzeichnend, dass sie leicht wiederzuerkennen ist. Die Laubblätter tragen an der Unterseite einen weißen Filz. Der Stängel hat dünne Stacheln – das spürt man und merkt es sich. Die Himbeere ist eine wohlschmeckende und begehrte Frucht. Himbeeren lassen sich auf verschiedene Weise zubereiten. Himbeerkuchen und Himbeermarmelade sind sehr beliebt.

Ganz anders sieht die Frucht einer Pflanze aus, die auf kalkigen Böden zu finden ist. Ihre Standorte sind Waldränder, lichte Laubwälder und Kahlschlagflächen. An ihrem krautigen Stängel, der bis zu einem Meter hoch werden kann, sitzen runde schwarze Beeren. Sie sind kirschenähnlich und sehen verlockend aus. Doch vor dem Genuss sollte man sich hüten. Hier handelt es sich um die **Tollkirsche**. Sie ist so giftig, dass Menschen, die von den Früchten gegessen haben, gestorben sind. Nicht alles, was wohlschmeckend aussieht, ist bekömmlich.

Wenn man selbst zum Essen Früchte sammelt, ist es lebenswichtig, *kennzeichnende Merkmale* bekömmlicher und giftiger Pflanzen zu kennen. Nur so kann man die einen sicher wiedererkennen und die anderen sicher meiden. Ein auffälliges Merkmal der Tollkirsche ist der *Kelch.* Er umgibt die Frucht und besteht aus fünf länglichen, spitz zulaufenden Blättern. Einprägsam sind auch die *Laubblätter.* Sie sind ebenfalls spitz zulaufend und stehen sich paarweise

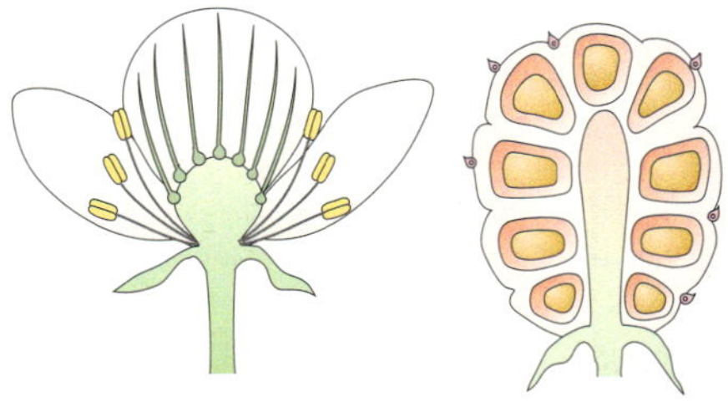

Himbeere

am unverholzten Stängel gegenüber. Von einem Paar ist jeweils ein Blatt größer als das andere. Das ist ein sehr sicheres Kennzeichen, an dem man die Pflanze erkennen kann, noch bevor sie ihre violetten Blüten oder die schwarzen Früchte bildet.

Beobachten

Beschäftigt man sich in dieser gründlichen Weise mit der Natur, so findet der Übergang vom bloßen Sehen zum Beobachten statt. Das *Beobachten* ist die älteste Arbeitsmethode der Biologie. Doch sie ist nicht immer so einfach, wie es erscheint. Dazu muss man sich überlegen, worauf man sein Augenmerk richten will. Das ist oft schwierig, wenn nur ein einzelnes Objekt untersucht wird. Meist werden die kennzeichnenden Merkmale besser erkennbar, wenn man zwei oder mehrere Objekte miteinander vergleicht. So zeigen sich wichtige Unterschiede von Kirsche und Tollkirsche beim Vergleich von Laubblättern, Blütenfarbe, Blütenbau oder der Reifezeit.

Protokollieren

Zur Beobachtung gehört auch das Festhalten der Ergebnisse, das *Protokollieren*. Das meiste wird man schriftlich festhalten. Dabei ist es wichtig, dass man Beobachtungsergebnisse nicht mit Erklärungsversuchen vermischt.

Ein Protokoll enthält neben Beschreibungen oft auch Zeichnungen. Vor allem, wenn eine Beschreibung sehr kompliziert werden würde, kann man den Text kürzer fassen und dafür zeichnen. Beim Vergleich von Früchten gehört zum Protokoll eine Zeichnung des Fruchtstands und – wenn für die Pflanze kennzeichnend – eine Zeichnung des Laubblatts.

Ein vollständiges Protokoll enthält alle wesentlichen Angaben über die Bedingungen, unter denen Beobachtungen durchgeführt wurden. In unserem Fall sind es noch mindestens *Standort, Datum und Ort der Beobachtung.* Damit sind die wichtigsten Daten gesichert. Anhand eines solchen Protokolls lassen sich die Beobachtungen wiederholen oder überprüfen.

Will man Beobachtungen nochmals durchführen, ohne den natürlichen Standort ein weiteres Mal aufsuchen zu müssen, so kann man die Pflanze *fotografieren* oder Pflanzenteile *mitnehmen.* Blattmaterial lässt sich gut pressen und über viele Jahre aufbewahren. Früchte, die viel Wasser enthalten, sind zum Aufbewahren ungeeignet. Sie trocknen aus, verfärben sich und können schimmeln.

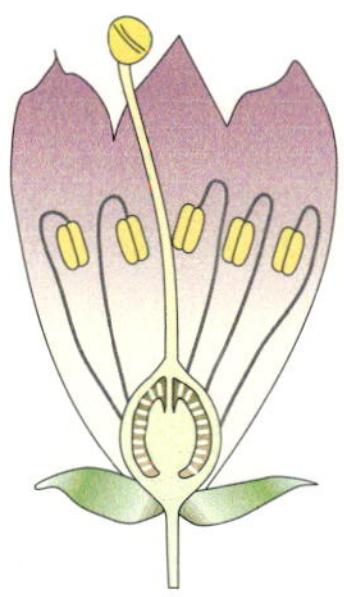
Blüte

Frucht

Tollkirsche

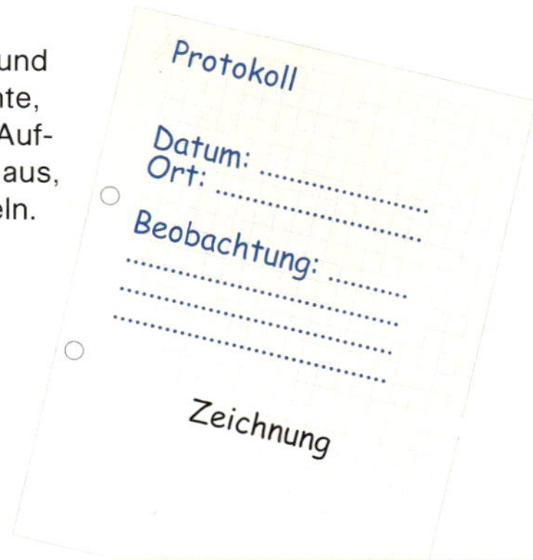

Bedeutung der Methode

Beobachten ist in der Naturwissenschaft Biologie oft der erste Schritt zu neuen Erkenntnissen. Meist stößt man durch genaues Beobachten auf weitere Fragen, zum Beispiel welche Tiere sich von Heckenfrüchten ernähren. Um diese Frage zu ergründen, muss man erneut gezielt hinschauen und benötigt einige Kenntnisse über die Tiere, die an Waldrändern und Hecken leben.

Experimentieren

Die **Eberesche** ist ein Strauch, der sogar die Größe eines Baums erreichen kann. Die Früchte sitzen an großen Fruchtständen, die mehr als fünfzig rote Beeren tragen können. Auffällig sind die großen Fruchtstände mit ihren nach unten hängenden, gebogenen Stielen.

Warum sind die Stiele der Fruchtstände gebogen? Dazu lassen sich verschiedene Vermutungen anstellen:

– Bereits die Blüten hängen an gekrümmten Stielen nach unten und daher auch die Früchte.
– Die Stiele sind gerade gewachsen und werden durch das Gewicht der großen Fruchtstände nach unten gebogen.

Die erste Vermutung könnte durch Beobachten überprüft werden. Allerdings müsste man dazu länger als ein halbes Jahr warten, bis die Ebereschen wieder blühen und neue Früchte entstehen.

Die zweite Vermutung lässt sich sofort überprüfen. Ob sie zutrifft, kann man feststellen, wenn man Fruchtstände abschneidet. Falls die Stiele elastisch sind, werden sie nach oben schnellen.

Dieses einfache Beispiel ist – naturwissenschaftlich betrachtet – ein *Experiment.* Das Experimentieren erfordert immer *fünf Arbeitsschritte,* die auch bei diesem Beispiel auftreten.

Fragestellung

Beim Beobachten ist eine Frage aufgetaucht: „Weshalb sind die Stiele der Fruchtstände nach unten gebogen?“

Vermutungen

Es kommen verschiedene Möglichkeiten als Ursache in Betracht. Die Vermutungen sind gleichberechtigt. Man bezeichnet sie in der Wissenschaft als *Hypothesen.* Keine der beiden Hypothesen lässt sich zweifelsfrei durch weiteres Nachdenken bestätigen oder verwerfen.

Versuch planen

Zur Klärung der Frage, welche Hypothese zutreffend ist, plant man einen Versuch. In diesem Fall könnte man die Wirkung der Schwerkraft aufheben, indem man Fruchtstände abschneidet. Nun wird das Experiment durchgeführt.

Versuch durchführen ud beobachten

Weil bestimmte Erwartungen mit dem Ausgang des Versuchs verknüpft sind, weiß man auch, worauf man bei der Durchführung des Versuchs achten muss. In unserem Fall ist es die Krümmung der Stiele. Die Versuchsbedingungen und die Beobachtungen während des Versuchsablaufs werden im *Versuchsprotokoll* notiert. Meist wird dazu eine kleine Zeichnung angefertigt.
Schauen mehrere Personen denselben Vorgang an, so machen alle dieselbe Beobachtung. Die Beobachtung ist also völlig unabhängig davon, wer den Vorgang beobachtet. Entsprechend müssen die Protokolle aller die gleiche Beobachtung enthalten.

Ergebnis

Die Beobachtung ermöglicht eine Antwort auf die Eingangsfrage. Diese Antwort ist das Ergebnis des Experiments.
Schnellen im vorliegenden Fall die Stiele der Fruchtstände nach oben, so bestätigt dies die zweite Hypothese.

Experimente zum Stärkenachweis

Von Heckenfrüchten ernähren sich Tiere und teilweise auch der Mensch, denn die Früchte enthalten *Nährstoffe.* Eine Gruppe von Nährstoffen sind *Kohlenhydrate.* Dazu gehören *Zucker* und *Stärke.*

Will man wissen, ob Früchte diese Nährstoffe enthalten, so muss man eine Methode finden, mit der sich die Nährstoffe nachweisen lassen. Ein naheliegender *Nachweis* ist die *Geschmacksprobe* – die aber bei Stärke nicht gelingt, denn Stärke ist geschmacklos. Dagegen kann man Zucker schmecken. Allerdings ist von solchen Schmeckversuchen abzuraten. Kennt man die Pflanze nicht sicher, so besteht immer die Gefahr der Vergiftung. Außerdem kann der Zuckergeschmack von anderen Geschmacksstoffen überdeckt sein, sodass sich geringe Mengen so nicht nachweisen lassen.

Für den Stärkenachweis eignet sich *Iod-Kaliumiodid-Lösung* und auch für den *Zuckernachweis* stehen chemische Methoden zur Verfügung.

Bevor man eine neue Methode anwendet, wird man sich zuerst mit ihr vertraut machen. Die Frage lautet: Wie verhält sich die Chemikalie, wenn sie mit dem Stoff zusammenkommt, den man mit ihr nachweisen möchte?

Ein Test zur Klärung dieser Frage sieht folgendermaßen aus: Die Chemikalie wird ausschließlich mit dem Stoff vermengt, für dessen Nachweis sie geeignet ist. Um auszuschließen, dass möglicherweise andere Stoffe mit ihr reagieren können, verwendet man den reinen Stoff. Zum Testen der Iod-Kaliumiodid-Lösung gibt man zwei Tropfen auf etwas Stärkepulver und beobachtet die Verfärbung.

Aber ist diese Methode wirklich genau? Könnte es nicht sein, dass Iod-Kaliumiodid-Lösung auch mit anderen Stoffen, zum Beispiel Zucker, eine Farbreaktion hervorruft? Zur Klärung führt man ein *Kontrollexperiment* aus. Es wird so bezeichnet, weil es die Nachweismethode kontrolliert. Dazu tropft man Iod-Kaliumiodid-Lösung auf Zucker und vergleicht das Resultat mit der Reaktion auf Stärke. Nur wenn sich die Chemikalie bei Zucker anders verhält als bei Stärke, eignet sie sich für den Nachweis. Ist dies der Fall, so kann man mit dieser Chemikalie experimentell untersuchen, welche Früchte Stärke enthalten.

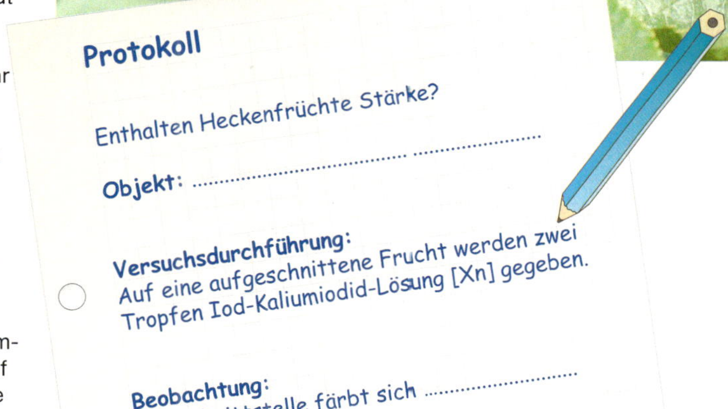

Aufgaben

(1) Prüfe, welche Veränderung sich einstellt, wenn Iod-Kaliumiodid-Lösung auf Stärkepulver gegeben wird.

(2) Kontrolliere, ob sich bei der Vermischung von Iod-Kaliumiodid-Lösung mit Zucker oder Kochsalz auch Veränderungen einstellen.

(3) Welche Früchte enthalten Stärke?
   a) Kläre diese Frage für Schlehe, Hagebutte, Schwarzen Holunder und andere Heckenfrüchte. Fertige dazu ein Protokoll an.
   b) Ist die Anwendung der Iod-Kaliumiodid-Lösung für alle Früchte eine geeignete Methode? Begründe deine Angaben.

Methoden

Arbeiten mit Modellen

In der Forschung und im Unterricht arbeiten die Lehrenden und Studierenden häufig mit Modellen. Modelle stellen z. B. komplexe biologische Objekte oder Sachverhalte wie Moleküle, Bestandteile von Zellen, Organe oder auch komplizierte Lebensvorgänge vereinfacht dar oder heben deren wesentliche Eigenschaften hervor. Die Wirklichkeit wird von einem Modell jedoch nie in allen Details abgebildet.

In der Forschung dienen Modelle meist der Gewinnung neuer Erkenntnisse. Mit ihrer Hilfe kann man Hypothesen über den Bau einer Struktur oder über den Funktionsablauf eines biologischen Prozesses überprüfen. Auch Simulationen von biologischen Prozessen am Computer haben Modellcharakter.

Welche Modelle gibt es?

Denkmodelle entwickelst du gedanklich, während du **Anschauungsmodelle** materiell darstellst.

Mit **Forschungsmodellen** kannst du dir unbekannte Sachverhalte erschließen, während dir mit **Lern- und Lehrmodellen** bekannte Sachverhalte veranschaulicht werden.

Du kannst Modelle zweidimensional **bildlich** darstellen oder dreidimensional **körperlich** herstellen.

Willst du einen dynamischen Prozess beschreiben, verwendest du **Funktionsmodelle**, während du ein statisches Objekt mit einem **Strukturmodell** abbilden kannst.

Wiesensalbei

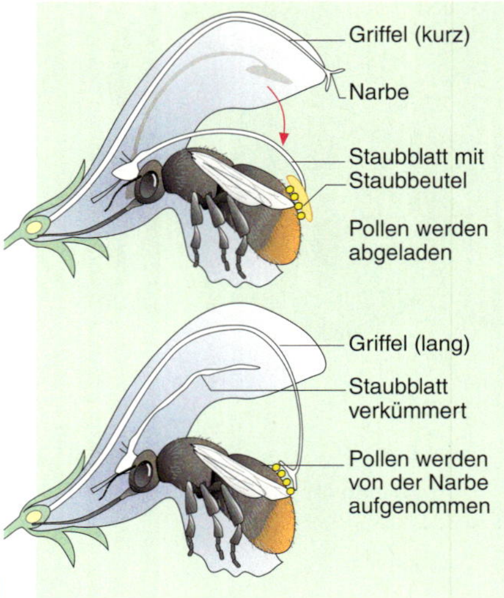

Schlagbaummechanismus

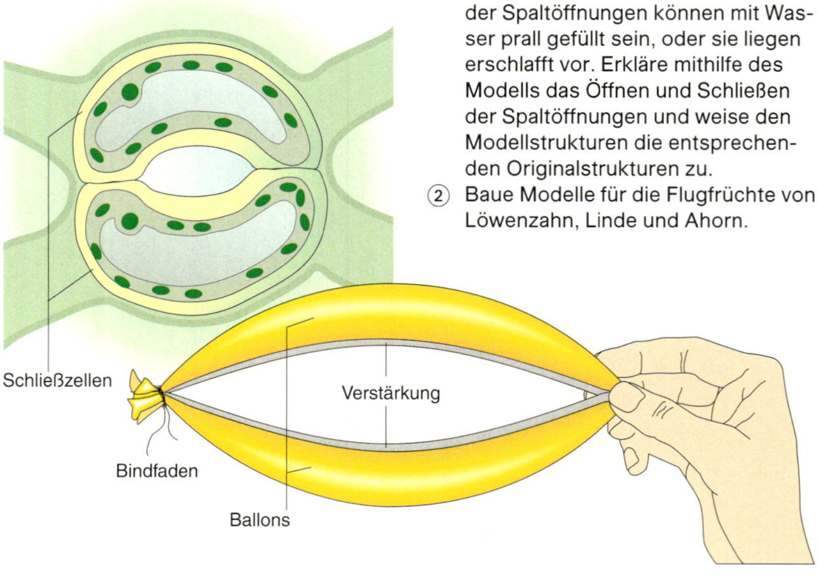

Während du bei **Analogiemodellen** Gemeinsamkeiten zwischen Originalobjekt und Modell aus ganz unterschiedlichen Bereichen herausstellst, entsprechen die **Homologiemodelle** als Ganzes dem Original.

Untersuchungen an Pflanzen lassen sich zwar an lebenden Objekten durchführen, dennoch erschließt sich nicht immer automatisch eine Erklärung für bestimmte Vorgänge. In diesen Fällen bietet sich das Arbeiten mit Modellen an.

Die für den Gasaustausch notwendigen Spaltöffnungen der Pflanze lassen sich unter dem Mikroskop betrachten. Das Öffnen und Schließen der Spaltöffnungen lässt sich jedoch nur mit einem Modell (s. Abb.) veranschaulichen.

Viele weitere Fragen bezüglich der Pflanzen lassen sich gut mit Modellen klären und veranschaulichen z. B.:
- Wie erfolgt die Aufnahme von Wasser durch die Wurzeln?
- Mithilfe welcher Strukturen erfolgt der Gasaustausch?
- Welche Strukturen ermöglichen es den Pflanzen, energiereiche Verbindungen herzustellen?
- Welche Tricks haben Pflanzen entwickelt, um den Bestäubungsvorgang zu gewährleisten?
- Welche Mechanismen und Strukturen erlauben die Verbreitung von Früchten?

Aufgaben

① Die bohnenförmigen Schließzellen der Spaltöffnungen können mit Wasser prall gefüllt sein, oder sie liegen erschlafft vor. Erkläre mithilfe des Modells das Öffnen und Schließen der Spaltöffnungen und weise den Modellstrukturen die entsprechenden Originalstrukturen zu.

② Baue Modelle für die Flugfrüchte von Löwenzahn, Linde und Ahorn.

Fragen zur Modellkritik

Welche Kenntnisse hast du über das Original? Ein Modell ist nur ein Stellvertreter des Originals. Trenne daher die Aussagen, die du über das Modell machst von deinen Aussagen über das Original.

Welche Merkmale des Originals hebt das Modell besonders hervor? Untersuche und definiere die Grenzen des Modells, also die Aspekte und Merkmale, in denen es sich vom Original unterscheidet.

Kannst du aus dem Modell neue Erkenntnisse über das Original gewinnen? Stelle diese Erkenntnisse immer im Konjunktiv dar.

Gibt es andere Modelle zum Original? Sind diese eventuell besser geeignet deine Frage zu klären?

Eine gute Modellkritik stellt auch heraus, in welchen Aspekten das Modell sogar die Wirklichkeit verfälscht. Dies kann geschehen, weil mit dem Modell vielleicht ein anderer wirklichkeitsgetreuer Aspekt besonders betont werden soll.

Ingesamt prüfst du mit diesen Fragen die Eignung des Modells kritisch. Eine solche Modellkritik sollte bei der Arbeit mit Modellen immer erfolgen.

Aufgaben

③ Ordne die abgebildeten Modelle den verschiedenen Modellkategorien (s. Seite 10) zu.

④ Beantwortet zu zweit die Fragen zur Modellkritik für die abgebildeten Modelle.

⑤ Entwickle ein Modell zum Chromosom. Überlege, mit welchen Materialien du die Chromosomen am besten bauen kannst. Beschaffe dir diese Materialien und baue dein Modell.

1 Modell zur Oberflächenvergrößerung

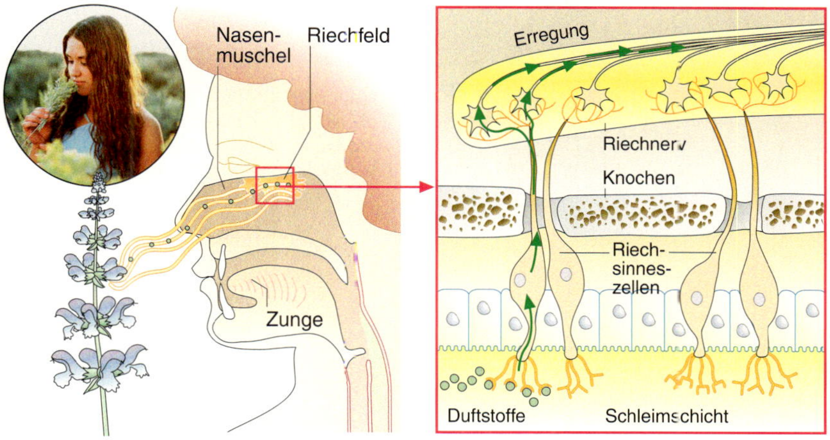

2 Modell zum Riechen

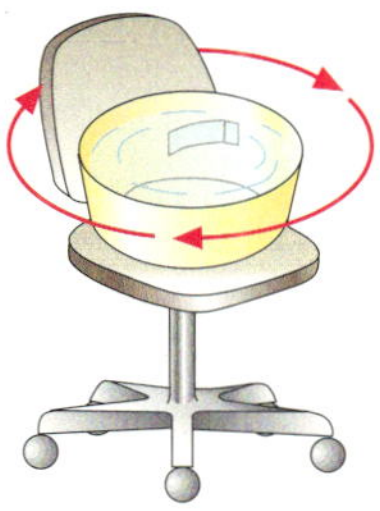

3 Bogengangmodell

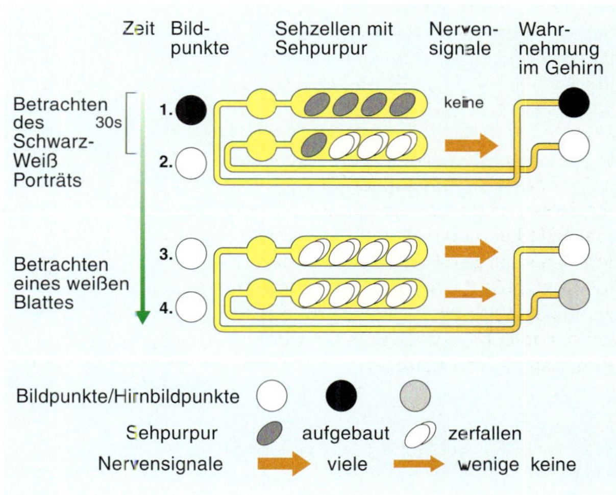

4 Modell zum Sehen

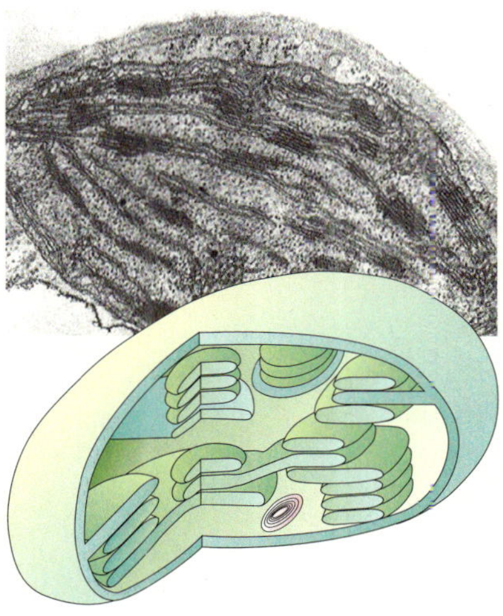

5 Chloroplast

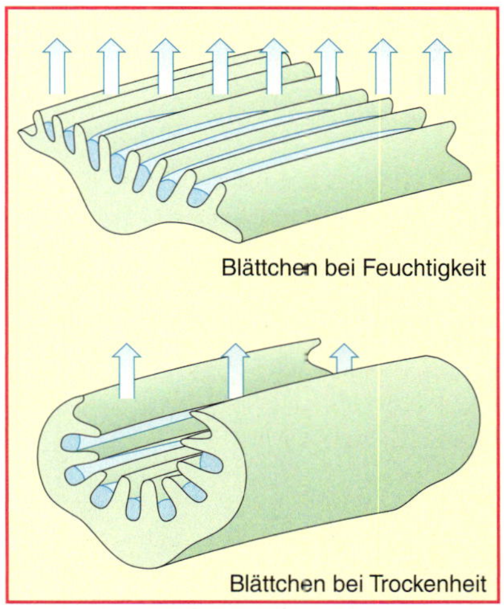

6 Moose als Wasserspeicher

Informationen beschaffen – recherchieren

Betrachte die auf dieser Seite abgebildeten Früchte. Manche sehen sehr verlockend aus. Doch Vorsicht! Nicht alles was gut aussieht, ist wohlschmeckend. Einige Früchte schmecken scheußlich, manche sind sogar schwach oder stark giftig – und einige von ihnen dienen zur Gewinnung von Medikamenten.

Welche Früchte giftig sind, ist schon seit langem bekannt und aufgeschrieben. Danach muss man nur suchen.

Suchen nach Informationen wird auch als *Recherchieren* bezeichnet. In der Regel stehen dazu die drei folgenden Informationsquellen zur Verfügung:
– das eigene *Bücherregal,*
– *Bibliotheken* und
– das *Internet.*

Das Bücherregal

Beginnen wir mit dem eigenen Bücherregal. Vielleicht hast du ein *Pflanzenbestimmungsbuch.* Hier schlägst du das *Register* am Ende des Buches auf und suchst nach dem Pflanzennamen. Ist er im Register enthalten, so gibt es dazu eine Seitenangabe.

Eine weitere – wenn auch für diese spezielle Frage nicht so geeignete – Möglichkeit zu Hause bietet ein *Lexikon.* Der Erfolg einer Suche hängt nämlich stark davon ab, wie umfangreich es ist. Je mehr Bände es hat, desto sicherer lassen sich die gesuchten Informationen finden. Ein einbändiges Lexikon hilft hier selten weiter.

Die Bibliothek

Kommt man zu Hause nicht weiter, so führt der Weg in die *Schulbibliothek* oder eine *öffentliche Bücherei.* Hier ist es am einfachsten, die Bibliothekarin oder den Bibliothekar zu fragen, welches Buch geeignet ist oder wo man suchen muss. Ansonsten stehen in Bibliotheken vielbändige Lexika. Allerdings sind die Texte meist knapp gehalten. Mehr erfährt man aus einem *Fachbuch* oder *Fachlexikon.*

Für die Suche nach Büchern gibt es eine **Schlagwortkartei**. Diese kann auch elektronisch arbeiten und die Suche erfolgt dann am Bildschirm. Unter einem Schlagwort findet man Angaben zu Büchern.

Zu den Büchern sind *Autor, Titel, Erscheinungsjahr* und eine Bezeichnung mit Buchstaben und Zahlen, die **Signatur**, angegeben. Sie beschreibt den Standort des Buches in den Regalen. Im Buch sucht man dann mithilfe von Register oder Inhaltsverzeichnis nach den gewünschten Informationen.

Schwarzer Holunder

Hagebutte

Schlehe

Schneeball

Das Internet

Den Büchern der Bibliotheken entsprechen die **Websites** im Internet, der Schlagwortkartei der Bücherei die verschiedenen **Suchmaschinen**. Zum Suchen geht man zuerst auf die Website einer Suchmaschine. Hier tippt man die Suchbegriffe ein und startet die Suche. Die Suchmaschine liefert eine Liste mit Fundstellen mit folgenden Angaben:

- Titel der Seite einer Website
- Ein kleiner Textauszug, sodass man erkennen kann, in welchem Zusammenhang das Schlagwort auftritt.
- Die Internetadresse des Anbieters der Website.

Mit nur einem **Suchwort**, zum Beispiel dem Begriff „Giftpflanzen", erhält man jedoch über hunderttausend Fundstellen – denn es werden alle Fundstellen angezeigt, die den Suchbegriff „Giftpflanzen" enthalten. Diese kann man natürlich nicht alle auswerten und außerdem werden auch viele darunter sein, die nichts über Heckenpflanzen enthalten.

Ergänzt man den Begriff „Giftpflanzen" um den Begriff „Hecken", so werden nur Fundstellen angezeigt, die beide Begriffe enthalten. Durch die Ergänzung wird die Suche immer genauer und man kommt schließlich zu einer überschaubaren Anzahl von Quellen.

Die Qualität der Information

Im Internet darf jeder veröffentlichen – aber nicht jeder ist eine Fachfrau oder ein Fachmann. Daher sind auch fehlerhafte Darstellungen zu finden. Wie lässt sich das erkennen?

Zur ersten Beurteilung der Qualität eines Beitrags eignet sich die Internetadresse der Website. Findet man Informationen zu naturwissenschaftlichen Themen bei einer Universität, einer Behörde, einer Forschungseinrichtung, wie z. B. der Max-Planck-Gesellschaft (MPG) oder der Deutschen Forschungsgemeinschaft (DFG), so darf man mit großer Sicherheit davon ausgehen, dass die Informationen richtig sind. Zuverlässig sind auch Angaben auf den Websites großer Zeitungsverlage sowie der öffentlichen Rundfunk- und Fernsehanstalten.

Vorsicht ist geboten bei Websites von Privatpersonen sowie Firmen und Gruppierungen, die ganz bestimmte und teilweise sehr einseitige politische oder wirtschaftliche Interessen verfolgen.

Informationen prüft man, indem man auch bei anderen Quellen nachschaut und die Angaben miteinander vergleicht!

Informationen sichern

Alle brauchbaren und interessanten Informationen werden auf Papier festgehalten. Artikel aus dem Internet lassen sich ausdrucken oder auch im Rechner zur späteren Verwendung abspeichern. Umfangreiche Informationen aus fremden Büchern fotokopiert man. Kleinere Textabschnitte lassen sich auch abschreiben.

Quellenangaben

Um selbst nochmals nachzulesen oder anderen diese Möglichkeit zu geben, ist es nötig, die *Quellenangaben* festzuhalten. Bei **Büchern** notiert man Autor, Titel, Verlag und Erscheinungsjahr; bei **Zeitschriften** Titel, Autor, laufende Nummer sowie Erscheinungsjahr und Seitenzahl; von **Internetseiten** speichert man die Adresse der Seite sowie das Datum, wann diese Seite besucht wurde. Das ist wichtig, denn im Internet unterliegen die Seiten schnellen Änderungen.

Aufgaben

① Gehe in eine Bücherei und untersuche, wie sie organisiert ist. Welche Sachgruppen gibt es? Wie sind sie untergliedert? Welche Signatur tragen die Regale, welche die darin befindlichen Bücher?

② Kläre durch Recherchieren:
a) Welche der abgebildeten Pflanzen sind essbar und wohlschmeckend? Suche nach einem Rezept für die Zubereitung.
b) Welche der abgebildeten Pflanzen sind giftig?
c) Welche Menge an Tollkirschen sind für Menschen tödlich? Wie muss man sich bei Vergiftung verhalten? Suche die Telefonnummer einer Giftnotrufzentrale.
d) Sind Tollkirschen auch für Tiere giftig?
e) Aus welchen Pflanzen lassen sich Medikamente gewinnen? Bei welchen Beschwerden werden sie angewendet?
f) Nenne weitere Heckensträucher und Eigenschaften ihrer Früchte.

Ergebnisse präsentieren

Nach der Erarbeitung eines Themas will man häufig die neuen Erkenntnisse auch anderen Personen vorstellen, also präsentieren. Bevor die eigentliche Arbeit beginnt, klärt man folgende Fragen:

- Was weiß das Publikum bereits?
- Was wird das Publikum interessieren?
- Welches Ziel hat meine Präsentation?
- Welche Präsentationsform ist geeignet?

Als erstes sollte entschieden werden, *wie* präsentiert wird. Grundsätzlich unterscheidet man zwischen *Vortrag* und *Ausstellung.* Beim Vortrag, auch **Referat** genannt, werden die Zuhörer informiert. Häufig werden zur Veranschaulichung Medien, wie beispielsweise Folien, eingesetzt. Der Vorteil eines Vortrags besteht unter anderem darin, dass Personen aus dem Publikum bei Unklarheiten nachfragen können. Nachteilig ist, dass man sich zu einem bestimmten Termin einfinden muss und sich nur schlecht über einen versäumten Vortrag informieren kann.

Möchte man über einen längeren Zeitraum hinweg einem Publikum die Möglichkeit geben sich zu informieren, so eignet sich dazu eine **Ausstellung** mit Plakat oder Wandzeitungen. Wenn passende Ausstellungsobjekte, wie Pflanzen oder Präparate, vorhanden sind, so wird man diese beschriften und dazustellen. Solche Objekte steigern die Aufmerksamkeit und das Interesse des Publikums wesentlich. Allerdings ist jede Person während der Ausstellung auf sich selbst gestellt. Sie kann in der Regel nicht nachfragen, wenn sie etwas genauer wissen möchte oder nicht versteht.

Für das Erstellen einer Präsentation gibt es Regeln. Sie sind hier in Form von fünf Arbeitsschritten wiedergegeben.

Vortragstechnik

Für das Sprechen gibt es Regeln, die unter „Tipps für den Vortrag" zusammengestellt sind. Beim ersten Mal wird man sicher nicht alle gleichzeitig beachten können. Wenn man einen Vortrag vor mindestens einer Person einübt, kann diese auf das Einhalten der Vortragsregeln achten und sagen, was sie gut oder weniger gut verstanden hat. So kann sowohl der Vortrag als auch die Vortragstechnik verbessert werden. Mit jedem Üben gelingt das Vortragen besser.

Tipps für den Vortrag

- Rede frei, lies nicht stur vom Blatt ab.
- Rede nicht zu schnell, lege Sprechpausen ein.
- Ändere Stimmlage und Sprechgeschwindigkeit. Sprich bei Wichtigem langsamer und lauter.
- Blicke dein Publikum an.
- Lege eine kleine Pause ein, wenn du Bilder oder Grafiken zeigst. So kann sich deine Zuhörerschaft orientieren.

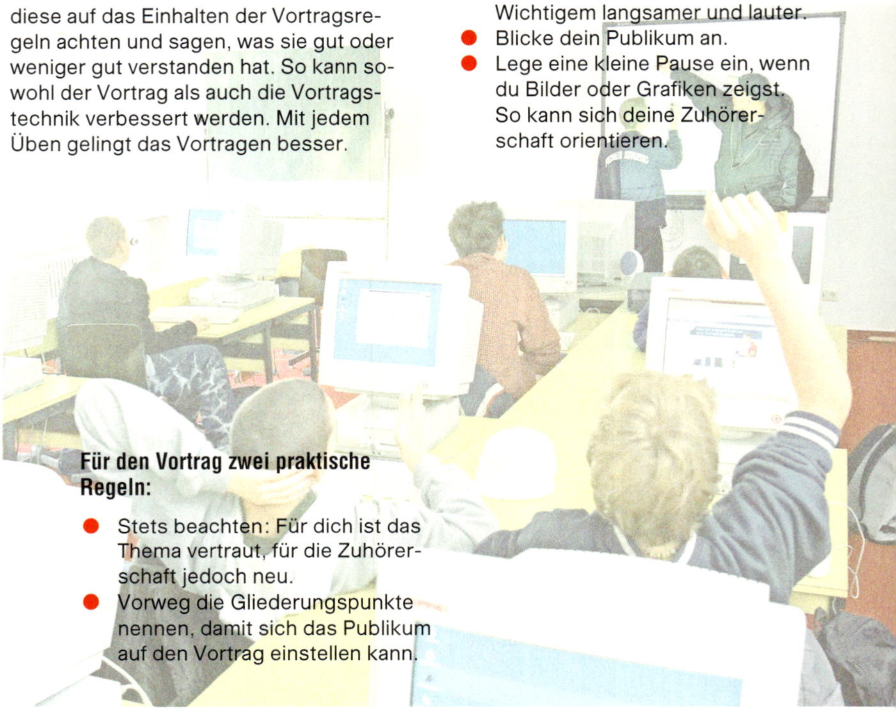

Für den Vortrag zwei praktische Regeln:

- Stets beachten: Für dich ist das Thema vertraut, für die Zuhörerschaft jedoch neu.
- Vorweg die Gliederungspunkte nennen, damit sich das Publikum auf den Vortrag einstellen kann.

Sammeln und Sortieren

Es wird unter Verwendung mehrerer Informationsquellen möglichst viel Information (Texte, Tabellen, Bilder, Grafiken) zum Thema gesammelt. Das Material wird anschließend sortiert, indem Ähnliches zusammen abgelegt oder abgeheftet wird.

So erhält man einen Überblick über das Rohmaterial. Dabei wird geprüft, ob zu allen wesentlichen Gesichtspunkten des Themas Quellen vorhanden sind.

Auswählen

Nicht alles, was man gesammelt hat, ist wichtig. Es gibt Informationen, die selbst für den Bearbeiter unwichtig sind. Die kann man sofort aussortieren. Schwieriger ist es zu beurteilen, welche Informationen für eine Person, die sich nicht so gründlich mit dem Thema beschäftigt hat, unwichtig sind. Dabei ist es hilfreich, sich beim Auswählen mit jemandem zu besprechen.

Man kann auch den umgekehrten Weg gehen und sich die Frage stellen: Was ist unbedingt wichtig? Unter diesem Gesichtspunkt wählt man aus dem gesammelten Material nur das aus, was für das Verständnis des Themas notwendig erscheint.

Beispiel „Heckenfrüchte"

Im Kasten rechts steht eine mögliche Gliederung für eine Präsentation zum Thema „Heckenfrüchte". Sie eignet sich sowohl für ein Plakat als auch für einen Vortrag. Um das Publikum zu interessieren, stellt man einige verlockend aussehende Heckenfrüchte vor. Danach folgt die Information, dass die meisten Menschen diese Früchte verzehren, ohne über ihre Herkunft nachzudenken (diverse Marmeladen, Tees u. ä.). Dann folgt der Hinweis, dass Heckenfrüchte Bedeutung als Heilmittel und zur Herstellung von Medikamenten haben.

Bei einem Vortrag wird man nun die Gliederung mitteilen, beim Plakat ist sie zu sehen.

Wichtig ist der letzte Teil zu den Medikamenten. Er schafft nochmals Aufmerksamkeit, denn überraschenderweise sind ansonsten giftige Pflanzen hier auch besonders nützlich. Das rundet die Präsentation ab und hilft dem Publikum, sich das Dargebotene besser zu merken.

Strukturieren

Wenn die Inhalte geklärt sind, geht es um ihre *Reihenfolge* – die Struktur der Präsentation. Sie muss folgerichtig aufgebaut sein. Eine häufig verwendbare Struktur für eine Präsentation sieht folgendermaßen aus: Man beginnt mit einem Beispiel. Daraus leitet man eine Frage ab, die für das Publikum interessant ist. Dann folgen die einzelnen Teile des Themas. Dabei beginnt man mit bekannten und einfachen Inhalten und geht dann zu unbekannten und schwierigeren Teilen über. Mit dem Bekannten gibt man dem Publikum die Möglichkeit, sich in das Thema einzufinden, das Unbekannte und Schwierigere ermöglicht den Erwerb neuer Kenntnisse.

Für die Verwendung von *Fachbegriffen* gilt: Fachbegriffe nur einführen, wenn sie wiederholt benötigt werden. Wenn ein neuer Fachbegriff auftaucht, dann wird er sofort erklärt; spätere Erklärungen helfen dem Publikum meist wenig.

Reduzieren

Nach dem Strukturieren kommt die Feinarbeit. Meist liegen immer noch umfangreiche Texte, Grafiken und Tabellen vor. Die müssen nun gekürzt werden.

Aus langen Texten müssen knappe, aussagekräftige Sätze entstehen. Große Tabellen werden verkleinert, sodass sie nur Wichtiges enthalten.

Veranschaulichen

Die meisten Menschen können sich Neues vor allem dann gut merken, wenn sie es mit einem Bild verbinden können.

Deshalb ist das Veranschaulichen wichtig. Zu jeder Präsentation gehören aussagekräftige Bilder und übersichtliche Grafiken.

Einheimische

Pflanzen und ihre Bedeutung im Stoffkreislauf

Pflanze – nicht nur grün

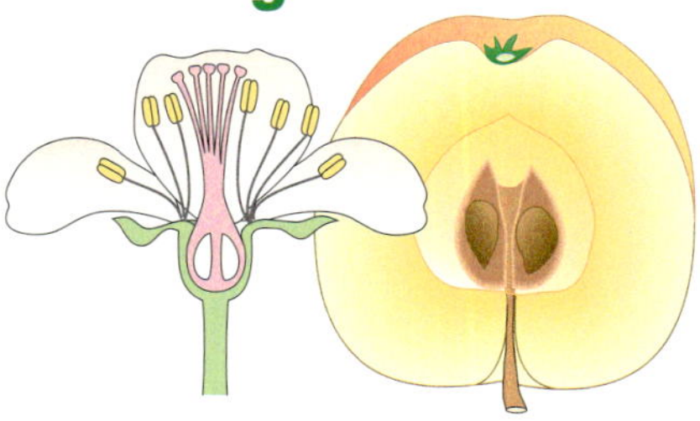

Frucht

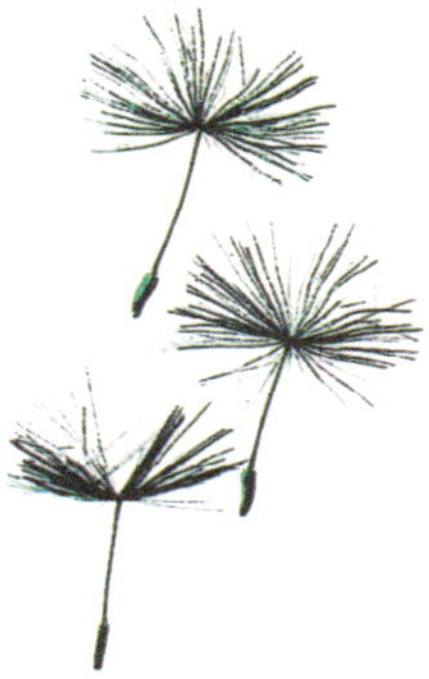

Pflanzen nehmen eine zentrale Stellung im Stoffkreislauf ein. Ihre Bedeutung ergibt sich aus der Fähigkeit, Fotosynthese betreiben zu können und damit energiereiche Verbindungen herzustellen, die sowohl der Pflanze als auch anderen Organismen als Nahrungsquellen dienen. Aufgrund unterschiedlichster Lebensräume haben Pflanzen verschiedenste Anpassungen entwickelt, die sich in ihrer Gestalt äußern.
Du wirst u. a. die wichtigen Basiskonzepte Stoff- und Energieumwandlung sowie Variabilität und Angepasstheit (▶ S. 240/241, 252/253) kennen und anwenden lernen.

Beim Bearbeiten der Kapitel in diesem Themenfeld wirst du folgende Fähigkeiten üben und weiter entwickeln:

Du wirst

- Fertigpräparate und selbst hergestellte Präparate mikroskopieren und sie in einer Zeichnung darstellen
- biologische Phänomene beobachten und beschreiben, dazu Hypothesen entwickeln und diese durch Experimente überprüfen
- Experimente zu den aufgestellten Hypothesen planen, durchführen und auswerten
- mit Modellen arbeiten und deren Aussagekraft beurteilen
- Zusammenhänge zwischen Bau und Funktion wichtiger Pflanzenorgane bzw. Zellorganellen untersuchen bzw. ableiten
- die Angepasstheit der Pflanzenorgane an unterschiedliche Umweltbedingungen untersuchen und erkennen
- einheimische Pflanzenarten mit einfachen Bestimmungshilfen bestimmen
- die Fotosynthese und Zellatmung als Prinzip der Energieversorgung miteinander vergleichen
- den Kohlenstoffkreislauf sowie den Energiefluss im Ökosystem kennen lernen
- verschiedene Formen der Fortpflanzung vergleichen.

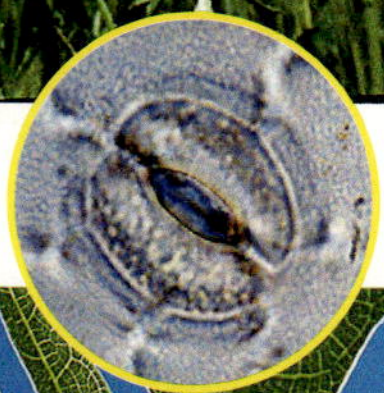

Samenpflanzen – die Gartentulpe

Die *Gartentulpe* stammt von Wildformen ab, die in den Steppengebieten Vorderasiens beheimatet sind. Aber auch bei uns kommt in Obstgärten und Weinbergen eine weißgelb blühende *Wildtulpe* vor, die unter Naturschutz steht.

In Vorderasien wurde die Tulpe schon vor 4000 Jahren gezüchtet. Später wurde diese Tradition in den Gärten der türkischen Sultane weitergeführt. Ihren Namen verdankt diese Blume der turbanähnlichen Blüte (*Turban* = türk. *tülbend*) .

Die ersten „Turbanblumen" kamen im 16. Jahrhundert nach Europa. Besonders in den Niederlanden begeisterten sich die Menschen für diese Pflanzen und zahlten viel Geld für Zwiebeln einer neuer Sorte. Seither hat die Tulpe in Holland eine neue Heimat gefunden. Viele Menschen dort leben von der Zucht und vom Handel mit Tulpen und Tulpenzwiebeln.

Von März bis Mai blühen in Gärten und Parkanlagen die Gartentulpen. Es gibt sie in vielen verschiedenen Sorten, die sich vor allem in Farbe und Form ihrer Blüten, aber auch in der Wuchshöhe unterscheiden. Wir wollen eine Gartentulpe untersuchen und ihren Bau von der Wurzel bis zur Blüte hin beschreiben.

1 Verschiedene Sorten von Gartentulpen

An den *Wurzeln* der Tulpe sind keine Haupt- und Nebenwurzeln zu unterscheiden. Alle Wurzeln sehen gleich aus; sie sind fadenförmig und unverzweigt. Die Wurzeln der Tulpe entspringen an der Unterseite der Zwiebel. Über die Wurzeln werden Wasser und Mineralstoffe aus dem Boden aufgenommen und in die anderen Organe der Pflanze geleitet. Die Wurzeln dienen darüber hinaus der Pflanze zur Verankerung im Boden.

Oben aus der Zwiebel wächst der runde Stängel heraus. Er ist unverzweigt und trägt außer den Blättern die große, auffällig gefärbte Blüte. Die *Laubblätter* sind wechselständig angeordnet. Die Blattadern verlaufen parallel zueinander; solche Blätter nennt man *paralleladrig*. Sie sitzen ohne Stiel direkt am Stängel und umfassen ihn. Der Stängel dient neben der Positionierung der Blüte und der Blätter dem Transport von Stoffen von der Wurzeln in die Blätter und die Blüte oder von den Blättern zur Wurzel.

Die Blütenknospe der Gartentulpe ist zunächst grün gefärbt. Wenn die Pflanze zu blühen beginnt, werden alle sechs Blütenblätter farbig. An ihren Rändern überdecken sich die Blütenblätter. Drei von ihnen umhüllen die Blüte von außen; auf Lücke dazwischen stehen die drei inneren. Kelchblätter (s. Abb. 19.1) sind keine vorhanden. Ebenso wie die Blütenblätter, sind auch die sechs Staubblätter darin in Kreisen zu je drei angeordnet. Die Tulpenblüte heißt wegen dieses Blütenaufbaus *dreizählig*.

Beim Vergleich der Tulpe mit anderen Pflanzen kann man bei allen Blütenpflanzen die typischen Organe wiedererkennen, die trotz großer Vielfalt in der Gestalt jeweils den gleichen Grundbauplan aufweisen sowie den gleichen Grundfunktionen dienen und somit das Leben der Pflanze als Organismus ermöglichen.

Aufgaben

① Erstelle für eine weitere Blütenpflanze einen Steckbrief. Fertige ein übersichtliches Poster an.

② Informiere dich auf Seite 21, wie eine Frucht entsteht und berichte darüber.

③ Begründe, warum eine Pflanze ohne Wurzeln nur wenige Tage leben kann.

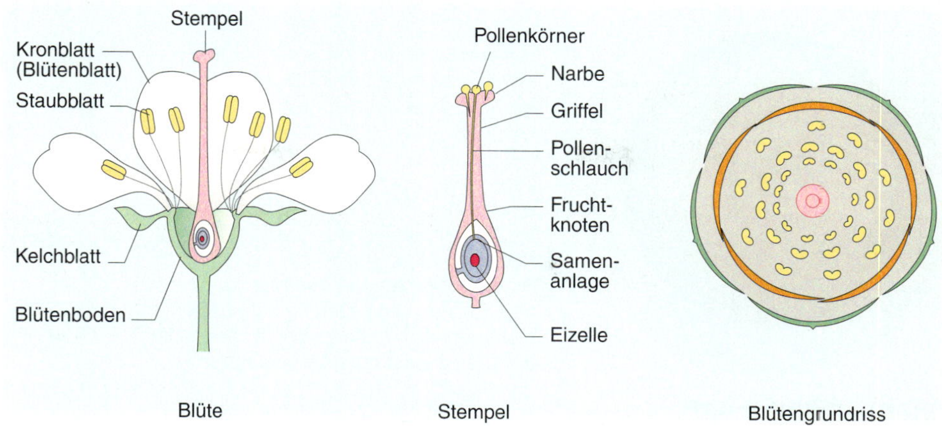

1 Schema einer Kirschblüte (Längsschnitt und Blütengrundriss)

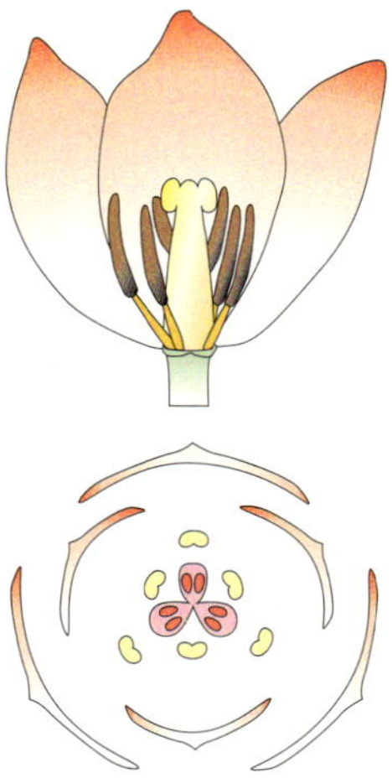

Gartentulpe

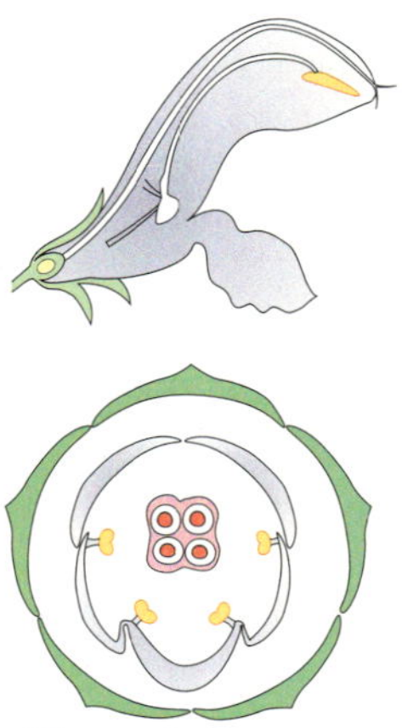

Wiesensalbei

Bau einer Einzelblüte

Der Aufbau der Blüten ist bei verschiedenartigen Pflanzen auf den ersten Blick recht unterschiedlich. Bestimmte Bestandteile kommen aber bei allen Pflanzen vor. Wir wählen eine *Kirschblüte* aus, um uns die wichtigsten Blütenteile und ihre Funktion genauer anzusehen.

Bevor sich die Blütenknospe öffnet, wird sie von grünen *Hüllblättern* geschützt. Nach dem Aufblühen findet man diese *Kelchblätter* am *Blütenboden* wieder. Bei der Tulpe fehlen die Kelchblätter. Nach innen folgen die bunten *Kronblätter*, auch Blütenblätter genannt. Sie locken durch ihre Farbe die Insekten an. Manche Blüten haben spezielle Muster am Blütengrund, die den bestäubenden Insekten als Wegweiser dienen. Einige Zeit nach der Befruchtung (s. Seite 21) fallen die Kronblätter ab. Betrachtet man die Blüte weiter zur Mitte hin, so erkennt man die männlichen Fortpflanzungsorgane, die *Staubblätter*. Jedes besteht aus dem *Staubfaden* und dem verdickten *Staubbeutel*, in dem sich die *Pollen* befinden.

Im Mittelpunkt der Blüte ist der *Stempel* erkennbar. Er wird aus miteinander verwachsenen *Fruchtblättern* gebildet. Der obere schmale Teil heißt *Griffel*. Er endet an der Spitze in einer klebrigen *Narbe*. Auf ihr bleiben die Pollenkörner haften. Der verdickte, untere Teil heißt *Fruchtknoten*. Nach der Befruchtung entwickelt sich aus ihm die *Frucht*. Im Fruchtknoten befinden sich die *Samenanlagen*. Fruchtknoten und Samenanlagen sind die weiblichen Blütenteile. Die Anzahl und Anordnung der Blütenbestandteile kann man in einem *Blütengrundriss* übersichtlich darstellen und zum Bestimmen von Pflanzen benutzen (s. Seite 22).

Alle Blüten, die männliche und weibliche Blütenbestandteile enthalten, bezeichnet man als *Zwitterblüten*. Sind die Staubblätter und die Fruchtblätter in verschiedenen Blüten untergebracht, nennt man das getrenntgeschlechtig. Männliche und weibliche Blüten können gemeinsam auf einer Pflanze vorkommen, z. B. Kiefer (Abb. 2), oder auf verschiedene Pflanzen verteilt sein, z. B. Weide. Die Pflanzen werden dann als *einhäusig* oder *zweihäusig* bezeichnet.

2 Kiefer (einhäusig)

Untersuchung einer Gartentulpe

Beschreibung der Tulpenpflanze

Besorge dir aus einer Gärtnerei eine vollständige Tulpenpflanze. Spüle anhaftendes Erdreich ab und bearbeite daran die folgenden Aufgaben.

① Beschreibe das Aussehen von Wurzel, Zwiebel, Stängel, Blatt und Blüte möglichst genau. Gib die Anzahl der Blütenbestandteile an.
② Zeichne, ohne die Blüte zu zerlegen, ein Staubblatt und den Stempel. Beschrifte die Teile.
③ Fertige mithilfe von Seite 18 einen kurz gefassten Steckbrief zu den Grundorganen der Tulpe an.
④ Benetze die Oberseite eines Laubblattes der Tulpe mit einigen Tropfen Wasser. Beobachte und beschreibe das Verhalten der Wassertropfen. Was kannst du aus dem Ergebnis schließen?
⑤ Reibe mehrmals mit dem Finger über die Blattfläche und wiederhole den Versuch. Beschreibe und deute das Versuchsergebnis.

Der Grundriss der Tulpenblüte

Um den Blütengrundriss der Tulpe zu entwickeln, muss die Blüte zergliedert werden. Gehe dabei folgendermaßen vor:

Lege etwa in der Mitte eines DIN A4-Blattes einen Punkt fest. Schlage um diesen Mittelpunkt vier Kreise mit den Radien 1, 1,5, 2,5 und 3 cm. Halte nun die Blüte senkrecht über den Mittelpunkt und beginne von außen her, ein Blütenblatt nach dem anderen abzuzupfen. Das erste Blatt legst du auf den äußeren

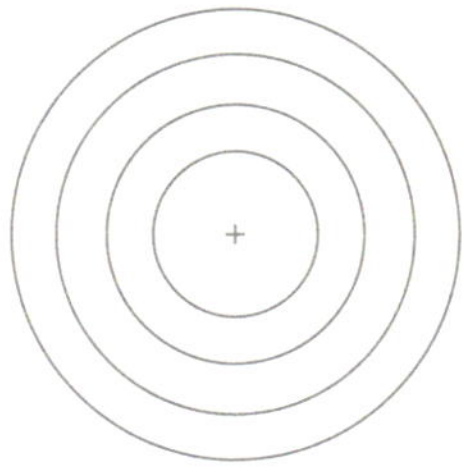

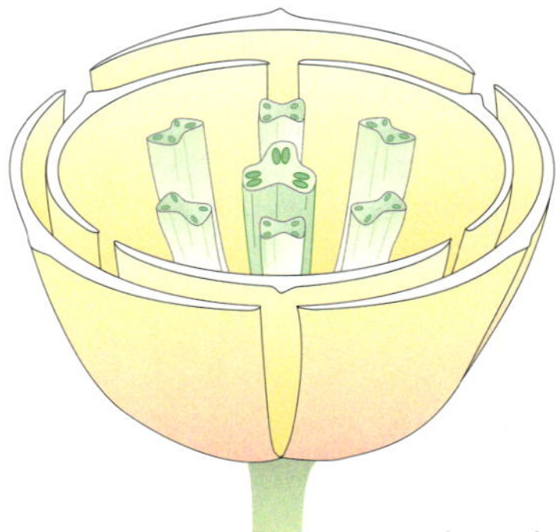

Kreis, genau in der Richtung, in der es in der Blüte gestanden hat. Bei dem nächsten verfährst du ebenso, bis alle äußeren Blätter gelegt sind. Dann beginnst du mit dem zweiten Kreis. Es folgen dann in gleicher Weise die Staubblätter. Schneide schließlich den oberen Teil des Stempels ab und lege ihn auf den Mittelpunkt. Achte dabei auf die Richtung der Narbenzipfel.

⑥ Klebe alle Teile mit Klebefolie fest. Du erhältst so das Legebild der Tulpenblüte.
⑦ Stehen die Blütenteile hintereinander oder auf Lücke? Beschreibe genau.
⑧ Schneide den Fruchtknoten mit einem scharfen Messer quer durch. Wie viele Fruchtblätter kannst du erkennen?
⑨ Die Narbenzipfel geben die Lage der Fruchtblätter an. Wie ist ihre Stellung innerhalb des Legebildes?
⑩ Den Blütengrundriss der Tulpe erhältst du, indem du noch einmal die vier Kreise nach dem angegebenen Muster in dein Heft zeichnest. Trage dann die Blüten-, Staub- und Fruchtblätter entsprechend ihrer Lage ein. Verwende folgende Symbole:

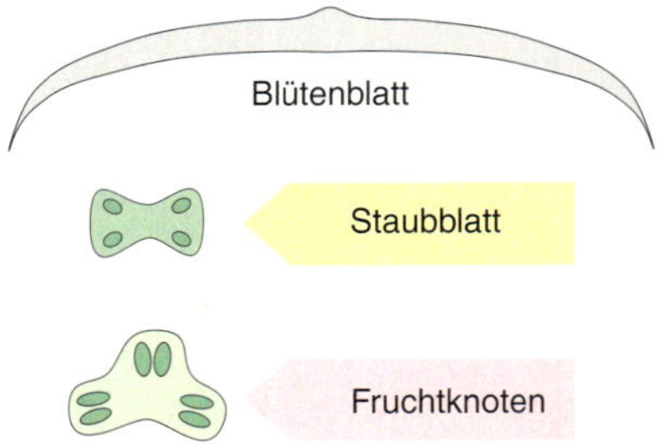

Untersuchung der Zwiebel

Trenne die Zwiebel von deiner Pflanze ab und führe folgende Untersuchungen durch.

⑪ Schneide die Zwiebel längs durch und zeichne, was du erkennst. Vergleiche deine Zeichnung mit der Abbildung und beschrifte entsprechend.

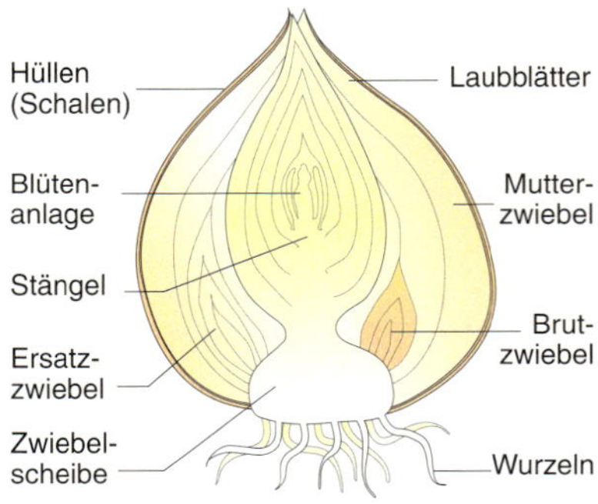

⑫ Bringe einen Tropfen Iod-Kaliumiodid-Lösung auf den Längsschnitt. Beschreibe und deute das Ergebnis.
⑬ Die Karikatur gibt einen Hinweis darauf, dass die Zwiebel der Tulpe keine Wurzel ist. Gib an, aus welchen Pflanzenteilen demnach eine Zwiebel besteht.

1 Von der Blüte zur Frucht

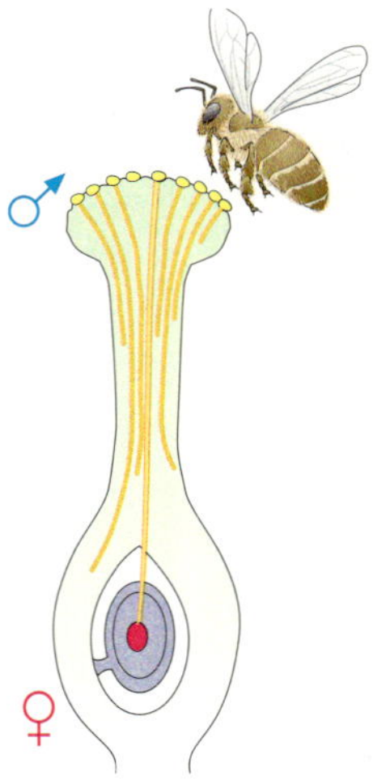

Pollenschläuche wachsen

Aus Blüten werden Früchte

Wenn im Frühjahr die Kirschbäume blühen, fliegen viele Bienen von Blüte zu Blüte. Das ist die Voraussetzung dafür, dass wir etwa drei Monate später die reifen Kirschen ernten können. Wie hängt das zusammen?

Um an den zuckerhaltigen *Nektar* am Blütenboden zu kommen, tauchen die Bienen tief in die Blüte ein. Der Pollen, der aus den reifen Staubbeuteln frei wird, bleibt im Haarkleid der Bienen hängen. Bei der nächsten Blüte streift die Biene einige Pollenkörner zufällig an der klebrigen Narbe ab. Dieser Vorgang, bei dem Pollen auf die Narbe gelangt, heißt *Bestäubung*.

Was nun weiter geschieht, kann man nur unter dem Mikroskop beobachten. Durch den Griffel wächst bis ins Innere des Fruchtknotens ein *Pollenschlauch* aus jedem Pollenkorn. Der erste Pollenschlauch, der in die Samenanlage eindringt, platzt auf. Dabei wird ein Zellkern frei, der sich mit dem Kern der *Eizelle* vereinigt. Dieser Vorgang heißt *Befruchtung*.

Danach welkt die Blüte und der Fruchtknoten schwillt an. Aus seiner Wand entstehen das rote *Fruchtfleisch* und der harte *Kirschstein*, in dem sich der Samen befindet. Er hat sich in der Samenanlage aus der befruchteten Eizelle entwickelt. (▶ S. 250/251)

Die *Früchte* verschiedener Pflanzen unterscheiden sich. Die Kirsche zählt man ebenso zu den *Steinfrüchten* wie beispielsweise die Zwetschge. Beim *Kernobst*, wie Birne oder Apfel, entsteht das Fruchtfleisch aus dem Blütenboden und der Fruchtknoten entwickelt sich zum Kernhaus. Der Apfel wird daher als *Scheinfrucht* bezeichnet.

Das Fruchtfleisch der Erdbeeren entsteht ebenfalls aus dem Blütenboden. Die Samen sind in zahlreichen Nüsschen auf der Außenseite. Dies ist eine *Sammelfrucht*, ebenso wie die Hagebutte. Bei Beeren, wie z. B. Johannisbeeren, sind die Samen in den fleischig verdickten *Fruchtknoten* eingeschlossen; bei den Erbsen stecken sie in einer *Hülse* und beim Mohn in einer *Kapsel*.

2 Blüten und Früchte der Rosengewächse

1 Weißgoldstern

2 Erdnuss-Platterbse

3 Zaun-Giersch

4 Wiesen-Schaumkraut

Welche Pflanzenfamilie ist es?

Auf dieser Seite sind Pflanzen aus verschiedenen Familien abgebildet. Gelingt es dir, sie richtig zuzuordnen? Versuche es einmal! Wenn man nicht nur die Familie, sondern auch den Gattungs- und Artnamen einer Pflanze wissen möchte, muss man auf mehrere Unterscheidungsmerkmale achten. Der Blütengrundriss allein genügt nicht. Folgende Fragen können dann weiterhelfen:
- Wie sind die Blätter geformt?
- Wie sehen die Blüten aus?
- Welche Farbe besitzen sie?
- Wann blühen die Pflanzen?
- Gibt es auffällige Früchte?
- Wie groß wird die Pflanze?
- Wie sieht ihr Standort aus?

5 Feld-Thymian

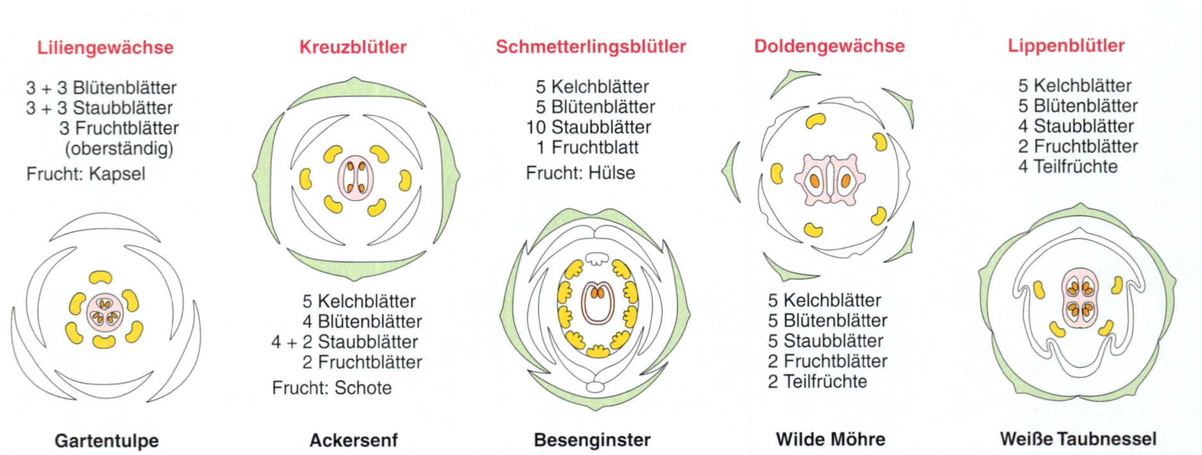

6 Blütengrundrisse verschiedener Pflanzenfamilien

Blütenformen

Es gibt einfache und doppelte Blütenhüllen.

Die Kronblätter können miteinander verwachsen oder frei sein.

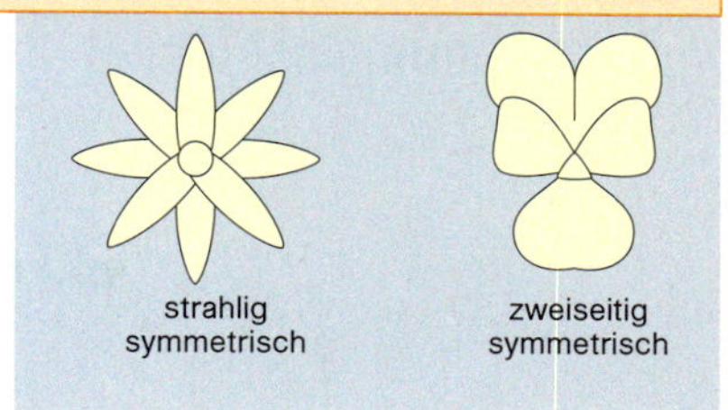

Die Blütensymmetrie kann strahligsymmetrisch oder zweiseitig-symmetrisch sein.

Fruchtknoten

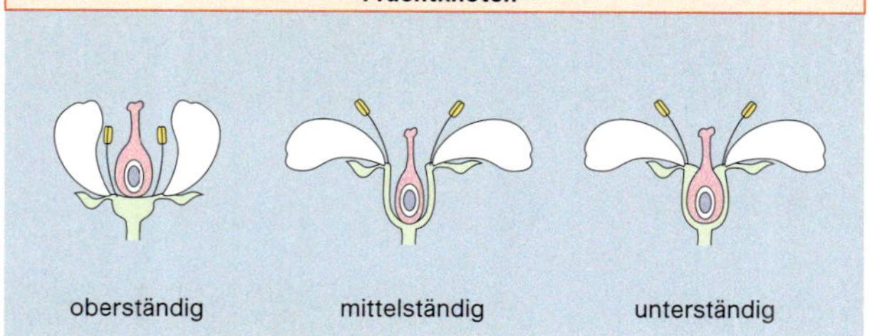

Die Fruchtknoten können in der Blüte oberständig, mittelständig oder unterständig sein.

Blütenstände

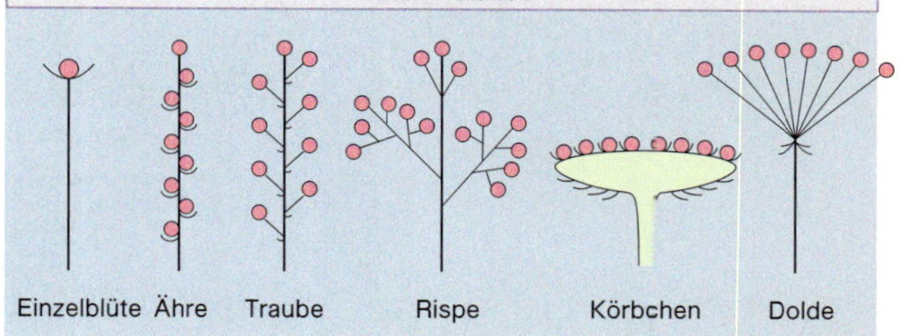

Stehen die Blüten einzeln am Stängelende, ist es eine Einzelblüte; zahlreiche Blüten in einer Gruppe bilden einen Blütenstand.

Merkmale zum Bestimmen von Pflanzenfamilien

Insgesamt gibt es etwa 240 000 verschiedene Arten von Samenpflanzen auf der Erde und davon leben etwa 2 400 Arten in Mitteleuropa. Sie alle zu kennen ist unmöglich, nur einige Arten sind in diesem Buch vorgestellt worden. Trotzdem ist es manchmal nötig, Pflanzen bestimmen zu können, z. B. im Natur- und Umweltschutz. Dazu braucht man Kenntnisse vom Bau der Blüten und Blätter. Auf dieser Seite sind die wichtigsten Merkmale für das Bestimmen von Pflanzen beschrieben.

Blattrand

Blätter können sich in der Beschaffenheit der Blattränder unterscheiden.

Blattadern

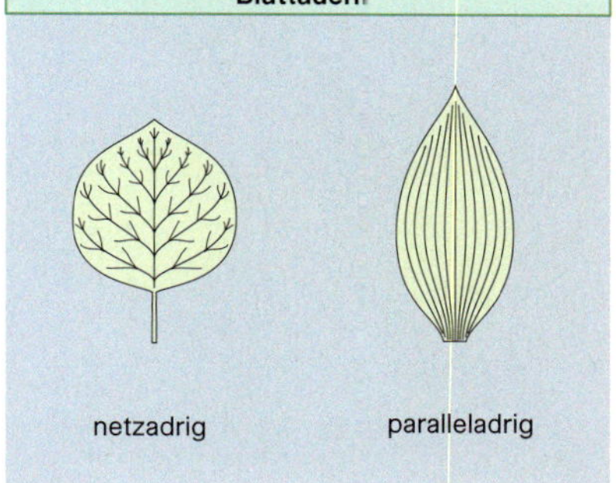

Blätter können sich im Verlauf der Blattadern unterscheiden.

Blattformen

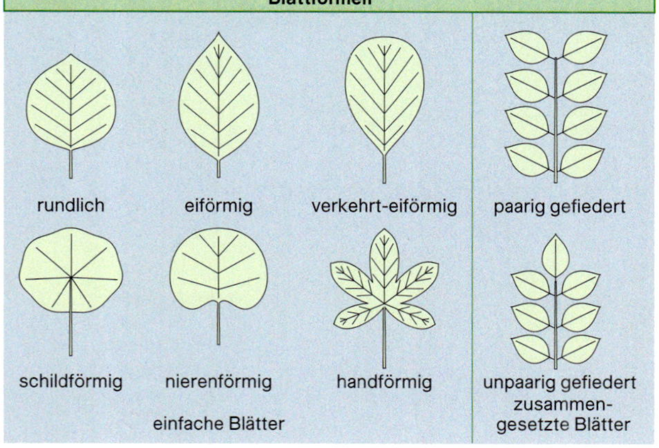

Die Blattformen zeigen eine große Vielfalt. Weiterhin muss man noch zwischen einfachen Blättern und den verschiedenen Typen von zusammengesetzten Blättern unterscheiden.

Nebenblätter

Manche Blätter tragen am Blattgrund kleine Nebenblätter.

Blattstellung

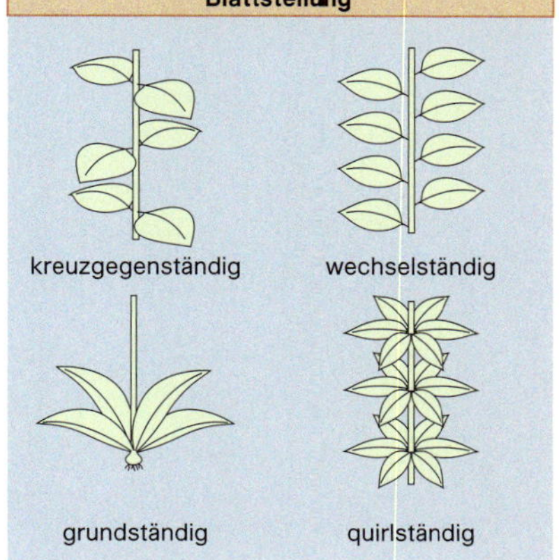

Auch die Stellung der Blätter am Stängel kann als Merkmal für die Bestimmung von Pflanzen herangezogen werden.

Bestimmungsschlüssel

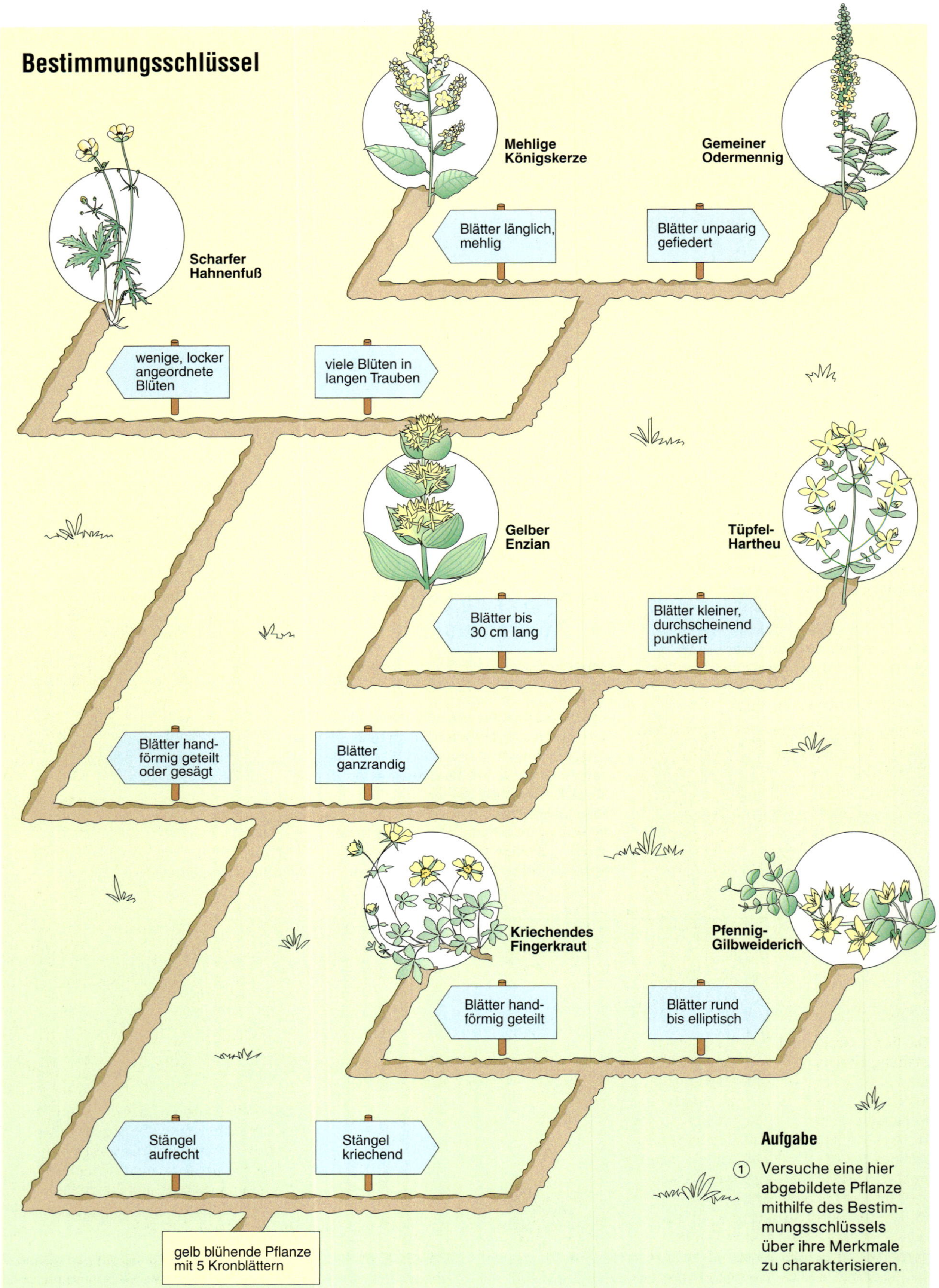

Aufgabe

① Versuche eine hier abgebildete Pflanze mithilfe des Bestimmungsschlüssels über ihre Merkmale zu charakterisieren.

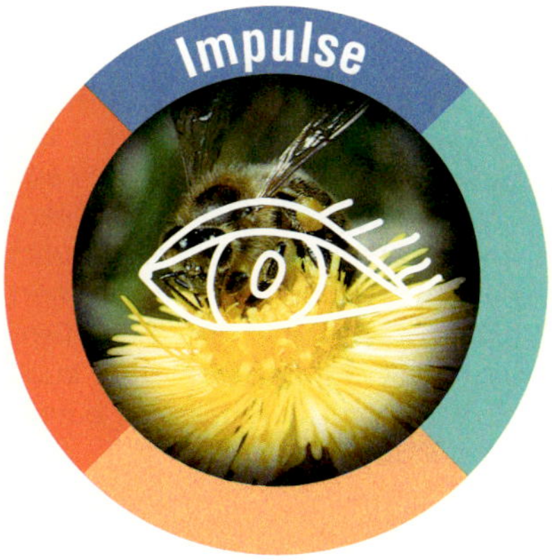

Pollenkörner und Bestäuber

Pollenkörner sind wenigzellige um 0,05 mm große Gebilde, die stets männliche Geschlechtszellen enthalten. Ihre Aufgabe ist es, auf den Narben von Blüten der richtigen Art zu landen und diese zu befruchten. (► S. 250/251) Oberflächlich betrachtet sind Pollenkörner verschiedener Arten sehr ähnlich: stets klein, meist gelb gefärbt, leicht transportabel und massenhaft vorhanden. Mit der Lupe oder dem Mikroskop betrachtet, erschließt sich eine Vielfalt an Formen und Strukturen.

Die Form, Größe und Oberflächengestaltung sind so charakteristisch, dass man vom Pollenkorn auf die Herkunftspflanze schließen kann. Durch Pollenuntersuchungen lassen sich biologische, erdgeschichtliche und kriminalistische Aufschlüsse über Pflanzen, Fossilien, Ablagerungen sowie Verunreinigungen erlangen. Erstelle einen Pollensteckbrief. Du suchst dir verschiedene blühende Pflanzen aus, fotografierst, skizzierst oder benennst sie auch nur und zeichnest nach dem mikroskopischen Bild dazu den Pollen.

Pollinosis

Sicher gibt es auch in deiner Klasse oder in deinem Freundeskreis Personen, die unter Heuschnupfen *(Pollinosis)* leiden. Wenn bestimmte Pflanzen blühen, quälen sich diese Personen mit intensivem Schnupfen. Manchmal sind sie regelrecht krank und haben Fieber.

	Febr.	März	April	Mai	Juni
Pflanzen					
Schwingelgras					
Weidelgras					
Lieschgras					
Bäume u. Sträucher					
Erle					
Birke					
Ulme					
Esche					

Meist sind Personen, die unter Pollinosis leiden, sehr gut darüber informiert, wie sie Heuschnupfen-Beschwerden lindern können. Sprich mit einem Betroffenen.

Bestäubungsleistungen

Viele Insekten haben Bestäubungsfunktionen übernommen. Die Bestäubungsleistungen der Biene z. B. sind gut untersucht und beeindruckend hoch. Man kennt nahezu 20 000 Bienenarten — allein in Mitteleuropa sind es 600 verschiedene Arten. Sie besuchen fast ausnahmslos Blüten. Bei uns ist die Honigbiene für die Landwirte, Gärtner und Obstbauern ein sehr wichtiger Blütenbesucher, da von ihrer Leistung Samenertrag und Fruchtansatz abhängen. Die Bestäubungsleistung der Honigbiene übertrifft den Wert aller übrigen Leistungen (Honig, Wachs, Bienengift für medizinische Zwecke) etwa um das 10fache. Du kannst selbst herausfinden, wie viele Blüten eine Biene in einer bestimmten Zeiteinheit besucht.

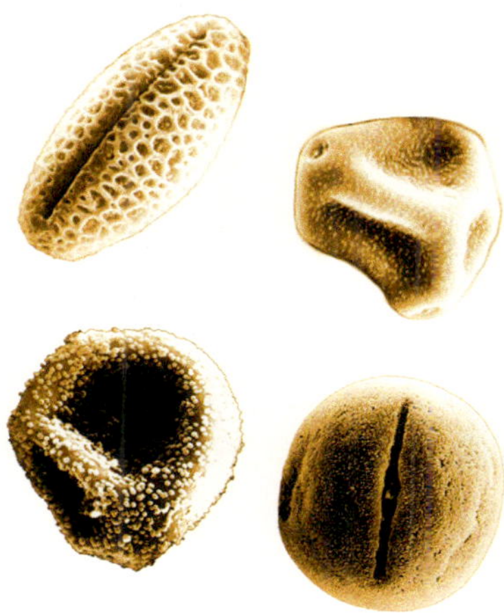

Du brauchst dich nur zur Beobachtung an einen reich blühenden Baum oder Strauch zu stellen und die Stoppuhr nicht zu vergessen.

Pflanzen	Samenertrag/Fruchtansatz in kg ohne Bienen	mit Bienen
Obst	100	160
Sonnenblumen	100	150
Rotklee	100	250

Blüten und Bestäuber

Blüten und ihre Bestäuber haben sich bestens aneinander angepasst. Man spricht von einer gemeinsamen Entwicklung, der *Koevolution*. Nach dem Bestäuber unterscheidet man Käfer-, Bienen-, Falter- Vogel- und Fledermausblumen. (► S. 252/253)

Versuche doch einmal anhand der Abbildungen herauszufinden, was das Typische an Bienen-, Falter- und Vogelblumen ist.

Formen der Bestäubung

Die geschlechtliche Fortpflanzung der Samenpflanzen beginnt mit der Bestäubung. Dabei gelangt Pollen auf die Narbe der Blüte. Pollen und Narbe sind so beschaffen, dass nur Pollen derselben Art eine erfolgreiche Fortpflanzung ermöglicht. Doch wie wird erreicht, dass die unbeweglichen Pollen von der einen Pflanze zur anderen der gleichen Art gelangen? (► S. 250/251)

Von *Selbstbestäubung* spricht man, wenn Pollen auf die Narbe derselben Blüte oder einer Blüte derselben Pflanze gelangt. Bei vielen Pflanzen führt jedoch nur *Fremdbestäubung* mit Sicherheit zur Befruchtung und Samenbildung, d.h. der Pollen erreicht eine Blüte einer anderen Pflanze derselben Art. Die Übertragung der Pollen auf die Narbe einer anderen Pflanze erfolgt durch Wind oder durch Tiere, bei einigen wenigen Pflanzenarten auch durch Wasser. In jedem Fall kann man am Bau der Blüten die Angepasstheit an die jeweilige Art der Bestäubung erkennen.

Falterblüte
Hummelblüte
Bienenblüte
Fliegenblüte

1 Bestäubung unterschiedlicher Blüten durch Insekten

Die Blütenhülle der Pflanzen mit *Windbestäubung* ist klein und unscheinbar. Die Staubblätter liegen frei oder hängen weit aus der Blütenhülle heraus. Sie bilden große Mengen trockener und leichter Pollen, die vom Wind besonders gut und weit transportiert werden können. Die Narben solcher Pflanzen sind sehr groß und gefiedert oder auch klebrig, damit der Pollen regelrecht aufgefangen werden kann.

Tiere werden durch auffällig geformte oder gefärbte Blütenhüllen, Duft und Nektar angelockt. Sie besuchen diese Blüten, um Nahrung aufzunehmen. Käfer fressen z.B. den Pollen. Bienen, Hummeln, Schmetterlinge und Kolibris saugen den gebildeten Nektar. Dabei bleibt Pollen an ihnen hängen, der in anderen Blüten an der Narbe abgestreift werden kann. Die erfolgreiche Bestäubung setzt eine gegenseitige Angepasstheit von Blüte und Tier voraus, wie sie in vielfältiger Weise besonders bei der *Insektenbestäubung* zu beobachten ist.

Die Schlehe besitzt wie die Kirsche eine Blüte, die besonders Bienen anlockt, die auf der radförmig ausgebreiteten Blütenhülle landen können. Mit ihrem kurzen Rüssel erreichen sie den am nur wenig eingesenkten Blütenboden gebildeten Nektar. Die vielen Staubblätter werden dabei zur Seite gebogen und Pollen bleibt am haarigen Körper der Insekten haften, die damit die Narbe der nächsten Blüte bestäuben.

Die Goldnessel stellt durch die Form ihrer Lippenblüte einen guten Landeplatz für eine Hummel dar. Während das Insekt mit seinem langen Rüssel in der Tiefe der Blütenröhre nach Nektar sucht, streift es gleichzeitig mit seinem pelzigen Rücken den Pollen von den Staubblättern.

Die Karthäusernelke wird von verschiedenen Tagfaltern besucht. Die Blütenröhre ist sehr lang gestreckt. Durch den engen, von Staubblättern und Stempel ausgefüllten Innenraum, kann nur der lange und dünne Saugrüssel eines Schmetterlings bis zum Nektar vordringen.

Der Bärenklau lockt durch den aasähnlichen Geruch seiner Blüten vor allem Fliegen und Käfer an. Da der Nektar leicht zugänglich auf der Oberfläche liegt, können ihn diese Insekten mit ihren kurzen Mundwerkzeugen gut erreichen. (► S. 252/253)

Bestäubungstricks

Blüten müssen bestäubt werden, damit Samen entstehen können. Diese dienen der Erhaltung und Verbreitung der Pflanzenart. Damit sie nicht ausstirbt, muss die Bestäubung gesichert sein. Kein Wunder, dass man erstaunliche Bestäubungstricks findet.

Der Schlagbaum des Wiesensalbeis

Beim **Wiesensalbei** sind die Blütenblätter, die in einem fünfzipfeligen Kelch sitzen, miteinander verwachsen. Sie erinnern in ihrer Form an zwei Lippen. Man spricht deshalb von einer *Lippenblüte*. Bei einer jungen Blüte ragt nur das Griffelende mit der zweizipfeligen Narbe unter der Oberlippe hervor. Auf der Unterlippe landen häufig Bienen oder Hummeln. Um an den

Nektar zu gelangen, drängen sie ihren Kopf ins Innere der Blütenblattröhre. Wie von Zauberhand bewegt, schlagen plötzlich die beiden Staubblätter, die bisher unter der helmförmigen Oberlippe verborgen waren, wie ein Schlagbaum auf den Rücken des Insekts und pudern es mit Pollen ein.

Für den Beobachter unsichtbar, geschieht im Innern der Blüte Folgendes: Der Saugrüssel des Insekts kann nicht ungehindert zum Nektar gelangen. Er muss links und rechts eine Platte, die leicht beweglich am Staubfaden befestigt ist, nach hinten weg-drücken. Der Staubbeutel sitzt am oberen Ende eines langen Hebels und ist so mit der Platte verbunden. Die Bewegungen des Insekts übertragen sich auf den Hebel und setzen so den Schlagbaummechanismus in Bewegung.

Ältere Blüten stäuben nicht mehr. Bei ihnen ist der Griffel in die Länge gewachsen und ragt weit aus der Oberlippe heraus. Die beiden Narbenenden haben sich gespreizt. Erst in diesem Zustand kann die Narbe bestäubt werden, eine Selbstbestäubung wird somit vermieden.

Die Gleitfalle des Aronstabs

Beim Aronstab riecht der Kolben wie Kot oder Aas und lockt dadurch Fliegen und Käfer an. Das Hüllblatt und

der Kolben sind glattwandig. Insekten, die darauf zu landen versuchen, gleiten ab und rutschen in den Kessel. Hier befinden sich, getrennt übereinander angeordnet, männliche und weibliche Blütenstände. Anfangs, wenn der Kolben besonders stinkt, sind nur die weiblichen Blüten reif. Hineinfallende Fliegen können mitgebrachten Pollen auf den weißlichen Narben abladen. Ein schleimiger Saft, der am Grund der Blüten abgeschieden wird, dient den Insekten als Nahrung. Das ist nötig, denn die glatten Wände und eine Vielzahl von Sperrborsten halten die Tiere einige Zeit gefangen.

Ein bis zwei Tage später trocknen die Narben und die Sperrborsten welken. Gleichzeitig öffnen sich die Staubbeutel und die Fliegen und Käfer werden mit Pollen eingestäubt. Jetzt wird auch die glatte Wand des Kessels für die eingesperrten Insekten wieder begehbar und sie können entweichen. In der Nähe lockt dann oft schon die nächste Gleitfalle zur Bestäubung.

Die Pollenpumpe der Lupine

Von den fünf Blütenblättern sind bei der Lupine zwei schiffchenförmig miteinander verwachsen. An ihrer Spitze befindet sich eine kleine Öffnung, an der die Staubbeutel ihren Pollen entleeren. Wenn eine Hummel beim Blütenbesuch darauf drückt, pressen die kolbenförmig verdickten Staubfäden den Blütenstaub gegen den Bauch des Tieres. Wenn der gesamte Pollen abgeholt ist, wächst der Griffel aus der Öffnung und kann mit fremdem Pollen bestäubt werden.

Haselpollen – vom Winde verweht

In den leicht beweglichen männlichen Kätzchen des Haselstrauches werden Millionen von Pollenkörnern gebildet. Die Staubbeutel befinden sich unter Schuppenblättchen, die wie Dächer einer Pagode übereinander liegen. Sie schützen den Pollen bei Regen. Bei Windstille können die Pollenkörner nicht zu Boden fallen, sondern bleiben auf der darunter liegenden Schuppe wie auf einem Tisch liegen. Erst bei Wind werden sie kilometerweit davongetragen und landen auf den großen und klebrigen Narbenzipfeln der weiblichen Blüten. Die **Hasel** blüht übrigens im zeitigen Frühjahr, noch bevor sich die Blätter entwickeln. Kannst du das erklären?

Früchte

Wenn die Samen heranreifen, verändert sich das Aussehen der Blüte. Aus dem Fruchtknoten entwickelt sich die Frucht. Bei einer Schließfrucht (*Nuss, Beere, Steinfrucht)* bleiben die Samen in der reifen Frucht eingeschlossen. Eine Streufrucht *(Kapsel, Hülse)* öffnet sich und die Samen werden ausgestreut. Daneben gibt es noch einige andere Fruchtformen.

Nuss

Die Haselnuss ist ein typisches Beispiel für eine Nuss. Bei ihr entwickelt sich die Fruchtknotenwand zu einer trockenen, manchmal sehr harten Schale. Im Inneren befindet sich in der Regel nur ein einziger Samen.

Esskastanie *(Marone)*, *Buchecker* und *Eichel* sind ebenso Nussfrüchte wie *Sonnenblumenkerne.* Nüsse sind nicht immer groß und essbar. Auch die Früchte vom *Hahnenfuß* und die Flugfrüchte vom *Löwenzahn* sind Nüsschen.

Beere

Früchte, bei denen die Wand des Fruchtknotens insgesamt fleischig bleibt, heißen Beeren. Im Inneren befinden sich häufig viele Samen. Dir sind sicher einige einheimische Beerensträucher bekannt. Zu ihnen gehören beispielsweise *Heidel-* und *Preiselbeere.* Im Garten werden *Stachel-* und **Johannisbeeren** gezogen. Sie liefern schmackhaftes Beerenobst für Kuchen, Marmeladen und Kompott.

Beeren sind nicht immer so klein wie die oben genannten Arten. *Gurke, Kürbis* und *Melone* sind besonders große Beerenfrüchte. Hättest du gewusst, dass auch *Tomaten* und *Paprika* Beeren sind, genauso wie die grünen Früchte der *Kartoffel*? Auch *Zitrone, Orange* und *Pampelmuse* sind Beerenfrüchte, allerdings ist das äußere Fruchtfleisch lederartig. Beeren mit wenigen Samen sind die Weinbeeren. Bei Datteln hat die Beere nur einen einzigen Samen.

Nicht alle Beeren sind essbar. Der **Bittersüße Nachtschatten** besitzt ungenießbare, leicht giftige Beeren. Deshalb solltest du niemals unbekannte Wildfrüchte essen, auch wenn sie noch so appetitlich aussehen.

Steinfrucht

Die Früchte des **Schlehdorns**, die erst spät im Jahr reifen und säuerlich schmecken, sind ein Beispiel für *Steinfrüchte.* Bei ihnen wird der Fruchtknoten in seinem äußeren Teil fleischig; sein Inneres entwickelt sich zu einer steinharten Schicht, die den Samen einschließt. Steinfrüchte besitzen sowohl Eigenschaften von Beeren als auch von Nüssen.

Pfirsich, *Kirsche, Pflaume* und *Aprikose* sind unter dem Begriff *Steinobst* bekannt. Bei ihnen wird nur der äußere, fleischige Teil der Frucht gegessen. Es gibt auch Steinfrüchte, bei denen der Samen sehr groß wird, während das Fruchtfleisch faserig und ungenießbar ist. Solche Steinfrüchte kennst du von *Walnuss* und *Kokosnuss*, die also in Wirklichkeit gar keine echten Nüsse sind. Wenn die Steinkerne sehr klein sind und im Fruchtfleisch kaum auffallen, kann man Steinfrüchte auch mit Beeren verwechseln. Ein Beispiel dafür sind die Steinfrüchte des **Schwarzen Holunders**, die man als Holunderbeeren bezeichnet.

Kapsel

Kapseln sind Streufrüchte von sehr unterschiedlicher Form. Bei der **Rosskastanie** öffnet sich die Kapsel spaltförmig und die Samen fallen heraus. Man spricht in diesem Fall von einer *Spaltkapsel*. Ähnlich ist es bei *Veilchen, Tulpe* und *Schwertlilie*.
Bei einer anderen Kapselform, der *Deckelkapsel*, öffnet sich die Frucht, indem sich der obere Teil wie ein Deckel abhebt. Die Samen liegen dann wie in einem offenen Topf und werden durch Windbewegungen ausgestreut. *Schlüsselblume* und *Bilsenkraut* sind Pflanzen mit Deckelkapseln.
Wenn sich in der Kapsel einzelne Löcher bilden, spricht man von einer Porenkapsel. Solche Früchte besitzen *Löwenmäulchen* und *Glockenblume*.

Besonders groß und auffällig ist diese Frucht beim **Klatschmohn**, einer häufigen Wegrandpflanze mit roten Blüten.

Balg

Als *Balg* (z. B. Frucht der Sumpfdotterblume) bezeichnet man eine Streufrucht, die im Gegensatz zur Kapsel nur aus einem einzigen Fruchtblatt entstanden ist. Der Balg platzt nur an einer Seite auf. Dies unterscheidet ihn von *Schote* und *Hülse*. Diese Streufrüchte platzen an zwei Seiten auf.

Schote

Vom *Ackersenf* weißt du, dass sich eine *Schote* aus einem zweifächrigen Fruchtknoten entwickelt. Auch die Früchte von *Wiesenschaumkraut* und *Brunnenkresse* sind Schoten. Das **Hirtentäschelkraut** besitzt ein *Schötchen* als Frucht. Schote und Schötchen sind zweiklappige Kapseln.

Hülse

Sie ähnelt im Aussehen einer Schote, ist aber aus einem einfächrigen Fruchtknoten entstanden. Die Samen sitzen an der unteren Naht und nicht an der Scheidewand. *Ginster, Klee, Wicke* und *Lupine* besitzen Hülsen. Viele Hülsenfrüchte sind essbar. **Erbse**, *Bohne* und *Linse* sind dir bekannt. Auch die *Erdnuss* ist eine Hülsenfrucht.

Spalt- und Bruchfrucht

Manche mehrsamigen Früchte zerfallen bei der Reife in einsamige Teile. Bei der *Wegmalve* entstehen viele Teilfrüchte, so als würden Käseecken abgeschnitten. Die Frucht der *Taubnessel* zerfällt in vier Teile, die des *Kümmels* in zwei. Beim **Ahorn** sind die beiden Spaltfrüchte durch ihre großen Flügel besonders auffällig.

Sammelfrucht

Himbeere, *Brombeere* und *Erdbeere* sind Sammelfrüchte und keine echten Beeren. Die Einzelfrüchte der Himbeere und der Brombeere sind kleine Steinfrüchte. Bei der Erdbeere sind es Nüsschen, die sich auf der fleischigen Blütenachse befinden. Auch die Hagebutte ist eine Sammelfrucht mit vielen Nüsschen im Inneren.

Scheinfrucht

Da das Fleisch der *Erdbeere* nicht aus dem Fruchtknoten, sondern aus dem Blütenboden entstanden ist, kann man sie auch als *Scheinfrucht* bezeichnen. Ebenfalls Scheinfrüchte besitzen Apfel und Birne sowie die **Eberesche**. Auch hier ist das Fruchtfleisch aus dem Blütenboden entstanden.

Verbreitung von Früchten und Samen

Wenn ihr im Schulgarten arbeitet, ärgert ihr euch sicher manchmal, dass in den Beeten Pflanzen keimen, die niemand gesät hat. Wo kommen ihre Samen her? Einige habt ihr selbst mitgebracht, ohne es zu wissen. Der Vogelknöterich zum Beispiel besitzt *Haftfrüchte*. Sie sind bei Nässe klebrig und können an den Schuhen hängen bleiben und dadurch verschleppt werden. Es gibt allerdings noch viele andere Möglichkeiten, wie Früchte und Samen verbreitet werden können.

Verbreitung durch Tiere: Manche Pflanzen besitzen auffällig gefärbte Früchte. Diese *Lockfrüchte* werden vor allem von Vögeln gefressen. Die unverdaulichen Samen werden später mit dem Kot wieder ausgeschieden und können – weit entfernt von der Mutterpflanze und gut gedüngt durch den Vogelkot – keimen. Schneeball, Holunder und Eberesche besitzen solche Lockfrüchte. Bucheckern, Eicheln, Kastanien und Haselnüsse sind *Trockenfrüchte*. Sie dienen zum Beispiel Eichhörnchen und Siebenschläfer als Nahrung. Beim Sammeln verlieren sie einige davon und verbreiten so die Samen. Auch Ameisen sind an der Verbreitung von Pflanzen beteiligt. Schöllkraut, Veilchen und Taubnessel besitzen *Ameisenfrüchte*. Ein kleines, fetthaltiges Anhängsel lockt die Tiere bei der Nahrungssuche an. Dabei werden die Samen verschleppt. Die *Klettfrüchte* des Labkrauts und der Klette besitzen hakenförmige Fortsätze, die sich im Fell von Säugetieren oder im Gefieder von Vögeln verfangen. So reisen die Früchte als ,,blinde Passagiere“ mit.

Flugsamen von Zanonia (Originalgröße)

Verbreitung durch den Wind: Viele Samen oder Früchte haben gute Flugeigenschaften. Die Samen des Klatschmohns sind *Körnchenflieger*. In der reifen Frucht liegen sie wie in einem Salzstreuer. Bei trockenem Wetter bläst der Wind die Samen aus der schwankenden Kapsel heraus. Besonders leicht sind die Samen einiger Orchideen, die deshalb als *Staubflieger* bezeichnet werden. Die Früchte von Ulme und Birke sind kleinen, fliegenden Untertassen vergleichbar. Wegen ihrer Form heißen sie *Scheibenflieger*. Bei den *Schraubenfliegern* von Ahorn, Hainbuche, Linde oder Kiefer bewegen sich die Früchte wie Propeller durch die Luft. Die Samen der mit unserem Kürbis verwandten tropischen Pflanze Zanonia besitzen große, flügelförmige Tragflächen, die sie zu *Gleitfliegern* machen. Auch haarähnliche Fortsätze ermöglichen vielen Früchten ein langes Schweben in der Luft. Die Früchte der Waldrebe sind *Federschweifflieger*. Weide und Pappel besitzen *Schopfflieger*. Bei ihnen sind die Früchte wie von einem Haarschopf umgeben. Die ,,Pusteblume“ des Löwenzahns ist jedem bekannt. Diese *Schirmflieger* sind die „Fallschirmspringer“ unter den Früchten.

Selbstverbreitung von Früchten: Aus den gelben Blüten des Springkrautes entwickeln sich *Schleuderfrüchte*. Wenn man eine reife Kapsel berührt, rollen sich die fünf Fruchtblätter so schnell ein, dass die Samen drei bis fünf Meter weit weggeschleudert werden. Bei Ginster und Hornklee platzen die Hülsen manchmal mit einem vernehmlichen Knall auf. Die Fruchtblätter rollen sich spiralig auf und schleudern die Samen aus.

Verbreitung durch Wasser: Wasser- bzw. Uferpflanzen wie Seerose und Erle besitzen *Schwimmsamen*. Luftgefüllte Hohlräume verhindern das Untergehen und die Samen können durch Wasserströmungen daher sehr weit verbreitet werden. Die Kokospalme ist daher, dank ihrer *Schwimmfrüchte*, auf den entlegensten Inseln der Südsee anzutreffen. (► S. 242/243, 252/253)

1 Eine Singdrossel frisst die Lockfrüchte vom Schneeballstrauch

Aufgaben

① Entwickle ein Flugmodell zum Transport einer Papierkugel.

② In Nordamerika wurde der Breitwegerich von europäischen Siedlern eingeschleppt. Erkläre, warum die Indianer die fremde Pflanze „Fußstapfen des Weißen Mannes“ nannten.

Ungeschlechtliche Vermehrung bei Pflanzen

Erdbeerpflanzen blühen, die Blüten werden durch Insekten bestäubt und aus den befruchteten Eizellen entstehen die Erdbeerfrüchte. Betrachtet man diese genauer, so sieht man an der Oberfläche kleine braune Punkte, die Nüsschen. Diese enthalten die Samen, die auskeimen können und dann zu neuen Pflanzen heranwachsen.

Die Erdbeere vermehrt sich in den meisten Fällen jedoch über *Ausläufer*. Dies sind oberirdische Triebe, die seitlich aus der Pflanze herauswachsen. Wenn diese Seitentriebe den Boden berühren, bilden sich Wurzeln und Blätter. Diese kleinen Pflänzchen wachsen heran und werden eigenständige Pflanzen.

Eine Mutterpflanze kann mehrere Tochterpflanzen bilden. Man spricht bei diesem Vorgang von einer *ungeschlechtlichen Vermehrung*, da diese ohne Befruchtung aus der Mutterpflanze erfolgt. Man findet sie auch bei anderen Pflanzen: bei der Kartoffelpflanze, bei Himbeersträuchern oder bei Maiglöckchen.

Tulpen, Küchenzwiebeln oder Knoblauchpflanzen vermehren sich durch *Tochterzwiebeln*. In der Zwiebel der Mutterpflanze entstehen seitlich kleine Zwiebeln, die heranwachsen. Aus diesen Zwiebeln entstehen neue Pflanzen, die alle gleich sind.

Die Pflanzenzüchter nutzen die Eigenschaft der ungeschlechtlichen Vermehrung, da sie mehrere Vorteile hat:
- Alle Nachkommen haben die gleichen Eigenschaften wie die Mutterpflanze.
- Die Vermehrung geht schneller, da man nicht auf die Blütenbildung warten muss.
- Bei manchen Kulturpflanzen kommt es in unserem Klima nicht zur Reifung der Samen.
- Einige Kulturpflanzen haben durch züchterische Veränderungen keine Samen mehr, wie die Bananen oder einige Orangen und Mandarinen.

Ausläufer einer Erdbeerpflanze

1 Erdbeerpflanze (Mutterpflanze)

Züchter nutzen auch eine weitere Eigenschaft der Pflanzen, nämlich aus einzelnen Pflanzenteilen wieder ganze Pflanzen entwickeln zu können. Ein kurzer Zweig, der *Steckling*, wird abgeschnitten und in Wasser oder feuchte Erde gestellt. Bei Weiden, Geranien oder Fuchsien bilden sich auf diese Weise neue Wurzeln. Usambaraveilchen kann man als *Blattstecklinge* vermehren.

Eine weitere Form, Obst- und Zierhölzer zu „vervielfältigen", ist die *Veredelung*. Hierbei wird im Frühjahr z. B. von einem Apfelbaum ein Zweig abgeschnitten und auf den Stamm eines wild wachsenden Apfelbaumes, der wenige oder ungenießbare Früchte trägt, *aufgepfropft*. Hierzu wird der Zweig glatt abgeschnitten und in einen Spalt hinter der eingeschnittenen Rinde eingefügt. Die Wunde wird mit Baumwachs abgedichtet. Beide Teile verwachsen zu einer Einheit mit den gewünschten Eigenschaften. (▶ S. 250/251)

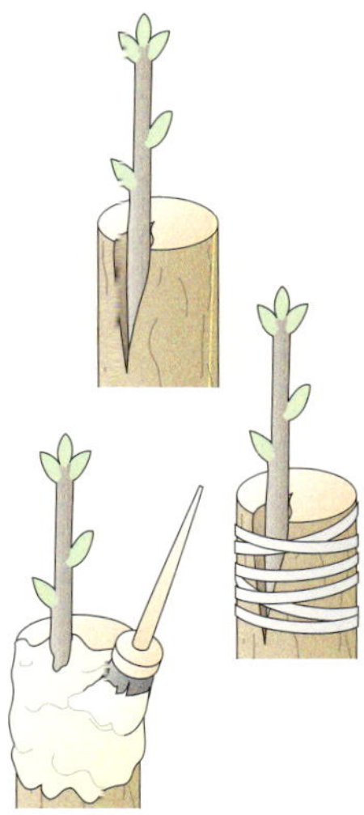

Pfropfen

Aufgaben

① Manche Zuchtformen von Bananen, Apfelsinen und Mandarinen weisen keine Samen auf. Wie kann man sie vermehren?

② Versuche selbst, eine Weide durch Stecklinge zu vermehren. Erstelle zu diesem Versuch ein genaues Protokoll.

③ Das Brutblatt *(Bryophyllum)* weist eine besondere Art der Vermehrung auf: Am Blattrand der Mutterpflanze entstehen viele kleine Tochterpflänzchen, die abfallen und zu neuen Pflanzen heranwachsen. Stelle begründet dar, ob es sich hier um eine geschlechtliche oder ungeschlechtliche Vermehrung handelt?

Blattsteckling

Bau und Funktion der Wurzel

Im Bau der Samenpflanze unterscheidet man die unterirdische *Wurzel* und den *Spross* oberhalb der Erde. Der Spross gliedert sich in *Sprossachse*, *Laubblätter* und *Blüte*. Jedes dieser Pflanzenorgane hat seine Funktionen. Nur im aufeinander abgestimmten Zusammenspiel der Funktionen aller Organe ist die Pflanze lebensfähig.

Einkeimblättrige
besitzen ein Keimblatt und meist paralleladrige Blätter

Zweikeimblättrige
besitzen zwei gegenständige Keimblätter und netzadrige Blätter

Eine Funktion der Wurzel ist die feste Verankerung der Pflanze im Boden. Die Wurzeln müssen im Erdreich entweder sehr tief nach unten wachsen *(Tiefwurzler)* oder sich flach nach allen Seiten verzweigen *(Flachwurzler)*. Typische Tiefwurzler sind die Kiefern. Die Gräser und die Fichten sind Flachwurzler. Die Gesamtheit der Wurzeln einer Pflanze bilden das *Wurzelsystem*. Das Hauptwurzelsystem der Zweikeimblättrigen (s. Seite 47) besteht aus einer kräftigen *Hauptwurzel* mit zahlreichen *Seitenwurzeln*. Bei einkeimblättrigen Pflanzen entwickeln sich aus den unteren Sprossteilen viele gleichartige *Nebenwurzeln*, die das *sprossbürtige Wurzelsystem* bilden. Das Wurzelsystem einer Pflanze kann eine Gesamtlänge von mehreren Kilometern erreichen und bis in eine Tiefe von 30 m vordringen. Bei Bäumen entspricht die Ausdehnung des Wurzelsystems ungefähr dem Kronenumfang (s. Abb. 1).

Die Wurzelspitzen dringen beim Wachsen zwischen den Bodenteilchen ins Erdreich vor. Dabei werden sie von einer Schicht kurzlebiger Zellen, der Wurzelhaube, geschützt (Abb. 33.1).

Die Zellen des Bildungsgewebes hinter der Wurzelhaube teilen sich sehr häufig, wodurch ständig neue Zellen für das Wachstum der Wurzel entstehen. Diese Zellen strecken sich später und werden danach in Bau und Funktion unterschiedlich ausgebildet. Erst in der dahinter liegenden *Wurzelhaarzone* findet man den typischen Gewebeaufbau einer Wurzel: die *Rhizodermis* (Wurzelhaut) als *Abschlussgewebe*, die *Rinde*, die *Endodermis* als Kontrollgewebe und den *Zentralzylinder*.

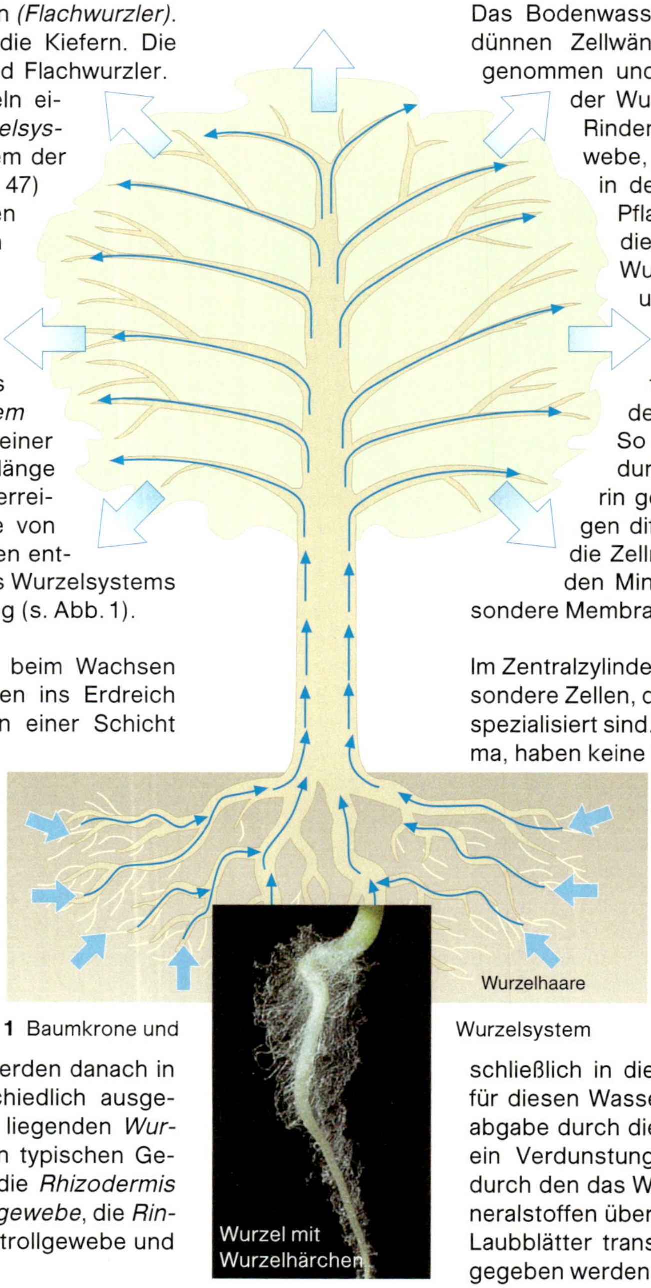

1 Baumkrone und Wurzelsystem

Die äußeren Zellen der Wurzel bilden an ihrer Außenseite einen dichten Filz feiner Härchen, die *Wurzelhaare*, die sich zwischen die winzigen Bodenteilchen schieben. Die Wurzelhaare leben nur einige Tage, die älteren oberhalb sterben ab und werden in Richtung der Wurzelspitze ständig neu gebildet. Die Aufnahme von Wasser und Mineralstoffen aus dem Boden ist neben der Verankerung die zweite Aufgabe der Wurzeln. Die Mineralstoffe werden für das Wachstum und die Gesundheit der Pflanze benötigt.

Das Bodenwasser wird durch die äußerst dünnen Zellwände der Wurzelhaare aufgenommen und gelangt durch die Zellen der Wurzelrinde bis zur innersten Rindenschicht, dem Kontrollgewebe, und durch dessen Zellen in den Zentralzylinder. Wie alle Pflanzenzellen werden auch die Zellen der verschiedenen Wurzelgewebe von Zellwand und Zellmembran begrenzt. Diese Zellabgrenzung ist von besonderer Bedeutung für die Aufnahme und den Transport des Wassers. So sind Zellwände vollständig durchlässig für Wasser und darin gelöste Mineralstoffe. Dagegen diffundiert nur Wasser durch die Zellmembran (s. Seite 34). Für den Mineralstofftransport sind besondere Membranstrukturen notwendig.

Im Zentralzylinder gelangt das Wasser in besondere Zellen, die auf den Wassertransport spezialisiert sind. Sie enthalten kein Zellplasma, haben keine Querwände und sind durch Wandverdickungen versteift. Man nennt sie Gefäße. Bei den *Tüpfelgefäßen* ist die ganze Wand verdickt, bei den *Schraubengefäßen* sind es nur die schraubigen Verdickungsleisten. Über diese Gefäße gelangt das Wasser in die Sprossachse und so schließlich in die Laubblätter. Die Ursache für diesen Wassertransport ist die Wasserabgabe durch die Blätter. Dadurch entsteht ein Verdunstungssog *(Transpirationssog)*, durch den das Wasser mit den gelösten Mineralstoffen über die Sprossachse bis in die Laubblätter transportiert wird und dort abgegeben werden kann (Abb. 33.1).

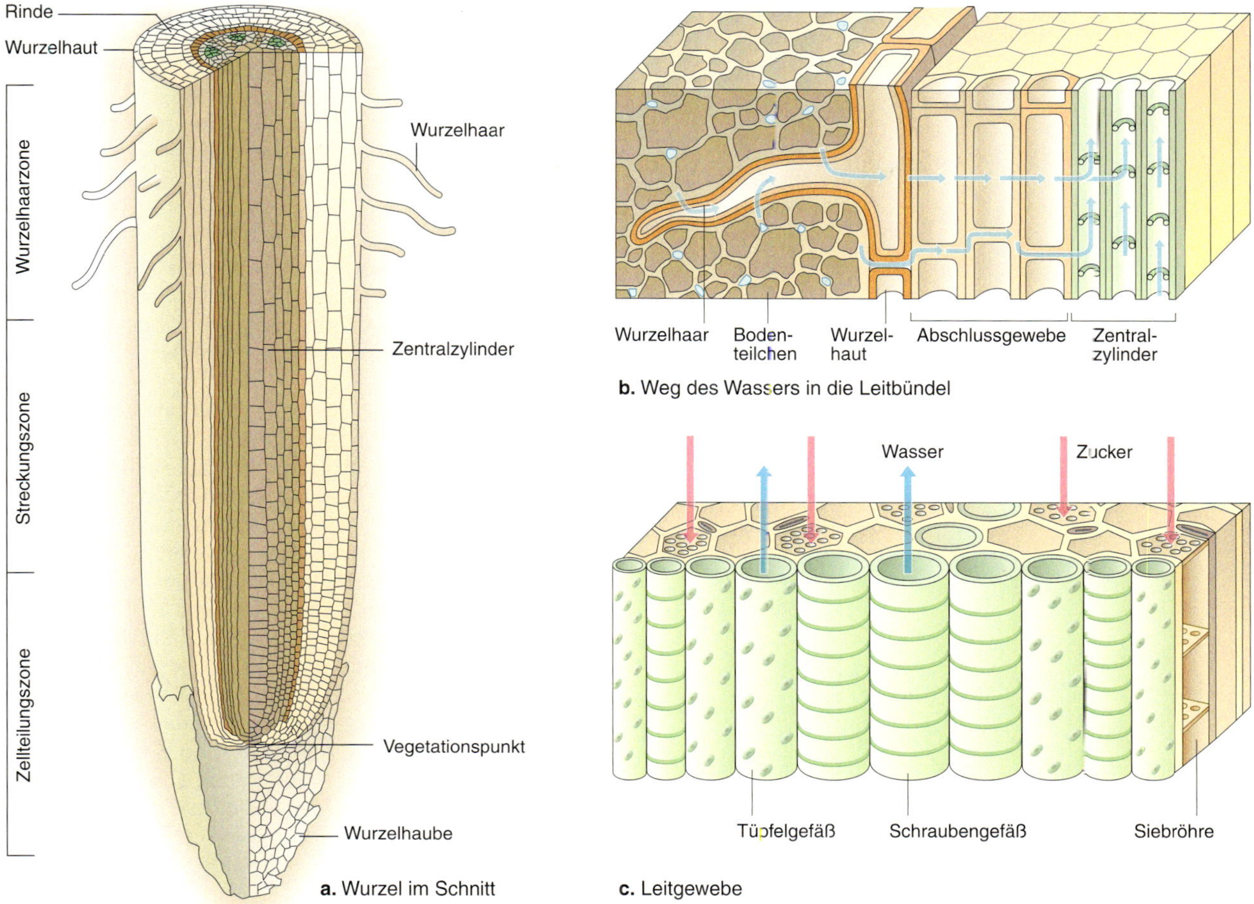

a. Wurzel im Schnitt

b. Weg des Wassers in die Leitbündel

c. Leitgewebe

1 Bau der Wurzel

Wurzelmetamorphosen

Die Grundorgane einer Samenpflanze können im Bau sehr variabel sein. Dieser Gestaltwandel wird als *Metamorphose* bezeichnet und ist ein Ergebnis der Anpassung an die unterschiedliche Wirkung von Umweltbedingungen. Verschiedene Metamorphosen der Wurzel ermöglichen der Pflanze besondere Funktionen, die über die grundlegende Funktion dieses Organs hinausgehen und die Existenz unter besonderen Bedingungen gewährleisten. So wird zum Beispiel die Speicherung von Stoffen oder die Befestigung der Pflanze möglich. (► S. 252/253)

Als *Speicherwurzeln* ausgebildet sind die Hauptwurzeln der Möhre und der Zuckerrübe. Dagegen entstehen *Wurzelknollen* wie bei der Dahlie aus sprossbürtigen Wurzeln. Sowohl in Wurzelrüben als auch in Wurzelknollen erfolgt die Speicherung von Stoffen im verdickten Rindengewebe. Die *Haftwurzeln* des Efeus dringen in kleine Spalten und Risse des Untergrundes ein und ermöglichen so das Emporwachsen an Bäumen oder Mauern. Die *Stelzwurzeln* des Maises sichern dieser Pflanze einen festen Stand.

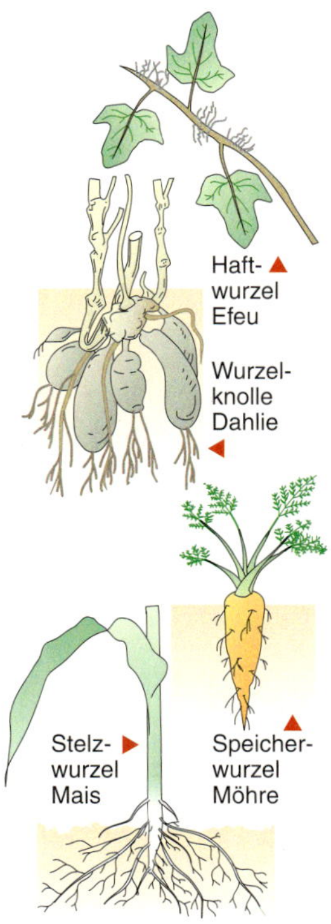

Aufgaben

① Wurzelhaare vergrößern die Oberfläche der Wurzel um ein Vielfaches. Erkläre, welchen Vorteil das für die Pflanze hat und stelle begründet das hierzu passende Basiskonzept dar.

② Beschreibe den Weg des Wassers aus dem Boden bis in den Zentralzylinder.

③ Erkläre die Wege des Wassers in der Wurzel mithilfe der physikalischen Vorgänge (s. auch Seite 34, 36).

④ Schneide eine Speisemöhre quer durch. Welche Teile der Wurzel kennst du?

⑤ Vergleiche die vier Wurzelmetamorphosen (Mittelspalte) bezüglich des Baus der Wurzel und ihrer Funktion.

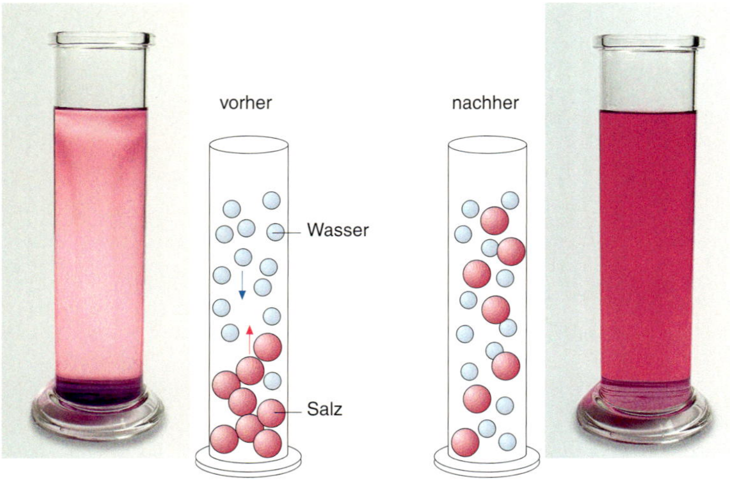

1 Diffusion von Kaliumpermanganat

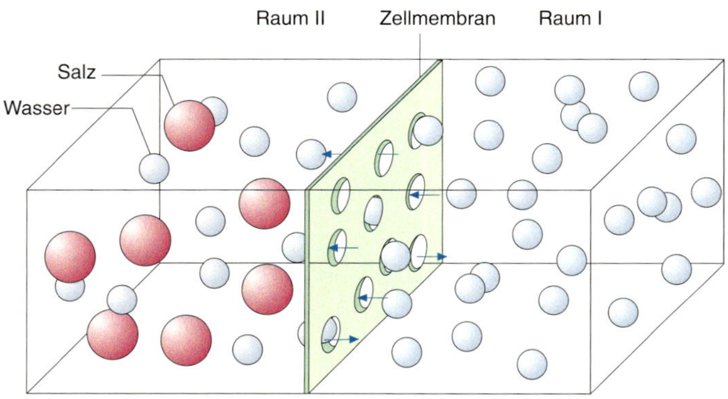

2 Osmose

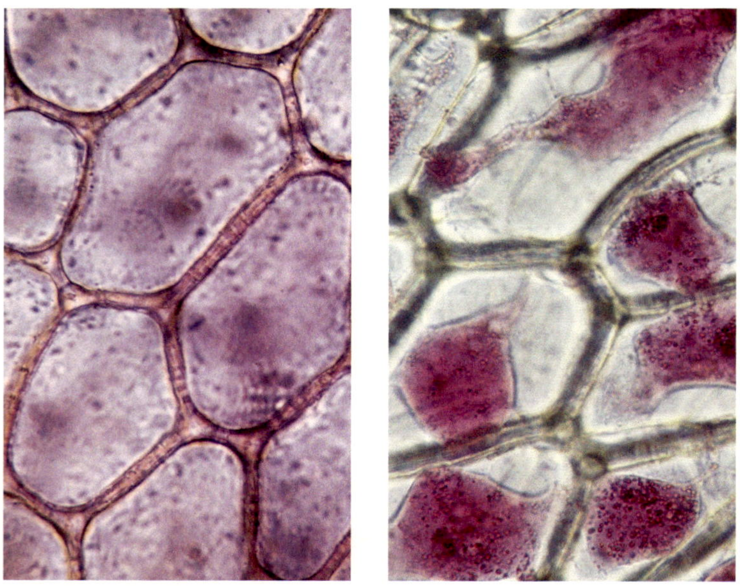

3 Plasmolyse (Abgabe von Wasser aus der Zellvakuole, bis sich der Protoplast von der Zellwand löst)

Diffusion und Osmose

Pflanzen nehmen Wasser auf und geben es auch wieder ab. Aus der Praxis der Pflanzenpflege ist aber auch bekannt, dass Pflanzen neben dem Wasser noch andere Stoffe, die *Mineralstoffe*, aufnehmen. Solche Mineralstoffe sind verschiedene Salze, die natürlich im Boden vorkommen oder in Form von Düngemitteln den Pflanzen zugeführt werden. Die Aufnahme und der Transport dieser Stoffe erfolgen nach grundlegenden physikalischen Gesetzmäßigkeiten.

Gibt man Salz in ein Glas und schüttet vorsichtig Wasser darüber, ist das Salz nach kurzer Zeit nicht mehr zu sehen. Das Salz hat sich aufgelöst. Das Wasser an der Oberfläche schmeckt zunächst kaum salzig. Die Konzentration des gelösten Salzes ist am Boden des Gefäßes größer als oberhalb. Erst nach einiger Zeit wird der salzige Geschmack stärker. Das Salz hat sich ohne äußeren Einfluss in dem Wasser gleichmäßig verteilt. Die Salzkonzentration ist im gesamten Volumen gleich. Diesen Vorgang, der durch die Eigenbewegung der Teilchen ermöglicht wird, nennt man *Diffusion* (Abb. 1). Auf diese Weise erfolgt die gleichmäßige Verteilung und Durchmischung von gelösten flüssigen und gasförmigen Stoffen.

Das Plasma der Zellen enthält ebenfalls gelöste Salze. Legt man Zellen in Wasser ohne Salz (destilliertes Wasser), müsste wegen der unterschiedlichen Konzentration das Salz aus den Zellen heraus- und das Wasser in die Zellen hineindiffundieren. Das Salz diffundiert jedoch nicht aus den Zellen in das Wasser, da die Zellmembran nicht für alle Stoffe gleichermaßen durchlässig ist. Sie wirkt wie ein Sieb. Man spricht von einer *halbdurchlässigen Membran*. Obwohl sich auch in diesem Fall alle Teilchen der Stoffe ungerichtet bewegen, können nur die kleineren Wasserteilchen die Zellmembran passieren, die größeren, wie die Salzteilchen bleiben zurück (Abb. 2). Es gelangen mehr Wasserteilchen in die konzentriertere Lösung. Diesen Vorgang nennt man *Osmose*.

In den Wurzelzellen ist die Konzentration von Salzen höher als im Boden. Das Wasser diffundiert daher in die Wurzelzellen. In salzreichen Böden sind die Verhältnisse umgekehrt, die meisten Pflanzen können dort kein Wasser aufnehmen, sondern geben Wasser ab und gehen ein. Nur an diese Bedingungen angepasste Pflanzen mit konzentrierterem Zellplasma in den Wurzelzellen überleben.

Diffusion und Osmose

Verteilung von Stoffen

Material:
2 Gläser

Reagenz:
Wasser, Himbeersirup (oder anderer farbiger Sirup), Tee, Zucker

Durchführung:
1. Fülle ein Glas etwa zu drei Viertel mit Leitungswasser und warte bis das Wasser ruhig steht. Gib dann vorsichtig den farbigen Sirup dazu, indem du ihn langsam an der Innenseite des Glases herablaufen lässt, bis das Glas gefüllt ist. Beobachte den Inhalt des Glases über zwei Tage in bestimmten Abständen und erkläre die Veränderungen.

   Kennzeichne ein Glas mit dem Buchstaben A und ein zweites Glas mit B. Fülle in das erste Glas (Glas A) abgekühlten Tee, in das Glas B warmen Tee. Gib in beide Gläser je drei Stück Würfelzucker, ohne umzurühren. Koste den Tee in beiden Gläsern sofort und im Abstand von 15 Minuten. Vergleiche den Geschmack in beiden Tees und erkläre.

Osmose und Pflanzenorgane

Material:
Kartoffel, kleiner Löffel, Messer

Reagenz:
Kochsalz, Puderzucker

Durchführung:
2. Halbiere eine ungeschälte rohe Kartoffel und höhle mit einem kleinen Löffel jede Hälfte etwas aus, sodass eine kleine Vertiefung entsteht. Fülle in die Vertiefung der einen Hälfte vorsichtig Puderzucker, in die der anderen Hälfte Salz. Warte ca. 5 bis 10 min und notiere deine Beobachtungen. Kontrolliere nach weiteren 30 Minuten die Kartoffelhälften. Erkläre die Beobachtungen mithilfe deines Wissens über Osmose.

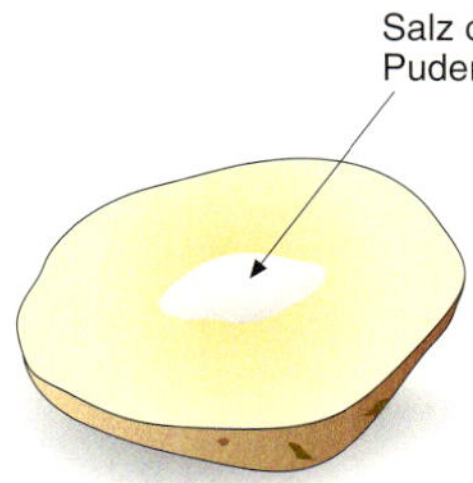

Welken – auch Osmose

Material:
2 frisch geschnittene Sprosse (z. B. Fleißiges Lieschen, Flieder), 2 Reagenzgläser, Löffel

Reagenz:
Wasser und gesättige Kochsalzlösung

Durchführung:
3. Fülle in ein Glas Leitungswasser und gib mit einem Löffel so lange Kochsalz hinzu, bis sich beim Umrühren kein Salz mehr löst und sich als Bodensalz absetzt. Du erhältst eine gesättigte Kochsalzlösung.

Schneide zwei Sprosse des Fleißigen Lieschens oder vom Flieder frisch ab und stelle einen in ein Glas mit Leitungswasser und den anderen in ein Glas mit der gesättigten Kochsalzlösung.

Beobachte die Pflanzen nach einem Tag und notiere das Ergebnis. Erkläre das unterschiedliche Aussehen der beiden Sprosse.

Bau eines Osmometers

Eine Apparatur, mit der man die Saugkraft einer konzentrierteren Lösung gegenüber einer verdünnteren (osmotischer Sog) messen kann, heißt *Osmometer*. Ein solches Gerät kann man selbst bauen.

Material:
Filmdose, Cellophanfolie, farbloses Trinkröhrchen oder Messpipette, Gummiring, Glas

Reagenz:
Wasser, Kochsalzlösungen verschiedener Konzentrationen, Zuckerlösungen verschiedener Konzentrationen, Tinte

Durchführung:
4. Entferne von der leeren Filmdose den Deckel. Bohre in die Mitte des Bodens ein Loch so, dass das Trinkröhrchen bzw. die Messpipette hineingeschoben werden kann und straff sitzt. Dichte evtl. mit Klebstoff ab. Schneide in den Deckel der Filmdose ein großes Loch. Gib zu der Salzlösung etwas Tinte und befülle damit die präparierte Filmdose randvoll.
   Spanne über die offene Dose ein Stück gut eingeweichte Cellophanfolie und drücke dann den Deckelring so auf die Dose, dass sie verschlossen ist.
   Stelle das ganze in ein Glas mit Leitungswasser. Erkläre die Beobachtung.
5. Wiederhole den Versuch 4 mit der Zuckerlösung. Tausche die Lösungen zwischen Filmdose und Glas aus. Beobachte und erkläre.
6. Befülle die Filmdose mit einer sehr stark konzentrierten Salzlösung, das Glas, in das du sie stellst, aber mit einer verdünnten Salzlösung. Was passiert? Erkläre.

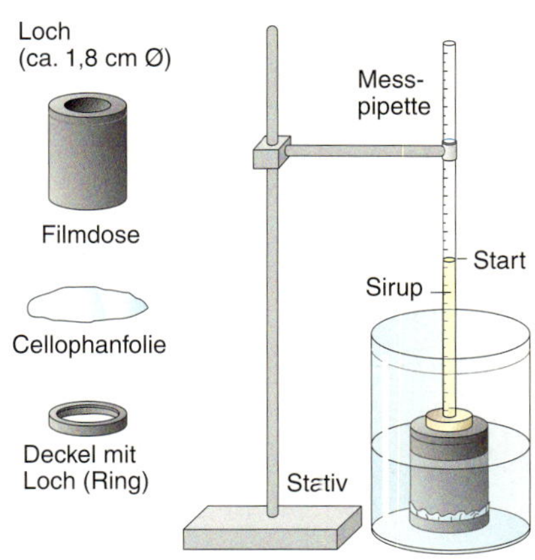

Die Sprossachse

Die Sprossachse stellt die Verbindung zwischen der Wurzel und den Blättern sowie den Blüten her. Je nach ihrer Beschaffenheit bezeichnet man sie als *Halm* bei Gräsern, als *Stängel* bei krautigen Pflanzen oder als *Stamm* und *Zweige* bei Bäumen.

Die Sprossachse der Einkeimblättrigen

An Maispflanzen, einer einkeimblättrigen Pflanze (s. Seite 47), kann sehr gut die Gliederung der Sprossachse in Knoten und Zwischenknotenstücke erkannt werden. Die Pflanzen erreichen eine Höhe von mehr als zwei Metern und müssen stabil aber auch elastisch gebaut sein. Streicht der Wind über die Pflanzen hinweg, biegen sie sich, ohne zu knicken.

Am Stängelquerschnitt sind verschiedene Gewebearten zu unterscheiden: die *Stängelepidermis*, das *Grundgewebe* und die darin eingebetteten *Leitbündel*. Diese sind über den Querschnitt kreisförmig verteilt und durchziehen die gesamte Sprossachse in Längsrichtung (Abb. 1).

Die Leitbündel enthalten die beiden Typen des Leitgewebes, welche von Festigungsgewebe umschlossen sind (Abb. 3). Dem Stängelmittelpunkt zugewandt liegt der *Gefäßteil*. In diesem Gewebe setzen sich die Gefäße aus dem Zentralzylinder der Wurzel nach oben fort. Wasser und Mineralstoffe werden hier von der Wurzel weiter zu den Laubblättern transportiert.

Der nach außen gerichtete Teil des Leitbündels enthält die *Siebröhren*, die über porige *Siebplatten* miteinander verbunden sind. Während sich der Gefäßteil aus abgestorbenen, verholzten Zellen zusammensetzt, besteht der Siebteil aus lebenden Zellen. In diesen werden die von der Pflanze hergestellten Stoffe, z. B. Glucose (Zucker), in alle Organe, auch zu den Früchten und Speicherorganen, transportiert.

Das von der Wurzel aufgenommene Wasser wird durch Osmose ständig in die Gefäße des Zentralzylinders gedrückt. Dieser Wurzeldruck reicht jedoch nicht aus, um das Wasser in die oberen Bereiche großer Pflanzen zu transportieren. Die Gefäße haben einen geringen Querschnitt und stellen im physikalischen Sinn Kapillaren dar. Durch *Adhäsion*, die Anziehung zwischen der Gefäßwand und den Teilchen des Wassers, und durch *Kohäsion*, die Anziehungskraft zwi-

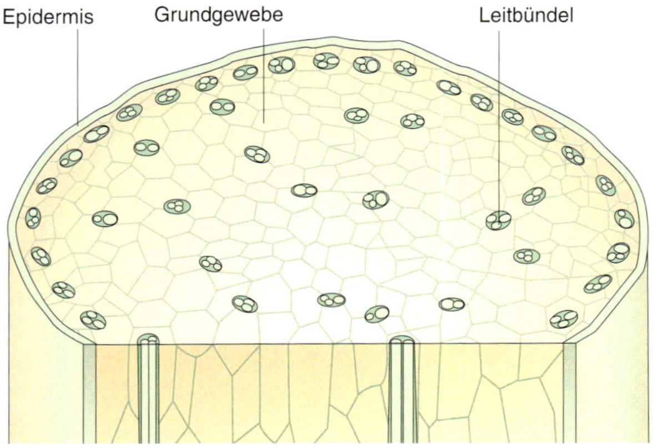

1 Aufbau eines Maisstängels

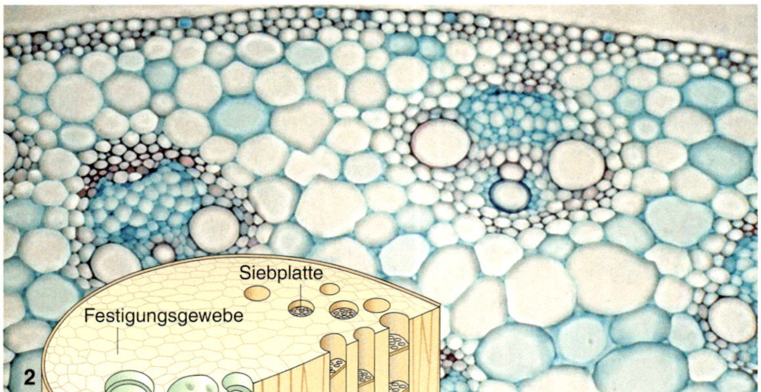

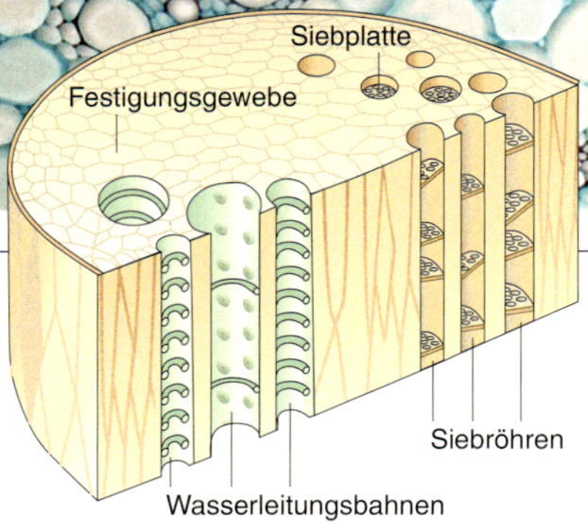

2

3

2 Mikrofoto Gewebe

3 Schema eines Leitbündels

4 Mikrofoto Gefäß

5 Stofftransport in der Pflanze

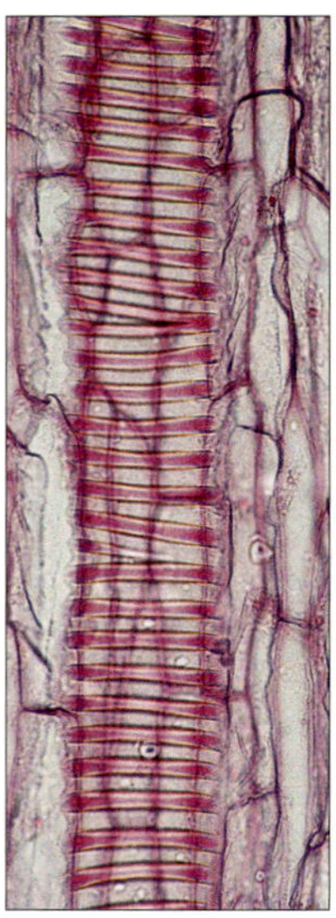

4

5a

5b

schen den Wasserteilchen, steigt das Wasser vom *Transpirationssog* (entsteht durch die Wasserdampfabgabe über die Blätter) getrieben innerhalb der Gefäße nach oben. Man nennt das Zusammenwirken beider Kräfte (Adhäsion, Kohäsion) *Kapillarwirkung*.

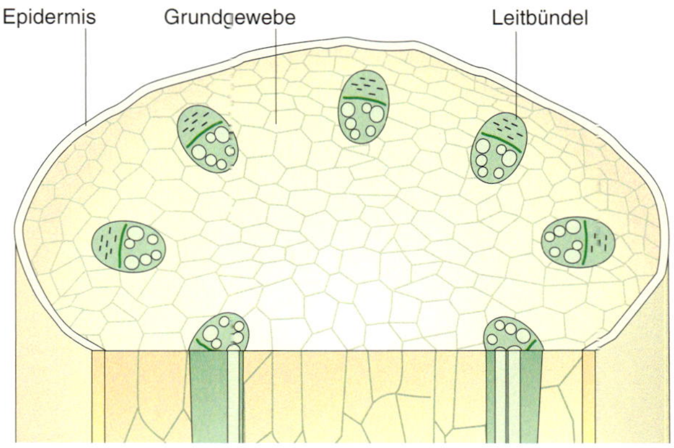

1 Querschnitt einer zweikeimblättrigen Pflanze

Die Sprossachse der Zweikeimblättrigen

Vergleicht man den Sprossachsenquerschnitt vom Mais, einer einkeimblättrigen Pflanze, mit dem einer krautigen zweikeimblättrigen Pflanze (s. Seite 47), wie etwa der Gartenbohne, fällt die unterschiedliche Verteilung der Leitbündel auf (Abb. 1).

In den Leitbündeln der zweikeimblättrigen Pflanzen tritt zwischen dem Siebteil und dem Gefäßteil ein weiteres Gewebe, das *Kambium*, auf. In diesem Bildungsgewebe entstehen durch Zellteilung ständig neue Zellen der beiden Leitgewebe. In älteren Sprossachsen bildet das Kambium einen Hohlzylinder und ermöglicht so das ringförmige *Dickenwachstum* zum Beispiel von Bäumen.

Aufgabe

① Stelle einen frisch geschnittenen Stängel einer hell blühenden Pflanze *(Alpenveilchen, Fleißiges Lieschen)* in Wasser, das mit Tinte angefärbt ist. Erkläre deine Beobachtungen.

② Stelle von einem krautigen Stängel ein Querschnittpräparat her. Beobachte mit dem Mikroskop und zeichne.

③ Vergleiche Sprossachsenquerschnitte ein- und zweikeimblättriger Pflanzen unter dem Mikroskop.

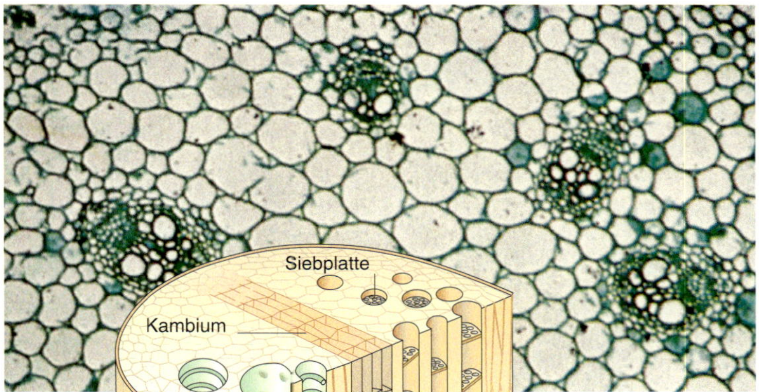

2

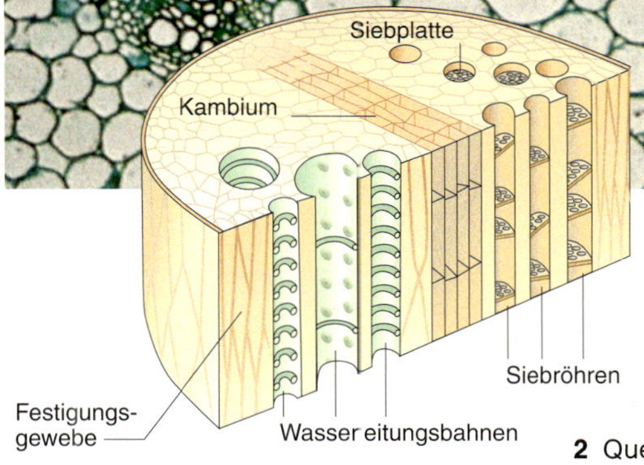

3

2 Querschnitt eines Stängels

3 Schema eines Leitbündels

Zettelkasten

Sprossmetamorphosen

Nährstoff-speicherung	Wasser-speicherung	Befestigung	Abwehr	Fortpflanzung
oberirdische Sprossknolle – Kohlrabi	Stammsukkulenz – Kakteen	Sprossranken – Weinrebe – Zaunrübe	Sprossdornen – Weißdorn – Schlehe	oberirdische Ausläufer – Erdbeere – Weißklee
unterirdische Sprossknolle – Kartoffel				unterirdische Ausläufer – Schilf – Quecke – Brennnessel
Erdspross (Rhizom) – Schwertlilie – Seerose – Buschwindröschen				

Auch die Sprossachsen der Samenpflanzen können in Anpassung an spezielle Umweltbedingungen Metamorphosen bilden. Einige Sprossachsen speichern Nährstoffe. Der Kohlrabi z. B. bildet eine *Sprossknolle*. Sprossknollen sind auch die im Erdreich wachsenden Kartoffeln. Manche Pflanzen bilden *Erdsprosse (Rhizome)*, andere *Ausläufer* und *Sprossranken*. Manche Samenpflanzen können an extrem trockenen Standorten existieren, da sie in ihren dicken und fleischigen Sprossachsen viel Wasser speichern, wie z. B. bei den Kugel- und Säulenkakteen. Da die Blätter stark reduziert sind, wird Fotosynthese (s. Seite 54) mit chlorophyllhaltigen Sprosszellen betrieben.

Spaltöffnung

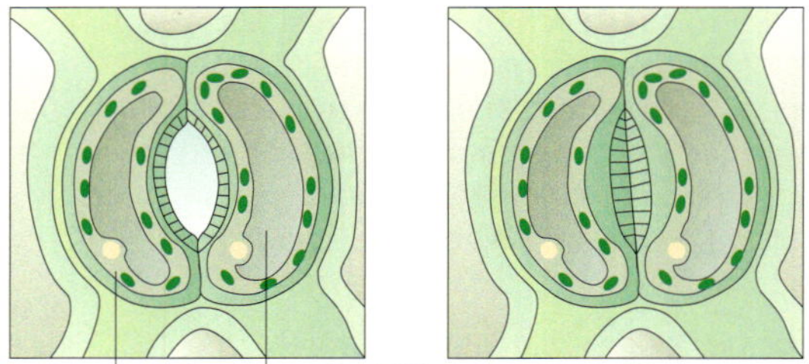

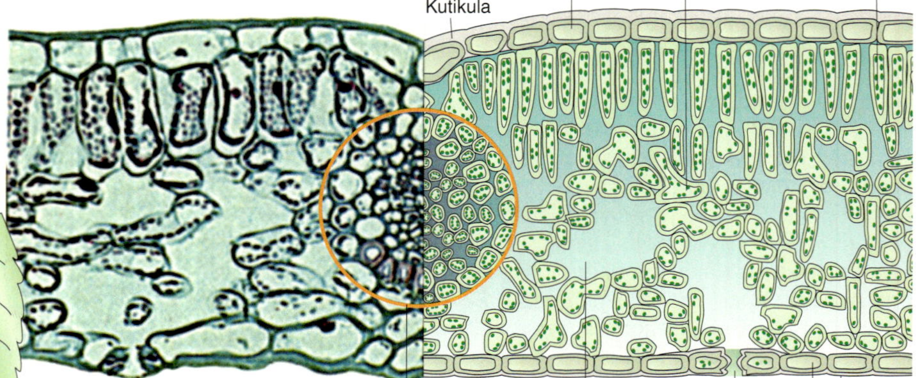

Der Schichtenbau des Blattes und der Gasaustausch

Bei 100- bis 200facher Vergrößerung lässt sich an einem Blattquerschnitt der Christrose der innere Aufbau eines *Blattes* gut beobachten. Dabei fällt auf, dass dieses Laubblatt aus mehreren Gewebeschichten aufgebaut ist. Jede Schicht besteht jeweils aus untereinander gleich aussehenden Zellen mit gleicher Aufgabe. (▶ S. 244/245)

Die Blattoberseite wird von einem lichtdurchlässigen, meist einschichtigen Abschlussgewebe, der *oberen Epidermis*, gebildet. Ihre Zellen liegen lückenlos aneinander, sind frei von Chloroplasten, die der Fotosynthese dienen (s. Seite 54) und haben verdickte Außenwände. Auf der Außenseite sind sie mit einer wachsähnlichen, wasserundurchlässigen Schicht, der *Kutikula*, überzogen. Die Epidermis und die Kutikula schützen das Blatt vor Verletzung und Austrocknung.

Die unter der oberen Epidermis liegenden Zellen sind lang gestreckt und chloroplastenreich. Man nennt dieses Gewebe aufgrund der Anordnung und Form der Zellen *Palisadengewebe*.

Zwischen dem Palisadengewebe und der unteren Epidermis liegt das *Schwammgewebe*. Die Zellen dieser Schicht sind unregelmäßig angeordnet und enthalten weniger Chloroplasten. Seinen Namen hat das Gewebe wegen der zahlreichen Hohlräume erhalten, die es wie einen Schwamm aussehen lassen. Diese Hohlräume werden als *Interzellularräume* bezeichnet und dienen dem Gasaustausch.

Die Blattunterseite wird wieder durch eine Epidermis begrenzt. Im Gegensatz zur Blattoberseite besitzt sie zahlreiche *Spaltöffnungen*. Jede Spaltöffnung besteht aus zwei chloroplastenreichen *Schließzellen*, deren Zellwände stellenweise verdickt sind. Direkt oberhalb jeder Spaltöffnung befindet sich ein besonders großer Interzellularraum.

Ein Netz von Leitbündeln durchzieht das Blatt. Sie geben einerseits Halt und Festigkeit, andererseits dienen sie als Zuleitungsbahnen für das Wasser mit den Mineralstoffen und Ableitungsbahnen für den in den grünen Zellen gebildeten Zucker.

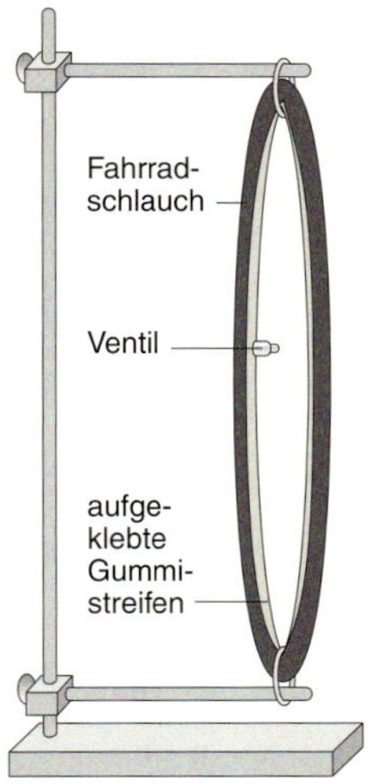

Modell zur Funktion der Spaltöffnung

Über die Spaltöffnungen kann die Pflanze ihren Wasserhaushalt regulieren. Steht der Pflanze genügend Wasser zur Verfügung, gelangt dieses durch Osmose aus den umliegenden Epidermiszellen in die Schließzellen, die dadurch prall gefüllt werden und sich nach außen krümmen. Zwischen ihnen wird ein kleiner Spalt freigegeben, durch den Wasserdampf nach außen diffundiert. Durch Hitze und Trockenheit verliert die Pflanze so viel Wasser, dass auch die Schließzellen wieder Wasser abgeben. Infolgedessen erschlaffen die Schließzellen, sodass sich der Spalt schließt. Die Wasserdampfabgabe durch die Spaltöffnungen wird *Transpiration* genannt. Das abgegebene Wasser wird aus den Gefäßen der Leitbündel im Blatt nachgeführt, wodurch ein Sog entsteht, der *Transpirationssog*. Er trägt wesentlich bei zum kontinuierlichen Wasserstrom in der Pflanze von der Wurzel über die Sprossachse bis zu den Blättern.

Die geöffneten Spaltöffnungen ermöglichen auch den *Gasaustausch*. Kohlenstoffdioxid gelangt aus der Luft in die Interzellularräume und von dort in die Zellen des Schwamm- und Palisadengewebes. Der in diesen Zellen gebildete Sauerstoff wird über die Spaltöffnungen an die Umgebung abgegeben. Grundlage für den Austausch dieser Gase ist die *Diffusion*.

Blattmetamorphosen

Durch Blattmetamorphosen ist bei einigen Pflanzen der Grundbauplan des Laubblattes stark abgewandelt. Diese Blätter dienen oft nicht mehr dem Gasaustausch, der Transpiration und der Bildung von Zucker, sondern anderen spezifischen Funktionen, wie Speicherung von Wasser oder Nährstoffen, Schutz oder der Verankerung.

- Die *Blattdornen* der Berberitze bilden einen wirksamen Schutz gegen Fraß durch größere Tiere.
- *Speicherblätter* enthalten Nährstoffe, die das Wachstum junger Pflanzen im Frühjahr ermöglichen. Aus ihnen werden die Zwiebeln der Tulpe und des Schneeglöckchens gebildet. Die Speicherblätter der Küchenzwiebel werden als Gemüse genutzt.
- Beim *Aronstab* wird der Blütenstand von einem *Hochblatt* umgeben. Auffallend gefärbte Hochblätter locken bei anderen Pflanzen die Insekten zur Bestäubung an.
- Mit seinen *Blattranken* windet sich die Gartenerbse um eine stützende benachbarte Pflanze, um so die Sprossachse in die Höhe zu bringen.
- Die *Fangblätter* der Fleisch fressenden Pflanzen sind eine Angepasstheit an nährstoffarme Standorte. Sie locken mit diesen umgebildeten Blättern kleine Insekten an. Auf den Fangblättern des Sonnentaus kann man kleine klebrige Tropfen erkennen, durch die die Insekten festgehalten und verdaut werden. Die dabei freigesetzten Eiweiße werden dann über die Blattfläche aufgenommen.

Untersucht man diese Blattmetamorphosen mit Lupe oder Mikroskop, so findet man zumindest teilweise die für Laubblätter typischen Merkmale. (► S. 242/243, 252/253)

1 Blattmetamorphosen

Untersuchungen von Pflanzenorganen

Mithilfe der Holundermarktechnik kannst du einfache Blattquerschnitte anfertigen. Spalte dazu zunächst ein Stück Holundermark (oder Styropor) mit einer Rasierklinge ca. 1 cm tief. Zum Schutz vor Verletzungen wird eine Hälfte der Rasierklinge mit Heftpflaster überklebt.

Schneide nun mit einer Schere aus dem zu untersuchenden Blatt parallel zu den Blattrippen schmale Streifen heraus. Diese werden einzeln und der Länge nach zwischen die beiden Spalthälften des Holundermarks gelegt. Die über das Holundermark hinausragenden Teile werden mit der Schere abgeschnitten.

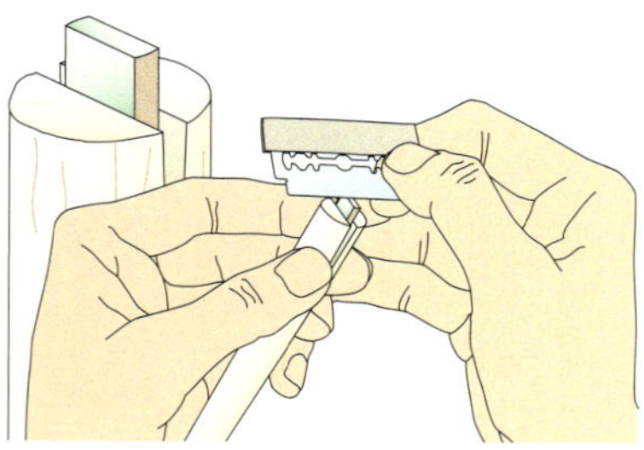

Unsere erste Abbildung zeigt, wie du einen Blattquerschnitt herstellen kannst. Weil das Schwammgewebe beim Schnitt leicht zerreißt, muss man darauf achten, dass die Blattunterseite immer zur Rasierklinge hinzeigt. Fertige möglichst dünne Präparate an.

Beachte beim Schnitt mit der Rasierklinge folgende Regeln:

1. Rasierklinge ansetzen und flachlegen.
2. Seitlich zu dir hin durch das Gewebe ziehen und führen.
3. Langsam schneiden.
4. Jeden Schnitt sofort abnehmen und in einen Tropfen Wasser auf den Objektträger legen.

Bau eines Laubblattes

Material:
Blätter von Flieder, Holunder, Eiche, Buche, Sauerklee

Reagenz:
2%ige Kochsalzlösung. Löse dazu 2 g Kochsalz in 100 ml destilliertem Wasser.

Aufgaben

① Stelle einen dünnen Blattquerschnitt von dem Flieder mithilfe der Holundermarktechnik her.
Lege diesen auf einen Objektträger, auf den du vorher einen Tropfen 2%iger Kochsalzlösung aufgetropft hast. Mikroskopiere bei mittlerer Vergrößerung und zeichne einen Blattquerschnitt in dein Heft. Beschrifte die gezeichneten Blattgewebe und vergleiche mit der Abbildung auf Seite 38.

② Vergleiche den Blattaufbau des Flieders, des Holunders und der Eiche miteinander. Beschreibe die Unterschiede im Blattbau.

③ Untersuche einen frisch angefertigten Blattquerschnitt vom Sauerklee. Nenne die Unterschiede im Vergleich zu einem Christrosenblatt.

④ Sammle von der äußeren Laubkrone und vom Kroneninnern einer Buche Laubblätter. Fertige von diesen Blattquerschnitte an. Beschreibe die Unterschiede im Blattbau.

⑤ Der Mais gehört zu den ältesten Kulturpflanzen. Ursprünglich stammt er aus Mittel- und Südamerika. In unserer Heimat ist er erst seit dem 17. Jahrhundert verbreitet. In der unten stehenden Abbildung ist der Querschnitt durch ein Maisblatt dargestellt. Vergleiche den Aufbau dieses Blattes mit demjenigen des Holunders. Stelle die Unterschiede heraus.

Bau eines Nadelblattes

Material:
Nadeln von Kiefer, Tanne, Fichte

Reagenz:
70%iger Ethanol [F]

Aufgaben

⑥ Fülle ein Blockschälchen mit Ethanol. Entharze darin nach dem Schneiden für kurze Zeit die dünnen Blattquerschnitte einer jungen Kiefernnadel. Betrachte diese anschließend bei 100- bis 200facher Vergrößerung und fertige eine Schemazeichnung an.

⑦ Vergleiche dein Präparat mit der nachfolgenden Zeichnung. Welche Teile eines Nadelblattes kannst du erkennen? Beschrifte sie in deiner Zeichnung.

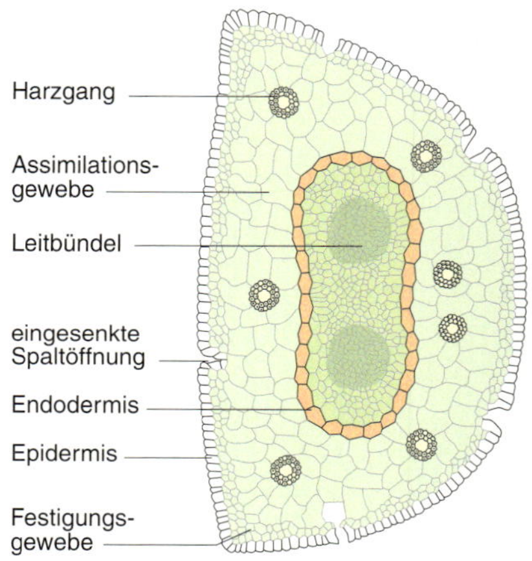

⑧ Nenne die Unterschiede im äußeren und inneren Bau von Kiefern- und Tannennadeln.

⑨ Nenne die Unterschiede im Bau von Laub- und Nadelblättern.

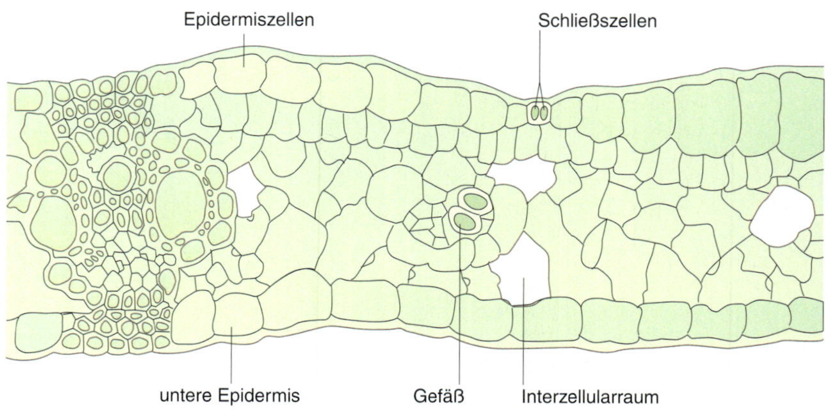

Herstellen von Flächenschnitten

Lege ein Blatt einer Blütenpflanze über einen Bleistift und klemme es zwischen Daumen und Mittelfinger einer Hand ein. Mit der anderen Hand wird die Rasierklinge flach über die Blattfläche gezogen und ein dünner Flächenschnitt hergestellt (vgl. nachfolgende Abbildung).

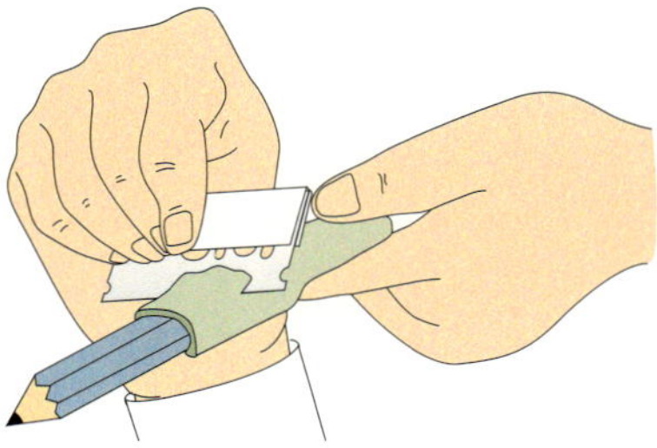

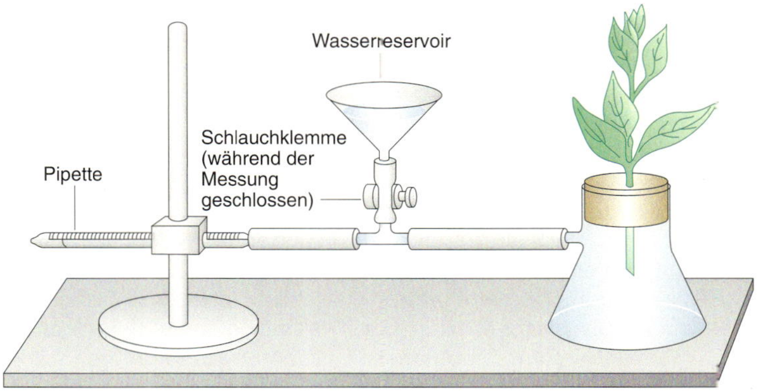

Bau von Spaltöffnungen

Material:
Blätter von Flieder, Schwertlilie, Kiefer, Seerose

Färbemittel:
Sudan-Glyzerin-Lösung.
Löse 0,1 g Sudan-III in 50 ml 96%igem Ethanol [F]. Gib 50 ml Glycerin hinzu.

Aufgaben

⑩ Fertige von der Ober- und Unterseite eines Blattes des Flieders einen Flächenschnitt an und mikroskopiere bei 400facher Vergrößerung.
   a) Wie unterscheidet sich die Blattober- von der Blattunterseite?
   b) Zeichne eine Spaltöffnung des Flieders in der Aufsicht und beschrifte.

⑪ Fertige einen dünnen Blattquerschnitt und einen Flächenschnitt von der Schwertlilie an. Lege diese Schnitte in eine Sudan-III-Lösung. Die Färbung wird stärker, wenn man das Präparat kurz und vorsichtig über einer Spiritusflamme erwärmt (nicht kochen!). Suche zunächst bei schwächster mikroskopischer Vergrößerung geeignete Spaltöffnungen und zeichne diese dann bei ca. 400facher Vergrößerung.

⑫ Fertige Blattquerschnitte von dem Flieder und der Kiefer an. Betrachte die Spaltöffnungen. Beschreibe die Unterschiede in ihrem Bau.

⑬ Seerosen besitzen Blätter, die auf der Wasseroberfläche schwimmen. Auf welcher Blattseite befinden sich bei ihnen die Spaltöffnungen?

Wasserbewegung im Stängel

Material:
Zweige bzw. Stängel von Kirschlorbeer, Eibe, Fleißigem Lieschen, Flieder, Mais

Färbemittel:
2%ige Eosinlösung. Löse dazu 2 g Eosin [Xi] in 100 ml Alkohol [F].

Aufgaben

⑭ Baue die Versuchsanordnung der oben stehenden Abbildung nach. Miss mit ihrer Hilfe jeweils die Verdunstung *(Transpiration)* eines Kirschlorbeer- und Eibenzweiges. Achte darauf, dass die Zweige die gleiche Blattfläche haben.
   a) Begründe, warum die Wasserverdunstung am Blatt einen Sog und damit einen Wasserstrom in Richtung Blatt hervorruft.
   b) Stelle mehrere Zweige des Fleißigen Lieschens oder Flieders in einen mit Wasser gefüllten Messzylinder. Gib etwas Salatöl hinzu. Setze die Pflanze unterschiedlichen Bedingungen aus: Sonne, Schatten, offenes Fenster. Vergleiche die Ergebnisse.
   c) Erkläre, wozu der Ölfilm dient.

⑮ Stelle drei Seitensprosse (vollbeblättert, teilbeblättert, unbeblättert) des Fleißigen Lieschens in Reagenzgläser mit 2%iger Eosinlösung. Bestimme die Strömungsgeschwindigkeit des Wassers in den Stängeln bei Zimmertemperatur (in cm pro Stunde), indem du jede Stunde den Eosinanstieg in den Sprossen mit einem Filzstift markierst. Lass die Versuche einige Stunden laufen. Miss die Abstände, protokolliere die Messergebnisse.

⑯ Fertige dünne Stängelquerschnitte vom Fleißigen Lieschen und einer jungen Maispflanze an und mikroskopiere diese bei schwacher Vergrößerung. Beschreibe die Anordnung der Leitbündel.

Bau und Aufgabe von Wurzeln

Material:
Karotten, Fleißiges Lieschen

Reagenz:
Iod-Kaliumiodid-Lösung [Xn]

Aufgaben

⑰ Schneide eine Karotte längs durch.
   a) Wie unterscheidet sich farblich der Zentralzylinder vom Rindengewebe?
   b) Untersuche dünne Scheiben der Karotte, die mit einer Iod-Kaliumiodid-Lösung behandelt worden sind. Wo befindet sich das Speichergewebe?
   c) Wo sitzen die Nebenwurzeln?

⑱ Schneide ein Fleißiges Lieschen 3 cm über dem Boden ganz ab. Ziehe eine mit Vaseline eingefettete Schlauchtülle über den Wurzelstumpf. Schiebe ein Glasrohr mit einem Durchmesser von ca. 0,5 cm hinein. Miss die Höhe der Wassersäule im Steigrohr jeden Tag zur gleichen Zeit. Protokolliere die Messwerte.

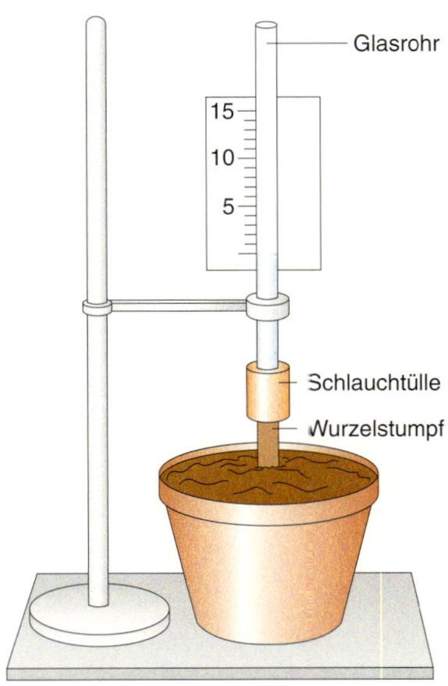

Keimung und Wachstum der Gartenbohne

Der Bohnensamen ist von einer *Samenschale* umgeben, an der deutlich der Nabel zu erkennen ist. An dieser Stelle war die Bohne in der Hülse angewachsen. Bei einem Samen, der über Nacht in Wasser gelegen hat, lässt sich die Samenschale leicht entfernen. Der geschälte Samen besteht aus zwei dicken, weißlichen Hälften. Dies sind die nährstoffhaltigen *Keimblätter*. Dazwischen liegt der *Keimstängel* mit den ersten Laubblättern und der *Keimknospe*. Die *Keimwurzel* ist ebenfalls deutlich zu erkennen. Das bedeutet: Der Samen einer Pflanze ist ein mit Vorratsstoffen ausgestatteter *Keimling* im Ruhezustand. Er ist ein vollständiges Pflänzchen, das nur noch heranwachsen muss.

Solange die Samen der Gartenbohne, die zu den *zweikeimblättrigen Pflanzen* zählt, nicht mit Feuchtigkeit in Berührung kommen, verändern sie ihr Aussehen nicht. Sie scheinen vollkommen leblos – sie befinden sich in *Samenruhe*. So überstehen sie ohne Schaden ungünstige Bedingungen, zum Beispiel lange Trockenheit oder Frost.

Damit sich der Samen zu einer jungen Pflanze entwickeln kann, müssen einige Voraussetzungen erfüllt sein:

Ohne Wasser kann kein Samen keimen. Ebenso beeinflusst die Temperatur die Keimung: Wärme fördert die Geschwindigkeit; Samen, die kühl gehalten werden, keimen weniger rasch. Wie alle Lebewesen, benötigen keimende Samen auch den Sauerstoff der Luft. Licht und Erde sind dagegen für die Entwicklung der Keimpflanze zunächst nicht nötig. Erst die wachsende Pflanze ist darauf angewiesen.

Unerlässliche Keimungsbedingungen sind also *Wasser*, *Wärme* und der *Sauerstoff* aus der Luft.

In feuchter Erde nehmen die Samen der Gartenbohne Wasser auf, quellen auf und werden größer. Der dadurch entstehende Druck lockert das umgebende Erdreich und der Keimling kann beim Wachsen den Boden leichter durchdringen. Zuerst durchbricht die Keimwurzel die Samenschale. Sie wächst nach unten in die Erde und bildet dabei *Seitenwurzeln* aus. Erst jetzt wird der hakenförmig gebogene Stängel sichtbar. Er wächst nach oben und zieht die beiden Keimblätter aus der aufgeplatzten Samenschale heraus. Der weißliche Stängel richtet sich über der Erde auf und wird, wie die Keimblätter, im Licht bald grün. Die ersten Laubblätter entfalten sich und der Spross wächst mit der Stängelknospe in die Länge. Gleichzeitig schrumpfen die Keimblätter, trocknen ein und fallen schließlich ab. (▶ S. 254/255)

Aufgaben

① Ziehe einen Bohnenkeimling heran (siehe Praktikum Seite 43). Zeichne die Keimblätter und eines der Folgeblätter. Beschreibe deren Form und nenne Unterschiede.

② Erkläre mithilfe der Abbildung den Wachstumsprozess eines Keimlings.

③ Untersuche den Keimungsvorgang einer einkeimblättrigen Pflanze. Lasse dazu einige Maiskörner in feuchter Watte keimen. Zeichne die Keimlinge möglichst genau in dein Heft und schreibe auf, welche Unterschiede und Gemeinsamkeiten du zu den Bohnensamen erkennen kannst.

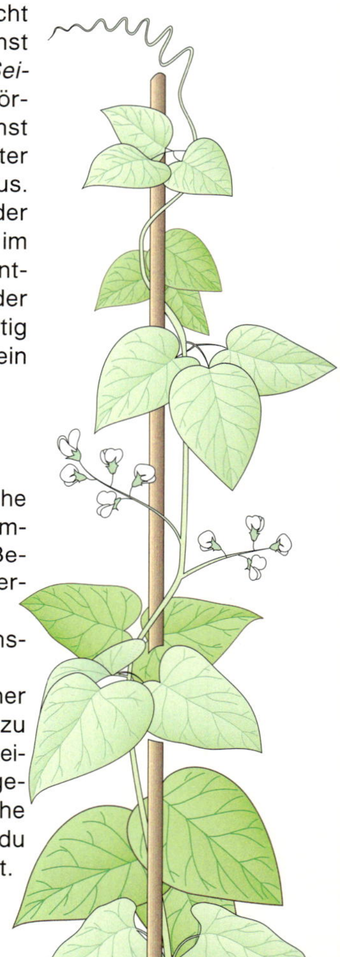

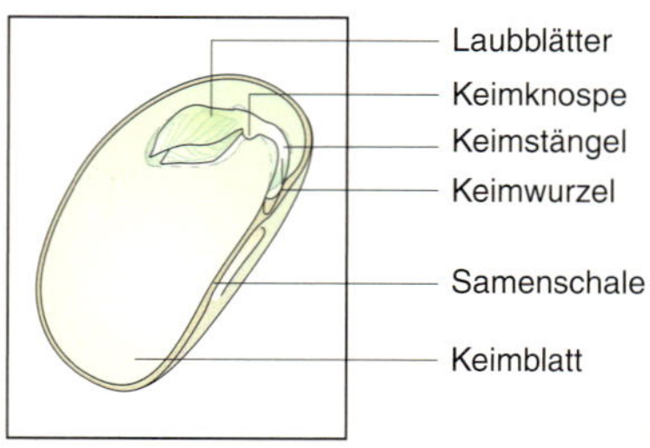

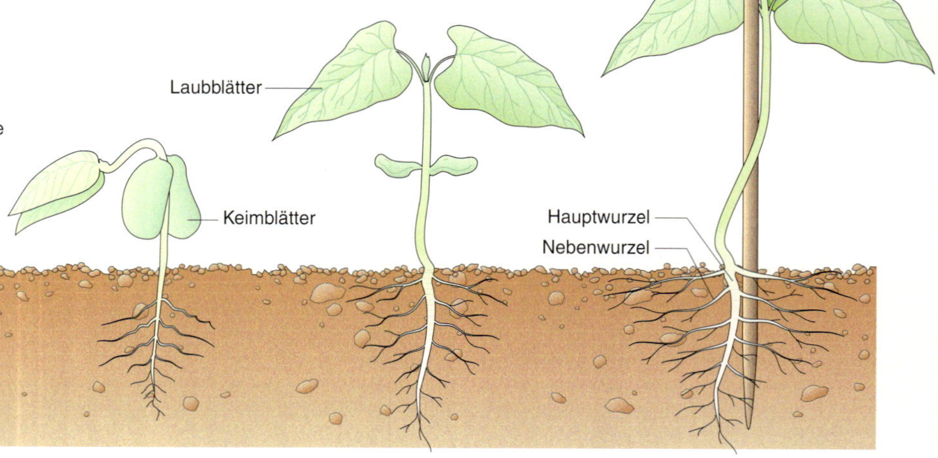

Quellung, Keimung, Wachstum

Quellung

Pflanzensamen kannst du aufbewahren, wenn du darauf achtest, dass sie trocken lagern. Durch Wasseraufnahme verändern sich Samen, sie *quellen*.

Aufgaben

① Wiege 100 Gramm trockene Erbsen oder Bohnen ab und schütte sie in ein Becherglas mit reichlich Wasser. Trockne die Samen nach 24 Stunden gut mit Küchenpapier ab. Stelle erneut das Gewicht fest und vergleiche.

② Miss die Länge eines trockenen Bohnensamens. Lege ihn über Nacht in Wasser und miss erneut. Was stellst du fest?

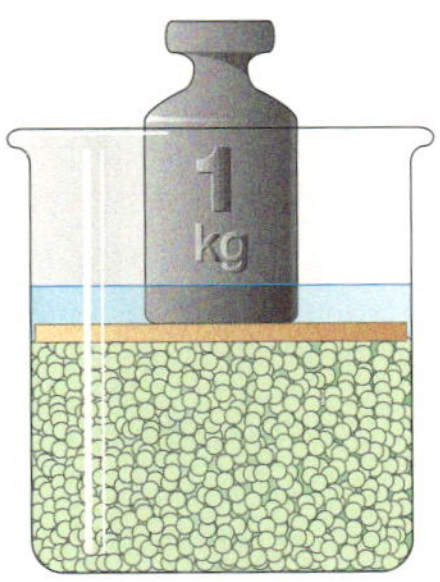

③ Lege in einem Glasgefäß auf trockene Erbsen eine Platte mit einem Gewicht. Markiere die Lage der Platte. Übergieße alles mit Wasser und kontrolliere am nächsten Tag.

④ Rühre in zwei Jogurtbechern jeweils halbvoll Gips an. Stecke bei einem Becher sechs Bohnensamen in den Gips und gieße den Inhalt des zweiten Bechers darüber. Lege den Gipsblock, nachdem er ausgehärtet ist, für zwei Tage in eine wassergefüllte Petrischale. Was bedeutet das Ergebnis für die Samen im Boden?

Keimung und Wachstum

Willst du im Garten Bohnenpflanzen ziehen, legst du im Frühjahr Bohnensamen in die feuchte Erde. Manchmal keimen die Samen aber nicht – dann ist wahrscheinlich irgendeine Bedingung, die zum Keimen des Samens nötig ist, nicht erfüllt. Man kann die Keimungsbedingungen durch Experimente herausbekommen. Willst du z. B. wissen, ob Erde zum Keimen notwendig ist, musst du sie in deinem Keimungsversuch durch etwas anderes ersetzen. Wenn die Samen dennoch keimen, dann ist Erde überflüssig.

Aufgaben

⑤ Um richtige Ergebnisse zu erhalten, musst du zuerst prüfen, ob die verwendeten Samen überhaupt keimfähig sind. Dazu legst du zehn Samen in feuchte Erde und schaffst natürliche Bedingungen. Die Keimung ist gelungen, wenn die ersten grünen Blättchen zu sehen sind. Ein solches Experiment heißt *Kontrollversuch*.

⑥ In den Grafiken unten werden einige Keimungsbedingungen genannt. Außerdem erhältst du Hinweise, wie die Versuche aussehen könnten. Beschreibe, was bei jedem einzelnen Experiment gemacht werden muss.

⑦ Führe die Versuche selbst durch und vergleiche deine Ergebnisse mit denen deiner Mitschüler. Wo fallen deine Versuche anders aus?

⑧ Benutze für die Versuche Samen der Feuerbohne und der Gartenbohne. Beschreibe das Aussehen der jeweiligen Keimpflanzen und vergleiche die Keimblätter.

⑨ Lege 10 ungequollene und 10 gequollene Samen für eine Woche in den Kühlschrank. Untersuche danach die Keimfähigkeit. Was bedeutet das Ergebnis für die natürlichen Verhältnisse?

⑩ Schäle einen gequollenen Bohnensamen. Brich ihn in zwei Teile auseinander. Betrachte das Innere mit der Lupe und zeichne.

⑪ Kratze die Oberfläche eines Bohnensamens ab. Bringe einen Tropfen Iod-Kaliumiodid-Lösung [Xn] darauf. Deute das Ergebnis.

⑫ Bringe in einem sandgefüllten Quarkbecher 10 Bohnensamen zum Keimen. Entnimm im Abstand von jeweils zwei Tagen einen Samen und zeichne die Keimlinge in natürlicher Größe. Achte genau auf Veränderungen im Aussehen von Wurzel und Spross (Lupe).

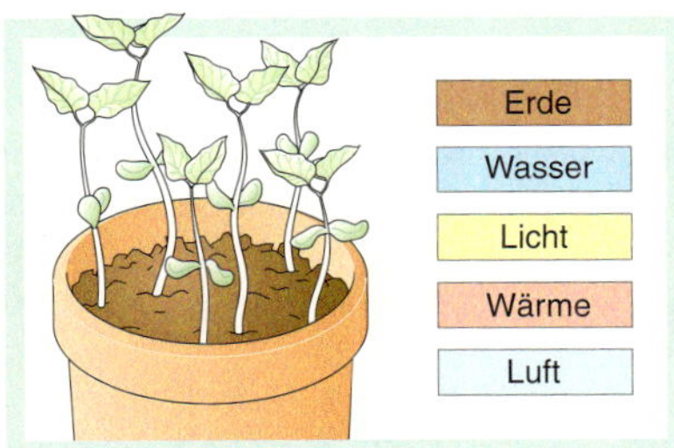

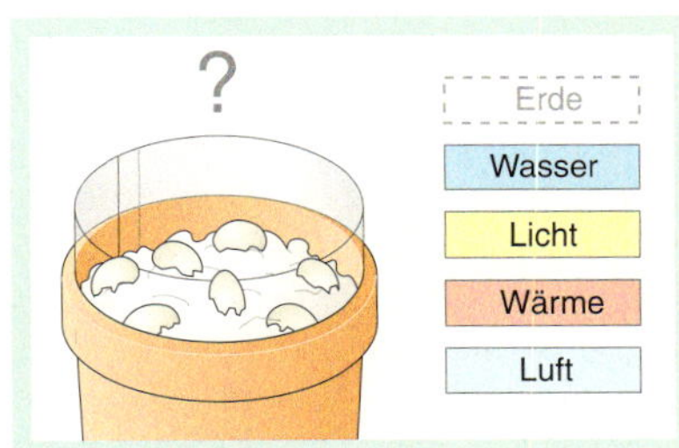

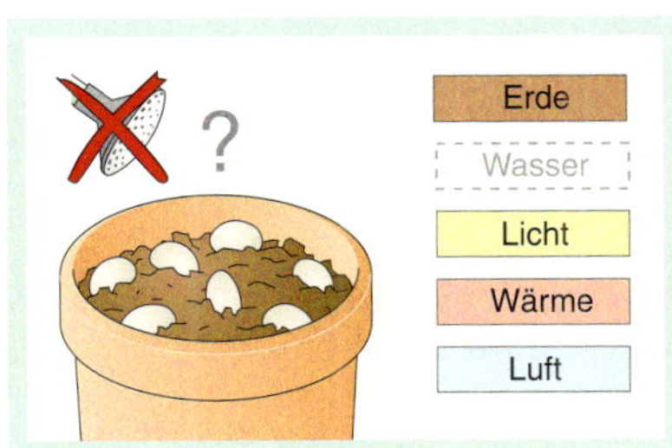

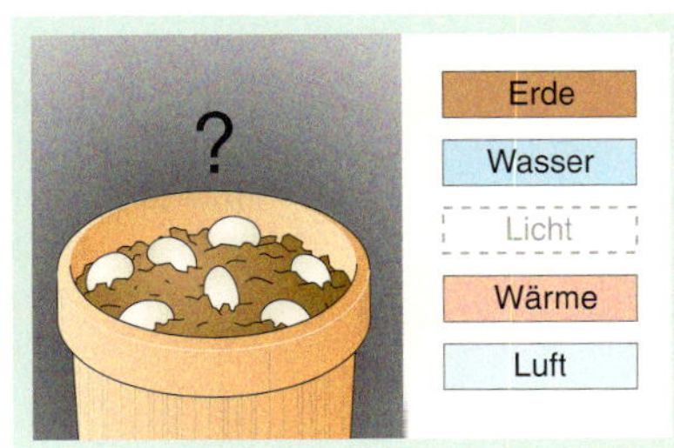

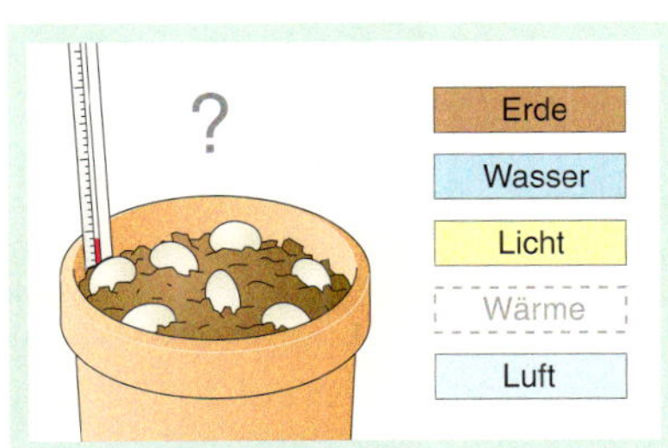

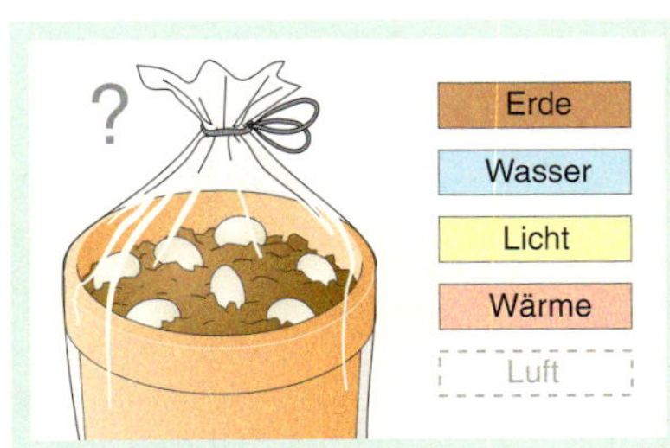

1 Mauerpfeffer

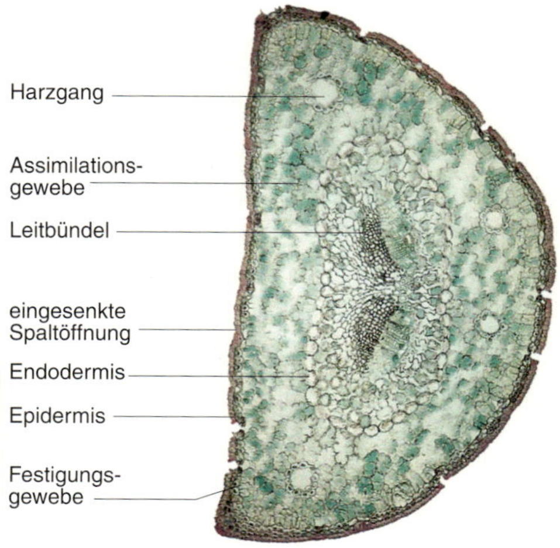

2 Querschnitt Kiefernnadel

Angepasstheit an verschiedene Lebensräume

Pflanzen können nicht wie Tiere aktiv den Standort wechseln. Deshalb sind sie noch stärker darauf angewiesen, dass ihr Bau den besonderen Bedingungen, die in ihrem Lebensraum herrschen, angepasst ist. Von grundlegender Bedeutung für die Existenz einer Pflanze ist deren Wasserhaushalt. Der Wassergehalt der Zellen wird beeinflusst durch Aufnahme, Transport und Abgabe des Wassers. Die gesamte Gestalt und Struktur vieler Pflanzen wird durch die Wasserversorgung bestimmt.

Pflanzen trockener Standorte

Ist die jährliche, durchschnittliche Niederschlagsmenge am Standort sehr gering, kann der Boden nur wenig Wasser aufnehmen und halten, ist die Sonneneinstrahlung sehr intensiv und damit die Verdunstung hoch, muss die Pflanze in der Lage sein, mit dem wenigen zur Verfügung stehenden Wasser auszukommen. Pflanzen solcher trockenen Standorte zeigen Angepasstheiten, durch die sie vor allem die Wasserabgabe reduzieren.

Je trockener der Standort ist, desto größer ist aber auch der Anteil der Festigungsgewebe im Spross und die Verzweigung und Länge der Wurzeln. Die Oberfläche der Laubblätter wird häufig von toten Haaren bedeckt, das sind ein- oder mehrzellige Bildungen der Epidermis, die statt des Zellplasmas mit Luft gefüllt sind und dadurch silbrig weiß glänzen. Sie schränken unmittelbar auf der Epidermis die Luftbewegung und damit die Verdunstung ein. Außerdem findet man bei verschiedenen Pflanzen weitere Angepasstheiten, durch die die Wasserabgabe vermindert wird.

An Trockenmauern ist häufig der im Juni gelb blühende **Mauerpfeffer** zu finden. Die sehr kleinen Blätter bieten nur eine geringe Verdunstungsoberfläche. Durch eine dicke *Kutikula* (Abschlussschicht) ist die Wasserabgabe noch weiter eingeschränkt. Zudem speichern die dicken Blätter das Wasser in speziellen Geweben über längere Dürrezeiten.

Pflanzen, die solche Wasserspeichergewebe besitzen, werden als *Sukkulente* bezeichnet. Die bekanntesten, nicht heimischen Vertreter sind die Kakteen. Der Mauerpfeffer und auch die Hauswurzarten gehören mit ihren dickfleischigen Laubblättern innerhalb dieser Gruppe zu den *Dickblattgewächsen*.

Eine häufige Heideart unserer Breiten ist die von Juli bis September blühende **Besenheide**. Sie hat besonders fein verzweigte Wurzeln, sodass sie auch geringe Wassermengen erschließen kann. Die saftarmen, stark verholzten Sprosse ermöglichen selbst bei starker Trockenheit eine aufrechte Haltung der 20 – 30 cm hohen, mehrjährigen Zwergsträucher. Die Blättchen sind klein und immergrün. Dadurch wird ihre verdunstende Oberfläche verringert. Die spaltöffnungsfreie Blattoberseite ist so stark vergrößert, dass sie die Blattunterseite umwölbt und deren Spaltöffnungen in einen von Epidermishaaren durchwachsenen Hohlraum versenkt. In diesen Stillluftträumen erfolgt der Gasaustausch ohne große Transpirationsverluste (siehe Randspalte).

Gräser trockener Standorte bilden so genannte Rollblätter aus. Ein Beispiel dafür ist das **Echte Federgras** steppenartiger Landschaften. Seine bis 30 cm langen Grannen sind fedrig weiß behaart. Bei Wassermangel werden die Laubblätter in Längsrichtung eingerollt.

Pflanzen am und im Wasser

Pflanzen feuchter Standorte wie Sümpfe und Uferbereiche haben in der Regel keine Probleme, genügend Wasser aufzunehmen. Hier entfallen oft die Einrichtungen zum Verdunstungsschutz. Durch Vergrößerung der Oberfläche wird die Wasserabgabe begünstigt, um den Transpirationssog aufrecht zu erhalten. Solche *Feuchtpflanzen* wie Gemeiner Froschlöffel, Sumpfdotterblume und Drüsiges Springkraut haben große Laubblätter, denen die Kutikula weitgehend fehlt. Die Spaltöffnungen liegen oft auf der Ober- und Unterseite und können aus der Epidermis herausgewölbt sein. Dadurch wird die Transpiration erleichtert. Lebende Haare können die Verdunstungsoberfläche zusätzlich vergrößern.

Wasserpflanzen können den Gasaustausch mit der Luft nur durchführen, wenn sie Schwimmblätter ausbilden. Die Schwimmblätter der **Teichrose** weisen aus diesem Grund nur auf der Blattoberseite Spaltöffnungen auf.

Unter Wasser erfolgt bei den so genannten *Tauchblattpflanzen* der Gasaustausch mit dem Wasser. Durch Diffusion gelangt das im Wasser gelöste Gas über die dünnwandigen Epidermiszellen in das Innere der Pflanze. Damit genügend Gasaustausch stattfinden kann, ist die Blattfläche häufig, wie z. B. beim *Tausendblatt* (Abb. 1) durch feinfiedrige Gliederung stark vergrößert.

Sowohl bei den Feuchtpflanzen als auch bei den Wasserpflanzen sind die Gefäße der Sprossachsen und die Wurzeln nur schwach ausgebildet, bei einigen Wasserpflanzen fehlen Wurzeln sogar ganz. (▶ S. 242/243, 252/253)

Aufgaben

① Nenne die Besonderheiten im Bau von Samenpflanzen trockener Standorte, die die Wasserabgabe minimieren.
② Erkläre die Anpassungserscheinungen am Laubblatt einer Trockenpflanze.
③ Begründe mithilfe der Abb. 44.2, dass die Kiefer an trockene Standorte angepasst ist.
④ Erkläre das Welken von Schnittblumen in einer Blumenvase.
⑤ Nenne und erläutere die Anpassungen von Wasserpflanzen an ihren Lebensraum.
⑥ Sammle Laubblätter von Pflanzen, die an trockenen und feuchten Standorten wachsen. Betrachte die Blätter mit einer Lupe. Fertige Querschnitts- und Abzugspräparate an und beobachte mit dem Mikroskop. Protokolliere die erkannten Anpassungserscheinungen und setze sie zu den Umweltbedingungen in Beziehung.

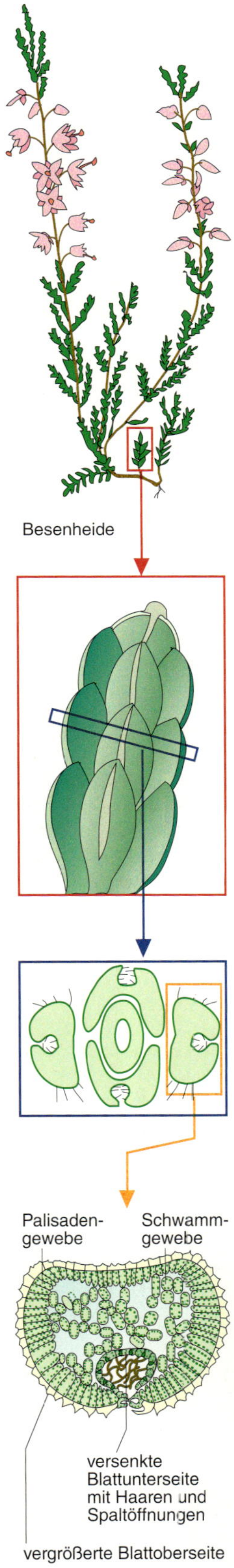

Blattquerschnitt

1 Tausendblatt

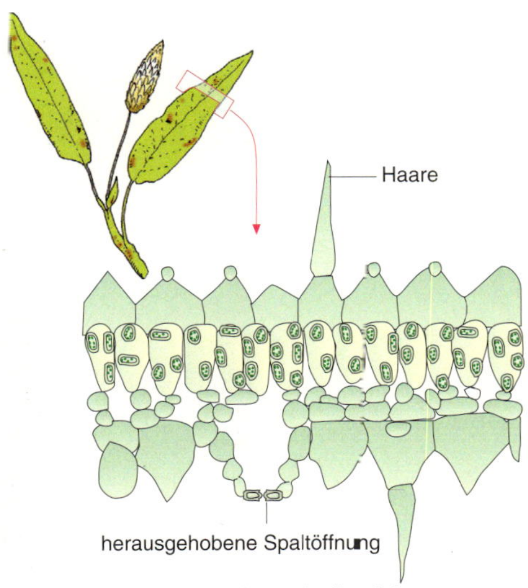

2 Blattaufbau beim Wasserknöterich

Sporenpflanzen und Samenpflanzen

In allen Bereichen unserer Erde, die vom Sonnenlicht erreicht werden, leben Pflanzen. Die Formenvielfalt der verschiedenen Pflanzenarten ist oft ein Ergebnis der Angepasstheit an die unterschiedlichen Lebensräume.

Im Bau und in den Leistungen gibt es jedoch bei allen Pflanzen Gemeinsamkeiten, die sie von anderen Lebewesen wie Tieren und Pilzen unterscheiden. Die *autotrophe Ernährungsweise* und das dafür notwendige Vorhandensein von *Chlorophyll* sind typische pflanzliche Merkmale.

Pflanzen müssen nicht immer aus den Organen *Wurzel*, *Sprossachse*, *Laubblatt* und *Blüte* bestehen (s. Seite 18). An Moosen ist die Gliederung in diese Pflanzenorgane nicht zu erkennen. Ihnen fehlt ebenso wie den Farnpflanzen eine Blüte. Sie vermehren sich durch staubfeine *Sporen*. Deshalb werden Moose und Farnpflanzen zur Gruppe der *Sporenpflanzen* zusammengefasst, zu denen etwa 36 000 Arten gehören (25 000 Moose und 11 000 Farnarten). Die größte Pflanzengruppe aber bilden die Samenpflanzen mit mehr als 270 000 Arten.

Die Grundorgane der *Samenpflanzen* sind Wurzel, Sprossachse und Laubblätter. Sprossachse und Blätter werden zum *Spross* zusammengefasst. Die Blüte ist ein gestauchter Sprossabschnitt. Die Pflanzen dieser Gruppe bilden Samen aus, in denen der Keimling vor ungünstigen Umweltbedingungen wie Trockenheit oder Kälte so lange ge-

autotroph
Ernährungsweise aller grünen Pflanzen und einiger Bakterien, die für die Bildung ihrer körpereigenen Substanzen einfache und energiearme Stoffe wie Kohlenstoffdioxid und Wasser nutzen, um daraus energiereiche Verbindungen herzustellen *(Fotosynthese)*.

Chlorophyll
Blattgrün; grüner Farbstoff der Pflanzen sowie einiger Bakterien, der Lichtenergie aufnehmen kann und damit die Fotosynthese (Seite 54) ermöglicht.

Zettelkasten

Vermehren, Überdauern, Verbreiten

Sporen sind mikroskopisch kleine Einzelzellen, die sich zu neuen Lebewesen entwickeln können. Sie werden nicht nur von Sporenpflanzen sondern auch von einigen Bakterien und von Pilzen gebildet. Sporen können durch Geißeln oder Wimpern im Wasser frei beweglich sein oder durch Wind verbreitet werden. Die so genannten *Dauersporen* der Bakterien sind besonders widerstandsfähig und können so ungünstige Bedingungen oft über sehr lange Zeiträume überstehen. Sie dienen nicht der Vermehrung.

Samen sind das Ergebnis der geschlechtlichen Fortpflanzung und bestehen aus verschiedenen Geweben, die den Embryo bilden sowie in der Regel auch Nährstoffe speichern. Obwohl auch Samen sehr klein sein können, wie die einiger Orchideen, die nur eine Masse von wenigen tausendstel Milligramm haben, sind sie doch meist wesentlich größer als Sporen. Auch Samen können je nach Art und Bedingungen mehrere Jahre in einem Ruhestadium überdauern. Für die Verbreitung von Samen gibt es je nach Beschaffenheit viele Möglichkeiten, sie können sich jedoch nie selbst bewegen.

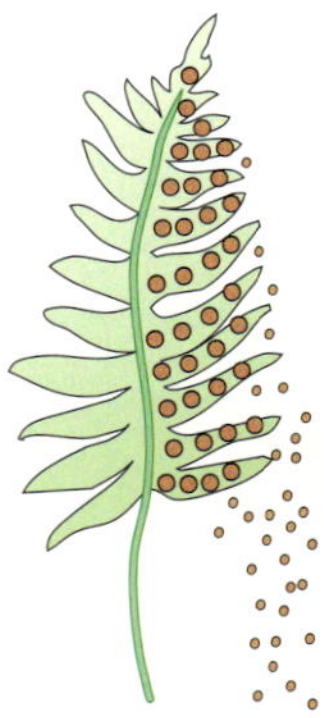

Sporen des Wurmfarns

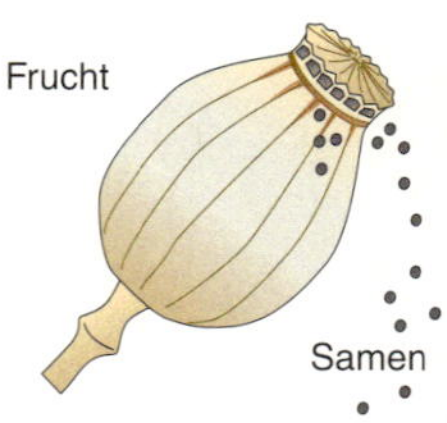

Samen des Klatschmohns

1 Wurmfarn

2 Klatschmohn

schützt ist, bis die Verhältnisse ein Auskeimen und die Entwicklung der Pflanze ermöglichen.

Diese Samen können frei („nackt") auf dem Fruchtblatt liegen oder in einer Frucht eingeschlossen, also „bedeckt" sein. Zu den *Nacktsamern* gehören die Waldkiefer und die Gemeine Fichte aus der Pflanzenfamilie der Kieferngewächse. Auch bei den *Bedecktsamern* werden Arten mit ähnlichen Merkmalen wie z. B. dem Bau von Blüten und Laubblättern zu Pflanzenfamilien zusammengefasst.

Die bedecktsamigen Pflanzen erwecken häufig durch ihre auffälligen Blüten unsere Aufmerksamkeit. Viele in unserer Heimat natürlich vorkommende Arten, aber auch Zierpflanzen und Nutzpflanzen gehören in diese Gruppe. Die typischen Blütenformen geben den Pflanzenfamilien oft ihren Namen, wie etwa bei den bekannten Kreuzblüten- und Lippenblütengewächsen.

Die Bedecktsamer werden nach der Anzahl der Keimblätter nochmals in zwei Gruppen unterteilt. Danach unterscheidet man *einkeimblättrige* von *zweikeimblättrigen Pflanzen*. Nicht nur die Keimpflanzen selbst ermöglichen diese Einteilung, auch die ausgebildeten Pflanzen haben Merkmale, wie die Art der Wurzelsysteme, die Struktur der Gewebe in der Sprossachse und die Anordnung der Blattadern, die eine eindeutige Zuordnung ermöglichen.

Vergleicht man die Einzelblüte von einer Kirsche mit der einer Tulpe, dann erkennt man, dass die bei Kirschblüten vorhandene Gliederung in Kelch und Krone fehlt. Die Blütenhülle ist nicht differenziert. In der Kirschblüte wird man je fünf Kelch- und Kronblätter zählen. Diese ursprüngliche Fünfzähligkeit der Blütenblätter ist nicht nur für die zu den Rosengewächsen gehörende Kirsche, sondern für viele Zweikeimblättrige typisch.

Die Tulpe gehört zu der Pflanzenfamilie der Liliengewächse und weist im Bau der Blütenhülle das Merkmal der einkeimblättrigen Pflanzen auf.

Aufgaben

① Stelle tabellarisch mithilfe des Textes und Abbildung 1 die Unterschiede von ein- und zweikeimblättrigen Pflanzen dar.

② Nenne weitere Beispiele für einkeimblättrige und zweikeimblättrige Pflanzen.

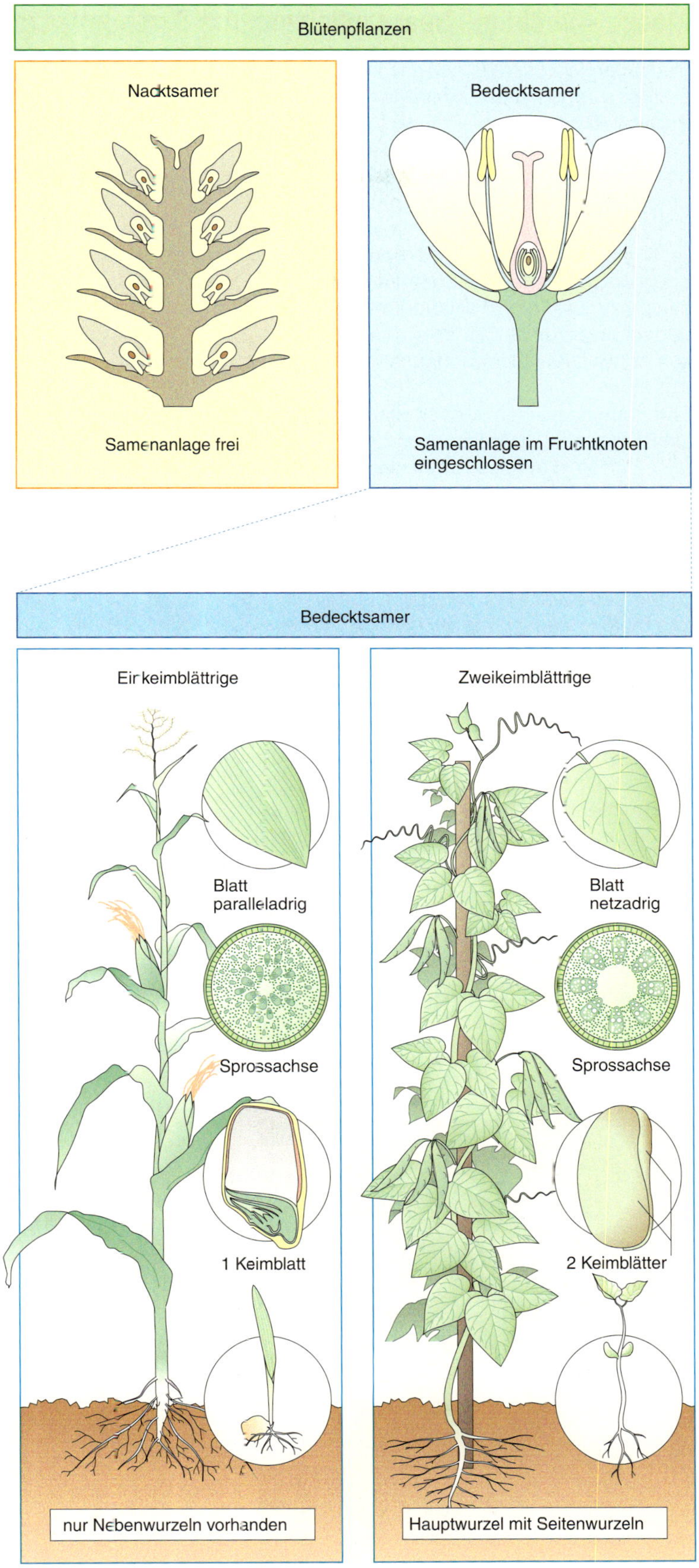

1 Bedecktsamer im Vergleich

Moose – wichtige Wasserspeicher

Bei einem Waldspaziergang fallen oft grüne Polster auf, die den Waldboden bedecken. Es sind *Moose*. Für eine genauere Untersuchung eines Mooses eignet sich das bei uns häufig vorkommende Frauenhaarmoos. Moose, die wie das **Frauenhaarmoos** in *Stängel* und Laubblättchen gegliedert sind, zählt man zu den *Laubmoosen*. Im Nadel- oder Mischwald sind Moose häufiger als im Laubwald, da sie dort alljährlich vom Falllaub bedeckt werden und ihnen so die zum Wachsen notwendige Lichtmenge fehlt.

Entnimmt man einem Moospolster vorsichtig ein Pflänzchen, findet man am unteren Ende feine Fäden, die dieses im Boden verankern. Richtige Wurzeln sind diese Fäden allerdings nicht, denn sie nehmen kaum Wasser auf. Zur Wasseraufnahme dienen hauptsächlich die Blätter, welche keine Wachsschicht besitzen. Über diese können Moose tatsächlich innerhalb kurzer Zeit große Mengen Wasser aufsaugen. Auf der Oberseite der Blätter befinden sich außerdem *Lamellen*, zwischen denen Wassertropfen festgehalten werden können (Abb. unten). Dieser Wasservorrat verhindert für einige Zeit das Austrocknen bei ausbleibendem Regen. Während langer Trockenperioden, vor allem im Sommer, können Moose sogar fast ganz austrocknen, ohne abzusterben. Beim nächsten Regen ergrünen sie wieder. Dadurch haben Moose im Wald eine wichtige Aufgabe: Sie können schnell große Wassermengen, zum Beispiel nach starken Regenfällen, aufnehmen und anschließend langsam wieder an die Umgebung abgeben. So speichern die Moose das Wasser und schützen den Waldboden, den sie bedecken, einerseits vor Abschwemmung, andererseits vor Austrocknung während trockener Witterungsperioden. Dadurch wird das Klima im Wald wesentlich mitbestimmt. (► S. 242/243)

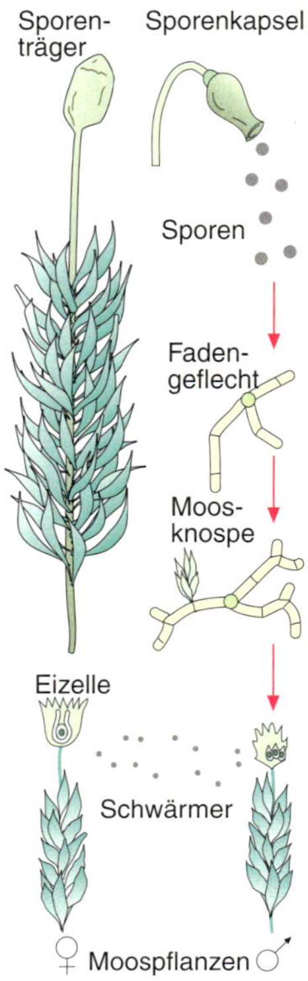

Moose entstehen nicht aus Samen wie die Blütenpflanzen (s. Seite 42), sondern sie entwickeln sich aus winzigen, einzelligen Sporen. Man zählt deswegen die Moose zu den *Sporenpflanzen*. Die Moospflänzchen des Frauenhaarmooses bilden im Frühjahr bis Frühsommer an ihren Spitzen männliche oder weibliche Geschlechtsorgane aus. Die in den weiblichen Geschlechtsorganen entstehenden Eizellen werden bei genügend Feuchtigkeit von den beweglichen männlichen Geschlechtszellen, den *Schwärmern*, befruchtet. Aus der befruchteten Eizelle entsteht auf der weiblichen Pflanze eine *Sporenkapsel*, die auf einem langen Stiel sitzt. Bei trockenem Wetter öffnen sich an der reifen Sporenkapsel kleine Poren, aus denen dann die winzigen Sporen herausfallen und vom Wind verbreitet werden können. Bei günstigen Bedingungen können aus ihnen wieder neue männliche oder weibliche Moospflänzchen entstehen. (► S. 250/251)

Aufgabe

① Lasse ein Moospolster eintrocknen und wiege es. Lege es anschließend einen Tag lang ins Wasser, lasse es abtropfen und wiege erneut. Vergleiche die Ergebnisse und erkläre.

1 Moospolster

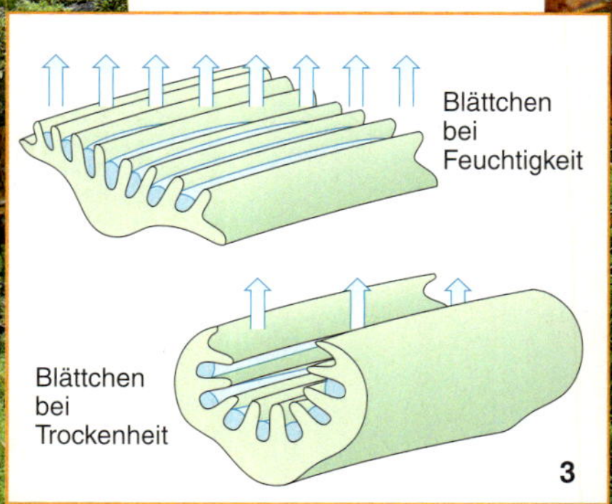

3 Moose als Wasserspeicher

2 Frauenhaarmoos

Farne – blütenlose Kräuter des Waldes

Neben Gräsern und Blüten tragenden Kräutern findet man unter den Bäumen häufig auch *Farne*. Die beiden häufigsten einheimischen Arten, Adlerfarn und Wurmfarn, lassen sich an ihrer Wuchsform gut erkennen.

Der **Adlerfarn** kann über zwei Meter lange, aus Blattstiel und Blattwedel bestehende Blätter bilden. Sie sind zwei- bis dreifach gefiedert sowie derb und durchbrechen einzeln den Waldboden. Der Adlerfarn kommt vor allem an lichten Stellen des Waldes vor und überwuchert in Schonungen oft sogar die jungen Bäume. Der Name stammt von der adlerähnlichen Figur, die man an der Schnittfläche eines abgeschnittenen Wedels erkennt.

Wo es im Wald schattig und feucht ist, wächst der **Wurmfarn** oft in ausgedehnten Beständen. Nur feuchte Standorte verhindern eine übermäßige Wasserabgabe über die Blätter. Seine Wedel können über einen Meter lang werden und stehen kreisförmig geordnet zusammen. Die zahlreichen Fiederblättchen sind zart und dünnhäutig und bieten kaum Schutz vor Verdunstung. Der Wurmfarn ist fest mit einem *Erdspross*, von dem die Wurzeln und Triebe ausgehen, im Boden verankert. Schon griechische Ärzte wussten, dass man aus dem Erdspross einen Sud bereiten kann, der als Mittel gegen Bandwürmer eine gute Wirkung hat. Daher der Name „Wurmfarn". Dass der Erdspross Teil des Sprosses ist, erkennt man an seitlich noch vorhandenen Resten abgestorbener Wedel. Auf der Unterseite des Erdsprosses entspringen die Wurzeln, die das lebensnotwendige Wasser aus dem Boden aufnehmen und über gut ausgebildete Wasserleitungsbahnen den Blättern zuführen.

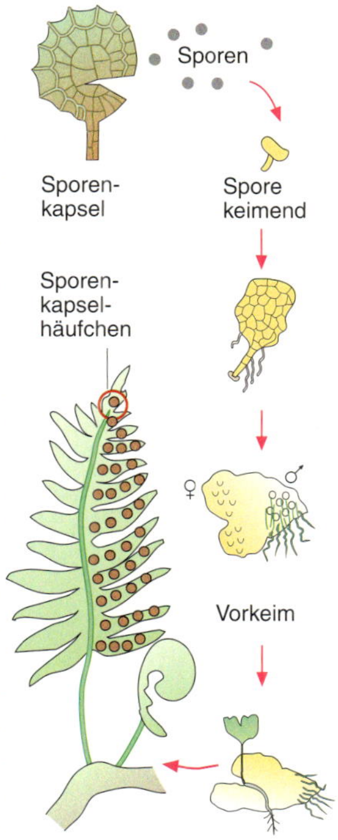

Im Herbst stirbt der oberirdische Teil des Farns ab, während der unterirdische Teil als Speicherorgan überwintert. An der Spitze des Erdsprosses treiben im Frühjahr die neuen Blätter, die beim Durchbrechen des Bodens zunächst eingerollt und von braunen Spreuschuppen umhüllt sind. Das Wachstum geht nicht wie bei den Blütenpflanzen vom Blattgrund aus, sondern von der Blattspitze. Dabei entrollen sich Wedel und Fiederblättchen.

Farne bilden keine Blüten aus und sind wie die Moose *Sporenpflanzen*. Die Sporenkapseln findet man auf der Blattunterseite. Die daraus freigesetzten Sporen keimen unter geeigneten Bedingungen aus und wachsen zu einem kleinen und flachen Pflänzchen heran, dem *Vorkeim*. Dieser bildet sowohl weibliche als auch männliche Geschlechtsorgane aus. Aus einer befruchteten Eizelle entwickelt sich eine neue Farnpflanze, die ihrerseits wieder Sporen produziert.

Aufgabe

① Vergleiche mithilfe der Mittelspaltenabbildungen dieser Seite und der Seite 48 sowie der Texte beider Seiten die Fortpflanzung bei Moosen und Farnen. Stelle Gemeinsamkeiten und Unterschiede heraus.

1 Wurmfarn

3 Erdspross des Wurmfarns

2 Adlerfarn

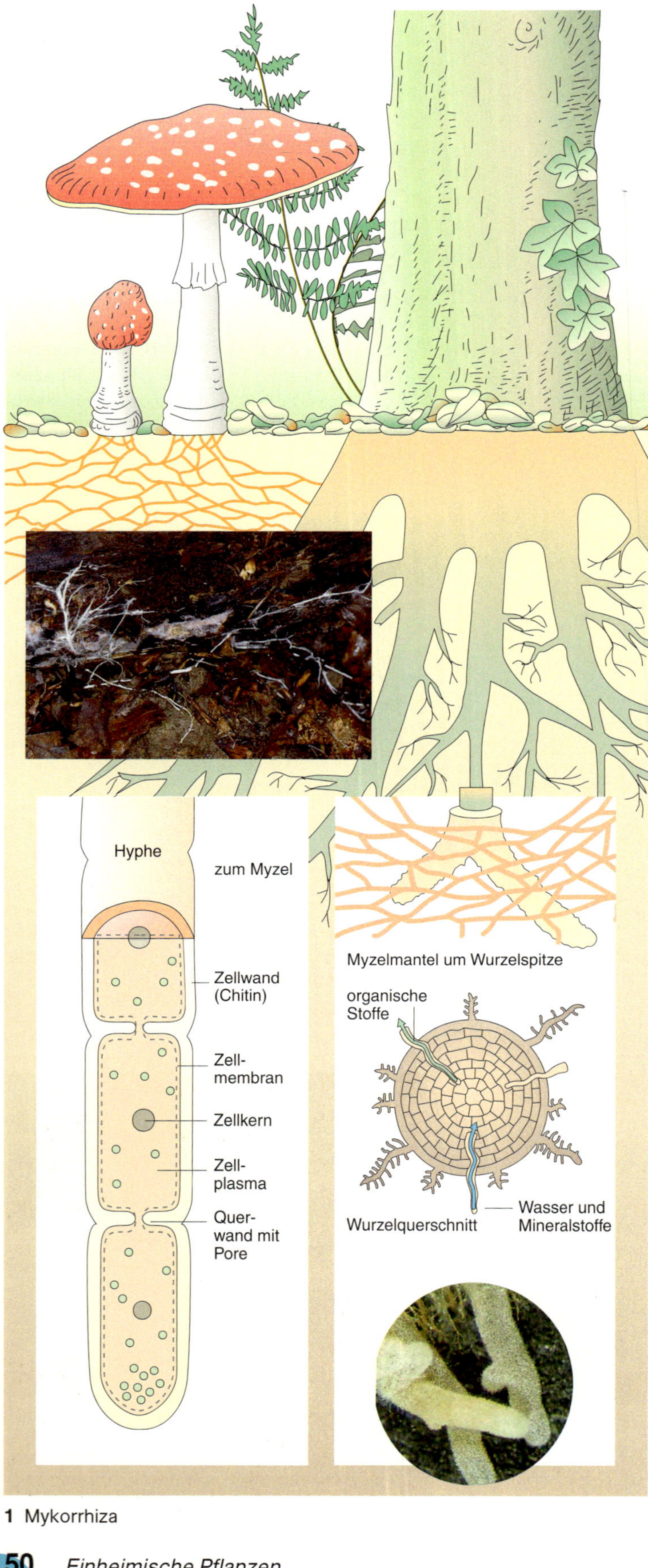

1 Mykorrhiza

Pilze – unersetzliche Zersetzer

Alle Lebewesen benötigen organische Stoffe zur Energiegewinnung und zum Aufbau ihres Körpers. Nur die grünen Pflanzen können diese organischen Stoffe durch die Fotosynthese selbst herstellen, sie sind also Selbstversorger. Man nennt ihre Ernährungsweise *autotroph* (*auto*, gr. = selbst; *trophe*, gr. = Nahrung). Tiere und Menschen müssen die benötigten organischen Stoffe mit ihrer Nahrung aufnehmen, sie sind Fremdversorger. Ihre Ernährungsweise nennt man *heterotroph* (*hetero*, gr. = fremd). Pilze haben spezielle Ernährungsformen entwickelt.

Was wir im Spätsommer und Herbst als „Pilz" aus dem Boden wachsen sehen, ist nur ein vorübergehend auftretender Teil des Pilzorganismus. Es handelt sich dabei nämlich nur um die oberirdischen Fortpflanzungsorgane des Pilzes, seine *Fruchtkörper*. Hebt man einen Fruchtkörper vorsichtig aus dem Boden, so zieht man dabei am Stielende stets zahlreiche weiße Fäden mit heraus. Diese Pilzfäden nennt man *Hyphen*.

Im Mikroskop erkannt man, dass eine Hyphe aus vielen, hintereinander gereihten Zellen besteht. Schlauchartig umgibt eine chitinhaltige Zellwand diesen langen Zellfaden. Das Wachstum der Hyphen findet durch Zellteilungen an der Spitze statt. Verfolgt man ihren unterirdischen Verlauf, so zeigt sich, dass sich die Hyphen vielfach verzweigen und zu Büscheln zusammenlagern. So entsteht ein weitläufiges Geflecht aus Hyphen, das Myzel. Dieses unterirdische *Myzel* ist der eigentliche Pilzorganismus.

Auf der Suche nach Nahrung durchwächst das Myzel ganzjährig den Boden. Jede Hyphe sondert Stoffe aus, die in ihrer Umgebung befindliche pflanzliche oder tierische Rückstände abbauen. Dabei frei werdende Nährstoffe werden dann durch Zellwand und Zellmembran aufgenommen und zum Aufbau körpereigener Stoffe verwendet. Die Pilze ernähren sich also *heterotroph*. Es gelingt dem Myzel sogar, für andere Organismen nicht verwertbare Stoffe, z. B. Holzbestandteile oder Horn, abzubauen.

Vielleicht hast du beim Pilze sammeln schon bemerkt, dass manche Pizarten nur in der Umgebung bestimmter Baumarten wachsen. Der Lärchenröhrling und der Birkenpilz bekamen aufgrund dieser Tatsache ihren Namen. Untersucht man die Wurzelspitzen entsprechender Bäume, dann zeigt sich, dass sie ebenfalls von einem dichten Myzel umwoben sind. Einzelne Hyphen dringen sogar bis in die Wurzelrinde vor. Diese Wurzelverpilzung nennt man *Mykorrhiza* (Abb. 50.1) (*mykes*, gr. = Pilz; *rhiza*, gr. = Wurzel). Welche Vorteile hat eine solche Mykorrhiza für Pilz und Baum? Einerseits entziehen die Hyphen der Pflanze Nährstoffe, andererseits verbessern sie die Versorgung des Baumes mit Wasser und Mineralstoffen. Bei einer Mykorrhiza handelt es sich also um eine *Symbiose*, eine Gemeinschaft zu beiderseitigem Nutzen. So verwundert es nicht, dass etwa vier Fünftel aller Landpflanzen eine Mykorrhiza besitzen! Besonders auf mineralstoffarmen Böden können sich die Pflanzen ohne *symbiontischen* Mykorrhizapilz nur schlecht entwickeln.

1 Fliegenpilz – ein Ständerpilz

Fortpflanzung der Ständerpilze

Wie die meisten Pilze unserer Wälder gehört auch der *Fliegenpilz* zur Gruppe der Ständerpilze, die sich durch Sporen fortpflanzen. Diese entstehen auf der Hutunterseite des Fruchtkörpers an den blättrigen *Lamellen*. Im Mikroskop zeigen sich an der Lamellenoberfläche zahlreiche *Ständerzellen*. An ihrer Spitze schnüren sie an kurzen Stielen *(Ständern)* die *Ständersporen* ab. Auf 1 cm^2 stehen ca. 250 000 Ständerzellen mit je 4 Ständersporen!

Die reifen Ständersporen fallen aus den Lamellen heraus und werden vom Wind verbreitet. Bei genügend hoher Temperatur und Feuchtigkeit keimen sie dann aus. Jede Zelle einer solchen *Keimhyphe* besitzt einen einzelnen Zellkern. Man spricht von *Einkernhyphen*. Treffen zufällig zwei Einkernhyphen verschiedenen Geschlechts aufeinander, so verschmelzen ihre Spitzen. Dabei entsteht eine Zelle mit zwei Zellkernen. Aus ihr entwickelt sich ein *Paarkernmyzel*. Bei hohem Nahrungsangebot, ausreichender Feuchtigkeit und Wärme bringt das Myzel die aus zahllosen *Paarkernhyphen* zusammengesetzten Fruchtkörper hervor. Alle Pilze, die Sporen an Ständerzellen bilden, zählen zu den *Ständerpilzen*. (▶ S. 250/251)

Aufgaben

① Erkläre die ökologische Bedeutung der Pilze.
② Erkläre, warum man Pilze beim Sammeln abschneiden und nicht aus dem Boden reißen soll.
③ Erläutere, was eine Mykorrhiza ist und welchen Vorteil sie der Pflanze bringt.

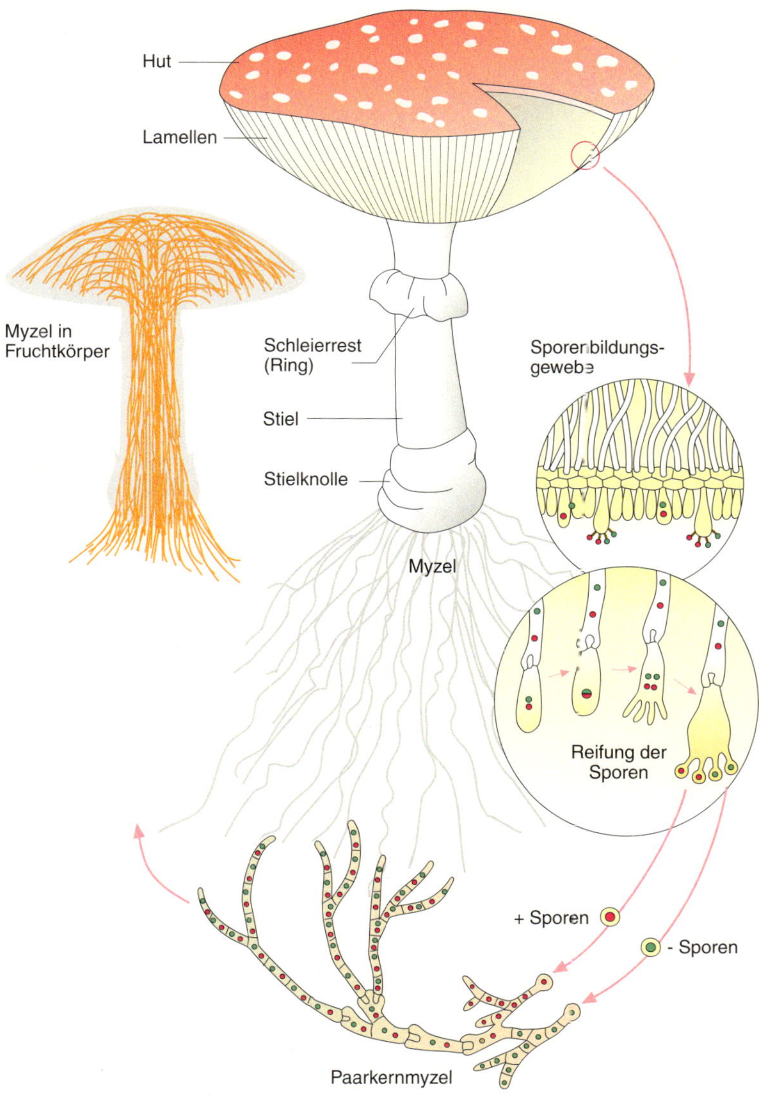

2 Fortpflanzung und Entwicklung bei einem Ständerpilz

Flechten – eine Symbiose zwischen Pilzen und Algen

Auf Steinen oder auf der Rinde von Bäumen entdeckt man bei näherem Hinsehen oft krustenartige Gebilde. Dabei handelt es sich um Flechten. Je nach Aussehen unterscheidet man *Krustenflechten, Blattflechten, Strauchflechten* und *Bartflechten*.

Das Äußere verrät aber noch nicht, wie man die Flechten systematisch einordnen kann. Erst die mikroskopische Untersuchung liefert Einblicke in den genauen Aufbau: Ein Geflecht aus *Pilzfäden* bildet das Gerüst der Flechte. Dieses Gerüst ist innen lockerer als außen, wo die Pilzhyphen sich sehr dicht zusammenschließen können. Dadurch sind die Einzelfäden nur noch schwer oder gar nicht mehr zu unterscheiden. Im Inneren erkennt man außerdem kleine, grüne Zellen. Es handelt sich hierbei um einzellige *Grün-* oder *Blaualgen*. Das Aussehen einer Flechte wird durch den Pilz bestimmt. Die sehr dicht zusammenliegenden Pilzfäden schließen den Flechtenkörper nach außen ab und bestimmen auf diese Weise seine Gestalt. Die grünliche Farbe vieler Flechten stammt von dem Chlorophyll der Algen.

Welche biologische Bedeutung hat die *Symbiose* von Pilz und Alge im Flechtenkörper? Einen Hinweis gibt die Lebenweise: Flechten wachsen auf Unterlagen, die keine oder kaum Nährstoffe zur Verfügung stellen. Die heterotrophen Pilze müssen die Nährstoffe jedoch wie tierische Lebewesen aus der Umgebung aufnehmen, da sie sie nicht selbst herstellen können. Dazu fähig sind aber die im Flechtenkörper eingeschlossenen Algen. Sie stellen mithilfe von Sonnenlicht aus Kohlenstoffdioxid (CO_2) und Wasser energiereiche Nährstoffe her, die nicht nur für den eigenen Stoffwechsel verbraucht, sondern auch dem Pilz zur Verfügung gestellt werden. Aber auch die Algen profitieren von diesem Zusammenleben: Sie erhalten über den Pilz Wasser und Mineralstoffe, die über die Oberfläche aufgenommen wurden und sie werden vor Austrocknung geschützt. Dadurch sind sie unabhängig von ihrem eigentlichen Lebensraum, dem Wasser.

Die Vermehrung der Flechtenpilze erfolgt durch Sporen, die in besonderen Fruchtkörpern entstehen. Häufiger ist die Vermehrung durch *Soredien*. Das sind kleine Myzelstücke, die einige Algenzellen enthalten und sich als „Lagerstaub" vom Flechtenkörper lösen. (▶ S. 244/245)

1 Strauchflechte

Symbiose
(gr. *syn* = mit, zusamen; gr. *bios* = Leben)
ist das Zusammenleben verschiedener Pflanzen- und Tierarten zu beiderseitigem Nutzen

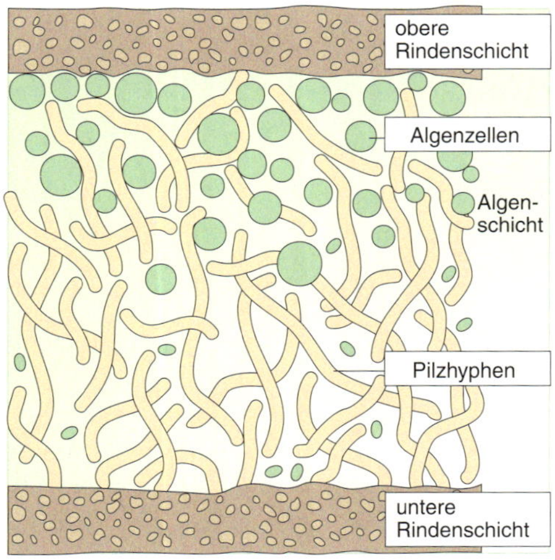

2 Aufbau einer Flechte

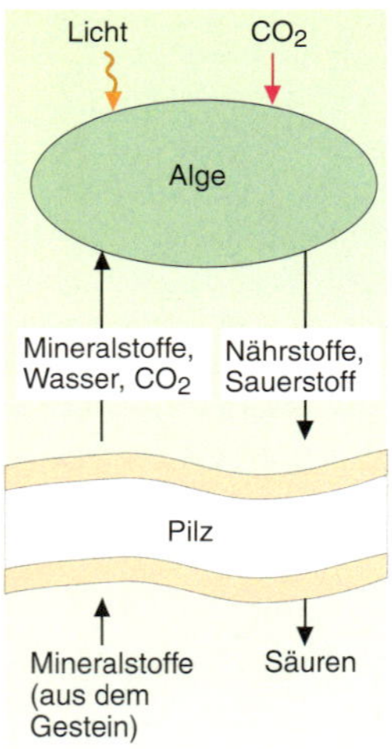

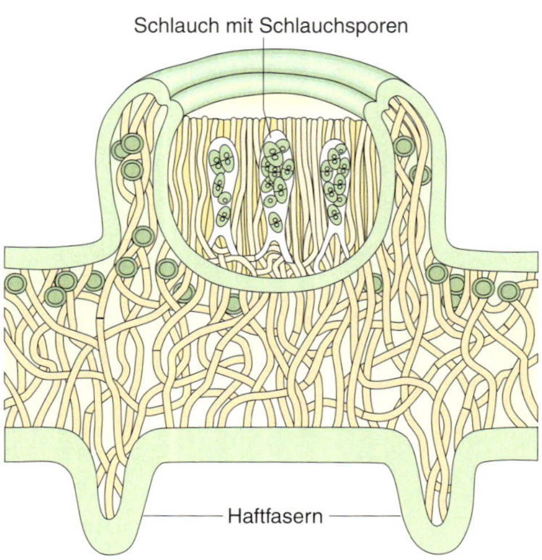

3 Flechtenfruchtkörper

1 Felsküste der Insel Runde in Norwegen

Flechten als Pionierpflanzen

Die Felsküste der Insel Runde in Norwegen zeigt nur spärlichen Pflanzenbewuchs. Es bedarf schon besonderer Anpassungen, damit Pflanzen auf nacktem Fels Fuß fassen können, ohne Humus, ständig von Austrocknung oder Verspülung, von Hitze und Kälte bedroht.

Solche *Pionierpflanzen*, Erstbesiedler jedes neu entstandenen Landes, sind die Flechten. Sie wachsen vor allem dort, wo Regenwasser herabläuft, sodass die Wasser- und Mineralstoffversorgung sichergestellt ist. Manche Flechtenarten können aber auch sehr lange ohne Wasser auskommen. Häufige Wechsel zwischen Nässe und extremer Trockenheit und sehr starke Temperaturschwankungen können sie überleben. Im Gebirge kann während der Nacht die Temperatur unter den Gefrierpunkt sinken, tagsüber, bei starker Sonneneinstrahlung, auf über 50 °C steigen. Da es dann außerdem sehr trocken ist, muss die Flechte ihre Lebensfunktionen stark drosseln, denn sie besitzt keinen Verdunstungsschutz.

Mit einsetzenden Niederschlägen, aber auch schon bei hoher Luftfeuchtigkeit, nimmt die Flechte Wasser auf, was ihren Stoffwechsel wieder in Gang bringt. Diese manchmal sehr kurzen Phasen reichen aus, um genügend Nährstoffe für das Wachstum aufzubauen.

Geringe Niederschlagsmengen und Tauwasser werden von den Flechten aufgenommen, sodass sie z. B. in den frühen Morgenstunden aktiv werden und Nährstoffe bilden können. Mit zunehmender Erwärmung trocknet der Flechtenkörper wieder aus, sodass schon am späteren Vormittag der Zustand der Inaktivität wieder erreicht ist.

Wegen des häufigen Wechsels zwischen Aktivität und Inaktivität wachsen Flechten allerdings nur sehr langsam. Der Durchmesser einer Flechte nimmt pro Jahr je nach Art und Lebensbedingungen nur um Bruchteile eines Millimeters bis höchstens um 4 mm zu. Andererseits können Flechten sehr alt werden. Somit sind sie in extremen Klimaten und auf trockenem Untergrund allen anderen Pflanzen überlegen. In der arktischen Tundra mit permanentem Frost stellen Flechten für die Rentiere die wichtigste Nahrungsquelle. Wenn später im Verlauf von Jahren die Unterlage durch das Wachstum der Flechten und durch klimatische Einflüsse genügend verwittert ist und sich etwas Erde angesammelt hat, können auch andere Pflanzen, wie Moose, Farne und Gräser, diesen Lebensraum besiedeln.

Aufgaben

① Welche extremen Bedingungen können Flechten zum Beispiel auf Bäumen, Steinen, Dächern, im Gebirge, in der Wüste oder aber in der Tundra überleben?

② Begründe aus dem Bauplan der Flechten, warum diese schneller austrocknen, aber auch leichter Feuchtigkeit aufnehmen als normale Pflanzen.

③ Erkläre, warum Flechten nur ein geringes Wachstum pro Jahr erreichen können.

1 Stärkenachweis

Stoff- und Energieumwandlung

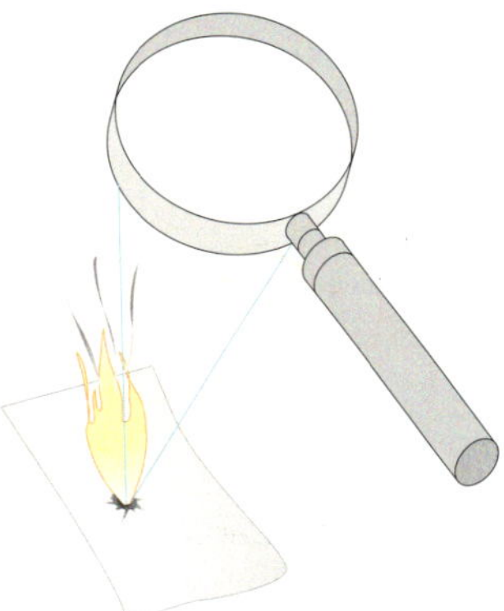

Alle Organismen benötigen zum Leben und für das Wachstum *Nährstoffe* als Energie- und Baustofflieferant. Tiere und Menschen erhalten diese Nährstoffe durch ihre Nahrung. Woher beziehen aber die Pflanzen ihre Nährstoffe?

Über ihre Wurzeln nehmen Pflanzen nur Wasser und darin gelöste Mineralsalze auf. Trotzdem kann man mithilfe der Iod-Kaliumiodid-Lösung in den Blättern *Stärke* nachweisen. Ist Stärke in den Blättern nachweisbar, so verfärben sich die stärkehaltigen Bereiche unter Zugabe von Iod-Kaliumiodid-Lösung schwarzblau. Abbildung 1b zeigt ein Blatt, das teilweise mit einer lichtundurchlässigen Aluminiumfolie abgedeckt ist. Nachdem dieses Blatt einen Tag lang mit Licht bestrahlt worden ist, wird die Folie wieder entfernt und der *Stärkenachweis* durchgeführt. Eine Schwarzblaufärbung tritt nur an den belichteten Stellen auf (Abb. 1c). Die Stärkebildung findet also nur in belichteten Blättern statt. Wird der Stärkenachweis bei belichteten, panaschierten (grün-weiß gefleckten) Blättern durchgeführt, fällt auf, dass eine Schwarzblaufärbung nur an den vormals grün gefärbten Blattflächen auftritt. Die Färbung fehlt bei den weißen Flächen.

Die grüne Farbe der Blätter wird durch das Blattgrün *(Chlorophyll)* hervorgerufen. Im mikroskopischen Bild von Blattquerschnitten (Abb. 1a) kann man erkennen, dass dieser Farbstoff nicht gleichmäßig verteilt in jeder grünen Pflanzenzelle vorkommt, sondern in kleinen Blattgrünkörnchen, den *Chloroplasten*, enthalten ist. Biochemische Untersuchungen haben gezeigt, dass in den Chloroplasten zunächst Traubenzucker *(Glucose)* mit der Summenformel ($C_6H_{12}O_6$) hergestellt wird, der anschließend zur Stärke umgewandelt wird. Hierfür werden Hunderte Glucosemoleküle zu einer langen Ketten miteinander verknüpft.

Das Chlorophyll ist ein Blattfarbstoff, der Sonnenlicht oder künstliches Licht aufnimmt. Im Licht steckt Energie. Aus ihr kann z. B. Wärme entstehen, wie sich mit einer Lupe und einem Stück Papier leicht zeigen lässt (s. Randspalte). Lichtenergie wird in den Chloroplasten mithilfe des Chlorophylls in chemische Energie umgewandelt, die dann in dem energiereichen Nährstoff Glucose gespeichert ist. Die Glucose nutzen die Pflanzen zur Stärkeproduktion, oder sie verarbeiten ihn weiter zu anderen Stoffen, wie Zellulose, pflanzliche Öle oder Eiweiße (s. Seite 57).

Weitere Versuche haben gezeigt, dass Pflanzen zum Gedeihen das Gas *Kohlenstoffdioxid* (CO_2) benötigen. Wird einer Pflanze dieses Gas entzogen, so stirbt sie ab. Experimente an Wasserpflanzen (z. B. der Wasserpest) zeigen, dass Pflanzen nicht nur Kohlenstoffdioxid aufnehmen, sondern gleichzeitig *Sauerstoff* (O_2) abgeben. An einem Spross der Wasserpflanze kann bei starker Lichtzufuhr ein Aufsteigen von Gasbläschen beobachtet werden. Mithilfe der *Glimmspanprobe* lässt sich nachweisen, dass es sich um Sauerstoff handelt. Legt man den Wasserpestspross in

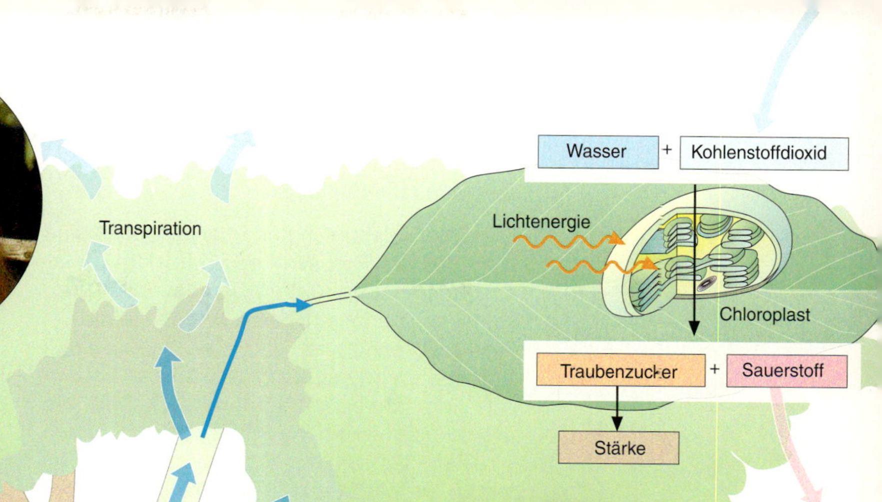

abgekochtes und somit kohlenstoffdioxidfreies Wasser kommt die Sauerstoffentwicklung zum Erliegen. Gleiches erfolgt, wenn die Pflanze im Dunkeln steht (s. Seite 60).

Für die Bildung von Glucose in den Chloroplasten wird also Kohlenstoffdioxid und Licht benötigt. Neben der Glucose entsteht auch Sauerstoff. Sowohl die Kohlenstoffdioxidaufnahme als auch die Sauerstoffabgabe erfolgen über die Spaltöffnungen der Blätter (s. Seite 38). Ein weiterer wichtiger Ausgangsstoff für die Bildung von Glucose und Sauerstoff ist *Wasser* (H_2O).

Da die Bildung von Glucose und Sauerstoff aus Kohlenstoffdioxid und Wasser nur mit Licht abläuft, wird dieser Prozess als *Fotosynthese* (griech. *photos* = Licht) bezeichnet. Der Vorgang lässt sich durch folgende Wort- und Summengleichung darstellen:

Wasser + Kohlenstoffdioxid → Glucose + Sauerstoff

$6\,H_2O + 6\,CO_2 \rightarrow C_6H_{12}O_6 + 6\,O_2$

Pflanzen können also mithilfe von Sonnenlicht aus den energiearmen, anorganischen Ausgangsstoffen Wasser und Kohlenstoffdioxid energiereiche, organische Verbindungen für ihre Lebensprozesse herstellen. Pflanzen und alle Organismen oder Zellen, die ihre Nährstoffe selbst herstellen, nennt man *autotroph*. Organismen, die wie wir Menschen auf Nährstoffe von anderen Lebewesen angewiesen sind, nennt man *heterotroph*. (▶ S. 240/241)

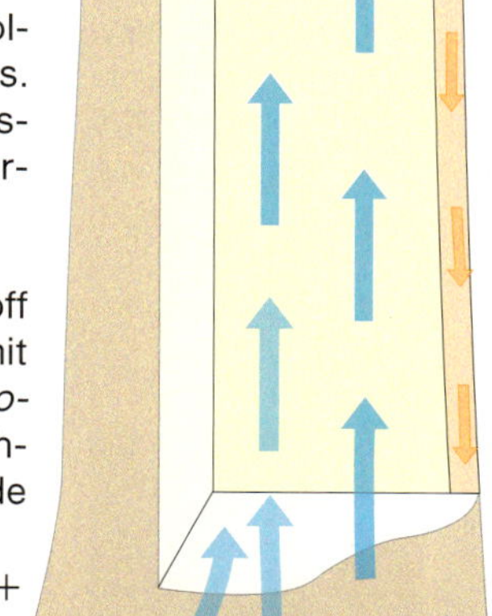

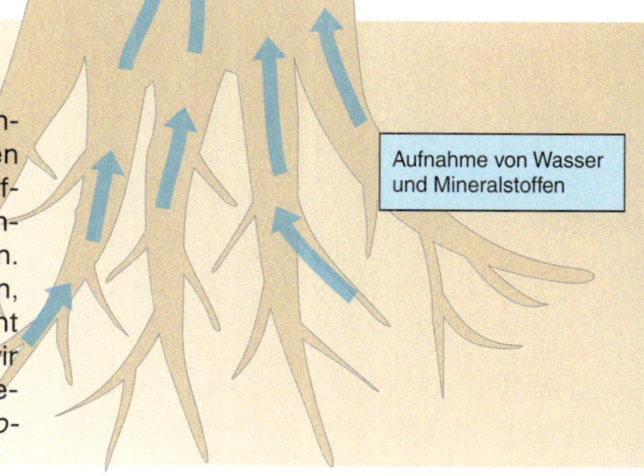

Aufgaben

① Erkläre, warum Pflanzen unter der Krone eines Laubbaumes nicht so gut wachsen.

② Während Trockenperioden schließen sich bei unseren heimischen Laubbäumen die Spaltöffnungen. Erläutere die Folgen für den Ablauf der Fotosynthese und das Wachstum.

Chloroplasten und andere Plastiden

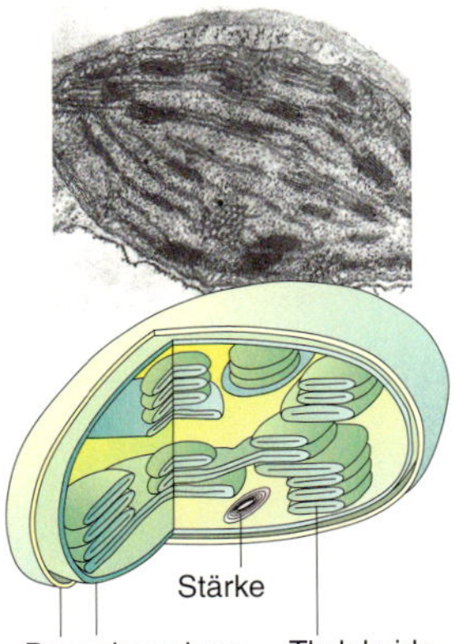

Bau eines Chloroplasten

Die Chloroplasten in den Pflanzenzellen sind die Orte der Fotosynthese. Mit dem Elektronenmikroskop konnte der Bau des Chloroplasten näher erforscht werden (Abb. 1). Der Chloroplast ist von zwei Membranen umgeben. Von der inneren Membran schnüren sich zahlreiche Membransäckchen, die *Thylakoide*, in den Innenraum ab und bilden ein Lamellensystem. An manchen Stellen liegen sie wie Münzen einer Geldrolle dicht übereinander gestapelt. Auf den inneren Membranen ist der grüne Farbstoff *Chlorophyll* (Blattgrün) aufgelagert, mit dessen Hilfe die Lichtenergie in chemische Energie umgewandelt wird (s. Seite 55).

Der Innenraum des Chloroplasten ist von einer farblosen, gelartigen Grundsubstanz, dem *Stroma*, ausgefüllt. Hier sind neben Glucose und Stärkekörner noch Fetttröpfchen zu finden.

Entwicklung eines Chloroplasten

Die Art der Doppelmembran deutet darauf hin, dass die Chloroplasten aus Fotosynthese betreibenden Bakterien hervorgegangen sind. Man nimmt an, dass es sich um Vorfahren von *Cyanobakterien* gehandelt hat, die von einem Einzeller durch Abschnürung der Zellmembran *(Endocytose)* aufgenommen worden sind, ohne jedoch verdaut zu werden. Die innere Membran sollte daher vom Cyanobakteriumvorfahren stammen, die äußere vom Einzeller, der hier als Wirtszelle auftritt.

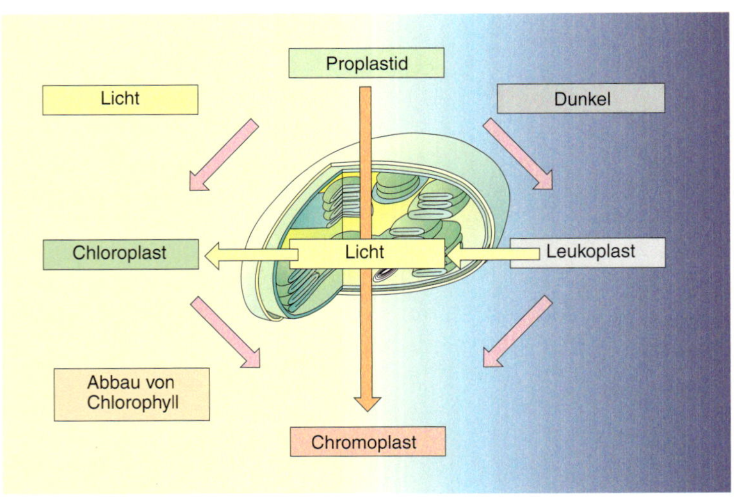

1 Chloroplast und Plastidenbildung

Auf diese Weise soll es zu einer Lebensgemeinschaft *(Symbiose)* zwischen Wirtszelle und aufgenommenen Zellen gekommen sein. Unter Symbiose versteht man eine wechselseitige Beziehung zwischen Organismen verschiedener Arten, aus der beide Nutzen ziehen. Deshalb spricht man hier von der *Endosymbiontenhypothese*. Auf diese Weise sollen die ersten grünen zur Fotosynthese befähigten Pflanzenzellen entstanden sein.

Genaue Analysen erhärten die Endosymbiontentheorie. Chemische Daten der inneren und äußeren Membran zeigen eine große Ähnlichkeit der inneren Membran mit der von Cyanobakterien, aber eine deutlich geringere mit der von der Wirtszelle. Umgekehrtes gilt für die äußere Membran. Darüber hinaus können Chloroplasten nicht durch die Zelle neu gebildet werden. Sie vermehren sich durch Zweiteilung, wie das auch die Bakterien tun. Wie diese besitzen sie eine eigene Erbsubstanz in Form eines ringförmigen Moleküls. (▶ S. 244/245)

Plastiden

Neben den Chloroplasten enthalten Pflanzen noch andere Plastidenformen. Während die Chloroplasten in den grünen Spross- und Blattgeweben enthalten sind, kommen die *Chromoplasten* in den Blütenblättern und Früchten vor. Sie besitzen kein Chlorophyll, stattdessen enthalten sie Farbstoffe, die die Gelb-, Orange- bzw. Rotfärbung ausmachen. Diese Färbungen sollen Tiere zur Bestäubung und zur Verbreitung der Pflanze anlocken. Weiterhin existieren noch *Leukoplasten*, die keine Farbpigmente enthalten. Sie kommen im Speichergewebe u. a. von Knollen und Wurzelstöcken vor und sind auf die Speicherung von Reservestoffen, wie Stärke und Fetttröpfchen spezialisiert. Alle Plastiden gehen aus einer gemeinsamen Vorstufe, dem *Proplastid*, hervor und sind in einander umwandelbar (Abb. 1).

Aufgaben

① Nenne begründet das zum Bau eines Chloroplasten passende Basiskonzept.
② Beschreibe den Vorteil, den eine Wirtszelle durch die Aufnahme eines Cyanobakteriums erlangt hat.
③ Erkläre, warum Kartoffelknollen ergrünen, wenn sie dem Sonnenlicht ausgesetzt sind.

Traubenzucker wird weiter verarbeitet

Grüne Pflanzen stellen durch Fotosynthese mehr Traubenzucker her, als sie für ihren eigenen Energiebedarf benötigen. Den Überschuss wandeln sie in andere lebenswichtige organische Substanzen um. So entsteht aus dem Einfachzucker *(Traubenzucker = Glucose)* ein anderer Einfachzucker, der *Fruchtzucker*, der neben dem Traubenzucker in vielen Früchten enthalten ist. In den Zuckerrüben liegt hingegen der aus Trauben- und Fruchtzucker aufgebaute *Rohrzucker* in hohen Konzentrationen vor.

Bei der *Stärke*, dem wichtigsten und häufigsten Speicherstoff von Pflanzen, sind Hunderte von Traubenzuckermoleküle zu langen Ketten (sog. *Vielfachzucker)* miteinander verknüpft. Da Stärke im Gegensatz zu Traubenzucker nicht wasserlöslich ist, muss sie vor dem Transport aus den Blättern zu den Speicherorganen oder Samen erst wieder in Traubenzucker zerlegt werden. Wenn im Winter die grünen Teile der Pflanze abgestorben sind, können Pflanzen diese energiereichen Speicherstoffe nutzen.

Die Samen einiger Pflanzen, wie z. B. Sonnenblumenkerne oder Erdnüsse, besitzen als Reserve neben der Stärke noch einen hohen Gehalt an *Fetten* und *Ölen*. Auch diese beiden Stoffe werden aus dem Traubenzucker durch biochemische Reaktionen gebildet. Fette und Öle dienen den kleinen Keimlingen vor und während der Keimung zur Ernährung. Die gleiche Funktion hat die unter der Samenschale des Weizenkorns liegende eiweißreiche *Aleuronschicht*. Für den Aufbau von Eiweißen wird neben Kohlenstoff, Wasserstoff und Sauerstoff auch Stickstoff und Schwefel benötigt, die mit den Mineralstoffen in Form von Nitraten und Sulfaten aus den Boden aufgenommen werden. Durch komplizierte Umwandlungen im Stoffwechsel der Pflanzen entstehen daraus *Eiweiße*.

Alle Nährstoffe dienen jedoch nicht nur als *Energiequelle*, sondern auch als *Baustoff*. Ein wichtiger Baustoff in den pflanzlichen Zellwänden ist die *Zellulose*, ebenfalls ein aus Traubenzucker aufgebauter Vielfachzucker. Zusätzlich wird der Holzstoff *Lignin* eingelagert und macht sie dadurch fester.

Aufgaben

1. Liste tabellarisch die von Pflanzen produzierten Stoffe und deren Funktion auf.
2. Erkläre, woher z. B. Bäume im Winter die notwendige Energie für ihre Lebensprozesse erhalten.
3. Erkläre, warum das Wachstum von Pflanzen im Winter deutlich geringer ausfällt als im Sommer.

1 Traubenzucker (Glucose) – ein Grundbaustein

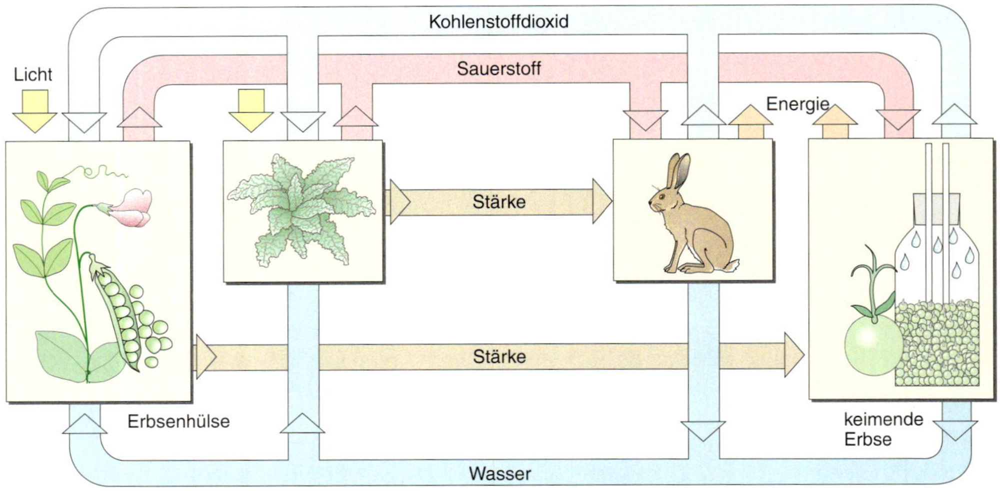

1 Fotosynthese und Zellatmung

Auch grüne Pflanzen atmen

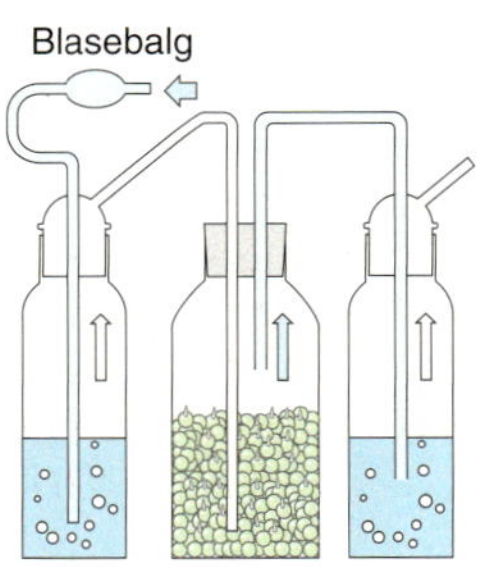

Versuch zur Atmung bei Pflanzen

Grüne Pflanzen können mithilfe der Fotosynthese energiereiche Verbindungen herstellen, die Menschen und Tieren als Nahrung und damit Energiequelle dienen. Aber auch Pflanzen benötigen, wie alle Lebewesen, ständig Energie für die Aufrechterhaltung ihrer Lebensprozesse (z. B. Nährsalzaufnahme) und für Wachstumsprozesse.

Alle Pflanzenzellen – wie auch die Zellen von Menschen und Tieren – nutzen als Energiequelle den energiereichen Traubenzucker, der durch Abbau von Stärke freigesetzt wird. Die Zellen können die darin chemisch gebundene Energie für den Organismus verfügbar machen, indem der Traubenzucker unter Verbrauch von Sauerstoff stufenweise zu den energieärmeren Stoffen Kohlenstoffdioxid und Wasser umgewandelt wird.

Die dabei frei werdende Energie steht dann den Zellen für Stoffwechselvorgänge u. ä. zur Verfügung. Man nennt diesen Vorgang der Energieumwandlung *Zellatmung*, da die Sauerstoffaufnahme im Gegensatz zur Lungenatmung in den Zellen abläuft. Ein Teil der dabei gewonnenen Energie geht jedoch immer als Wärme an die Umwelt verloren. Die Zellatmung lässt sich durch folgendes Schema zusammenfassen:

Mitochondrium

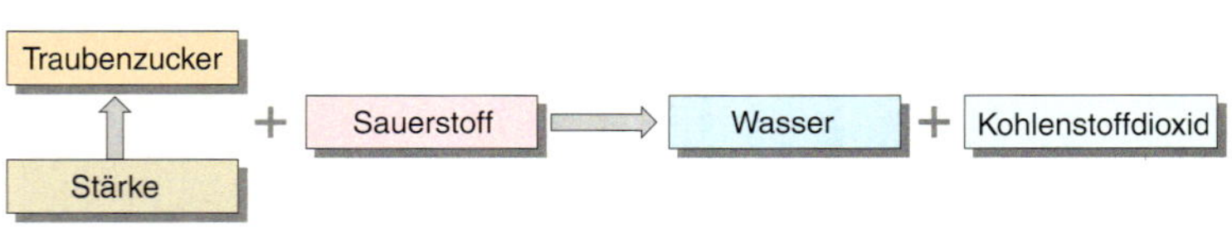

Während die Umwandlung von Kohlenstoffdioxid und Wasser zu Traubenzucker in den Chloroplasten stattfindet, läuft die Zellatmung in den Kraftwerken jeder Zelle, den *Mitochondrien*, ab. Wie die Chloroplasten sind die Mitochondrien von zwei Membranen umgeben, einer inneren und einer äußeren. Die innere Membran bildet Einstülpungen, wodurch eine große innere Oberfläche ausgebildet wird. An der inneren Membran laufen die Stoff- und Energieumwandlungen ab.

Bei der im Dunkeln ablaufenden Keimung benötigten z. B. Erbsensamen besonders viel Energie, da sie viele Stoffe für Zellbildung und Wachstum aufbauen müssen. Deshalb enthalten sie viele Mitochondrien und energiereiche Speicherstoffe, wie z. B. Stärke.

Aufgaben

① Für das Experiment in der Randspalte wurden die Erbsen zunächst zum Quellen einen Tag in Wasser gelegt. Nach dem Einfüllen wurde dann ab und zu mit dem Blasebalg Luft in die Versuchsanordnung gepumpt. Die *Natronlauge* (links) bindet das *Kohlenstoffdioxid* der eingeblasenen Luft, das Kalkwasser (rechts) bildet beim Einleiten von Kohlenstoffdioxid einen weißen Niederschlag.
Welche Veränderungen kann man nach einigen Tagen im Kalkwasser und im Versuchsgefäß feststellen?

② Erkläre, warum man die Zellatmung auch als Umkehrung der Fotosynthese bezeichnet.

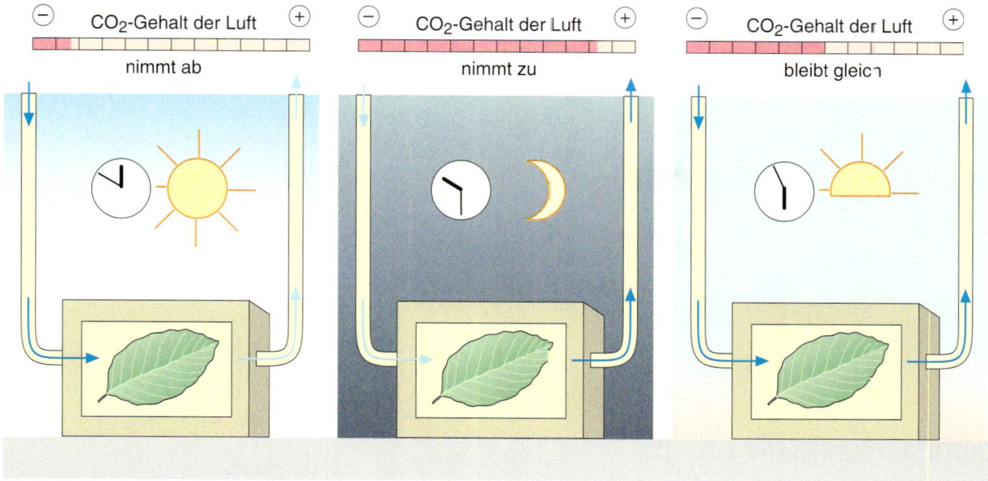

1 Schwankungen des Kohlenstoffdioxidgehaltes der Luft im Laufe eines Tages

24 Stunden im Leben einer Pflanze

Während bei der Fotosynthese die Pflanze Kohlenstoffdioxid (CO_2) aufnimmt und Sauerstoff (O_2) abgibt, ist dies bei der Atmung gerade umgekehrt: Sauerstoff wird aufgenommen und Kohlenstoffdioxid abgegeben. Laufen nun diese beiden Vorgänge 24 Stunden lang in den Pflanzen nebeneinander und gleich stark ab oder überwiegt zu bestimmten Tageszeiten der eine oder der andere Vorgang? Ist Letzteres der Fall, so muss der Kohlenstoffdioxid- und Sauerstoffgehalt in der umgebenden Luft schwanken.

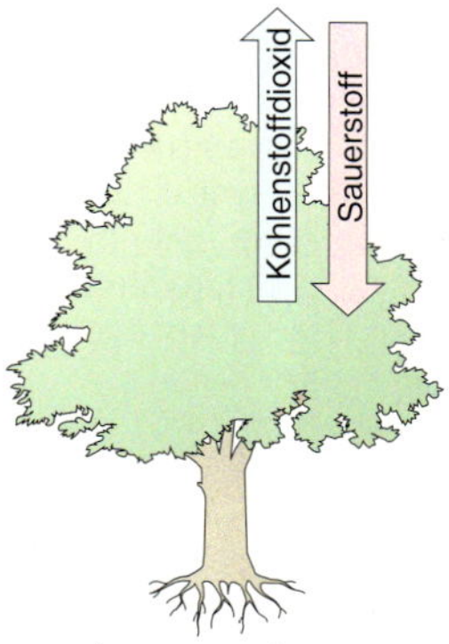

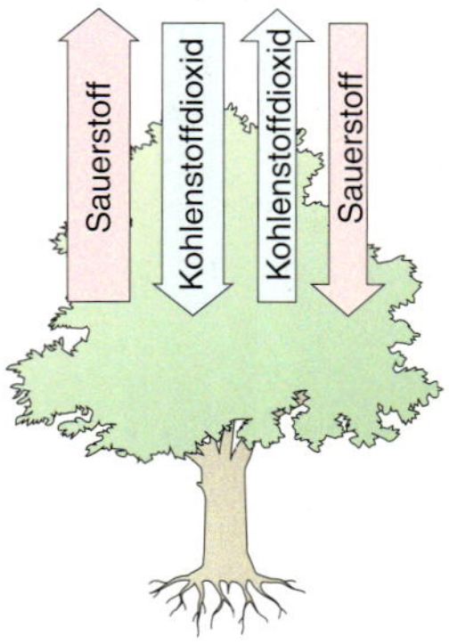

Dieses lässt sich im Experiment nur mit einer aufwändigen Versuchsapparatur messen. Zu Versuchsbeginn wird eine Pflanze in eine lichtdurchlässige Kammer, durch die langsam Luft gepumpt wird, eingeschlossen. Ein Messgerät misst den Kohlenstoffdioxidgehalt der Luft vor dem Einströmen in die und nach dem Ausströmen aus der Versuchskammer. An der Messskala kann anschließend abgelesen werden, wann und wie viel Kohlenstoffdioxid die Pflanze während 24 Stunden aufnimmt oder abgibt. Bei Tag ist der Kohlenstoffdioxidgehalt der aus der Versuchskammer ausströmenden Luft kleiner als der der einströmenden Luft. Daraus folgt, dass die Pflanze vor allem am Tag verstärkt die Fotosynthese durchführt und mit dem Kohlenstoffdioxid der Luft Traubenzucker und Stärke – also die Ausgangsstoffe für ihren Betriebs- und Baustoffwechsel – herstellt. Der zwar verringerte, jedoch nicht auf Null gesunkene CO_2-Gehalt der ausströmenden Luft zeigt an, dass die Pflanze auch am Tag atmet.

In der Nacht steigt der Kohlenstoffdioxidgehalt der ausströmenden Luft an. Aufgrund des fehlenden Sonnenlichtes hat die Pflanze die Fotosynthese eingestellt und betreibt nur noch Zellatmung. Die Pflanze „veratmet" also einen Teil ihrer eigenen Vorräte, ohne neue Stoffe zu bilden. Am Morgen und am Abend gibt es einen Zeitpunkt, an dem die Fotosynthese beginnt und die Atmung noch stattfindet. Beide Vorgänge (Stoffsynthese und -abbau) halten sich die Waage. Es ist der *Kompensationspunkt* (lat. *compensare* = ausgleichen).

Aufgaben

① Die Abbildungen der Randspalte zeigen den Gasstoffwechsel einer Pflanze. Ordne den Abbildungen die entsprechenden Tageszeiten zu. Begründe deine Entscheidung.

② Pflanzen zehren nachts von den Vorräten, die sie tagsüber aufgebaut haben. Erläutere, warum es dennoch möglich ist, dass manche Bäume sogar eine Höhe von 40 Metern und mehr erreichen. Beachte bei deinen Überlegungen die Messskalen in Abbildung 1.

③ In manchen Gewächshäusern werden die Pflanzen mit Kohlenstoffdioxid (CO_2) begast. Erkläre den Vorteil, den der Gärtner davon hat.

④ Erkläre, warum Aquarien künstlich beleuchtet werden.

⑤ Nördlich des nördlichen Polarkreises geht die Sonne im Sommer nicht unter. Welche Folgen hat das für die Pflanzen?

Fotosynthese und Atmung

Nachweis von Sauerstoff

Geräte:
250-ml-Becherglas, Glastrichter mit Hahn, Reagenzglas, Diaprojektor, Bunsenbrenner, Glimmspan

Material: Wasserpest

Reagenz:
Indigoblaulösung

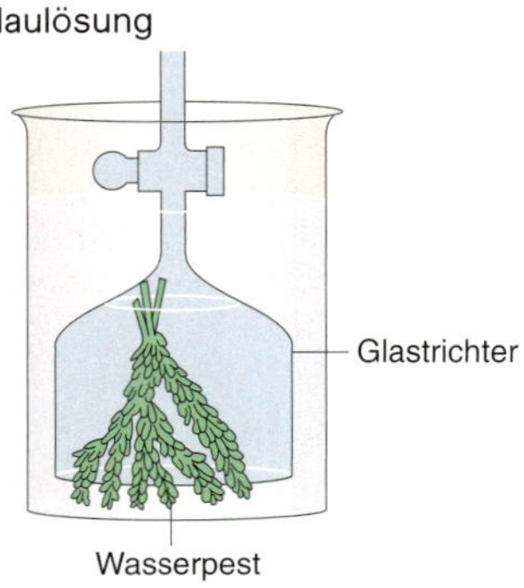

① Bereite die oben abgebildete Versuchsanordnung vor. Binde dazu einige Sprosse der Wasserpest vorsichtig zusammen. Achte darauf, dass der Trichter ganz mit Wasser gefüllt ist. Belichte die Versuchsanordnung mit einem Diaprojektor. Beschreibe, was du schon nach wenigen Minuten beobachten kannst.

② Stelle das Glas mit der Wasserpflanze für einige Tage ans Fenster, bis sich genügend Gas im Reagenzglas angesammelt hat. Ob es sich bei dem Gas um Sauerstoff handelt, kannst du mit der Glimmspanprobe überprüfen: Ziehe das Reagenzglas etwas hoch, verschließe es unter Wasser mit dem Daumen und drehe es um. Halte sofort einen glimmenden Span hinein. Erkläre.
Tipp: Mit der Glimmspanprobe wird das Gas Sauerstoff nachgewiesen.

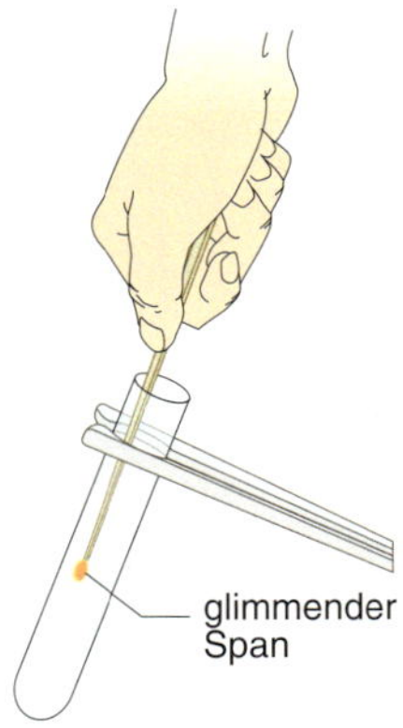

③ Lege eine Wasserpestpflanze in einen mit Wasser gefüllten Enghals-Erlenmeyerkolben. Gib einige Tropfen Indigoblau-Lösung hinzu. Erkläre deine Beobachtung.

Ort der Stärkebildung

Geräte:
Petrischalen, Elektroheizplatte, Wasserbad, 250-ml-Becherglas, Aluminiumfolie, Schere, Transparentpapier

Material: Pflanze mit panaschierten Blättern (z. B. Schönmalve, Buntnessel)

Reagenzien:
Iod-Kaliumiodid-Lösung [Xn], Brennspiritus [Xn]

④ Bestrahle das panaschierte Blatt bei Zimmertemperatur mehrere Tage mit einer Lampe. Schneide dann dieses Blatt ab und halte die Verteilung der Blattflecken auf einem Transparentpapier fest. Führe entsprechend der nachfolgenden Abbildung den Stärkenachweis mit einer Iod-Kaliumiodid-Lösung durch. Vergleiche Blattfärbung und Zeichnung. Erkläre.

⑤ Bedecke ein panaschiertes Blatt, das vorher mindestens 24 Stunden im Dunkeln stand, mit einem Streifen einer lichtundurchlässigen Aluminiumfolie und beleuchte es mindestens einen Tag bei Zimmertemperatur. Entferne dann die Folie und führe den Stärkenachweis durch. Beschreibe das Blatt und erkläre.

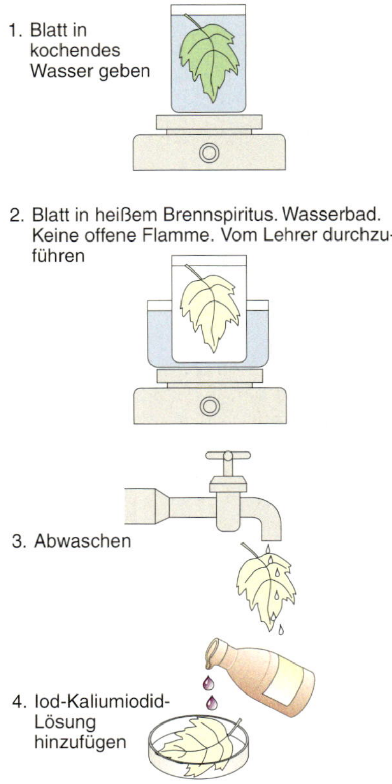

Temperaturabhängigkeit

Geräte:
250-ml-Becherglas, 500-ml-Becherglas, Thermometer, Eiswürfel

Material:
Wasserpest, Mineralwasser (still)

⑥ Gib eine Wasserpest in ein kleines Becherglas mit Mineralwasser. Zähle bei verschiedenen Temperaturen, wie viele Bläschen in 2 Minuten an der Stängelquerschnittsfläche aufsteigen. Kühle dazu das Mineralwasser in einem Wasserbad mit Eiswasser. Fasse die Ergebnisse zusammen.

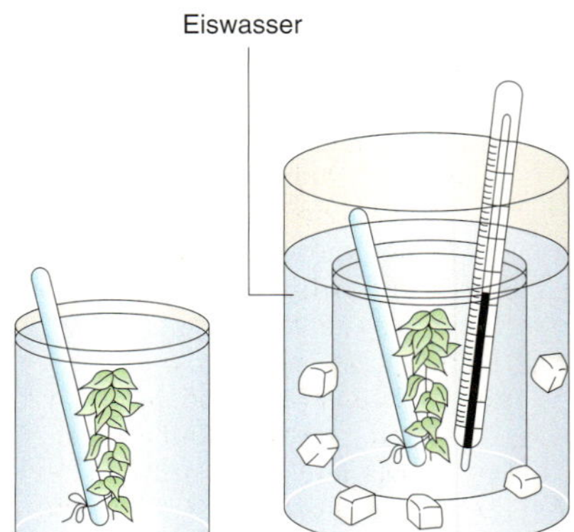

Aufnahme von Kohlenstoffdioxid

Geräte:
Petrischale, Pinsel, Wasserbad, Elektroplatte, 250-ml-Becherglas

Material:
Schönmalve

Reagenzien:
Iod-Kaliumiodid-Lösung [Xn], Lack oder Weißleim, Brennspiritus

⑦ Stelle eine Schönmalve mindestens 24 Stunden ins Dunkle. Dann wird die Blattoberseite mit O, die Blattunterseite mit U gekennzeichnet. Man verwendet dazu farblosen Lack oder Weißleim. Nach dem Trocknen werden die Lackhäutchen durchsichtig. Sie bilden eine lichtdurchlässige, aber gasdichte Schicht. Lass nun die Pflanze mehrere Stunden im Licht stehen. Führe anschließend den Stärkenachweis mit einer Iod-Kaliumiodid-Lösung durch. Erkläre das Ergebnis. Berücksichtige dabei den Aufbau des Blattes (s. Seite 39).

Lichtabhängigkeit der Fotosynthese

Geräte:
Becherglas, Diaprojektor

Material: Wasserpest, Transparent-, Zeitungspapier, Karton

⑧ Stelle das Becherglas mit einer Wasserpestpflanze, deren abgeschnittenes Ende nach oben zeigt, in den Lichtkegel eines Diaprojektors. Warte ca. 5 Minuten und zähle danach die an der Schnittstelle aufsteigenden Sauerstoffbläschen pro Minute. Fasse die Ergebnisse zusammen.

⑨ Bringe nun zwischen Lichtquelle und Becherglas nacheinander Transparentpapier, Zeitungspapier und Karton. Zähle dann eine Minute lang die aufsteigenden Sauerstoffbläschen und notiere jeweils die Anzahl. Was bedeutet das Ergebnis? Ziehe eine Schlussfolgerung.

Abhängigkeit von Kohlenstoffdioxid

Geräte:
250-ml-Becherglas, 100-ml-Messzylinder, Diaprojektor

Material:
Wasserpest, Wasser, Sprudel, abgekochtes Wasser

⑩ Lege sechs frisch geschnittene Sprosse der Wasserpest jeweils zu zweit in einen Messzylinder, der a) mit Leitungswasser, b) mit abgekochtem Wasser und c) mit Sprudelwasser gefüllt ist (s. Abb.). Warte ca. 5 Minuten und zähle dann die im Messzylinder aufsteigenden Bläschen 2 Minuten lang. Führe den Versuch mit kohlenstoffdioxidreichem Wasser noch einmal im Dunkeln durch. Trage deine beobachteten Werte in eine Tabelle ein. Fasse am Ende der Versuchsreihe deine Beobachtungen in einem Ergebnissatz zusammen.

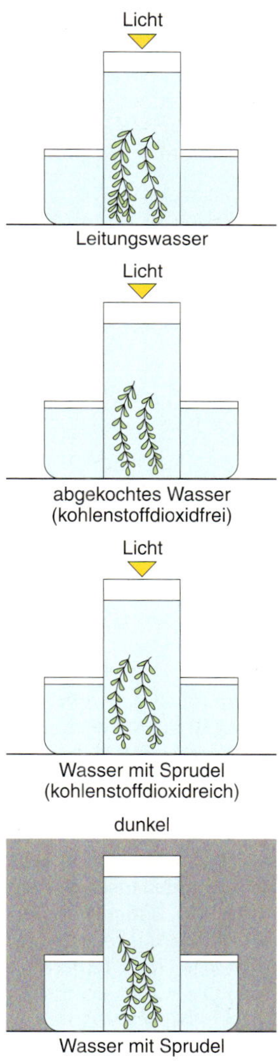

Versuche zur Atmung

1. Mensch

Geräte:
2 Waschflaschen, Glasröhrchen, durchbohrte Stopfen

Reagenzien:
Calciumhydroxid-Lösung (Kalkwasser) (**Vorsicht ätzend!** [C])

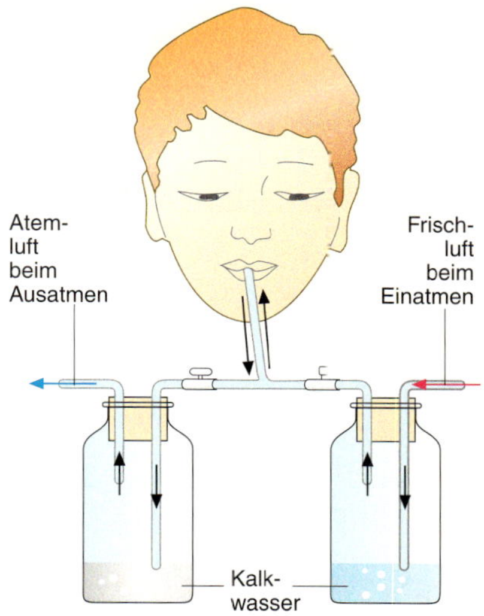

⑪ Blase durch das lange Röhrchen deine Ausatemluft in die Waschflasche mit Kalkwasser (**Vorsicht! Ätzend!**). Beobachte die Veränderungen und erkläre sie.

2. Pflanzen und Pilze

Geräte:
Reagenzgläser, Trichter, Reagenzglasgestell

Material:
Blütenblätter, keimende Samen, junge Pilze, Öl, Kalkwasser [C]

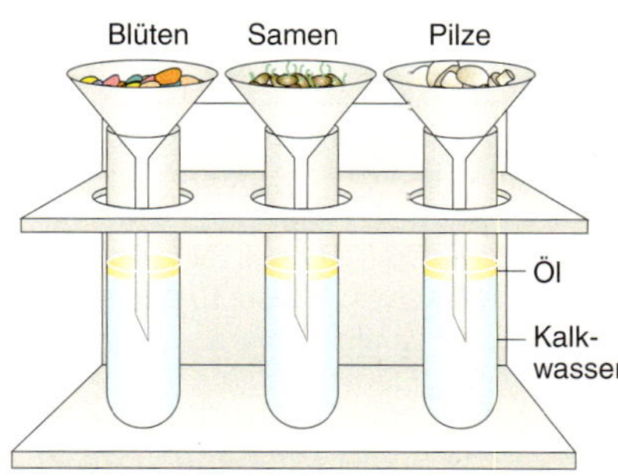

⑫ Fülle die drei Trichter mit Blütenblättern, keimenden Samen oder jungen Pilzen und setze sie auf die Reagenzgläser, die mit Kalkwasser und Öl gefüllt sind, auf.
Beobachte nach einigen Stunden die Veränderungen der Lösung.

Ernährungsspezialisten unter den Pflanzen

Es gibt Blütenpflanzen, denen das Chlorophyll ganz fehlt oder deren Wurzeln kaum Wasser und Mineralstoffe aufnehmen können. Andere Arten haben Standorte auf mineralstoffarmen Böden. Nur Pflanzen, die besondere Lebensgewohnheiten entwickelt haben, können hier trotzdem überleben.

Symbiontische Pflanzen

Der **Gewöhnliche Fichtenspargel** ist ein Humusbewohner, dem das Blattgrün fehlt. Seine Blätter sind schuppig und gelblich bis bräunlich gefärbt. Die Wurzelhaut der in Fichtenwäldern vorkommenden Pflanze ist von Pilzfäden durchsetzt. Der Fichtenspargel entnimmt den Pilzfäden die Nährstoffe und gibt an den Pilz Vitamine ab.

Aufgabe

① Formuliere mithilfe des Textes eine allgemeine Definition für den Begriff „Symbiose"?

Knöllchenbakterien

Vor allem Pflanzen aus der Familie der Schmetterlingsblütler können ihren Stickstoffbedarf durch Symbiose mit den sogenannten *Knöllchenbakterien* decken. Diese können Luftstickstoff binden, speichern und dem Symbiosepartner aus den Wurzelknöllchen zur Verfügung stellen. Deshalb sind Schmetterlingsblütler (Klee, Lupine) auch hervorragend als Gründüngung geeignet.

Bestäubung – Symbiose

Viele Blütenpflanzen sind bei der Übertragung der Pollenkörner von einer Pflanze zur anderen auf Tiere angewiesen. Im Laufe der Entwicklung der Blütenpflanzen haben sich deshalb bestimmte Blütentypen herausgebildet, die nur von bestimmten Tieren bestäubt werden können: So ziehen die großen, nektarreichen, meist roten Blüten im tropischen Regenwald *Kolibris* als Bestäuber an, die im Schwirrflug vor den Blüten „stehen" und mit ihren langen Schnäbeln den Nektar aus den tiefen Blütenkelchen saugen. Bananenblüten, die sich nur nachts öffnen, werden von Früchte fressenden *Fledermäusen* bestäubt. Die Blüten sind besonders groß und riechen intensiv nach gärendem Obst.

Die meisten „Tierblüten" werden jedoch von Insekten bestäubt. Je nach Kelchlänge findet man Fliegen, Bienen, Hummeln oder Schmetterlinge als Bestäuber. Besonders auffällig locken die **Ragwurzarten**. Die Unterlippe der Blüte ist dem besuchenden Insekt jeweils täuschend ähnlich. Zudem senden die Pflanzen Duftstoffe aus, die die Männchen der jeweiligen Insektenart anlocken. Die Männchen verwechseln nun die Blütenunterlippe mit einem Weibchen. Beim Versuch, diesen vermeintlichen Ge-

schlechtspartner zu begatten, bleiben die Pollenpakete der Orchidee auf ihrem Kopf kleben und werden fortgetragen. Hier haben wir einen Übergang zum *Parasitismus*.

Symbiose – Alge, Polyp

Die bemerkenswerte Eigenschaft aller riffbildenden Korallen ist, dass sie mit Algen *(Zooxanthellen)* in Symbiose leben. Man findet diese in den Zellen, die die große Körperhöhle des Polypen auskleiden. Dort betreiben sie Fotosynthese und stellen Sauerstoff zur Verfügung, während die Polypen den Algen ausreichend Kohlenstoffdioxid liefern, welches die Algen in wichtige Nährstoffe einbauen. Auf dieser Symbiose beruht die hohe biologische Produktivität der Korallenriffe. Weil die Zooxanthellen Licht benötigen, findet man riffbildende Korallen nur in den lichtdurchfluteten Flachwasserzonen.

Aufgabe

② Erkläre die besonderen Lebensgewohnheiten der hier genannten Pflanzen mittels eines geeigneten Basiskonzepts.

Pflanzen als Parasiten

Die **Mistel** ist ein Halbschmarotzer, der noch Blattgrün besitzt. Sie hat Saugwurzeln und verschafft sich das Wasser und die Mineralstoffe durch das Anzapfen des Wasserleitungssystems einer Wirtspflanze. Besonders im Winter fallen die

kugelförmigen Büsche in den Kronen von Laubbäumen auf. Die Mistelstängel sind grün und gabelig verzweigt. Die Blätter haben Lanzettform und fühlen sich ledrig an.

Auf Halbtrockenrasen, an Waldrändern oder in Gebüschen schmarotzt die **Kleine Sommerwurz** vor allem an Kleepflanzen. Die kleinen blassgelben und schuppenförmigen Blätter enthalten kein Blattgrün. Der Stängel ist rötlich gelb, die Oberlippe der Blüte rötlich oder violett gestreift. Die Wurzeln dieses Vollschmarotzers sind zu Saugfortsätzen umgebildet. Sie verwachsen mit den Wurzeln der Wirtspflanze und entziehen ihr Wasser und Mineralstoffe. Als Ganzschmarotzer zapft die Sommerwurz aber auch die Nährstoffe transportierenden Gefäße der Wirtspflanze an. Eine Art dieses gefürchteten Wurzelschmarotzers ist im Mittelmeerraum verbreitet und befällt dort besonders die Kulturen der Saubohne.

Der **Teufelszwirn** oder auch die **Seide** besteht aus einer langen dünnen, bleichen Sprossachse und winzigen Blattschüppchen. Nach dem Keimen führt die kleine Pflanze kreisende Bewegungen durch, um eine in ihrem Bereich wachsende Wirtspflanze (z. B. Weide, Flachs, Klee) zu treffen. Ist vom Ort der Keimung aus keine Wirtspflanze erreichbar, vermag der Keimling eine kurze Strecke weiter zu kriechen. Trifft das freie Fadenende schließlich auf einen geeigneten Wirt, so umwindet es diesen ähnlich wie eine Schlingpflanze. Sodann dringen *Senker* des Parasiten in die Leitbündel der Wirtspflanze ein, die sowohl Wasser als auch Nähr- und Mineralstoffe abziehen.

Insekten fressende Pflanzen

Pflanzen dieser Gruppe besitzen alle Blattgrün und betreiben demzufolge Fotosynthese. Ihre Standorte sind aber fast immer besonders nährstoffarme, insbesondere stickstoffarme Böden. Aus diesem Grund müssen diese Pflanzen ihren Stickstoffbedarf aus tierischem Eiweiß als Stickstoffquelle ergänzen. Dazu haben sie verschiedene Einrichtungen entwickelt.

Auf Hochmooren kommt der **Rundblättrige Sonnentau** vor. Die runden, lang gestielten Blätter tragen rote Haare *(Tentakel)*, die am Ende eine klebrige Flüssigkeit ausscheiden. Diese glänzen wie „Tau in der Sonne“ und locken Insekten an. Setzt sich ein Insekt darauf, bleibt es am Schleim kleben. Benachbarte Drüsenhaare krümmen sich und schließen das Insekt ein. Dann scheidet der Sonnentau enzymhaltige Verdauungssäfte aus, die das Eiwe ß der Beutetiere auflösen.

Die aus Amerika stammende **Venusfliegenfalle** besitzt auf ihrer Blattoberseite empfindliche Borsten. Werden diese von einem Insekt berührt, klappen die beiden Hälften der gezähnten Blattflächen rasch zusammen. Das Insekt ist gefangen und wird mithilfe von Enzymen verdaut.

Bei der Kannenpflanze **Nepenthes** dienen kannen- oder tütenförmig gestaltete Blätter als Tierfallen. Im Innern der Schlauchblätter befindet sich eine Flüssigkeit, die die Pflanze aus Drüsenzellen ausscheidet. Tiere, die durch die bunte Färbung der Kannen und durch die Honigabscheidungen aus Drüsen am sehr glatten Kannenrand angelockt worden sind und diesen betreten, gleiten aus, fallen in die Flüssigkeit und werden durch Wachsüberzüge der Innenwand am Zurückklettern gehindert. Sie ertrinken und werden durch die Verdauungssäfte der Pflanze aufgelöst.

Aufgabe

③ Formuliere eine Definition für „Parasitismus“.

1 Rekonstruktion eines Sumpfwaldes vor ca. 300 Millionen Jahren

Grüne Pflanzen vor Jahrmillionen …

fossa, lat.
= das Grab

Die Pflanzendecke der Erdoberfläche hat sich im Lauf der Erdgeschichte gewandelt. Im Erdzeitalter des Karbons vor 360 bis 290 Millionen Jahren gab es Sumpfwälder mit riesigen Bärlappbäumen, Baumschachtelhalmen und Baumfarnen. Am Boden wuchsen kleine Farne und Moosfarne. An Uferbereichen bildeten Schachtelhalme röhrichtähnliche Bestände.

In den Sumpfwäldern verrotteten abgestorbene Pflanzenteile im sumpfigen Untergrund oft unvollständig, da dort Sauerstoff fehlte. An solchen Stellen wandelten Bakterien das Pflanzenmaterial in *Torf* um. Allmählich wurde der Torf durch weiteres Material überdeckt. Zusätzlich transportierten Flüsse und Bäche Geröll, Sand und Schlamm in die Senken und füllten sie langsam auf. Durch die Überlagerung geriet der Torf immer tiefer unter die Erdoberfläche. Druck und Temperatur nahmen zu. Im Lauf von Jahrmillionen wurde der Torf zu *Braunkohle* und schließlich zu *Steinkohle* umgewandelt.

Unter ähnlichen Voraussetzungen entstand *Erdöl*. Große Mengen an abgestorbenen Pflanzen- und Tierresten sanken unverwest auf den Meeresboden. Unter Sauerstoffabschluss bildeten lebende Fäulnisbakterien daraus eine mächtige Faulschlammschicht. Unter hohem Druck der auflagernden Schichten und hohen Temperaturen von ca. 200 °C entstanden Erdöl und Erdgas.

Die Energie aus Erdöl, Erdgas und Kohle stammt also aus der Fotosyntheseaktivität der Pflanzen vor Millionen von Jahren. Wenn wir mit dem Auto fahren, unsere Wohnung heizen und Strom aus Kohlekraftwerken beziehen, nutzen wir gespeicherte Sonnenenergie in Form von *fossilen Energieträgern*. Diese fossile Energie ist nicht regenerierbar, sie steht uns daher nur für einen begrenzten Zeitraum zur Verfügung. (▶ S. 240/241)

Aufgabe

① Erkläre den Begriff „fossile Energieträger“. Liste die wichtigsten Vertreter auf und gib an, woraus sie jeweils entstanden sind.

Zettelkasten

Treibhauseffekt und Klimaerwärmung

Riesige Mengen Kohlenstoffdioxid aus der Atmosphäre wurden vor Millionen von Jahren mithilfe der Fotosynthese in pflanzliches Material umgewandelt und als Kohle, Erdöl und Erdgas unter der Erdoberfläche wieder abgelagert. Heute nutzen wir diese Stoffe als fossile Brennstoffe. Bei der Verbrennung wird das Kohlenstoffdioxid wieder frei. Dadurch steigt der Kohlenstoffdioxidgehalt in der Atmosphäre an. Kohlenstoffdioxid wirkt aber ähnlich wie eine Glasscheibe im Auto oder im Gewächshaus: Es behindert die Abstrahlung von Wärmestrahlung (Infrarotstrahlung). Dieser *Treibhauseffekt* des Kohlenstoffdioxids führt nach Ansicht der meisten Wissenschaftler zu einer *Klimaerwärmung*.

1 Tropischer Regenwald

... und in Zukunft

Vor allem in den Industrieländern spielt *Erdöl* heute eine wichtige Rolle als Brennstoff und als Rohstoff. Irgendwann aber werden die Vorkommen von Erdöl und Kohle aufgebraucht sein. Deshalb wird es in Zukunft immer wichtiger, den Verbrauch der fossilen Energieträger zu reduzieren und stattdessen verstärkt *nachwachsende Rohstoffe* zu verwenden. Inzwischen kann man Kunststoffe auch aus Stärke herstellen, statt aus Erdöl, dem sonst üblichen Rohstoff. Diese neuen Kunststoffe sind auch biologisch abbaubar.

Pflanzenteile und pflanzliche Inhaltsstoffe, die wir nicht nur als Nahrung, sondern auch für andere Zwecke, z. B. zur Erzeugung von Energie nutzen, nennt man *nachwachsende Rohstoffe*. Der bekannteste nachwachsende Rohstoff ist wohl das Holz, das der Mensch schon seit jeher als Baustoff und Energielieferant verwendet.

Heute finden besonders die Pflanzenöle als nachwachsende Rohstoffe in der Industrie Anwendung. Das Öl der Kokospalmen und Ölpalmen wird nicht nur für kosmetische Produkte und Nahrungsmittel genutzt, sondern in riesigen Mengen für die Herstellung von Wasch- und Reinigungsmitteln verarbeitet. Diese Produkte können in Kläranlagen oder Flüssen schneller von Mikroorganismen abgebaut werden als chemische Bestandteile. Das aus den Samen der Rapspflanzen gewonnen Rapsöl kann ohne größere Aufbereitung als Schmierstoff für Motoren eingesetzt werden. Chemisch verändert wird es als alternativer Ersatz zum Dieselkraftstoff aus Erdöl genutzt. Dieser *Bio-Diesel* bildet bei der Verbrennung in Motoren weniger Ruß als herkömmlicher Diesel und wird ohne schädliche Rückstände abgebaut. Bei Unfällen und undichten Tanks, bei denen Treibstoff in Gewässer oder den Boden gelangt, ist der biologisch abbaubare Bio-Diesel weniger gefährlich für die Umwelt als Dieselkraftstoff. Der Anbau von Raps und die Verarbeitung zu einem motortauglichen Kraftstoff ist jedoch mit einem hohen Energieeinsatz verbunden. Da der Bio-Diesel von der Mineralölsteuer teilweise befreit ist, kann er zurzeit etwa zum gleichen Preis wie herkömmlicher Diesel verkauft werden, obwohl seine Produktionskosten beträchtlich höher liegen.

Die Nutzung von nachwachsenden Rohstoffen birgt aber auch Gefahren. Durch ungezügelten Raubbau der Natur wird die langfristige Zerstörung von Ökosystemen riskiert. Schon in der Antike wurden die Wälder des Mittelmeerraums unwiederbringlich abgeholzt. Heute droht den tropischen Regenwäldern ein ähnliches Schicksal. Die Nutzung von nachwachsenden Rohstoffen erfordert deshalb immer eine nachhaltige Bewirtschaftung: Es dürfen nicht mehr Pflanzen entnommen werden, als nachwachsen können.

Aufgaben

① Liste positive und negative Aspekte nachwachsender Rohstoffe auf.

② Informiere dich im Internet über weitere nachwachsende Rohstoffe und ihren Einsatz.

Der Kreislauf der Stoffe und der Weg der Energie

Die Organismen eines Ökosystems sind über Nahrungsketten und Nahrungsnetze miteinander verbunden. Sie nehmen Wasser, Sauerstoff, Kohlenstoffdioxid und in der Nahrung enthaltene Bestandteile auf. Andererseits stellen sie weiteren Mitgliedern des Ökosystems Stoffe zur Verfügung, indem sie selbst zur Nahrung werden oder indem sie Unverwertbares wieder ausscheiden. Bestimmte Stoffe werden immer wieder verwertet, sie sind Bestandteil von Kreisläufen.

Am Beginn dieses *Stoffkreislaufes* stehen die grünen Pflanzen. Sie betreiben als *Produzenten* (Erzeuger) Fotosynthese. Aus dem Kohlenstoffdioxid der Luft und Wasser wird mithilfe von Lichtenergie Traubenzucker gebildet. Durch die Fotosynthese werden also aus energiearmen, anorganischen Stoffen (Wasser und Kohlenstoffdioxid) energiereiche, organische Substanzen (Traubenzucker) aufgebaut. Gleichzeitig gibt die Pflanze als weiteres Produkt der Fotosynthese Sauerstoff ab. Dieser ist für die Atmung von Pflanzen, Tieren und Pilzen unentbehrlich. Die heutige Atmosphäre enthält ca. 21 % Sauerstoff und nur 0,035 % Kohlenstoffdioxid.

Der bei der Fotosynthese gebildete Traubenzucker ist der Ausgangsstoff für den Aufbau anderer lebenswichtiger organischer Substanzen, wie zum Beispiel von Stärke und Zellulose. Ein Teil des Traubenzuckers kann nicht für den Aufbau von eigener organischer Substanz verwendet werden, sondern wird als Energielieferant für die Zellatmung verbraucht. Grüne Pflanzen geben dabei Kohlenstoffdioxid wieder an die Atmosphäre ab. Gleichzeitig verbrauchen sie Sauerstoff. Insgesamt werden jedoch von allen grünen Pflanzen weitaus mehr Traubenzucker und Sauerstoff gebildet als verbraucht. So können Pflanzen an Masse zunehmen, d. h. sie können wachsen.

Die in der Nahrungskette folgenden *Konsumenten* (Verbraucher) benötigen die organischen Bestandteile des jeweils vorangegangenen Nahrungskettengliedes. Nur so können sie ihren Stoffwechsel einschließlich der Zellatmung aufrecht erhalten. Dabei verbrauchen sie Sauerstoff und setzen Kohlenstoffdioxid frei. Konsumenten können also energiereiche, organische Substanz nicht selbst herstellen, sie sind *heterotroph*. Grüne Pflanzen sind dagegen *autotroph*, da sie die organische Substanz, die sie benötigen, selbst herstellen können.

Die Ausscheidungen von Pflanzen und Tieren sowie tote Lebewesen werden von den Organismen der Abbaukette im Boden (Zersetzer oder *Destruenten*) unter Sauerstoffverbrauch zu Mineralstoffen, Wasser und Kohlenstoffdioxid umgesetzt. Der darin enthaltene Kohlenstoff befindet sich in einem ständigen Kreislauf zwischen Atmosphäre – als Kohlenstoffdioxid – und den Organismen, gebunden in der organischen Substanz

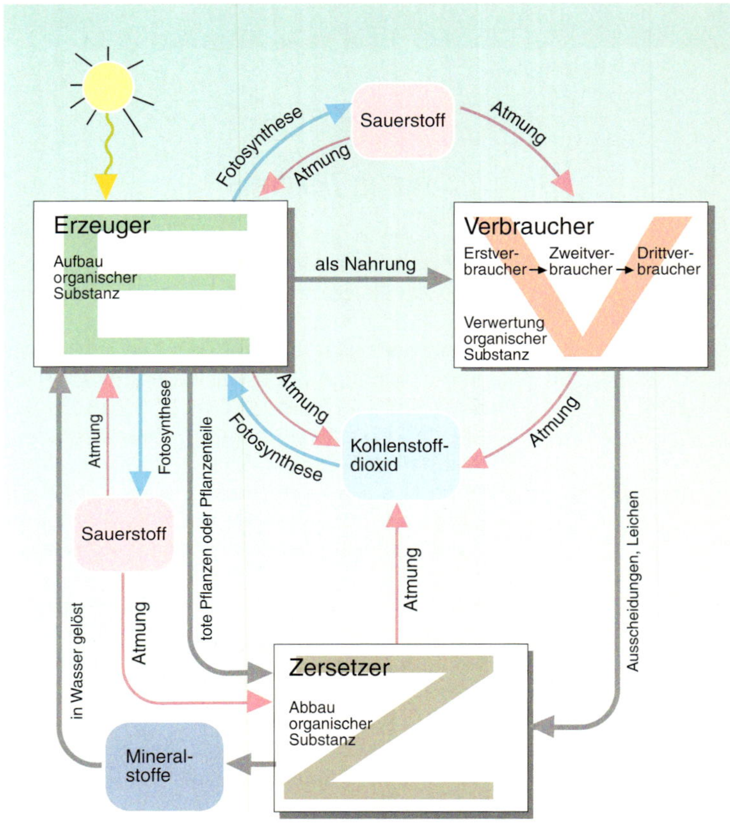

1 Schema des Stoffkreislaufs

Traubenzucker. Der Kohlenstoff geht also den Organismen nicht verloren, sondern er kommt innerhalb des Stoffkreislaufes in verschiedenen Verbindungen vor. Man spricht daher vom *Kohlenstoffkreislauf*.

Auch andere Elemente durchwandern ähnliche Kreisläufe. So gibt es in einem Ökosystem neben dem Kohlenstoffkreislauf einen *Stickstoff-*, einen *Phosphor-* und einen *Schwefelkreislauf*. Alle Stoffe werden also wieder verwertet. (▶ S. 240/241)

Einbahnstraße Energie

Vergleicht man in einem Ökosystem jeweils die Gesamtmasse von Produzenten und Konsumenten, so erkennt man zu den Endverbrauchern hin eine deutliche Abnahme, die sich durch eine so genannte *Nahrungspyramide* darstellen lässt.

Sie besteht aus einzelnen *Nahrungsebenen*, die durch Produzenten und Konsumenten gebildet werden. Eine Nahrungspyramide erhält man dann, wenn man die Biomasse der einzelnen Nahrungsebenen in einem Ökosystem ermittelt. Unter *Biomasse* versteht man in diesem Fall die gesamte Masse der Lebewesen einer Nahrungsebene. Die Biomasse der Erzeuger (Pflanzen) ist am größten, die der Erstverbraucher (Pflanzenfresser) sehr viel kleiner. Die Biomasse der Zweitverbraucher wiederum ist deutlich geringer als die der Erstverbraucher usw. Was sind die Ursachen für die Abnahme der Biomasse innerhalb der Nahrungspyramide?

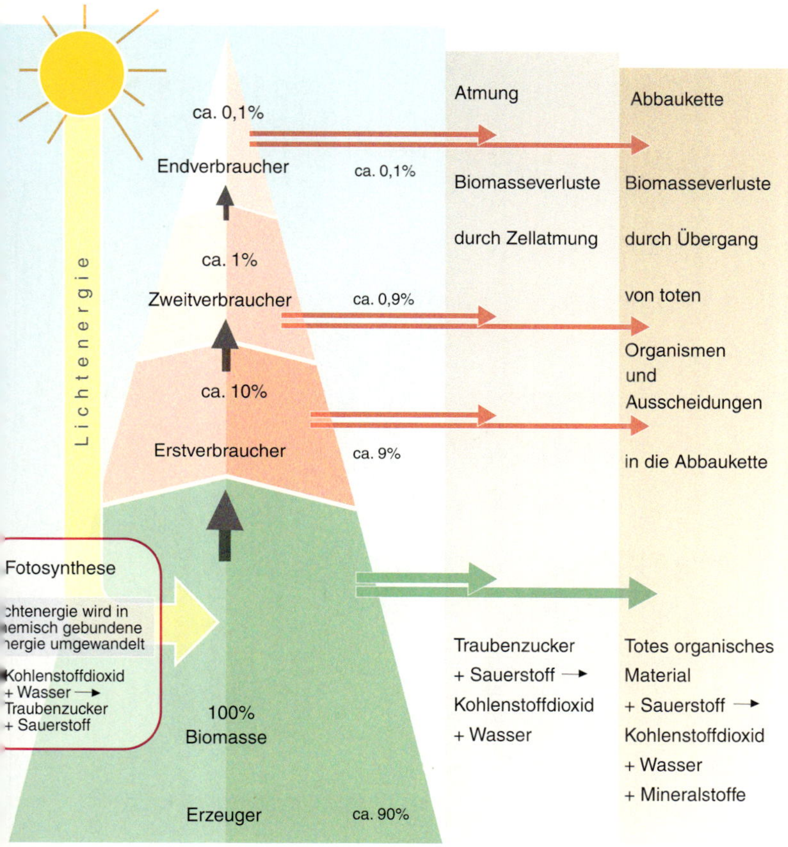

1 Weg der Biomasse und der Energie

Die Energie des Sonnenlichts wird von den Pflanzen in chemisch gebundene Energie, z. B. die des Traubenzuckers, überführt. Ein erheblicher Teil dieser chemisch gebundenen Energie wird von der Pflanze für die Zellatmung benötigt, sodass nur der übrig gebliebene Anteil des durch Fotosynthese gebildeten Traubenzuckers für den Aufbau von pflanzlicher Biomasse zur Verfügung steht.

Für die Pflanzenfresser, die Erstverbraucher, gilt Ähnliches. Nur ein kleiner Teil der in der Nahrung enthaltenen Energie kann für den Aufbau eigener Biomasse genutzt werden. Ein erheblicher Teil der in der Nahrung enthaltenen Energie wird für die Körperaktivität und Zellatmung benötigt und in Wärme umgewandelt, die an die Umgebung abgegeben wird. Zudem enthält die Nahrung unverdauliche Anteile, die ausgeschieden und schließlich von den Zersetzern in der Abbaukette verwertet werden. Im Durchschnitt können nur 10 Prozent der in der Nahrung enthaltenen Energie für den Aufbau eigener Biomasse genutzt werden.

Entsprechendes gilt für die Mitglieder der nächsten Nahrungsebenen. Immer wird nur ein kleiner Teil der mit der Nahrung aufgenommenen Energie genutzt. Das hat zur Folge, dass die in der Biomasse der Endkonsumenten gespeicherte Energie nur noch einen winzigen Bruchteil der in der Biomasse der Produzenten enthaltenen Energie ausmacht, durchschnittlich 0,1 %.

Aufgaben

① Erläutere mithilfe von Abb. 1, weshalb Nahrungsketten nicht beliebig lang sind.

② Erläutere, weshalb der Weg der Energie einer Einbahnstraße ähnelt und sie ständig nachgeliefert werden muss, damit die Stoffkreisläufe aufrecht erhalten werden können.

③ Stelle begründet dar, ob es für den Menschen energetisch günstiger ist, Obst und Gemüse oder Fleisch zu essen.

④ Es gab in der Geschichte der Erde Phasen, in denen ein Teil des organischen Materials dem Stoffkreislauf entzogen wurde. Damals entstanden die Kohle- und Erdölvorkommen, die man heute zur Energiegewinnung wieder verbrennt.
Wie muss sich damals der Kohlenstoffdioxidgehalt der Atmosphäre verändert haben?

⑤ Erläutere mit den Beispielen dieser Seite das biologische Basiskonzept Stoff- und Energieumwandlung. (▶ S. 240/241)

Bau und Leistungen des menschlichen Körpers

Sinneswahrnehmung

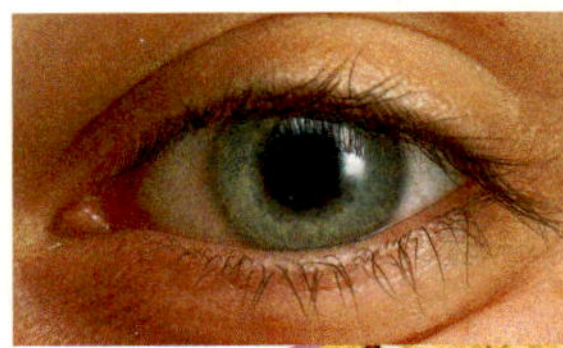

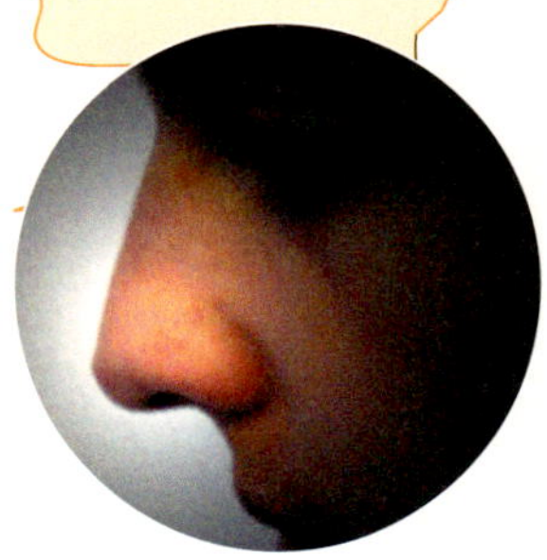

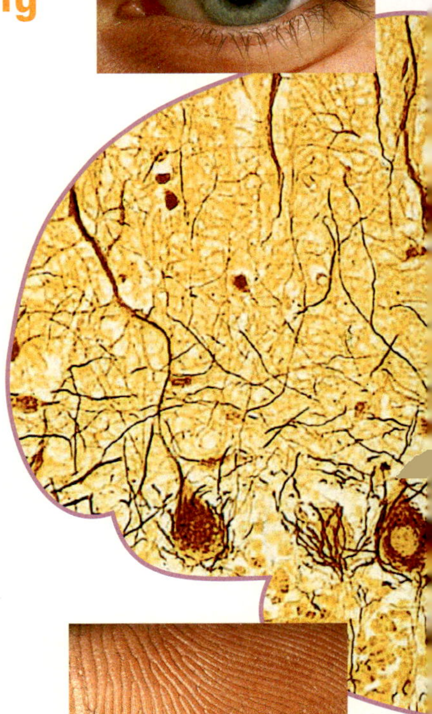

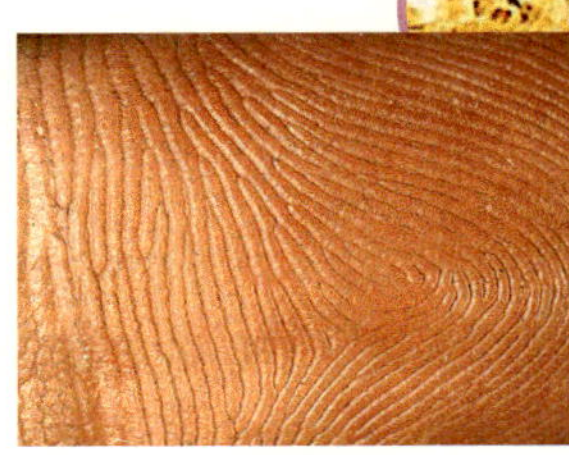

Nervensystem und Gehirn

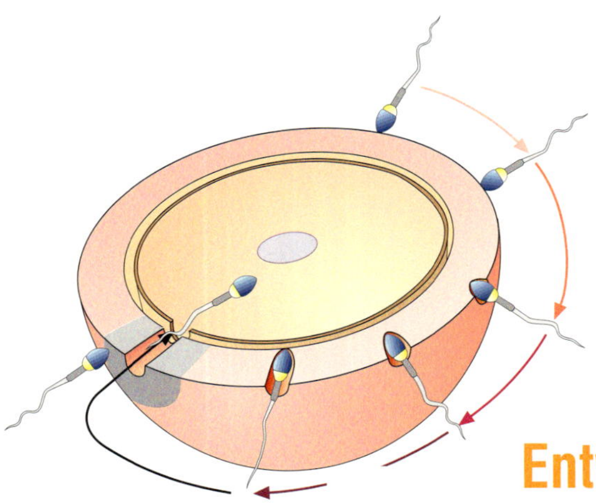

Entwicklung

Die Humanbiologie untersucht die Biologie des Menschen. Das Ziel ist, die Grundlagen des Stoffwechsels zu erforschen und das Zusammenspiel der verschiedenen Organe des menschlichen Körpers zu verstehen. In der Medizin wird die Grundlagenforschung der Biologie genutzt, um z. B. Krankheiten zu heilen. Das Wissen über den menschlichen Körper ist heute schon sehr groß, aber es sind auch noch viele Fragen offen.

Wenn du die folgenden Kapitel durcharbeitest, gewinnst du einerseits Kenntnisse über das Funktionieren deines Körpers und lernst andererseits Fragestellungen und Arbeitsweisen aus der Humanbiologie kennen. Dabei entwickelst und übst du folgende Kompetenzen:

Du wirst
- den menschlichen Körper auf verschiedenen Ebenen kennen lernen: Zelle, Organ, Organsystem. Dabei werden dir die Systemeigenschaften des Körpers vertrauter
- den menschlichen Körper aus verschiedenen Perspektiven beleuchten: z. B. aus Sicht der Biologie, der Ernährungswissenschaft, der Medizin oder der Psychologie
- biologische Phänomene beobachten und beschreiben, dazu Hypothesen entwickeln und diese durch Experimente überprüfen oder dazu recherchieren
- Die Individualentwicklung des Menschen kennen lernen
- Verhaltensweisen des Menschen beschreiben und erklären lernen
- mit Modellen arbeiten oder selbst Modelle herstellen, um die Arbeitsweise des menschlichen Körpers oder seiner Teile besser verstehen zu lernen
- erkennen, dass für viele Problemlösungen in der Forschung, ihrer Anwendung, aber auch in der eigenen Lebensführung, Wertentscheidungen notwendig sind. Du wirst angeregt, darüber nachzudenken und mit deinen Mitschülerinnen und -schülern zu diskutieren
- mithilfe der Basiskonzepte Fragen zum Funktionieren des menschlichen Körpers stellen oder diese an Beispielen erklären
- Maßnahmen entwickeln oder kennen lernen, die zur Erhaltung deiner Gesundheit förderlich sind.

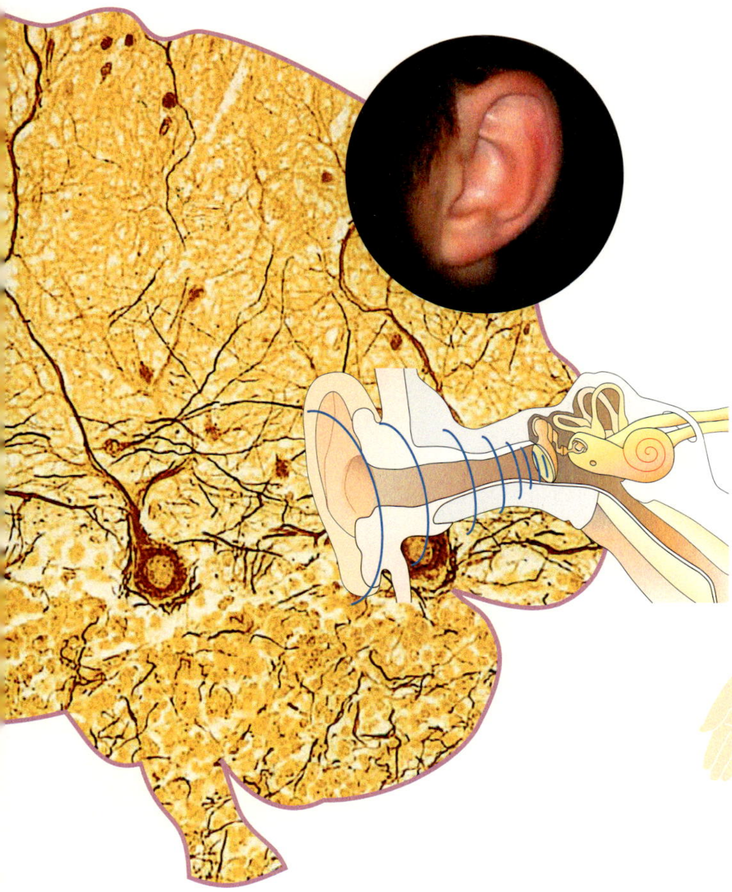

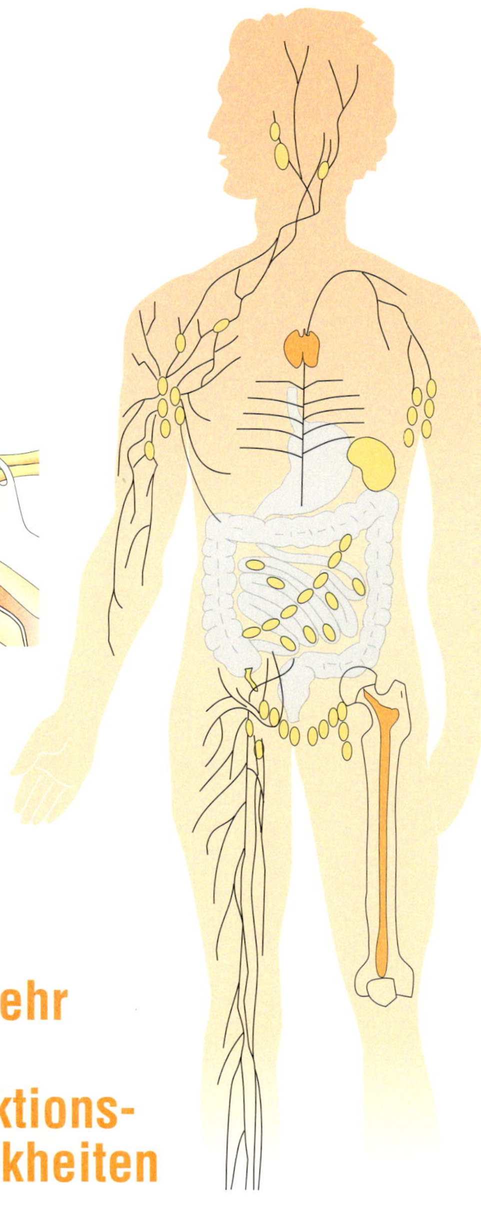

Abwehr von Infektionskrankheiten

Das Auge

Im täglichen Leben ist der *Lichtsinn* für den Menschen von sehr großer Bedeutung. Er ist der Leitsinn, der uns eine sichere Orientierung ermöglicht. Wir verlieren diese Sicherheit sofort, wenn wir uns mit geschlossenen Augen bewegen.

Augen sind empfindliche Sinnesorgane. Umgeben von Nasenbein, Jochbein und Stirnbein liegen sie geschützt, eingebettet in ein Fettpolster, in den knöchernen Augenhöhlen des Schädels. Fliegt Staub oder Sand an die Wimpern, so wird das Augenlid automatisch schnell geschlossen. Gelangt dennoch ein kleiner Fremdkörper ins Auge, so wird er durch die Tränenflüssigkeit ausgeschwemmt. Scharfe, heiße oder ätzende Teilchen können das Auge verletzen. Deshalb muss man bei handwerklichen oder experimentellen Tätigkeiten, bei denen die Augen gefährdet sind, eine Schutzbrille tragen.

Die Augenwand besteht aus mehreren übereinander liegenden Häuten. Die äußerste Haut ist die schützende, zähe *Lederhaut*. An ihr setzen sechs Muskeln an, die das Auge in der Augenhöhle verdrehen. Dadurch kommen die äußerlich sichtbaren Augenbewegungen zustande. Wo Licht ins Auge eintritt, befindet sich der durchsichtige Bereich der Lederhaut, die *Hornhaut*. Sie wird ständig mit Tränenflüssigkeit befeuchtet.

Die zweite Schicht, die *Aderhaut*, ist reich an Blutgefäßen und versorgt die ihr anliegenden Schichten mit Nährstoffen und Sauerstoff. Darauf folgt die Pigmentschicht, deren Zellen schwarzen Farbstoff *(Pigment)* enthalten und somit einen kontrastreichen Hintergrund bilden für die innerste Schicht: die *Netzhaut*. Nur sie enthält Lichtsinneszellen. An der Stelle, an der der Sehnerv das Auge verlässt, ist die Netzhaut unterbrochen. Hier befinden sich keine Lichtsinneszellen, mit denen wir das Licht wahrnehmen. Diese Stelle heißt daher *Blinder Fleck*. Der Hornhaut gegenüber ist eine etwas vertiefte Netzhautstelle. Wegen ihrer Färbung heißt sie *Gelber Fleck* und ist die Stelle für das schärfste Sehen.

Ins Augeninnere gelangt Licht durch die Hornhaut und das schwarze Sehloch, die *Pupille*. Sie ist eine kreisförmige Öffnung der farbigen Regenbogenhaut, der *Iris*. Durch Muskelfasern der Iris kann die Pupille vergrößert oder verkleinert werden. Bei starkem Lichteinfall ist die Pupille klein, bei schwacher Beleuchtung weit geöffnet. Dieser Vorgang, der das Auge an die Umgebungshelligkeit anpasst, heißt *Adaption*.

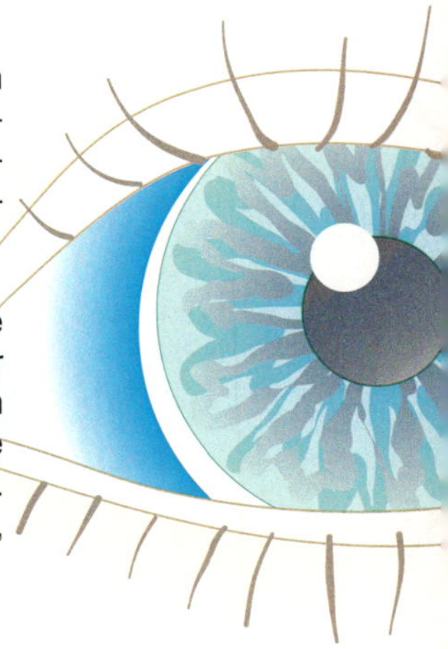

Hinter der Iris ist die elastische Augenlinse an Bändern aufgehängt. Die Linsenbänder *(Zonulafasern)* verlaufen speichenartig zum ringförmigen *Ziliarmuskel*. Das Augeninnere ist von dem gallertartigen Glaskörper erfüllt. Er verleiht dem Auge die feste, runde Form, die auch *Augapfel* genannt wird.

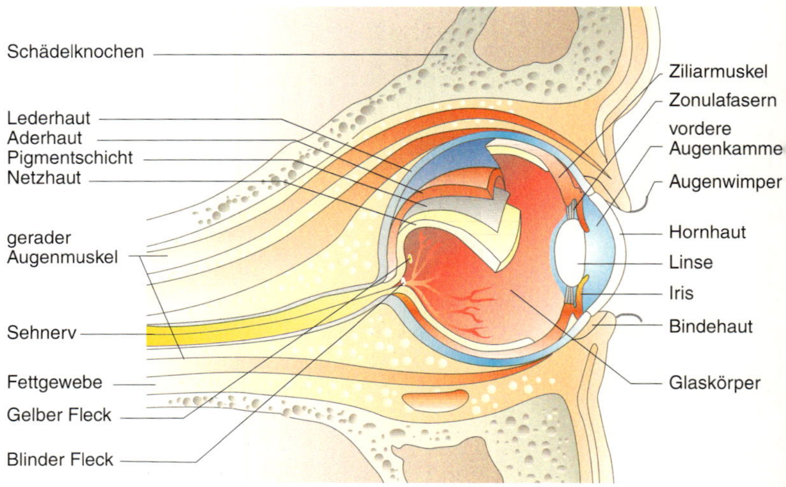

1 Schematischer Längsschnitt durch das menschliche Auge

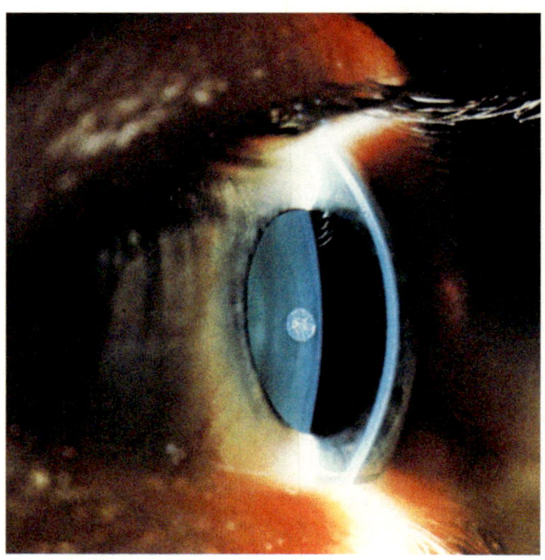

2 Menschliches Auge

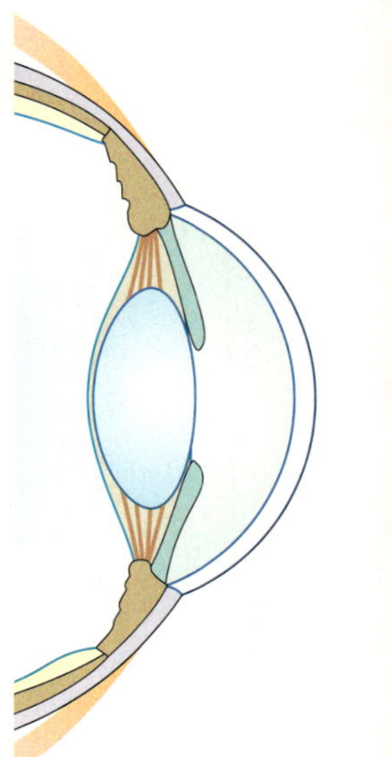

Bau und Funktion der Netzhaut

Die Netzhaut ist der lichtempfindliche Teil des Auges. Im mikroskopischen Bild erkennt man, dass sie aus drei Zellschichten besteht. Unmittelbar an den Pigmentzellen liegen die Lichtsinneszellen, von denen es zwei Typen gibt. *Stäbchen* sind lang und schlank und werden bereits durch schwaches Licht gereizt. Sie ermöglichen Hell-Dunkel- und Dämmerungssehen. Gedrungener und kürzer sind die *Zapfen.* Durch sie ist Farbensehen möglich, jedoch benötigen sie zur Reizung weitaus mehr Licht als Stäbchen. In der Netzhaut eines Auges sind etwa 125 Millionen Stäbchen und 6 Millionen Zapfen verteilt. Im Zentrum, dem *Gelben Fleck*, findet man ausschließlich eng aneinander liegende Zapfen.

Fixiert man einen Gegenstand, so wird er in diesem Bereich abgebildet. In Richtung der Randbereiche der Netzhaut nimmt die Häufigkeit der Zapfen ab und die der Stäbchen zu. Die äußersten Bereiche enthalten nur noch Stäbchen.

Trifft Licht auf Lichtsinneszellen, so werden sie gereizt und senden Signale an die zweite Zellschicht, die aus Schaltzellen besteht. Diese übertragen dann Signale an die dritte Schicht. In ihr liegen etwa eine Million Nervenzellen, deren lange Fortsätze sich zum *Sehnerv* vereinigen und elektrische Signale zum Gehirn leiten – wir sehen. (▶ S. 242/243)

Während im Bereich des Gelben Flecks auf jede Lichtsinneszelle eine Schaltzelle und eine Nervenzelle kommt, sind in den Randbereichen der Netzhaut bis zu 100 Lichtsinneszellen in Kontakt mit einer Schaltzelle. An ihr summieren sich auch schwache Signale zusammengeschalteter Lichtsinneszellen. Dadurch ist die Lichtempfindlichkeit in Randbereichen der Netzhaut höher als im Zentrum. Dagegen ist die Sehschärfe am Gelben Fleck besonders hoch, weil jeder Lichtsinneszelle ein Bildpunkt entspricht.

Aufgaben

1. Beschreibe die Aufgaben der drei Zellschichten der Netzhaut.
2. Begründe anhand des Netzhautaufbaus, weshalb der Gelbe Fleck die Stelle des schärfsten Sehens ist.
3. Erkläre den Spruch „Nachts sind alle Katzen grau“.
4. Wenn man nachts schwach leuchtende Sterne fixiert, verschwinden diese. Erkläre dieses Phänomen.

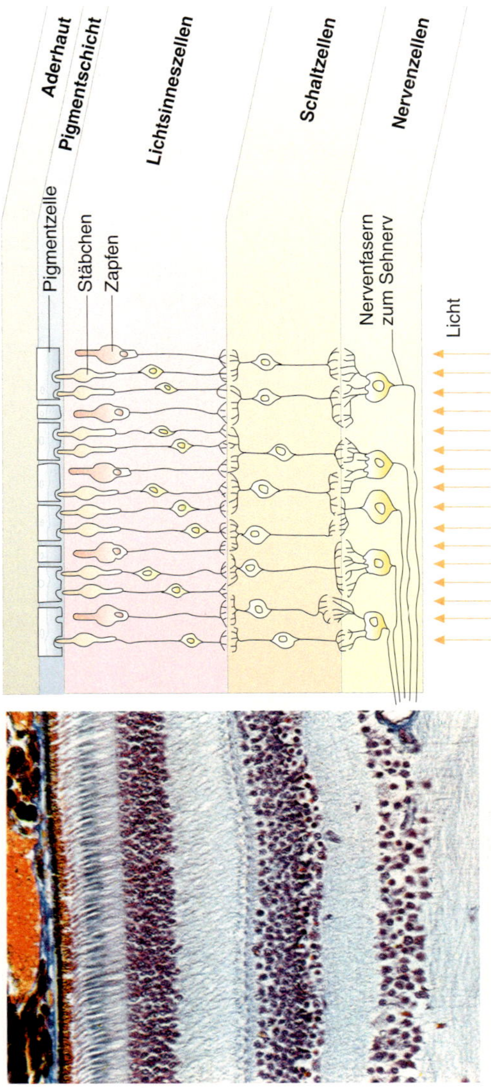

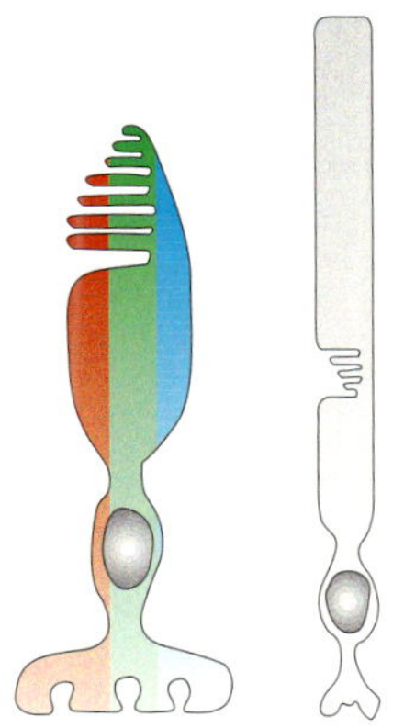

1 Bau der Netzhaut (Mikrofoto und Schema)

2 REM-Bild von Zapfen (Pfeile) und Stäbchen

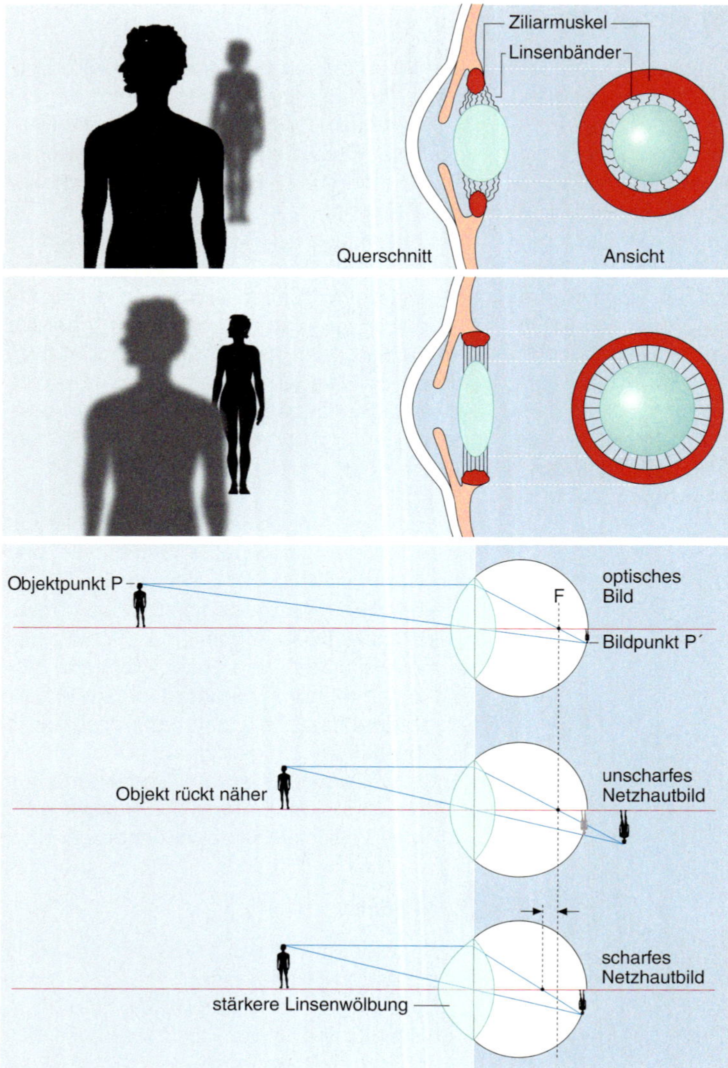

1 Fern- und Nahakkommodation

Scharfes Sehen nah und fern

Damit wir eine Person sehen, muss das von ihr kommende Licht im Auge auf die Netzhaut abgebildet werden. Das optische Bild wird von der Hornhaut und der Augenlinse erzeugt. Vereinfacht dürfen beide zusammen wie eine einzelne Linse betrachtet werden. Das optische System kann an verschiedene Entfernungen angepasst werden, sodass Personen und Gegenstände bei großer Entfernung, aber auch bei großer Nähe gesehen werden können. Diese Entfernungseinstellung des Auges *(Akkommodation)* geschieht durch Änderung der Wölbung der elastischen Augenlinse. (▶ S. 246/ 247)

Einen herannahenden Gegenstand sieht man stets scharf, da sich dabei der *ringförmige Ziliarmuskel* zusammenzieht. Sein Umfang verringert sich und die elastische Aderhaut wird gespannt. Die *Linsenbänder*, die zuvor starken Zug auf die Linse ausgeübt haben, ziehen nun nicht mehr so stark. Die elastische Linse kugelt sich weiter ab. Sie ist jetzt stärker gewölbt und bricht Lichtstrahlen stärker. Dieser Vorgang endet, wenn die Linsenbänder nicht mehr an der Linse ziehen (*Naheinstellung*). Jugendliche sehen dabei in Entfernungen von etwa 10 cm Gegenstände scharf. Bei Naheinstellung werden ferne Objekte unscharf wahrgenommen.

Zur *Ferneinstellung* des Auges erschlafft der Ziliarmuskel. Die elastische Aufhängung an der Aderhaut und der Augeninnendruck dehnen ihn. Der Umfang des Ziliarmuskels wird größer, die Linsenbänder gespannt und die Augenlinse wird flach gezogen.

Zettelkasten

Kleine Linsenkunde

Sammellinsen (*Konvexlinsen*) sind in der Mitte dicker als am Rand. Lichtstrahlen durch den Linsenmittelpunkt werden nicht abgelenkt. Parallel zur optischen Achse eintreffende Lichtstrahlen werden beim Durchtritt durch die Linse so gebrochen, dass sie sich alle in einem Punkt, dem *Brennpunkt F*, schneiden. Die Entfernung zwischen Linsenmitte und Brennpunkt heißt *Brennweite f*. Bei einer stärker gekrümmten Linse werden die Lichtstrahlen stärker gebrochen und der Brennpunkt liegt dann näher an der Linse. Augenärzte geben für Linsen die *Brechkraft D* an. Sie ist der Kehrwert der Brennweite (D = 1/f) mit der Einheit 1/m = 1 Dioptrie = 1 dpt. Die Brechkraft der Hornhaut beträgt 43 dpt, die Brechkraft der Linse 18 – 32 dpt.

Sammellinsen können *optische Bilder* erzeugen. Treten Lichtstrahlen, die von einem Objekt kommen, durch eine Sammellinse, bewirkt die Linse, dass sich alle von einem Punkt ausgehenden Lichtstrahlen hinter der Linse in einem Punkt schneiden. Für die Konstruktion eines Bildpunktes reicht es, wenn nur zwei Strahlen gezeichnet werden, z. B. Parallelstrahl und Mittelpunktstrahl. Zwei Linsen hintereinander wirken wie eine Linse mit erhöhter Brechkraft.

Zerstreuungslinsen (*Konkavlinsen*) sind am Rand dicker als in der Mitte. Parallel zueinander verlaufende Lichtstrahlen werden beim Durchtritt durch die Linse so gebrochen, dass sie hinter der Linse auseinander streben.

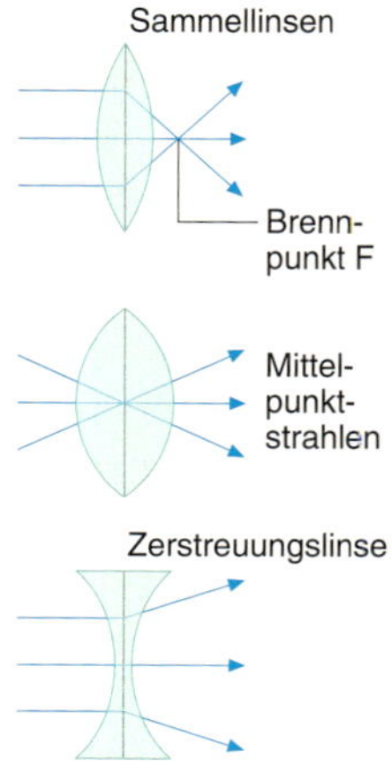

Sehfehler – Sehhilfen

Du kennst sicherlich viele Menschen, die eine Brille tragen: Ältere Menschen benötigen oft eine Lesebrille, aber auch viele jüngere Menschen sehen nur mit Brille scharf. Die Brille ist eine *Sehhilfe*, denn sie gleicht *Sehfehler* – das sind Abweichungen von der normalen Augenfunktion – aus. Eine andere Sehhilfe, die du sicherlich kennst, ist die Kontaktlinse.

1 Lesebrille

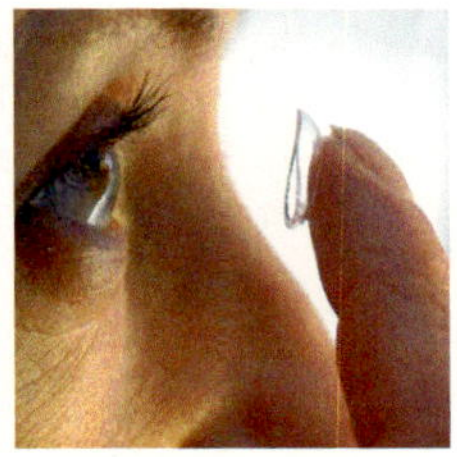

Kontaktlinse

Wer braucht eine Brille?

Ältere Menschen können oft nur mit ausgestrecktem Arm lesen. Bei ihnen sind die Augenlinsen nicht mehr elastisch genug, um sich so stark zu krümmen, dass auch bei kurzen Entfernungen ein deutliches und scharfes Bild auf der Netzhaut entsteht. Dies nennt man *Altersweitsichtigkeit*. Durch eine *Lesebrille* kann dies ausgeglichen werden, denn sie übernimmt einen Teil der Aufgabe, die sonst die Augenlinse leistet.

Aber nicht nur ältere Menschen benötigen eine Sehhilfe. Bei manchen Menschen ist der Augapfel zu kurz und die Augenlinse kann das Bild nicht genau auf der Netzhaut abbilden. Auf der Netzhaut entsteht ein unscharfes Bild. Ein deutliches Bild würde erst hinter der Netzhaut entstehen (Abb. 3). Nur sehr weit vom Betrachter entfernte Gegenstände werden scharf gesehen. Dieser Sehfehler heißt *Weitsichtigkeit*. Eine Brille oder eine Kontaktlinse kann die Weitsichtigkeit ausgleichen, indem sie das eigentlich hinter der Netzhaut liegende scharfe Bild auf die Netzhaut bringt und so scharfes Sehen ermöglicht.

2 Junge mit Brille

Es kommt aber auch vor, dass der Augapfel zu lang ist und die Linse ein deutliches Bild nicht auf der Netzhaut, sondern davor erzeugt: Auch jetzt ist das Bild auf der Netzhaut verschwommen. Dies hat zur Folge, dass nur nahe Gegenstände scharf abgebildet werden. Diesen Sehfehler nennt man *Kurzsichtigkeit* (Abb. 4). Auch hier kann eine geeignete Brille oder eine Kontaktlinse den Sehfehler ausgleichen.

Deutlich zu sehen ist wichtig!

Immer wieder kommt es im Straßenverkehr zu gefährlichen Situationen und Unfällen, wenn Menschen nicht deutlich sehen: Sie erkennen heranfahrende Autos zu spät, schätzen Entfernungen ungenau ein oder können Verkehrsschilder nicht richtig erkennen. Sie reagieren zu spät und dann oft zu heftig. Deshalb sollte jeder Verkehrsteilnehmer immer wieder seine Augen testen lassen und, wenn nötig, eine Brille tragen.

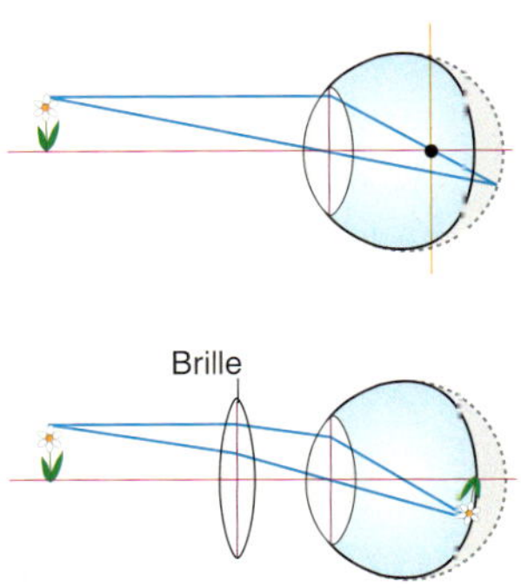

3 weitsichtiges Auge

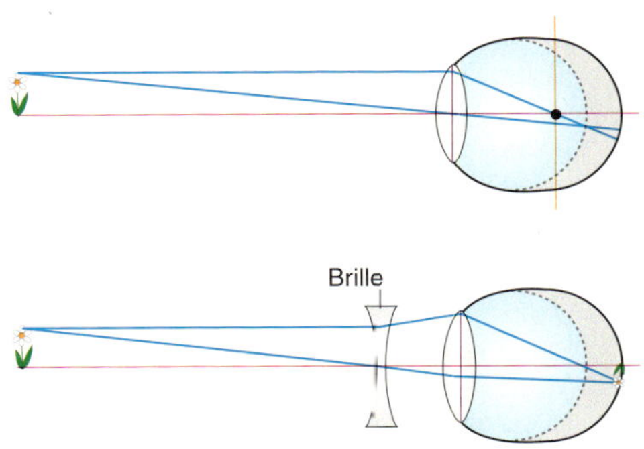

4 kurzsichtiges Auge

Das Farbensehen

Der Mensch kann viele tausend Farbtöne unterscheiden. Dies wird durch die *Zapfen* ermöglicht, denn Menschen mit funktionsunfähigen Zapfen können keine Farben erkennen und unterscheiden. Dass es nicht für jeden Farbton eine bestimmte Zapfensorte gibt, ist bei der riesigen Anzahl von wahrnehmbaren Farbtönen anzunehmen.

Seit dem 18. Jahrhundert weiß man, dass sich jeder Farbton durch *additive Farbmischung* aus den Grundfarben Rot, Grün und Blau erzeugen lässt. Die Grundfarben erhält man beispielsweise, wenn man ein *Prisma* mit weißem Glühlampenlicht oder Sonnenlicht durchstrahlt und aus dem entstehenden *Farbspektrum* das rote, grüne und blaue Licht ausblendet. Werden alle drei Grundfarben gleichzeitig gesehen, entsteht der Eindruck von weißem Licht (Abb. 1), obwohl nicht alle Spektralfarben vereinigt sind.

Die große Vielfalt der Farbtöne entsteht, wenn die *Sättigung* der Grundfarben, d. h. ihre Intensität verändert wird. Nach diesem Prinzip werden bei den Farbbildschirmen von Computern und Fernsehgeräten die Farbtöne erzeugt. Sie entstehen durch Mischung farbiger Lichter, also durch additive Farbmischung. Dagegen arbeiten Künstler, wenn sie durch Mischen von pigmentartigen Farbstoffen neue Farbtöne hervorbringen, nach einem anderen Mischprinzip. Sie benutzen deshalb andere Grundfarben.

Auch das Auge arbeitet mit drei Grundfarben. In der Netzhaut sind drei verschiedene Zapfensorten vorhanden, für jede Grundfarbe eine. Die Zapfensorten unterscheiden sich nur im chemischen Aufbau des Sehfarbstoffes voneinander. Jede Zapfensorte wird besonders stark durch das Licht der zugehörigen Grundfarbe erregt. Licht einer anderen Farbe verursacht nur schwache oder keine Erregungen.

Reizt das auf die Netzhaut treffende Licht in einer sehr kleinen Region z. B. rot empfindliche und grün empfindliche Zapfen, so werden durch den Sehnerv die Signale dieser Zapfensorten zum Gehirn weitergeleitet. Die Auswertung dieser zugleich eintreffenden Signale der beiden Zapfensorten führt zur Farbwahrnehmung gelb. Der Farbeindruck weiß entsteht, wenn gleich starke Signale von allen drei Zapfensorten ankommen. Das Farbensehsystem des Menschen arbeitet nach dem Prinzip der additiven Farbmischung.

Manche Menschen leiden an einer Störung des Farbsehvermögens, meist verursacht durch einen einzigen Zapfentyp. Sind die Zapfen für eine der Grundfarben Rot oder Grün funktionslos, können die Betroffenen die Farben Rot und Grün nicht voneinander unterscheiden. Man spricht von *Rot-Grün-Blindheit*. Dies kann durch Testbilder festgestellt werden (s. Randspalte). In seltenen Fällen kann die Farbwahrnehmung auch vollständig ausfallen *(Farbenblindheit)*.

Aufgabe

① Erkläre, warum ein Rot-Grün-Blinder die Zahl im Testbild nicht wahrnehmen kann.

Farbtestbild

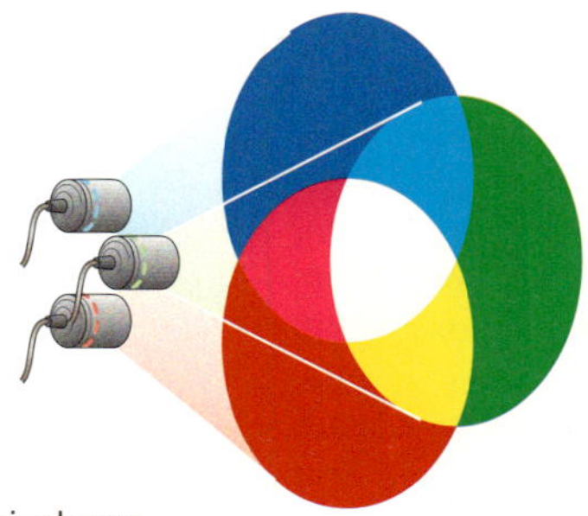

1 Farbmischung

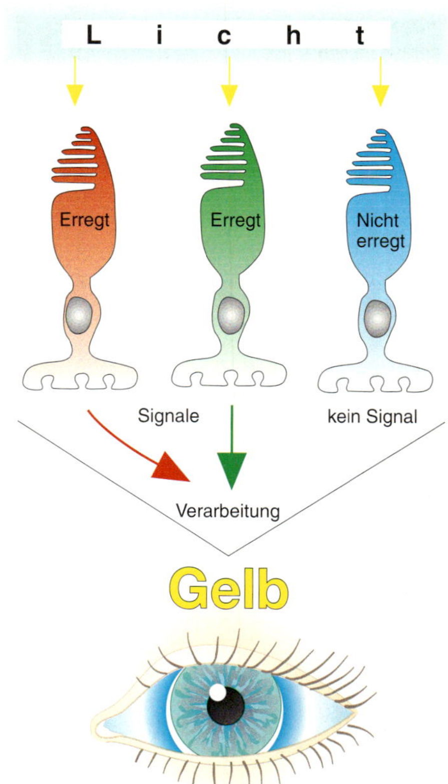

2 Zerlegung des Lichts in Spektralfarben

Spektrum

1 Projektion Einzelbildfolge

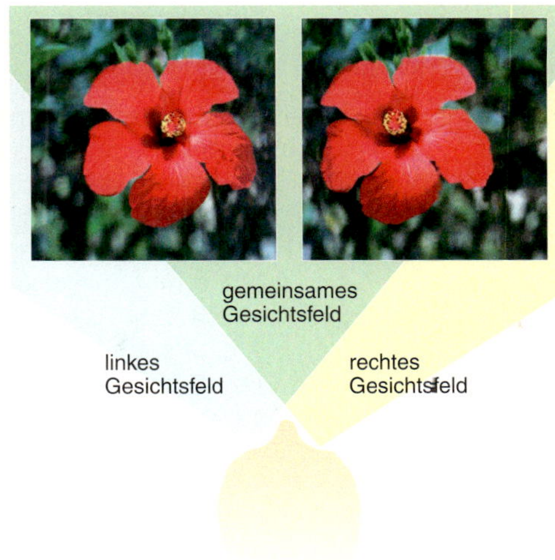

2 Gesichtsfeld und Raumwirkung

Bewegte Bilder

Betrachtet man einen Filmstreifen, so erkennt man darauf eine Folge von Einzelbildern. Bei der Filmvorführung, auch mit Video- und Fernsehgeräten, werden die einzelnen Bilder nacheinander projiziert. Dabei entsteht beim Betrachter der Eindruck einer kontinuierlichen Bewegung, wenn pro Sekunde mehr als 18 Bilder gezeigt werden.

Dass wir einen Film als kontinuierlichen Bewegungsablauf sehen können, liegt an der „Trägheit" der Sehzellen. Werden sie durch einen Lichtreiz erregt, so dauert es etwa $^1/_{18}$ Sekunde, bis nach Ausbleiben des Lichtreizes die Erregung abgeklungen ist. Tritt innerhalb dieser Abklingzeit ein neuer Lichtreiz auf, dann überlagern sich abklingende und neue Erregung. Dabei entsteht in unserem Gehirn der Eindruck einer kontinuierlichen Bewegung.

Zettelkasten

Sehen mit Auge und Gehirn

Bei allem, was wir sehen, ist das Gehirn beteiligt. So gibt es Menschen mit völlig gesunden Augen, die jedoch aufgrund einer Störung im Gehirn blind sind. Die Beteiligung des Gehirns am Sehvorgang zeigt ein alltägliches Beispiel. Häufig erkennt man eine bekannte Person bereits von Weitem an ihrer Körpergestalt. Dieses gelingt, weil bereits ein Bild der Person gespeichert ist. Das Gehirn vergleicht aufgenommene Signale ständig mit dem Gedächtnisinhalt. Bei Übereinstimmungen findet Erinnern und Erkennen statt. Optische Bilder auf der Netzhaut sind flächige, also zweidimensionale Bilder. Daraus und mithilfe der Erinnerung rekonstruiert das Gehirn die dritte Dimension und damit die räumliche Anschauung. Optische Täuschungen zeigen, dass diese rekonstruierte Anschauung nicht immer mit der Wirklichkeit übereinstimmt.

Räumliches Sehen

Das zweiäugige Sehen ermöglicht es, Gegenstände räumlich wahrzunehmen. Beim Betrachten eines nahen Gegenstandes deckt das Blickfeld des einen Auges einen etwas anderen Ausschnitt ab, als das des anderen, d. h. die Bilder auf der Netzhaut sind nicht deckungsgleich. Schließt man abwechselnd das eine und dann das andere Auge, sieht man den Gegenstand nacheinander aus zwei verschiedenen Blickrichtungen. Dies ist eine Folge des Augenabstandes. Das Gehirn verarbeitet die Informationen beider Augen und vermittelt einen plastischen Eindruck. Je weiter ein Gegenstand vom Betrachter entfernt ist, desto weniger unterscheiden sich die Netzhautbilder in den beiden Augen voneinander, die Raumwirkung wird schwächer. Dies nützt der Einschätzung von Entfernungen. Je weniger Raumwirkung, desto weiter ist das Objekt entfernt. Für die Beurteilung von Entfernungen, die größer als etwa 20 m sind, spielt die Raumwirkung kaum eine Rolle. In diesem Fall beurteilen wir Streckenlängen daran, wie klein bekannte Gegenstände erscheinen. Beim Schätzen sehr großer Entfernungen, etwa im Gebirge oder am Meer, ist man oft hilflos.

Aufgabe

(1) Kopiere den Filmstreifen der Randspalte. Schneide die Einzelbilder aus und hefte sie zu einem Daumenkino zusammen. Blättere den Block mit unterschiedlichen Geschwindigkeiten durch. Erkläre, wie die Wahrnehmung des Daumenkinos zustande kommt.

Das negative Nachbild – der Sehpurpurzyklus

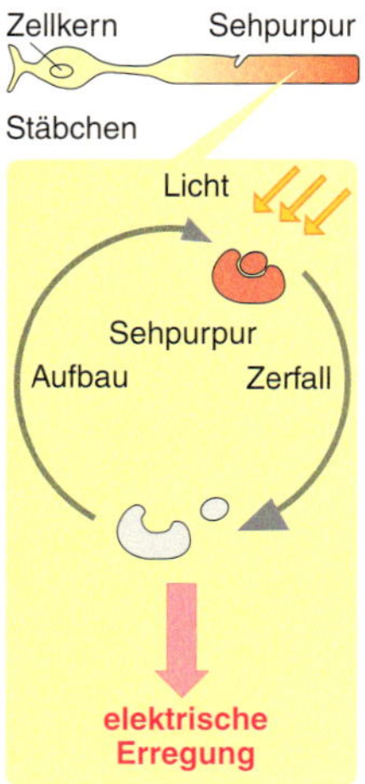

An der Wahrnehmung von Gegenständen und Bildern aus unserer Umwelt ist nicht nur das Auge beteiligt, wesentliche Prozesse spielen sich im *Sehzentrum* unseres Gehirns ab (s. Seite 94).

Betrachtet man etwa ein Schwarz-Weiß-Porträt (wie in Abb. 1 links) für längere Zeit und schaut dann auf ein weißes Stück Papier, so kann man die Konturen des Porträts ziemlich gut erkennen. Überraschend dabei ist allerdings, dass die zuvor weißen Bereiche nun dunkel erscheinen, die zuvor schwarzen Bereiche erkennt man hell leuchtend. Dieser Seheindruck *(Nachbild)* entsteht, obwohl das Blatt gleichmäßig und ausschließlich weiß gefärbt ist. Will man dieses Phänomen erklären, so muss man sich zunächst die Vorgänge in der Netzhaut genauer anschauen.

Alle Lichtsinneszellen enthalten lichtempfindliche Farbstoffe. In den Stäbchen ist es *Rhodopsin*, aufgrund der purpurroten Farbe auch *Sehpurpur* genannt. Für dessen Aufbau wird Vitamin A aus der Nahrung benötigt. Trifft Licht auf eine Lichtsinneszelle, so wird sie gereizt: Das Sehpurpur absorbiert Licht und zerfällt in zwei Bestandteile. Dabei erzeugt die Zelle ein elektrisches Signal. Diese Erregung wird über die Schalt- und Nervenzellen der Netzhaut und dem Sehnerv zum Gehirn geleitet, wo die eigentliche Wahrnehmung stattfindet. Für jeden Bildpunkt des Gegenstandes ergibt sich also zunächst ein Netzhautpunkt und schließlich ein Hirnbildpunkt im Sehzentrum. Je mehr Rhodopsinmoleküle im Stäbchen zerfallen, desto mehr elektrische Signale entstehen. Die Anzahl der zerfallenen Moleküle ist wiederum von der Lichtstärke abhängig.

Wird die Lichtsinneszelle nicht mehr belichtet, so wird der zerfallene Sehfarbstoff mithilfe von Enzymen wieder aufgebaut und steht dann erneut für die Lichtabsorption zur Verfügung (s. Randspalte). Eine Zelle, deren gesamter Farbstoff zerfallen ist, kann erst wieder erregt werden, wenn der Sehfarbstoff wieder aufgebaut wurde.

Fällt kein Licht oder schwaches Licht auf das Stäbchen, was beim Betrachten schwarzer Bereiche der Fall ist, so ist der Vorrat an Rhodopsin groß. Es werden wenig Signale ans Gehirn gesandt, was im Sehzentrum als dunkel interpretiert wird. Fällt viel oder starkes Licht auf das Stäbchen, was beim Betrachten weißer Bereiche der Fall ist, zerfällt das Sehpurpur nahezu vollständig. Es werden sehr viele Signale ans Gehirn gesandt, was im Sehzentrum als hell gedeutet wird (Abb. 1).

Aufgaben

① Erkläre das Zustandekommen eines Nachbildes (Abb. 1).

② Erkläre, warum man nach Verlassen eines abgedunkelten Kinosaals vom normalen Licht geblendet wird.

③ Beschreibe die Auswirkung eines Vitamin A-Mangels.

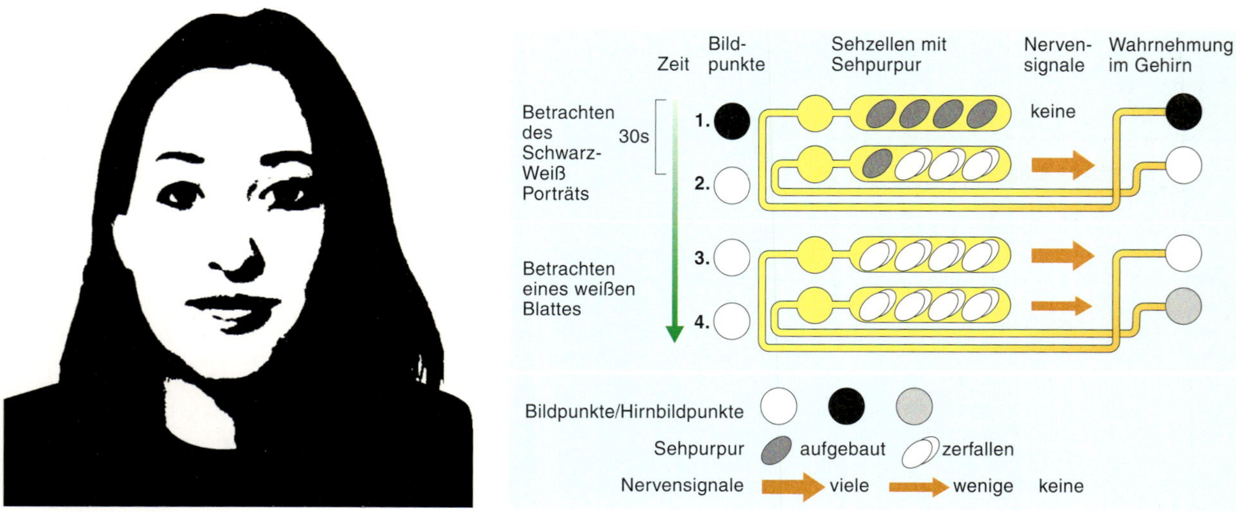

1 Modellhafte Darstellung zur Erklärung des Nachbildes

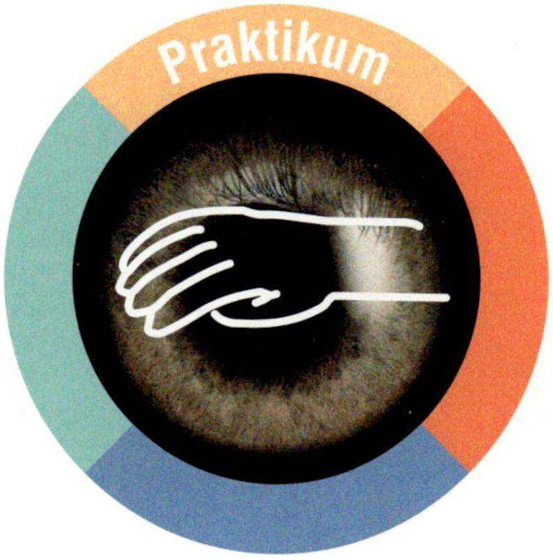

Präparation Auge

Material:
Schweineaugen, Papierhandtücher, 2 Petrischalen, Rasierklinge, spitze Schere, Pinzette, Präpariernadel, Streichhölzer, evtl. Handschuhe

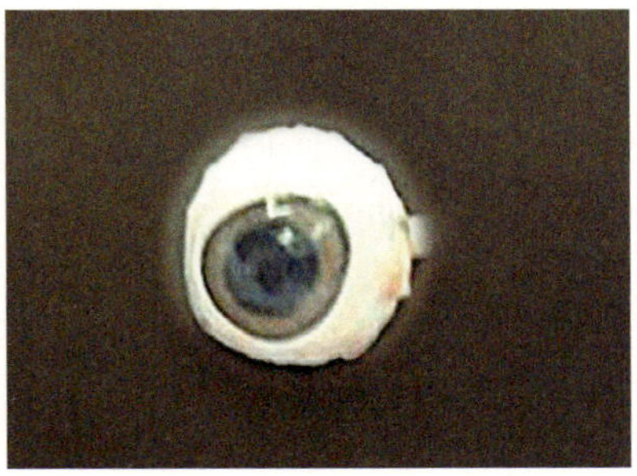

Bestandteile des Auges

Durchführung:
- Lege das Auge auf ein Papierhandtuch.
- Präpariere Bindegewebe und Bindehaut mit der Schere ab. Betrachte Bindegewebe, Fettgewebe, Augenmuskeln und den Sehnerv.
- Stelle das Auge so, dass die Pupille waagerecht steht.
- Drücke mit Daumen und Zeigefinger den Augapfel seitlich zusammen. Schneide mit einer Rasierklinge oder spitzen Schere oben ein Fenster von ca. 1 cm Seitenlänge ein und nimm das ausgeschnittene Stück der Augenwand heraus. Beachte Dicke und Zähigkeit der Augenwand sowie den gallertartigen Glaskörper.
Achtung! Die Lederhaut ist sehr zäh. Pass besonders auf, dass du beim Schneiden nicht abrutschst und dich verletzt.

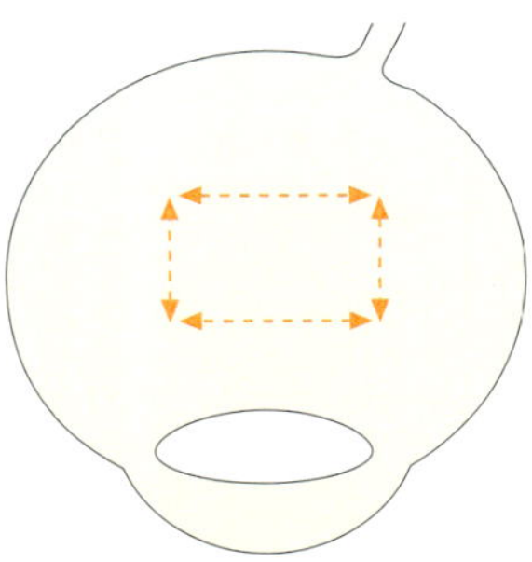

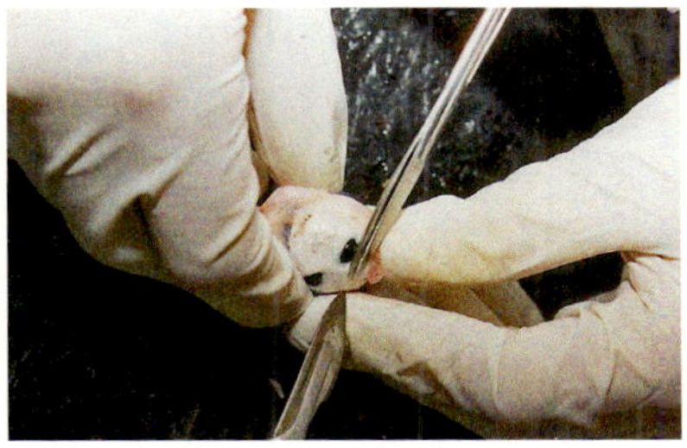

Optische Eigenschaften

Durchführung:
- Das Auge wird in einem verdunkelten Raum so auf einen Tisch gestellt, dass ein Beobachter durch das an der Oberseite gelegene Fenster die innere Rückseite des Auges betrachten kann. In ca. 10 cm Entfernung hält man ein brennendes Streichholz (s. Abbildung unten). Beobachte das Bild auf der inneren Rückseite des Auges.
- Bewege das Streichholz nach oben und unten bzw. rechts und links. Beobachte die jeweils auftretenden Veränderungen im Auge.
- Skizziere passende Strahlengänge zu den Beobachtungen.

Die hintere Augenhälfte

Durchführung:
- Durch einen Ringschnitt mit der Schere werden vordere und hintere Augenhälfte voneinander getrennt. Die vordere Hälfte mit dem Glaskörper legen wir vorläufig in eine Petrischale.
- Halte die hintere Augenhälfte am Sehnerv hoch. Skizziere und erkläre deine Beobachtung.

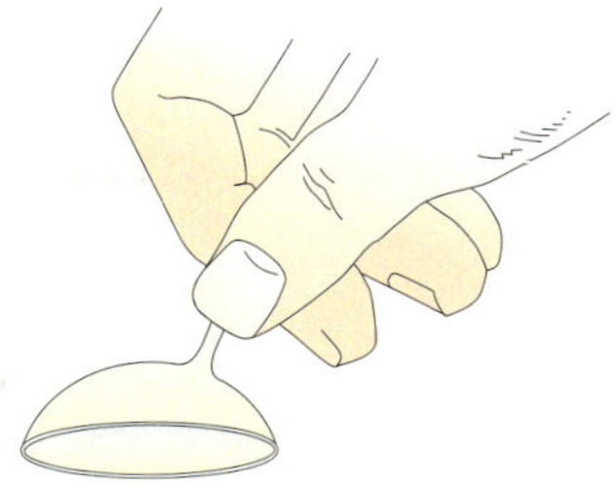

Die Linse

Durchführung:
- Untersuche nun die vordere Augenhälfte und skizziere die einzelnen Teile.
- Nimm die Linse heraus und stecke sie vorsichtig auf die Präpariernadel. Halte die Linse als Lupe über Geschriebenes. Notiere deine Beobachtungen.

- Zerdrücke die Linse langsam zwischen den Fingern. Kennst du ähnliche Materialien?
- Öffne durch einen Schnitt die vordere Augenkammer. Befühle und durchschneide die Linsenbänder, den Ziliarmuskel, die Iris und die Hornhaut.
- Sammle die Augenreste in Zeitungspapier. Reinige das Präparierbesteck und gegebenenfalls deinen Arbeitsplatz. Wasche die Hände gründlich mit Seife.

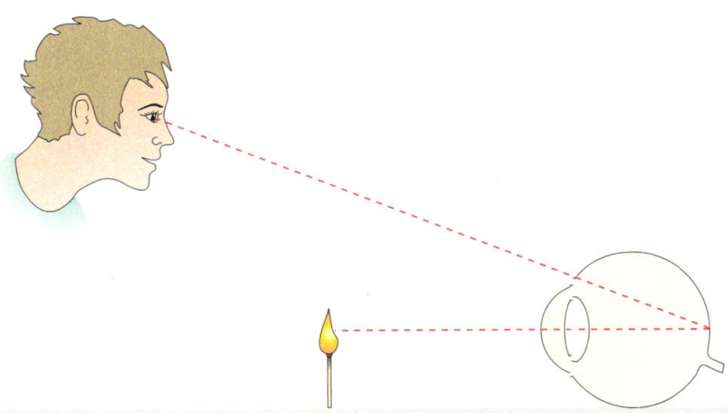

Material

Die versteckte Gestalt

① Was erkennst du, wenn du dieses Bild betrachtest?
Zeige dieses Bild verschiedenen Personen. Sehen sie alle dasselbe?
Erkläre die unterschiedlichen Wahrnehmungen.

Optische Täuschung und Wahrnehmung

Auf diesen Seiten sind mehrere Bilder, die bei der Betrachtung teilweise verblüffend wirken. Häufig wird das, was wir dabei sehen, als *optische Täuschung* bezeichnet. Im strengen Sinne ist dieser Begriff nicht zutreffend, denn diese Täuschungen sind nicht auf optische Vorgänge im Auge zurückzuführen. Vielmehr sind es *Täuschungen in der Wahrnehmung*, die zeigen, dass neben dem eigentlichen Sehen immer auch das Gehirn und die Erinnerung an bereits Gesehenem beteiligt sind.

Einige Abbildungen zeigen Erstaunliches über das menschliche Wahrnehmungsvermögen. Anhand anderer lassen sich Vorstellungen dazu gewinnen, wie das Gehirn optisch aufgenommene Informationen mit im Gehirn gespeicherten Erfahrungen vergleicht und auswertet. Für das tägliche Leben ist diese Auswertung von größter Bedeutung. Erst durch diese Auswertung und die damit verbundene Wahrnehmung können wir uns mithilfe des Lichtsinns orientieren, drohende Gefahren erkennen und schließlich gezielt handeln. (▶ 248/249)

③ Betrachte die nebenstehende Abbildung. Es handelt es sich um ein Bild, das stark verändert wurde.
Beschreibe das Aussehen. Welche Veränderungen könnten vorgenommen worden sein?
Kannst du erkennen, was das Bild darstellt?
Beschreibe, worin die Schwierigkeit liegt, das Bildmotiv zu erkennen.
Ergründe anhand dieses Beispiels, wovon die Informationsmenge abhängt, die ein Bild enthält.
Betrachte das Bild und bewege das Buch auf dem Tisch rasch mit kleinen Ausschlägen hin und her. Was fällt auf?

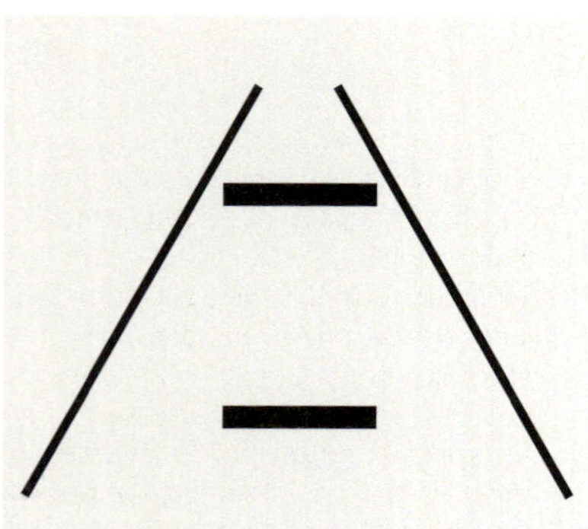

② Vergleiche die Länge der beiden waagrechten Linien.
Decke mit zwei weißen Papierstückchen die beiden schrägen Linien ab. Vergleiche nun erneut die Länge der waagrechten Linien.
Miss zur Sicherheit die Länge der waagrechten Linien mit einem Lineal nach.

Räumliches Sehen

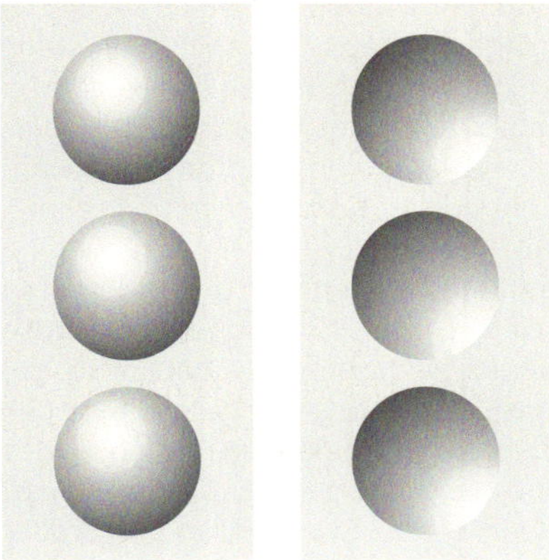

④ In welcher der beiden senkrechten Reihen sind die Kugeln, in welcher die Löcher abgebildet?
Kannst du das eindeutig festlegen? Drehe dein Buch langsam um 180 Grad. Was fällt dir auf? Beschreibe, worauf es ankommt, ob wir Kugeln oder Löcher sehen.

⑤ Betrachte das Muster und drehe dabei das Buch langsam um 360 Grad Was empfindest du dabei?
Teste dies mit verschiedenen Personen. Sehen sie alle dasselbe in dem Muster? Erkläre die unterschiedlichen Wahrnehmungen.

Betrachte die Kiste und stelle dir vor, du müsstest diese Kiste nachbauen. Das würde dir sicher schwer fallen.

⑥ Beschreibe, was hier nicht stimmt. Erkläre, weshalb das Anschauen dieser Kiste bei manchen Menschen ein fast unangenehmes Gefühl verursacht.

⑦ Baue aus lauter gleichen Münzen einen Münzstapel so hoch, dass — nach Augenmaß beurteilt — seine Höhe dem Durchmesser der Münzen entspricht.
Miss jetzt mit einem Lineal Höhe und Breite. Was fällt dir auf?
Bitte eine andere Person, den Stapel wie vorgegeben aufzubauen. Gelingt es ihr? Vergleiche das neue Ergebnis mit deinem.

Sehen und nicht sehen

Die beiden Farbbilder unten zeigen das weltberühmte Gemälde der geheimnisvoll lächelnden Mona Lisa des Malers Leonardo da Vinci (1452—1519).

⑧ Vergleiche die beiden Abbildungen. Dass sie auf dem Kopf stehen, darf dich gerade nicht stören. Drehe das Buch um 180 Grad. Beschreibe, was dir auffällt.
Sicher wunderst du dich jetzt. Beschreibe, was das Erstaunliche beim Betrachten der beiden Bilder ist.
Wie wirken die Bilder auf dich, wenn dein Buch auf dem Kopf steht? Stelle Vermutungen an, woran es liegen kann.

⑨ Welche Motive entdeckst du in der Abbildung links?
Was ergänzt hier unser Wahrnehmungssystem?
Welche Bedeutung hat dies deiner Meinung nach für den Menschen?

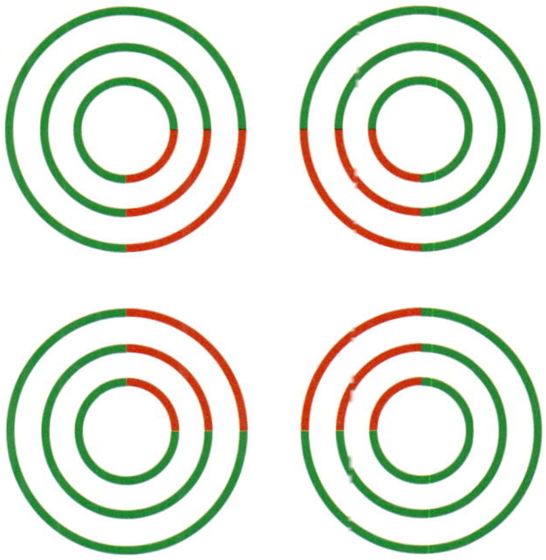

⑩ Beschreibe, welche Strukturen oben auf das Papier gedruckt sind. Welche Farben wurden verwendet? Welche Farbe hat der Hintergrund? Betrachte die Abbildung in Ruhe bei guter Beleuchtung. Welche Wahrnehmung tritt dabei auf? Beschreibe. Welche Aktivität des Wahrnehmungssystems zeigt sich an dieser Figur? Welche Bedeutung könnte das für den Menschen haben?

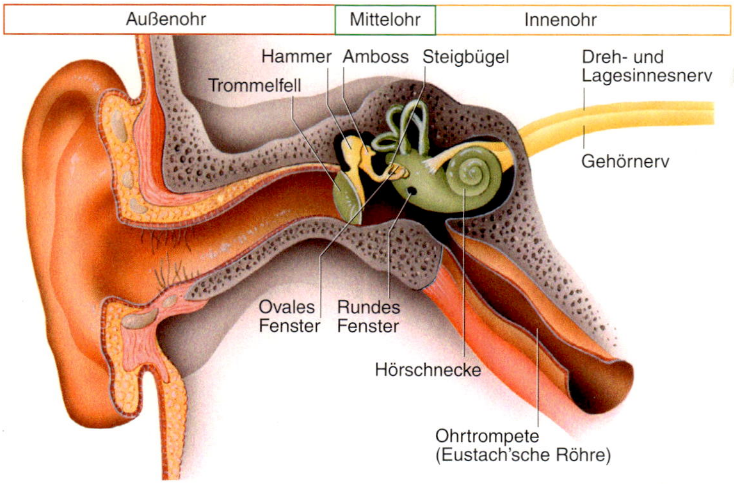

1 Aufbau des Ohres

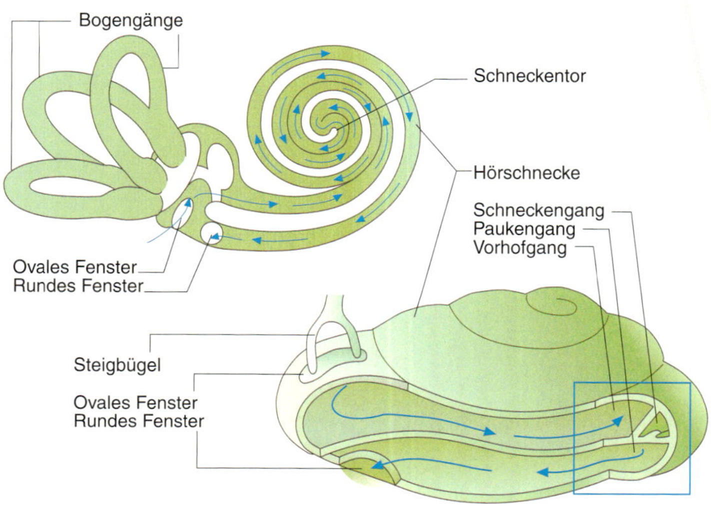

2 Druckwellenverlauf in der Schnecke

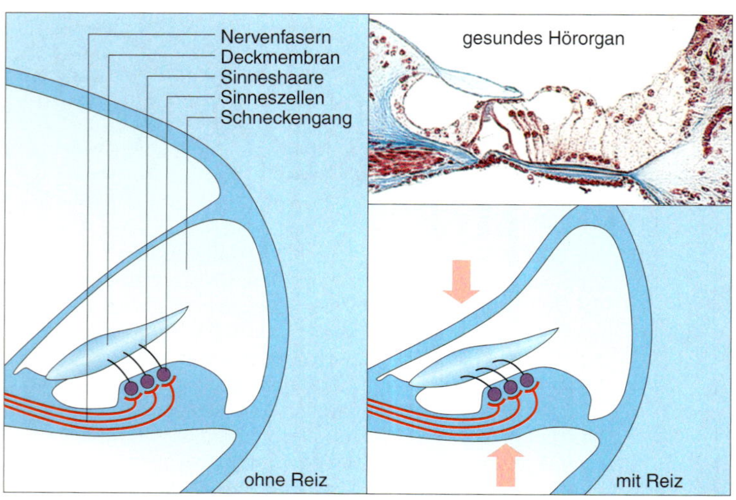

3 Querschnitt durch Schneckengang mit und ohne mechanische Reizung

Das Ohr – Aufbau und Funktion

Beim Sprechen werden die Stimmbänder in Schwingungen versetzt. Das spürt man, wenn man die Fingerspitzen an den Kehlkopf legt. Die Schwingungen werden an die Luft übertragen. Dabei entstehen Luftdruckschwankungen, die sich als *Schallwellen* ausbreiten.

Gelangen Schallwellen an unser Ohr, so werden sie von der *Ohrmuschel* in den etwa 3 cm langen, gekrümmten *Gehörgang* geleitet. Am Ende des Gehörgangs sitzt das *Trommelfell*. Es ist ein dünnes Häutchen, das den Gehörgang abschließt. Dahinter liegt das *Mittelohr*, ein etwa 4 Millimeter breiter Spaltraum, der durch einen Gang, die *Ohrtrompete*, mit dem Rachenraum in Verbindung steht. Die am Trommelfell ankommenden Schallwellen versetzen es in Schwingungen, die auf drei kleine Gehörknöchelchen (*Hammer, Amboss, Steigbügel*) übertragen werden. Sie leiten die Trommelfellschwingungen zum Innenohr. Die Hebelwirkung der Gehörknöchelchen erhöht den Schalldruck, mit dem der Schall weitergeleitet wird. Dies verbessert die Hörwirkung.

Im Innenohr liegt die aus $2^1/_2$ Windungen bestehende knöcherne *Hörschnecke*, die von einem Hautschlauch durchzogen ist. Seine membranartige Wand unterteilt das Innere der Schnecke in drei Längsgänge. Der mittlere Gang ist der *Schneckengang*. Er enthält etwa 16 000 Sinneszellen. Über ihren Sinneshärchen liegt eine *Deckmembran*. Über dem Schneckengang liegt der *Vorhofgang*, darunter der *Paukengang*. Ein Ende des Vorhofganges bildet das *Ovale Fenster*. Am anderen Ende, dem *Schneckentor*, hat der Vorhofgang Verbindung mit dem Paukengang. Dieser schließt mit dem *Runden Fenster* zum Mittelohr ab. Alle drei Gänge sind mit einer Flüssigkeit, der *Ohrlymphe*, gefüllt. Durch kräftige Stöße des Steigbügels auf das Ovale Fenster wird die Ohrlymphe und mit ihr der gesamte Hautschlauch in Schwingungen versetzt. Die Folge ist ein Verbiegen der Sinneshärchen. Dieser mechanische Reiz erregt die Sinneszellen. Über Nervenzellen, die mit den Sinneszellen in Verbindung stehen und deren ableitende Fasern sich zum *Hörnerv* zusammenlagern, laufen nun Erregungen zum Gehirn. Dort entsteht der Höreindruck. (► S. 242/243)

Aufgabe

① Beschreibe die Schallübertragung vom Trommelfell bis zu den Sinneszellen.

Leistungen des Gehörs

Eine Voraussetzung dafür, dass wir Musik hören können, ist die Fähigkeit, *Tonhöhen* unterscheiden zu können. Physikalisch betrachtet unterscheiden sie sich durch ihre *Frequenz*, also die Anzahl der Schwingungen in einer Sekunde.

Untersuchungen an der Hörschnecke haben gezeigt, dass ein Ton einer bestimmten Frequenz nicht alle Sinneszellen im Schneckengang gleichmäßig erregt. Der Hautschlauch in der Schnecke schwingt nur in einem kleinen Bereich besonders heftig. An anderen Stellen sind die Schwingungsausschläge sehr gering. Wird die Frequenz geändert, so liegt die Stelle größter Erregung an einer anderen Stelle der Schnecke. Töne hoher Frequenz werden im vorderen Teil in der Nähe des *Ovalen Fensters* aufgenommen. Für niedrigere Frequenzen verschiebt sich der erregte Bereich in Richtung Schneckentor.

Die tiefste hörbare Frequenz liegt bei etwa 16 Hz. Die obere Hörgrenze ist stark altersabhängig. Beim Jugendlichen liegt sie bei 20 kHz. Ein 45-Jähriger hört Töne bis 15 kHz, und beim 65-Jährigen ist die obere *Hörgrenze* bis auf 5 kHz abgesunken. Beim Sprechen liegen die hauptsächlich benutzten Frequenzen zwischen 250 Hz und 5 kHz.

Die Position einer Schallquelle können wir auch mit geschlossenen Augen ausmachen. Dieser räumliche Höreindruck wird durch das Hören mit zwei Ohren ermöglicht. Der Schall einer Schallquelle bewirkt in beiden Ohren zu unterschiedlichen Zeiten Erregungen. In dem Ohr, das der Schallquelle näher ist, treten die Erregungen geringfügig früher auf und sind etwas stärker als im anderen. Aus diesen sehr kleinen Unterschieden ermittelt das Gehirn die räumliche Lage der Schallquelle.

Ständiger Lärm verursacht beim Menschen auf Dauer seelische und körperliche Beschwerden, wie Konzentrationsschwäche, Kreislauf- und Schlafstörungen. Bei sehr großer Lautstärke werden Hörsinneszellen geschädigt und sogar zerstört. Die Folgen sind *Schwerhörigkeit* und *Taubheit*. Deshalb gilt: Musik — etwa mit dem Kopfhörer — nicht mit voller Lautstärke hören und sehr laute Diskotheken meiden. An sehr lauten Arbeitsplätzen muss unbedingt ein Gehörschutz getragen werden! Als Teilnehmer im Straßenverkehr sollte man nicht unnötig Lärm erzeugen.

HEINRICH HERTZ
(1857 – 1894)
deutscher Physiker

1 Hertz = 1 Hz
1 Hz bedeutet eine Schwingung pro Sekunde

1000 Hz = 1 kHz

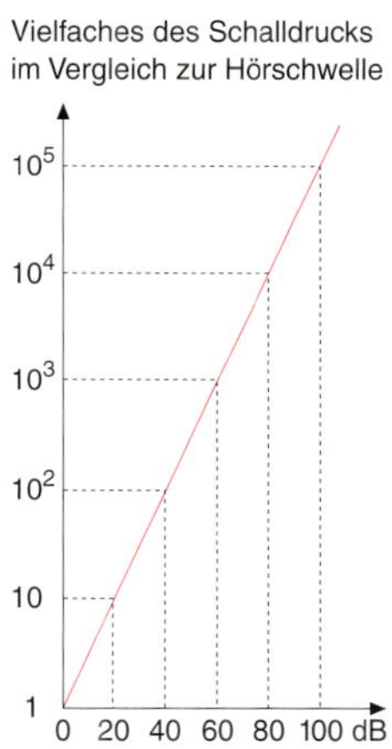

Aufgabe

① Untersuche mithilfe der Tabelle und der Grafik, um das Wievielfache der Schalldruck von LKW-Verkehr und Düsenflugzeugen höher liegt als laute Unterhaltung und Flüstern.

Zettelkasten

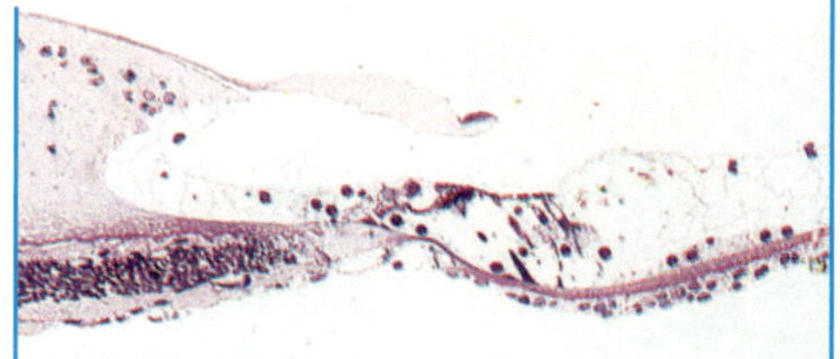

zerstörtes Hörorgan

Explosion, Schuss	130	Schmerzgrenze
Düsenflugzeug	130	
Pfeifen auf den Fingern	110	Schwerhörigkeit durch Schädigung des Innenohrs
Motorrad ohne Schalldämpfer	100	
LKW-Geräusche	90	Störung des vegetativen Nervensystems, Veränderung von Puls und Blutdruck, Schlafstörung
laute Stereoanlage	80	
Straßenverkehr	70	
laute Unterhaltung	60	
Radio auf Zimmerlautstärke	50	Beeinträchtigung von Schlaf und geistiger Arbeit, Konzentrationsschwäche
gedämpfte Unterhaltung	40	
Flüstern	30	
Blätterrauschen	20	
Hörgrenze	0	
	dB	

Schalldruck und Dezibel

Schallwellen breiten sich in der Luft als schwache Luftdruckschwankungen aus. Man kann diesen *Schalldruck* normalerweise nur hören, jedoch nicht weiter spüren. Der geringste Schalldruck, den wir gerade noch hören, beträgt ca. 2/100 000 Pa (Pascal). Man bezeichnet ihn als Hörschwelle. Dagegen beträgt der Luftdruck ca. 100 000 Pa.

Häufig wird die Schallstärke als Schalldruckpegel beschrieben. Er gibt an, das Wievielfache der Schalldruck im Vergleich zum Schalldruck der Hörschwelle beträgt. Der Schalldruckpegel liegt z. B. bei einer lauten Unterhaltung bei 2/100 Pa, denn der Schalldruck eines solchen Gespräches ist etwa 1000-mal so stark wie an der Hörschwelle.

Weil man so aber zu unhandlichen Zahlen gelangt, wird der Schalldruckpegel in der Einheit Dezibel (dB) angegeben. Dabei ist die Hörschwelle Null dB und jede Erhöhung um 20 dB bedeutet immer eine Zunahme auf das Zehnfache. Wenn beispielsweise ein Auto einen Schalldruckpegel von 60 dB verursacht, so erzeugen zehn Fahrzeuge nicht 600 dB, sondern „nur" 80 dB. Bei zwei Fahrzeugen liegt der Schalldruckpegel zwischen diesen Werten: er beträgt 66 dB. Die Dezibelwerte verschiedener Schallquellen lassen sich also nicht einfach zusammenzählen. Das Schaubild zeigt den Zusammenhang zwischen dB-Werten und dem Vielfachen des Hörschwellen-Schalldrucks. Ab ca. 100 dB Dauerbeschallung wird das Gehör geschädigt.

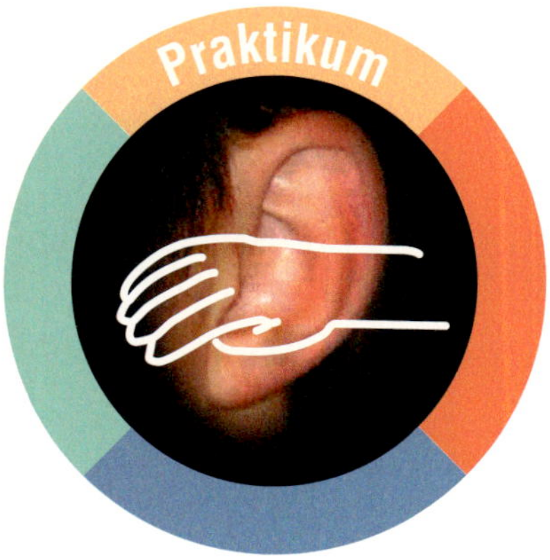

Lärm und Lärmschutz

Aufheulende Motoren, startende Flugzeuge, quietschende Bremsen usw. sind Schallquellen der modernen Welt. Der Schall dieser Quellen wird oft als störend oder sogar schmerzhaft empfunden und *Lärm* genannt. Lärm kann nicht nur stören, sondern auch unser Gehör dauerhaft schädigen.

Wie gut kannst du hören?

Mit einem Schwingungsgenerator erzeugt deine Lehrerin oder dein Lehrer unterschiedlich hohe Töne. Du arbeitest mit einer Partnerin oder einem Partner zusammen. Schließe die Augen und achte genau auf die Töne. Hebe den Arm, sobald du den ersten Ton hörst. Senke den Arm, wenn du keinen Ton mehr hörst. Deine Partnerin oder dein Partner beobachten dich und schreiben die *Frequenz*, also das Maß für die Tonhöhe, auf, die du gerade noch wahrnimmst. Dies ist die obere bzw. untere Hörgrenze. Anschließend tauscht ihr die Rollen. Vergleiche deine Werte mit den Hörbereichen in der Tabelle.

Wir messen den Lärm

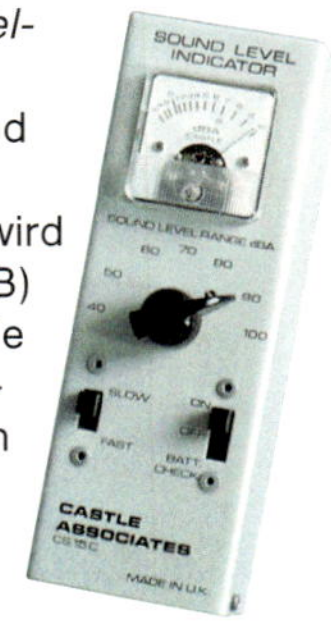

Mithilfe eines *Schallpegelmessgerätes* kann die Lautstärke von Tönen und Geräuschen gemessen werden. Die Lautstärke wird in der Einheit *Dezibel* (dB) angegeben. In der Tabelle sind die Lautstärken verschiedener Schallquellen angegeben.

Beachte: 20 dB mehr bedeuten eine Zunahme des Schalldrucks auf das Zehnfache.

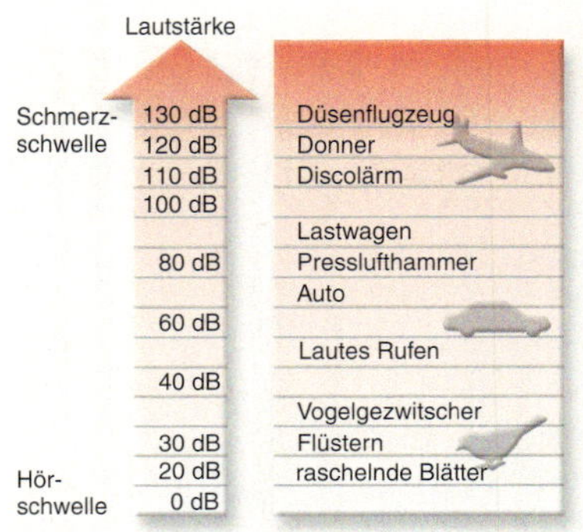

Aufgaben

① Suche in der Tabelle oben den Discolärm und vergleiche ihn mit dem Lärm eines Presslufthammers. Welche Konsequenzen kannst du daraus ziehen?

② Stelle mit einem Schallpegelmessgerät die Lautstärke deines Walkmans fest. Vergleiche den Wert mit den Angaben in der Tabelle oben.

③ Erstellt mit einem Schallpegelmessgerät eine Lärmkarte eurer Schule. Zeichnet einen Grundriss eures Schulgebäudes und markiert die lautesten Stellen rot.

Wie schützt man sich vor Lärm

④ Stecke dir, während du Musik hörst, Ohrstöpsel in die Ohren und nimm sie wieder heraus. Beschreibe die Wirkung.

⑤ Entlang vieler Bundesstraßen oder Eisenbahnlinien, die durch dicht besiedelte Wohngebiete führen, stehen hohe Wände oder Wälle. Sie sollen den Lärm dieser Verkehrswege verringern. Wie diese Schallschutzwände funktionieren, kannst du in diesem Versuch erfahren:
Ein an einen Schwingungsgenerator angeschlossener Lautsprecher erzeugt einen Ton. Der entstehende Schall wird mit einem Schallpegelmesser gemessen. Bringe nun zwischen Lautsprecher und Schallpegelmesser verschiedene Gegenstände aus Stein, Holz, Glas, Metall oder Styropor. Beschreibe das Ergebnis.

⑥ Überlege dir weitere Maßnahmen um Lärm zu verringern. Überlege dir
a) den Lärm am Entstehungsort zu verringern und
b) wie man sich persönlich vor Lärm schützen kann.

⑦ Recherchiere, welche Lärmschutzeinrichtungen es an deinem Wortort gibt und liste sie auf.

⑧ Untersuche deine Hörgewohnheiten. Wie viele Stunden in der Woche ist dein Gehör großen Lautstärken ausgesetzt?

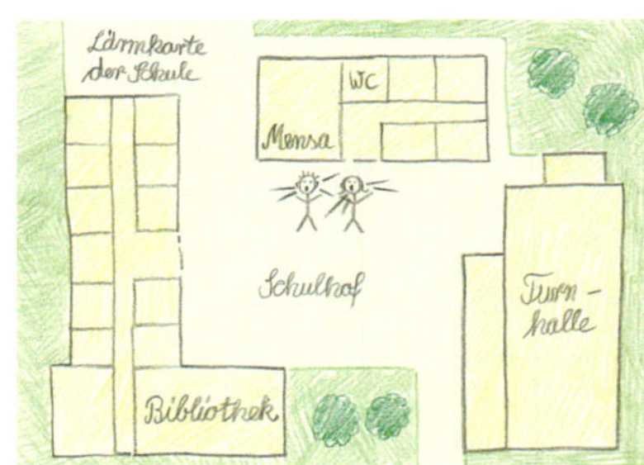

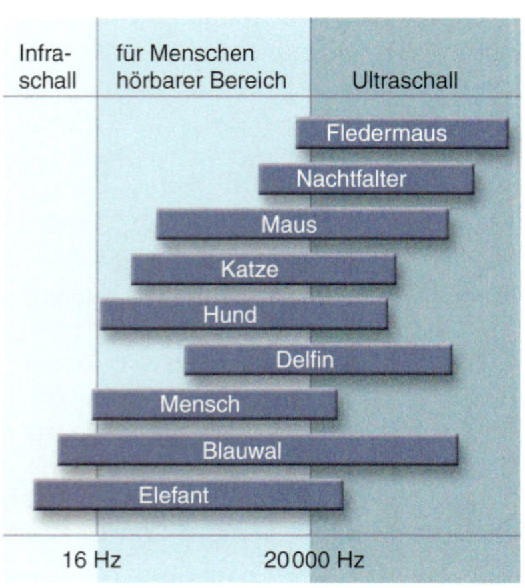

Praktikum

Sehen und Hören

Der Blinde Fleck

Halte das Buch mit ausgestreckten Armen vor dich. Schließe ein Auge und fixiere mit dem anderen den schwarzen Punkt unten auf dieser Seite. Bewege langsam das Buch auf dein Auge zu. Achte dabei auf das schwarze Kreuz, ohne das Auge zu bewegen. Beschreibe und erkläre deine Beobachtung.

Bestimmung des Nahpunktes

a) Halte ein Lineal mit der Nullmarke rechts an die Nasenwurzel und schließe das linke Auge. Führe einen Bleistift am Lineal entlang so weit auf das Auge zu, bis er unscharf erscheint. Markiere den Punkt und lies die Entfernung ab. Wiederhole diesen Versuch mit dem linken Auge. Welche Werte wären bei einem Kurzsichtigen zu erwarten?

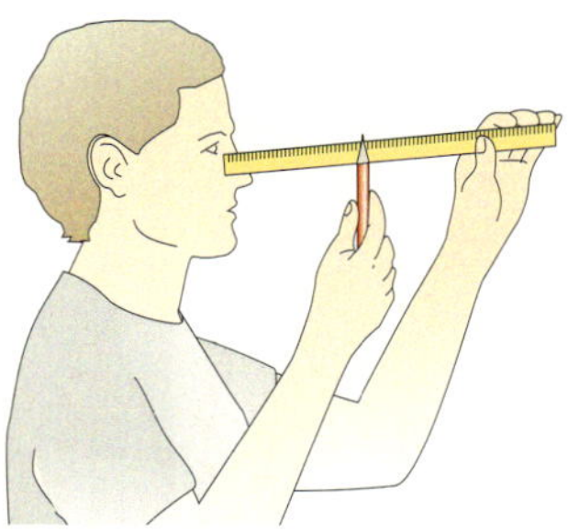

b) In ein Stück Papier wird mit einem spitzen Bleistift eine kleine runde Blendenöffnung von 1 – 2 mm Durchmesser gestochen. Schließe ein Auge und betrachte mit dem anderen bei sehr guter Beleuchtung diesen Text. Nähere das Buch so weit, bis der Text gerade nicht mehr scharf erscheint. Halte jetzt das Papier vor das Auge und betrachte den Text durch die Blendenöffnung. Was fällt dir auf? Ermittle die kleinste Entfernung zwischen Auge und Buchseite, bei der der Text noch scharf zu sehen ist. Vergleiche mit den Werten von a).

Pupillenreaktion

Ein Mitschüler/ eine Mitschülerin hält ein Stück Karton etwa 30 Sekunden lang vor sein/ihr geschlossenes Auge. Danach nimmt er/sie den Karton vom Auge weg und blickt zum hellen Fenster. Beobachte sofort die Pupille und erkläre.

Richtungshören

a) Ein Schlauch von 10 – 15 mm Durchmesser und etwa 1,5 m Länge wird genau in seiner Mitte durch einen Strich markiert. Die Enden des Schlauchs werden in die Ohrmuscheln gehalten. Jemand klopft mit einem Lineal etwa 10 cm neben der Mitte auf den Schlauch. Die Versuchsperson teilt mit, von welcher Seite das Geräusch kommt. Erkläre das Versuchsergebnis.
Notiere einen Ergebnissatz.

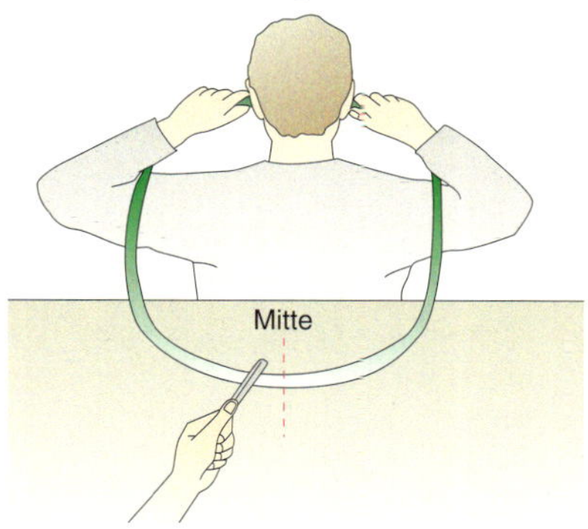

b) Der Versuch a) wird mehrfach wiederholt und dabei jedes Mal näher an der Schlauchmitte geklopft. Die Versuchsperson gibt stets an, von welcher Seite das Geräusch kommt. Es wird so die kleinste Entfernung von der Schlauchmitte bestimmt, bei der das Geräusch gerade noch als von der Seite kommend wahrgenommen wird. Notiere diesen Wert.

c) Der Laufweg des Schalls vom Entstehungsort bis zu den beiden Ohren ist unterschiedlich groß. Der Laufwegunterschied ist doppelt so groß wie die Strecke zwischen Schlauchmitte und Klopfstelle.
In Luft breitet sich Schall etwa mit der Geschwindigkeit v = 340 m/s aus. Hierfür gilt die Gleichung:
Geschwindigkeit = Weg : Zeit, kurz v = s/t. Bestimme daraus den Zeitunterschied t für den kleinsten mit Versuch b) ermittelten Laufwegunterschied. Dies ist der kleinste Zeitunterschied, mit dem Schall an den Ohren eintreffen muss, damit man Geräusche als von der Seite kommend empfindet.

Funktionsmodell eines Bogengangs

Unser **Drehsinnesorgan** besteht aus drei senkrecht zueinander stehenden flüssigkeitsgefüllten Bogengängen (s. Seite 80), die jeweils eine bauchige Ausweitung *(Ampulle)* besitzen. In jeder Ampulle ist eine Gallertkappe, in die Sinneshärchen der darunter befindlichen Sinneszellen ragen. Wird der Kopf und damit auch das Bogengangsystem gedreht, so bewegt sich zunächst die Lymphflüssigkeit aufgrund ihrer Trägheit nicht mit. Die Gallertkappe wird gegen die ruhende Lymphe gedrückt und umgebogen. Durch die Verbiegung der Sinneshärchen werden die Sinneszellen erregt. Bei anhaltender Drehung wird nach kurzer Zeit die Lymphe auch in Bewegung gesetzt. Beim Abstoppen des Kopfes strömt die Lymphe weiter und biegt die Gallertkappe nach der anderen Seite. Dabei kann ein Schwindelgefühl entstehen.
Ein kunststoffbeschichteter Kartonstreifen von 5 cm Länge und 2 cm Breite wird 1 cm von einem Ende eingefaltet und mit Klebestreifen in eine runde Wanne geklebt. Sie wird mit Wasser gefüllt und auf einen Drehstuhl gestellt. Auf die ruhende Wasseroberfläche werden Korkkrümel gestreut. Drehe den Stuhl in Uhrzeigerrichtung. Beobachte den Kartonstreifen und die Korkkrümel. Notiere und erkläre. Drehe den Stuhl etwa 30 Sekunden lang gleichmäßig und stoppe dann plötzlich. Beschreibe und erkläre, was dabei geschieht. Erläutere, wie unser Drehsinnesorgan aufgebaut ist und erkläre mithilfe dieses Experiments den Drehschwindel.

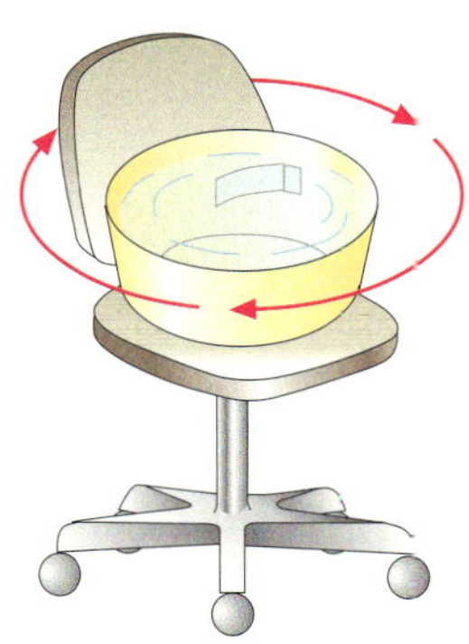

+

●

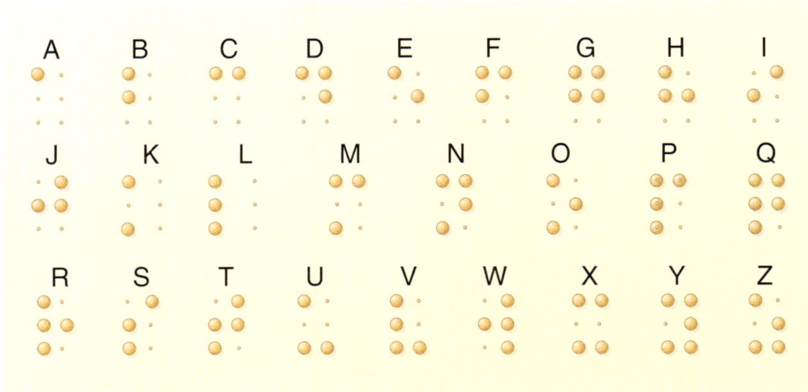

Leben in der Dunkelheit

In Deutschland gibt es ungefähr 500 000 sehbehinderte Menschen. Jeder Dritte von ihnen gilt als blind. Die Betroffenen sind zwar in ihrem alltäglichen Leben beeinträchtigt, können aber durch gezieltes Training lernen, den Verlust ihrer Sehfähigkeit teilweise auszugleichen. So lernen viele Blinde oft besser zu tasten und zu hören als Normalsehende und können — auch ohne fremde Hilfe — ihren Alltag meistern. Dazu stehen ihnen noch eine Vielzahl von Hilfsmitteln zur Verfügung, zum Beispiel Blindenstock, Blindenhund, akustischen Ampeln an Kreuzungen, sprechende Uhren und vieles mehr.

In dieser Klasse arbeiten blinde und sehende Kinder zusammen. Die blinden Kinder verwenden zum Schreiben eine spezielle Schreibmaschine, mit der sie die Blindenschriftpunkte in dickes Papier stanzen können. So entstehen die fühlbaren Buchstaben der *Braille-Schrift*.

Die Braille-Schrift

Der Franzose Louis Braille (1809 bis 1852) erblindete im Alter von drei Jahren und entwickelte mit 16 Jahren die nach ihm benannte Blindenschrift. Grundlage dieser erhabenen Schrift ist ein 6-Punkte-System, mit dem Buchstaben, Satzzeichen, Ziffern und auch Noten dargestellt werden.

Spielregeln für Torball

- Nichtblinde Mitspielerinnen und Mitspieler müssen eine Augenbinde tragen.
- Der mit Rasseln gefüllte Ball muss unter einem 40 cm über dem Fußboden gespannten Seil hindurch geworfen werden.
- Fängt ihn die Gegenmannschaft nicht, gibt es einen Punkt für die werfende Mannschaft.

Aufgaben

① Erläutere, wie sich die Spieler/innen beim Torball orientieren.

② Versuche zuhause mit verbundenen Augen:
- Wasser in ein Glas zu gießen.
- Münzen und Geldscheine nach ihrem Wert zu erkennen.

③ Schreibe ein Wort in Blindenschrift. Nimm dazu einen Schuhkarton und steche auf der Rückseite Stecknadeln entsprechend der Blindenpunktschrift an. Wenn du die Stecknadeln wieder herausziehst, haben sich auf der Vorderseite des Kartons kleine Erhebungen gebildet. Tauscht untereinander eure Arbeiten aus und versucht sie „blind“, also mit verbundenen Augen, zu lesen.

④ Fertigt Tastbilder an. Verwendet dazu verschiedene Materialien. Tauscht untereinander eure Arbeiten aus und ertastet sie „blind“.

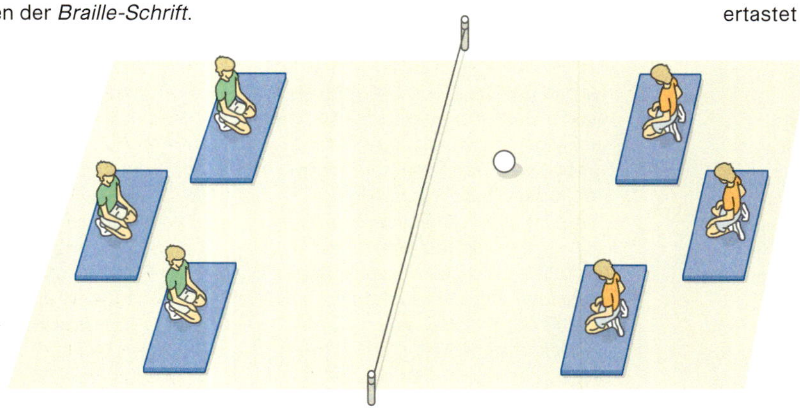

Leben in der Stille

Kinder lernen sprechen, indem sie die Geräusche, die sie hören, nachahmen. Kinder mit einem Hörverlust haben deshalb Schwierigkeiten, Sprache zu erlernen. Ist dagegen noch eine geringe Hörfähigkeit vorhanden, kann das Sprechen mithilfe einer *Höranlage* erlernt werden. Höranlagen verstärken den Schall, der beim Sprechen entsteht, und geben ihn an den Empfänger, ein *Hörgerät*, weiter.

So können nahezu gehörlose Kinder sich selbst und andere hören und das Sprechen leichter erlernen. Aber auch die Körpersprache spielt für die Verständigung eine große Rolle und ist für die Gehörlosen besonders wichtig. Mithilfe der *Gebärdensprache* können auch vollständig Gehörlose das ausdrücken, wozu Nicht-Gehörlose die Lautsprache nutzen.

Gebärdensprache

Gehörlose untereinander benutzen meist die Gebärdensprache, um sich zu verständigen. Sie bedienen sich dabei sowohl bestimmter Handzeichen (Gebärden) als auch Mundbildern, d. h. lautlos gesprochener Silben.

Die Gebärdensprachen sind eigenständige Sprachen, die sich von Land zu Land unterscheiden. Es gibt auch unterschiedliche Dialekte. Die Gebärdensprachen besitzen eigene Grammatiken, die sich von denen der Lautsprache des jeweiligen Landes zum Teil grundlegend unterscheiden. Dies macht das Erlernen der Gebärdensprache für Lautsprachler schwierig, während von Geburt an Gehörlose sie wie eine Muttersprache erlernen.

Das so genannte Fingeralphabet ist ein Hilfsmittel zum Buchstabieren von Wörtern der Lautsprache. Das Fingeralphabet wird vor allem zum Buchstabieren von Eigennamen, Fach- und Fremdwörtern benutzt.

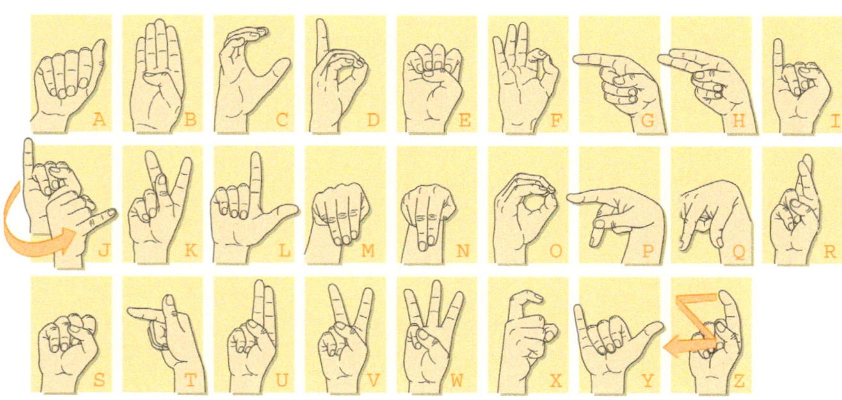

Wie Hörgeräte arbeiten

Hörgeräte haben drei Hauptbestandteile:

- Ein *Mikrofon*, dass den Schall aus der Luft aufnimmt und in elektrische Signale umwandelt.
- Einen *Verstärker*, der die Stärke der elektrischen Signale erhöht. Filter im Verstärker verändern die Schallsignale so, dass nur diejenigen, die der Hörgeschädigte benötigt, verstärkt werden.
- Der dritte Bestandteil des Hörgerätes ist ein *Lautsprecher*. Er wandelt das verstärkte und gefilterte elektrische Signal in ein akustisches Signal um. Dieses kann der Hörgeräteträger dann hören.

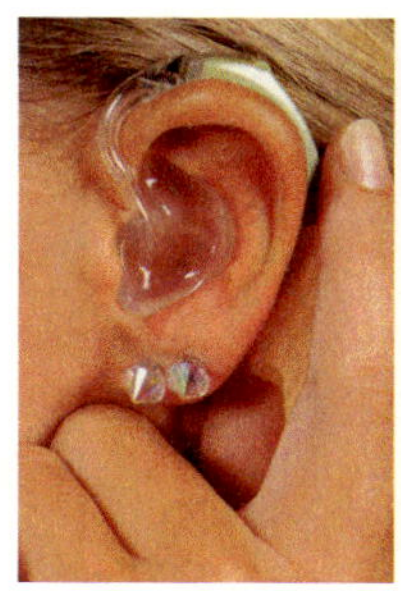

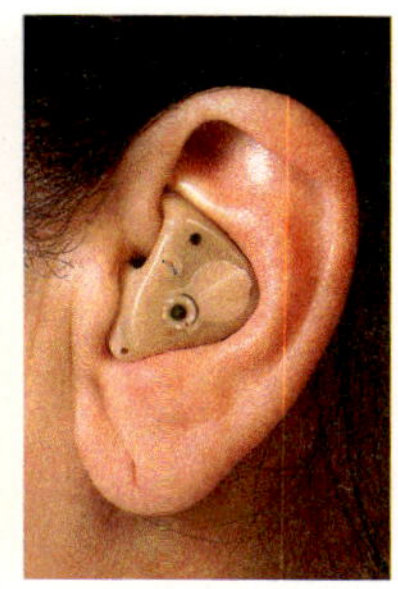

Im Allgemeinen können zwei verschiedene Hörgerätetypen unterschieden werden. Sie werden „Hinter-dem-Ohr-Geräte“ (HdO; Bild links) oder „Im-Ohr-Geräte“ (IdO; Bild rechts) genannt. Letztere sind gut für geringe bis mittlere Hörverluste geeignet. Bei starken Hörverlusten werden eher die HdO-Geräte empfohlen. Sie leiten den Schall durch einen Plastikschlauch in ein Ohrpassstück, das im Ohr getragen wird.

Aufgaben

① Jevithan sagt: „Guten Morgen“ und „Guten Abend“. Kannst du die Bilder aus der Abbildung zuordnen? Ein Tipp: Denke an die Sonne!

② Versucht einmal Schwerhörigkeit nachzuempfinden. Verstopft eure Ohren mit Oropax oder Watte. Bindet noch einen Schal um die Ohren und versucht euch dann zu unterhalten (nehmt auch die Hände zum reden). Was könnt ihr verstehen?

③ Stelle dich mithilfe von Gebärden und dem Fingeralphabet vor.

④ Vergleiche Hörgerät und Ohr. Welche Gemeinsamkeiten und Unterschiede kannst du feststellen?

⑤ Bei Gehörlosen mit völlig funktionsuntüchtigem Mittelohr helfen Hörgeräte nicht. Erkläre! Wie müsste ein Hörgerät funktionieren, damit es hier helfen kann?

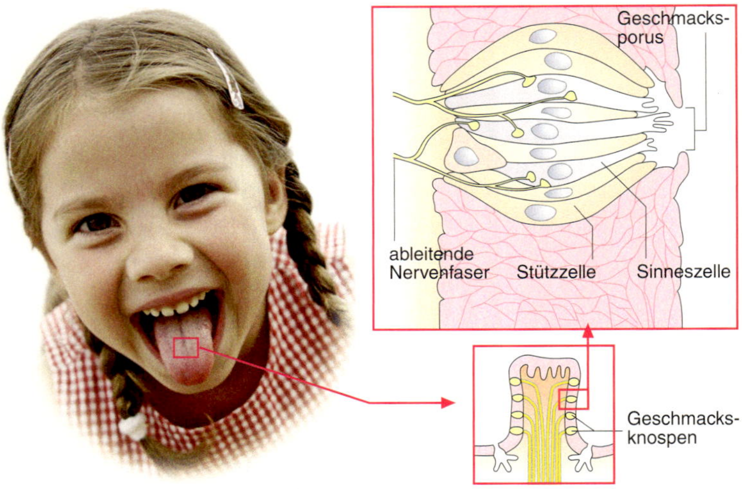

1 Zunge mit Geschmackspapillen

Geschmackssinn

Wenn du deine *Zunge* im Spiegel genau betrachtest, siehst du viele warzenförmige Erhebungen. Diese werden *Geschmackspapillen* genannt. In ihnen befinden sich die *Geschmacksknospen*. In jeder Geschmacksknospe sind zwischen zahlreichen Stützzellen viele gebündelte *Geschmackssinneszellen* eingelagert (Abb. 1).

Ananas

Im Gegensatz zum Riechsinn handelt es sich beim Geschmack um einen *Nahsinn*: Geschmacksstoffe können erst wahrgenommen werden, wenn sie sich in der Mundhöhle befinden und in direkten Kontakt mit den *Sinneszellen* treten. Man geht heute davon aus, dass der Mensch fünf Geschmacksrichtungen unterscheiden kann:

- süß (Auslöser sind Kohlenhydrate und Süßstoffe)
- salzig (Auslöser sind Mineralstoffe, wie etwa Kochsalz)
- sauer (Auslöser sind saure Nahrungsmittel wie etwa Zitronen oder Säuren, wie die im Essig enthaltene Essigsäure)
- bitter (Auslöser sind bestimmte Bitterstoffe, die häufig in giftigen Pflanzen vorkommen)
- umami (Auslöser sind fleischige und herzhafte Speisen)

Zitrone

Erst vor einigen Jahrzehnten konnte man beweisen, dass es die eigenständige Geschmacksrichtung *umami* gibt. Dieses japanische Wort wird mit „fleischig und herzhaft" übersetzt. Vor allem Speisen, die den Geschmacksverstärker Glutamat enthalten, rufen diese Empfindung hervor.

Honig

Früher war man der Ansicht, dass einzelne Sinneszellen für einzelne Geschmacksrichtungen zuständig sind und dass es auf der Zunge Bereiche gibt, in denen je eine der Geschmacksrichtungen wahrgenommen werden kann. Diese Meinung gilt heute als überholt. Stattdessen geht man davon aus, dass die Sinneszellen, die verschiedene Geschmacksstoffe registrieren, weitgehend gleichmäßig auf der Zunge verteilt sind. Jede Sinneszelle erzeugt nach Kontakt mit einem Geschmacksstoff ein elektrisches Signal. Kommt ein ganz bestimmtes Muster der elektrischen Erregung im *Geschmackszentrum* des Gehirns an, wird dies mit dort gespeicherten Informationen verglichen und wir nehmen einen typischen Geschmack wahr. Am intensivsten wird bitter geschmeckt.

Das Geschmacksempfinden ändert sich mit dem Alter. Ein Grund ist sicherlich, dass die Zahl der Geschmackspapillen im Laufe des Lebens sinkt. Finden sich bei Säuglingen Sinneszellen nicht nur auf der Zunge, sondern auch im Gaumenbereich sowie an der Lippen- und Wangenschleimhaut, so haben Erwachsene nur noch Geschmackspapillen auf der Zunge. Dabei sinkt deren Zahl von anfangs ca. 2000 auf etwa 700 im Alter.

Viele Menschen benennen „scharf" als weiteren Geschmackseindruck. Der Eindruck tritt auf, wenn man z.B. mit Chili gewürzte Speisen verzehrt. Diese *Gewürzstoffe* erregen aber nicht die Geschmackssinneszellen in der Zunge, sondern lösen ein Schmerzsignal an bestimmten Schmerznerven aus.

Falls du schon mal erkältet warst und eine verschnupfte Nase hattest, wirst du festgestellt haben, dass die meisten Speisen fad und geschmacklos wirkten. Dies hängt damit zusammen, dass Geruchs- und Geschmackssinn eng zusammenarbeiten. Bei der Beurteilung des Geschmacks spielen aber noch andere Sinne eine Rolle: So befühlt die Zunge die Beschaffenheit des Nahrungsmittels. Genauso „essen auch die Augen mit". Das Auge vermittelt einen Eindruck von der Art eines Lebensmittels und ruft Appetit oder Abscheu hervor. (► S. 242/243)

Aufgaben

① Recherchiere, warum Kinder scharfe Speisen im Gegensatz zu Erwachsenen oft als unerträglich empfinden.

② Erkläre, warum der Geschmackssinn für das Überleben von Menschen von Beginn der Evolution wichtig war.

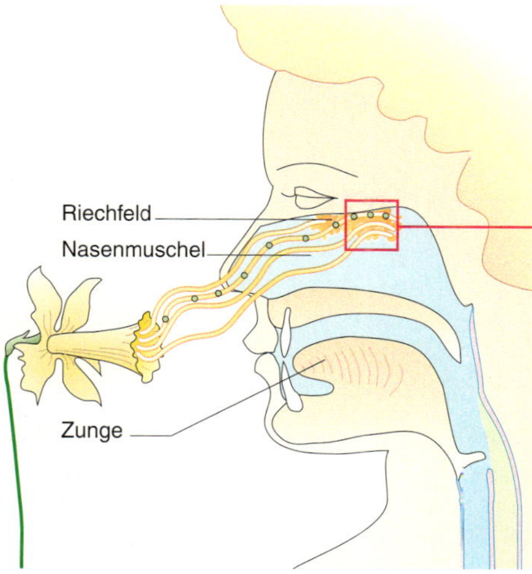

1 Aufnahme eines Geruchsstoffes

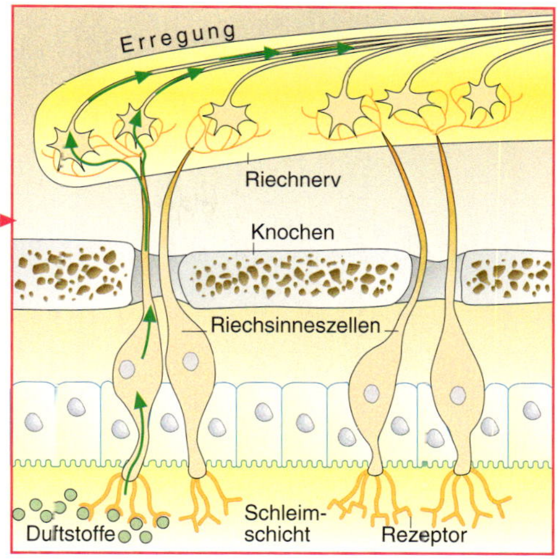

2 Modell zum Riechen

Geruchssinn

Redewendungen wie: „Das stinkt mir!" kennt sicherlich jeder von uns. Sie bringen zum Ausdruck, wie bedeutend der Geruchssinn für uns ist. Im Gegensatz zum Geschmackssinn ist der *Geruch* ein Sinn, der uns Informationen über Dinge liefert, die auch weit von uns entfernt sein können: So riechen wir das Essen bereits lange, bevor es auf dem Teller vor uns steht, können beurteilen, ob es verdorben ist oder gut schmecken wird. Auch vor Gefahren kann uns unsere *Nase* so warnen.

Pfefferminze

Zuständig für das Riechen sind geruchsempfindliche *Sinneszellen* im oberen Bereich der Nasenhöhle (Abb. 1). Aus ihnen ragen Sinneshaare in die *Nasenhöhle* hervor. Die *Sinneszellen* liegen dicht an dicht mit *Stützzellen*, die dem Gewebe Festigkeit verleihen. In regelmäßigen Abständen befinden sich *Drüsenzellen*, die die Sinneshaare mit einer *Schleimschicht* überziehen.

Thymian

Gelangen mit der Atemluft Geruchsstoffe in die Nase, so lösen sie sich im wässrigen Schleim der Nasenschleimhaut und gelangen durch diesen zu den Sinneshaaren. Treten die Geruchsstoffe mit bestimmten Bereichen an den Sinneshaaren (den so genannten *Rezeptoren)* in Kontakt, so leitet die *Riechsinneszelle* ein elektrisches Signal an das *Riechzentrum* im Gehirn weiter: Wir nehmen dann einen bestimmten Geruch wahr.

Rose

Der Mensch hat schätzungsweise 300 – 500 verschiedene Typen dieser Rezeptoren. Sie unterscheiden sich in Größe und Form. Auf jeder Sinneszelle kommt nur ein einziger Typ dieser verschiedenen Rezeptoren vor. Jeder Rezeptortyp reagiert auf jeweils eine bestimmte chemische Struktur eines Geruchsstoffes, z. B. eine Hydroxylgruppe (OH-Gruppe) oder eine Doppelbindung.

Der Mensch hat zwar schon eine recht hohe Zahl verschiedener Rezeptoren, kann aber noch wesentlich mehr Düfte unterscheiden: Es sind etwa 10 000 verschiedene Duftstoffe. Dies kann man nur dadurch erklären, dass ein Geruchsstoff verschiedene chemische Strukturen beinhaltet und sich somit an mehrere Rezeptortypen anlagert. Im *Riechzentrum* kommt dann ein charakteristisches *Erregungsmuster* der erregten Sinneszellen an, das im Gehirn dort gespeichertem Wissen zugeordnet werden kann. Auch an diesem Beispiel wird deutlich, dass die Mitarbeit des Gehirns an einer Sinneswahrnehmung eine zentrale Rolle spielt.

Für manche Tiere ist der Geruchssinn von wesentlicher Bedeutung für die Orientierung, was man zum Beispiel an der Größe der *Riechschleimhaut* ablesen kann: So beträgt sie bei Menschen nur etwa 5 cm^2, beim Hund ist sie 75 – 200 cm^2 groß.

Aufgaben

① Erkläre auf der Ebene der Sinneszellen die Duftwahrnehmung mittels eines geeigneten Basiskonzepts.

② Erkläre die Funktion der Nasenschleimhaut für das Riechen.

Sinnesleistungen – anders als beim Mensch

Ebenso vielfältig wie die Lebensweise der vielen verschiedenen Tierarten ist, so verschieden ist auch die Spezialisierung ihrer Sinnesorgane, mit denen die Tiere lebenswichtige Informationen aus ihrer jeweiligen Umwelt wahrnehmen; Informationen, die dem Menschen zum Teil verborgen bleiben, weil er nicht über die entsprechenden Organe verfügt.

Das Besondere an **Adleraugen** ist ihr eingebauter Vergrößerungsmechanismus. Die Netzhaut, auf der ja das Bild entsteht, hat in mittlerer Position eine Vertiefung, die wie eine zusätzliche Vergrößerungslinse wirkt. Der vergrößerte Teil des Bildes (2fach) ist auch viel genauer dargestellt als die Umgebung. Dieser besondere Augenaufbau erleichtert es dem Adler, z. B. getarnte Beute auszumachen. Allerdings ist sehr helles Licht nötig, sodass bei Dämmerung Menschen zum Beispiel eindeutig besser sehen als Adler.

Der **Vieraugenfisch** lebt in einigen Flüssen Südamerikas. Es ist ein Jäger und ernährt sich unter anderem von Insektenlarven, die es unter Wasser fängt. Da es bei der Jagd dicht unter der Wasseroberfläche schwimmt, ist es aber auch selbst ein Beutetier für Vögel. Er kann deshalb unter- und oberhalb vom Wasser sehen. Doch hat der Vieraugenfisch nicht vier Augen, sondern nur zwei. Eine obere Hälfte, das „Luftauge“, und eine untere Hälfte, das „Wasserauge“.

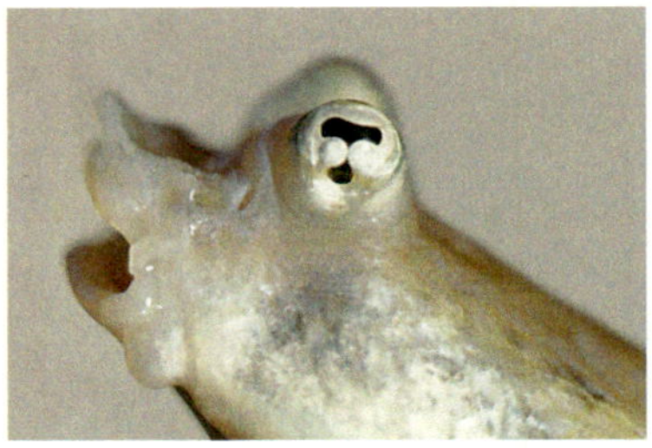

Jede Hälfte besitzt eine eigene Pupille und eine eigene Netzhaut, aber die beiden Hälften teilen sich eine Linse, die im oberen Bereich an das Sehen an der Luft angepasst ist, im unteren Bereich an das Sehen unter Wasser. So kann das Vierauge unter Wasser nach Beute Ausschau halten und gleichzeitig den Luftraum auf mögliche Feinde hin überprüfen.

Im Süden Australiens lebt ein Vogel, der seinen Schnabel wie ein Thermometer benutzt – das **Thermometerhuhn**. Es braucht diesen genauen Temperatursinn, weil es seine Eier auf besondere Weise ausbrütet. Das Männchen sammelt in einer Bodenvertiefung frische Pflanzenteile und legt eine Art Komposthaufen an, in den das Weibchen die Eier legt. Bebrütet werden die Eier durch den Komposthaufen, in dem durch Zersetzung der Pflanzenteile Wärme entsteht. Für die Entwicklung der Küken in den Eiern ist eine Nesttemperatur von 33 °C optimal. Das männliche Thermometerhuhn bewacht das Nest und misst mit seinem Schnabel die Temperatur. Sinkt diese unter 33 °C, fügt es neues Pflanzenmaterial hinzu. Steigt die Temperatur zu stark an, entfernt es Material aus dem Nest.

Die **Augen** der **Insekten** bestehen aus vielen winzigen, sechseckigen Einzelaugen, die alle eine Linse besitzen. Die verschiedenen Insektenarten haben eine unterschiedliche Anzahl Einzel-

augen: die Honigbiene etwa 5000, der Ohrenkneifer ca. 300, die Libelle sogar 25 000 Einzelaugen. Jedes dieser Einzelaugen wird auch *Facette* genannt, die **Insektenaugen** entsprechend Facettenaugen. Durch diesen Augenaufbau können die Insekten also hunderte bis tausende Einzelbilder aufnehmen und zu einem Gesamtbild verknüpfen. Wie dieses Bild aussehen könnte, zeigen die Abbildungen.

a) Linsenauge Mensch
b) Facettenauge Libelle
c) Facettenauge Honigbiene
d) Facettenauge Ohrenkneifer

Die nordamerikanische **Klapperschlange** ist ein nächtlicher Jäger. Im Dunkeln kann sie allerdings nicht gut sehen. So muss sie ein anderes Sinnesorgan nutzen, um ihre Beute, meistens Mäuse, aufzuspüren. In einer kalten Nacht ist eine Maus mit einer Körpertemperatur von 40 °C deutlich wärmer als ihre Umgebung.

Diese Wärmestrahlung kann die Klapperschlange mit ihrem **Grubenorgan**, einem Temperatursinnesorgan, feststellen. Dieses liegt gut sichtbar zwischen den Nasenlöchern und den eigentlichen Augen. Mit seiner Hilfe kann die Klapperschlange eine Maus, die 10 °C wärmer als ihre Umgebung ist, noch aus 60 – 70 cm Entfernung orten.

In den Tiefen der Meere gibt es kaum noch Licht und das Wasser kann sehr trüb sein. Trotz schlechter Sicht können **Delfine** zwischen Fischschwärmen, anderen Beutetieren, leblosen Objekten, wie z. B. Steinen, und anderen Meeresbewohnern unterscheiden.

Das gelingt ihnen, da sie sich mithilfe ihres **Sonarsystems** ein „Geräuschbild" von ihrer Umgebung machen. Zunächst erzeugen sie Töne bzw. „Klicke". Der erzeugte Schall breitet sich im Wasser aus und wird von Artgenossen, Beutetieren oder Hindernissen zurückgeworfen. Das Echo der Klicke wird vom Unterkiefer des Senderdelfins aufgefangen und zum Ohr weitergeleitet. Hier wird das Echo wahrgenommen und anschließend ausgewertet. Je genauer ein Delfin seine Umgebung „betrachten" will, desto mehr Klicklaute stößt er aus. Bei Interesse werden 800 Klicks pro Sekunde erzeugt, bei Unaufmerksamkeit senkt sich die Klickrate auf etwa 20 pro Sekunde.

Im 18. Jahrhundert beobachtete LAZZARO SPALLAZANI, dass **Fledermäuse** auch bei totaler Dunkelheit Hindernisse umfliegen können und im Vergleich zu seiner zahmen Eule keinen Lichtschimmer für die Beutejagd benötigten. 1938 gelang zwei Studenten der Harvard-Universität der Nachweis, dass Fledermäuse mit **Ultraschall** ihre Umgebung erkennen. So wie unsere Augen das Licht aufnehmen, das von den Objekten in unserer Umgebung ausgeht, können Fledermäuse mit den Ohren „sehen". Im Flug erzeugen sie für uns unhörbare Ultraschalllaute mit Frequenzen von 20 bis 100 Kilohertz

und von enormem Schalldruck. Bis 120 dB wurden in der Nähe des Mauls gemessen. Dies entspricht dem Lärm eines Düsenflugzeugs beim Start in 100 m Höhe.

An Hindernissen werden die Ultraschallwellen reflektiert. Die Oberflächenstruktur und die Größe des reflektierenden Objekts bestimmt den „Ton" des entstehenden Echos, die Lage des Objekts im Raum die Richtung, aus der die Fledermaus das Echo empfängt, und die Entfernung wird an der Lautstärke erkannt. So können Fledermäuse ein Hindernis am Echo erkennen, obwohl sie es nicht sehen können.

Einige Tiere sind in der Lage, mithilfe des magnetischen Orientierungssinns das Magnetfeld der Erde wahrzunehmen. Zugvögel, wie z. B. das **Rotkehlchen**, können sich damit nachts bei völlig bedecktem Himmel am Verlauf des Erdmagnetfeldes orientieren. Aber auch Weißwale benötigen für ihre Wanderung diesen „Magnetkompass".

Das wichtigste Sinnesorgan der **Fische** ist das **Seitenlinienorgan**. Auf halber Höhe der Fischflanken durchzieht eine Linie kleiner, sichtbarer Poren die Oberfläche. Sie führen zu einem flüssigkeitsgefüllten Kanal, in dem die eigentlichen Sinnesorgane liegen. Es handelt sich dabei um einen **Ferntastsinn**, der den Fischen gestattet Strömungen festzustellen, die z. B. von Beutetieren oder Schwarmpartnern verursacht werden.

Da Wasser im Gegensatz zu Luft Elektrizität gut leitet, machen **elektrische Sinnesorgane** nur bei wasserlebenden Tieren Sinn. Viele Fische sind in der Lage, elektrische Felder wahrzunehmen. Der **Nilhecht** ist ein etwa 10 cm großer Fisch aus Afrika, der auch in trüben und dunklen Gewässern sehr geschickt manövriert. Er hat in seinem Seitenlinienorgan weitere Sinneszellen, die auf **elektrische Felder** reagieren. Er selbst baut um sich herum ein elektrisches Feld auf. Dazu hat er in seiner Schwanzmuskulatur eine Region, die eine elektrische Spannung erzeugt. Kommen nun Hindernisse oder Beutetiere in seine Nähe, so erkennt der Nilhecht sie an der Veränderungen seines elektrischen Feldes.

Haie besitzen in ihrer Nase **elektromagnetische Sinnesorgane**, die hochempfindlich auf elektromagnetische Felder reagieren. Der **Hammerhai** hat sogar eine regelrechte, quer liegende Antenne in seinem breiten Kopf, mit der er das Magnetfeld des Meeresbodens im Dunkeln zur Orientierung benutzen kann. Aber auch die winzigen elektrischen Impulse, wie sie von jedem Lebewesen ausgehen, werden registriert: Jede Muskelbewegung und auch der Herzschlag werden von ganz schwachen Stromentladungen begleitet. Der Herzschlag eines im Sand versteckten Plattfisches reicht deshalb bereits aus, damit der Hai ihn aufspüren und jagen kann.

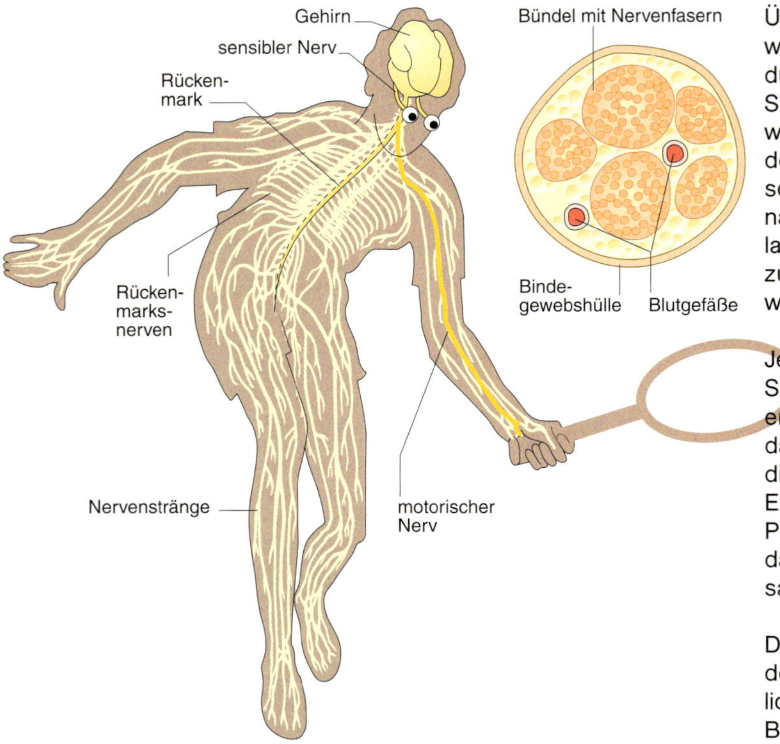

1 Nervensystem des Menschen

Arbeitsweise des Nervensystems

Der Tennisspieler sieht den herannahenden Ball. Er läuft auf ihn zu, holt mit dem Arm weit aus und schlägt den Ball zurück. Der ganze Vorgang dauert nur Sekunden.

Diese schnellen, zielgerichteten Bewegungen werden durch das Zusammenwirken von Sinnesorganen, Muskulatur und Nerven ermöglicht. Die Nerven sind stark verzweigt. Sie erreichen alle Körperregionen und sind zum Nervensystem vernetzt.

Ein Nerv besteht aus einer Bindegewebshülle, die Nervenfasern und Blutgefäße einschließt. Ein Nerv ist mit einem Kabelbündel vergleichbar, das hunderte oder tausende von Einzelkabeln enthält. Dabei ist die Nervenfaser das kleinste Element. Sie ist ein langer Ausläufer einer Nervenzelle. Insgesamt enthält der Körper 25 – 100 Milliarden Nervenzellen. Die meisten liegen dicht gepackt in Gehirn und Rückenmark. Diese beiden Organe bilden zusammen das *Zentralnervensystem (ZNS)*.

Über die Sinnesorgane erhält das ZNS fortwährend Informationen aus der Umwelt, die durch sensible Nerven in Form elektrischer Signale zum Gehirn geleitet und dort ausgewertet werden. So kennt der Tennisspieler den Ball, seine Bewegungsrichtung und Geschwindigkeit. Nun sendet das Gehirn Signale durch *motorische Nerven* zur Muskulatur. Die zugehörigen Muskeln ziehen sich zusammen – der Körper wird zum Ball bewegt.

Jede Muskelaktivität verändert die Position des Spielers zum Ball. Von den Sinnesorganen erhält das Gehirn laufend *Rückmeldungen* darüber, wie vorangegangene Bewegungen die Körperstellung zum Ball verändert haben. Es vergleicht ständig die augenblickliche Position mit der erforderlichen und ermittelt daraus, welche Muskeln sich als nächste zusammenziehen müssen.

Das Gehirn aktiviert nacheinander verschiedene Muskelgruppen so lange, bis schließlich die gewünschte Stellung des Spielers zum Ball erreicht ist. Man sagt: Die Muskelaktivität wird *geregelt*. Das wesentliche Kennzeichen der Regelung ist die Wirkungskontrolle. Sie wird durch Rückmeldungen möglich. Dadurch entsteht ein Kreislauf von Signalen, ein Regelkreis.

Würde der Tennisspieler beim Anblick des ankommenden Balls die Augen schließen und so versuchen den Ball zu treffen, würde er ihn mit Sicherheit verfehlen. Hier bliebe die Rückmeldung aus. Nun würde sich eine Muskelaktivierung nicht mehr nach dem Ergebnis einer vorangegangenen richten. Einen derartigen Vorgang nennt man *Steuerung*.

Das Nervensystem ist nicht nur bei körperlicher Betätigung aktiv. Unablässig muss es Informationen empfangen, auswerten und weiterleiten, die auch innere Zustände des Körpers betreffen. Selbst beim Schlafen beeinflusst es die Tätigkeit der inneren Organe und reguliert beispielsweise Blutzirkulation, Atmung und Verdauung. (► S. 246/247)

Aufgaben

① Beschreibe den Unterschied zwischen Steuerung und Regelung.

② Vergleiche die Funktion sensibler und motorischer Nerven.

Bau einer Nervenzelle

Die wichtigsten Bauelemente des Nervensystems sind die *Nervenzellen*, auch *Neurone* genannt. Diese Zellen können elektrische Signale erzeugen, verarbeiten und weiterleiten. Unser Nervensystem enthält etwa 100 Milliarden Nervenzellen. Die Nervenzellen zeigen, trotz unterschiedlichen Aussehens (s. Randspalte), vergleichbare Grundstrukturen. Sie sind hier am Beispiel einer motorischen Nervenzelle beschrieben.

An einem Zellkörper, der rundlich bis dreieckig geformt ist und einen Zellkern enthält, entspringen viele feinfädige Fortsätze, die sich buschartig verzweigen und an eine Baumkrone erinnern. Aus diesem Grund werden diese Fortsätze *Dendriten* genannt, abgeleitet vom griechischen Wort für Baum (dendros). Dendriten stehen mit anderen Nerven- oder Sinneszellen in Verbindung. Dendriten nehmen Informationen auf und leiten sie zum Zellkörper, dem Ort der Informationsverarbeitung, weiter. Hier werden alle eingehenden Signale der Dendriten gesammelt und miteinander verrechnet.

Neuron im Kleinhirn

Neben den vielen kleinen Dendriten geht vom Zellkörper noch ein ganz langer, dünner Fortsatz ab, der als *Axon* bezeichnet wird. Dieser kann beim Menschen bis zu einem Meter lang werden. Das Axon einer motorischen Nervenfaser leitet Informationen zu Muskelfasern weiter, ansonsten werden Informationen aber auch zu Nervenzellen oder Drüsenzellen weitergeleitet. Die Stelle an der das Axon am Zellkörper sitzt, nennt man *Axonhügel*.

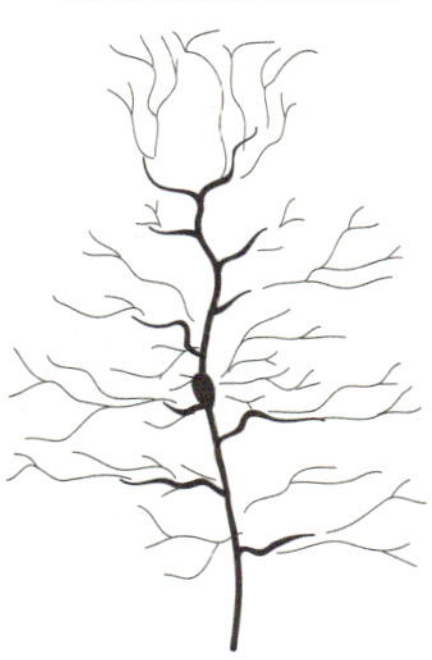

im Rückenmark

Das Axon ist von einer elektrisch isolierenden Hülle, der *Myelinscheide*, ummantelt. Diese wird von mehreren, aufeinanderfolgenden Hüllzellen gebildet, die um das Axon gewickelt sind. Dort, wo sich Hüllzellen berühren, befinden sich ringartige Einschnürungen, die als *Ranvier'sche Schnürringe* bezeichnet werden. Bei Erregungsweiterleitung springen die Impulse von Schnürring zu Schnürring. Das Axon und die Myelinscheide bilden zusammen die *Nervenfaser*.

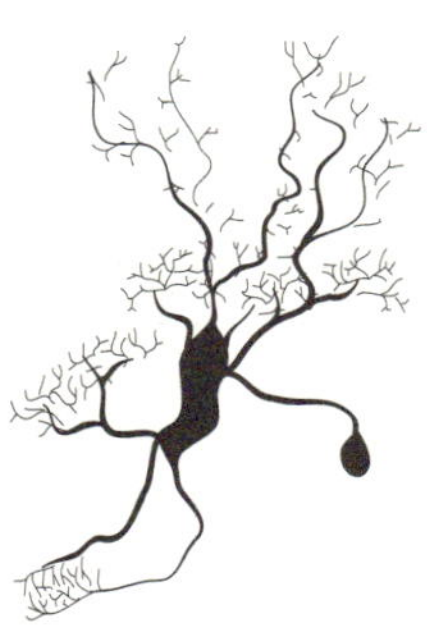

im autonomen Nervensystem

Das Ende des Axons ist meist verzweigt und verfügt über kleine, abgeplattete Verdickungen, die *Endknöpfe*. Sie bilden Kontaktstellen, so genannte *Synapsen* (griech. *synapsis* = Verbindung), zu den Dendriten bzw. Zellkörpern anderer Nervenzellen, aber auch zu Muskelfasern oder zu Drüsenzellen. Die Synapsen zwischen einer motorischen Nervenzelle und einer Muskelfaser werden als *Motorische Endplatten* bezeichnet. Diese sind größer als die Synapsen zwischen zwei Neuronen, ihr Aufbau ist jedoch gleich. (▶ S. 242/243)

Aufgaben

① Übernehme die Abbildung der motorischen Nervenzelle (Abb. 1) in dein Heft und beschrifte sie.

② Liste die jeweilige Funktion von Dendriten, Zellkörper, Axon, Hüllzellen und Synapsen auf.

③ Folgende Materialien werden benötigt: Knet, Draht, Strohhalm. Fertige daraus ein Modell der Nervenzelle.

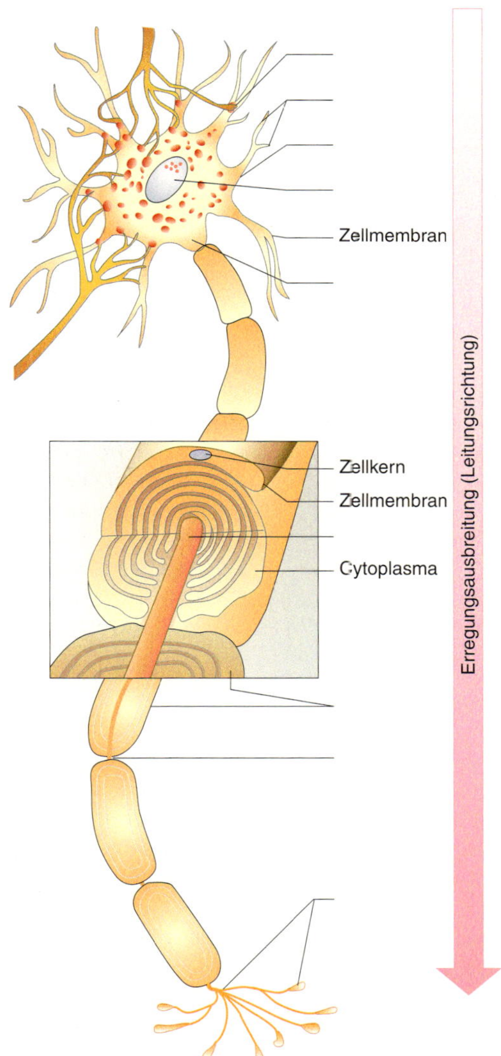

1 Schema einer Nervenzelle

Funktion einer Nervenzelle – Erregungsleitung

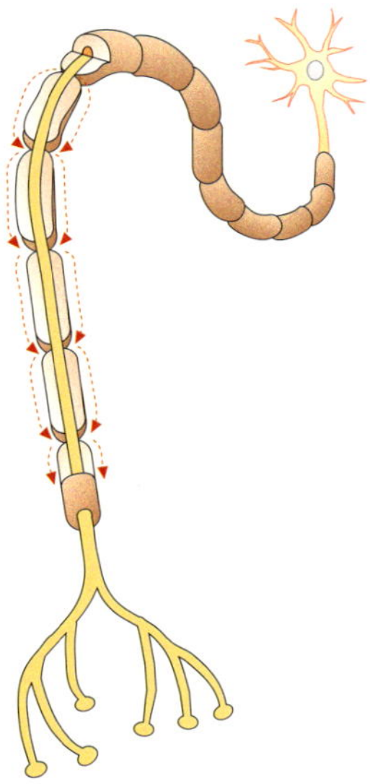

Saltatorische Erregungsleitung

Die Aufgabe einer Nervenzelle ist die Aufnahme, Weiterleitung und Verarbeitung von Informationen. Dies erfolgt mithilfe von elektrischen Signalen.

Alle lebenden Zellen sind durch eine ungleichmäßige Verteilung von Ionen entlang ihrer Membran gekennzeichnet. Das Zellinnere enthält dadurch einen Überschuss an negativer Ladung. Im Gegensatz dazu enthält die Zwischenzellflüssigkeit außerhalb der Zelle mehr positiv geladene Ionen als negativ geladene. Wie bei einer Batterie mit einem Plus- und einem Minuspol besteht aufgrund der unterschiedlichen Ionen- und somit Ladungsverteilung eine Spannung an der Zellmembran *(Membranspannung bzw. Membranpotential)*. Sie wird, ebenfalls wie die Spannung einer Batterie, in der Einheit Volt (V) gemessen. Während die Spannung einer Taschenlampenbatterie 1,5 V beträgt, ist die Spannung über der Zellmembran etwa 50-mal geringer und beträgt −70 Millivolt (mV). Mit dem Minuszeichen wird ausgedrückt, dass das Zellinnere im Vergleich zur Zwischenzellflüssigkeit negativ geladen ist.

In Nervenzellen aber auch in Sinnes- und Muskelzellen kann sich das Membranpotential ändern, wenn besondere äußere Einflüsse auf sie einwirken. Man sagt, diese Zellen sind erregbar. Ihr Membranpotential im unerregten Zustand bezeichnet man als *Ruhespannung* oder *Ruhepotential* (Abb. 1).

Wird die Nervenzelle an den Dendriten stark genug gereizt und erreicht der Reiz am Axonhügel eine Mindeststärke *(Schwellenwert)*, so bricht am Axonhügel das Ruhepotential aufgrund von Ionenwanderungen durch die Zellmembran zusammen. Unmittelbar stellt sich eine Spannung von +30 Millivolt ein. Die Differenz zur Ruhespannung beträgt also ca. 100 mV = 0,1 mV. Diese Spannungsschwankung stellt einen Nervenimpuls dar und dauert 1 bis 2 ms (Millisekunden). Diese Nervenimpulse, auch *Aktionspotentiale* (AP) genannt, springen mit Geschwindigkeiten bis 120 m/s längs des Axons von Schnürring zu Schnürring *(saltatorische Erregungsleitung)*. So übermitteln Nervenzellen schnell Informationen. Die Größe eines Aktionspotentials wird nicht durch die Größe eines Reizes bestimmt. Einmal ausgelöste Aktionspotentiale sind immer gleich groß. Aktionspotentiale bilden sich nur im Axon, nicht im Zellkörper oder in den Dendriten.

Aufgabe

① Erläutere die Auslösung eines AP nach dem Alles-oder-Nichts-Gesetz.

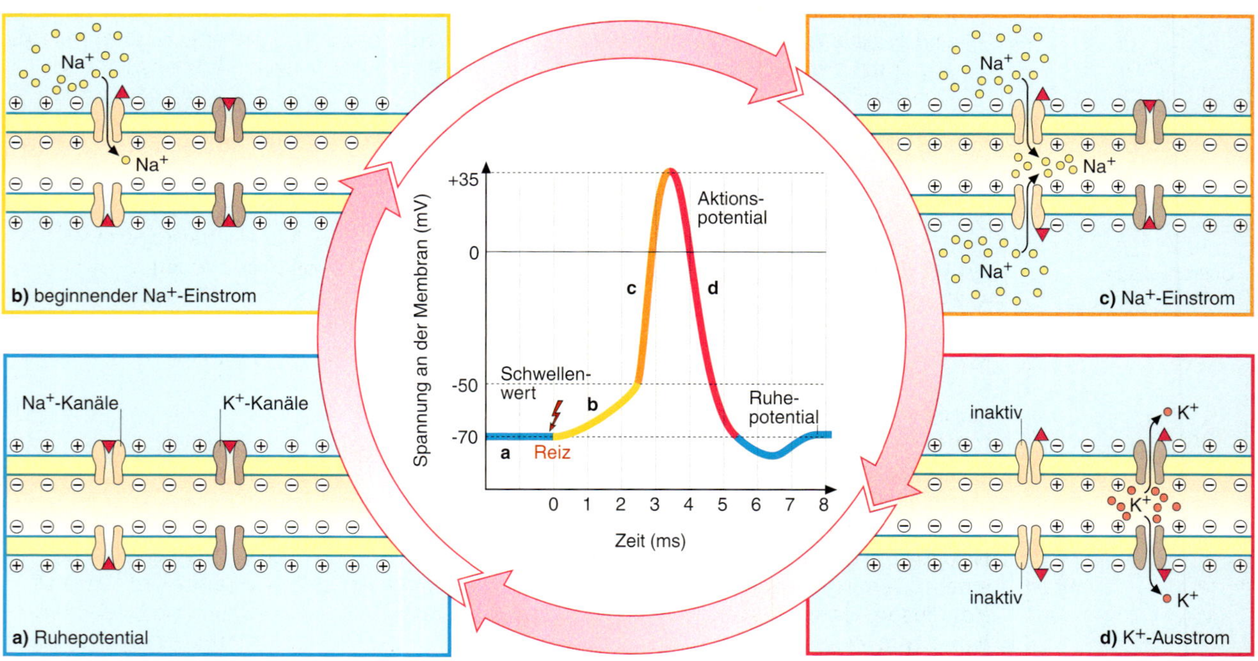

1 Ablauf eines Aktionspotentials

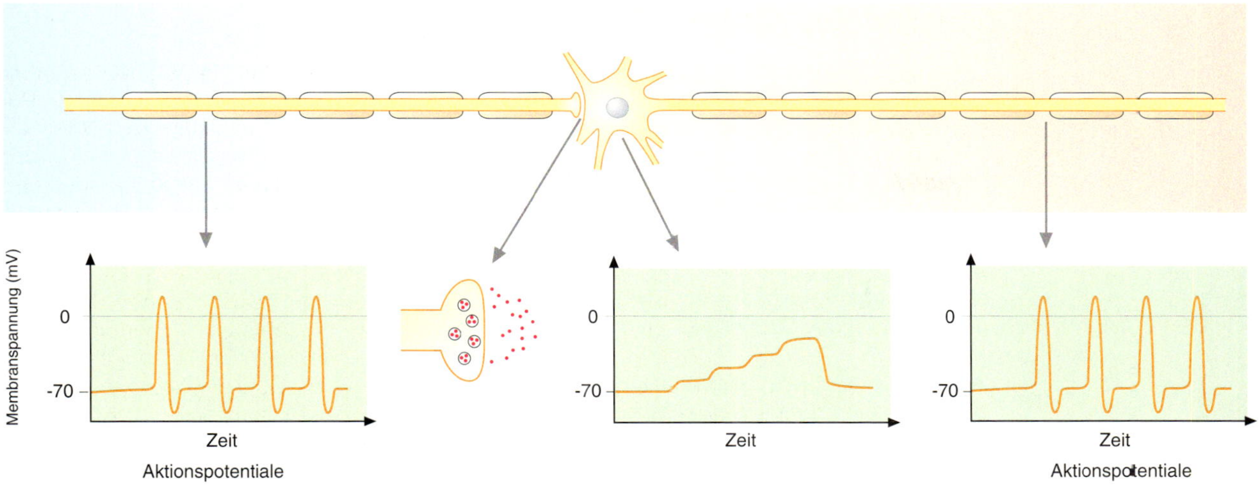

1 Informationsweiterleitung

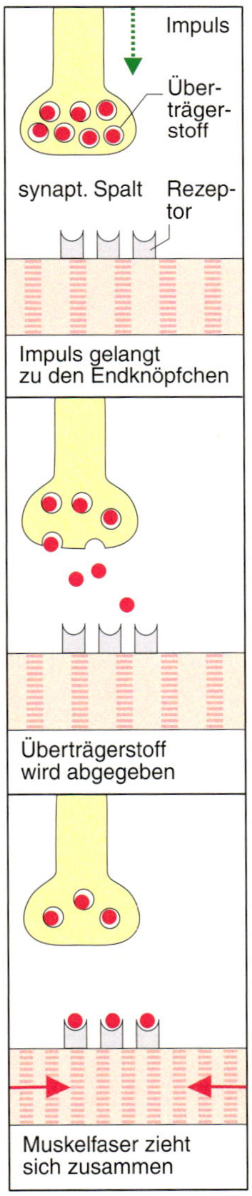

Die Synapsen – Bau und Funktion

Synapsen sind Kontaktstellen zwischen zwei Nervenzellen oder zwischen Nerven- und Sinneszellen bzw. Muskelfasern zur Übertragung von elektrischen Impulsen (Erregungsleitung). Im ZNS gibt es viele Milliarden von Synapsen. An den weit verzweigten Dendriten einer Nervenzelle können bis zu 15000 Endknöpfe anderer Nervenzelle sitzen. Synapsen bestehen aus drei Bereichen (s. Randabbildung):

1. einer Nerven- bzw. Sinneszellenendung, die als *präsynaptischer Teil* bezeichnet wird,
2. einem Spalt zwischen den Zellen, dem *synaptischen Spalt*, und
3. einem *postsynaptischen Teil*, der an die Membran des Organs anschließt, das erregt werden soll. Hierbei handelt es sich um den gegenüberliegenden Membranbereich der folgenden Zelle, was eine Nerven-, Drüsenzelle oder eine Muskelfaser sein kann.

Große Synapsen an Muskelfasern sind die *Motorischen Endplatten*. Man unterscheidet *hemmende* und *erregende Synapsen*. Beide kommen etwa gleich häufig vor.

An den Synapsen wird das vom Axon eintreffende elektrische Signal zunächst in ein chemisches Signal umgewandelt: Kommen bei *erregenden Synapsen* elektrische Impulse am präsynaptischen Endknopf einer Nervenzelle an, bewirken sie die Freisetzung eines Überträgerstoffes *(Neurotransmitter)*. Bei diesem Überträgerstoff handelt es sich häufig um *Acetylcholin*. Er wandert durch den synaptischen Spalt und verbindet sich mit Rezeptoren, die sich an der postsynaptischen Zellmembran der Zielzelle, z. B. einer Muskelfaser, befinden. Die Aktivität einer Synapse bewirkt allerdings noch keinen Impuls. Erst wenn mehrere Synapsen zugleich aktiv sind, wird an der gereizten Zelle des Erfolgsorgans ein Schwellenwert überschritten. Ist die Empfängerzelle eine Nervenzelle, so entsteht bei hinreichend starker Reizung am Axonhügel wieder ein elektrischer Nervenimpuls und damit eine Erregungsleitung. Das Überschreiten des Schwellenwertes führt also zur Entstehung von Aktionspotentialen, sodass eine Erregungsleitung stattfinden kann. Der Überträgerstoff im synaptischen Spalt wird anschließend abgebaut.

Bei den *hemmenden Synapsen* werden in den präsynaptischen Endknöpfen der Nervenzellen Überträgerstoffe produziert, die eine hemmende Wirkung auf die Erregungsleitung haben. Diese Überträgerstoffe, die die Erregungsleitung hemmen, verbinden sich nach dem gleichen Prinzip wie die erregenden. Nach erfolgter Hemmung wird der Überträgerstoff im synaptischen Spalt abgebaut.

Aufgaben

① Beschreibe mittels eines geeigneten Basiskonzepts das Zusammenspiel von Überträgerstoffen und Rezeptoren.

② Informiere dich im Internet und nenne Möglichkeiten, wie Drogen und Medikamente auf die Erregungsweiterleitung / Hemmung an den Synapsen wirken können.

Das Gehirn – Aufbau und Arbeitsteilung

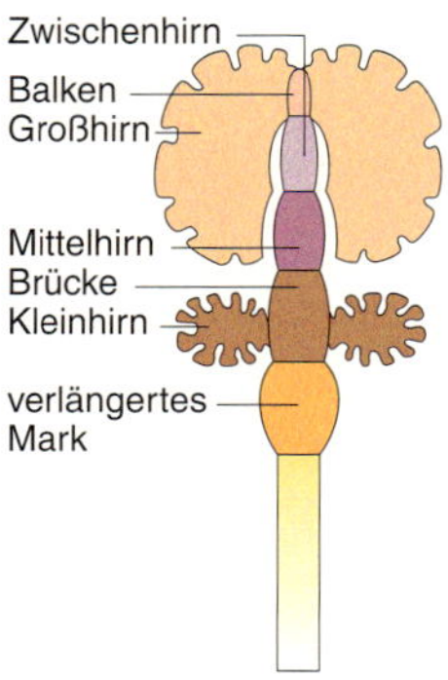

Die Gliederung des menschlichen Gehirns ist an einem Embryo gut erkennbar. Die Gehirnanlage besteht zunächst aus drei, später aus fünf Hirnbläschen. Aus jedem entsteht einer der fünf Gehirnabschnitte, die alle Wirbeltiere besitzen. Im Verlauf der weiteren Entwicklung stülpen sich am vordersten Bläschen zwei Seitenbläschen aus. Indem sie sich stark vergrößern und Falten ausbilden, entsteht das Großhirn (s. Randspalte).

Im Großhirn sind die Zellkörper der Nervenzellen auf eine dünne *Rindenschicht* an der Oberfläche verteilt. Im darunter liegenden Mark verlaufen überwiegend Nervenfasern. Durch die Faltung entsteht die notwendige große Oberfläche, um Milliarden an Nervenzellen in der Rindenschicht unterzubringen. Aus den anderen Bläschen entwickeln sich *Zwischenhirn*, *Mittelhirn*, *Kleinhirn* und *verlängertes Mark*. Zwischen Mittelhirn und verlängertem Mark liegt die *Brücke*. Diese drei Abschnitte bilden den *Hirnstamm*.

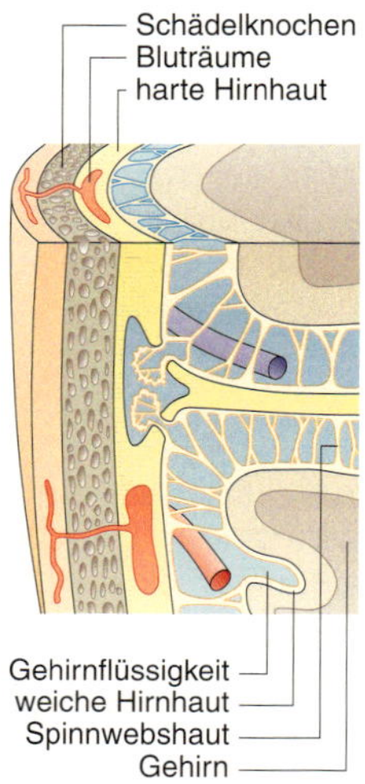

Stoßgedämpfte Lagerung des Gehirns

Kurz nach der Geburt nimmt die Anzahl der Nervenzellen im Gehirn nicht mehr zu. Dennoch ist die Gehirnentwicklung nicht abgeschlossen. Die Verbindung der Nervenzellen untereinander ist noch unvollständig. Im Verlauf der ersten drei Lebensmonate werden sehr viele neue Synapsen gebildet und die Nervenzellen stärker miteinander vernetzt. Diese Vernetzung wird durch die Sinneseindrücke, die empfangen und verarbeitet werden, gefördert. Ein ganzes Leben lang werden Synapsen bei den Lernvorgängen gebildet und Vernetzungen umstrukturiert.

Das durchschnittliche Gewicht des Gehirns beträgt beim Erwachsenen etwa 1400 g. Die beiden Großhirnhälften, die über einen dicken Nervenstrang, den *Balken*, miteinander verbunden sind, nehmen etwa 80 % des Gehirnvolumens ein und überdecken die anderen Gehirnabschnitte.

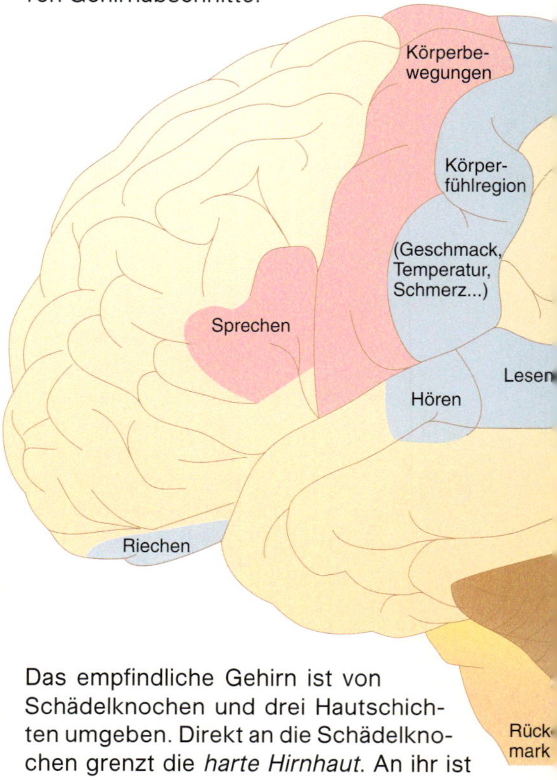

Das empfindliche Gehirn ist von Schädelknochen und drei Hautschichten umgeben. Direkt an die Schädelknochen grenzt die *harte Hirnhaut*. An ihr ist mit elastischen Fasern die schwammartige *Spinnwebshaut* verankert. Sie enthält *Gehirnflüssigkeit*, in der das Gehirn schwimmt. Die *weiche Hirnhaut* verbindet Spinnwebshaut und Gehirn. Die knöcherne Umhüllung und die schwimmende Lagerung schützen das Gehirn.

Die Hirnhäute stellen eine Barriere gegen Krankheitserreger dar. Dennoch können bestimmte Bakterien oder Viren in die Hirnhäute eindringen und *Hirnhautentzündung* verursachen. Die Ausscheidungsprodukte der Krankheitserreger sind dann eine Gefahr für das Gehirn, die sogar tödlich sein kann. Die Hirnhäute und nicht das Gehirn sind für Kopfschmerzen verantwortlich.

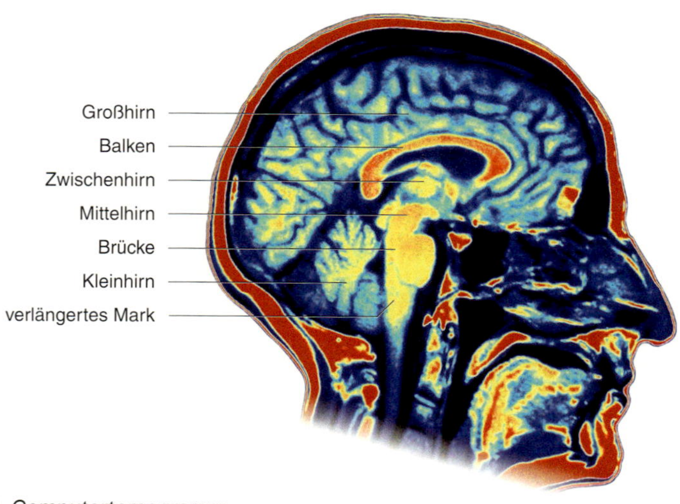

1 Computertomogramm

Mit der Computertomografie oder der Kernspintomografie kann man für medizinische Zwecke das Gehirn schichtenweise untersuchen. Dabei entstehen Aufnahmen, an denen Spezialisten viele Einzelheiten, sogar einzelne Blutgefäße, erkennen können.

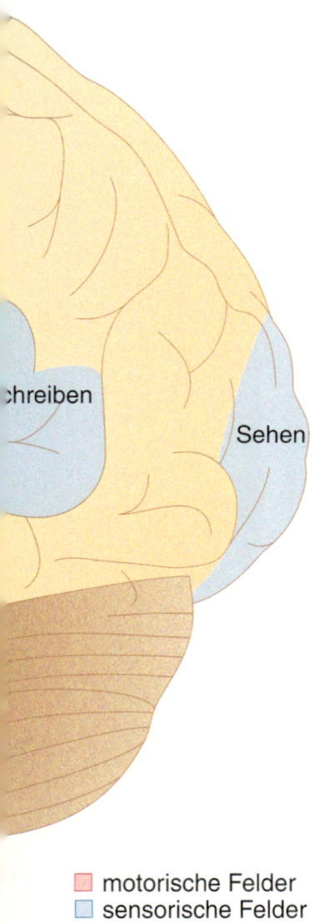

Der französische Arzt PAUL BROCA (1824–1880) untersuchte das Gehirn eines Verstorbenen, der zu Lebzeiten das Sprechvermögen verloren hatte. BROCA bemerkte eine auffällige Erweichung des Großhirns im Bereich der linken Schläfe. Er nahm an, dass hier das Sprachzentrum liegt.

Heute kennt man viele Aufgaben des Großhirns. Die Forschungsergebnisse zeigen: Es ist das Zentrum der Wahrnehmungen, des Bewusstseins, Denkens, Fühlens und Handelns. Es herrscht Arbeitsteilung zwischen verschiedenen Bezirken, den Rindenfeldern, von denen drei Typen vorkommen:

1. *Sensorische Felder* verarbeiten die Informationen der Sinnesorgane.
2. *Motorische Felder* aktivieren Muskeln und regeln willkürliche Bewegungen (s. u.).
3. *Gedanken-* und *Antriebsfelder* sind die Zentren des Denkens und Erinnerns.

Die sensorischen und motorischen Felder für die rechte Körperseite sind in der linken Großhirnhälfte und umgekehrt. Es gibt aber auch Zentren, die nur in einer Gehirnhälfte vorkommen, wie das Sprachzentrum.

Im *Zwischenhirn* entstehen Gefühle, wie Freude, Angst oder Wut. Es filtert den Informationsfluss von den Sinnesorganen zum Großhirn; Unwichtiges wird nicht weitergemeldet. Weiterhin ist es Umschaltzentrum für einige angeborene Reflexe, regelt die Körpertemperatur, den Wasserhaushalt, das Sexualverhalten und weitere lebenswichtige Körperfunktionen. Der dem Gehirn zugehörige *Hypothalamus* ist die Verbindungsstelle zwischen Nerven- und Hormonsystem.

Das *Mittelhirn* ist eine Umschaltstelle. Erregungen sensibler Nerven werden zum Großhirn geschickt oder auf motorische Nerven umgeleitet. Es kontrolliert unter anderem die Augenbewegungen, die Irismuskulatur und die Ziliarmuskeln. Weiterhin steuert es die Konzentration oder Aufmerksamkeit auf eine Sache.

Das *Kleinhirn* ermöglicht Gleichgewicht zu halten und koordiniert Bewegungen. Bewegt man zum Ergreifen eines Gegenstands Ober- und Unterarm gleichzeitig, so stimmt das Kleinhirn beide Teilbewegungen aufeinander ab; der Gegenstand wird zielsicher ergriffen. Ohne die Tätigkeit des Kleinhirns würde der Arm ruckartige Bewegungen ausführen, die meist über das Ziel hinausgingen. Außerdem dient es der Automatisierung immer wiederkehrender Bewegungen.

Zettelkasten

Untersuchung der Gehirnaktivität

Sehr deutliche Abgrenzungen der einzelnen Funktionsbereiche erhält man mit der **Positronen-Emissions-Tomografie**. Mit diesem Verfahren lässt sich die Stoffwechselaktivität des Gehirns im Bild darstellen. Auf den Aufnahmen zeigen helle Farben hohe, dunkle Farben dagegen niedrige Aktivität an. Beim Sehen, Hören und Sprechen sind verschiedene eng umgrenzte Großhirnbezirke aktiv. Dagegen sind bei Denkvorgängen viele Regionen gleichzeitig beteiligt, insbesondere die Bereiche im vorderen Teil des Großhirns.

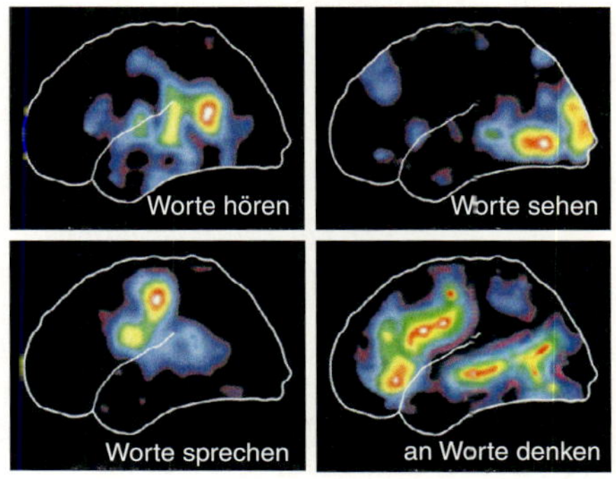

Lernt man beispielsweise Tanzen, so muss man sich während des Lernens konzentrieren und jeden Schritt ganz bewusst ausführen. Hier beeinflusst das Großhirn direkt die Aktivität der Muskulatur. Mit einiger Übung muss man sich nicht mehr auf jeden Schritt konzentrieren. Das Kleinhirn sorgt für die eingeübte Bewegungsabfolge.

Das *verlängerte Mark* bildet die Übergangsstelle zum Rückenmark. Wichtige Funktionen sind die Regulation des Blutdrucks, die Steuerung von Atemmuskulatur und der Hustenreflex. Über 12 Paar Gehirnnerven ist der Hirnstamm mit Sinnesorganen, Muskulatur und Drüsen im Kopf verbunden. (▶ S. 242/243, 244/245)

Aufgaben

① Vergleiche die tomografischen Aufnahmen des Schädels mit der Schemazeichnung des Gehirns (s. Seite 94). Welche Gehirnabschnitte werden durch die Zeichnung benannt?

② Beschreibe und erkläre die Schutzeinrichtungen für das Gehirn gegen mechanische Einwirkungen.

③ Stelle tabellarisch die verschiedenen Hirnbereiche und ihre Funktionen dar.

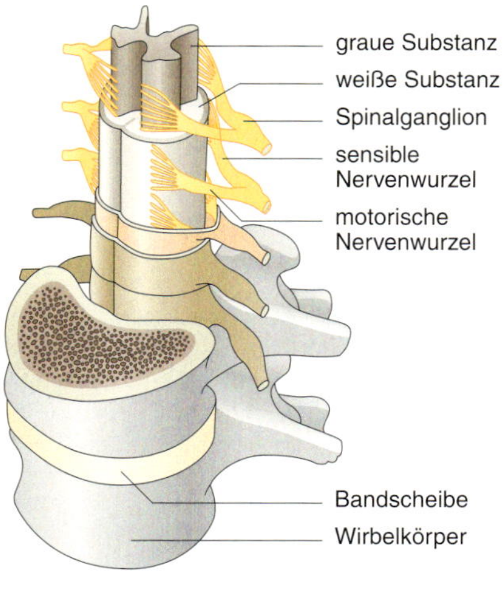

1 Lage und Bau des Rückenmarks

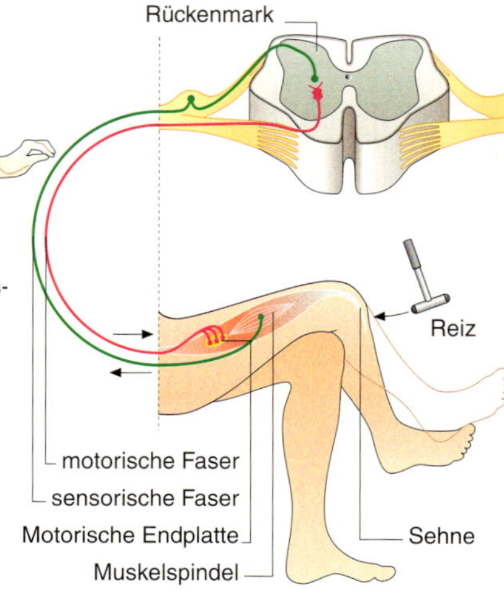

2 Erregungsverlauf bei willkürlicher Beinbewegung und **3** beim Reflex

Das Rückenmark

Die Informationsübertragung zwischen Gehirn und Körper erfolgt durch die Gehirnnerven und das *Rückenmark*. Das Rückenmark ist 40 – 50 cm lang, etwa fingerdick und liegt im *Wirbelkanal* der Wirbelsäule. Im Querschnitt erkennt man zwei Bereiche. Innen befindet sich die *graue Substanz*. Sie besteht überwiegend aus Zellkörpern von Nervenzellen sowie zu- und ableitenden Nervenfasern. Außen ist die *weiße Substanz*, die vorwiegend aus Nervenfasern besteht.

Vom Rückenmark zweigen 31 Paar *Rückenmarksnerven* ab. Sie verlassen die Wirbelsäule jeweils zwischen zwei Wirbeln und erreichen mit ihren Verästelungen alle Bereiche des Körpers. Jeder Rückenmarksnerv hat zwei Wurzeln. Die *vordere Wurzel* enthält motorische Nervenzellen. Die Zellkörper liegen in der grauen Substanz. Die Nervenfasern leiten Erregungen zur Muskulatur. Die hintere Wurzel enthält sensible Nervenzellen, deren Zellkörper in den Nervenknoten *(Spinalganglien)* liegen. Die Nervenfasern leiten Erregungen vom Körper ins Rückenmark.

Bewegt man willentlich ein Bein, so verlaufen vom Gehirn aus Erregungen über das Rückenmark und die motorischen Rückenmarksnerven zur Beinmuskulatur. Wird das Rückenmark verletzt, so können Bereiche unterhalb der Verletzungsstelle keine Signale mehr vom Gehirn empfangen oder zum Gehirn senden. Die Folgen sind Lähmung der Muskulatur und Gefühllosigkeit der Körperbereiche, die nicht mehr mit dem ZNS verbunden sind *(Querschnittslähmung)*.

Dass das Rückenmark auch selbstständig arbeitet, verdeutlicht ein Versuch: Eine Person sitzt auf einem Tisch und lässt ein Bein locker herabhängen. Ein leichter Schlag auf die Kniesehne unterhalb der Kniescheibe bewirkt, dass der Unterschenkel vorschnellt. Diese Reaktion heißt *Kniesehnenreflex*.

Der Schlag auf die Kniesehne bewirkt eine plötzliche Dehnung des Streckmuskels im Oberschenkel. Dieser Reiz wird von Sinnesorganen im Muskel, den *Muskelspindeln*, aufgenommen. Sie senden Erregungen über sensible Nervenzellen ins Rückenmark. In der grauen Substanz werden die Erregungen über Synapsen auf motorische Nervenzellen und dann auf den Streckmuskel übertragen. Dieser zieht sich zusammen und wirkt so der Dehnung entgegen. Der Weg der Erregung von den Muskelspindeln über das Rückenmark zurück zum Muskel heißt *Reflexbogen*. Genauso wird der Oberschenkelmuskel gedehnt, wenn man beim Laufen mit einem Fuß hängen bleibt. Durch den Reflex wird das Bein gestreckt und meistens ein Sturz verhindert *(„Stolperreflex“)*.

Ein Reflex ist eine gesteuerte Handlung, die stets gleich auf einen bestimmten Reiz hin verläuft und durch den Willen nicht beeinflussbar ist. Weil das Rückenmark die Umschaltstelle für die Erregungen ist und nicht das Gehirn, ist der Leitungsweg und deshalb auch die Reaktionszeit kürzer. Reflexe sind uns zum Teil bewusst *(Husten)* oder laufen unbewusst ab *(Lidschlussreflex)*. In jedem Fall schützen sie den Körper. (► S. 248/249)

Teile des Nervensystems arbeiten selbstständig

Ein Jogger beginnt seinen Dauerlauf. Bereits nach kurzer Zeit treten Veränderungen im Körper auf: Der Herzschlag wird schneller, die Atmung beschleunigt und vertieft, die Haut sondert Schweiß ab. Der Körper wird an die stärkere Belastung angepasst. Dies veranlasst das *vegetative Nervensystem*. Es ist kaum willentlich beeinflussbar und reguliert ständig die Tätigkeit der inneren Organe in Abhängigkeit der körperlichen Belastung. Selbst im Schlaf ist es aktiv.

Wegen seiner Unabhängigkeit vom Willen wird dieses System auch *autonomes Nervensystem* genannt. Es besteht aus zwei Teilsystemen: *Symphathicus* und *Parasympathicus*.

Der Sympathicus besteht aus Teilen des Rückenmarks und zwei Nervensträngen *(Grenzstränge)*, die parallel zur Wirbelsäule verlaufen und Verbindung zum Rückenmark haben. Bei jedem Wirbel ist jeder Strang knotenartig verdickt. Von diesen *Ganglien* ziehen Nerven zu allen Organen.

Der Parasympathicus besteht aus einem Gehirnnervenpaar und einigen Rückenmarksnerven. Die Verzweigungen dieser Nervenstränge erreichen ebenfalls alle inneren Organe, sodass jedes Organ vom Sympathicus und vom Parasympathicus versorgt wird.

Die beiden Teilsysteme des autonomen Nervensystems wirken als Gegenspieler *(Antagonisten)*: Der Sympathicus aktiviert alle Organe, deren Tätigkeit die körperliche Leistungsfähigkeit steigert, und hemmt zugleich die anderen Organe. Er ist auf augenblickliche Höchstleistung eingestellt. Seine Aufgabe als *Alarmsystem* des Körpers wird besonders in Schrecksituationen deutlich: Durch plötzlich vermehrte Abgabe von Überträgerstoffen aus seinen Nervenzellen werden Herzschlag und Atmung beschleunigt und gleichzeitig die Aktivität der Verdauungsorgane gehemmt. Der Körper ist z. B. vollständig auf die Auseinandersetzung mit einem Widersacher oder aber auf Flucht eingestellt. War man zuvor hungrig, durstig oder müde, so ist davon in der Alarmsituation nichts mehr zu spüren. Erst nachdem die Situation ausgestanden ist, stellen sich langsam die alten Verhältnisse wieder ein.

Nun ist der Parasympathicus wieder aktiver. Er wirkt aktivierend auf die Organe, die der Erholung, der Energieeinsparung und dem Körperaufbau dienen und hemmt gleichzeitig alle Organe, die die körperliche Leistungsfähigkeit steigern. So hemmt der Parasympathicus den Herzschlag und regt die Verdauungsorgane an.

Die gemeinsame, jeweils abgestufte Einwirkung von Sympathicus und Parasympathicus auf alle Organe des Körpers sorgt für eine der jeweiligen Situation angemessene Zusammenarbeit. (▶ S. 246/247)

Aufgabe

① Begründe, warum eine andauernde körperliche Belastung zu Verdauungsstörungen führen kann.

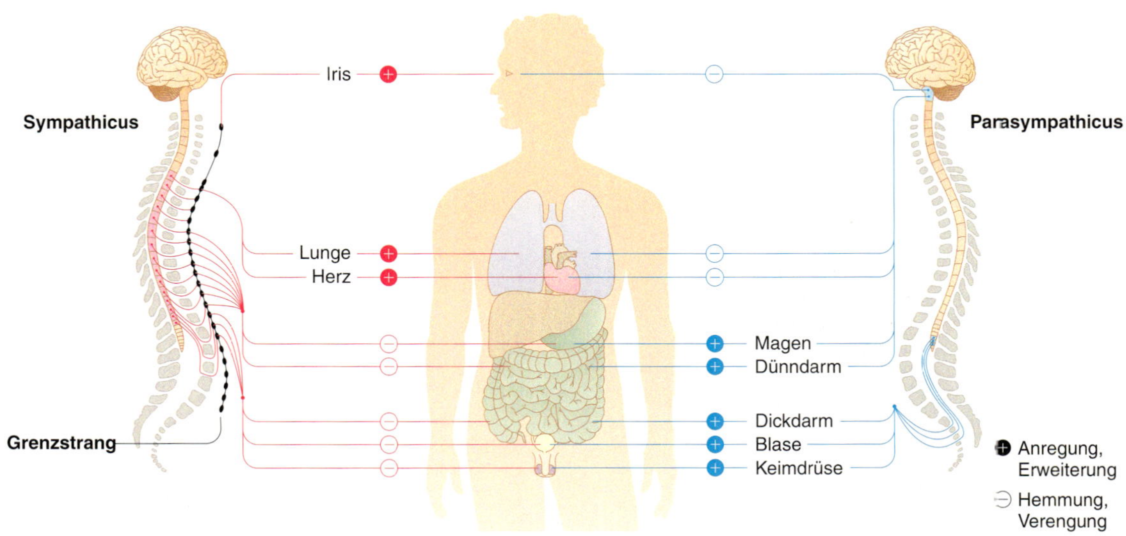

1 Regelung des vegetativen Nervensystems

Gedächtnis

Das Gedächtnis ist die Fähigkeit des Gehirns, Informationen speichern zu können und auf Abruf bereitzuhalten. Diese Fähigkeit ist von herausragender Bedeutung, denn ohne sie wären Erinnern und Lernen nicht möglich. Man würde keine Sprache beherrschen, weil man sich Worte und ihren Sinngehalt nicht merken könnte, Verkehrszeichen wären belanglos, erfolgreiche Arbeiten könnten nicht gezielt wiederholt und Misserfolg nicht vermieden werden. Der Mensch könnte ohne Gedächtnis weder als Individuum noch als Art überleben.

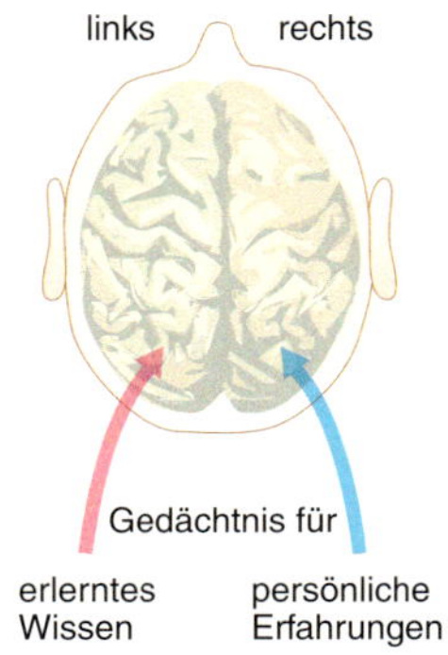

Zu einer Modellvorstellung über die Funktion des Gedächtnisses gelangt man, wenn man die Merkfähigkeit des Menschen untersucht. Bereits persönliche Erfahrungen zeigen, dass das Gedächtnis nicht wie ein elektronischer Speicher alle aufgenommenen Informationen dauerhaft festhält. So kann man sich eine Telefonnummer, die man gerade einmal liest oder hört, nur für kurze Zeit merken – wenige Minuten später hat man sie bereits vergessen. Die Telefonnummer war im *Kurzzeitgedächtnis* gespeichert. Hier können nur sehr wenige Informationen gespeichert werden, die dann für etwa 10 Sekunden verfügbar sind. Danach gehen sie verloren, werden also vergessen oder sie gelangen in das Langzeitgedächtnis.

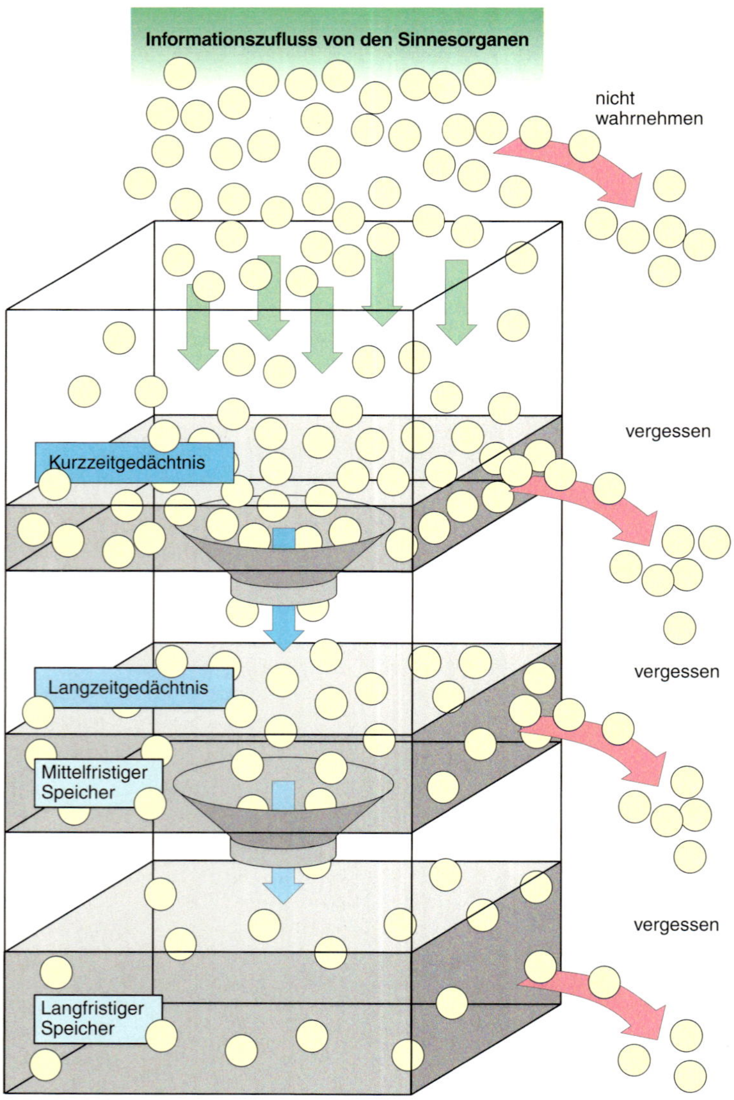

1 Modell: Informationsspeicher Gedächtnis

Das *Langzeitgedächtnis* besteht aus zwei Speicherbereichen: Im mittelfristigen Speicher mit nur mäßigem Speichervermögen verweilen Informationen für Zeiträume von Minuten bis zu einigen Tagen. Der große langfristige Speicher kann Informationen über viele Jahre behalten. Nur Weniges aus dem Kurzzeitgedächtnis gelangt in den mittelfristigen Speicher. Von hier fließen Informationen in der Regel nur dann in den langfristigen Speicher, wenn sie innerhalb der Verweilzeit wieder abgerufen werden, man sich also erinnert. Das bedeutet, dass neu Erlerntes auf Dauer nur behalten wird, wenn es mehrfach wiederholt und durch Übung vertieft wird. Ältere Menschen müssen meist mehr üben als Jüngere.

Die Sinnesorgane schicken in jeder Sekunde viel mehr Informationen an das Gehirn als das Kurzzeitgedächtnis aufnehmen kann. Wir können also nicht alle Information verarbeiten und deshalb nicht alles wahrnehmen. Die Auswahl wird im Zwischenhirn getroffen. Dies schützt, zusammen mit dem Mechanismus des Vergessens, vor einer Überflutung mit Informationen und den Langzeitspeicher vor Überlastung.

Der Mechanismus, wie die Informationen im Gehirn gespeichert werden, ist weitgehend unbekannt. Allerdings gelang es mithilfe der *Positronen-Emissions-Tomografie* (s. Seite 95) die Gehirnbereiche zu lokalisieren, die beim Erinnern aktiviert werden. Dabei kam man zu einer überraschenden Erkenntnis: Beim Erinnern an Begebenheiten aus der eigenen Vergangenheit ist überwiegend die rechte Großhirnhälfte aktiv. Bei der Beschäftigung mit fremden Erfahrungen und mit Erlerntem, beispielsweise dem Lernstoff der Schule, ist die Aktivität der linken Großhirnhälfte besonders gesteigert. (▶ S. 244/245)

Erkrankungen und Schädigungen des Nervensystems

Wenn die Hirnhäute mit Viren oder Bakterien infiziert werden, kommt es zur **Hirnhautentzündung** *(Meningitis)*. Sie ist von starken Kopfschmerzen und Steifheit der Nackenpartie sowie Schmerzempfindlichkeit bei Bewegungen des Kopfes und des Rumpfes, Übelkeit, Erbrechen und hohem Fieber begleitet. Eine Behandlung durch den Arzt ist unumgänglich. Eine bakterielle Hirnhautentzündung kann durch Antibiotika ausgeheilt werden.

Die **Epilepsie** *(Fallsucht)* kann erblich bedingt sein, kann aber auch durch Schädigungen des Embryos im Mutterleib oder durch Infektionen und Schädelverletzungen im frühen Kindesalter entstehen. Eine genaue Ursachenfeststellung ist nur selten möglich. Die Kranken *(Epileptiker)* leiden unter plötzlich auftretenden Krampfanfällen, teilweise mit Bewusstlosigkeit. Häufig stürzen die Kranken und verletzen sich dabei. Die Anfälle dauern nur wenige Minuten, die Kranken haben im Anschluss ein hohes Schlafbedürfnis und wachen erholt wieder auf. Helfen kann man den Epileptikern teilweise mit Medikamenten, oft aber nur, wenn man die Ursachen der Krankheit kennt. Da sie einen Anfall oft schon einige Zeit vorher ahnen, sollten sie dann einen Ort aufsuchen, wo sie Ruhe haben und sich nicht verletzen können.

Die **Alzheimer-Krankheit** tritt im Alter auf. Dabei kommt es zu einem Schwund der Gehirnrinde. Erstes Anzeichen ist die starke Vergesslichkeit. Im fortgeschrittenen Krankheitsverlauf kommt es u. a. zu Sprachstörungen, Fehlhandlungen und Muskelspannungen sowie Anfällen, bis das Gedächtnis fast völlig erloschen ist. Bisher kennt man noch kein Heilmittel gegen diese Krankheit.

Multiple Sklerose ist eine der häufigsten chronischen Erkrankungen des Nervensystems mit bislang unbekannter Ursache. Das eigene Immunsystem greift Isolierschichten *(Myelinschichten)* an, die die einzelnen Nervenzellen umgeben. Sind die Isolierschichten um die Nervenzellen zerstört, so kommt es im Rahmen der elektrischen Erregungsleitung zu Fehlimpulsen zwischen diesen Nervenzellen (ähnlich, als ob viele Stromkabel ohne Isolierung neben- und übereinander liegen und Strom durch sie hindurch geleitet wird). Diese Krankheit ist unheilbar. Ihr Verlauf ist jedoch unterschiedlich: Einige Betroffene bleiben arbeitsfähig, andere sind an den Rollstuhl gefesselt.

Bei einer **Querschnittslähmung** durch Verletzungen oder Erkrankungen des Rückenmarks ist dieses an einer Stelle vollständig unterbrochen. Alle Körperteile unterhalb der verletzten Stelle sind gelähmt und empfindungslos. In manchen Fällen können auch Blasen-, Darm- und Atemtätigkeit gestört sein.

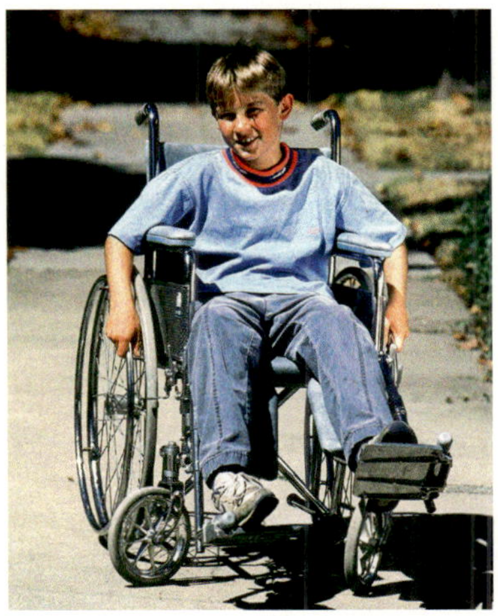

Alle geistigen Fähigkeiten bleiben erhalten, die Körperfunktionen oberhalb der Störung verlaufen normal. Eine Unterbrechung im oberen Teil des Rückenmarks, im Bereich der Halswirbelsäule, ist meistens sofort tödlich.

Kommt es zu einem Bruch des Gehirnschädels am Schädelgrund, spricht man von einem **Schädelbasisbruch**. Man erkennt ihn an Blutungen im Augen-, Ohren-, Nasen- und Mundbereich. Gefährlich sind die beim Bruch entstehenden Knochensplitter, die ins Gehirn eindringen können. Zusätzlich besteht hierbei auch Infektionsgefahr. Weitere Folgen sind Hirnquetschung und Hirnnervenstörungen mit Lähmungen. Besteht Verdacht auf Schädelbasisbruch, muss sofort ein Arzt gerufen werden und der Verletzte muss schnell vom Rettungsdienst ins Krankenhaus gebracht werden.

Durch Gewalteinwirkung auf den Schädel kann es zu einer **Gehirnerschütterung** kommen. Ein sichtbares Anzeichen ist die Bewusstlosigkeit, die von wenigen Minuten bei leichten Gehirnerschütterungen bis zu mehreren Tagen bei schweren Fällen dauern kann. Die Betroffenen können sich nach dem Erwachen aus ihrer Bewusstlosigkeit an die Zeit kurz vor dem Unfall nicht mehr erinnern und leiden anfangs unter Kopfschmerzen, häufig mit Erbrechen. Auf jeden Fall muss ein Arzt hinzugezogen und strenge Bettruhe für mindestens drei Wochen eingehalten werden. Die Gehirnerschütterung heilt dann wieder völlig aus und hinterlässt keine Folgeschäden.

Bei **Schlaganfall** *(Hirnschlag)* fallen plötzlich mehr oder weniger große Hirnbereiche durch Sauerstoffmangel aus. Die Ursachen dafür können durch erhöhten Blutdruck geplatzte Hirngefäße, Verstopfungen von Blutadern, aber auch ein Abfall des Blutdrucks sein. Folgen des Schlaganfalls sind häufig Lähmungen der Muskulatur. Tritt der Hirnschlag in der rechten Gehirnhälfte auf, ist die linke Körperhälfte von Lähmungen betroffen, tritt er in der linken Hirnhälfte auf, treten die Lähmungen in der rechten Körperhälfte auf. Durch schnelles Erkennen und ärztliche Behandlung können die Schädigungen manchmal ganz verschwinden, oft aber wenigstens gemildert werden.

Hormone und ihre Aufgaben

Wenn es das erste Mal im Spätherbst kalt wird und überraschend Frost kommt, sind wir gegenüber Kälte besonders empfindlich. Wir frieren oft. Nach 1 – 2 Wochen ist man besser an die niedrigen Temperaturen angepasst. Der Körper produziert mehr Wärme. Diese Anpassung erfolgt langsam und bleibt über Wochen oder Monate erhalten.

hormao (gr.) = antreiben

Die Steigerung der Wärmeproduktion bewirkt ein Stoff, den die Schilddrüse vermehrt in den Blutkreislauf abgibt. Dieser *Botenstoff Thyroxin* veranlasst den Körper, vermehrt energiereiche Substanzen abzubauen. Dadurch wird mehr Wärme erzeugt. Die Konzentration von Thyroxin im Blut bestimmt den Energieumsatz des Körpers im Ruhezustand, den *Grundumsatz*.

Stoffe, die von Drüsen in den Blutkreislauf abgegeben werden und Informationen übermitteln, heißen *Hormone*. Mit dem Blutstrom kreisen sie durch den Körper und gelangen zu allen Organen.

Doch nur an Zellen bestimmter Organe, den *Erfolgsorganen*, oder an Zielzellen befinden sich *Rezeptoren*, zu denen das Hormon passt wie ein Schlüssel ins Schloss. Verbinden sich Hormon und Rezeptor, so entfaltet das Hormon seine spezifische Wirkung. Dazu genügen bereits geringste Hormonmengen. (▶ S. 242/243)

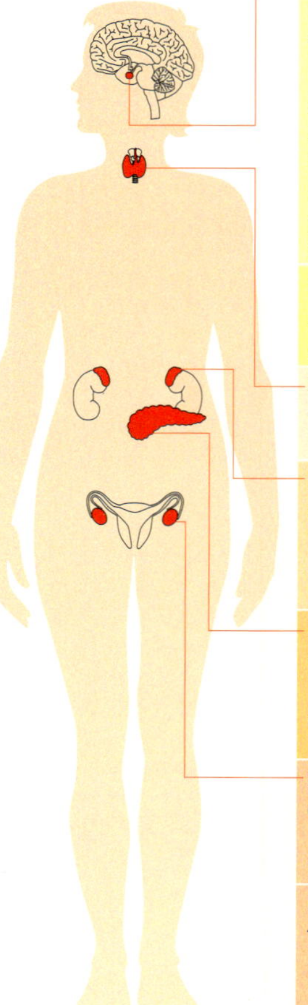

Drüse und Hormon	Wirkung
Hypophyse, Vorderlappen	
Somatotropin	Knochenwachstum, Eiweißsynthese
Thyreotropin (TSH)	Anregung der Schilddrüse zur Thyroxinausschüttung
Corticotropin (ACTH)	regt Nebennierenrinde an
Follikel stimulierendes Hormon (FSH)	Östrogenbildung; Entwicklung von Eizellen und Spermien
Prolactin	Milchproduktion
Luteinisierendes Hormon (LH)	Eisprung, Anregung der Progesteronbildung
Hinterlappen	
Adiuretin	Regelung des Wasserhaushalts
Oxytocin	Auslösen der Wehen
Schilddrüse	
Thyroxin	Wachstum, Steigerung des Grundumsatzes
Nebennieren	
Cortisol (in der Rinde)	Ab- und Umbau von Eiweißen zu Glucose
Adrenalin (im Mark)	Glykogenabbau, Steigerung des Blutzuckerspiegels
Bauchspeicheldrüsen	
Insulin	Glykogenbildung, Senkung des Blutzuckerspiegels
Glukagon	Glykogenabbau, Steigerung des Blutzuckerspiegels
Eierstöcke	
Östrogene	Zyklusregelung, Ausbildung weiblicher Sexualorgane
Progesteron	Erhaltung der Schwangerschaft
Hoden	
Testosteron	Muskelzunahme, Ausbildung männlicher Geschlechtsmerkmale

2 Lage der Hormondrüsen und ihre Aufgaben

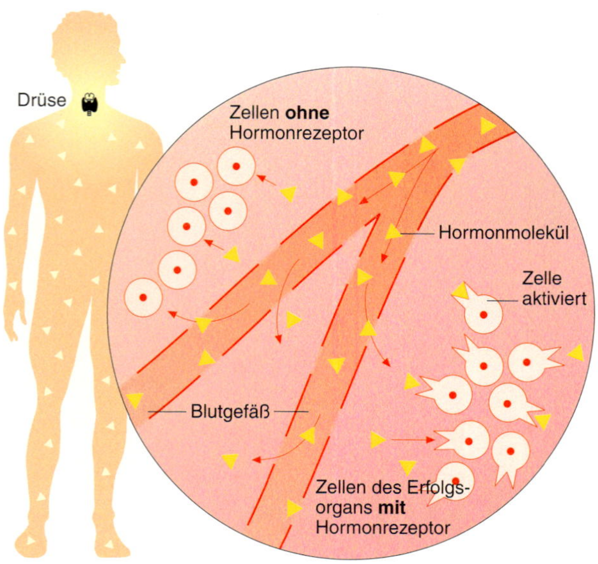

1 Hormonelle Aktivierung der Erfolgsorgane

Die Informationsübertragung durch Hormone erfolgt langsamer als durch Nerven. Da Hormone jedoch längere Zeit im Blutkreislauf verbleiben und nur allmählich abgebaut werden, hält ihre Wirkung wesentlich länger an.

Das *Hormonsystem* besteht aus verschiedenen Drüsen. Die Abbildung zeigt ihre Lage im Körper und nennt einige wichtige Hormone und deren Wirkung im Stoffwechsel. An der Unterseite des Zwischenhirns, dem *Hypothalamus*, sitzt das übergeordnete Organ des Hormonsystems, die *Hypophyse* oder Hirnanhangsdrüse. Sie ist etwa erbsengroß, wiegt $^1/_2$ Gramm und ist in Vorder- und Hinterlappen gegliedert. Über den Hypothalamus sind Hormon- und Nervensystem miteinander verknüpft. (▶ S. 246/247)

Funktion der Schilddrüse

Die Schilddrüse sitzt etwas unterhalb des Schildknorpels am Kehlkopf. Sie bildet und speichert das Hormon Thyroxin, das je nach Bedarf freigesetzt werden kann. Die Schilddrüse weist einen hohen Iodgehalt auf. Sie enthält 20–25 mg chemisch gebundenes Iod, das für den Thyroxinaufbau benötigt wird. Die Konzentration von Thyroxin im Blut, auch *Thyroxinspiegel* genannt, bestimmt den Grundumsatz, der von der Umgebungstemperatur abhängig ist.

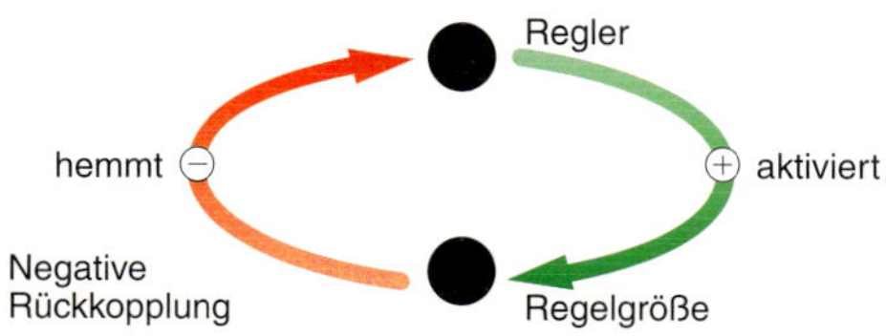

Im Körper wird ständig Thyroxin abgebaut und fortwährend in der richtigen Menge nachgeliefert: Die Thyroxinkonzentration ist geregelt. Daran ist das *Hypophysenhormon Thyreotropin (TSH)* beteiligt. Es regt die Schilddrüse zur Thyroxinabgabe an. Dadurch steigt die Thyroxinkonzentration. Dies messen Zellen der Hypophyse. Sie arbeitet zugleich als Regler, der Istwert und Sollwert vergleicht. Der Sollwert wird vom Hypothalamus an die Hypophyse übermittelt. Erreicht der Istwert den Sollwert, dann wird die TSH-Abgabe verringert und dadurch auch die Thyroxinausschüttung der Schilddrüse. Bei absinkendem Thyroxinspiegel sorgt dieser Regelkreis wieder für die richtige Thyroxinkonzentration im Blut. (▶ S. 246/247)

Zettelkasten

Das Prinzip der Regelung

Regelung ist ein häufig angewandter Vorgang. Beispielsweise soll im Winter in einem Zimmer die Temperatur konstant 20 °C betragen. Dieser *Sollwert* wird von einem *Führungsglied* an den *Regelkreis* übermittelt. Hier ist es eine Person, die eine Temperaturwahl vornimmt. Die Zimmertemperatur ist die zu regelnde Größe *(Regelgröße)*.

Bei dauerndem Betrieb der Heizung wäre der Sollwert bald überschritten. Die Heizleistung muss den Gegebenheiten angepasst werden. Dazu wird die tatsächliche Raumtemperatur, der *Istwert*, mit einem Thermometer, dem *Messfühler*, gemessen und dem *Regler* übermittelt. Dieser vergleicht Ist- und Sollwert. Ist die Temperatur geringer als der Sollwert, schickt der Regler an die Heizung ein Signal. Dieser *Stellwert* erhöht die Heizleistung. Der Heizkörper, das Stellglied, passt durch vermehrte Wärmeabgabe *(Stellgröße)* die Regelgröße an den Sollwert an. Steigt die Raumtemperatur über den Sollwert, wird durch die Regelung die Heizleistung vermindert. Diese gegensinnige Beeinflussung heißt *negative Rückkopplung*. Durch sie entsteht ein geschlossener Informationskreislauf, der *Regelkreis*. Der Wärmeverlust durch Fenster und Wände sowie die Wärmezufuhr durch Personen, die Körperwärme an den Raum abgeben, sind *Störgrößen*, die im Regelkreis kompensiert werden.

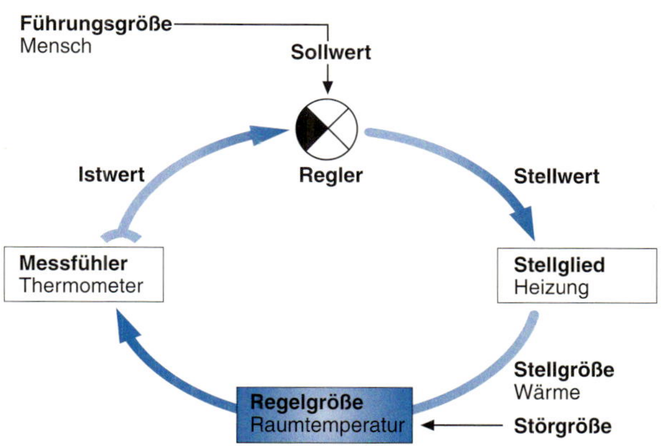

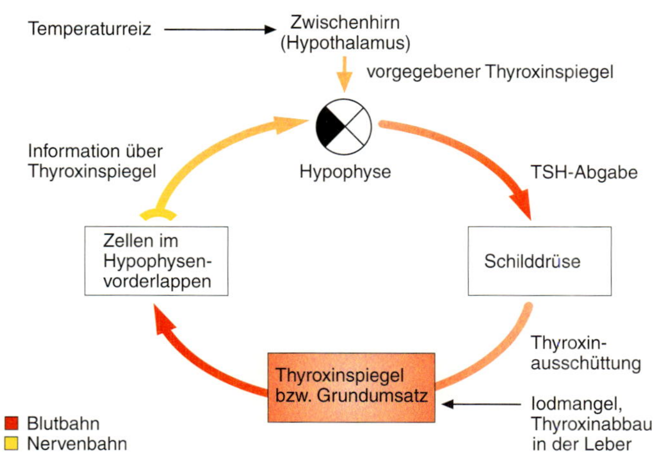

1 Regelkreis zur Thyroxinkonzentration im Blut

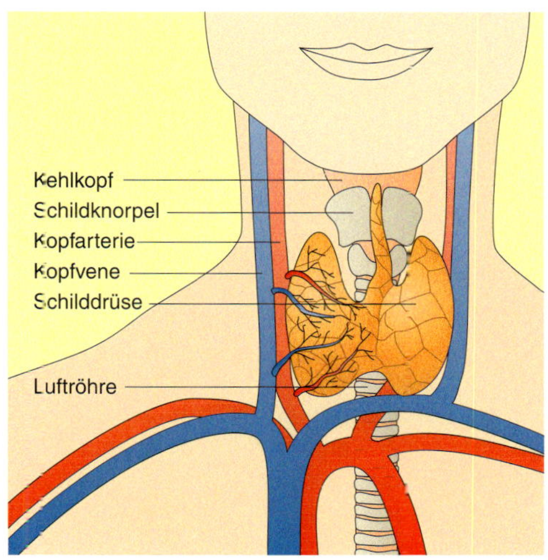

2 Lage und Gestalt der Schilddrüse

Der Blutzucker muss stimmen!

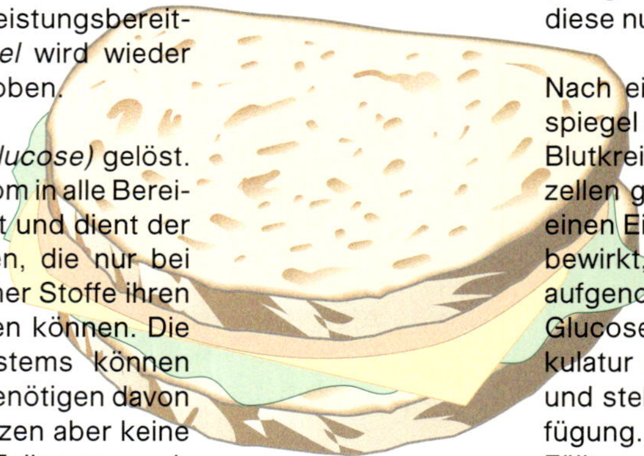

Große Pause – Pausenbrot. Eine Zwischenmahlzeit nach einigen Stunden Unterricht am Vormittag steigert die bereits absinkende körperliche und geistige Leistungsbereitschaft. Der *Blutzuckerspiegel* wird wieder auf den richtigen Wert angehoben.

Im Blut ist Traubenzucker *(Glucose)* gelöst. Glucose wird mit dem Blutstrom in alle Bereiche des Körpers transportiert und dient der Energieversorgung der Zellen, die nur bei ständiger Zufuhr energiereicher Stoffe ihren Stoffwechsel aufrecht erhalten können. Die Zellen des Zentralnervensystems können nur Glucose verwerten. Sie benötigen davon etwa 75 Gramm täglich, besitzen aber keine Glucosespeicher. Für diese Zellen muss also ständig Glucose verfügbar sein.

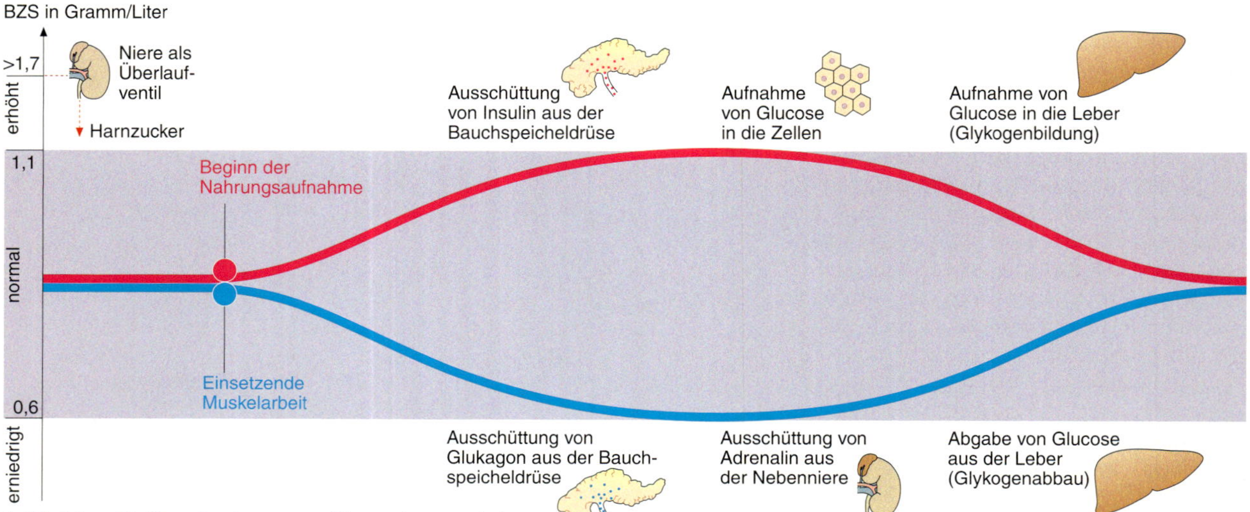

1 Wichtige Stoffwechselwege zur Blutzuckerregulation

Der Glucosegehalt des Blutes *(Blutzuckerspiegel, BZS)* liegt beim gesunden Menschen zwischen 0,6 – 1,1 Gramm/Liter. In der gesamten Blutmenge sind demnach beim Erwachsenen etwa 6 Gramm Glucose enthalten. Damit könnte der Energiebedarf des Körpers bei leichter körperlicher Arbeit für 30 – 40 Minuten gedeckt werden. Durch die Aufnahme kohlenhydratreicher Nahrung wird der Blutzuckerspiegel gesteigert.

Obwohl der Energiebedarf des Körpers und die mit der Nahrung zugeführte Zuckermenge ständig schwanken, muss der Blutzuckerspiegel stets innerhalb derselben Grenzen gehalten werden. An dieser Regelung sind vor allem zwei Hormone der *Bauchspeicheldrüse* beteiligt. Sie werden von Zellgruppen produziert, die innerhalb des Gewebes der Bauchspeicheldrüse inselartig verteilt sind *(Langerhans'sche Inseln)*. Insgesamt sind diese nur etwa 2 Gramm schwer.

Der deutsche Mediziner Paul Langerhans (1847 – 1888) entdeckte 1869 die Inselzellen im Gewebe der Bauchspeicheldrüse.

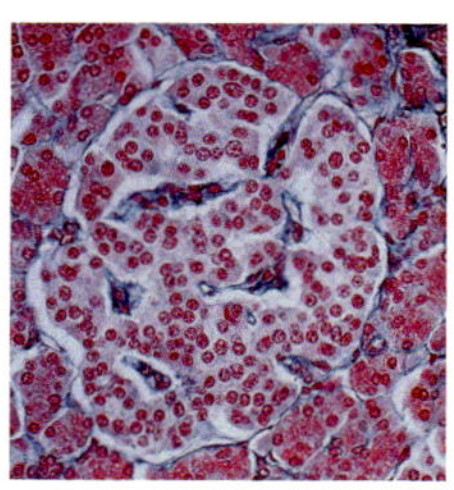

Inselzellen

Nach einer Mahlzeit steigt der Blutzuckerspiegel an, weil im Dünndarm Glucose in den Blutkreislauf aufgenommen wird. Die Inselzellen geben daraufhin das Hormon *Insulin*, einen Eiweißstoff, in den Blutkreislauf ab. Es bewirkt, dass Glucose aus dem Blut in Zellen aufgenommen werden kann. Überschüssige Glucose wird in der Leber und in der Muskulatur in *Glykogen* und *Fett* umgewandelt und steht als gespeicherte Energie zur Verfügung. Dabei sinkt der Blutzuckerspiegel. Fällt er unter den Sollwert, etwa bei sportlicher Aktivität, werden die Speicher angezapft. Die Bauchspeicheldrüse gibt dazu das Hormon *Glukagon* ab. Es ist der Gegenspieler *(Antagonist)* zum Insulin, weil es die Umwandlung von Glykogen in Glucose und deren Abgabe ins Blut einleitet. Der Blutzuckerspiegel steigt dadurch an. Dies bewirkt auch das Hormon *Adrenalin*, das im *Nebennierenmark* gebildet wird. (► S. 246/247)

Aufgaben

① Insulin wird auch sinnvoll als Speicherhormon bezeichnet. Begründe diese Aussage.

② Welche Wirkung hat Fasten auf den Insulin- und Glukagonspiegel im Blut?

③ Finde heraus, welches Basiskonzept zur Blutzuckerregulierung passt.

Störungen bei der Blutzuckerregulation

Ob der Blutzuckerspiegel erhöht ist, kann mit *Urinteststäbchen* kontrolliert werden. Das Testfeld des Stäbchens wird in Urin getaucht. Tritt eine Farbveränderung auf, so ist Glucose im Urin. Dies ist der Fall, wenn der Blutzuckerspiegel einen Wert von 1,7 Gramm/ Liter übersteigt. Die Nieren, die brauchbare Stoffe aus dem Blut zurückgewinnen, können dann die übergroße Glucosemenge nicht mehr zurückhalten. Sie geben Glucose aus dem Blut in den Urin ab.

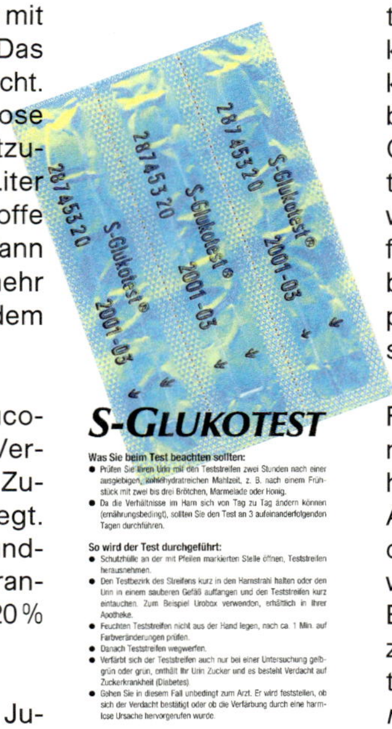

Lässt sich bei mehrfachem Testen Glucose im Urin nachweisen, so besteht der Verdacht, dass die bis heute nicht heilbare Zuckerkrankheit *(Diabetes mellitus)* vorliegt. Hierbei unterscheidet man jedoch grundsätzlich zwischen zwei Formen von Erkrankungen: *Diabetes mellitus Typ-I* (10 % – 20 % der Fälle) und *Diabetes mellitus Typ-II*.

Der Typ-I-Diabetes tritt im Kindes- und Jugendalter auf und ist darauf zurückzuführen, dass die Bauchspeicheldrüse des Betroffenen kein Insulin mehr bildet. Deutliche Anzeichen dieser Krankheit sind ständiges Hunger- und Durstgefühl, Mattigkeit und sinkendes Körpergewicht. Die Anlage dieses *Jugenddiabetes* wird vermutlich vererbt.

diabet (lat.) = hindurchgehen

mellitus (lat.) = mit Honig versüßt

An der anderen Form, dem Typ-II-Diabetes, erkranken die Menschen meist erst im Alter zwischen 50 und 60 Jahren, weshalb er in der Umgangssprache auch als *Alterszucker* bezeichnet wird. Die meisten dieser Patienten sind übergewichtig und der Diabetes beruht darauf, dass u. a. wegen des Übergewichtes das zunächst im Übermaß vorhandene, körpereigene Insulin nicht mehr richtig wirken kann. Die Behandlung dieses Diabetes besteht zunächst in einer konsequenten Gewichtsreduktion und einem auf den Patienten abgestimmten *Ernährungsplan*. Im weiteren Verlauf der Behandlung kann es erforderlich werden, dass diese Diabetiker Tabletten einnehmen müssen, die die Insulinproduktion fördern und so den Blutzuckerspiegel senken.

Der Mensch benötigt täglich etwa 2 Milligramm Insulin

Für Typ-I Diabetiker ist die Tablettentherapie nicht möglich, sie müssen sich das Eiweißhormon *Insulin* mehrmals täglich spritzen. Auch für sie ist, neben der genauen Insulindosis, die Einhaltung eines *Diätplanes* sehr wichtig. Da gerade bei Jugendlichen der Blutzuckerspiegel stark schwanken kann, z. B. durch unerwartete körperliche Belastungen, besteht die Gefahr der *Unterzuckerung*. Werden Symptome wie Zittern, Herzklopfen, Schweißausbrüche, Schwindel und torkelnder Gang nicht richtig gedeutet, kann der Kranke bewusstlos werden. In diesem Fall droht Lebensgefahr; der Kranke muss dann sofort ärztlich versorgt werden.

Aufgaben

① Erläutere, warum Insulin nicht in Tablettenform eingenommen werden kann.
② Typ-I Diabetiker spritzen sich mehrmals täglich Insulin. Weshalb wird die Insulindosis in mehrere Portionen aufgeteilt?
③ Wie kann der Diabetiker dem Unterzucker rasch entgegenwirken?

Zettelkasten

Eine alltägliche Geschichte?

„Zunächst dachte ich, es hängt mit dem heißen Sommer zusammen. Von Tag zu Tag verstärkte sich mein Durst, ich musste ständig eine Flasche mit Sprudel neben mir haben. Selbst wenn ich täglich mehrere Liter trank – das Durstgefühl blieb. Lästig war auch, dass ich so oft zur Toilette musste. Häufig war ich schnell müde und hatte oft Kopfschmerzen. Und dann immer dieser Hunger, ich konnte immerzu essen. Doch trotz bester Ernährung nahm ich ab. Meinem Hausarzt war bald klar, was los war. Er schloss aus meinen Krankheitserscheinungen, ich müsse auf Zuckerkrankheit, ‚Diabetes mellitus', untersucht werden".

Urin- und Blutuntersuchungen im Krankenhaus wiesen einen zu hohen Blutzuckergehalt nach („200 Zucker"). Zweimal pro Tag erhielt Frank eine *Insulinspritze*. Ein Ernährungsplan wurde erstellt, der festlegte, welche Nahrungsmittel Frank in bestimmten Mengen und zu vorgeschriebenen Tageszeiten essen durfte. Er wurde so auf seine *Zuckerkrankheit* eingestellt.

Heute ist Frank 20 Jahre alt und hat es gelernt, mit seiner Krankheit zu leben. Er weiß genau, was und wie viel er essen darf. Geht er auf Reisen, sind Insulin, Einmalspritzen, Blutzuckermessgerät und Urinteststreifen immer im Gepäck.

Die Nebennieren

Die Nebennieren, mit einem Gewicht von 10 – 15 Gramm, sitzen kapuzenförmig auf den Nieren. Ein Querschnitt zeigt, dass etwa 80 % aus gelblicher Rinde und das Innere aus braunrotem Mark bestehen. *Nebennierenrinde* und *Nebennierenmark* sind voneinander unabhängige Hormondrüsen.

Die Nebennierenrinde bildet mehrere Hormone:

- *Mineralkortikoide* regulieren den Wasser- und Salzhaushalt.
- *Glukokortikoide* (z. B. Cortisol) beeinflussen den Kohlenhydrathaushalt. Dies hat Auswirkungen auf den Fett- und Eiweißstoffwechsel. So wird durch Bildung von Glucose aus Eiweiß der Blutzuckerspiegel erhöht. Außerdem wirken diese Hormone hemmend auf das Immunsystem.
- *Geschlechtshormone* (Androgene und Östrogene) regeln die Ausbildung der sekundären Geschlechtsmerkmale.

Die Wirkungen der Hormone aus dem Nebennierenmark zeigen sich in folgender Situation: Man überquert eine Straße nahe einer Kurve. Plötzlich nähert sich ein Fahrzeug mit großer Geschwindigkeit. In dieser Schrecksituation werden vom Nebennierenmark schlagartig *Adrenalin* und *Noradrenalin* ins Blut ausgeschüttet. Der Körper wird dadurch in einen Zustand höchster Leistungsfähigkeit versetzt, sodass man sich schnellstens aus der Gefahrenzone bringen kann. Am Straßenrand angelangt, werden die körperlichen Veränderungen erst spürbar: Das Herz „schlägt bis zum Hals", der Puls rast, man atmet tief und schnell und Schweiß bricht aus. Weitere Hormonwirkungen sind Steigerung von Blutdruck, Blutzuckerspiegel und Fettgehalt des Blutes. Die Gesamtheit dieser Wirkungen nennt man *Fight-or-Flight-Syndrom*.

Diese schnell eintretenden Anpassungsreaktionen zeigen die Beteiligung des Nervensystems. Ist die Notsituation erkannt, sendet das Gehirn Signale durch das Rückenmark in den *Grenzstrang*. Von hier aus werden die Signale über sympathische Nerven des vegetativen Nervensystems zum Nebennierenmark geleitet. So wird das Nebennierenmark in Sekundenbruchteilen durch Nerven des vegetativen Nervensystems aktiviert. Die erhöhte Adrenalinmenge zirkuliert noch für längere Zeit mit dem Blut im Körper. Der Körper stellt sich deshalb nach überstandener Gefahr nur allmählich wieder um. Hier zeigt sich die relativ langsame Regelung durch das Hormonsystem.

In Notsituationen werden vom Körper hohe Leistungen gefordert. Zur Deckung des Energiebedarfs nimmt der Gehalt an Fettstoffen im Blut erheblich zu. Bei starker körperlicher Aktivität werden sie in kurzer Zeit verbraucht. Unterbleibt die Anstrengung, kreisen die Fettstoffe lange Zeit und lagern sich an den Arterienwänden ab. Dadurch werden Arterien unelastisch und bei dauerhaft erhöhten Blutfettwerten immer enger *(Arteriosklerose)*. Daran leiden viele Menschen in den Industriestaaten, denn hier paaren sich oft Aufregung und Bewegungsmangel.

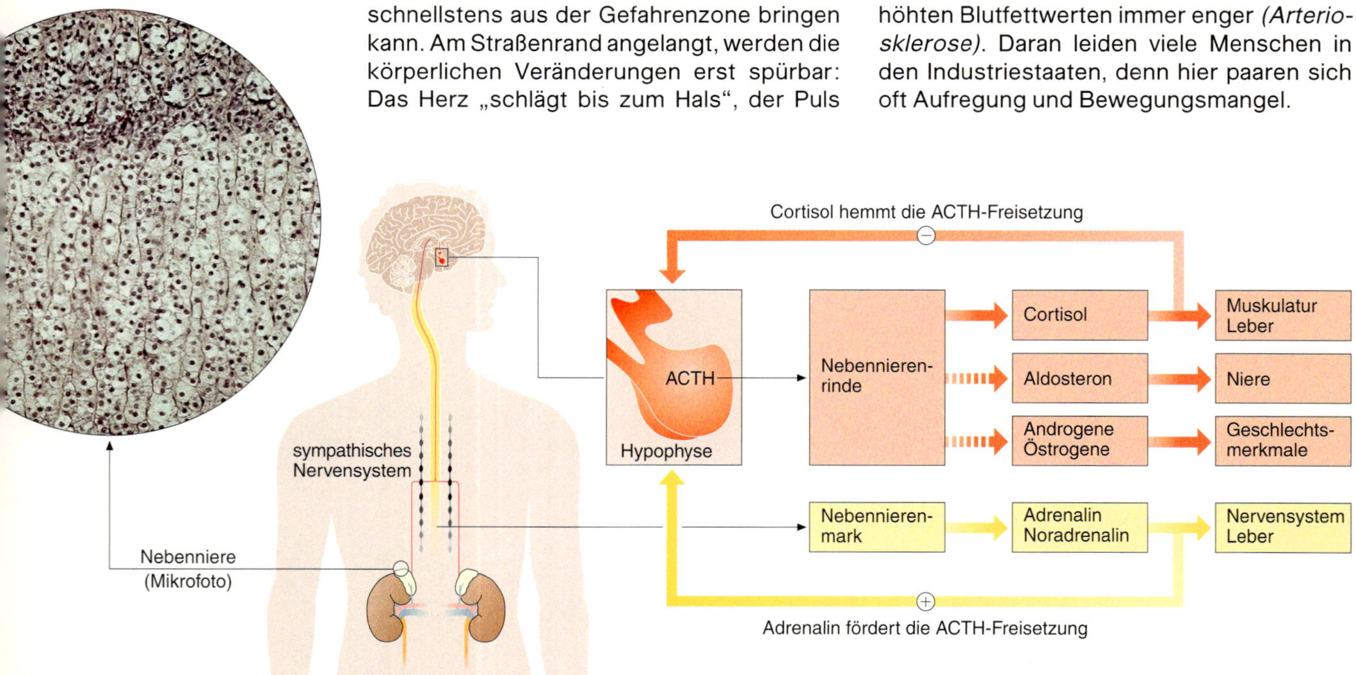

1 Schema Lage der Nebenniere und Auswirkung auf den Hormonhaushalt

Stress – der Körper passt sich an

Andauernde seelische oder körperliche Belastungen, wie etwa Kälte, Hunger, Verletzung oder Krankheit, bewirken eine erhöhte Ausschüttung von Glukokortikoiden. Die Nebennierenrinden werden hierzu durch das vermehrt gebildete Hypophysenhormon *ACTH* angeregt. Die erhöhte Konzentration an Glukokortikoiden wirkt entzündungshemmend, beschleunigt die Wundheilung und verleiht dem Körper für einen gewissen Zeitraum die nötige Widerstandskraft zum Überleben. Diesen Zustand des Körpers bezeichnet man als *Stress*. Die äußeren Umstände, die zu diesem Zustand führen, heißen *Stressoren*. Stress ist eine langsame Anpassung an ausdauernde Belastungssituationen.

Ein häufig auftretendes *Fight-or-Flight-Syndrom* und damit ein auf Dauer erhöhter Adrenalinspiegel bewirkt über den Hypothalamus eine erhöhte Freisetzung des Hormons ACTH. Bei dauerhaftem Stress ist der Körper durch die vermehrt gebildeten „Stresshormone“ für einen Zeitraum von einigen Wochen gegen die Belastungen geschützt, indem beispielsweise durch ihre entzündungshemmende Wirkung die Energiereserven weniger zur Abwehr von Krankheitserregern eingesetzt werden. Bei weiterer anhaltender Wirkung der Stressoren treten jedoch Erschöpfung und meist auch Infektionskrankheiten auf. Die Folgen können körperlicher Abbau und – in Extremfällen – Organschäden sein. Diese Form des dauerhaften Stresses wird als *Distress* (negativer Stress) bezeichnet.

Gelegentlich auftretender Stress mit kurzen Erholungsphasen hingegen kann die natürliche Widerstandskraft des Körpers gegen Krankheitserreger sogar steigern. Diese für den Organismus positive Form des Stresses wird als *Eustress* bezeichnet.

Um sich vor lang dauerndem Stress zu schützen, hilft eine ausgeglichene Lebensführung. Dazu gehört neben genügendem Schlaf, richtiger Ernährung und regelmäßiger Bewegung in frischer Luft auch die Bewältigung von Problemen, die psychisch belasten. Ein Beispiel hierfür ist „das vor sich Herschieben“ von Verpflichtungen, die man ungern erfüllt. Schon der Gedanke daran lässt Unbehagen aufkommen. Hier hilft eine richtige Zeit- und Arbeitsablaufplanung, um Stress zu vermeiden. Wenn genau geplant ist, wann und wie man die Arbeit erledigen wird, ist man entlastet.

ACTH = **a**dreno**c**ortico**t**ropes **H**ormon

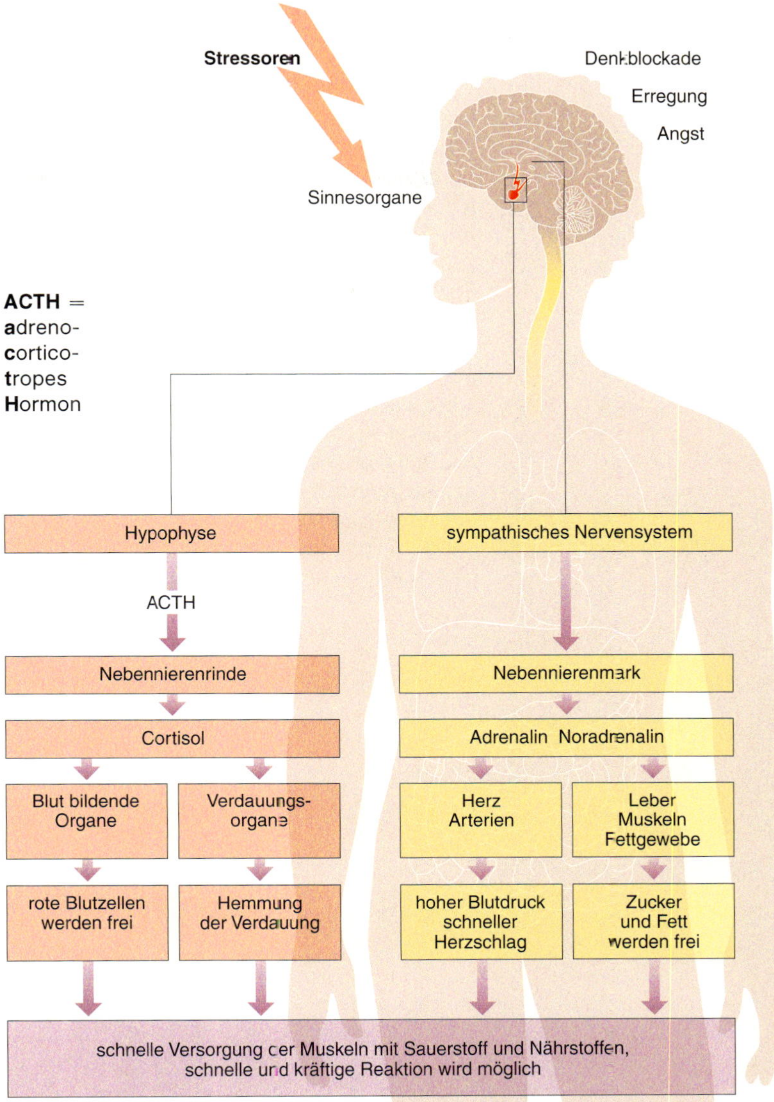

1 Zusammenarbeit von Nerven- und Hormonsystem bei Eustress

Aufgaben

① Beschreibe die Wirkungen von Adrenalin.
② Erkläre, warum Diabetiker Aufregungen und Schrecksituationen meiden sollen.
③ Beschreibe die Zusammenarbeit zwischen Nerven- und Hormonsystem in Notsituationen (s. auch Seite 100).
④ Stelle mithilfe eines geeigneten Basiskonzeptes die Wirkung des Fight-or-Flight-Syndroms dar
⑤ Das Fight-or-Flight-Syndrom kann sich innerhalb von Sekunden einstellen, der Stresszustand nur innerhalb von Tagen oder Wochen. Erkläre die unterschiedliche Reaktionsdauer des Körpers.
⑥ Ein über längere Zeit erhöhter Adrenalingehalt des Blutes bewirkt eine vermehrte ACTH-Ausschüttung. Erkläre, warum dies biologisch sinnvoll ist.

Fight-or-Flight-Syndrom
rasche Anpassung des Körpers an Notsituationen

Leistungen verschiedener Organsysteme im Dienst der Bewegung

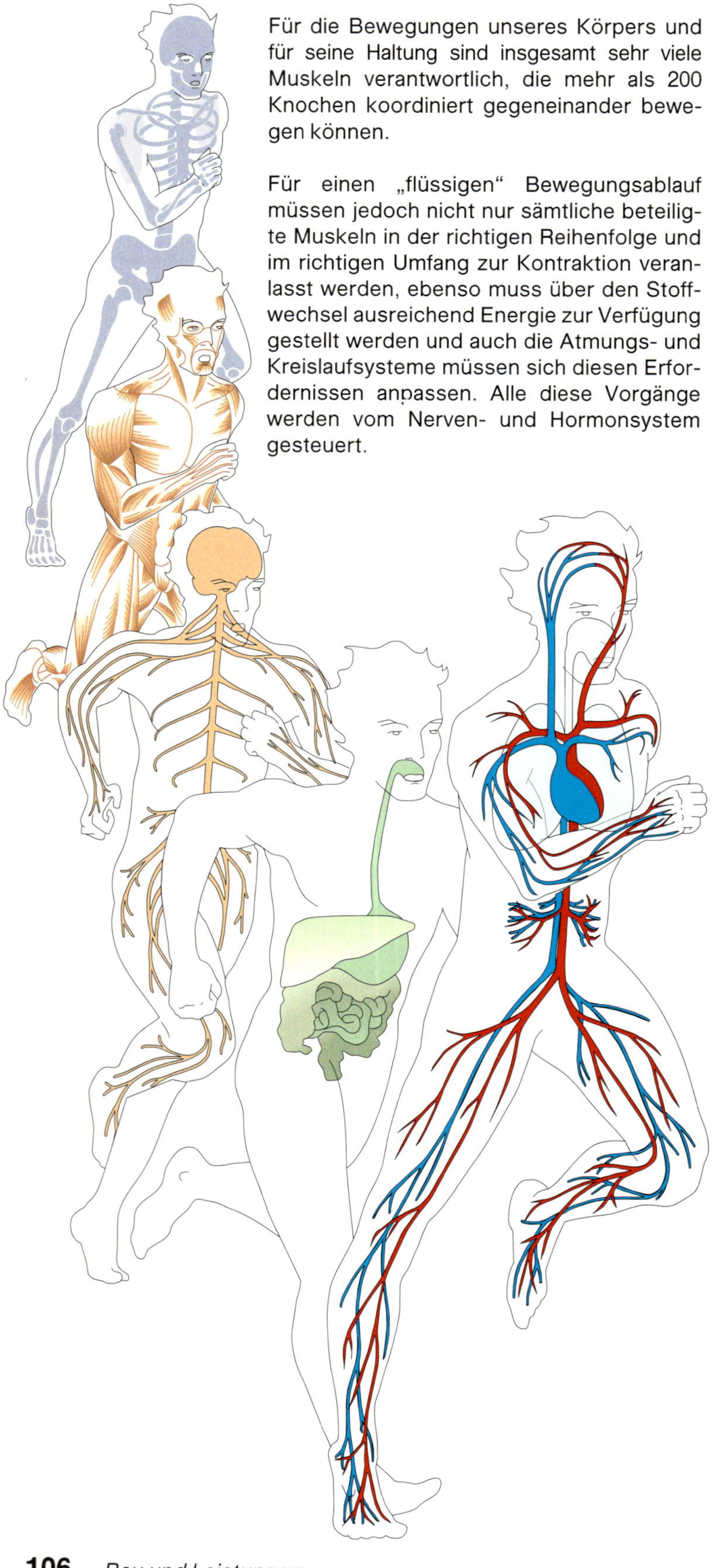

Für die Bewegungen unseres Körpers und für seine Haltung sind insgesamt sehr viele Muskeln verantwortlich, die mehr als 200 Knochen koordiniert gegeneinander bewegen können.

Für einen „flüssigen" Bewegungsablauf müssen jedoch nicht nur sämtliche beteiligte Muskeln in der richtigen Reihenfolge und im richtigen Umfang zur Kontraktion veranlasst werden, ebenso muss über den Stoffwechsel ausreichend Energie zur Verfügung gestellt werden und auch die Atmungs- und Kreislaufsysteme müssen sich diesen Erfordernissen anpassen. Alle diese Vorgänge werden vom Nerven- und Hormonsystem gesteuert.

Bewegungssteuerung

Durch Dehnungsrezeptoren, die in den Muskeln liegen, wird ständig der jeweilige Spannungszustand der Muskulatur gemessen und an das Zentralnervensystem (ZNS) gemeldet. Die Messwerte werden dort verrechnet und, zum größten Teil unbewusst, beantwortet. Muskelkontraktionen, die der Aufrechterhaltung einer Körperstellung oder als Schutzreaktion dienen, laufen als *Reflexe* ab.

Die Kontraktionsbefehle für willkürliche Bewegungen werden, nach Auswertung der von den Sinnesorganen kommenden Informationen, von den motorischen Feldern der Großhirnrinde zu den Endplatten an den Muskelfasern geleitet. Gelernte und eingeübte Bewegungsabläufe werden vom Kleinhirn geregelt; sie laufen automatisch ab, ohne dass sie uns bewusst werden (s. Seite 96).

Betriebsstoff- und Energieversorgung

Bei Muskelkontraktionen wird Energie verbraucht. Diese wird in den Muskelfasern durch „Verbrennung", d.h. also durch den Abbau von Traubenzucker erzeugt. Dabei handelt es sich um eine schrittweise Oxidation („Verbrennung") von Glucose mithilfe von Sauerstoff zu Kohlenstoffdioxid und Wasser (= Zellatmung).

Der Betriebsstoff Glucose gelangt aus dem Blut in die Muskelzellen. Der Blutzuckerspiegel wird durch die Hormone Glukagon und Insulin aus den Inselzellen der Bauchspeicheldrüse genau reguliert. Sinkt der Blutzuckerspiegel durch Muskeltätigkeit, so wird durch Aktivierung des Glykogenvorrates in Muskeln und Leber dem Blut wieder Glucose zugeführt. In Stresssituationen bewirkt das Nebennierenrindenhormon Adrenalin ebenfalls eine Erhöhung des Blutzuckerspiegels. Dadurch werden Reserven für die Muskeltätigkeit mobilisiert.

Die längerfristige Absenkung des Blutzuckerspiegels ist Auslöser für das Auftreten von Hungergefühl. Durch Nahrungsaufnahme und durch die Verdauung der in der Nahrung enthaltenen Kohlenhydrate steigt der Blutzuckerspiegel wieder an. So ist die Zuführung von leicht verdaulichen Kohlenhydraten oder Traubenzucker eine gute Möglichkeit, dem Körper bei Belastung, z.B. beim Sport, rasch Betriebsstoffe zur Verfügung zu stellen.

Stofftransport

Der arbeitende Muskel muss mit Glucose versorgt werden und braucht bis zu 500-mal mehr Sauerstoff als in Ruhe. Gleichzeitig müssen anfallende Abbauprodukte abtransportiert werden. Dies wird durch das Atmungs- und Kreislaufsystem gewährleistet.

Die Glucose gelangt nach der Kohlenhydratverdauung aus dem Dünndarm oder durch den Glykogenabbau aus der Leber ins Blut. Über die Atmungsorgane gelangt der gasförmige Luftsauerstoff in die Lungenbläschen. Dort werden Sauerstoffmoleküle vom Hämoglobin der roten Blutzellen gebunden und über das Blutgefäßsystem an die Verbrauchsorte transportiert. Je nach körperlicher Belastung wird durch die Muskeltätigkeit auch mehr oder weniger Sauerstoff verbraucht. Durch verstärkte beziehungsweise verminderte Atem- und Kreislauftätigkeit erfolgt die Bereitstellung der entsprechenden Sauerstoffmenge.

Die bei der Energieerzeugung im Muskel anfallenden Endprodukte Kohlenstoffdioxid und Wasser müssen aus den Muskelzellen wegtransportiert und aus dem Körper ausgeschieden werden. Neben verstärkter Atemtätigkeit sorgt eine erhöhte Durchblutung für einen möglichst raschen Abtransport. Kohlenstoffdioxid und ein Teil des Wassers werden durch die Lunge ausgeatmet. Das restliche Wasser vergrößert den Wasseranteil im Blut. Dies wirkt anregend auf die Tätigkeit der Nieren, die dem Blut das überschüssige Wasser entziehen und ausscheiden.

Regelung der Körpertemperatur

Bei der Umwandlung von chemischer Energie in Muskelarbeit entsteht Wärme. Diese wird durch das Blut im Körper verteilt und an die Umgebung abgegeben, um einen Wärmestau zu vermeiden. Bei erhöhter Bluttemperatur werden die Blutgefäße der äußeren Körperbereiche erweitert. Die verstärkte Durchblutung der peripheren Gefäße bewirkt eine Wärmeabstrahlung an die Umgebung. Zusätzlich sondern Schweißdrüsen Schweiß ab, der verdunstet und die Haut kühlt. Wenn wir frieren, verengen sich die peripheren Gefäße, um die Wärmeabgabe zu vermindern. Außerdem kontrahieren sich die Muskeln, welche die Haare aufrichten (Gänsehaut), und bei stärkerer Unterkühlung wird durch Muskelzittern (Zähneklappern) verstärkt Wärme produziert. (► S. 246/247)

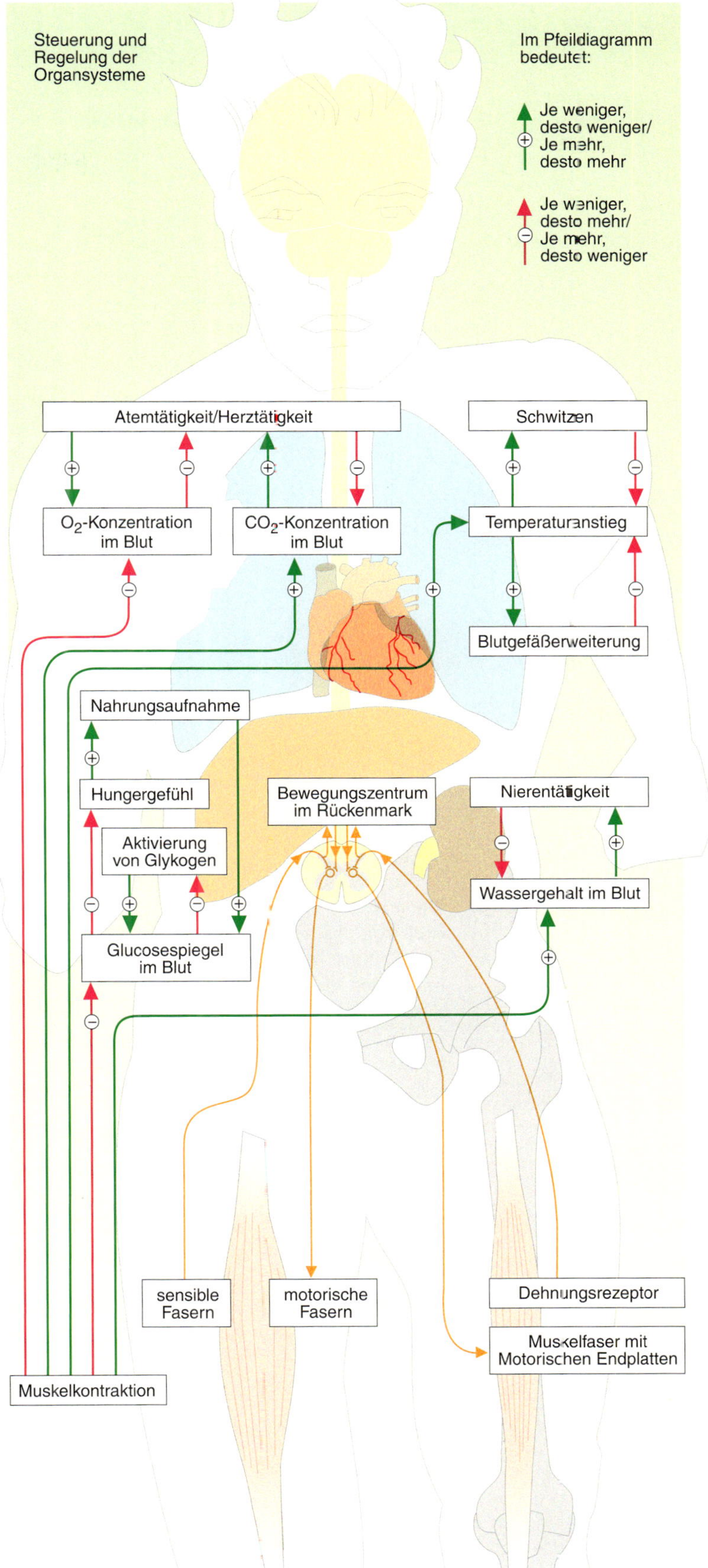

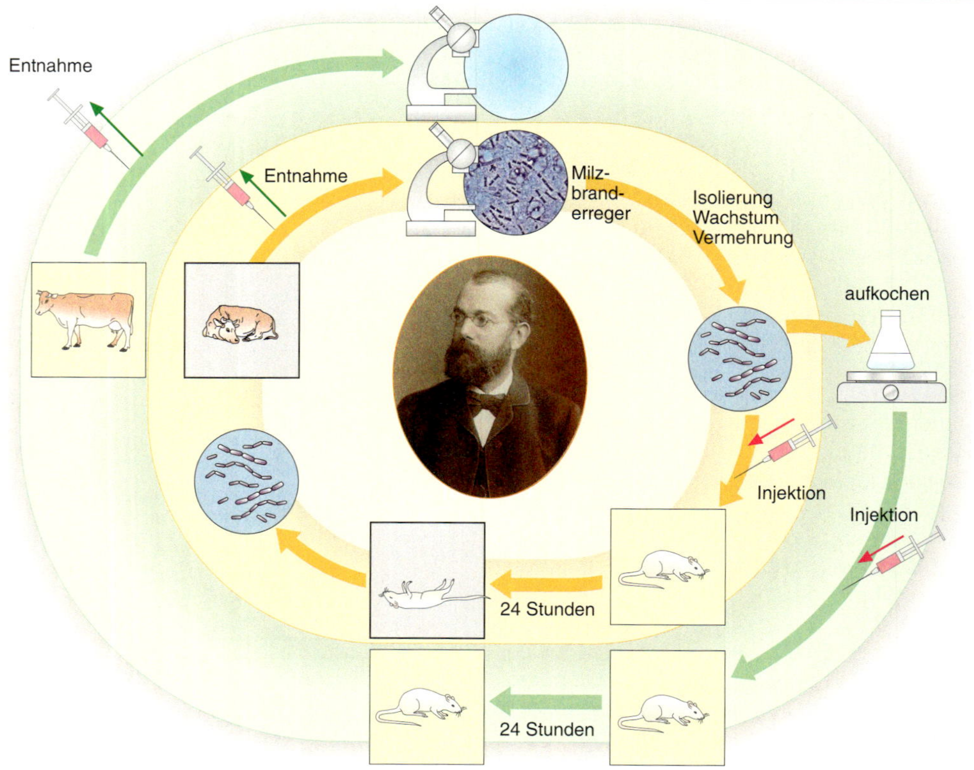

1 Versuchsreihe von ROBERT KOCH (1843–1910)

Kampf gegen winzige Feinde

Infektion
lat. *infectio* = Ansteckung

Bakterien
(gr. *bakterion* = Stäbchen) einzellige Mikroorganismen ohne Zellkern

Bazillus
(lat. *bacillum* = Stäbchen) stäbchenförmiges Bakterium

Bakteriologie
Teilgebiet der *Mikrobiologie*, das sich mit der Untersuchung von Bakterien beschäftigt.

Im Jahre 1879 untersuchte ROBERT KOCH das Blut von an *Milzbrand* erkrankten Rindern unter dem Mikroskop. Milzbrand war damals eine weit verbreitete und gefürchtete Viehseuche. KOCH hoffte, bei den erkrankten Tieren die Krankheitserreger zu finden und suchte nach *Mikroorganismen* – zunächst jedoch ohne Erfolg.

Daraufhin färbte er seine Präparate mit zahlreichen verschiedenen Farbstoffen. Tatsächlich waren bei einer bestimmten Färbemethode winzige stäbchenförmige Gebilde unter dem Mikroskop zu erkennen. Um beweisen zu können, dass es Lebewesen waren, isolierte er sie und beobachtete ihre Vermehrung. Schließlich spritzte er diese Mikroorganismen gesunden Mäusen ein, die daraufhin an Milzbrand erkrankten und starben. In ihrem Blut konnte KOCH die Erreger in großer Zahl feststellen und damit beweisen, dass der Milzbrand durch diese Mikroorganismen hervorgerufen wird. Bei Milzbranderregern handelt es sich um *stäbchenförmige Bakterien*, die man auch als *Bazillen* bezeichnet.

Mit seiner Beweisführung konnte ROBERT KOCH zwei Jahre später auch den Erreger der Schwindsucht *(Tuberkulose)* als Bazillus identifizieren. Zudem wies er nach, auf welche Weise die Ansteckung mit Tuberkelbazillen erfolgt: Während des Hustens und Sprechens von kranken Menschen gelangen feinste Tröpfchen in die Luft. Sie enthalten Tuberkelbazillen. Diese in der Luft schwebenden Tröpfchen können einen gesunden Menschen infizieren, sobald er sie einatmet *(Tröpfcheninfektion)*.

Mit der Entdeckung des Tuberkuloseerregers hatte KOCH die Grundlagen zur Bekämpfung einer *Infektionskrankheit* gelegt, an der zur damaligen Zeit noch jeder siebte Mensch in Europa starb. Seine Arbeitsmethode ist für die Bakteriologie grundlegend geworden.

Aufgabe

① Erkläre, welche Aussagen ROBERT KOCH nach seinen Versuchen (Vermehrung der Bakterien, Infizierung der Maus) bezüglich der Milzbranderreger machen konnte.

Bakterien sind besondere Einzeller

Schon 1683 entdeckte LEEUWENHOEK mithilfe seines sehr einfachen Mikroskops winzige, zu Ketten zusammengeschlossene Kügelchen im Zahnbelag. Heute weiß man, dass er Bakterien gesehen hatte. Er muss dabei auf relativ große Exemplare gestoßen sein, die eine Länge von etwa 7 µm hatten. Die kleinsten Bakterien lassen sich selbst mit einem modernen Lichtmikroskop nicht mehr ausmachen. Sie sind nur etwa 0,2 µm groß.

Nur mit einem Elektronenmikroskop ist der Feinbau der Bakterienzelle zu erkennen. Eine feste, vergleichsweise dicke *Zellwand* grenzt die Zelle nach außen ab. Sie gibt ihr Halt und die charakteristische Form. Bei manchen Bakterien ist die Zellwand von einer *Schleimhülle* umgeben, die einen zusätzlichen Schutz bietet. Innerhalb der Zellwand umgibt die dünne *Zellmembran* das *Zellplasma.* An manchen Stellen ist die Oberfläche der Zellmembran durch Einstülpen und Auffalten stark vergrößert. Dadurch entsteht eine größere Oberfläche für die zahlreichen lebensnotwendigen Vorgänge, die nur an der Zellmembran ablaufen können. Im Zellplasma liegen *Reservestoffe* und die *Erbanlagen.* Ein Zellkern ist nicht vorhanden. Auffallend an der Gestalt mancher Bakterien sind die im Zellplasma verankerten *Geißeln.* Sie dienen der Fortbewegung.

Gelangt ein Bakterium in eine neue Umgebung, z. B. mit anderen Nährstoffen, stellt es seinen Stoffwechsel auf die neuen Lebensbedingungen ein. Ein Bakterium kann die für seinen Stoffwechsel notwendigen Stoffe über die gesamte Zelloberfläche aufnehmen und genauso Stoffe abgeben. Es wächst bis zu einer bestimmten Größe heran und teilt sich dann. Die beiden dabei entstehenden Zellen wachsen wiederum, bis sie für eine erneute Zellteilung groß genug sind. Bei gutem Nahrungsangebot, ausreichender Luftfeuchtigkeit und Temperaturen um 30 °C kann sich ein Bakterium alle 20 Minuten teilen. Doch diese *Massenvermehrung* führt mit der Zeit zu einschneidenden Veränderungen der Bakterienumwelt: Nahrung wird knapp und giftige Stoffwechselendprodukte, die von den Bakterien ausgeschieden werden, reichern sich in der Umgebung an. Das Bakterienwachstum wird dadurch gehemmt.

Bei sehr ungünstigen Umweltbedingungen bildet die Bakterienzelle eine zusätzliche, kräftige Wand aus; sie kapselt sich ab und bildet eine so genannte *Spore* aus. Bakteriensporen sind sehr widerstandsfähig und können mehrere Jahre überleben. Es wurde nachgewiesen, dass solche Bakteriensporen Temperaturen bis etwa +90 °C und -250 °C überstehen können. Sie überleben sogar im Weltraum. Sobald sich die Umweltbedingungen bessern, keimt die Spore zur Bakterienzelle aus und diese beginnt erneut mit Wachstum und Teilung. (► S. 246/247)

Zahnbelag mit Bakterien

1 µ = 1 Mikrometer = $^{1}/_{1000}$ mm

Aufgaben

① Berechne die Nachkommenzahl eines Bakteriums über den Zeitraum von 4 Stunden. Gehe hierbei davon aus, dass sich die Bakterien alle 10 Minuten durch Teilung verdoppeln. Zeichne im Heft die Vermehrungskurve bis zu 1 Million Bakterien.

② Die Vermehrung geht in Wirklichkeit nicht immer so weiter. Nenne Ursachen, die die Form der realen Vermehrungskurve in den Abschnitten 1, 2 und 3 bewirken. Vergleiche diese Kurve mit deiner Kurve aus Aufgabe 1.

③ Benenne die Begriffe für die in Abb. 1 angegebenen Zahlen einer Bakterienzelle.

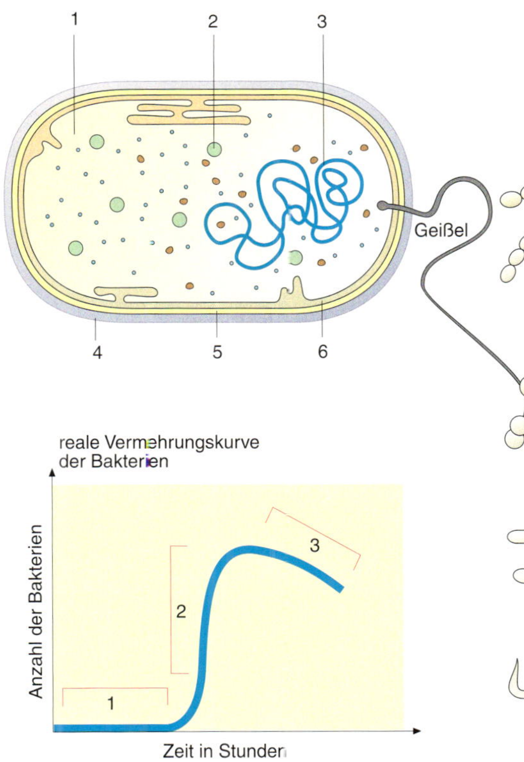

1 Bakterienzelle und reale Vermehrungskurve

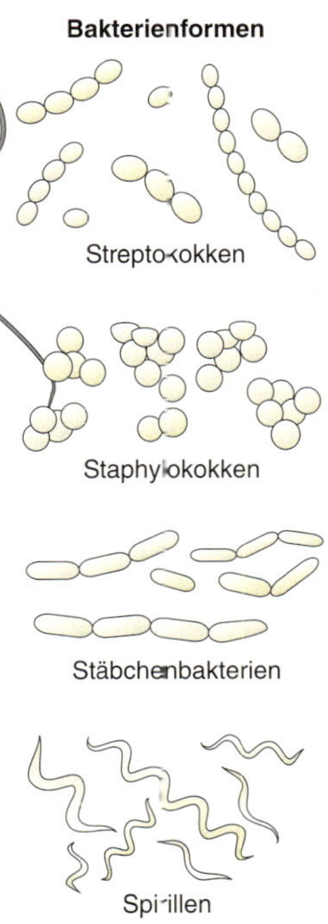

Bakterien sind vielseitig

Bakterien sind nicht nur Krankheitserreger und eine Plage der Menschen, sondern auch nützliche und wichtige Bestandteile in unserer Umgebung und unserem Leben. Bakterien sind wichtig im Stoffkreislauf des Bodens, hier bauen sie altes Laub und anderes abgestorbenes Material in Wasser, Kohlenstoffdioxid und Mineralstoffe um. Auch in Gewässern sind sie für die Selbstreinigung des Wassers sehr wichtig, daher sind sie in Kläranlagen entscheidende Helfer bei der Abwasserreinigung.

Eine große Bedeutung haben die Mikroorganismen auch in der *Nahrungsmittelherstellung*. Milchsäurebakterien verwandeln Milch in Dickmilch, Quark oder Jogurt oder Weißkohl in Sauerkraut.
In der Landwirtschaft werden dieselben Prozesse zum Haltbarmachen des Grünfutters als Silage in Silos genutzt. Mithilfe der Essigsäurebakterien wird aus Wein Essig hergestellt.

Milchsäurebakterien werden mit der Milch frei Haus geliefert – in Frischmilch sind sie immer vorhanden. Diese Milch ist bereits das richtige Nährmedium für die Versuchsbakterien, die sich darin züchten lassen. Im Mikroskop kann man Milchsäurebakterien mit der stärksten Vergrößerung gut erkennen, wenn man sie mit Methylenblaulösung anfärbt. Man kann sie in Kugel- oder Stäbchenform entdecken.

Milchsäurebakterien sind für Menschen ungefährlich. Es ist bei den Versuchen jedoch darauf zu achten, dass sich während der Versuchsdurchführung und -beobachtung keine anderen Mikroorganismen auf dem Versuchsmaterial ansiedeln: *Fäulnisbakterien* erkennt man an dem muffigen Geruch, *Schimmelpilze* an einer weißlich bis grünlichen zusammenhängenden Schicht. Solche Versuche muss man sofort abbrechen!

Die benutzten Kulturen und Gefäße müssen vom Lehrer oder der Lehrerin fachgerecht entsorgt werden.

Die Nährlösungen oder Gemüseschnitzel lassen sich auf dem Komposthaufen und evtl. auch in der Toilette mit dem Abwasser beseitigen, ohne dass sie dort Schaden anrichten können.

Dickmilch und Quark

Am einfachsten geht die Herstellung von Dickmilch, da man nur etwas Zeit braucht. Besorge frische Milch, fülle einen halben Liter portionsweise in große Tassen oder Trinkgläser und stelle diese in die Küche oder an die Heizung bei über 20 °C. Nach wenigen Stunden bis zu zwei Tagen wird sie von alleine dick. Dann kannst du die Milch mit etwas Marmelade oder Fruchtsirup auslöffeln.

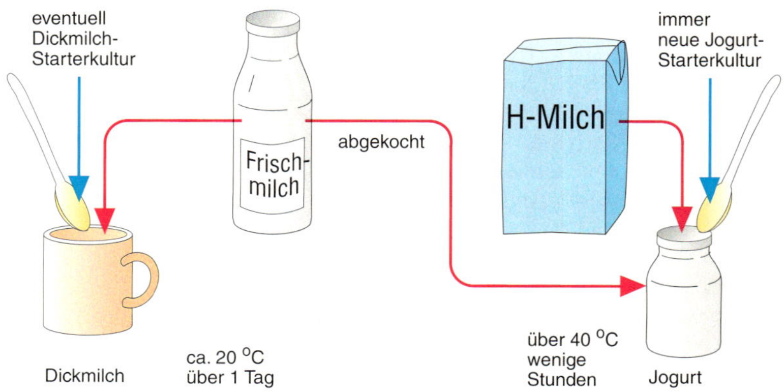

Rascher geht es, wenn du einen Esslöffel von bereits vorhandener Dickmilch in die Milch rührst, denn dann starten die Bakterienkulturen schneller. Beim längeren Stehen der Dickmilch trennt sich die wässrige Molke ab, der Rest wird fester. Schütte alles in ein feines Sieb. Die Molke tropft ab und übrig bleibt richtiger Quark.

Sauerkraut

Die Herstellung von Sauerkraut dauert länger und erfordert sauberes Arbeiten, damit nicht Schimmel unseren Versuch verdirbt. Einen kleinen Weißkrautkopf waschen, äußere Blätter wegwerfen, Schadstellen ausschneiden, mit dem Krauthobel oder der Küchenmaschine schnitzeln. Als Behälter eignet sich ein Steinguttopf mit 2 Liter Inhalt. Er wird mit kochendem Wasser ausgespült und so keimfrei gemacht. Nun eine Krautschicht 1 cm hoch einstampfen, darauf folgt ein Esslöffel Salz. So geht es weiter, bis im Topf nur noch etwas Platz ist. Auf das Kraut kommt ein Brett, mit einem Stein beschwert, darüber wird ein Tuch gedeckt. Zu beachten ist, dass alle diese Teile vorher in kochendem Wasser sterilisiert werden müssen. Im Keller reift in zwei Wochen die erste Mahlzeit heran.

Jogurt und Kefir

Jogurt ist ein Sauermilchprodukt aus dem Balkan. Heute ist Jogurt in vielen Variationen zu kaufen. Zur Eigenproduktion eignen sich nur die Bakterienkulturen aus gekauftem Jogurt, der ohne Zusätze, nicht sterilisiert und möglichst frisch sein soll. Die Milch muss pasteurisiert sein; Frischmilch müssen wir abkochen. Ein Liter warme Milch wird mit einem Esslöffel Jogurt verrührt, portioniert und warm gestellt. Die Jogurt-Bakterien brauchen etwa 40 °C. In der Schule geht das im Wärmeschrank, zu Hause in der Backröhre oder im Jogurt-Gerät.

Essig aus Wein

Wein, der längere Zeit offen steht, wird von alleine sauer. Im Weinkeller ist dieses Umkippen gefürchtet, denn manch guter Tropfen ist dann nur noch als Salatessig zu gebrauchen. Dabei verarbeiten *Essigsäurebakterien* den Alkohol. Sie brauchen dazu Sauerstoff aus der Luft. Anders ist es bei den Milchsäurebakterien, die ohne Sauerstoff auskommen.

Für unseren Versuch brauchen wir die so genannte *Essigmutter*, das sind lappenförmige Kolonien von Essigsäurebakterien. Als Nährlösung empfiehlt sich ein einfacher, trockener Rotwein. Ein bauchiges Glasgefäß wird nur halb gefüllt und bleibt eine bis zwei Wochen nicht zu warm stehen. Dann können wir den Weinessig probieren und noch nach Geschmack mit Kräutern würzen.

Arzneimittel gegen Bakterien

Einzelne Bakterien lassen sich mit bloßem Auge nicht erkennen, trotzdem ist es möglich, sie sichtbar zu machen. Man lässt sie dazu auf einem *Nährboden* wachsen, der alles enthält, was Bakterien benötigen. Auf diese Weise entsteht aus einem einzigen Bakterium durch viele Zellteilungen ein Häufchen von Bakterien, eine *Kolonie*. Diese sieht man gut mit bloßem Auge.

Der englische Bakteriologe ALEXANDER FLEMING bemerkte auf dem Nährboden in einer Kulturschale einige verschimmelte Stellen. Um diese Stellen herum wuchsen keine Bakterienkolonien. Sonderte der Schimmelpilz vielleicht einen Stoff ab, der die Bakterien nicht gedeihen ließ oder tötete? Nach zahlreichen Versuchen zeigte sich, dass der Schimmelpilz *Penicillium notatum* einen Hemmstoff *(Penicillin)* freisetzt, der Bakterien an der Zellteilung hindert. FLEMINGS Ergebnisse waren eine Sensation, konnte man doch hoffen, diesen Stoff als Medikament gegen die zahlreichen, durch Bakterien hervorgerufenen Krankheiten einsetzen zu können.

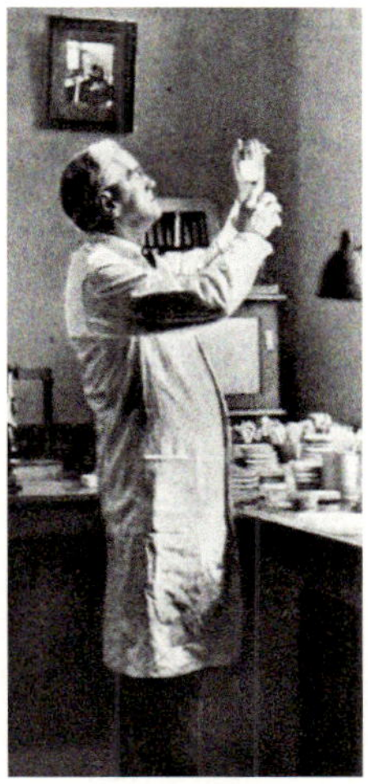

Alexander Fleming
(1881 – 1955)

Die Erfolge mit Penicillin hielten jedoch nur einige Jahre an. Es traten immer mehr Bakterien auf, bei denen das Penicillin keine Wirkung zeigte, die gegen Penicillin *resistent* waren. Neue Penicillin-Varianten wurden entwickelt und wiederum so lange eingesetzt, bis auch gegen diese neuen Stoffe resistente Bakterienstämme zu beobachten waren. Um heute wirksam gegen Bakterien vorzugehen, wird oftmals ein Gemisch verschiedener Stoffe eingesetzt. Ein Stoff, der Mikroorganismen abtötet oder an der Vermehrung hindert, wird als *Antibiotikum* bezeichnet.

Penicillin kann als Medikament eingesetzt werden, weil es ausschließlich Bakterienzellen stark schädigt, menschliche Zellen jedoch nicht. Trotzdem sind Penicillin und andere Antibiotika nicht ohne Nebenwirkungen für den Menschen. Antibiotika zerstören beispielsweise die nützlichen Bakterien im menschlichen Darm, die *Darmflora*. Diese ist für eine normale Verdauung notwendig und verhindert die Entwicklung von schädlichen Bakterien. Daher kommt es durch Antibiotika zu Verdauungsstörungen. Außerdem sind manche Menschen gegenüber Antibiotika allergisch; ihr Körper reagiert in krankhafter Weise überempfindlich (s. Seite 126). Bei leichten Erkrankungen ist es sinnvoll, auf Antibiotika zu verzichten, der Körper kann eigene Abwehrkräfte aktivieren (s. Seite 114) und ist auf Dauer sogar besser geschützt. Antibiotika dürfen daher nur unter ärztlicher Kontrolle eingenommen werden.

resistent
resistere, lat. = widerstehen

Antibiotikum,
Plural: Antibiotika
anti, gr. = gegen;
bios, gr. = Leben

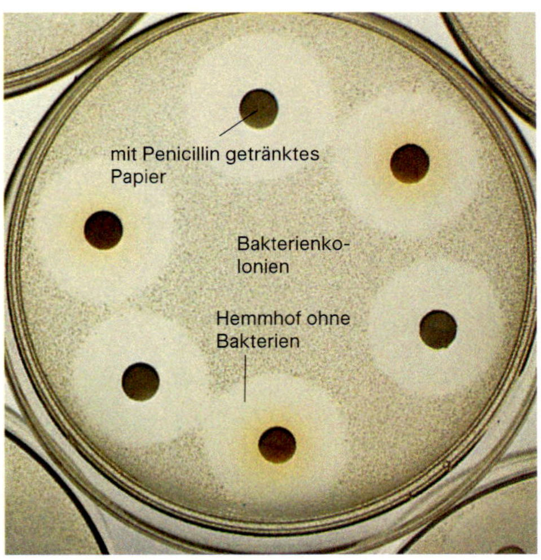

1 Wirkung von Penicillin

Zettelkasten

Geschichte des Penicillins

FLEMING machte seine Entdeckung zur Bedeutung des Penicillins im Jahre 1928. Jedoch erst 1940 gelang es einer anderen Forschergruppe, eine kleine Menge Penicillin als reine Substanz aus den Pilzkulturen zu gewinnen. Mit dieser kleinen Menge wurde es als Arzneimittel zuerst an Mäusen, dann an Menschen getestet.

Das Problem bestand jedoch darin, dass nur geringe Mengen des Reinstoffes hergestellt werden konnten. Penicillin war daher zu diesem Zeitpunkt teurer als Gold, selbst aus dem Urin behandelter Patienten wurde es wieder zurückgewonnen. In den folgenden drei Jahren wurde die Massenproduktion in England und den USA vorangetrieben: Es wurden Pilzkulturen mit höheren Penicillinmengen gezüchtet und effektivere Trennverfahren entwickelt.

Die Bedeutung im 2. Weltkrieg war groß, da entzündete Verwundungen ohne Penicillingabe bis zu diesem Zeitpunkt meist den Tod bedeuteten. Die Entwicklung der Penicillingroßproduktion wurde daher besonders intensiv gefördert. Ab 1944 konnten große Mengen zur Behandlung der verwundeten alliierten Soldaten eingesetzt werden. In Deutschland wurde das Penicillin erst nach Kriegsende produziert und verkauft.

Im Jahre 1945 bekam FLEMING für die Entdeckung des Penicillins den Nobelpreis.

Grippe – eine Viruserkrankung

Grippe
chrip, russisch = Heiserkeit

Die *Grippe* geht um. Mit Husten, Schnupfen, Augentränen und Mattigkeit beginnt sich eine Grippe bemerkbar zu machen. Starkes Fieber, Schüttelfrost, Kopf- und Gliederschmerzen, Appetitlosigkeit und Müdigkeit folgen. Nach einigen Tagen lassen die Beschwerden zwar nach, trotzdem fühlt man sich noch schwach und ist nicht voll leistungsfähig.

Durch Husten oder Sprechen gelangen die Erreger der Grippe mit ganz kleinen Flüssigkeitströpfchen in die Luft. Andere Personen atmen die Krankheitserreger mit der Luft ein.

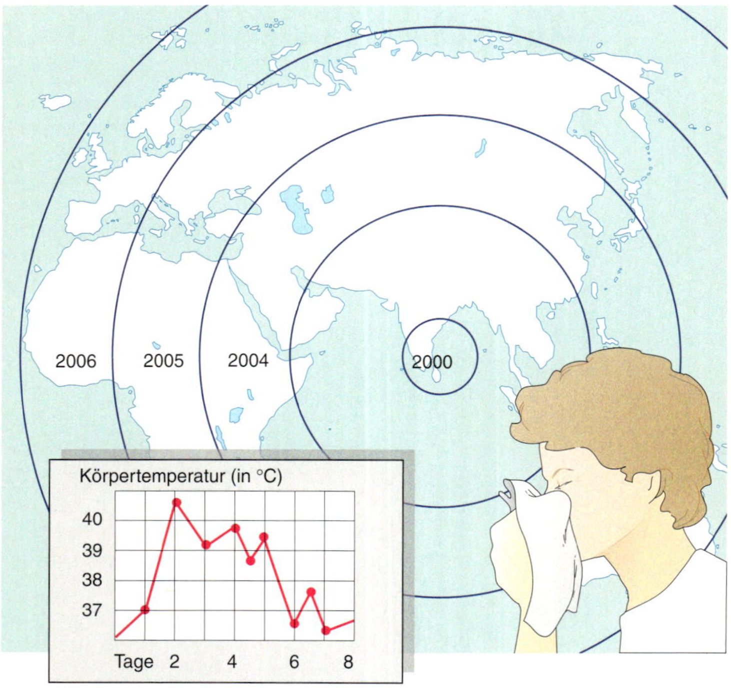

1 Krankheitsverlauf bei einer Grippe und Ausbreitung einer Grippepandemie

Das Virus
virus, lat. = Schleim, Gift

Epidemie
Seuche, örtlich und zeitlich gehäuftes Auftreten einer ansteckenden Krankheit

Pandemie
weltweite Seuche

Sie haben sich durch *Tröpfcheninfektion* angesteckt. Die Infektion wird zunächst gar nicht bemerkt. Nach mehreren Stunden, oft auch erst bis zu 4 Tagen später, treten die oben beschriebenen Anzeichen der Krankheit, die *Symptome*, auf. Die Zeit von der Infektion bis zum Ausbruch der Krankheit und dem ersten Auftreten der Symptome heißt *Inkubationszeit*.

Besonders groß ist die Infektionsgefahr dort, wo viele Menschen in engem Kontakt untereinander stehen, beispielsweise in öffentlichen Verkehrsmitteln, auf Märkten, in Kinos oder Schulen. Auch das Wartezimmer des Arztes ist während einer Grippewelle ein Ort besonderer Infektionsgefahr. Zu den allgemeinen Maßnahmen der Infektionsverhütung gehören daher alle Schritte, die den Kontakt mit Infektionsquellen verringern.

Die Grippe verbreitet sich während einer bestimmten Jahreszeit wie eine Seuche. Über die Tröpfcheninfektion werden viele Menschen infiziert. Man spricht daher auch von einer *Grippeepidemie* bzw. *-pandemie*. Nach zwei bis drei Monaten ebbt die Grippewelle langsam wieder ab.

Viren

Lange nahm man an, dass auch die Grippe von Bakterien ausgelöst wird. Man musste aber feststellen, dass mit Antibiotika diese Krankheit nicht zu bekämpfen war, höchstens einige Symptome konnten abgeschwächt werden. Der Grippeerreger kann also kein Bakterium sein. Der Erreger ist ein *Virus*, das sich im Aufbau und Wirkung von den Bakterien unterscheidet.

Viren sind viel kleiner als Bakterien. Ihre Größe reicht von 0,02 µm bis zu 0,7 µm (1 µm = 1 Mikrometer = $^{1}/_{1000}$ mm). Im Lichtmikroskop sind Viren somit nicht zu erkennen, sondern nur mit einem Elektronenmikroskop. Wissenschaftliche Untersuchungen der Viren ergaben, dass sie nur aus Eiweißen und Erbsubstanz bestehen. Gibt man Viren in eine Nährlösung, so vermehren sie sich im Gegensatz zu den Bakterien nicht. Viren haben keinen eigenen Stoffwechsel, keine eigene Fortpflanzung, keine eigene Bewegung und kein Wachstum. Sie besitzen keinen zellulären Aufbau, wie wir ihn sonst allgemein von Lebewesen kennen, sondern bestehen nur aus einer Eiweißhülle, welche die Erbsubstanz umgibt (Abb. 113.1).

Gelangt ein Virus in eine lebende Zelle, so bewirkt es, dass der Stoffwechsel dieser Zelle auf die Bedürfnisse des Virus umgestellt wird. Man nennt die befallene Zelle *Wirtszelle*, weil sie den eingedrungenen Erreger mit allem notwendigen Material versorgen („bewirten") muss. Die Wirtszelle produziert in vielfacher Ausfertigung die Eiweißstoffe und die Erbsubstanz des Virus. Diese Virusbausteine lagern sich in der Wirtszelle zu zahlreichen neuen, vollständigen Viren zusammen. Die Wirtszelle platzt, die Viren werden freigesetzt und können sofort neue Zellen befallen.

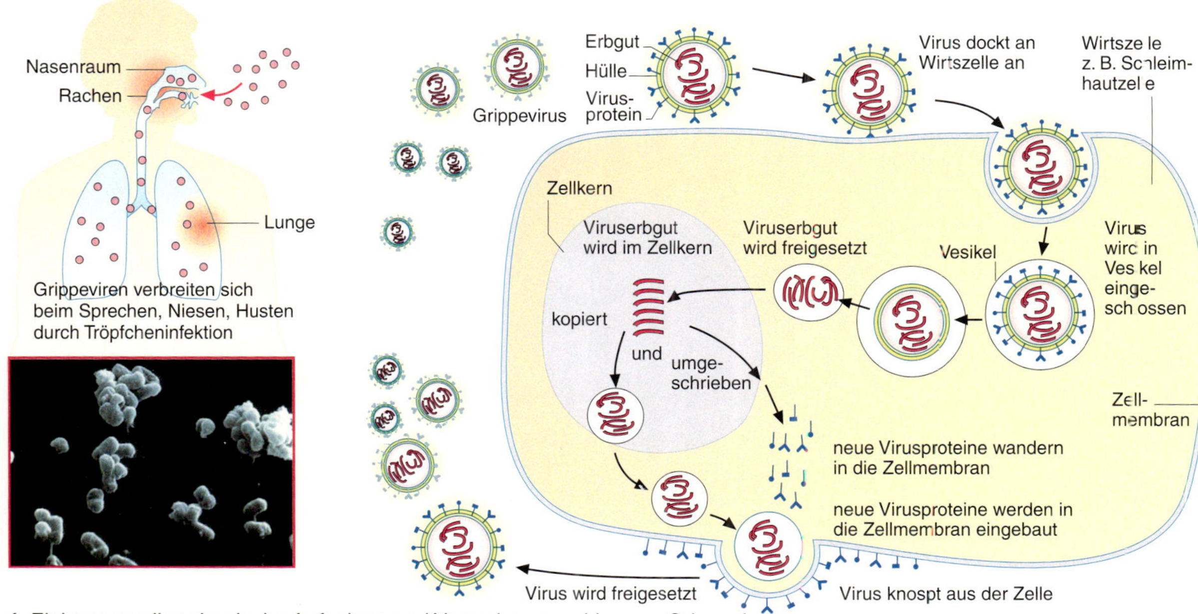

1 Elektronenmikroskopische Aufnahme und Vermehrungszyklus von Grippeviren

Typische Viruskrankheiten sind Schnupfen, Grippe, Röteln, Herpes, Masern, Kinderlähmung und Hirnhautentzündung. Auch AIDS wird durch ein Virus verursacht.

Das Grippevirus befällt vor allem die Zellen der Schleimhäute von Nase und Bronchien. Dies erscheint zunächst harmlos. In der Folge können aber bakterielle Krankheitserreger leichter in die geschädigten Gewebe eindringen. Man spricht in solchen Fällen von *Sekundärinfektionen*. So ist die häufigste Todesursache im Verlauf einer Grippeerkrankung eine anschließende *Lungenentzündung*, die durch Bakterien hervorgerufen wird. Gegen bakterielle Sekundärinfektionen kann der Arzt Medikamente, wie Antibiotika, verschreiben, sie wirken jedoch nicht gegen die Viren.

Aufgaben

① Erkläre, weshalb zwischen Ansteckung und Ausbruch einer Krankheit mehrere Tage vergehen können?

② Mache Vorschläge, wie man sich vor einer Infektion schützen könnte?

③ Wie unterscheiden sich Bakterien und Viren voneinander? Fasse die Unterschiede in einer Tabelle zusammen (s. S. 109).

Zettelkasten

Grippe – Millionen Tote!

Die „Spanische Grippe" gehörte zu den großen medizinischen Katastrophen des letzten Jahrhunderts. Weltweit starben 20 bis 40 Millionen Menschen während und nach Beendigung des Ersten Weltkriegs an dieser Krankheit. Alte und junge Menschen wurden gleichermaßen befallen und manchmal trat der Tod innerhalb von 48 Stunden nach dem Auftreten der ersten Symptome ein. Man vermutet, dass die Katastrophe im März 1918 mit einer fiebrigen Erkrankung in einem Militärcamp in den USA begann. Die Krankheit war außerordentlich ansteckend. Ganze Bataillone erkrankten. Mit den Truppentransporten gelangte die Krankheit nach Europa und innerhalb weniger Monate in nahezu jeden Winkel der Erde.

Die Grippe von 1918 hatte sich bereits durch zahlreiche kleine Epidemien in Frankreich, England und besonders in Spanien angekündigt. In Deutschland erkrankten 10 Millionen Menschen, 300 000 starben. Zu der Katastrophe kam es, weil aggressive Grippeviren an unterschiedlichen Orten zu Erkrankungen führten und am Ende des Ersten Weltkriegs viele Faktoren zusammenfielen: Die Ernährung der Bevölkerung war schlecht, die Abwehrkräfte geschwächt, die Wohnungen waren nicht beheizt und Millionen Menschen mussten auf engsten Raum zusammen hausen. Zusätzlich wurde die weltweite Verbreitung dadurch gefördert, dass Hunderttausende infizierter Soldaten – und Flüchtlinge – in ihre Heimatländer zurückkehrten.

Da Impfungen noch nicht möglich waren, versuchte man mit anderen Methoden die Seuche einzudämmen. Schulen und öffentliche Einrichtungen wurden geschlossen. In einigen Städten der USA war das Tragen von Gesichtsmasken Pflicht.

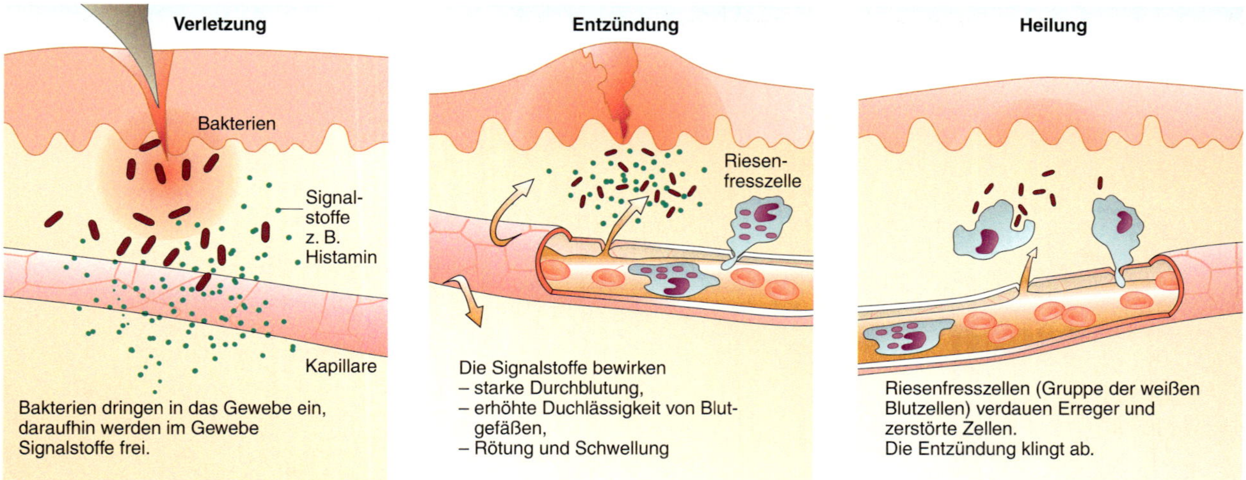

1 Entzündung und unspezifische Abwehrreaktion

Der Körper wehrt sich

Wir sind ständig und überall von Mikroorganismen umgeben, unter denen auch viele Krankheitserreger sind. Trotzdem werden wir normalerweise nur selten krank, da unser Körper über wirksame Schutzmechanismen verfügt.

Das unspezifische Abwehrsystem

Einen ersten Schutz gegen das Eindringen von Krankheitserregern in den Körper bildet die unverletzte Haut. Auch die Schleimhäute im Körperinneren haben Abwehrfunktion. Der Nasenschleim z. B. enthält ein Enzym, das Bakterienzellwände zerstört. Im Magen tötet die von der Magenschleimhaut gebildete Magensäure eingedrungene Mikroorganismen ab.

Krankheitserreger können diese natürlichen Schranken normalerweise nur schwer überwinden. Gelangen dennoch Krankheitserreger über Wunden, die Atemwege oder mit der Nahrung in den Körper, werden sie vom *körpereigenen Abwehrsystem* meist schnell beseitigt und so an ihrer Ausbreitung im Körper gehindert.

Die eingedrungenen Krankheitserreger zu beseitigen, bevor sie sich in unserem Körper explosionsartig vermehren, ist Aufgabe von weißen Blutzellen vom Typ *Riesenfresszelle*, auch *Makrophagen* genannt. Sie können die Blutbahn verlassen und sich zwischen den Zellen im Gewebe bewegen. Treffen sie auf Fremdkörper, umfließen sie diese, nehmen sie in ihr Zellplasma auf und verdauen sie.

Sowohl die natürlichen Barrieren des Körpers als auch die Aktivitäten seiner Makrophagen richten sich gegen körperfremde Stoffe. Beide Teile machen das *unspezifische Abwehrsystem* aus.

Das spezifische Abwehrsystem

Kann das unspezifische Abwehrsystem Krankheitserreger nicht aufhalten, z. B. weil der Körper geschwächt ist, reagiert dieser mit einer *spezifischen Immunabwehr*. Der Körper arbeitet nun gezielt gegen einen bestimmten Erregertyp, der vermehrt im Blut auftritt. Gegen diesen werden große Mengen von spezifischen Abwehrstoffen produziert. Diese so genannten *Antikörper* werden mit dem Blut in alle Bereiche des Körpers transportiert. Treffen sie dabei auf Erreger, heften sie sich nach dem *Schlüssel-Schloss-Prinzip* an deren Oberfläche und verbinden immer mehrere von ihnen. Es bilden sich Klumpen, die von Riesenfresszellen leicht gefunden und verdaut werden können.

Antikörper wirken allerdings nur außerhalb von Zellen. Handelt es sich bei den Erregern um Viren, so tritt ein Problem auf, denn Viren besitzen die Fähigkeit in Körperzellen einzudringen. Dort sind sie für Antikörper unerreichbar und können ungehindert vermehrt werden. Zur Abwehr von Viren werden *spezifische Abwehrzellen* gebildet. Diese *T-Killerzellen* erkennen die befallenen Wirtszellen und zerstören sie. Dabei werden auch die in den Zellen vorhandenen Viren vernichtet.

Bis die spezifische Immunabwehr greift, können Tage bis Wochen vergehen. Genesung tritt ein, wenn die Erreger beseitigt sind. Im Körper bleiben *Gedächtniszellen* zurück, die dafür sorgen, dass bei erneutem Befall mit dem selben Erreger eine schnellere Produktion von Antikörpern und eine stärkere Vermehrung der Killerzellen erfolgt: Die Erreger werden vernichtet, bevor sie sich im Körper ausbreiten. Die Krankheit bricht nicht aus. Eine solche Unempfindlichkeit gegen bestimmte Krankheitserreger bezeichnet man als *Immunität*.

Aufgaben

① Liste tabellarisch die Bestandteile der spezifischen und unspezifischen Abwehr auf.

② Erkläre die Funktion der Antikörper mithilfe eines geeigneten Basiskonzepts.

③ Erkläre, warum der Ort einer Entzündung gerötet und geschwollen ist.

④ Erkläre, warum ein Mensch, der gerade eine Grippe überstanden hat, ohne erneute Ansteckungsgefahr einen Erkrankten pflegen kann, der von den gleichen Grippeviren befallen wurde.

Zettelkasten

Aktivierung der spezifischen Abwehr

Die spezifische Immunabwehr richtet sich gezielt und sehr wirkungsvoll gegen bestimmte Erregertypen. Hierbei wirken neben den Riesenfresszellen weitere Blutzellen mit:

- *B-Zellen:* Sie entstehen im Knochenmark und reifen in der Milz oder den Lymphknoten heran. Ihre Aufgabe ist es, Abwehrstoffe gegen die Krankheitserreger zu bilden.
- *T-Zellen:* Auch sie entstehen im Knochenmark und reifen in der Thymusdrüse.

Während des Reifens lernen die Zellen körperfremde von körpereigenen Stoffen zu unterscheiden. B- und T-Zellen kreisen ständig im Blut und im Lymphsystem. Gelangen z. B. Grippeviren in die Schleimhäute der Atemwege, werden Riesenfresszellen durch Signalstoffe angelockt und verdauen Zellbruchstücke und Erreger (Abb. 114.1). Die Makrophagen bauen Bruchstücke der verdauten Erreger in ihre Zellmembran ein und präsentieren sie nach außen. Die T-Zellen nehmen Kontakt zu den präsentierenden Makrophagen auf und werden so über den eingedrungenen Erreger informiert. Da die T-Zellen nur helfen, das ganze Abwehrsystem zu aktivieren, werden sie auch *T-Helferzellen* genannt. Sie aktivieren *B-Zellen*, die sich stark vermehren und sich zu Plasmazellen umwandeln. Plasmazellen produzieren genau auf den Erreger zugeschnittene *Antikörper:* bis zu Millionen pro Stunde. Die Antikörper besitzen eine Y-förmige Struktur, wobei die beiden Enden der Y-Arme so gebaut sind, dass sie genau zur Oberfläche der Erreger passen. Die Erreger werden so verklumpt und anschließend durch Riesenfresszellen beseitigt.

Sind die Viren jedoch schon in die Wirtszellen eingedrungen, sind sie für Antikörper unerreichbar. Die T-Helferzellen informieren und aktivieren daher auch die *T-Killerzellen*. Diese Abwehrzellen sind in der Lage, befallene Körperzellen zu erkennen und mitsamt den Viren zu zerstören.

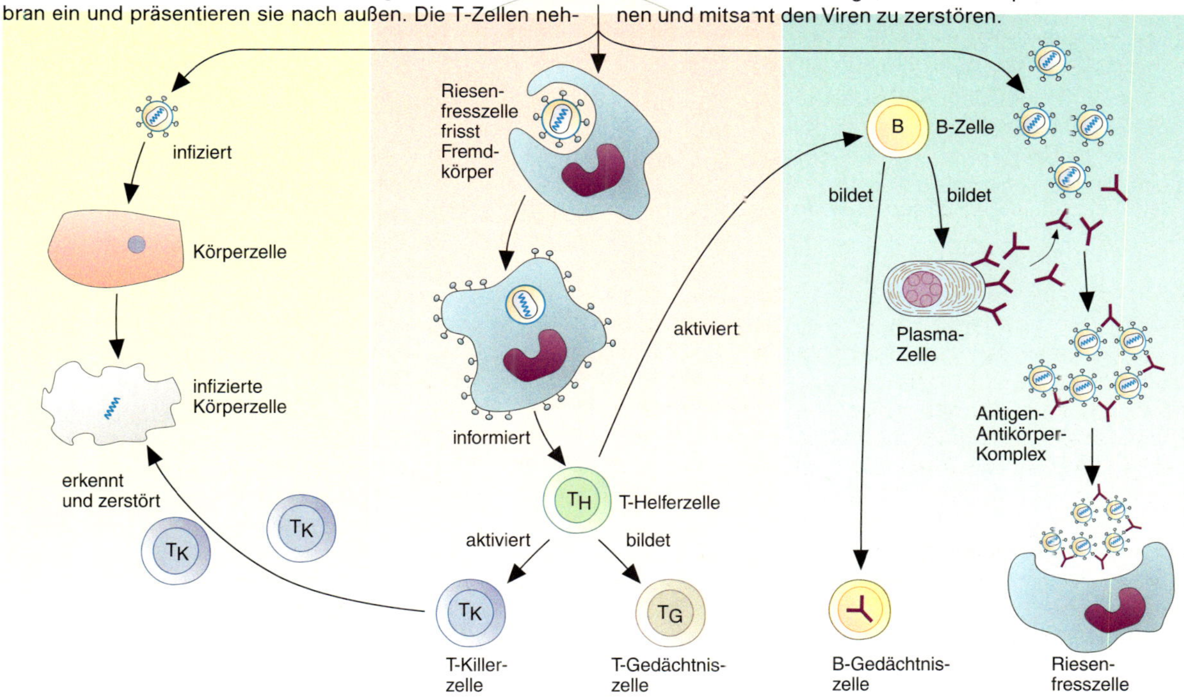

Aktivierung der T-Zellen — Aktivierung der Helferzellen — Aktivierung der B-Zellen

Aktive und passive Immunisierung

Besonders für ältere oder durch Krankheiten geschwächte Menschen, aber auch für Kleinkinder, stellt eine Grippeerkrankung eine große Gefahr dar. Deshalb empfehlen viele Ärzte ihren Patienten, sich gegen die Grippe impfen zu lassen. Die Wirkung der Impfung beruht auf der Bildung von Gedächtniszellen bei der spezifischen Abwehr, genau wie bei der im Körper natürlich ablaufenden Immunabwehr (s. Seite 114).

Kleine Mengen von abgeschwächten Erregern werden in die Blutbahn gespritzt. Diese Erstinfektion bewirkt beim Menschen, dass B-Zellen Antikörper herstellen. Gleichzeitig entstehen Gedächtniszellen. Die Antikörper werden nach einiger Zeit abgebaut, die Gedächtniszellen bleiben jedoch erhalten – oft ein Leben lang.

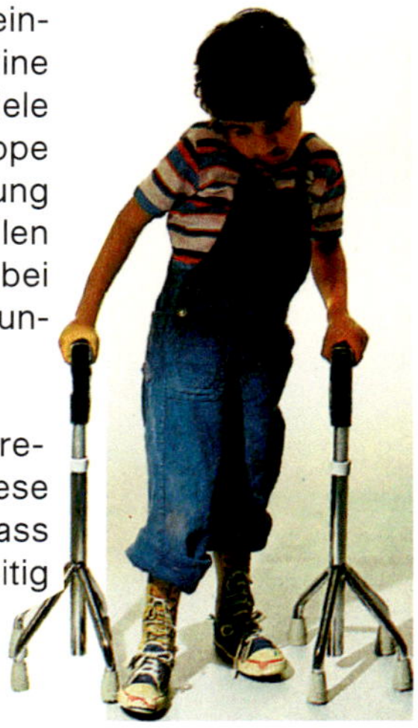

Kinderlähmung

Sobald durch eine Zweitinfektion dieselben Krankheitserreger wieder auftreten, werden aufgrund der Gedächtniszellen in kurzer Zeit große Mengen passender Antikörper gebildet (Abb. 1). Da die abgeschwächten und die „echten" Krankheitserreger ähnliche Oberflächeneigenschaften besitzen, reagieren die Gedächtniszellen auch auf die echten Krankheitserreger. Die zu Beginn einer Infektion geringe Zahl an Erregern kann so rasch beseitigt werden. Die Impfung ist deshalb der beste Schutz gegen die Grippe, weil die Viren weder durch Antibiotika noch durch andere Medikamente effektiv bekämpft werden können. Da der Körper die Antikörper selbst gebildet hat, spricht man von einer *aktiven Immunisierung.*

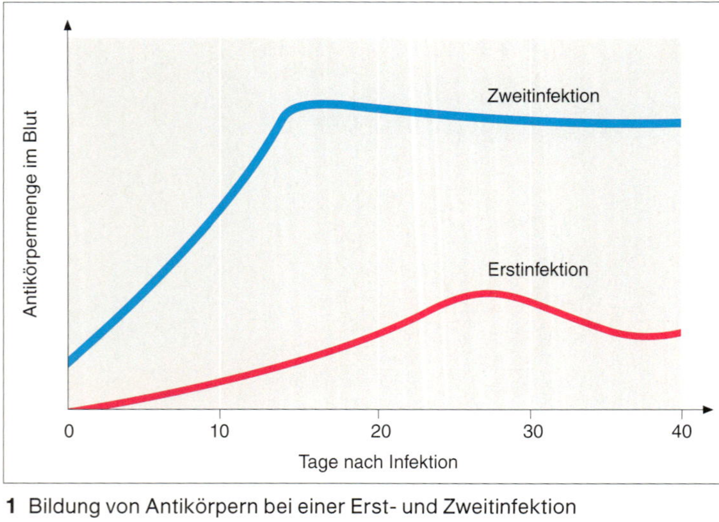

1 Bildung von Antikörpern bei einer Erst- und Zweitinfektion

Grippeviren verändern sich schnell. Daher wird auch die Zusammensetzung des Impfstoffs jedes Jahr nach den Empfehlungen von Medizinexperten der Weltgesundheitsorganisation WHO geändert. Die Experten erhalten Daten über Grippefälle aus 110 Grippezentren in 80 verschiedenen Ländern. Besonders häufige Grippeviren werden herausgesucht und in Hühnereiern vermehrt. Der Impfstoff besteht aus geschwächten Virusstämmen oder Teilstücken dieser Viren, die in den Hühnereiern vermehrt wurden. Die Herstellung des Impfstoffs dauert 3 Monate. Zu Beginn der nächsten Wintersaison wird der Impfstoff ausgeliefert.

Die Erfolge der Schutzimpfungen sind weltweit sehr groß, z. B. hat die generelle Einführung der Schutzimpfung gegen Kinderlähmung (Schluckimpfung) bei uns bewirkt, dass die Zahl der jährlichen Neuerkrankungen von 4700 vor 1960 bis heute auf wenige Krankheitsfälle sank. Es gab jedoch vereinzelt Fälle, bei denen Kinder an den bei der Impfung aufgenommenen, abgeschwächten Viren schwer erkrankten. Seit 1998 wird daher gegen Kinderlähmung nicht mehr mit Lebend-, sondern mit Totimpfstoff geimpft, der gespritzt wird. Totimpfstoffe enthalten abgetötete oder Bruchstücke von Erregern, die sich im Körper nicht mehr vermehren können. So ist auch bei unsachgemäßem Umgang mit dem Impfstoff eine Infektion ausgeschlossen.

Um bereits erkrankten, jedoch nicht geimpften Menschen helfen zu können, wurde ein anderes Verfahren entwickelt. Hierbei werden Tiere, z. B. Pferde, mit den Krankheitserregern infiziert. Die Tiere bilden spezifische Antikörper gegen diese Erreger, die dann aus dem Blut gewonnen und den Erkrankten gespritzt werden. Das körpereigene Abwehrsystem ist jedoch in diesem Falle nicht aktiviert worden. Man spricht daher von einer *passiven Immunisierung.* Sind die Antikörper nach einiger Zeit abgebaut, erlischt der Impfschutz, der Körper ist nicht dauerhaft immun. Diese Impfung wird *Heilimpfung* genannt.

Aufgaben

① Vergleiche tabellarisch passive und aktive Immunisierung.
② Erkläre die Kurvenverläufe in Abb. 1.
③ Nenne ein Basiskonzept, auf dem die Immunisierung beruht.

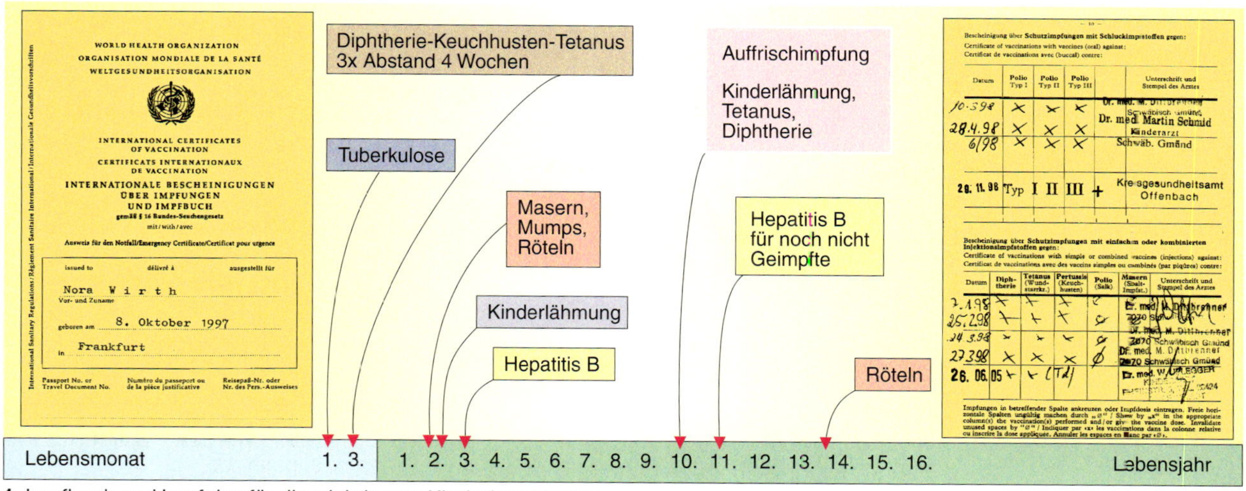

1 Impfbuch und Impfplan für die wichtigsten Kinderkrankheiten

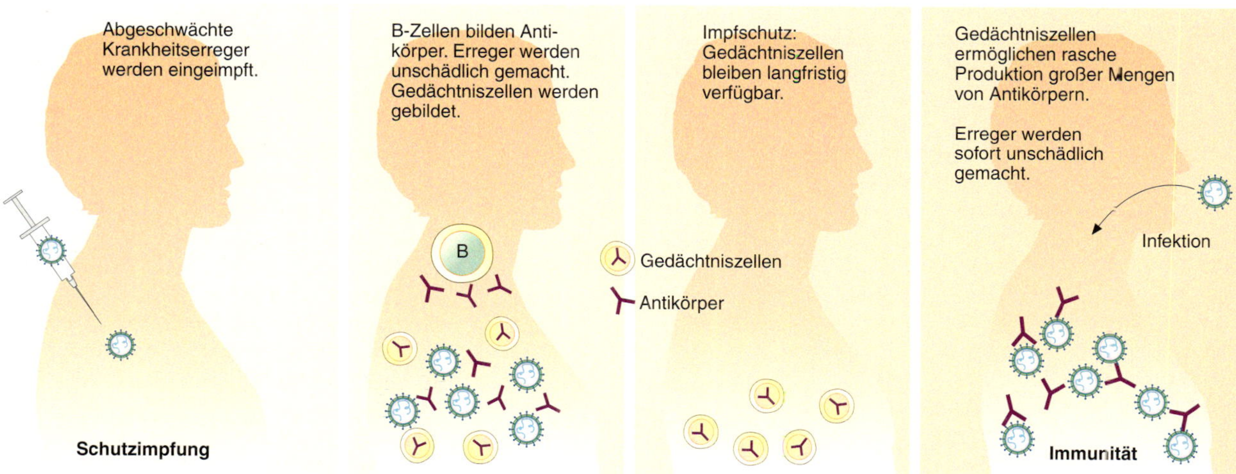

2 Aktive Immunisierung

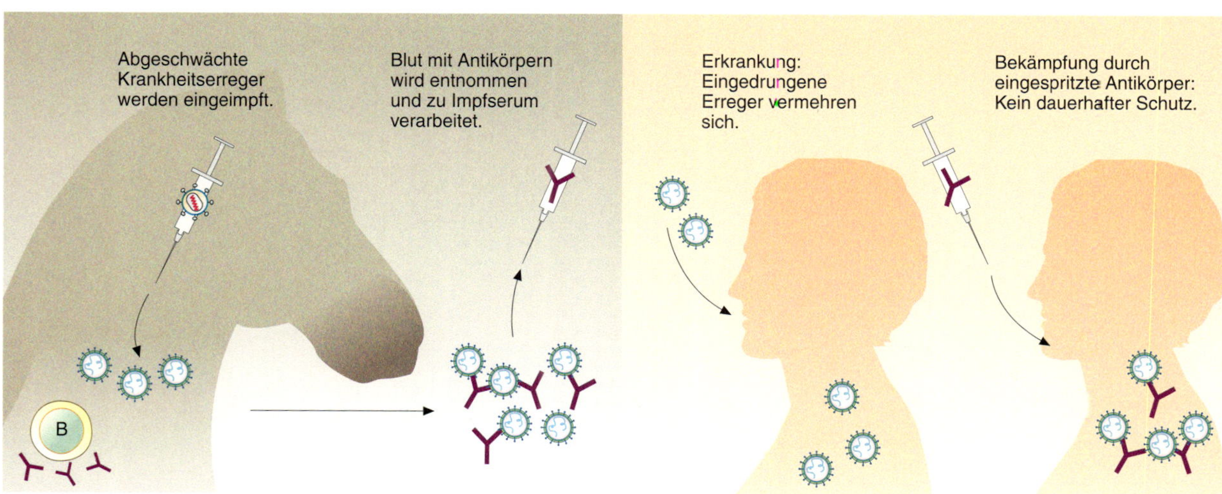

3 Passive Immunisierung

AIDS:
Acquired
Immune
Deficiency
Syndrom

erworbenes Abwehrschwäche-syndrom

Syndrom
Gruppe von zusammengehörigen Krankheitszeichen, die für eine bestimmte Krankheit kennzeichnend sind.

HIV
Human
Immunodeficiency
Virus

menschliches Immunschwäche-Virus

AIDS – ein Virus überlistet das Immunsystem

Eine Infektion mit HI-Viren führt nicht direkt zu der schweren Krankheit AIDS. Viele Infizierte merken zunächst nichts oder es treten nur grippeähnhnliche Symptome auf, die nach 2 Wochen wieder abklingen. Die Infektion verläuft danach ohne besondere Symptome weiter. Erst nach 12 bis 16 Wochen kann man Antikörper und damit die HIV-Infektion zuverlässig nachweisen. Es kann Jahre dauern, bis die Krankheit AIDS zum Ausbruch kommt.

Bei allen AIDS-Kranken kann man eine extrem niedrige Anzahl von weißen Blutzellen, besonders der T-Helferzellen, feststellen. Dies ist darauf zurückzuführen, dass die HI-Viren sich besonders auf Riesenfresszellen und T-Helferzellen als Wirtszellen spezialisiert haben. Auf der Oberfläche der Viren sind Rezeptoren, die sich an der Oberfläche der Wirtszellen an passenden Andockstellen anheften können. Die Rezeptoren bestehen aus speziellen Eiweißen, die wie ein Schlüssel ins Schloss an die Andockstellen auf den Wirtszellen passen. Da die Riesenfresszellen und die T-Helferzellen diese Stellen besitzen, können sie von HI-Viren befallen werden. Die Membranen der Wirtszelle und des Virus verschmelzen, die Erbsubstanz wird in die Wirtszelle aufgenommen und dort kopiert.

Da die T-Helferzellen das Abwehrsystem aktivieren, wirkt sich deren Verminderung nachteilig auf den Schutz vor Infektionen aus. So sind HIV-Infizierte anderen Krankheitserregern, die sich bei einem normal funktionierenden Abwehrsystem niemals im Körper ausbreiten und vermehren könnten, hilflos ausgesetzt. Die Erreger solcher Krankheiten, die nur bei geschwächtem Immunsystem zum Ausbruch kommen, nennt man deswegen *opportunistisch*. Dieser Begriff leitet sich ab vom lateinischen Wort *opportunus* = einer günstigen Gelegenheit folgend. Zu diesen Krankheiten gehören Pilzbefall auf der Haut, besonders auf den Schleimhäuten im Mund, der Speiseröhre oder Luftröhre, spezielle Formen von Lungenentzündungen, Hirnhautentzündungen oder eine seltene Form des Hautkrebs *(Kaposisarkom)*.

HI-Viren wurden nicht nur im Blut, sondern auch in anderen Körperflüssigkeiten wie Sperma, Scheidensekret, Muttermilch, Speichel oder Tränen nachgewiesen. In der Tränenflüssigkeit und im Speichel reicht die Konzentration der Viren jedoch nicht für eine Infektion aus. Eine hohe Ansteckungsgefahr geht daher von Situationen aus, in denen größere Mengen der HI-Viren in Körperflüssigkeiten eines Infizierten in den Körper eines Nichtinfizierten gelangen:

- Infektionen über *Bluttransfusionen*. Sie sind in Deutschland seit 1985 ausgeschlossen, da die Blutkonserven auf HI-Viren untersucht werden. In Entwicklungsländern ist dies jedoch nicht immer der Fall, daher besteht hier ein hohes Risiko.
- Gemeinsam genutzte Spritzen von Drogensüchtigen sind riskant, da in den Injektionsnadeln noch Blutreste vorhanden sind.

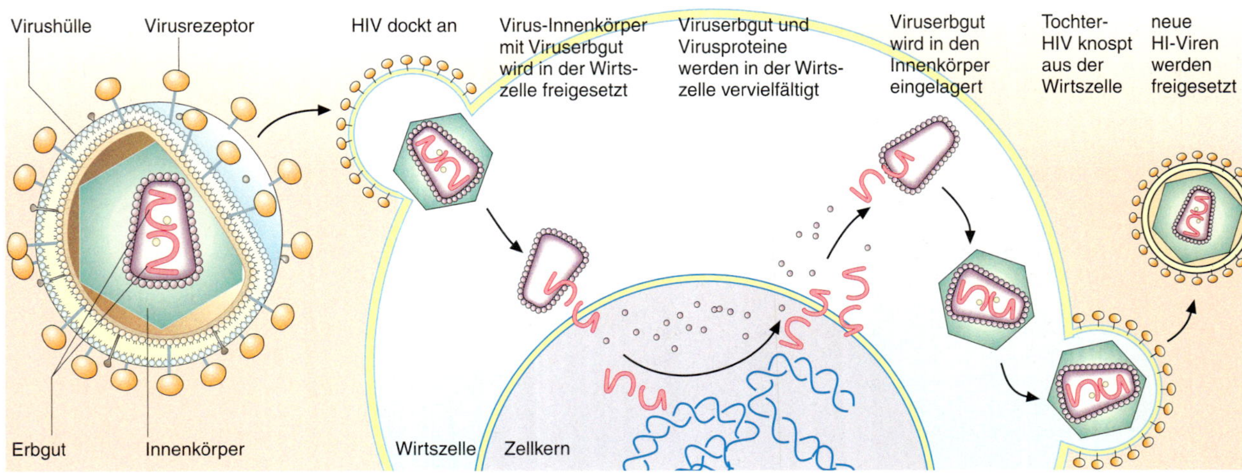

1 Vermehrungszyklus des HI-Virus

Großes Risiko

- Gemeinsame Benutzung von Fixerbestecken, Spritzen und Nadeln
- Ungeschützter Analverkehr
- Ungeschützter Vaginalverkehr
- Schwangerschaft bei einer HIV-infizierten Frau
- Oralverkehr

Kein Risiko

- Küsse, Zungenküsse
- Körperkontakte, Hautkontakte
- Zusammenleben mit einem Infizierten
- Anhusten oder Niesen
- Essen im Restaurant
- Schwimmbad, Sauna, Toiletten, Waschräume
- Friseur, Maniküre, Tätowierungen, Piercing, Ohrlochstechen
- Insektenstiche

1 Gib AIDS keine Chance

- Während der Schwangerschaft von HIV infizierten Müttern werden wenige Feten infiziert. Wesentlich größer ist das Risiko während der Geburt über das Blut oder danach durch die *Muttermilch*.
- Beim *Geschlechtsverkehr* können durch kleinste Risse in der Scheide oder des Penis Viren aus dem Scheidensekret oder dem Sperma in die Blutbahn gelangen. Beim Analverkehr ist das Risiko der Infektion aufgrund der erhöhten Verletzungsgefahr besonders groß. Außerhalb des Körpers an der Luft können die HI-Viren nicht lange überleben.

Die wichtigste Schutzmaßnahme gegen die HI-Viren ist die Verwendung von Kondomen beim Geschlechtsverkehr. Dies ist besonders wichtig bei häufig wechselnden Sexualpartnern. Drogenabhängige sollten immer eine eigene Injektionsnadel benutzen. Bei schweren Unfällen sollten bei der Ersten Hilfe Schutzhandschuhe getragen werden.

Wirksame Medikamente gegen AIDS gibt es nicht, man kann bisher nur den Krankheitsverlauf verlangsamen und die opportunistischen Krankheiten unterdrücken. Eine Eindämmung von AIDS lässt sich nur durch **effektive Aufklärung** und **dauerhafte Änderung der Verhaltensweisen** erreichen.

Wie wichtig Aufklärung und der Schutz vor einer HIV-Infektion ist, zeigen die erschreckenden Zahlen aus dem Statusbericht der AIDS-Stiftung vom Dezember 2005: Weltweit mehr als 40 Mio. HIV-Infizierte, 4,9 Mio. Neuinfizierte allein im Jahr 2005, von denen rund zwei Drittel im südlichen Afrika leben. In Deutschland haben sich seit Beginn der Pandemie vor 25 Jahren rund 67 500 Menschen infiziert, jährlich kommen ca. 2600 Neuinfektionen hinzu – Tendenz steigend, da viele Menschen gleichgültiger gegenüber dem Infektionsrisiko geworden sind und weniger auf Schutzmaßnahmen achten. Bisher sind insgesamt über 30 Mio. AIDS-Tote zu beklagen, im Jahr 2006 starben 3,1 Mio. Menschen an der Seuche.

Ein Zusammenleben mit HIV-Infizierten ohne intime Beziehung ist für Nichtinfizierte unbedenklich. Bei alltäglichen Kontakten in der Schule oder am Arbeitsplatz besteht keine Ansteckungsgefahr. HIV-Infizierte brauchen unser Verständnis und dürfen nicht aus der Gemeinschaft ausgegrenzt werden!

Zettelkasten

Hepatitis B – eine schleichende Epidemie?

Jedes Jahr sterben in Deutschland mehr Menschen an den Folgen einer Hepatitis B-Infektion als an AIDS. In Deutschland infizieren sich jährlich 50 000 meist junge Menschen mit dem Hepatitis B-Virus. Die Infektion bleibt oft unbemerkt. Eine Erkrankung beginnt mit relativ unspezifischen Symptomen, wie Appetitlosigkeit, Unwohlsein, Gelenkschmerzen und leichtem Fieber. Danach kann es zu einer Gelbsucht kommen, aufgrund einer Störung der Leberfunktion färben sich Haut, Schleimhäute und Augen gelb.

Bei den meisten Erwachsenen heilt die Krankheit nach 4 bis 6 Wochen vollständig aus. Bei 10 % der Betroffenen kann es aber zu einer chronischen Hepatitis kommen, bei der das Virus im Körper verbleibt. Es kann bleibende Leberschäden oder auch Leberkrebs auslösen. Auch ohne dass Anzeichen einer Erkrankung bestehen, sind chronisch Infizierte eine Infektionsquelle für ihre Umgebung. Hepatitis B-Viren werden beim Geschlechtsverkehr durch Sperma oder Scheidensekret übertragen. Aber auch andere Körperflüssigkeiten, wie Speichel, Tränen, Wundsekret und vor allem Blut sind ansteckend. Eine Infektion ist z. B. über Spritzen möglich, aber auch über Zahnbürsten, Rasierer, Nagelfeilen oder -scheren. Auch über nicht sterile Instrumente zum Piercen oder Tätowieren kann man sich mit Hepatitis B-Viren infizieren.

Ein wirksamer Schutz vor Hepatitis B besteht in einer rechtzeitig durchgeführten Schutzimpfung. Sie gehört seit wenigen Jahren zur Standardimpfung für alle Säuglinge und wird generell allen Kindern und Jugendlichen bis zum 18. Lebensjahr empfohlen. Angezeigt ist eine Impfung für Personen in medizinischen Berufen sowie für Reisende in tropische und subtropische Gebiete, in denen Hepatitis B gehäuft auftritt.

Infektionskrankheiten

Infektionskrankheiten werden meist von Viren, Bakterien oder Einzellern ausgelöst. Einige Infektionskrankheiten sind *meldepflichtig*, d. h. sie müssen dem Gesundheitsamt gemeldet werden. Um die Verbreitung der Infektionskrankheiten zu verhindern, werden die betroffenen Menschen isoliert, sie kommen in *Quarantäne*.

Bakterieninfektion

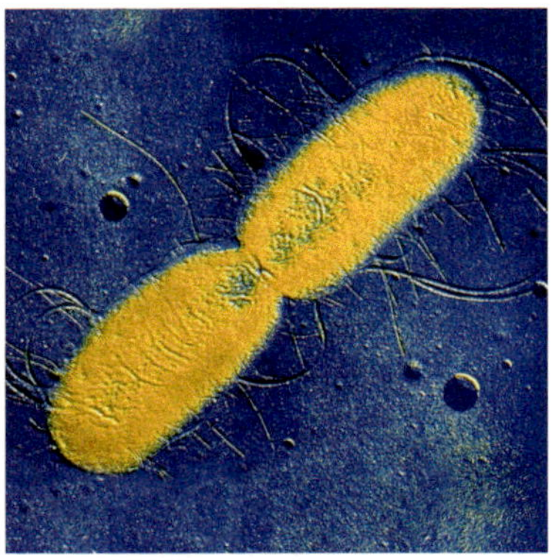

Das Bakterium *Escherichia coli* (abgekürzt: *E. coli*) oder einfach *Colibakterium* lebt im Darm des Menschen. Die vermehrte Aufnahme von Colibakterien, beispielsweise mit verunreinigtem Trinkwasser oder anderen Nahrungsmitteln, kann zu Erkrankungen des Magens und des Darmes führen. Durchfall (Diarrhoe) ist häufig die Folge. Deshalb werden Trinkwasser, Lebensmittel und Wasser in Schwimmbädern dauernd von Mitarbeitern des Gesundheitsamtes überwacht. Sie bestimmen die Keimzahl, das ist die Anzahl vermehrungsfähiger Keime in einem Milliliter der Wasserprobe. In öffentlichen Schwimmbädern dürfen pro Milliliter kein einziges Colibakterium, keine krankheitserregenden Keime und höchstens 100 andere, nicht gefährliche Keime vorkommen. Bei Lebensmittelkontrollen fallen insbesondere immer wieder Nahrungsmittel auf, die mit **Salmonellen** verseucht sind. Die große Gruppe der Salmonellen besteht aus über 1600 verschiedenen Bakterienarten. *Salmonellosen* (Lebensmittelvergiftungen) dauern meist nur wenige Tage. Sie sind mit Übelkeit und Durchfall verbunden. Hauptursache von Salmonellosen ist der Verzehr von verunreinigten Nahrungsmitteln. Es gibt Menschen, die nach einer überstandenen Salmonellose weiterhin über Jahre hinweg Salmonellen ausscheiden.

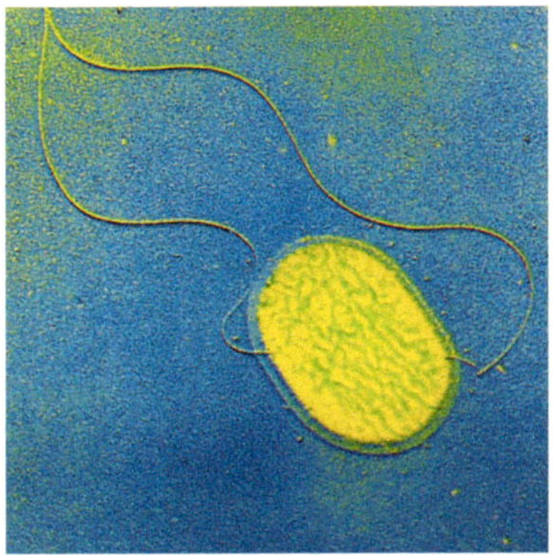

Dies ist meldepflichtig. In der Bundesrepublik Deutschland werden alle Beschäftigten in der Lebensmittelbranche vom Amtsarzt auf Salmonellenausscheidungen untersucht.

Eine Salmonellenart ruft **Typhus** hervor, eine melde- und isolierungspflichtige Krankheit. Die Aufnahme der Erreger erfolgt mit der Nahrung: „Typhus wird gegessen und getrunken". Die Inkubationszeit beträgt 1 bis 21 Tage. Wochenlanges, hohes Fieber (40 bis 41 °C) schwächt den Körper. Früher betrug die Sterblichkeit 15 %, nach der Einführung der Antibiotika noch etwa 1 %. Nach überstandener Krankheit ist man lebenslang immun.

Diphtherie-Kranke zeigen eine starke Rötung des Rachens und mäßiges Fieber. Die Übertragung der Erreger erfolgt durch *Tröpfcheninfektion*. Gefährlich wird Diphtherie durch die Erstickungsgefahr bei starkem Anschwellen des Rachens und durch die Giftstoffe *(Toxine)*, die durch Diphtheriebakterien abgegeben werden. Sie schädigen den Herzmuskel und führen zu Nervenlähmungen. Gegen die Toxine hat EMIL VON BEHRING ein Heilserum entwickelt. Antibiotika allein reichen zur Behandlung nicht aus, da sie die Toxine nicht unschädlich machen können.

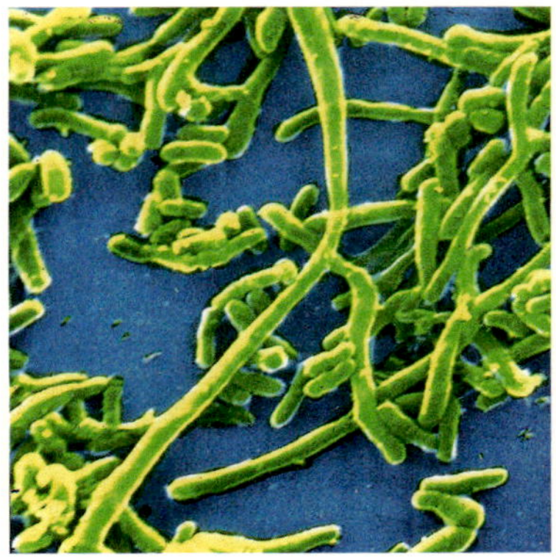

Beim **Keuchhusten** gelangen die Bakterien durch Tröpfcheninfektion in die Atemwege und rufen dort Entzündungen hervor. Ein keuchender Husten ist die Folge, der vor allem für Kinder gefährlich sein kann, da Erstickungsgefahr besteht. Sehr hohe Ansteckungsgefahr, Meldepflicht! Vorbeugung durch aktive Schutzimpfung.

Ein feuerroter Rachen ist ein Krankheitsmerkmal für **Scharlach**. Dazu kommt ein feinfleckiger, roter Hautausschlag am ganzen Körper. Die Zunge ist entzündet: *Himbeerzunge*. Die Behandlung erfolgt mit Penicillin.

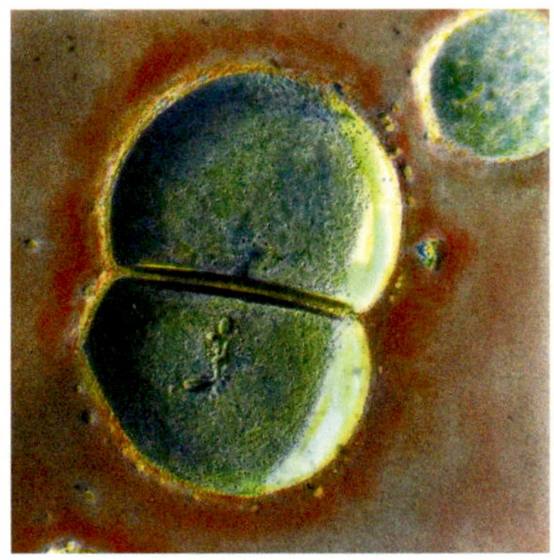

Sowohl eine durchgemachte Scharlacherkrankung als auch eine Impfung bietet keinen sicheren, dauerhaften Schutz.

Eine krampfhafte Erstarrung der Muskulatur ist die Folge des Toxins, das die **Tetanus**-Bazillen abgeben. Meist gelangen die Bakterien mit Erde oder Straßenschmutz schon bei kleinen Verletzungen in offene Wunden. Die Impfung gegen Tetanus *(Wundstarrkrampf)* soll nach 8 Jahren aufgefrischt werden. Im Krankheitsfall muss innerhalb von 24 Stunden ein Heilserum verabreicht werden.

Virusinfektionen

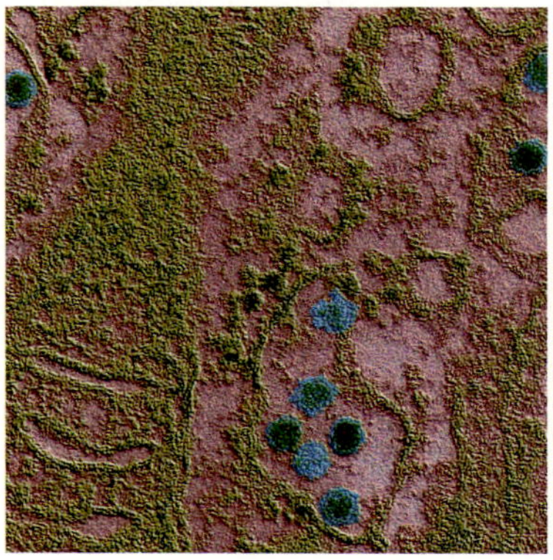

Röteln sind an sich eine harmlose Viruserkrankung. Ein Anschwellen der Lymphdrüsen und ein Hautausschlag, der mit rosaroten Flecken im Gesicht beginnt und sich dann auf den ganzen Körper ausdehnt, kennzeichnen die Krankheit. Meist tritt nur schwaches Fieber auf; das allgemeine Wohlbefinden ist nicht stark beeinträchtigt. Gefährlich sind die Röteln bei Schwangeren, die diese Krankheit noch nicht hatten und auch nicht geimpft sind.

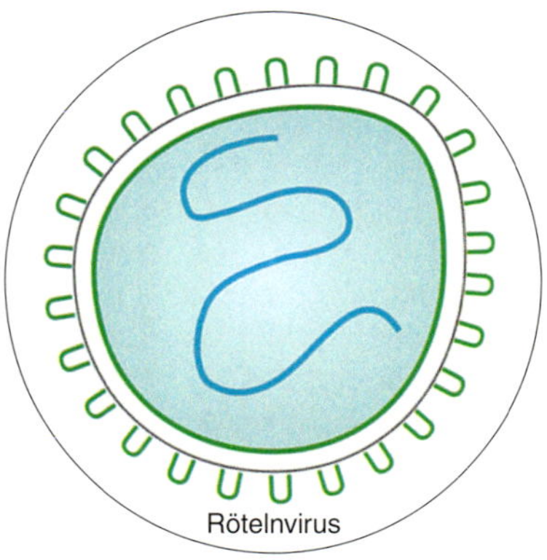

Das ungeborene Kind kann durch Röteln geschädigt werden. Mögliche Folgen sind Taubheit, Herzfehler und schwere Mehrfachschädigungen. Häufig treten auch Fehlgeburten auf. Deshalb sollten sich alle Mädchen vor Beginn der Pubertät gegen Röteln impfen lassen!

Mumps *(Ziegenpeter)* ist eine Viruserkrankung, bei der die Ohrspeicheldrüsen anschwellen und Schmerzen verursachen. Dies führt zu der typischen verdickten Wange, den „Hamsterbacken". Die Übertragung erfolgt durch Tröpfcheninfektion, aber auch über gemeinsam benutztes Geschirr oder Besteck sowie durch unmittelbaren Kontakt wie Küssen. Die Infektion erfolgt am häufigsten zwischen dem 5. und 9. Lebensjahr. Eine aktive Schutzimpfung ist bei Jungen sinnvoll, da diese doppelt so häufig erkranken wie Mädchen. Zudem können die Erreger die Hoden befallen, was spätere Unfruchtbarkeit *(Sterilität)* zur Folge haben kann.

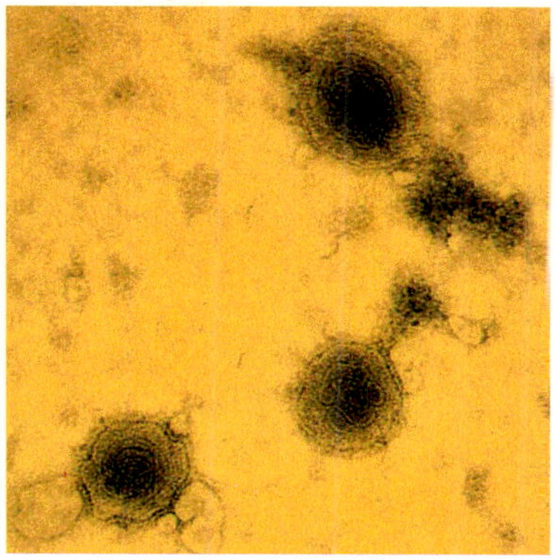

Kinderlähmung wird von den *Polioviren* hervorgerufen – aber durchaus nicht nur bei Kindern! Nach einer Inkubationszeit von 3 bis 14 Tagen fangen Kopf, Rücken und Glieder zu schmerzen an, man beginnt zu schwitzen. Dann treten erste Lähmungserscheinungen auf. Bei sehr schweren Fällen kann es zur Lähmung der Atemmuskulatur kommen. Die Sterblichkeit kann bis zu 20 % betragen. Im Erholungsstadium können die Lähmungen teilweise, selten ganz zurückgehen. Meist bleiben Skelett- und Gelenkveränderungen zurück. Durch konsequenten Impfschutz ist die Kinderlähmung bei uns zu einer fast vergessenen Krankheit geworden. In tropischen Entwicklungsländern ist dies nicht der Fall.

Bis zu 50 % der an **Pocken** erkrankten Personen sterben. Die Inkubationszeit beträgt 12 Tage, dann setzt hohes Fieber ein. Schließlich zeigen sich vorwiegend im Gesicht Pusteln, die später aufbrechen und nach Abheilen die typischen *Pockennarben* hinterlassen. Schon vor 2000 Jahren führte man in Indien eine nicht ungefährliche Impfung gegen Pocken durch. Die angeritzte Haut wurde mit dem Inhalt der Pusteln bestrichen. Darauf folgte eine abgeschwächte Erkrankung, die zur Immunität führte. Ähnlich arbeitete man vor rund 1500 Jahren in China, wobei man die Viren über die Nase zuführte. Diese Methode wurde durch den schottischen Arzt MAITLAND 1721 in Europa eingeführt. JENNER entwickelte 1796 die harmlosere Variante der Schutzimpfung mit für den Menschen ungefährlichen Kuhpocken.

Wer einmal **Masern** gehabt hat, bleibt lebenslang immun. Deshalb gehören sie zu den typischen *Kinderkrankheiten*. Die Erreger werden durch Tröpfcheninfektion auch über größere Entfernung übertragen. Die Inkubationszeit beträgt 10 bis 14 Tage. Dann zeigen sich Rötungen des Rachens, Schnupfen, Husten und ein rascher Fieberanstieg, der nach 4 Tagen wieder abklingt. Daraufhin bildet sich der typische Masernausschlag auf der Haut, verbunden mit erneutem Fieberanstieg. Da man sich schon während der Inkubationszeit anstecken kann, ist eine Infektion kaum zu verhindern. Es gibt eine *aktive Schutzimpfung*.

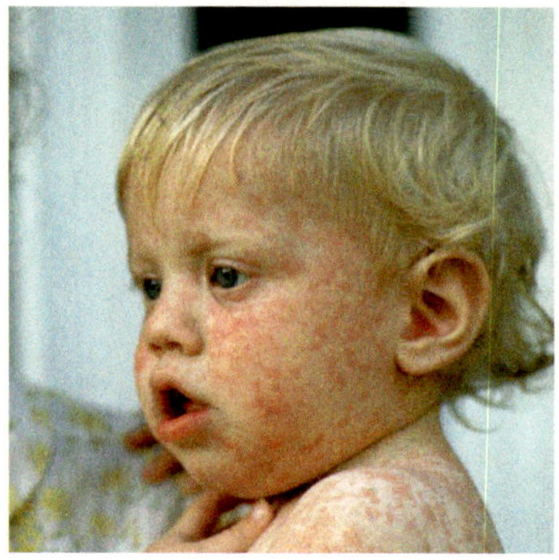

Tollwut wird meist durch einen Hundebiss auf den Menschen übertragen, selten auch durch Bisse von Fuchs oder Katze. Die lange Inkubationszeit von 1 bis 6 Monaten erschwert das Erkennen der Krankheit. Der Ausbruch kündigt sich durch Kopfschmerzen, Krämpfe in der Atemmuskulatur und Atemnot an. Der Kranke hat qualvollen Durst, kann aber nicht schlucken (die sog. „Wasserscheu") und hat starken, schäumenden Speichelfluss. Es gibt eine Heilimpfung, die möglichst sofort nach Verdacht auf einen Tollwutbiss anzuwenden ist. Ansonsten verläuft die Tollwut meist tödlich.

Achtung! Daran erkennt man tollwütige Tiere: Sie verlieren ihre Scheu vor dem Menschen. Sie beißen und schnappen nach allem, was sich bewegt. Speichel tropft aus ihrem Maul.

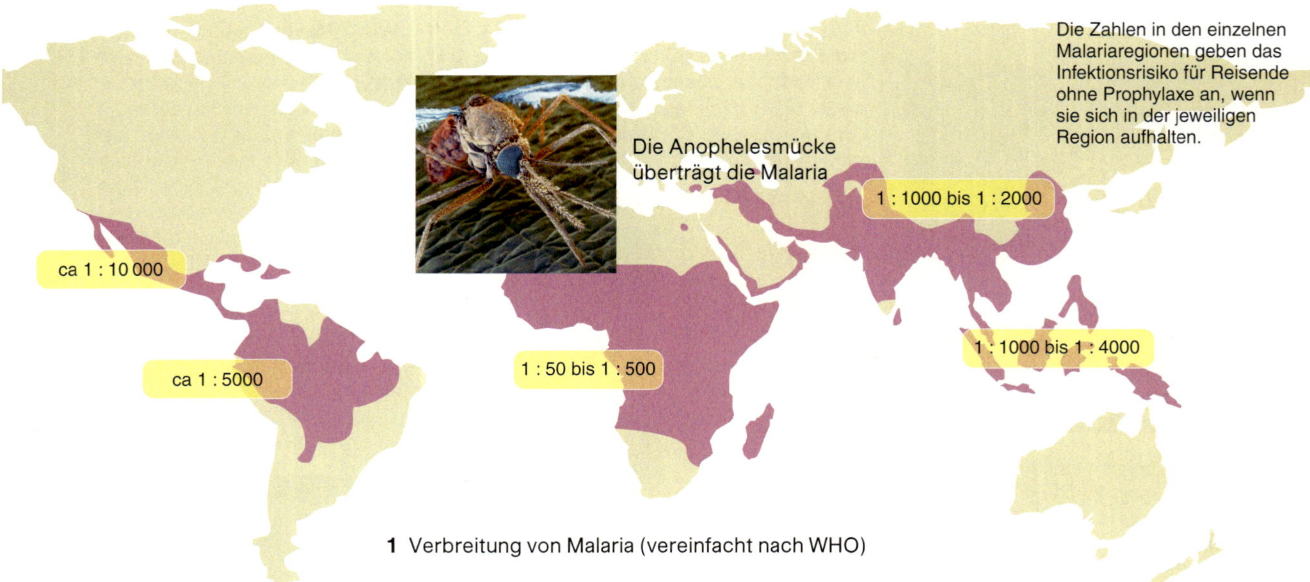

1 Verbreitung von Malaria (vereinfacht nach WHO)

Mücken und Zecken übertragen Krankheitserreger

In Deutschland eingeschleppte Malariafälle (1993 – 1999)

Kenia	964
Indien	205
Indonesien	127
Thailand	64
Dom. Republik	59
Brasilien	26
Mexiko	16

Malaria

Reisen in ferne Länder rangieren ganz oben auf der Hitliste der Ferienwünsche. Doch immer mehr Urlauber zahlen einen hohen Preis: Jährlich gibt es über 1000 Malariainfektionen beim Urlaub im Ausland. Man schätzt, dass 300 Millionen Menschen infiziert sind und 2 Millionen jedes Jahr an dieser Krankheit sterben. Abb. 1 zeigt die heutigen Malariagebiete.

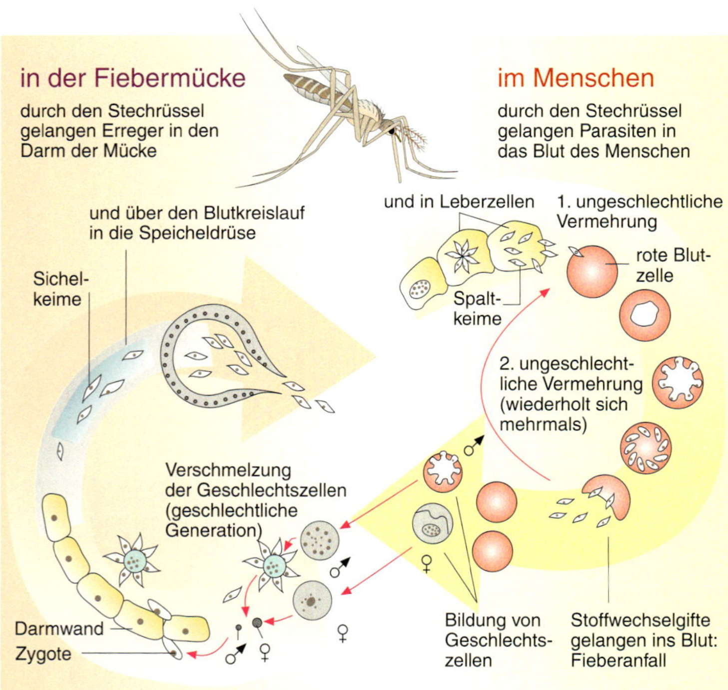

2 Entwicklungszyklus der Malariaerreger

Viele Touristen haben keine Informationen über vorbeugende Maßnahmen oder Heilungschancen. Vor Fernreisen sollte man sich bei einem Arzt über die notwendigen Medikamente informieren. Einen absolut sicheren Schutz vor Malaria gibt es nicht, jedoch können Medikamente das Risiko einer Infektion stark herabsetzen. Die beste Prophylaxe ist jedoch immer noch, sich in Malariagebieten vor Mückenstichen zu schützen. Da die weiblichen Mücken nur in der Dämmerung oder nachts stechen, schläft man unter Moskitonetzen; am Tag genügt es, sich die Haut mit Insekten abwehrenden Lotionen einzureiben.

Malaria wird ausgelöst durch Einzeller der Gattung *Plasmodium*. Für ihre Entwicklung sind sie auf zwei Wirte angewiesen, den Menschen und die Fiebermücke *Anopheles*. Der Entwicklungsgang läuft folgendermaßen ab: Eine infizierte Mücke sticht einen Menschen. Dabei gelangen Parasiten, die Plasmodien, mit dem Speichel der Mücke in das menschliche Blut. Über die Blutbahn wandern sie bis zur Leber und dringen in die Leberzellen ein. In den Leberzellen vermehren sie sich durch Zellteilung. Die entstandenen Zellen werden *Spaltkeime* genannt. Diese wandern zurück ins Blut und dringen in die roten Blutzellen ein. Dort machen sie erneut Mehrfachteilungen durch, sodass viele neue, kleinere Spaltkeime gebildet werden. Diese Mehrfachteilungen erfolgen bei allen befallenen Blutzellen im gleichen Rhythmus, sodass auch das Aufplatzen der Zellen gleichzeitig erfolgt (bei der häufigsten Malariaform alle drei Tage). Pro Zelle werden etwa 32 Spaltkeime frei, die wiederum neue Blutzellen befallen. Gleichzeitig mit dem Zerfall der roten Blutzellen werden Stoffwechselgifte *(Toxine)* freigesetzt, die zu heftigen Fieberanfällen führen *(Dreitagefieber)*.

Ist das Blut mit Spaltkeimen überschwemmt, bilden sich Vorstufen geschlechtlicher Zellen, die sich nur in der Fiebermücke Anopheles weiterentwickeln können. Wird ein Infizierter von Anopheles gestochen, gelangen die Erreger mit dem aufgesaugten Blut in den Darm der Mücke. Dort entwickeln sich Geschlechtszellen, die zu Zygoten verschmelzen.

Die Zygote dringt in die Darmwandzellen der Mücke ein und bildet dort durch Zellteilung *Sichelkeime*. Diese wandern in die Speicheldrüsen und werden beim nächsten Stich wiederum auf Menschen übertragen. So schließt sich der Entwicklungskreislauf.

Hirnhautentzündungen

Zecken sind Spinnentiere und ernähren sich von Blut, welches sie für ihre Entwicklung benötigen. Ein Weibchen saugt in den 2 bis 3 Tagen so viel Blut, dass es von 2 mm auf 4 mm anschwillt. Mit ihren Mundwerkzeugen sägen sie eine Öffnung in die Haut (s. Abb. 2) und geben dabei ein Betäubungsmittel und Substanzen, die eine Blutgerinnung verhindern, in das Blut ihrer „Opfer" ab. Während des Saugens nehmen die Zecken auch Krankheitserreger auf und können sie auf andere „Opfer" übertragen.

In Mitteleuropa übertragen die Zecken zwei für den Menschen gefährliche Krankheiten: die FSME und die Borreliose. *FSME* ist die Abkürzung für die **F**rüh-**S**ommer-**M**eningo-**E**nzephalitis, eine Erkrankung des Nervensystems, die zu Entzündungen der Hirnhaut *(Meningo)* und des Gehirns *(Enzephalon)* führen kann. Die Krankheitserreger sind Viren, die im Frühsommer durch die Zecken eine weite Verbreitung finden. 2 bis 28 Tage nach dem Zeckenbiss kann es zu einem Fieberanstieg kommen. Bei 60 % der Erkrankten kommt es zu schwerwiegendsten Folgen im Nervensystem, die zu langdauernden Kopfschmerzen und vereinzelt auch zu Lähmungen führen können.

Die *Borreliose* wird durch Bakterien ausgelöst. Zwischen dem Zeckenbiss und den ersten Erscheinungen können bis zu 12 Wochen vergehen. Bei 50% der Infizierten entsteht um die Bissstelle eine sich ringförmig ausbreitende Hautrötung, begleitet von Fieber, Lymphknotenschwellungen, Gelenk- und Kopfschmerzen. Häufig kommt es zu Komplikationen im Bereich des Nervensystems bzw. des Herzens, sodass man auf jeden Fall einen Arzt aufsuchen sollte.

Vor Zecken kann man sich im Sommer kaum schützen. Bei der Gartenarbeit oder beim Spielen auf einer Wiese sind Kontakte mit Zecken möglich. Kleidung mit langen Ärmeln oder lange Hosen können zusammen mit einer Insekten abwehrenden Lotion einen gewissen Schutz bieten. Besser jedoch sind in den besonders gefährdeten Gebieten *Schutzimpfungen*, die es sowohl gegen die Bakterien als auch gegen die Viren gibt. (▶ S. 246/247, 254/255)

1 Zecke

2 Mundwerkzeuge der Zecke

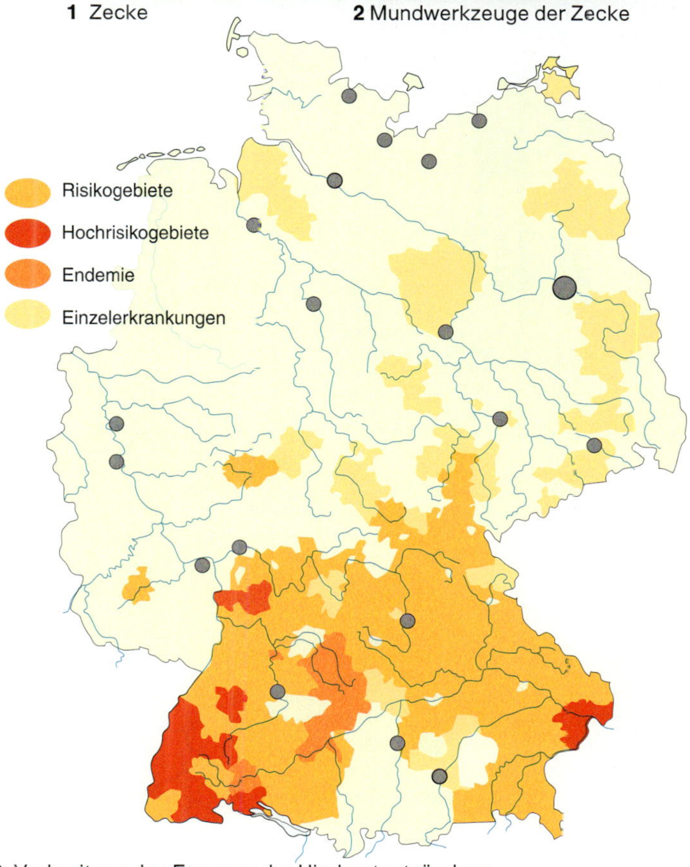

3 Verbreitung des Erregers der Hirnhautentzündung

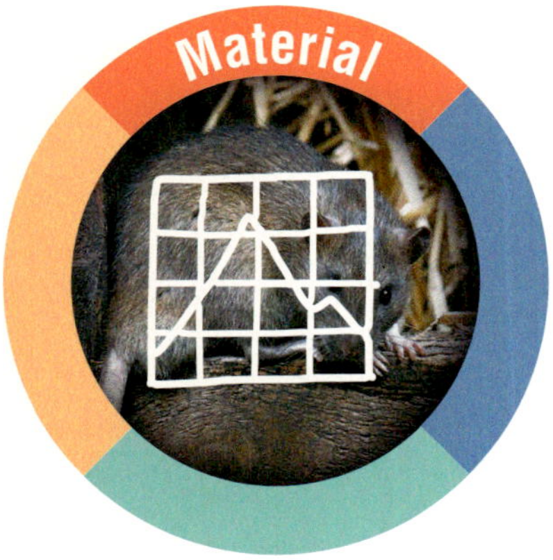

Krankheiten

beeinflussen die Welt

Pest

Der Begriff Pest stammt von dem lateinischen Wort *pestilentia* = Seuche, Pest, ungesunde Luft.
Die Pest ist eine extrem ansteckende Infektionskrankheit, die sowohl als Beulen- als auch als Lungenpest auftritt. Ursprünglich kommt sie bei wild lebenden Nagetieren wie Ratten vor. Der Erreger der Pest ist ein unbegeißeltes, stäbchenförmiges Bakterium, welches 1894 entdeckt wurde. Dieses Bakterium wird durch Parasiten, wie Flöhe, übertragen. Rattenflöhe infizieren sich an erkrankten Ratten. Suchen die Flöhe den Menschen als Ersatzwirt auf, infizieren sie ihn mit den Krankheitserregern. Die Erkrankung wird auch von Mensch zu Mensch weitergetragen: Eine Ansteckung ist über infizierte Gegenstände und als Tröpfcheninfektion über die Atemwege möglich.

Zwischen 1347 und 1352 breitete sich der „schwarze Tod" bis nach Island aus und forderte ca. 25 Millionen Tote, etwa ein Drittel der damaligen Bevölkerung.
Die Pest hatte ihren Ausgangspunkt im Orient. Über das Mittelmeer kamen Handelsschiffe nach Italien, Frankreich und Spanien. 1347 kamen in Genua zwölf Galeeren an, deren Matrosen bereits auf der Überfahrt verstorben oder schwer krank waren. Viele dieser Schiffe trieben als Geisterschiffe vor der Küste.

Infizierte Ratten von diesen Schiffen verbreiteten die Pest in den Hafenstädten des Mittelmeers und weiter ins Landesinnere, da die Waren – und damit auch die Ratten – mit Schiffen auf den Flüssen weitertransportiert wurden.

„In den Städten ist die Zahl der Beerdigten größer als die der Lebenden", schrieb ein Geschichtsschreiber. Die Menschen flohen vor der Krankheit in andere Orte, in denen noch keine Pestfälle aufgetreten waren. Auch Kriege wurden von der Pest beeinflusst, da Stadtbelagerungen unabhängig von der militärischen Stärke durch das Sterben der Belagerten oder der Belagerer endeten.

Im Mittelalter stellte man sich vor, die Luft sei mit krankmachenden Stoffen befleckt, die der Menschennatur feindlich sind. Auf Pestbildern findet man in den Straßen der Städte Scheiterhaufen, die angezündet wurden, um die Luft mit Holzrauch von krankmachenden Stoffen zu befreien. Auch die Doktoren in der Pestkleidung hatten in der Schnabelnase der Gesichtsmaske Riech- und Räuchermittel, welche die Atemluft von den schädlichen Stoffen der Luft reinigen sollten. Die Doktoren glaubten, dass weniger der Rauch, sondern das Feuer eine Rolle spielt, in dem es den Infektionstierchen in der Luft Flügel und Beine verbrannte und sie so unschädlich mache. Es herrschten verschiedene Begründungen über die Herkunft der Pest. Man beschuldigte Juden, Zigeuner, fremde Handelsreisende und Hexen.

Aufgaben

1. Beschreibe anhand der Texte, welche Vorstellungen die Menschen im Mittelalter von der Ausbreitung der Pest hatten. Weshalb konnten sie noch keine sinnvolle Erklärung für das Auftreten der Pest haben?
2. Beschreibe anhand der Karte, wie sich die Pest in Europa ausbreitete und wie es dazu kommen konnte.
3. Erläutere, wie man heute die Pest bekämpfen würde.

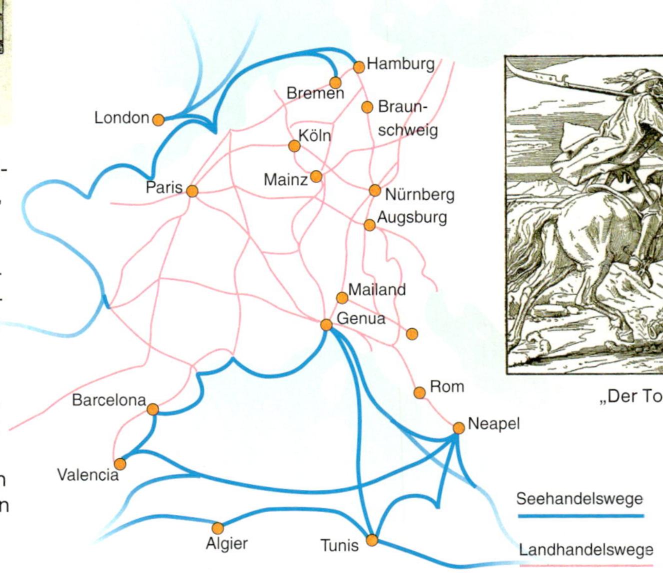

„Der Tod" von A. Rethel

Cholera in Hamburg
1831 trat die Cholera in Deutschland auf. Immer wieder kehrte diese Krankheit in die Städte zurück. In Hamburg starben 1892 innerhalb von sechs Wochen 8605 Menschen an der Cholera.
Die Stadt Hamburg hatte nach dem Großen Brand im Jahre 1842 ein Wasserversorgungsnetz errichtet, indem man das Wasser mit einer dampfgetriebenen Pumpenanlage aus der Elbe in ein Rohrsystem saugte und verteilte. Die großen Mengen Abwässer mit dem Kot und Unrat gelangten in die Elbe zurück. Erst nach 1892 führte man Abwasserkanäle ein und filterte das Trinkwasser durch Kiesfilteranlagen.

Slums in der Dritten Welt

Ein Bericht aus einer großen Stadt um 1860: „In den Stadtteilen der armen Leute sind keine Kloaken und Abtritte (Toiletten); und daher wird aller Unrat, Abfall und Exkremente von wenigstens 50 000 Menschen jede Nacht in die Rinnsteine geworfen, sodass trotz allen Straßenkehrens eine Masse angetrockneter Kot und ein stinkender Dunst entsteht. Alle, die diesen Zustand der Bewohner näher kennen, werden Zeugnis geben, welchen hohen Grad Krankheiten und Elend hier erreicht haben.“

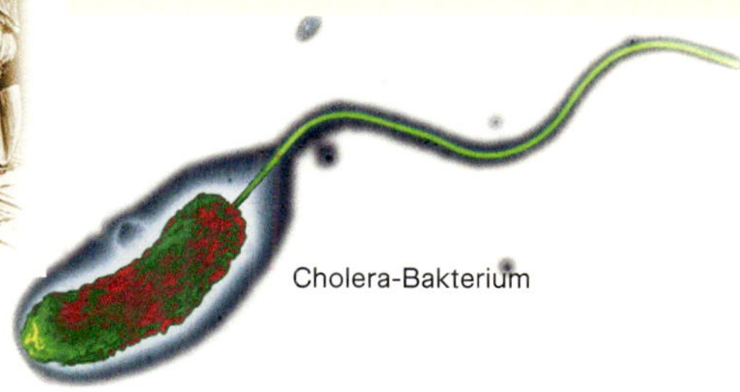

Cholera-Bakterium

Cholera

Der Cholera-Erreger wurden 1883 von Robert Koch identifiziert. Es ist ein Bakterium, das sich mithilfe von Geißeln fortbewegt. Die Bakterien gelangen durch verunreinigte Lebensmittel und Trinkwasser in den menschlichen Körper und verursachen die Krankheit, indem sie im Dünndarm des Menschen ein Gift ausscheiden. Die Inkubationszeit beträgt ca. 3 Tage.
Erstes Anzeichen der Krankheit ist das Schrumpfen des Gesichtes und anderer weicher Körpergewebe aufgrund des großen Wasserverlustes. Dieser wird durch massiven Durchfall hervorgerufen, bei dem man innerhalb eines Tages ca. 20 Liter Wasser verliert. Es kommt zu einem Kreislaufkollaps, die Gliedmaßen werden blau und der Körper ist allgemein unterkühlt. Die Krankheit dauert 2 bis 7 Tage. Der erste Choleraanfall ist für 70 % der Erkrankten tödlich.

Aufgaben

4. Kläre die Bedeutung der Begriffe Hygiene, Prophylaxe und Diagnose. Verwende sie bei der Beantwortung der folgenden Fragen.
5. Nenne Gründe, weshalb in den größer werdenden Städten des 19. Jahrhunderts die Gefahr einer Choleraepidemie sehr groß war. Welche Veränderungen hat diese Epidemie ausgelöst, sodass die Cholera in den Großstädten der Industriestaaten heute nicht mehr auftritt?
6. In den Ländern der 3. Welt kommen immer wieder Choleraepidemien vor, besonders in den Slums und Flüchtlingslagern. Welche Ursachen spielen dabei eine Rolle? Erläutere, welche Möglichkeiten es gibt, den Menschen dort zu helfen.
7. Deutsche Touristen haben sich in Kenia mit Cholera infiziert. In manchen Ländern besteht ein Cholera-Risiko auch für Personen, die sich nur in Hotels aufhalten. Durch welche Vorsichtsmaßnahmen können sich Touristen schützen?

Heuschnupfen – Verlauf einer allergischen Reaktion

Pollenflugvorhersage:

15.2.: mäßiger bis starker Flug von Haselpollen, schwacher Flug von Erlenpollen

29.2.: starker Flug von Erlen-, Hasel- und Eibenpollen

5.3.: starker Flug von Erlenpollen und mäßiger Flug von Haselpollen

12.3.: starker Flug von Erlen- und Weidenpollen, mäßiger Flug von Haselpollen

31.3.: schwacher Flug von Eichen- und Weidenpollen, mäßiger Flug von Birken- und Eschenpollen

Besonders im Frühjahr und Sommer, wenn die Luft von Pollen, z. B. der Baum- oder der Getreideblüten, erfüllt ist, reagieren viele Menschen mit Schnupfen, Niesreiz und geröteten Augen. Sie haben *Heuschnupfen* und reagieren allergisch auf bestimmte Pollen. Etwa jeder Dritte leidet an einer oder mehren Allergien.

Unter einer *Allergie* versteht man eine Überreaktion des Immunsystems auf eigentlich harmlose Stoffe aus der Umwelt. Stoffe, die eine Allergie auslösen können, werden als *Allergene* bezeichnet. Die Allergene gelangen mit der Atemluft, der Nahrung oder bei direktem Hautkontakt in unseren Körper. Ebenso wie Krankheitserreger, rufen Allergene eine Abwehrreaktion unseres Körpers hervor. Es gibt nicht nur Allergien auf Pollen, sondern auch auf Hausstaub, Haarschuppen, Speichel auf Tierhaaren, Insektengift, Schimmelpilzsporen, Stoffe in Nahrungsmitteln o.ä. Hier treten allergische Reaktionen sofort nach dem Kontakt mit den genannten Stoffen auf.

Wie verläuft die allergische Reaktion beim Heuschnupfen? Bei einem *Erstkontakt* mit bestimmten Pollen bauen die Riesenfresszellen *(Makrophagen)* Teile der aufgenommenen Pollen in ihre Zellmembran ein und präsentieren sie den T-Helferzellen. Die T-Helferzellen aktivieren B-Zellen, die sich daraufhin zahlreich zu Plasmazellen entwickeln (s. Seite 115). Die Plasmazellen bilden gegen das Fremdeiweiß der Pollen *(Allergen)* spezifische Antikörper. Diese Antikörper unterscheiden sich jedoch von den Antikörpern, die während der spezifischen Immunabwehr gebildet werden. Während die Antikörper des spezifischen Abwehrsystems frei im Körper zirkulieren, binden die bei der allergischen Reaktion gebildeten Antikörper an die Oberfläche von so genannten *Mastzellen.* Mastzellen befinden sich z. B. in den Schleimhäuten von Nase, Bronchien, Lunge und Magen-Darm-Trakt. Sie beinhalten in zahlreichen Bläschen einen Signalstoff, das *Histamin.* Durch die Bildung der Antikörper ist der Körper *sensibilisiert.*

Beim *Zweitkontakt* mit gleichartigen Pollen verknüpft das Pollenallergen Antikörper auf einer Mastzelle miteinander. Dadurch platzen die Bläschen in der Mastzelle auf und setzen blitzschnell Histamin frei, das die typischen Symptome einer Allergie auslöst. Histamin bewirkt eine Blutgefäßerweiterung und macht die Gefäßwände durchlässiger. Haut und Augen röten sich dadurch, die Schleimhäute schwellen an und sondern Schleim ab. Histamin reizt weiterhin freie Nervenendigungen, sodass ein Juckreiz entsteht. In besonders schweren Fällen kann es bei den Betroffenen zu allergischem Asthma kommen. Dabei verengen sich die Bronchien und es kommt zu Atembeschwerden bis hin zur Atemnot. (▶ S. 242/243)

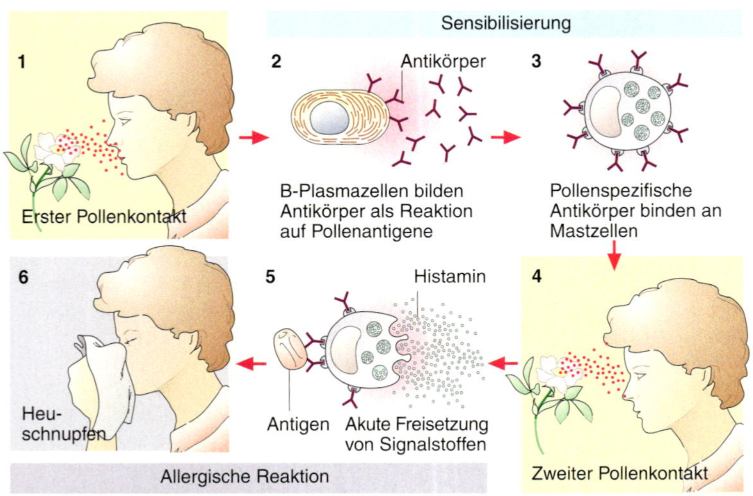

1 Was bei einer allergischen Reaktion abläuft

Ratschläge für Pollenallergiker

- Meide in den Monaten deiner stärksten Beschwerden Wiesen und Felder.
- Meide Sport und körperliche Arbeiten im Freien (z. B. Rasenmähen). Betreibe Hallensport.
- Schlafe bei geschlossenen Fenstern. Öffne sie nur zwischen 22 Uhr und 4 Uhr morgens.
- Verbringe deinen Urlaub möglichst im Hochgebirge oder am Meer.
- Wasche die Haare vor dem Zubettgehen.
- Ziehe die Tageskleidung nicht im Schlafraum aus.
- Achte auf die Pollenfluginformationen im Radio oder im Internet.

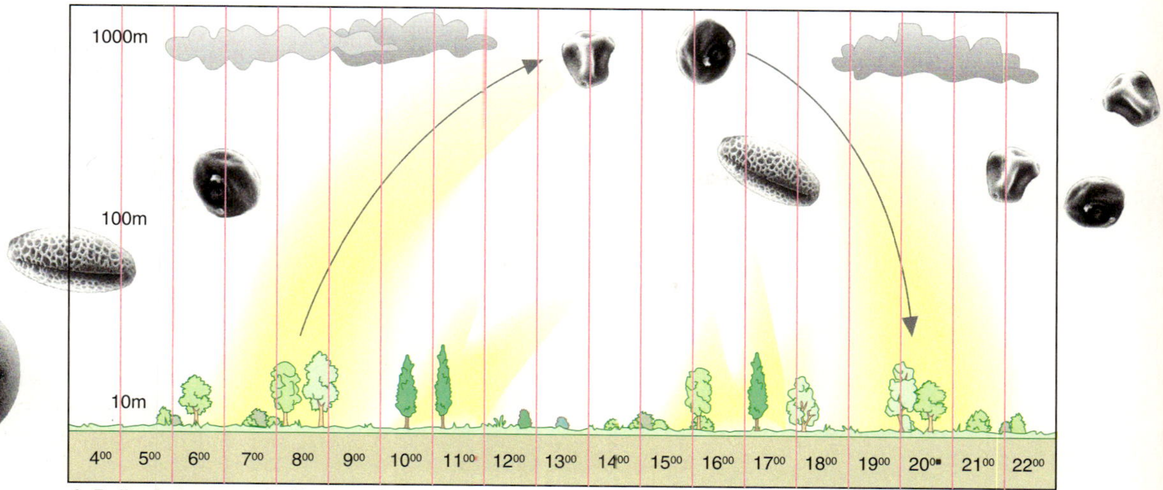

1 Pollenfreisetzung im Tagesverlauf

Beim Heuschnupfen bleiben die allergischen Reaktionen meist auf den Kopf begrenzt. Bei Allergenen, die direkt in die Blutbahn gelangen, kann sich die allergische Reaktion auf den ganzen Körper ausbreiten und zu einem *anaphylaktischen Schock* führen. Dabei wird schnell und viel Histamin aus den Mastzellen freigesetzt, wodurch die Blutgefäße so stark erweitert werden, dass der Blutdruck lebensbedrohlich abfällt. Erste Symptome sind Hautrötungen, Kribbeln und Atemnot. Die häufigsten Auslöser sind Insektengifte, Nahrungsmittel und Medikamente.

Aufgaben

① Erstelle ein Pfeildiagramm zur allergischen Reaktion beim Heuschnupfen.

② Erkläre, welche Bedeutung Histamin bei der allergischen Reaktion hat. Vergleiche den Vorgang der allergischen Reaktion mit Entzündungsreaktionen nach Hautverletzungen.

③ Beschreibe, worin sich eine allergische Reaktion von einer normalen Abwehrreaktion (s. Seite 115) des Körpers unterscheidet.

④ Erläutere, wie ein Medikament gegen Heuschnupfen wirken müsste, damit die allergische Reaktion unterbleibt.

⑤ Erkläre mithilfe der Abbildung 1, warum jemand, der gegen Pollen allergisch ist, die Fenster nur zwischen 22 Uhr und 4 Uhr morgens öffnen sollte. Stelle weitere Maßnahmen auf, wie man den Kontakt zum Allergen vermeiden könnte.

Zettelkasten

Hausstauballergie – Angriff der Minimonster

Die Symptome der Hausstauballergie sind häufig Dauerschnupfen und Niesanfälle. Ausgelöst wird diese Reaktion des Immunsystems nicht durch den Staub direkt, sondern durch den Kot von *Milben*, die in dem Staub leben. Die nur unter dem Mikroskop sichtbaren Tierchen, ernähren sich von Hautschuppen. Jeder Mensch verliert pro Tag ca. 1,5 g Hautschuppen. Milben leben daher bevorzugt in Betten, Decken und Kissen, jedoch auch an allen Stellen, an denen sich Staub gut festsetzen kann, wie Teppiche, Polstermöbel, Gardinen oder Plüschtiere.

Giftstoffe gegen die Milben gibt es nicht, da diese auch dem Menschen schaden. Hausstauballergiker sollten es daher vermeiden, viel Staub „aufzuwirbeln“: besser saugen (mit Mikrofilter) als kehren, Staubwischen nur mit feuchten Tüchern. Aber auch Plüschtiere oder Kuscheldecken können milbenfrei gehalten werden. Da Milben nicht bei Temperaturen unter 0 °C überleben, sind in der Tiefkühltrube nach zwei Tagen alle Milben im Teddy oder in der Decke beseitigt.

Wissenswertes – Allergie

Nachweis einer Allergie

Welcher Stoff eine allergische Reaktion auslöst, kann ein Facharzt mit einem Hauttest ermitteln. Dazu werden Testsubstanzen mit der Haut in Kontakt gebracht oder unter die Haut gespritzt. Nach wenigen Minuten zeigen sich bei positiver Reaktion Rötungen oder Schwellungen *(Quaddeln)*. Einen eindeutigen Beweis liefern Blutuntersuchungen im Labor, bei denen die spezifischen Antikörper, die gegen ein bestimmtes Allergen gerichtet sind, nachgewiesen werden.

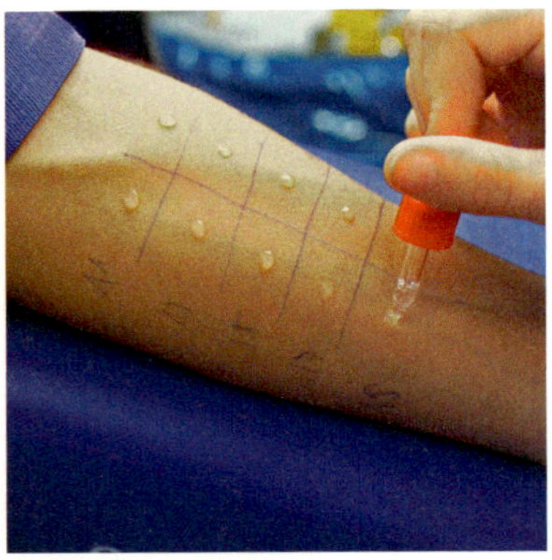

Kreuzallergien

Eine *Kreuzallergie* liegt dann vor, wenn eine Allergie, z. B. gegen Pollen, mit einer anderen Allergie gekoppelt auftritt. Häufig leiden Pollenallergiker zusätzlich unter einer Nahrungsmittelallergie. Dabei handelt es sich meist um pflanzliche Nahrungsmittel, die botanisch eng verwandt sind mit den Baumpollen, gegen die eine allergische Reaktion auftritt. So reagieren Menschen mit einem durch Hasel- oder Birkenpollen ausgelösten Heuschnupfen oft auch allergisch, wenn sie Nüsse, Äpfel und Tomaten essen. Diese Kreuzallergie beruht oft auf einer ähnlichen Struktur der Allergene.

Behandlungsmöglichkeiten

Allergiker sollten, wenn irgend möglich, den Kontakt mit dem Allergen vermeiden. Wo dies nicht gelingt, hilft oftmals eine *Desensibilisierung* (Hyposensibilisierung): Mit regelmäßigen, langsam steigenden Allergendosen löst man eine ständige und sich steigernde Freisetzung von Antikörpern aus, die bei der normalen Immunreaktion gebildet werden und im Körper frei zirkulieren. Diese fangen die Allergene ab, bevor sie die sensibilisierten Mastzellen aktivieren können. Bei akuten allergischen Reaktionen helfen kurzfristig Medikamente, die die Freisetzung von Histamin verhindern oder freigesetztes Histamin binden und so eine Abschwächung der allergischen Reaktion bewirken. Die Wirkung dieser Medikamente hält aber nur relativ kurze Zeit an, sodass sie in regelmäßigen Abständen eingenommen werden müssen.

Pseudo-Allergie

Neben den echten Nahrungsmittelallergien gibt es auch eine ganze Reihe von so genannten *Pseudo-Allergien* gegen Nahrungsmittel. Die Beschwerden, wie z. B. Hautrötungen und -schwellungen, Juckreiz im Mund und Hals oder Bauchschmerzen sind die gleichen wie bei einer echten Nahrungsmittelallergie, nur lassen sich dafür im Blut keine spezifischen Antikörper nachweisen. Der Körper reagiert zwar mit vom Histamin ausgelösten allergieähnlichen Symptomen, jedoch ohne Beteiligung des Immunsystems. Die Nahrungsmittel setzen entweder das in den Mastzellen gespeicherte Histamin frei (z. B. Erdbeeren) oder sie enthalten selbst viel Histamin, das vom Körper aufgenommen, wie körpereigenes Histamin wirkt (z. B. Zitrusfrüchte und Bananen).
Einige Menschen leiden unter einer „Kälteallergie". Sie überfällt bei Spaziergängen in kalter Winterluft ein starker Juckreiz mit Quaddelbildung. Diese Personen reagieren bei Kälte mit Histaminfreisetzung. Eine solche Überempfindlichkeit hat vermutlich andere, genetisch bedingte Ursachen.

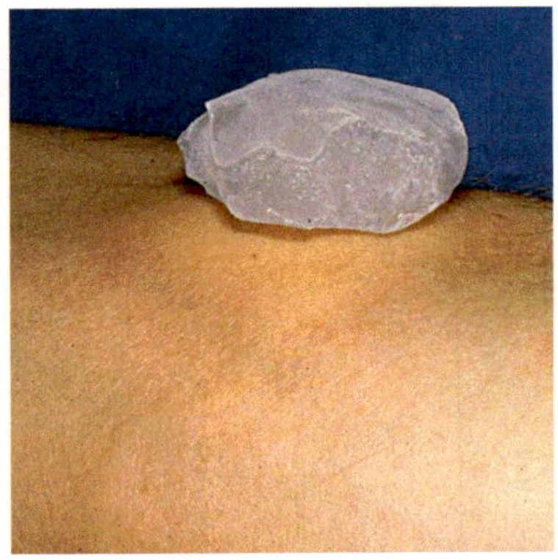

Sonnenallergie

Neben dem Sonnenbrand kann die Sonne auf der Haut auch eine „Sonnenallergie" mit Juckreiz und Quaddeln (rötliche Schwellungen) hervorrufen. Es handelt sich jedoch nur dann um eine echte Allergie, wenn unter dem Einfluss von Licht ein neuer Stoff gebildet wird, der als Allergen wirkt und das Immunsystem aktiviert. Dies kann nach Einnahme bestimmter Medikamente oder nach Auftragen bestimmter Kosmetika wie z. B. Sonnenmilch auf die Haut erfolgen. Bei der „Mallorca-Akne" bilden sich juckende Knötchen an Hals und Armen.

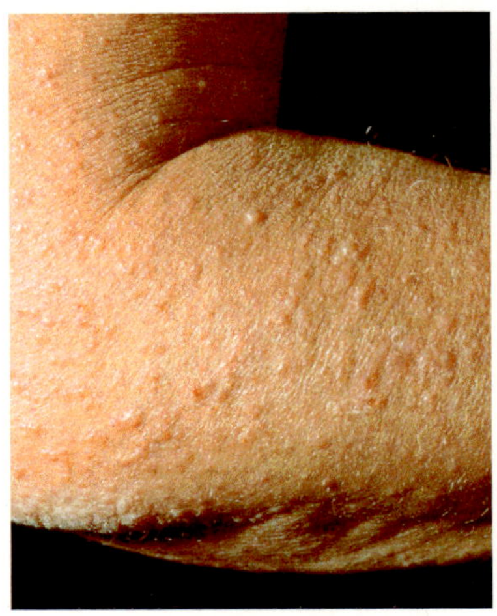

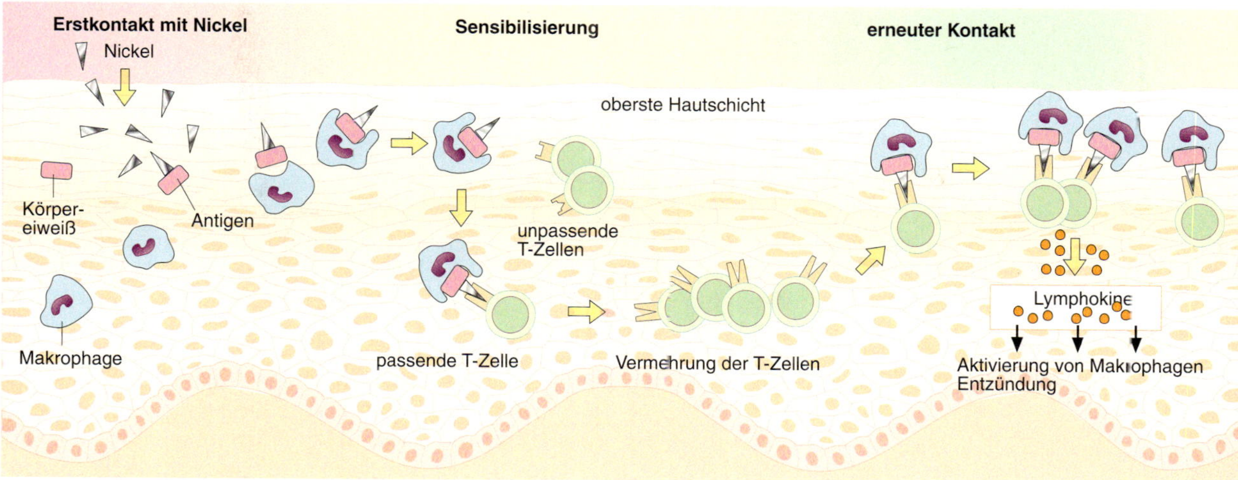

1 Ablauf einer Kontaktallergie

Kontaktallergie

Heuschnupfen, Insektengiftallergien, einige Nahrungsmittel- und Hausstauballergien sind Allergien vom *Soforttyp*, d.h. nach einem ersten Kontakt der Schleimhäute mit dem Allergen *(Sensibilisierung)* löst es beim nächsten Mal sofort eine heftige Reaktion aus.

Andere Stoffe, wie beispielsweise Kosmetika, Seifen oder auch Nickel, das zum Teil in Schmuck oder Hosenknöpfen vorkommt, können als *Kontaktallergien* allergische Reaktionen auslösen, die erst nach Tagen oder manchmal sogar nach Wochen auftreten. Es handelt sich hierbei um eine Allergie vom *Spättyp*, bei der maßgeblich Makrophagen und T-Lymphozyten, jedoch keine Antikörper beteiligt sind. Die Folge ist eine Schädigung der Haut *(Ekzembildung)*: Rötung, Bläschenbildung, Juckreiz.

Beim Erstkontakt bauen Makrophagen der oberen Hautschicht die aufgenommenen Kontaktallergene in ihre Zellmembran ein und präsentieren sie *T-Helferzellen*, deren Rezeptoren auf der Oberfläche zum Allergen passen. Diese T-Helferzellen vermehren sich daraufhin (Sensibilisierung). Bei erneutem Kontakt mit dem Allergen setzen die T-Helferzellen entzündungserregende Botenstoffe frei (Lymphokine), die an der Kontaktstelle weitere Makrophagen anlocken und zur beschriebenen Entzündung führen.

Zettelkasten

Neurodermitis

Die Neurodermitis ist eine Hautkrankheit, die sich bereits im Kindes- und Jugendalter zeigen kann. Die erkrankte Haut ist glanzlos und trocken. Es besteht auch eine Bereitschaft zu geröteten und schuppenden Hautveränderungen. Vererbt wird nicht die Krankheit, sondern die übermäßige Reaktionsbereitschaft des Immunsystems. Man kennt verschiedene Formen der Neurodermitis. Bei Schulkindern und Jugendlichen bilden sich Ekzeme vor allem in den Ellenbogen und Kniekehlen, erst in zweiter Linie im Gesicht und am Hals. Bei einer anderen Form bilden sich kirschkerngroße Knötchen in der Haut aus, die stark jucken.

Das wichtigste Symptom aller Neurodermitisformen ist der quälende Juckreiz, besonders mit nächtlichen Juckkrisen. Das Jucken führt oft zu Verletzungen und Infektionen der Haut. Kinder können dann schlecht oder gar nicht schlafen. Ihre Schulleistungen lassen nach. Verschlechterungen im Krankheitsbild kommen meist in Schüben vor, die durch Prüfungsstress oder persönliche Konfliktsituationen ausgelöst werden.

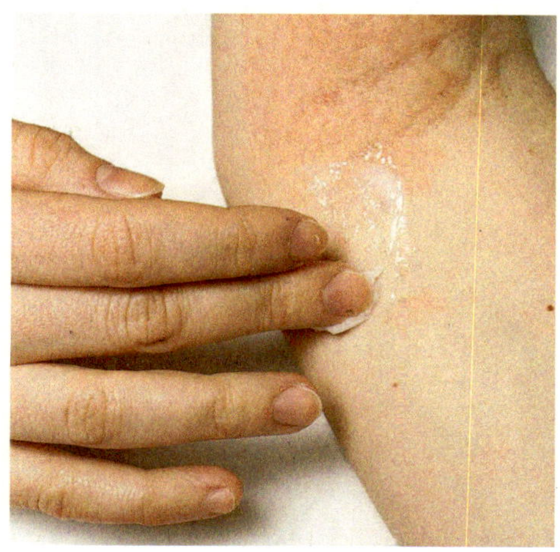

Zum Verhalten des Säuglings

Berührt ein Neugeborenes mit seinem Mund die Mutter, so dreht es den Kopf rhythmisch hin und her, bis die Lippen die Brustwarze gefunden haben *(Brustsuchen)*. Diese Verhaltensweise ist angeboren und lässt sich auch durch eine Berührung am Mund des Kindes auslösen. Gleich darauf beginnt das Kind zu saugen. Diesen *Saugreflex* setzt auch ein Schnuller oder Finger in Gang.

Beim Stillen haben Mutter und Kind einen engen Körper- und Hautkontakt. Dieser trägt zum Aufbau einer *Mutter-Kind-Bindung* bei. Beim Trinken fixiert der Säugling die Augen der Mutter und lächelt. Das Lächeln und die Laute des Wohlbefindens rufen bei den Eltern in der Regel Glücksgefühle hervor.

Taubblind geborene Kinder lächeln ebenfalls, obwohl sie es nicht durch Sehen oder Hören von anderen Menschen gelernt haben können. Sie leben unfreiwillig unter Bedingungen, wie sie für ein *Kaspar-Hauser-Tier* im Experiment künstlich geschaffen werden. Daraus folgt, dass Lächeln eine *angeborene Verhaltensweise* ist (s. Seite 133).

Kaspar-Hauser-Versuch
Versuch mit Tieren, die direkt nach der Geburt von ihren Artgenossen isoliert aufgezogen werden, sodass sie keine Möglichkeit haben, Verhaltensweisen von diesen zu lernen

In *Attrappenversuchen* kann das Lächeln des Säuglings künstlich ausgelöst werden. Die Versuchsergebnisse zeigen, dass die Säuglinge mit zunehmenden Alter Einzelheiten von Gesichtern genauer unterscheiden können. Im Alter von 5–8 Monaten lächelt der Säugling feste Bezugspersonen, wie Eltern und Geschwister, bevorzugt an. Auf fremde Menschen reagiert er im Alter von ungefähr acht Monaten oft mit ängstlichem Verhalten *(Fremdeln, Fremdenfurcht)*.

Störungen der Eltern-Kind-Beziehung

Untersuchungen an Heimkindern haben die Bedeutung von festen Bezugspersonen nachgewiesen: Heimkinder bleiben in ihrer Entwicklung, besonders in der Sprach- und Sozialentwicklung, oft weit hinter Kindern zurück, die von ihren Müttern oder einer anderen festen Bezugsperson betreut werden. In den Heimen wechseln die betreuenden Personen häufig und haben zudem oft wenig Zeit für die einzelnen Kinder. Bereits nach drei Monaten können bei den Kindern *Verhaltensstörungen* auftreten. Die Kinder sind häufiger krank, sie werden aggressiver, verweigern Sozialkontakte und sind insgesamt wenig an ihrer Umwelt interessiert. Je länger eine feste Bezugsperson für die Kinder fehlt, desto größer werden die Entwicklungsrückstände. Das Krankheitsbild aufgrund einer fehlenden Bindung an eine feste Bezugsperson nennt man *Hospitalismus*.

Diesem Krankheitsbild wird in Heimen heutzutage aktiv entgegengewirkt, indem möglichst viele Erzieherinnen möglichst wenige Kinder betreuen, sodass sie sich dem einzelnen Kind mit mehr Zeit und Aufmerksamkeit zuwenden können. So haben auch Heimkin-

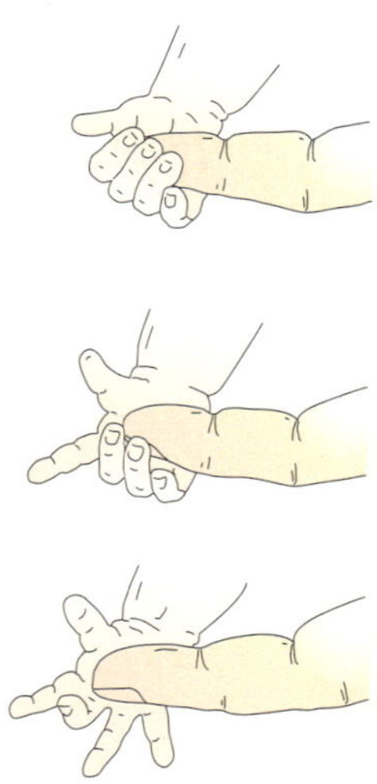

Greifreflex beim Säugling

1 Kontakt durch Lächeln

2 Lächelnder, taubblinder Junge

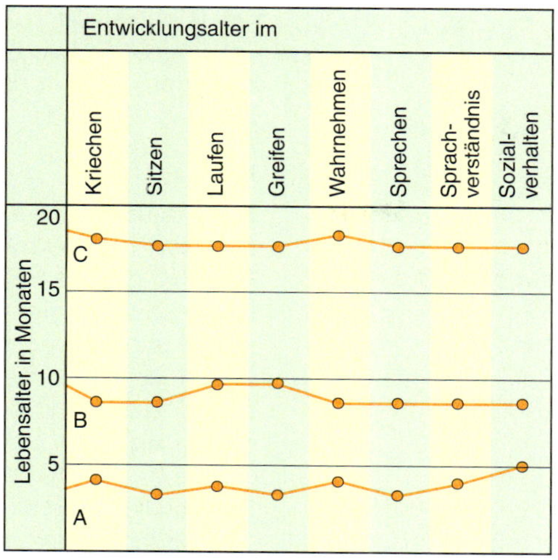

1 Entwicklungsprofil mit fester Bezugsperson

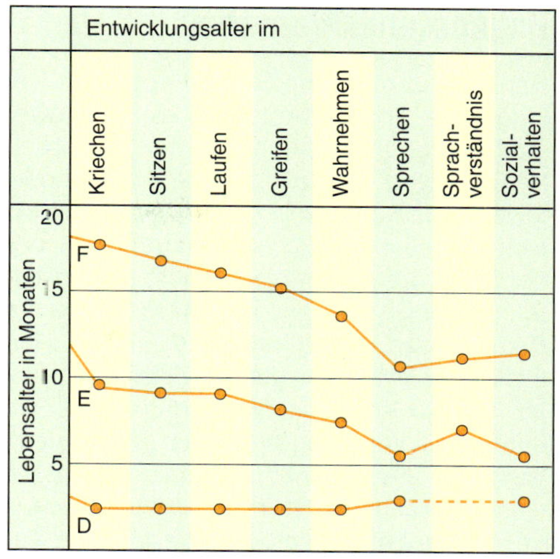

2 Entwicklungsprofile von Heimkindern

Attrappenversuch
in diesem Versuch wird der Reiz, von dem man annimmt, dass er ein bestimmtes Verhalten auslöst, in Form einer Attrappe nachgebildet und präsentiert.

der eine feste Bezugsperson und weisen nur noch selten Störungen, wie den Hospitalismus, auf.

Aus den Untersuchungen an Heimkindern folgt, dass für die gesunde Entwicklung eines Kindes zahlreiche Hautkontakte, Körperkontakte, Liebkosungen, Lächeln und Sprachkontakte zwischen Bezugsperson und Kind erforderlich sind, um die entsprechenden Hirnbereiche zu aktivieren.

Aufgaben

① Wie lassen sich beim Säugling angeborene Verhaltensweisen nachweisen?
② Nenne weitere Verhaltensweisen eines Neugeborenen.
③ Viele Krankenhäuser haben so genannte „rooming in“-Stationen, in denen Neugeborene bei ihren Müttern im Zimmer gelassen werden. Die Säuglinge liegen nicht mehr in abgeschlossenen Säuglingsstationen. Erkläre, welche Überlegung hinter dieser Maßnahme steht.
④ Welche Voraussetzungen sollten in Krankenhäusern noch gegeben sein, wenn Kleinkinder stationär behandelt werden müssen? Begründe deine Auswahl.
⑤ Worauf muss bei der Adoption von Kindern geachtet werden, wenn man bedenkt, wie wichtig eine feste Bindung an eine Bezugsperson für eine gesunde Entwicklung des Kindes ist?
⑥ Nenne begründet zwei Basiskonzepte zum Thema.

Zettelkasten

Die Harlow-Versuche

Zur Mutter-Kind-Bindung führte der amerikanische Biologe HARLOW Versuche mit Rhesusaffen durch. Einer Gruppe von Jungtieren gab er eine Drahtattrappe mit einem Milchfläschchen als Mutterersatz. Eine zweite Gruppe erhielt zwei Drahtattrappen. Eine war mit einem fellähnlichen Stoff bezogen, die zweite enthielt nur ein Milchfläschchen. HARLOW stellte fest, dass sich die Tiere der zweiten Gruppe fast nur bei der Fellattrappe aufhielten. Nur zur Nahrungsaufnahme wechselten sie kurzfristig zur Drahtattrappe über. Tiere beider Gruppen blieben jedoch nach einiger Zeit apathisch sitzen, verhielten sich aggressiv und wiesen weitere Entwicklungsstörungen auf, wobei die zweite Gruppe zunächst nicht so auffällig war.

Hier wurden Verhaltensauffälligkeiten erst mit zunehmender Dauer der Trennung von der Mutter deutlich. Wurden die Tiere nach höchstens 6 Monaten Isolation zur Mutter zurückgegeben, bildeten sich die Verhaltensstörungen zum Teil zurück. Nach mehr als 6 Monaten Trennung von der Mutter blieben die Tiere auf Dauer in ihrem Sozialverhalten gestört.

Rhesusaffe aus der zweiten Versuchsgruppe

Angeborenes Verhalten

Beobachtet man eine Erdkröte beim Beutefang, so stellt man fest, dass sie auf Bewegungen von Insekten in ihrer unmittelbaren Nähe reagiert. Die Kröte wendet ihren Körper jeweils zur Beute und blickt sie an. Sobald sich das Insekt, z. B. eine Fliege, in günstiger Entfernung befindet, schnellt die Erdkröte ihre Zunge vor, fängt und verschluckt die Beute. Diese Bewegungsfolge läuft bei allen Erdkröten immer in dieser gleichen Weise ab. Da alle Kröten, unabhängig davon, wie und wo sie aufgezogen wurden, das gleiche Verhalten zeigen, geht man davon aus, dass dieses Verhalten nicht individuell erlernt wurde, sondern als Erbinformation (auf den Genen) vorliegt. Ein solches Verhalten bezeichnet man als *angeborenes Verhalten*.

Versuche mit unterschiedlichen Beutenachbildungen (Attrappen) ergaben, dass Kröten sie nur dann als mögliche Beute ansehen, wenn die Objekte so groß wie Insekten sind und sich bewegen. Die *Attrappenversuche* sollten klären, welcher Reiz das Beutefangverhalten der Kröten auslöst. Der Auslöser eines angeborenen Verhaltens bezeichnete man als *Schlüsselreiz*.

Konrad Lorenz und Nikolaas Tinbergen führten diese Attrappenversuche durch und bezeichneten eine solche Handlung, wie das Beutefangverhalten der Erdkröte, als *Instinkthandlung* und unterteilten sie in zwei Teilhandlungen. Ein Schlüsselreiz löst eine *Orientierungsbewegung (Taxis)* zur Beute aus. Bewegt sich das Insekt bzw. eine entsprechende Attrappe weiter, so richtet sich die Erdkröte jeweils erneut auf die Beute aus. Beginnt die Kröte jetzt mit dem zweiten Teil der Handlung, der Ausführung des Zungenschlages, so läuft diese Bewegung bis zum Ende ab. Dieser Teil der Beutefanghandlung, die Endhandlung, ist nicht mehr aufzuhalten.

Bei Versuchen zur Auslösung eines angeborenen Verhaltens zeigte sich allerdings, dass Tiere in gleichen Situationen unterschiedlich intensiv reagieren. Erklärt wurde das mit einer unterschiedlichen *Handlungsbereitschaft*. Je höher die Handlungsbereitschaft eines Tieres ist, umso heftiger reagiert es auf einen Reiz.

Die Handlungsbereitschaft hängt von inneren und äußeren Faktoren ab. Die Handlungsbereitschaft der Erdkröte zum Beutefang ist z. B. sowohl von der Jahres- und Tageszeit als auch vom Wetter abhängig. Genauso entscheidet ihr körperlicher Zustand, z. B. Hunger, Gesundheitszustand oder Erschöpfungszustand, ob sie mit dem Beutefang beginnt. Aber auch ihr hormoneller Zustand, zum Beispiel während der Paarungszeit, hat Einfluss auf ihr Verhalten ebenso wie individuelles Lernen. Beide Verhaltensweisen, angeboren und erlernt, sind auch beim Beutefangverhalten der Kröte miteinander verknüpft.

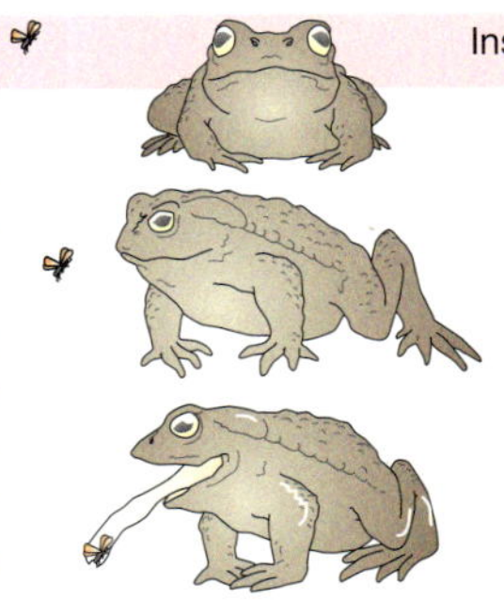

Viele Tiere sind durch ihre angeborenen Verhaltensweisen gut an die Bedingungen ihrer natürlichen Umwelt angepasst. Im Laufe ihres Lebens werden angeborene Verhaltensweisen jedoch aufgrund von neuen Erfahrungen durch Lernen modifiziert. Denn besonders in neuartigen und unbekannten Situationen können die relativ starren angeborenen Verhaltensweisen versagen oder sogar von Nachteil sein.

Beispiele für angeborenes Verhalten

Versuch 1

Erblickt eine brütende Gans außerhalb ihres Nestes einen runden bis eiförmigen Gegenstand, verlässt sie ihr Nest und beginnt mit der Unterseite des Schnabels den Gegenstand in ihr Nest zu rollen.

Diese *Eieinrollbewegung* zeichnet sich durch zwei Verhaltenselemente aus. Einmal die gerade ziehende Bewegung auf das Nest zu und eine seitliche Ausgleichsbewegung mit dem Schnabel, sodass das Ei nicht seitlich wegrollt. Wird der Gans das Ei während des Eieinrollens weggenommen, so führt sie die ziehende Bewegung noch bis zum Erreichen des Nestes weiter, macht aber keine seitlichen Ausgleichsbewegungen mehr.

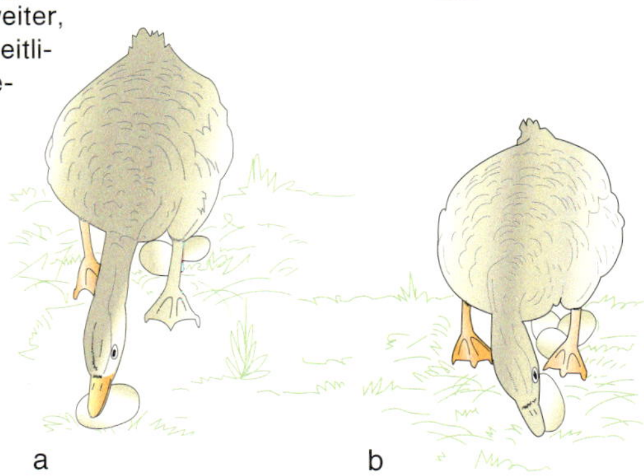

Versuch 2

Beugt sich eine Person mit dem Gesicht weit über die Wiege eines Säuglings, so wird sie vom ihm angelächelt. Dieses Verhalten zeigt der Säugling bereits nach dem ersten Lebensmonat. Attrappenversuche ergeben, dass das *Antwortlächeln* des Säuglings zu diesem Zeitpunkt eine genetisch bedingte Verhaltensweise ist.

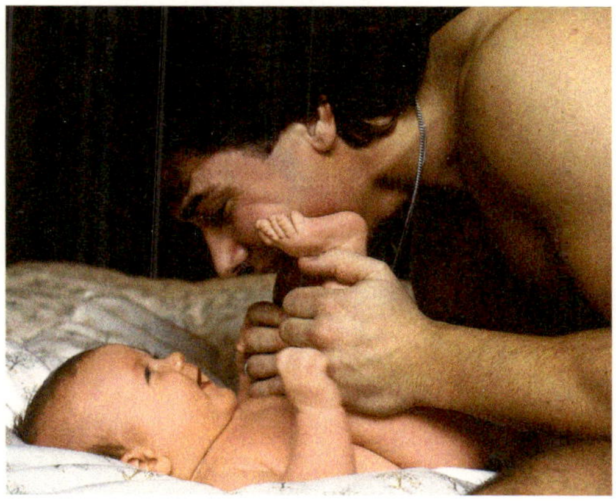

Das Auslösen des Antwortlächelns erfolgt nur auf die Gesichtsattrappe 2, nicht aber auf Attrappe 1.

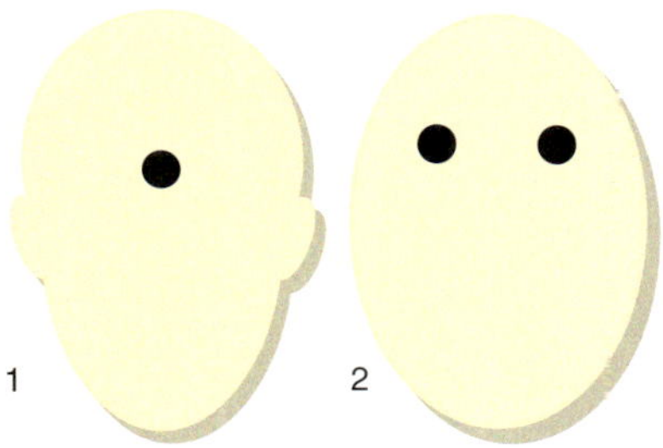

Bei der Verwendung weiterer Attrappen, zeigt sich, dass Säuglinge auch auf Attrappe 3 und 4 mit Antwortlächeln reagieren.

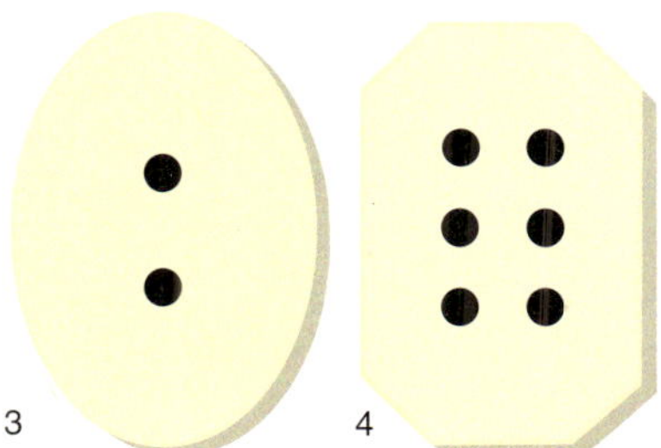

Versuch 3

Bei Erwachsenen lässt sich eine deutliche messbare Größenveränderung der Pupille als Reaktion auf Nacktfotos nachweisen, obwohl die Versuchspersonen teilweise eine Erregung beim Anblick der Fotos leugnen.

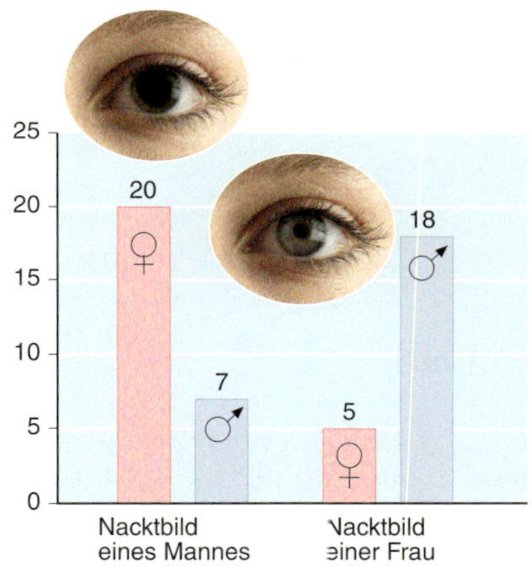

Mittlere prozentuale Änderung der Pupillengröße

Versuch 4

1. Erkläre das Verhalten der Gans beim Wegnehmen des Eies.
2. Was ist vermutlich der Schlüsselreiz für das Antwortlächeln?
3. Ergänze deine Aussagen über den Schlüsselreiz aufgrund der neuen Versuchsergebnisse.
4. Werte die im Diagramm dargestellten Ergebnisse aus.
5. Erläutere, ob es sich bei Versuch 3 um einen Attrappenversuch handelt.
6. Erkläre, warum der Begriff Schlüsselreiz speziell in Bezug auf den Menschen umstritten ist.

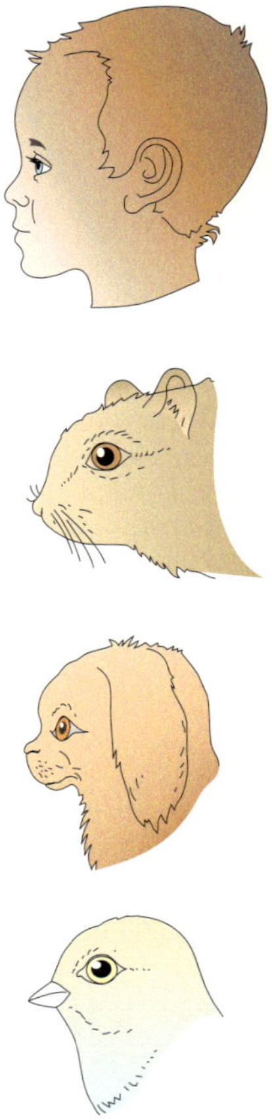

1 Kindchenschema bei Comicfiguren

Angeborenes Verhalten bei Erwachsenen

„Ist das Kleine aber niedlich", denkt man fast automatisch, wenn man ein Baby sieht. Bei Kleinkindern oder jungen Tieren sind Erwachsene versucht, diese zu streicheln, mit einer kindlichen Sprache anzusprechen oder sie zu betreuen. In *Attrappenversuchen* kann man die Merkmale im Aussehen des Kindes herausfinden, welche die Betreuungsrekationen der Erwachsenen auslösen.
Es sind:
- ein im Verhältnis zum Rumpf großer Kopf,
- ein relativ kleines Gesicht mit stark vorgewölbter Stirn,
- große Augen,
- rundliche Pausbacken,
- kurze, dicke Gliedmaßen und eine weiche Haut.

KONRAD LORENZ sah in diesen Merkmalen Schlüsselreize, die eine angeborene Betreuungsreaktion auslösen. Dieses angeborene Verhalten bezeichnet man als *Betreuungsreaktion*, da sie Komponenten wie das Füttern, Wärmen und Liebkosen von Lebewesen umfasst. Alle Merkmale zusammen bezeichnete er als *Kindchenschema*. Manche Tiere (z.B. Kaninchen, Pekinese) entsprechen dem Kindchenschema, auch wenn sie ausgewachsen sind. Sie veranlassen uns Menschen, sie beschützen und betreuen zu wollen. Dieses angeborene Verhalten ist eine Ursache dafür, dass Plüschtiere wie Teddybären und auch Puppen bei Kindern und Erwachsenen so beliebt sind. Viele Comicfiguren, wie Micky Mouse und ihre Freunde, zeigen ebenso Merkmale des Kindchenschemas, was eine wichtige Voraussetzung für den Erfolg der entsprechenden Comichefte und Zeichentrickfilme ist.

Vergleichbare, charakteristische Merkmale kann man auch bei erwachsenen Menschen feststellen. Wenn in der Werbung die sexuellen Schlüsselreize des *Weibschemas* (schmale Schultern, wohlgeformter Busen, breites Becken, weiche Körperformen und lange Beine) gezielt eingesetzt werden, so lenken sie die Aufmerksamkeit von Männern auf bestimmte Waren. Diese Hinwendereaktion der Männer erfolgt aufgrund der Wirksamkeit des angeborenen Weibschemas.

Entsprechend reagieren auch Frauen auf bestimmte Merkmale bei Männern: breite Schultern, schmales Becken, muskulöser Körperbau *(Mannschema)*. Durch entsprechende Kleidung und andere Hilfsmittel können diese Merkmale in beiden Fällen besonders hervorgehoben werden.

Dieses Mann- bzw. Weibschema bestimmt bei uns Menschen unbewusst die Wahl des Sexualpartners mit, denn zunächst sind es die äußeren Merkmale, die Aufmerksamkeit erregen. Für eine dauerhafte Bindung sind aber die Persönlichkeitsmerkmale des Partners entscheidend.

Aufgaben

① Was empfindest du bei der Betrachtung der Abbildungen in der Randspalte?
② Sammelt Beispiele von Werbeanzeigen, in denen das Kindchen-, Weib- oder Mannschema verwendet wird.

2 Mann- und Weibschema

1 Abgegrenztes Grundstück

Menschliches Revierverhalten

Bei der Zuweisung eines neuen Klassenraumes am Beginn eines Schuljahres gibt es immer wieder Auseinandersetzungen um die vermeintlich besten Plätze. Dass dabei den Ranghöheren der Klasse die Vorzugsplätze zugestanden werden, kann eigentlich nicht überraschen. Wer die Besitzansprüche nicht respektiert, muss mit heftigen Aggressionen rechnen.

Dies ist nur ein Beispiel für *menschliches Revierverhalten*. Ähnliches spielt sich auch im häuslichen Bereich ab. Das Grundstück ist durch Markierungen wie Zäune, Hecken oder Wege von den Nachbargrundstücken getrennt. Wehe demjenigen, der es unbefugt ohne *Beschwichtigungsverhalten* in Form von Entschuldigungen oder Geschenken betritt! Je mehr Häuser auf engem Raum stehen, desto dichter und höher werden die Abgrenzungen. Häufige unerwünschte Kontakte können nämlich auf den Menschen sehr belastend wirken. In überfüllten Bussen oder Straßenbahnen wird das natürliche *Kontaktbedürfnis* ebenso überfordert wie in engen Fußgängerzonen oder bei Großveranstaltungen. Man versucht deshalb, die „Nachbarschaftskontakte" durch Wegsehen und Ignorieren zu vermeiden. Gelingt das nicht, so führt der ständige Kontakt zu sozialem Stress und somit zu einer erhöhten *Aggressionsbereitschaft*.

Beobachtet man Menschen, die sich auf engem Raum zusammenfinden, so lässt sich das Bedürfnis nach einer *Individualdistanz* erkennen. Interessant ist es, an sonnigen Tagen an einem Badestrand die allmähliche Besiedlung mit Sandburgen zu verfolgen. Die ersten, früh am Morgen erbauten Burgen haben weite Abstände voneinander. Mit dem Eintreffen weiterer Urlauber müssen die Individualdistanzen immer mehr verringert werden. Das geschieht sehr gleichmäßig, bis schließlich die Burgen direkt aneinander grenzen.

Als Störung empfindet man das Unterschreiten der Individualdistanz durch einen Eindringling. Setzt sich, ohne zu fragen, ein fremder Mensch auf eine Parkbank, die bereits von einem anderen „besetzt" wurde, so wirkt sein Verhalten als störend. Die meisten Menschen rücken dann unwillkürlich von dem Neuankömmling ab. (▶ S. 248/249)

2 Menschenmassen in der Fußgängerzone

3 Sandburgen am Strand

1 Begrüßung

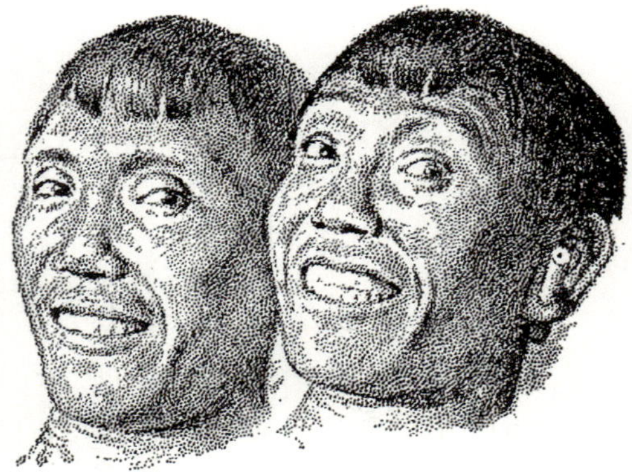

2 Augengruß

Körpersprache und nonverbale Kommunikation

Welche Emotionen drücken die Gesichter aus?

Sprichworte wie „Ein Lächeln sagt mehr als tausend Worte“ oder „Er redete mit Händen und Füßen“ weisen auf die Macht der *Körpersprache* hin. Auch wenn wir schweigen, reden wir, das zeigen die verschiedenen Gesichtsausdrücke in der Randspalte.

Menschen auf der ganzen Welt drücken unabhängig von kulturellen Unterschieden grundlegende Emotionen auf die gleiche Weise aus und können sie entsprechend auch bei anderen im Gesichtsausdruck ablesen. So gilt z. B. das Stirnrunzeln fast weltweit als Zeichen von Ärger und Lächeln wird als positives Signal eingesetzt. Ähnliche Fotografien wie die aus der Randspalte wurden Angehörigen einer in Neuguinea beheimateten Kultur vorgelegt, die bis zu diesem Zeitpunkt noch keinen Kontakt mit westlichen Kulturen hatte. Trotzdem bezeichneten sie die dargestellten Emotionen eindeutig. Nur bei der Unterscheidung zwischen Überraschung und Angst hatten sie Schwierigkeiten, vermutlich weil in ihrem Lebensraum Überraschung meist Angst auslösend wirkt.

Neben den grundlegenden Emotionen gibt es aber auch noch viele *Körpersignale*, die sich kulturell entwickelt haben und zu erheblichen Missverständnissen führen können, wenn man den entsprechenden Code nicht kennt. Das kann schon bei der Begrüßung anfangen: Bei den Massai in Ostafrika reduziert sich die Begrüßung auf ein flüchtiges Berühren der Handflächen, im westafrikanischen Mali berührt man dabei kurz den eigenen Unterarm. In anderen Kulturen wird nur ein kräftiger langer Händedruck oder ein heftiges Händeschütteln akzeptiert, wieder andere begrüßen sich mit Umarmung und Wangenkuss oder Verbeugung (Abb. 1).

In der täglichen zwischenmenschlichen Verständigung spielen Körpersignale eine erhebliche Rolle. Mimik, Gestik, Haltung und Bewegung, die Kleidung, die räumliche Beziehung zu anderen Personen und ihre Berührung sind Elemente der *nonverbalen Kommunikation* (▶ 248/249). Die Botschaften werden oft unbewusst übermittelt und verraten manchmal mehr, als wir wollen. Nicht umsonst gibt es das „Pokerface“.

Eine besondere Rolle, nicht nur beim Flirt, spielen die Augen. Bei einer Begegnung mit anderen Menschen lesen wir viel Information von Augen, Augenbrauen und Wimpern ab. Trägt der Gesprächspartner eine dunkle Sonnenbrille, selbst dann, wenn die Augen nicht vor der Sonne geschützt werden müssen, fühlen wir uns unwohl. Zu langes Anstarren wird als aufdringlich empfunden, aber den Blickkontakt zu meiden, gilt als Desinteresse oder Verlegenheit. Der *Augengruß* (kurzes Hochziehen der Augenbrauen) ist eine freundliche Geste (Abb. 2).

Selbst aus der Größe der Pupillen entnehmen wir Informationen. In Experimenten untersuchte man fotografische Portraits, in denen die Pupillen der abgebildeten Personen durch Retusche einmal geringfügig verkleinert und einmal vergrößert waren. Übereinstimmend beschrieben die Befragten die

1 Körpersignale: Mimik, Gestik, Haltung und Bewegung

2 Körperhaltung

Person mit den vergrößerten Pupillen als netten, angenehmen Menschen, während die Person mit den verengten Pupillen als gemein oder gefährlich bezeichnet wurde. Biologischer Grund für diese Interpretation ist, dass ein Mensch, der einen Angriff plant, seinen Gegner deutlich und mit großer Tiefenschärfe (engen Pupillen) sehen muss, während sich die Pupillen erweitern, wenn der Mensch entspannt ist und sich wohl fühlt.

Die Gestik der Hände begleitet meist das gesprochene Wort. Manchmal gestikulieren wir sogar am Telefon. Vermutet wird, dass diese Verknüpfung zwangsläufig ist, weil die Zentren für Sprache und Handbewegung im Gehirn nahe beieinander liegen (Abb. 1).

Auch die *Körperhaltung* sagt viel über uns aus. Sind wir traurig, erscheinen wir zusammengesunken. Nehmen wir eine offene Haltung im Brust- und Halsbereich ein, signalisieren wir damit Furchtlosigkeit und Selbstbewusstsein. Mit der verbalen Sprache kann man leicht lügen, mit der Körpersprache dagegen nur schwer. Stimmen beide Sprachen nicht überein, ist der Gegenüber meist irritiert.

Aufgabe

① Beobachte vortragende Personen: Politiker/innen, Lehrer/innen, Mitschüler/innen und deute ihre Mimik und Gestik. Vielleicht kannst du auch geschlechtsspezifische Äußerungen erkennen.

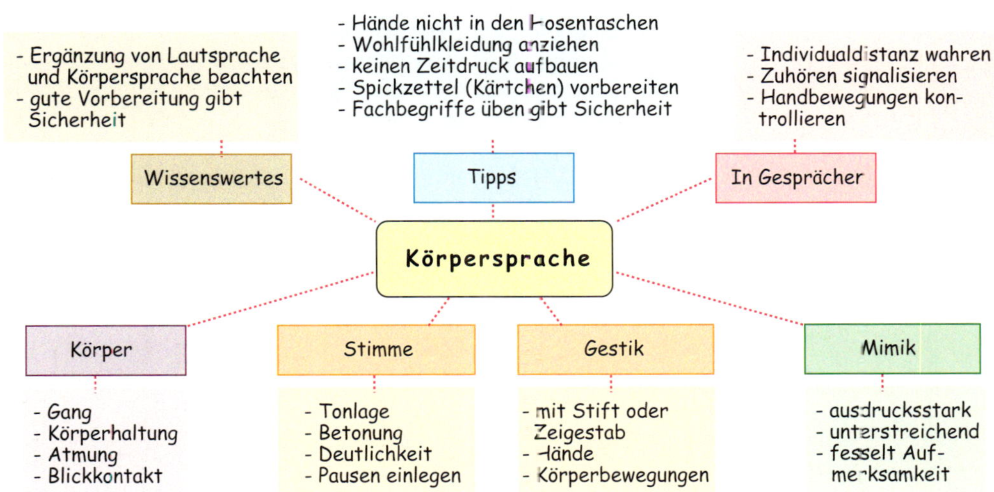

3 Mindmap

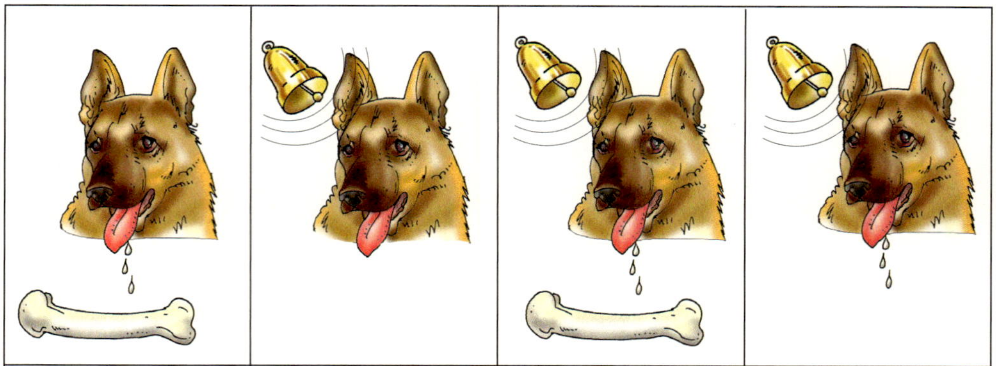

1 Schema des Ablaufs von Pawlows Versuchen

Lernvorgang Konditionierung – der bedingte Reflex

IWAN PETROWITSCH PAWLOW
(1849 – 1936), russischer Physiologe, arbeitete über die Tätigkeit der Verdauungsdrüsen; diese Forschungen führten ihn zu den bedingten Reflexen. Er erhielt 1904 den Nobelpreis für Medizin.

Reflex
eine in stets gleicher Weise ablaufende, unmittelbare Reaktion auf einen bestimmten Reiz.

Bei Hunden läuft der Speichel, wenn sie Futter riechen. Der russische Forscher IWAN PAWLOW untersuchte dieses Verhalten genauer. Dazu wurden Hunde in einem geruchsfreien, besonders ausgestatteten Raum von sämtlichen Reizen aus der Umwelt abgeschirmt. Einem Hund wurde der Ausgang der Speicheldrüsen über ein Röhrchen nach außen gelegt, wodurch PAWLOW den Speichel direkt abfließen sehen konnte.

In einer ersten Versuchsreihe bot PAWLOW einem Hund Futter an und sofort begann der Speichelfluss. Wiederholte er den Versuch mit anderen Hunden, so lief der Speichel ebenfalls. PAWLOW folgerte, diese Verhaltensweise sei angeboren. Auf den Futterreiz zeigte der Hund ohne Verzögerung die Reaktion Speichelfluss *(Reflex)*.

In einer zweiten Versuchsreihe wurde einem Hund Futter angeboten und jedesmal ertönte gleichzeitig eine Glocke. Nach zwanzigmaliger Wiederholung des Vorganges genügte der Glockenton alleine, um den Speichelfluss auszulösen.

Der Glockenton hatte vor der Versuchsreihe für den Hund keine Bedeutung. Es war ein *neutraler* Reiz. Während der Wiederholungsphase des Versuches lernte der Hund, den Zusammenhang zwischen Futter und Glockenton herzustellen. Der Ton konnte jetzt alleine den Speichelfluss auslösen. Der Hund hatte gelernt, dass der Glockenton bedeutet: Jetzt gibt es Futter. Dieser Lernvorgang wird als *bedingter Reflex* bezeichnet.

Aufgaben

① Wie muss man vorgehen, damit der Glockenton, der den Speichelfluss auslöst, wieder zum neutralen Reiz wird?

② Nähert man sich einem Aquarium, so sammeln sich die Fische schnell an der Fütterungsstelle. Erkläre dieses Verhalten, indem du die Fachbegriffe benutzt.

③ Führe folgenden Versuch durch:
Gib Aquarienfischen das Futter stets in einem auf dem Wasser liegenden Styroporring. Die Fische beachten ein daneben liegendes Styropor-Quadrat als Futterstelle nach einiger Zeit nicht mehr. Nun kannst du den Versuch umkehren und das Quadrat zur Futterstelle machen. Wie lange dauert es, bis die Fische umgelernt haben und den Styroporring nicht mehr als Futterstelle aufsuchen.

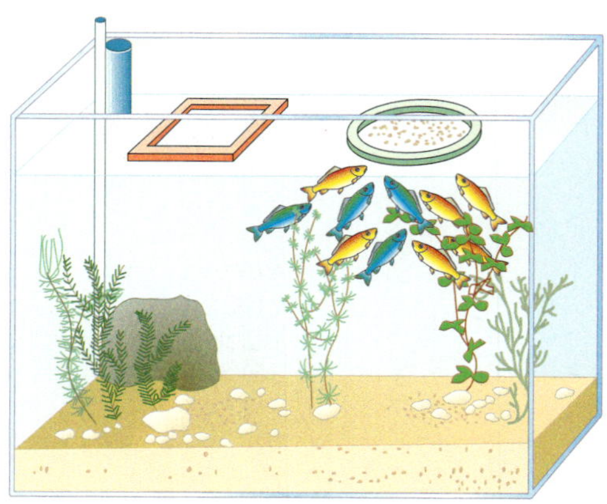

2 Aquarium mit unterschiedlichen Futterstellen

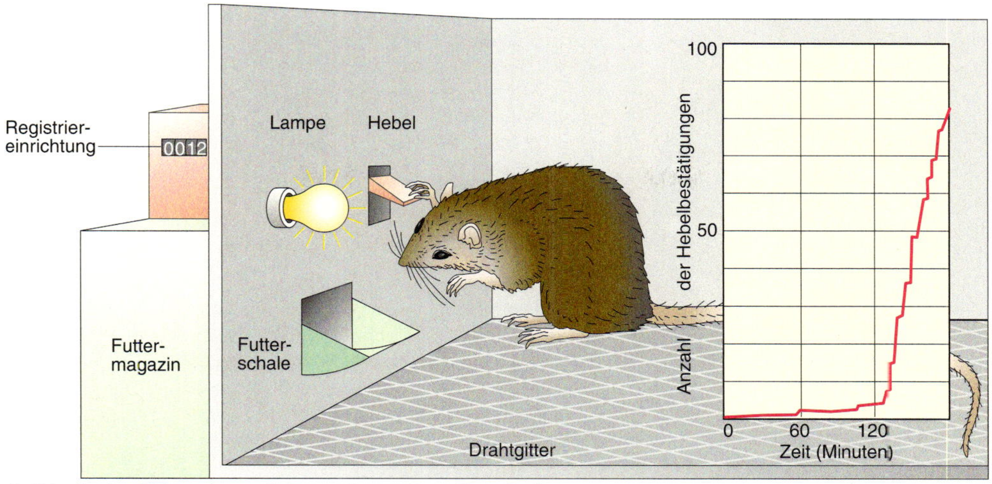

1 Prinzip der Skinnerbox mit Darstellung eines Protokolls

Lernen am Erfolg

Eichhörnchen benagen anfänglich eine Haselnuss in ganz unterschiedlichen Richtungen. Erst durch mehrfache Versuche lernen sie dann, dass das Benagen in Längsrichtung den Zähnen die besten Ansatzpunkte zum Aufsprengen der Nuss bietet. Solches *Lernen durch Versuch und Irrtum* hat der amerikanische Forscher BURRHUS F. SKINNER an Ratten untersucht. Ratten wurden hierzu in Käfigen gehalten, in denen sich ein Hebel, eine Futterschale und eine Lampe befanden. Wurde der Hebel gedrückt, fiel ein Futterkorn in die Schale. Diese Versuchsanordnung nennt man *Skinnerbox*.

BURRHUS FREDERIC SKINNER (1904 – 1990), amerikanischer Psychologe, übertrug seine an Ratten und Tauben gefundenen Erkenntnisse auf den Menschen und entwickelte Lernprogramme.

SKINNER setzte eine Ratte in seinen Versuchskäfig. Die Ratte untersuchte neugierig die neue Umgebung. Drückte sie dabei zufällig auf den Hebel, so fiel ein Futterkorn in die Schale. Nach einigen Wiederholungen führte die Ratte die Handlung mehrfach hintereinander aus. Sie hatte gelernt, dass das Hebeldrücken die Bedingung für die kurz darauf folgende Belohnung *(Verstärkung)* war. Diese Lernform, bei der eine zunächst zufällige Handlung durch eine Verstärkung bekräftigt wird, bezeichnet man als *operante Konditionierung*.

Erlernte Handlungen können auch bei der operanten Konditionierung mit einem neutralen Reiz (z. B. weißes Licht) verknüpft werden. In der Skinnerbox leuchtet das Licht gleichzeitig mit dem Fallen des Futters als Folge des Hebeldrückens auf. Wiederholt man diesen Vorgang mehrmals, genügt das weiße Licht, um bei der Ratte das Hebeldrücken auszulösen. Das weiße Licht ist zu einem *bedingten Reiz* geworden. So kann man Tieren Handlungen beibringen, die dann gezielt über einen bedingten Reiz abgerufen werden. (▶ S. 252/253)

Zwei Voraussetzungen waren bei den Ratten für diesen Lernprozess erforderlich: Erstens erkunden Ratten eine neue Umgebung immer, indem sie alle Gegenstände beäugen, beriechen und zum Teil betasten *(Neugierverhalten)*, zweitens hatte man die Ratten vor dem Versuch hungern lassen *(hohe Handlungsbereitschaft)*. Berührte die Ratte nun zufällig den Hebel, so verknüpfte sie das Hebeldrücken mit der Futterbelohnung und die Handlung mit der Befriedigung des Hungers. So lange die Ratten noch Hunger haben, drücken sie den Hebel. Deshalb muss die einzelne Futtergabe so knapp bemessen sein, dass der Hunger erhalten bleibt.

Aufgaben

① Wie müssen die Erkenntnisse der Konditionierung eingesetzt werden, wenn einem Hund das Pfötchengeben beigebracht werden soll?

② Mäuse orientieren sich in ihren Gangsystemen. In einem Labyrinth kann man dazu Versuche machen. Setze ein Tier an den Start und protokolliere deine Beobachtungen. Wiederhole den Versuch mehrmals mit derselben Maus und mit anderen. Versuche dann zu erklären, wie Mäuse den Weg durch ein Tieflabyrinth lernen.

Lernen

Bedingte Reaktionen beim Menschen

Material:
Trillerpfeife oder Reisewecker; Fön oder Reflexbrille

Vorbereitung:
Bau der Reflexbrille: In das Ende eines 50 cm langen Gummischlauches mit einer Gummiballpumpe wird die abgeschnittene Spitze einer leeren Spritzflasche gesteckt. Diese wird mit Klebeband so an einer glasfreien Schutzbrille befestigt, dass der austretende Luftstrom den inneren Augenwinkel trifft.

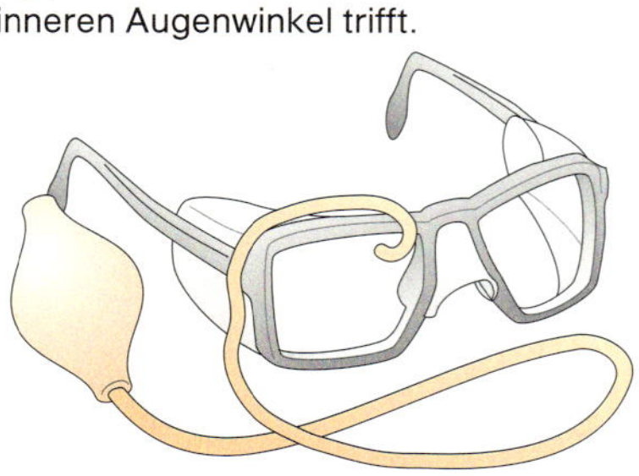

Durchführung:
Eine Versuchsperson setzt die Reflexbrille auf, eine zweite stellt sich mit Trillerpfeife im Mund dahinter. Eine dritte protokolliert die Ergebnisse. Gibt es keine Reflexbrille, lässt sich ein Luftstrom mit einem Fön von der Seite auf das Auge blasen. Die Laute können auch mit einem Reisewecker erzeugt werden.

Aufgaben

① Die Versuchsleitung pfeift. Beobachte die Reaktion.
② Gib einige Luftstöße auf das Auge. Welche Reaktion tritt auf?
③ In einem Abstand von 5 s 20-mal pfeifen und jeweils sofort danach die Gummiballpumpe betätigen. Danach 8-mal pfeifen, kombiniert mit einem Luftstrom. Noch einmal nur pfeifen. Deute die Ergebnisse kritisch!
④ Pfeife im Abstand von 5 Sekunden, bis der Lidschluss bei der Versuchsperson ausbleibt. Bestimme die Anzahl der erforderlichen Versuche. Diskutiere, ob eine bedingte Reaktion oder bewusstes Handeln vorliegt.

Labyrinthversuche mit Mäusen

Versuchstiere und Material:
Mehrere Hausmäuse oder Mongolische Rennmäuse, die höchstens 12 Stunden vor Versuchsbeginn keine Nahrung mehr erhalten haben. Benötigt werden 20 cm lange Rundhölzer, 4 cm breite und 20 cm lange Holzleisten, Bohrmaschine, Bohrersatz, Holzleim, Lack, Stoppuhr und Reinigungsflüssigkeit.

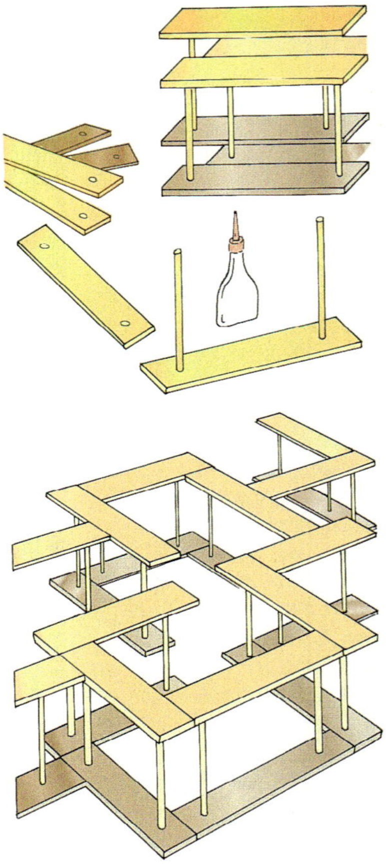

Vorbereitung:
Man fertigt die Bauelemente des Hochlabyrinths aus den Rundhölzern und Holzleisten, die dann mit einem Wasser abweisenden Lack gestrichen werden.

Durchführung:
In Vorversuchen lässt man die Mäuse auf den Hochlabyrinthstegen laufen. In dieser Eingewöhnungsphase besteht das Labyrinth nur aus 4 Stegen und am Ziel wartet der Wohnkäfig mit etwas Futter als Belohnung. In den eigentlichen Versuchen wird das Labyrinth auf einem Fahrtisch aufgebaut, wobei z. B. 6 Laufstege neu kombiniert werden. Nach jedem Versuch wird mit Flüssigreiniger abgewaschen, da die Mäuse ihre Wege markieren.

Arbeitet jeweils in Dreiergruppen zusammen: Einer/ eine notiert die Anzahl der Fehlentscheidungen bis zum Ziel, ein zweiter/ eine zweite ermittelt mit der Stoppuhr die Dauer der Läufe, der dritte/ die dritte legt Futter an das Ziel, setzt die Mäuse an den Startpunkt und reinigt nach jedem Durchgang die Stege.

Aufgaben

⑤ Lasse ein Tier 15- bis 20-mal über das Labyrinth laufen. Nach jedem Durchgang erhält das Tier 2 Minuten Pause. Setze die Ergebnisse so in eine Grafik um, dass auf der x-Achse die Anzahl der Versuche, auf der y-Achse die Zeit oder die Anzahl der Fehlentscheidungen aufgetragen wird.
⑥ Ordne das Labyrinth spiegelbildlich an. Wiederhole den Versuch mit den erfahrenen Tieren. Vergleiche die Ergebnisse.
⑦ Verlängere die geraden Laufstrecken mit weiteren Stegen. Wiederhole die Versuche und vergleiche die Ergebnisse.

Labyrinthversuche mit Menschen

Material:
Sperrholz-, Hartfaser- oder Kunststoffplatte 30 x 40 cm und 45 x 60 cm, Bohrmaschine, Laubsäge, Stoppuhr, Schal, Bleistift, großes Blatt Papier.

Vorbereitung:
Auf die Platten wird das Labyrinthmuster (s. Abb. rechts) übertragen und mit der Laubsäge ungefähr 6 mm breit ausgesägt. An Start und Ziel wird ein Loch gebohrt.

Durchführung:
Für die Durchführung des folgenden Versuchs arbeiten immer zwei Personen zusammen. Der Versuchsperson werden zunächst die Augen mit dem Schal verschlossen. Danach holt der Versuchsleiter die benötigten Materialien. Er legt das Papier unter das Labyrinth und setzt die Hand der Versuchsperson mit dem Bleistift an den Startpunkt.

Aufgaben

⑧ Die Versuchsperson durchfährt mit dem Bleistift 15-mal das Labyrinth. Der Versuchsleiter ermittelt jede Fehlentscheidung auf dem Weg, bis die Versuchsperson das Ziel erreicht hat. Führe eine Versuchsreihe durch, in der die Versuchsperson möglichst schnell zum Ziel gelangen soll. In einer zweiten Versuchsreihe sollen andere Versuchspersonen ohne Zeitvorgabe möglichst wenig Fehler anstreben. Am Ende jedes Versuchs wird die Hand der Versuchsperson zum Startpunkt zurückgeführt. Nach einer Minute Pause beginnt der nächste Durchgang. Stelle die Versuchsergebnisse der beiden Reihen in einer Grafik dar.
⑨ Die Versuchsleitung dreht das Labyrinth spiegelbildlich herum, und die Versuchsperson beginnt erneut für 15 Durchgänge. Deute das Ergebnis im Vergleich zur ersten Versuchsreihe.
⑩ Wiederhole die Versuchsreihe mit einem vergrößerten Labyrinth. Deute im Vergleich die Versuchsergebnisse.
⑪ Führe die gleichen Versuche durch, während Rockmusik gespielt wird oder jemand eine spannende Geschichte vorliest.
⑫ Welche Schwierigkeiten traten beim Erlernen der Wege im Labyrinth auf?
⑬ Wurden Strategien zum Vermeiden von Fehlern oder zum Erreichen einer großen Durchlaufgeschwindigkeit angewandt?

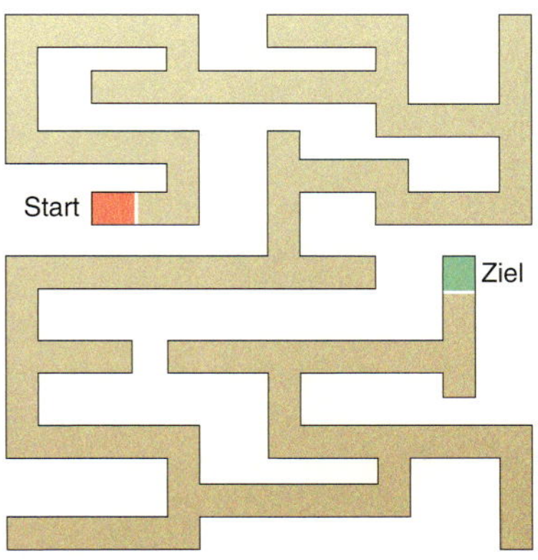

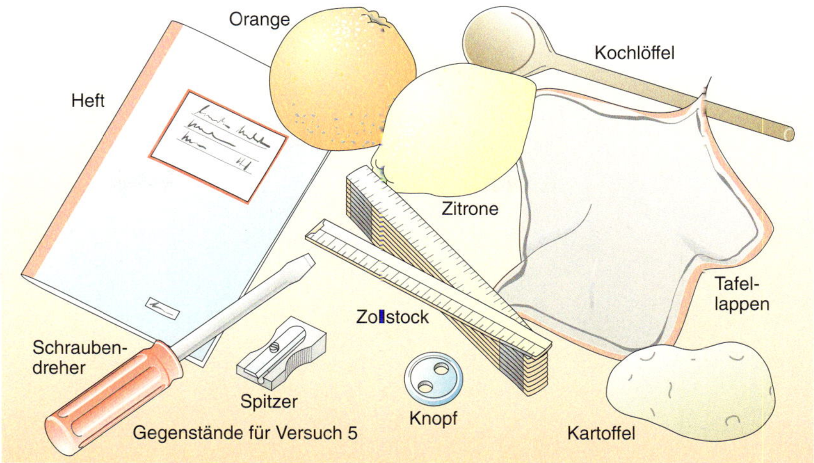

Gegenstände für Versuch 5

Lerntypen und Gedächtnisleistung beim Menschen

Material:
Bringe folgende Gegenstände in die Schule mit:
Löffel, Gabel, Radiergummi, Lineal, Bleistift, Heft, Buch, Spitzer, Pinsel, Schwamm, Tafellappen, Apfel, Orange, Banane, Kartoffel, Zitrone, Kochlöffel, Rührbesen, Knopf, Garnrolle, Schere, Zahnbürste, Seife, Waschlappen, Kieselstein, Schraubendreher, Hammer, Zollstock, Gummischnur, Zeitung, Schal. 2 Blätter, beschrieben mit 10 Begriffen, Zettel mit den Namen der Gegenstände des 5. Versuchs.

Durchführung:
Es soll in den folgenden Versuchen der Lerntyp und die Gedächtnisleistung ermittelt werden. Teile den Kurs in drei Gruppen ein. Die erste Gruppe übernimmt die Aufgabe der Versuchsleitung, die anderen beiden sind die Testpersonen. Die zweite Gruppe darf die Namen der vorgestellten Gegenstände zwischen Lernen (Merken) und Aufschreiben laut wiederholen. Die dritte Gruppe spricht leise nach dem Vorstellen der Begriffe die Reihe 2, 4, 6, 8, 10 usw.; die Reihe 3, 6, 9, 12 usw.; die Reihe 4, 8, 12, 16 usw. Jeweils nach 30 Sekunden schreiben die Testpersonen die gemerkten Gegenstände (Begriffe) auf. Die Anzahl der Begriffe wird für die Versuche in einer Tabelle festgehalten.

1. Versuch: Lasse die Testpersonen die nachfolgenden 10 Begriffe lesen, wobei sie jedes Wort 5 Sekunden lang anschauen dürfen: Hose, Mehl, Mantel, Schal, Bluse, Stuhl, Lineal, Meerschweinchen, Zahnbürste, Hamster.

2. Versuch: Lese deinen Testpersonen laut und deutlich im Abstand von je 5 Sekunden die folgenden Worte vor: Sessel, Katze, Teppich, Schrank, Tisch, Buch, Reis, Hund, Gries, Linsen.

3. Versuch: Lege den Testpersonen die folgenden Gegenstände im Abstand von 5 Sekunden auf den Tisch: Kieselstein, Gummischnur, Zeitung, Banane, Hammer, Schere, Spielzeugmaus, Waschlappen, Pinsel, Rock.

4. Versuch: Gib den Testpersonen, denen du die Augen mit einem Schal verbindest, die folgenden Gegenstände jeweils 5 Sekunden lang in die Hand. Sie dürfen sie ertasten: Radiergummi, Bleistift, Apfel, Rührbesen, Schwamm, Garnrolle, Gabel, Seife, Löffel, Nudel.

5. Versuch: Gib nun alle 5 Sekunden einen Gegenstand in die Hand der Testpersonen, lasse sie den Gegenstand befühlen und betrachten. Lege zusätzlich einen kleinen Zettel mit dem Namen des Gegenstandes auf den Tisch und sprich den Namen laut und deutlich vor: Heft, Spitzer, Tafellappen, Orange, Kochlöffel, Zitrone, Schraubendreher, Zollstock, Knopf, Kartoffel.

Aufgaben

⑭ Welche Eingangskanäle werden in den Versuchen in ihrer Bedeutung für die Gedächtnisleistung überprüft?
⑮ Vergleiche und erkläre die unterschiedlichen Ergebnisse. Entwickle aus den Versuchsergebnissen Konsequenzen für das Lernen des Einzelnen.
⑯ Vergleiche die Ergebnisse der Gruppen 2 und 3. Finde Erklärungen für die Unterschiede und schlage daraus Konsequenzen für das Lernen vor.

1 Kleinkind beim Konstruktionsspiel

2 Kinder beim Puzzlespiel

3 Jugendliche beim Schachspiel

Besonderheiten des menschlichen Lernens

Die Fotos und Grafiken auf den vorhergehenden Seiten haben Mimik, Gestik, Revierverhalten und Verhalten im Zusammenleben von Menschen gezeigt. Diese Verhaltensweisen sind teilweise angeboren und werden zusätzlich durch Lernprozesse überformt und verändert oder durch weitere erlernte Verhaltensweisen ergänzt.

Spielen und Lernen

Für Menschen hat das *Lernen* eine große Bedeutung, damit sie in ihrer Umwelt, die sehr komplex ist und sich ständig ändert, bestehen können. Besonders intensiv sind bei Menschen die Lernprozesse in der Kindheit und Jugendzeit, die im Vergleich zu Tieren stark ausgeweitet sind. Aber auch nach dieser Zeit hören Erwachsene nicht auf zu lernen; diese Fähigkeit bleibt ihnen bis ins hohe Alter hinein erhalten.

Das Kleinkind baut mit Holzklötzchen zunächst einfache Mauern und Häuser. Später baut es bei schwierigen Konstruktionen bereits Gesehenes nach. Ein Kleinkind ahmt seine Eltern im Umgang mit anderen Menschen nach und übernimmt Verhaltensweisen von ihnen *(Lernen durch Nachahmung)*. Auch Erwachsene imitieren Vorbilder. Die Werbung nutzt dieses Verhalten aus, indem sie bekannte Personen zusammen mit bestimmten Produkten zeigt. Viele Erwachsene möchten genauso erfolgreich wie diese Vorbilder sein und kaufen aus diesem Grund die in der Werbung herausgestellten Produkte.

Viele Kinder spielen gern mit einem Puzzle. Sie setzen die Einzelteile zu einem Bild zusammen. Erst probieren sie, wie die Einzelteile zusammengehören, ehe sie über Teilerfolge die Gesamtlösung herausfinden. Wiederholen sie darauf das Puzzle, legen sie die Teile viel schneller zusammen. Man sieht, dass sie durch *Versuch und Irrtum* gelernt haben.

Wird das Kind beim Puzzle für richtige Teillösungen gelobt, so wird es mit mehr Freude weiterspielen. Schülerinnen und Schüler lernen häufig leichter in den Fächern, in denen sie für ihre Lernfortschritte gelobt werden und gute Noten erhalten. Sie folgen dann dem Unterricht aufmerksamer und sind eher bereit, aufwändige Arbeiten zusätzlich zu übernehmen. Lob und gute Noten wirken bei uns Menschen als Belohnung wie das Futter bei Tieren in der Dressur (s. Seite 139).

Lernen mit System

Schwierige Bewegungsabläufe im Sport werden zum leichteren Erlernen in mehrere aufeinander folgende Lernschritte zerlegt. So wird für den Weitsprung nacheinander der Anlauf, die Absprung- und Flugphase und die Landung geübt. Werden alle Einzelelemente beherrscht, dann werden diese zum gesamten Bewegungsablauf zusammengefasst und durch vielfache Wiederholung automatisiert *(Lernen durch Übung)*.

Menschen lernen auch nach der Form der *bedingten Reflexe* (s. Seite 138). Wer bei der Zahnbehandlung Schmerzen und unangenehme Gefühle erfahren hat, meidet künftig lieber den Zahnarzt. Der Zahnarzt und das Geräusch des Bohrers sind für diese Menschen zu bedingten Reizen geworden.

Menschen haben im Vergleich zu Tieren viel mehr Möglichkeiten, Problemsituationen über das *Lernen durch Einsicht* (s. Seite 144) zu bewältigen und den eigenen Handlungsspielraum zu erweitern. Am Beispiel des unerfahrenen Schachspielers kann man sehen, dass er dem stärkeren Mitspieler zunächst schnell unterliegt. Dann wird er bald Sachbücher studieren, vielleicht mit Schachcomputern seine Einsicht in Schachprobleme erweitern. Er wird seine bisherigen Kenntnisse und Erfahrungen aus dem Gedächtnis neu kombinieren und so seine Spielstärke weiterentwickeln. Solches *problemlösendes Denken* kann man üben. Die drei Aufgaben auf dieser Seite haben sehr unterschiedliche Schwierigkeitsgrade. Wer findet alle Lösungen?

Für die Lösung der großen Probleme der Menschheit, wie z.B. die Ernährung der stark steigenden Weltbevölkerung und die Gefährdung der Umwelt, müssen die Menschen ihre gesamten geistigen Fähigkeiten und Hilfsmittel einsetzen. Sie können dazu, im Gegensatz zu den Tieren, auf eine hoch entwickelte *Wortsprache* zurückgreifen. Durch Schrift und Buchdruck können Menschen auch Kenntnisse und Erfahrungen von früheren Generationen nutzen und an nachfolgende weitergeben. Mit der heutigen Computertechnik kann man eine riesige Zahl von Daten speichern, sie schnell verarbeiten, weitergeben und Modelle als Entscheidungshilfen erstellen. Die Entscheidungen selbst muss der Mensch im Rahmen seiner Wertvorstellungen und Normen treffen. Die Verantwortung für seine Mitmenschen und die Natur kann ihm aber kein noch so guter Computer abnehmen. (▶ S. 252/253)

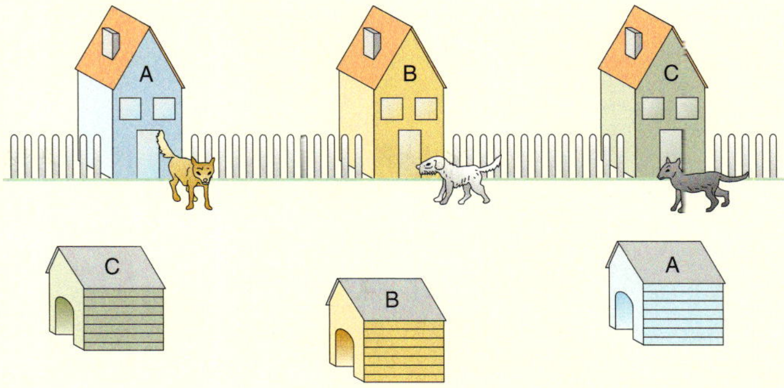

① Übertrage die Zeichnung in dein Heft. Finde für alle drei Hunde einen Weg vom Haus zur zugehörigen Hundehütte, ohne dass sich dabei die Wege überschneiden.

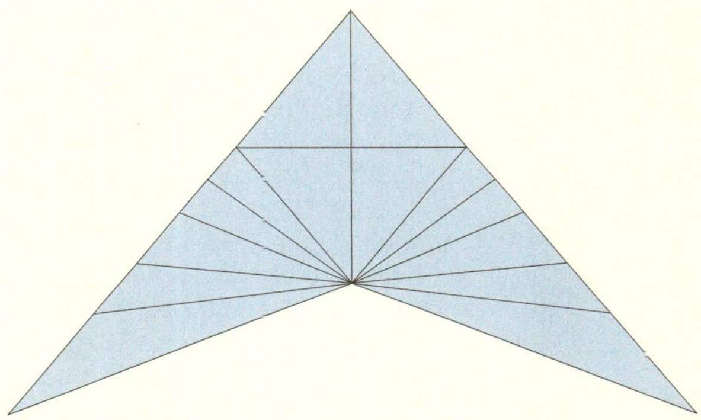

② Wie viele Dreiecke kannst du in genau einer Minute in dieser Figur ausfindig machen? Wie viele sind es insgesamt?

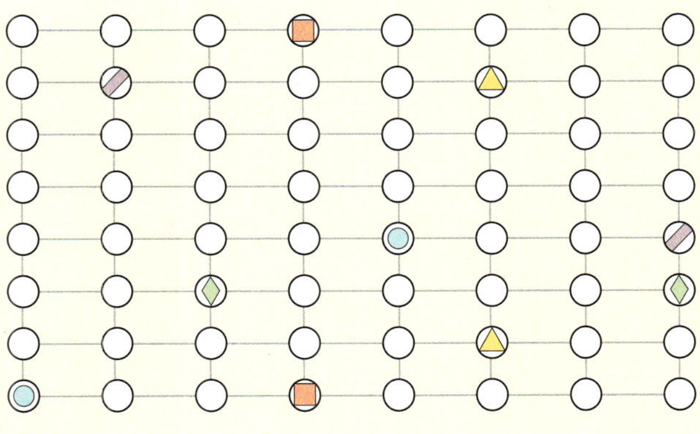

③ Verbinde innerhalb des Gitternetzes jeweils die gleichen Symbole miteinander. Die Verbindungslinien sollen sich dabei nicht kreuzen und kein Zwischenpunkt darf zweimal berührt werden.

1 Zielgerichtetes Handeln eines Orang-Utans

Lernen durch Einsicht

Wissenschaftler hängen in einem Zoologischen Garten über einem Gehege von Orang-Utans eine Banane so auf, dass sie für die Affen unerreichbar ist. Zunächst versuchen die Tiere vergeblich, die Banane springend zu erreichen oder mit Stöcken herunterzuholen. Als ein Weibchen jedoch beim Spiel im Gehege Kisten entdeckt, hält es inne. Dann trägt es die Kisten unter die Banane und baut sie übereinander auf. Das Tier klettert dann auf die oberste Kiste und holt sich die Frucht herunter.

Dies ist ein Beispiel für *einsichtiges Handeln*. Dabei scheinen folgende Schritte abzulaufen:

Nachdem das Weibchen die Kisten als eine Möglichkeit erkannt hat, den Abstand zur Banane zu verringern, hält es inne – scheint in Gedanken die Lösung des Problems durchzuspielen – und führt den Lösungsweg auf einmal aus. Diese Lernform wird als *Lernen durch Einsicht* oder auch als *neukombiniertes Verhalten* bezeichnet.

Das Orang-Utan-Weibchen muss das Stapeln der Kisten schon zu einem früheren Zeitpunkt gelernt haben, um diese Verhaltensweise zur Lösung des neuen Problems einsetzen zu können.

Alle Formen des Lernens führen bei Lebewesen aufgrund eigener Erfahrungen zu Verhaltensänderungen. Diese sind ihnen dann in ihrer jeweiligen Situation nützlich. Sie können sich so an ihre Umwelt anpassen.

Lernen durch Einsicht ist der wirkungsvollste Lernprozess. Diese Form des Lernens ist vor allem beim Menschen stark entwickelt und kann als wesentliche Grundlage seines Denkens angesehen werden. Mithilfe der Einsicht löst der Mensch sowohl wahrgenommene als auch gedachte Probleme. Mithilfe gewonnener Einsichten kann er auch sein Verhalten steuern. Dem einsichtigen Lernen wird heute in der Pädagogik besonderer Wert beigelegt, weil einem Schüler oder einer Schülerin durch Einsicht die Sinnbeziehungen innerhalb der Lerninhalte verständlich werden. Das steigert nicht nur den Lerneffekt, sondern ermöglicht auch, allgemeine Gesetzmäßigkeiten zu erkennen und auf andere Probleme im so genannten *Transfer* anzuwenden.

Zettelkasten

Menschenaffen benutzen Werkzeuge

In der freien Wildbahn verwenden manche Menschenaffen längere Stöcke als Werkzeuge, um Treiberameisen zu angeln. Dazu entfernen sie vorher von Ästen die Seitenzweige und Blätter. Den Stock stecken sie in das offene Ameisennest, warten, bis die Ameisen hinaufkrabbeln, und streifen sie in den Mund ab. Wenn sie Termiten angeln, verwenden sie dagegen elastische Grashalme.

Blätter kauen Menschenaffen durch und nutzen sie ebenfalls als Werkzeuge. Um Regenwasser aus den Löchern von Baumstämmen zu saugen, an die sie mit den Lippen nicht herankommen, benutzen sie die gekauten Blätter wie einen Schwamm.

Weitere Lernformen

Handeln nach Plan

Um zu prüfen, ob Menschenaffen längere Handlungsketten mit Werkzeuggebrauch bewältigen können, wurde eine Abfolge von Kästen mit unterschiedlichen Schließmechanismen konstruiert, die jeweils den Öffner für den nachfolgenden Kasten enthielten. Welchen Öffner die Kästen enthielten und wo die Belohnung lag, konnte Julia, ein Orang-Weibchen, durch die Glasdeckel der Kisten erkennen. Die Handhabung der einzelnen Öffner wurde mit ihr trainiert. In einigen Fällen fand es sie durch Versuch und Irrtum selbst heraus. Bei den Versuchen wechselte die Stellung von Kästen, Öffnern und Belohnung. Julia musterte zunächst den Inhalt der Kisten eine Weile, ehe sie ohne Probieren die Kästen nacheinander öffnete und die Belohnung erreichte. Sie erkannte offenbar die kausalen Zusammenhänge zwischen Ursache und Wirkung. Dies ist ein Beispiel für *Handeln nach Plan*.

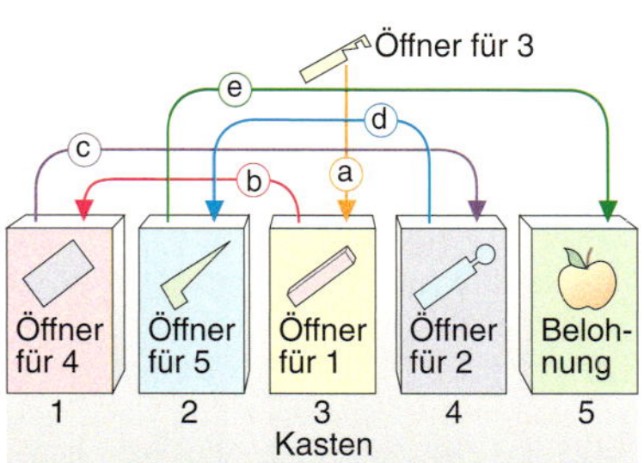

Abstraktion und Generalisieren

Um das Unterscheidungsvermögen von Ratten zu überprüfen, bot man ihnen in einem Experiment jeweils drei Klappen mit unterschiedlichen Streifenmustern an. Zwei Muster stimmten überein, das dritte wich ab. Hob die Ratte die Klappe mit dem abweichenden Muster an, wurde sie belohnt. Wiederholte man den Versuch mit anderen Mustern, aber entsprechender Wahlsituation, so entschied sich die Ratte überwiegend für das abweichende Muster, da dies verstärkt wurde.

Man deutet das Verhalten der Ratte so, dass sie nicht auf ein konkretes Reizmuster konditioniert ist, sondern auf das Merkmal „abweichend von den mehrfach vorhandenen Mustern" *(Abstraktion)*. Sie wendet dieses Prinzip beim Wahlverhalten in weiteren Versuchen ebenfalls an *(Generalisation)*. Das gemeinsame Merkmal „abweichendes Muster" wird in Form eines Bildes oder Schemas zu einem Begriff *(averbale Begriffsbildung)*.

Averbale und verbale Begriffe

OTTO KOEHLER bot einer Dohle mehrere Futterschüsselchen, die mit Deckeln verschlossen waren, und von denen jede eine unterschiedliche Anzahl von Punkten aufwies. Die Dohle lernte, den Deckel desjenigen Schälchens abzuheben, bei dem die Anzahl mit der Vorgabe der Anweisertafel übereinstimmte. Nur in diesem Schälchen wurde sie mit Futterkörnern belohnt. Die Dohle konnte bei bis zu 8 Punkten die Anzahl bildlich erfassen *(averbale Zahlbegriffe)*. Die verbale Begriffsbildung bleibt Menschen vorbehalten; sie können Begriffe in einem Denkvorgang bilden und in Worten (z. B. Zahlen) ausdrücken.

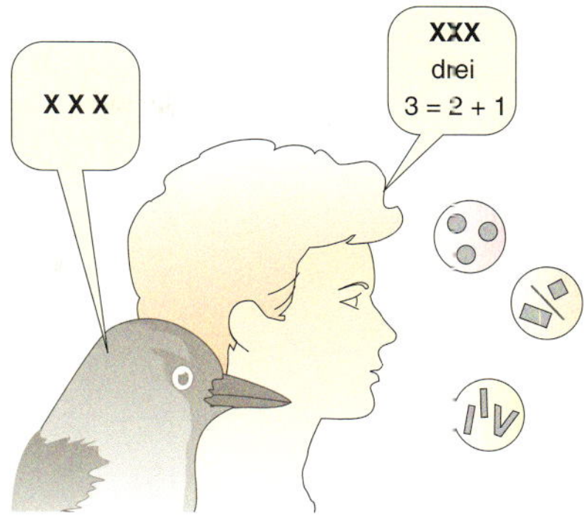

Abstrakte Wertbegriffe

Schimpansen und Rhesusaffen erhielten in Versuchen unterschiedlich gefärbte Spielmarken, wenn sie Aufgaben erfüllten. Diese konnten sie später eintauschen: Für blaue Marken erhielten sie Rosinen aus einem Futterautomaten, mit einem anderen Markentyp konnten sie die Gehegetür öffnen oder für einen dritten Markentyp mit dem Pfleger spielen. Die Tiere erfüllten Aufgaben und horteten Marken. Eine Schimpansin nutzte die Marke zum Türöffnen, beispielsweise um damit vor einem Kameramann zu flüchten. Dieses Beispiel zeigt, dass Primaten in der Lage sind, *abstrakte Wertbegriffe* zu bilden und situationsgerecht anzuwenden.

Selbsterkenntnis

Gibt man Schimpansen die Möglichkeit, sich in einem Spiegel zu sehen, so manipulieren sie an sich und entfernen Farbflecken, die man im Schlaf aufgetragen hatte. Die Schimpansen erkennen also das Spiegelbild als ihr Abbild. Das Verhalten zeigt, dass Menschenaffen über einen *averbalen Ich-Begriff* verfügen. Dies wirft die Frage auf, ob sie ein Bewusstsein im menschlichen Sinne haben.

Was ist Intelligenz?

Zwei Schimpansen aus einer sozialen Gruppe – links der dominante **(A)**, in der Rangordnung weiter oben angesiedelte, rechts der mit niedrigerem Rang **(B)** – erhalten gleichzeitig Zugang zu zwei Früchten.

Wenn **A** und **B** jeweils beide Früchte sehen, erhält in der Mehrheit der Fälle **A** beide Früchte.

Sieht aber **A** nur eine der beiden Früchte, weil die zweite Frucht hinter einer Barriere verborgen ist, so wartet **B** ab, bis sich **A** die sichtbare Frucht genommen hat und sich abwendet. Jetzt erst sichert sich **B** die Frucht.

Weiß **B**, was **A** sieht?

Die Schimpansendame Lucy, die sich in Zeichensprache verständigen kann, hat, statt wie gewohnt auf die Toilette zu gehen, ins Wohnzimmer gemacht. Als ihr Betreuer Roger sie fragt „Was das?" entsteht folgender Dialog:

L.: „Lucy nicht wissen"
R.: „Du wissen. Was das?"
L.: „Schmutzig, Schmutzig"
R.: „Wessen Schmutzig Schmutzig?"
Lucy beschuldigt eine Betreuerin „Sue"
R.: „Das nicht Sues. Wessen das?"
L. „Roger"
R.: „Nein. Das nicht Rogers. Wessen das?"
L.: „Lucy Schmutzig Schmutzig, Entschuldigung Lucy".

Was soll das Affentheater?

Gibt man Schimpansen über längere Zeit die Möglichkeit, sich im Spiegel zu sehen, so entfernen sie z. B. Farbflecken, die man ihnen zuvor im Schlaf aufgemalt hat.

Spielt man Schimpansen, die sich anscheinend in Versuchen im Spiegel selber erkennen, ein Videoband ihres Verhaltens von vor einer Stunde ab, so erkennen sie sich selber nicht. Kleinkinder sehen sich mit zwei Jahren im Spiegel und sagen: „Ich!"

Spiel nicht rum ... – lern' lieber was!

Was ist das System?

Das NIM-Spiel

Das NIM-Spiel ist ein Spiel für 2 Personen aus der Anfangszeit der Computer, das ihr leicht auf dem Tisch spielen könnt. 16 Streichhölzer werden gemäß der Zeichnung in 4 Reihen angeordnet. Einer der beiden Spieler beginnt und nimmt bei seinem Zug 1, 2 oder 3 Streichhölzer aus nur einer Reihe. Gewinner ist, wer das letzte Streichholz genommen hat.

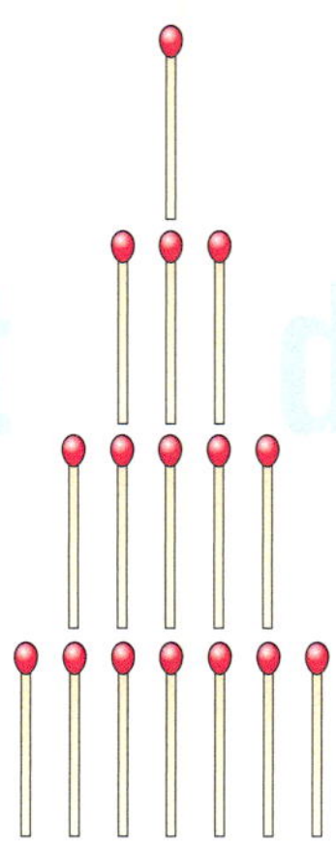

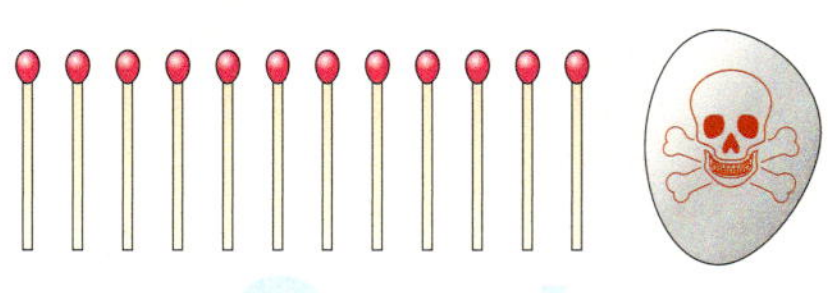

Der Todesstein

Zwölf Streichhölzer und der Todesstein liegen hintereinander aufgereiht. Abwechselnd müssen die beiden Spieler bei ihrem Zug 1, 2 oder 3 Streichhölzer wegnehmen. Wer als Letzter den Todesstein nehmen muss, hat verloren.

Wer ist hier intelligent?

Der amerikanische Psychologieprofessor und Hundetrainer STANLEY COREN führte eine Untersuchung an 133 Hunderassen durch.
Seine Ergebnisse lauten: Die afghanischen Windhunde bilden das Schlusslicht auf der IQ-Liste. Pudel gehören zu den Allerklügsten im Hundereich. Sie sind sogar noch etwas gescheiter als Deutsche Schäferhunde, Dobermänner und Rottweiler.

.... geprüft wurde, wie gut sie auf die üblichen Abrichtbefehle „Sitz“, „bei Fuß“, „Platz“ und „hol“ reagierten.

Die zehn intelligentesten Hunderassen

1. Border Collie
2. Pudel
3. Deutscher Schäferhund
4. Golden Retriever
5. Dobermann
6. Shetland-Schäferhund
7. Labrador (Neufundländer)
8. Papillon
9. Rottweiler
10. Australischer Hirtenhund

Quelle: *DIE WELT*, 22. Februar 1994

Doof geboren ist keiner,
doof wird man gemacht
Und wer behauptet
doof bleibt doof
der hat nicht nachgedacht

Liedertext

Aus einem Ursprungsstamm hatte man über lange Zeit in einer „normalen Umgebung“ zwei Rattenstämme gezüchtet. Die Tiere des ersten machten enorm wenige Fehler in Labyrinthversuchen (die Intelligenten), die des zweiten fielen durch häufige Fehler im Labyrinth auf (die Dummen).

Wurden aber beide Rattenstämme in einer strukturreichen, mit vielen stimulierenden Reizsituationen ausgestatteten Umwelt gehalten, zeigten die „dummen“ und die „intelligenten“ Ratten kaum einen auffälligen Unterschied in ihrer Fehlerzahl im Labyrinthversuch. Bei einer Aufzucht in einer reizarmen Umgebung hingegen waren die Versuchsergebnisse sogar identisch.

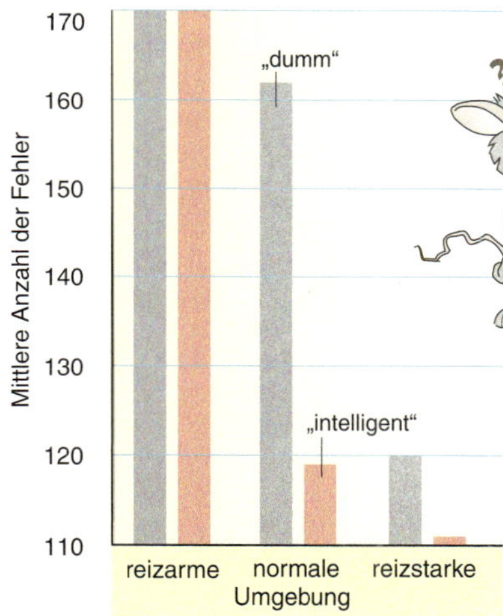

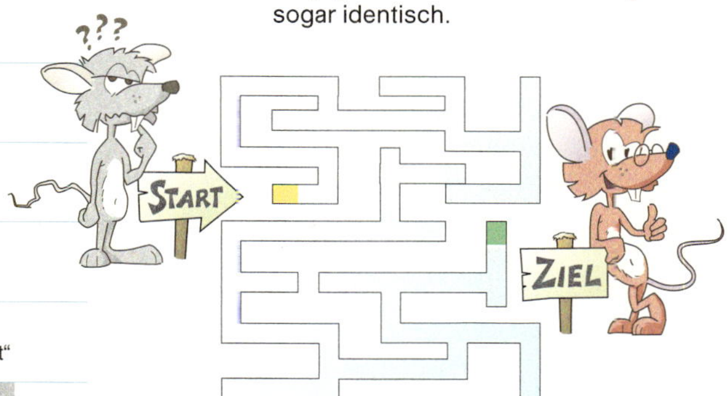

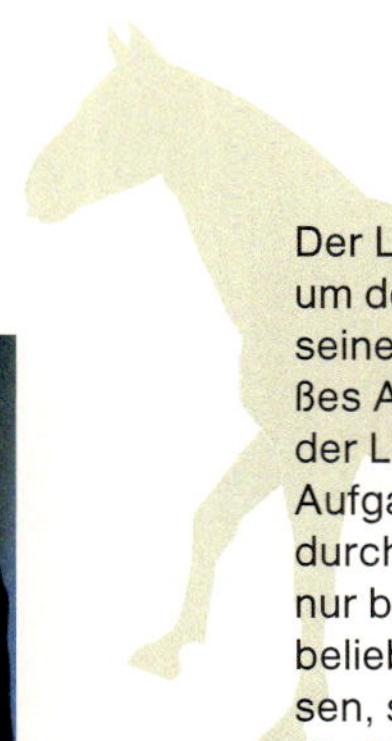

Der „kluge Hans“

Der Lehrer WILHELM VON OSTEN erregte um den Jahreswechsel 1899/1900 mit seinem Pferd, dem „klugen Hans“, großes Aufsehen. Der kluge Hans war in der Lage, im Zahlenraum bis 20 einfache Aufgaben zu lösen. Das Ganze erschien durchaus glaubhaft, da von Osten nicht nur bereit war, jemand anderen eine beliebige Rechenaufgabe stellen zu lassen, sondern auch den klugen Hans für die Bearbeitung der Aufgabe – z. B. 15 minus 8 – alleine ließ und aus dem Raum ging. 15 minus acht ergab sieben Hufschläge auf den Boden.

Was war der Grund für die offensichtliche mathematische Begabung des Pferdes? Ein Tipp: Der kluge Hans nutzte zur Beantwortung der Aufgaben nicht die Mathematik, sondern die Psychologie.

Künstliche Intelligenz

Mit großem Aufwand wird in der Wissenschaft und Computertechnik an der Entwicklung künstlicher Intelligenz gearbeitet, aber immer noch scheinen Probleme, die für uns simpel erscheinen, unlösbar für die „Computergehirne“. Würde man einen Computer mit künstlicher Intelligenz vor die Entscheidung stellen, sich zwischen zwei Uhren zu entscheiden, von der eine fünf Minuten nachgeht und die andere stehen geblieben ist, so würde er die kaputte Uhr wählen ...

Mit welcher Begründung?

„Ein geselliger Automat, der Stimmungen hat, aber weniger Grips als ein Säugling“.

Kooperation und Aggression

Ein Stamm der Netsilik-Inuits umfasste ca. 200 Personen. Bis vor wenigen Jahren lebten sie noch wie ihre Vorfahren als Sammler und Jäger vom Lachsfang im Sommer sowie von der Robbenjagd im Winter. Abhängig von Jahreszeit und Jagdbedingungen, lebten sie im Sommer in einzelnen kleinen Familiengruppen. Im Winter hingegen, wenn die Netsilik die Robben in der zugefrorenen Bucht jagten, schlossen sie sich mit mehreren Familien zu größeren Verbänden zusammen.

Der Lachsfang war für die Netsilik eine relativ sichere Nahrungsquelle. Wenige Fischer erlegten nahezu jeden Tag genügend Lachse, um ihre Familie zu ernähren. Im Gegensatz dazu gestaltete sich der Robbenfang um einiges komplizierter. Robben müssen in gewissen Abständen an die Wasseroberfläche, um dort Luft zu holen. Wenn im Winter die Bucht zufriert, verhindert das die dicke Eisdecke auf dem Wasser. Deshalb durchbrechen die Robben zu Beginn der Eisbildung die noch dünne Eisschicht an 6 — 8 Stellen in ihrem Revier und halten die Löcher weiterhin frei. Eines der lebenswichtigen Atemlöcher wird alle 15 Minuten in unregelmäßiger Reihenfolge von der Robbe zum Luftholen genutzt. Die Inuit-Jäger spüren die Atemlöcher der Robben auf, stellen sich an eines der Löcher und versuchen, die Luft holende Robbe mit einer Harpune zu erlegen.

Obwohl jede Familie im harten Winterhalbjahr ums eigene Überleben kämpft, schließen sich die Netsilik zu größeren Jagdverbänden zusammen und kooperieren bei der Jagd. Selbst Jäger, die über längere Zeit in der Gruppe keine Robben erlegt haben, bekommen von der Beute der erfolgreichen Jäger für sich und ihre Familien einen Anteil zugeteilt.

Die *Kooperation* mehrerer Jäger ermöglicht es, während der Jagd eine Vielzahl der nahe beieinander liegenden Atemlöcher der Robben gleichzeitig zu bewachen. Damit erhöht sich die Wahrscheinlichkeit, dass einer der Jäger eine Robbe in dem kurzen Moment des Luftholens erlegt. Alle Mitglieder der Gruppe, die ein Atemloch bewachen, erhalten einen Anteil vom erfolgreichen Jäger.

Das Teilen der Beute ist allerdings keine Mildtätigkeit des Erfolgreichen, sondern die *Investition* in die Zukunft. Denn sobald ein Jäger verhungert, fehlt dieser der Gruppe bei der nächsten Jagd als Wache an den Atemlöchern. (► S. 252/253)

Kooperation

1 Inuit-Jäger (nach einer historischen Abbildung)

Es ist aber anscheinend eine Ironie des Schicksals, dass beim Menschen als dem kooperativsten aller Lebewesen aggressive Zusammenstöße gefährlicher verlaufen als bei allen Tieren.

Aggressives Verhalten ist bei vielen Primaten ein Hilfsmittel, um dem vielschichtigen Sozialleben gewachsen zu sein. Am Beispiel der Kooperation zeigt sich, dass eine Zusammenarbeit nur dann funktioniert, wenn alle Beteiligten die getroffenen Vereinbarungen einhalten. Als Schutz vor Betrügern, die ohne persönlichen Einsatz nur den Nutzen aus der Gemeinschaft ziehen, muss das Kollektiv, also die Gemeinschaft, aggressive Vergeltungsmaßnahmen für Betrug androhen und durchführen.

Aggressionsverhalten schließt alle Verhaltensweisen von Drohen, Angriff und Verteidigung ein. Das Ziel eines aggressiven Verhaltens ist das Verletzen oder Beschädigen einer Person oder eines Objektes. Beim Menschen tritt aggressives Verhalten in unterschiedlichen Funktionszusammenhängen auf, z. B. zur Verteidigung des Eigentums, beim Rivalisieren um Rangordnungspositionen und Sexualpartner oder zur Selbstverteidigung. In der Soziologie, Psychologie und Biologie wurde aggressives Verhalten erforscht und verschiedene Theorien zu den Ursachen aufgestellt.

In der *Frustrations-Aggressions-Theorie* wird angenommen, dass Frustrationen immer zu aggressivem Verhalten führen. Unter *Frustration* versteht man den emotionalen Zustand, wenn eine Person durch eine unangenehme Erfahrung am Erreichen eines Zieles gehindert wird. Das Ausführen einer aggressiven Handlung verringert nach Ansicht der Frustrations-Aggressions-Theorie die Aggressionsbereitschaft. Auch länger zurückliegende Frustrationen können sehr viel später zu Aggressionen führen. Da Menschen mit ähnlichen Frustrationserlebnissen unterschiedlich aggressiv reagieren, trifft diese Theorie wohl nur teilweise zu.

In der *Lerntheorie* wird ausgesagt, dass aggressives Verhalten ausschließlich erlernt wird. Aggressives Verhalten, das ein Bedürfnis befriedigt, wirkt wie eine Belohnung beim Konditionieren. Auch durch Nachahmungslernen kann aggressives Verhalten übernommen werden. Untersuchungen zeigen jedoch, dass Aggressionsverhalten auch genetische Grundlagen aufweist.

KONRAD LORENZ vertrat, basierend auf seinem Instinktmodell (s. Seite 132), die *Triebtheorie der Aggression*. Danach besitzt der Mensch einen Aggressionstrieb, der von selbst eine Bereitschaft zur Aggression aufbaut. Zumindest bei Tieren konnte ein solcher Trieb nie nachgewiesen werden.

Aggression

1 Aggression auf der Straße

1 Aggression in der Schule

Aggression in der Schule: Mobbing

„Du hast ja eine schönen neuen Pulli! Ist der aus der Altkleidersammlung?“ „Hier stinkt es!“ „Es ist ja nicht auszuhalten neben der!“ „Da setze ich mich nicht hin!“. So oder noch viel schlimmer werden Mitschüler/-innen bloßgestellt, beschimpft, manchmal sogar regelrecht terrorisiert. Nicht jeder Streit ist *Mobbing*. Gewöhnliche Konflikte entstehen und vergehen.

Mobbing ist eine Form *aggressiven Verhaltens*. Von Mobbing spricht man, wenn ein Dauerkonflikt besteht, sich Feindseligkeiten gegenüber einem Mitschüler oder einer Mitschülerin systematisch wiederholen. Die betroffene Person wird dauerhaft beschimpft, beleidigt o.ä. und hat kaum eine Möglichkeit sich aus eigener Kraft aus ihrer Situation zu befreien. Wissenschaftliche Umfragen haben ergeben, dass sich an Berliner Schulen rund ein Drittel aller Schülerinnen und Schüler gemobbt fühlen, 41 % haben angeben, dass sie sich selbst am Schikanieren beteiligt haben. Viele mobben, um als cool und stark zu erscheinen, um Anerkennung von Mitschülern oder Mitschülerinnen zu erlangen. Viele fühlen sich im Elternhaus unverstanden und lassen dann ihren Frust an anderen aus. Sie nutzen das Machtgefühl, das bei ihnen beim Mobben entsteht, um eigene Minderwertigkeitsgefühle zu kompensieren.

Die Folgen für die gemobbten Personen sind häufig sehr schlimm. Das Mobbing beschädigt meistens das Selbstvertrauen. Die Lernmotivation lässt nach, häufig haben die Betroffenen keine Lust mehr, in die Schule zu gehen oder fürchten sich sogar davor. Die negative psychische Belastung, der Betroffene ausgesetzt sind, kann auch gesundheitliche Beschwerden zur Folge haben.

Mitschülerinnen oder Mitschüler, die die Betroffenen eigentlich sympathisch finden, trauen sich häufig nicht, dem Mobbing Einhalt zu gebieten, aus Angst, selber zum nächsten Opfer zu werden. Sie werden damit zu (passiven) Mittätern oder Mittäterinnen.

Wichtig ist, dass sich die Betroffenen Hilfe von außen holen. Möglichkeiten hierzu wären die Einbeziehung von Eltern, Lehrern und Lehrerinnen sowie des schulpsychologischen Dienstes oder auch der Schulleitung. In dem Moment, in dem du ein Mobbing beobachtest, solltest du zu der betroffenen Person stehen und an die gemeinsame Stärke glauben. Nur so kann der Gewalt in deiner Klasse ein Ende bereitet werden!

Aufgaben

① Erstellt eine Liste mit beobachteten aggressiven Verhaltensweisen. Bringt sie in eine Reihenfolge zunehmender Aggressivität. Sucht nach möglichen Erklärungen für diese Verhaltensweisen.

② Überlegt euch konkrete Streit- oder Konfliktsituationen. Erprobt dann in einem Rollenspiel verschiedene Möglichkeiten der Konfliktbewältigung ohne Gewalt. Wenn Beobachter dabei Protokoll führen, lassen sich später kritische Stellen diskutieren.

Konfliktschlichtung

Der Täter-Opfer-Ausgleich

Nach einer Straftat ist es Aufgabe der Gerichte, *Täter* zu verurteilen und zu bestrafen, während *Opfer* fast keine Aufmerksamkeit erhalten. Bloße Bestrafung jedoch führt weder zur Wiedereingliederung der *Täter* in die Gesellschaft noch wird den Geschädigten dadurch weitergeholfen. Deshalb hat man für weniger schwer wiegende Straftaten nach einem sinnvolleren Weg gesucht. Im Beisein eines unparteiischen Vermittlers bietet der *Täter-Opfer-Ausgleich* die Chance zu einem klärenden Gespräch zwischen *Tätern* und *Opfern*. Dadurch erhofft man sich einen Schadensausgleich, der für beide Seiten befriedigend ist.

Konfliktschlichtung in der Schule

Diese Form der Konfliktschlichtung wird bereits erfolgreich an einigen Schulen praktiziert. Dabei besteht die Möglichkeit, dass Vertrauenslehrer/innen einbezogen werden, aber auch Schülerinnen und Schüler aus höheren Jahrgangsstufen können innerhalb eines mehrtägigen Ausbildungsseminars als so genannte „Konfliktlotsen" geschult werden. Speziell die Möglichkeit der Konfliktbewältigung mit einem „Lotsen" als Vermittler/in findet an den jeweiligen Schulen bei den Betroffenen großen Anklang.

Grundsätze der Konfliktschlichtung

Wenn du als Konfliktlotse einen *Täter-Opfer-Ausgleich* anstrebst, musst du auf folgende Grundsätze achten:

Freiwilligkeit:
Erzwungene Entschuldigungen führen in keinem Fall zur Einsicht. Druck erzeugt nur Widerstand und Heuchelei. Deshalb ist die freiwillige Teilnahme bei der Vermittlung für *Täter* und *Opfer* unverzichtbare Voraussetzung für eine faire Auseinandersetzung. Besonders für die Konfliktschlichtung in der Schule ist die Freiwilligkeit zum gemeinsamen Gespräch eine heikle Sache.

Unparteilichkeit:
Es ist absolut notwendig, dass du als „Lotse" in deiner Schiedsrichterfunktion völlig neutral bleibst, da beide Parteien versuchen, dich für sich und ihre Position zu vereinnahmen.

Sicherheit:
Bevor das eigentliche Gespräch stattfindet, musst du beide Beteiligte in Einzelgesprächen über den grundsätzlichen Ablauf einer Konfliktschlichtung informieren. In diesem Vorgespräch triffst du auch Absprachen über mögliche Abbruchkriterien oder über die Mitnahme einer Vertrauensperson.

Atmosphäre:
Du hast als „Lotse" nicht nur die Verantwortung für ein faires Gespräch, sondern bemühst dich auch um die Schaffung einer möglichst entspannten Atmosphäre während des Treffens. Das Darbieten von Getränken und ein wenig Smalltalk können dir helfen das Eis zu brechen.

Verantwortung abgeben:
Zu Beginn der Konfliktschlichtung musst du die beiden Beteiligten über ihre Verantwortung für das Zustandekommen eines für beide Seiten befriedigenden Schadensausgleich informieren.

Akzeptieren und Kontrollieren:
Als „Lotse" lässt du beide Parteien berichten. Dir muss dabei klar sein, dass es nicht nur „eine" Wahrheit gibt. Die Frage nach Recht und Unrecht oder die Frage nach Schuld führt in der Regel in eine Sackgasse aus Vorwürfen und Rechtfertigungen. Zur erfolgreichen Vermittlung gehört es, dass man bereit ist beide Geschichten zu akzeptieren.

Ausgewogenheit des Dialogs:
Sollten Unterschiede in der Selbstsicherheit oder der Fähigkeit, sich sprachlich auszudrücken bestehen, so ist es deine Aufgabe, der schwächeren Seite bei der Formulierung und Darstellung ihrer Ansichten und Wünsche zu helfen.

Dampf ablassen:
Den Darstellungen beider Parteien folgt eine Phase, in der du beiden Parteien Raum bietest, ihre Emotionen frei zu lassen. Der Dampf soll und muss heraus!

Gesicht wahren:
Trotz direkter Konfrontation und emotionaler Auseinandersetzung musst du beiden Parteien die Möglichkeit geben, zumindest einen Teil ihrer Interessen bei der abschließenden Einigung mit einfließen zu lassen. So wahren *Opfer* und *Täter* ihr Gesicht und gelangen wesentlich leichter zu einer tragfähigen Einigung. Beiden sollte hier möglichst klar werden, was zum Entstehen und zur Verschärfung des Konfliktes beigetragen hat, und welche Möglichkeit die jeweiligen Parteien besitzen, den Konflikt zu beenden.

Denn das ist der zentrale Punkt beim *Täter-Opfer-Ausgleich:*
Das Ergebnis des Gesprächs ist das Produkt beider Parteien im Ringen um eine gemeinsame Lösung.

Prozess- und Ergebnisorientierung:
Du solltest darauf achten, dass die Beteiligten miteinander reden. Zuvor sollten noch keine Alternativpläne für den Fall eines Scheiterns des Gesprächs angeboten werden, sonst müssen die Beteiligten keine Lösung für ihr Problem suchen – die wurde ihnen ja von dir schon vorgegeben!

Subjektive Gerechtigkeit:
Was fordert die eine Partei? Was bietet die andere? Welche Form des Ausgleichs können sich beide Seiten vorstellen? Jetzt ist von dir äußerste Zurückhaltung gefragt. Nicht deine Vorstellung eines gerechten Ausgleichs sind maßgebend, sondern wichtig ist, dass die Beteiligten zu einem gemeinsam erstrittenen Ausgleich gelangen.

Festhalten der erzielten Ergebnisse:
Damit beide Parteien nach dem Verlassen des Raumes an ihre Absprachen erinnert werden, ist es wichtig, dass du die erzielten Ergebnisse in Form eines Vertrages schriftlich festhältst.

Formen der Gewalt

Aggression

Menschliche Gewalttätigkeiten sind selten echte tierische Aggression, sondern meist ein pervertierter Jagdersatz, bei dem das Opfer die Beute ist. Zwischen dem blutrünstigen Pöbel und dem Lynchopfer gibt es keinen persönlichen Streit.

DESMOND MORRIS, britischer Verhaltensforscher

Krieg

Frankreich 1915. In einem morastigen Schützengraben nahe der Stadt Armentières trinkt der britische Fernmeldeoffizier J. R. WILTON geruhsam eine Tasse Tee. Der erste Weltkrieg hat sich zu einem Stellungskrieg entwickelt, bei dem in den Schützengräben in wochenlangen, blutigen Schlachten lediglich um ein paar Meter unfruchtbaren Ackerbodens gestritten wird. Hin und wieder gibt es aber auch ein paar ruhige Momente, und WILTON genießt gerade einen solchen, als plötzlich eine Granate kreischend über seinen Kopf hinwegfliegt und in der Nähe explodiert. Die englischen Soldaten flüchten in die Gräben, entsichern ihre Waffen und verfluchen die deutschen Soldaten. Plötzlich steht oben auf dem Wall ein deutscher Soldat und ruft herüber: „Tut uns leid, und wir hoffen, dass niemand verletzt wurde. Es war nicht unsere Schuld, das war die verdammte Preußische Artillerie!“...

Wie viele Kriege haben seit deiner Geburt in Europa stattgefunden?

Aggressionsfördernde Faktoren
- Hormonelle Zustände
- Schmerzen in Verbindung mit
- Angst
- Sozialfaktoren
- Die Aussicht anonym bleiben zu können
- Ärger
- Extreme Außentemperaturen

Aggressionsmindernde Faktoren
- Geschlecht/Sexualität
- persönliches Bekanntsein mit dem Aggressor
- Emotionen wie Fröhlichkeit, Trauer, Freude, Sympathie und Mitleid

Suche Beispiele für aggressionsfördernde und -hemmende Faktoren!

Fremdenhass

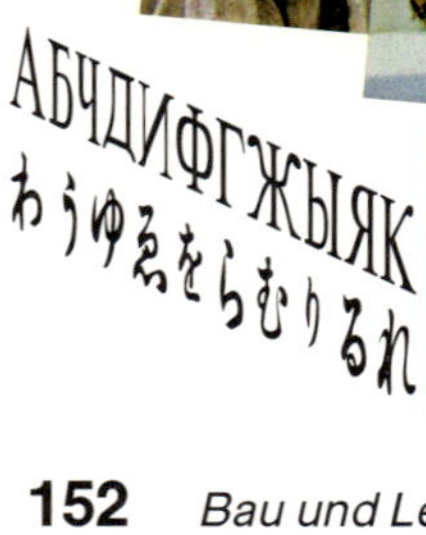

Was hat dieses Experiment mit „Fremdenhass“ zu tun?

In einem Experiment wurden Studenten auf einer Leinwand verschiedene Gesichter, unbekannte Worte oder fremde Schriftzeichen projiziert. Bestimmte Gesichter, Wörter und Zeichen wurden einer Studentengruppe häufiger, einer anderen Gruppe seltener gezeigt. Abschließend beantworteten die Studenten beider Gruppen einzeln folgende Fragen: Ist Ihnen dieses Gesicht sympathisch oder unsympathisch? Bedeutet dieses Wort etwas Positives oder etwas Negatives? Bedeutet dieses Zeichen etwas Positives oder etwas Negatives? Wurde ein Gesicht häufiger gesehen, so empfanden es die Studenten als sympathischer. Ebenso wurde den oft gesehenen Wörtern und Zeichen häufiger eine positive Bedeutung zugemessen.

Gewalt in der Schule

Welche der folgenden Handlungen würdest du als Aggression bezeichnen?

1. Der Schüler Willi verweigert das Bereitlegen von notwendigen Arbeitsmaterialien. Der Fachlehrer brüllt ihn an: „Du wirst schon merken, was du davon hast!"
2. Nadines Schularbeiten sehen unordentlich aus. Ihr Vater ohrfeigt sie dafür.
3. Eine Lehrerin kommt in die gut besetzte Mensa und beschwert sich lautstark beim Klassenlehrer über den Schüler „Willi" und seinen unmöglichen Umgangston ihr gegenüber.
4. Bernd foult seinen Gegenspieler durch Beinstellen.
5. Ein Polizist schießt einen flüchtenden Bankräuber ins Bein.
6. Ein Lehrer gibt einem Schüler im Aufsatz eine schlechte Note.
7. Ein Schüler wirft einen Mitschüler zu Boden, um ihn daran zu hindern, dass er einen kleinen Jungen verprügelt.
8. Im Clubraum stehen mehrere Schüler am Billardtisch und sehen Stefan und Peter beim Spiel zu. Willi möchte auch spielen, mag aber nicht warten. Um das Spiel von Stefan und Peter zu verkürzen, rollt er je eine Kugel vom Tisch.

Menschen können einander auf sehr spitzfindige Weise psychische Schäden zufügen ...

Mobbing von Mitschülern gegen einen Kameraden soll in den letzten Jahren deutlich zugenommen haben.

Autorität und Gehorsam

Stanley Milgram führte folgendes Experiment durch. Männer zwischen 20 und 50 Jahren wurden zufällig – angeblich für eine Untersuchung über Gedächtnisleistung und Lernvermögen – von der Yale-Universität ausgesucht. Ein streng wirkender Versuchsleiter bat die eingeladenen Versuchspersonen („Lehrer"), einem angeblichen Schüler (ein Mitarbeiter Milgrams) Wortpaare zu lehren. Bei einem Fehler sollte dem Schüler, jeweils steigernd, ein Elektroschock verabreicht werden. Zum Kennenlernen erhielten alle „Lehrer" einen schmerzhaften Probeschock von 45 Volt Stärke. Man schnallte den Schüler an einen Stuhl fest, der an einen elektrischen Stuhl erinnerte. Die „Lehrer" wurden in den Nebenraum geführt. Sie stellten ihre Aufgaben und konnten in 30 Schockstufen von 15 bis 450 Volt Strafen geben. Schilder kennzeichneten die Stufen 15 V leichter, 75 V gemäßigter, . . ., 195 V sehr starker, . . ., 375 V ernster Schock, Gefahr! Über ein Tonband wurden standardisierte Reaktionen des Opfers eingespielt: Ab 75 V Stöhnen, ab 150 V verlangt das Opfer befreit zu werden, ab 180 V Aufschrei, der Schmerz sei unerträglich, ab 300 V verweigert das Opfer Antworten auf Testfragen und besteht darauf, freigelassen zu werden. In Wirklichkeit erhielt der Schüler keine Schocks. Wollte der „Lehrer" keine Schocks mehr verabreichen, reagierte der Versuchsleiter sehr bestimmt:
„Das Experiment erfordert, dass Sie weitermachen!" – „Sie haben keine Wahl, Sie müssen weitermachen."

Ergebnis: Während der Versuche gaben bis zu 64 % der Versuchspersonen aus der Ferne Elektroschocks bis zu 450 V.

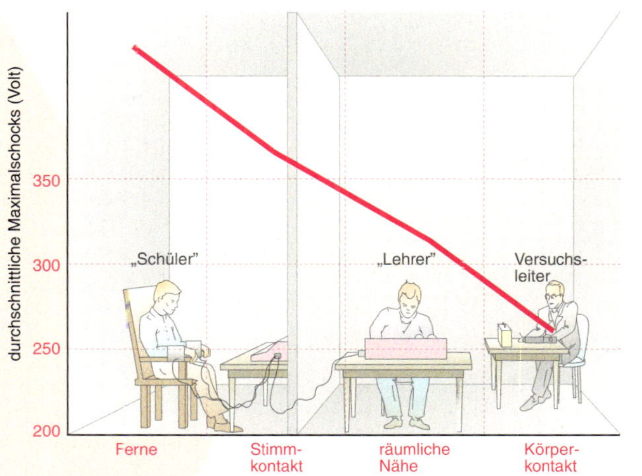

Verhalten des „Lehrers" bei unterschiedlichen „Schüler"-Entfernungen

Bildung von Eizellen und Spermien

Alle Zellen eines menschlichen Organismus enthalten die Erbanlagen der Mutter und des Vaters. Zur Keimzellenbildung (Eizellen und Spermien) aus unreifen Keimzellen-Vorstufen muss die Anzahl der Erbanalgen verringert werden, sodass alle reifen Keimzellen nur die Hälfte der Erbanlagen enthalten. Diese Verringerung der Erbanlagen erfolgt im Laufe des Reifungsprozesses bei Ei- und Spermienzellen auf unterschiedliche Weise.

Schon während der dritten Schwangerschaftswoche bilden sich im Eierstock des weiblichen Embryos die ersten *Ureizellen*. Durch Zellteilungen entstehen daraus 5 bis 7 Millionen *Eimutterzellen* in jedem Eierstock des noch ungeborenen Mädchens. Die meisten dieser Eimutterzellen gehen bereits vor der Geburt zugrunde. Bei der Geburt des Mädchens sind etwa 400 000 solcher unreifen Eizellen in den beiden Eierstöcken vorhanden, von denen sich im Laufe des Lebens einer Frau, beginnend mit der Pubertät, nur etwa 450 wirklich zu reifen Eizellen mit reduzierten Erbanlagen entwickeln.

Die *Eizelle* reift während des Menstruationszyklus innerhalb des Eierstocks in einem flüssigkeitsgefülltem Bläschen, dem Follikel, heran (Abb. 155.1). Beim Eisprung *(Ovulation)* ist ihr Reifungsprozess jedoch immer noch nicht abgeschlossen, sondern dieses geschieht erst nach dem Eindringen des Spermiumkopfes in die Eizelle. Durch ungleichmäßige Cytoplasmaverteilung entstehen eine reife Eizelle mit reduzierten Erbanlagen und dem gesamten Plasma als Nährstoffreservoir sowie drei wesentlich kleinere Polkörperchen, die zugrunde gehen.

Spermien entstehen im Innern der Hoden. Beim Mann hat bis zum Einsetzen der Geschlechtsreife eine Vermehrung der embryonalen Urspermienzellen zu so genannten *Spermienmutterzellen* stattgefunden. Beim Eintritt in die Pubertät beginnen sich diese Zellen zu teilen. Ein Teil der Spermienmutterzellen bleibt als Stammzellen erhalten. Der andere Teil der Spermienmutterzellen führt zahlreiche Zellteilungen durch und bildet unreife Spermien. Beim geschlechtsreifen Mann werden davon pro Tag etwa dreißig Millionen gebildet. Diese unreifen Spermien führen nacheinander zwei Reifeteilungen durch, in deren Verlauf die Erbanlagen pro Spermium reduziert werden. So entstehen aus einer Samenvorläuferzelle vier Spermien. (► S. 254/255)

Aufgaben

① Stelle in einer Tabelle Gemeinsamkeiten und Unterschiede in der Entwicklung der Spermien und der Eizellen aus ihren jeweiligen Mutterzellen zusammen.

② Erkläre, warum die unreifen Keimzellen einen Reifungsprozess durchlaufen müssen.

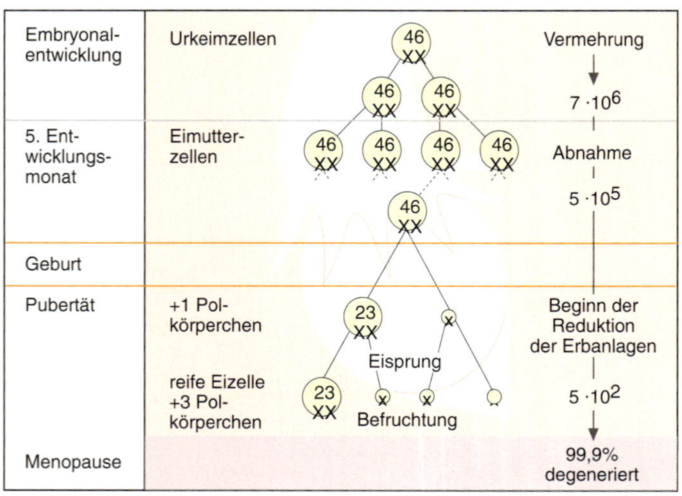

1 Eizellenbildung

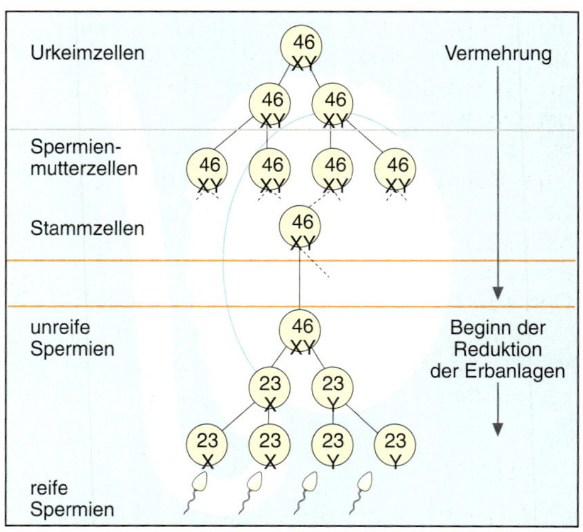

2 Samenzellenbildung

Befruchtung

Beim Eisprung platzt der Follikel auf und die *Eizelle* wird mit der Follikelflüssigkeit ausgespült. Die Fransen des Eileitertrichters umstreichen ständig den Eierstock mit aktiven Bewegungen, nehmen schließlich die Eizelle auf und leiten sie weiter (Abb. 1). Die im Eierstock zurückbleibenden Follikelreste werden zum Hormon produzierenden *Gelbkörper* umgewandelt. Die Eizelle ist nach dem Eisprung ca. 12 Stunden befruchtungsfähig. Befinden sich während der Passage durch den oberen Teil des Eileiters dort *Spermien,* so kann eine Befruchtung stattfinden. Spermien bleiben in der Gebärmutter 2 bis 3 Tage lebensfähig.

Im Kopf des Spermiums liegt der *Zellkern*. Das *Mittelstück* enthält zahlreiche Mitochondrien und liefert die Energie für die Fortbewegung. Der *Schwanzfaden* schlägt wie eine Geißel eines Einzellers. Auf dem Weg zur Eizelle werden die Spermien zunächst schnell durch das rhythmische Zusammenziehen der Scheide, der Gebärmutter und der Eileiter nach dem Orgasmus der Frau vorwärts bewegt. Langsamer kommen die Spermien durch die Eigenbewegung mit ihren Geißeln ihrem Ziel näher. Sie können sich dabei an der steigenden Konzentration eines Lockstoffs orientieren, der von der befruchtungsfähigen Eizelle abgegeben wird. Der Befruchtungsvorgang beginnt zunächst damit, dass sich viele Spermien an der Hülle des Eies relativ fest an Rezeptoren binden (Abb. 2). Dabei passen die Rezeptoren von Spermienkopf und Eihülle wie Schlüssel und Schloss zusammen. Diese Bindung löst die Freisetzung von im Spermiumkopf enthaltenen Verdauungsenzymen aus. Mithilfe dieser Enzyme durchbohren einige Spermien die Eihülle. Sobald ein Spermium Kontakt zur Eizellmembran bekommt, verschmelzen Eizell- und Spermienmembran. Unmittelbar danach wird die Hülle der Eizelle für weitere Spermien undurchdringbar. Somit wird eine Mehrfachbefruchtung verhindert. Der Zellkern des eingedrungen Spermiums verschmilzt mit dem Zellkern der Eizelle. Dieser Prozess wird als *Befruchtung* bezeichnet. Der so entstandene neue Zellkern enthält nun die Erbanlagen aus dem Spermium des Vaters und aus der Eizelle der Mutter. Die befruchtete Eizelle nennt man *Zygote*.

Aufgabe

① Stelle den Vorgang vom Eisprung bis zur Befruchtung in einem Pfeildiagramm dar.

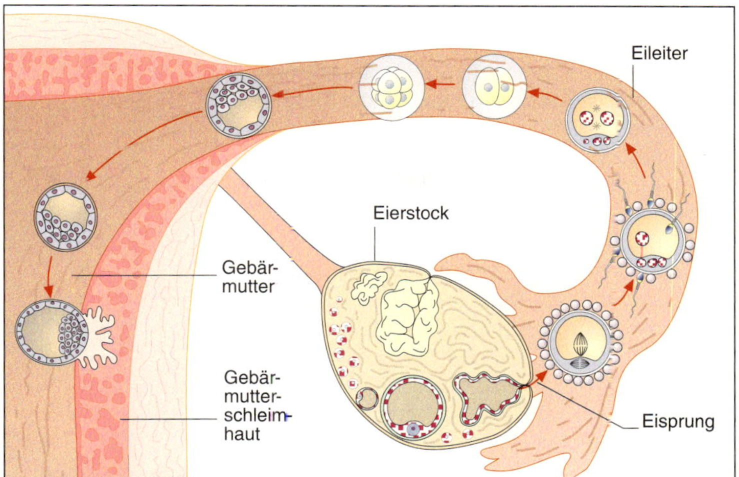

1 Wanderung der Eizelle zur Gebärmutter

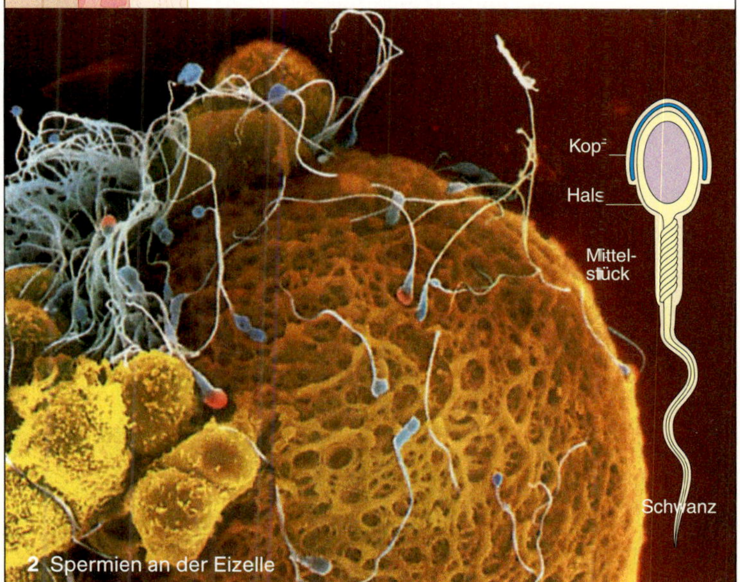

2 Spermien an der Eizelle

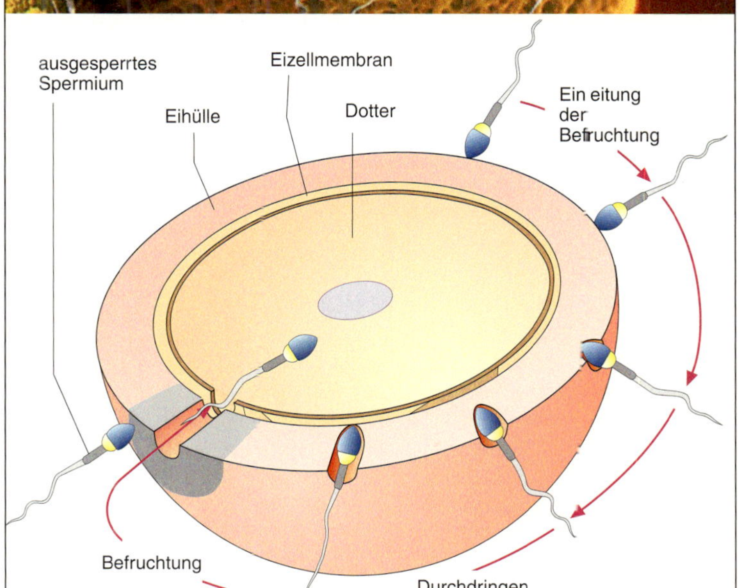

3 Befruchtungsvorgang

Embryo und Fetus

Dringt ein Spermienkopf in die Eizelle ein und verschmelzen die Zellkerne der beiden Geschlechtszellen, so ist die *Befruchtung* vollzogen. Aus der befruchteten Eizelle, der *Zygote*, entstehen nun durch fortwährende Teilungen alle Zellen des Körpers. Die ersten Teilungen der Zygote erfolgen schon auf dem Weg zur Gebärmutter. Nach 24 Stunden ist das *Zweizellstadium* erreicht, aus dem sich durch weitere Teilungen ein 4-, 8-, 16- und 32-zelliger Keim entwickelt. Die Zellen bleiben dicht beieinander und bilden einen Zellhaufen *(Maulbeerkeim)*, der noch den Durchmesser der ursprünglichen Zygote hat. Im weiteren Verlauf ordnen sich die Zellen zu einer Hohlkugel *(Blasenkeim)* an, die sich mit Flüssigkeit füllt. An einer Stelle im Inneren der Hohlkugel sammeln sich andere Zellen zu einer kompakten inneren Zellmasse aus wenigen hundert Zellen. Der Blasenkeim erreicht etwa am 7. Tag nach der Befruchtung die Gebärmutter und nistet sich nun in der vorbereiteten Schleimhaut ein.

Nach der Einnistung bilden die Hüllzellen kleine *Zotten* aus, die immer tiefer in die Gebärmutterschleimhaut vordringen. Die Zellen der Zotten stehen im direkten Kontakt mit Blutgefäßen der Mutter. Das kindliche Gewebe und die Gebärmutterschleimhaut bilden zusammen den Mutterkuchen, die *Plazenta*. Ab diesem Zeitpunkt beginnt die Ernährung des Keimes über den mütterlichen Blutkreislauf und er beginnt zu wachsen.

Nur die innere Zellmasse des Blasenkeims entwickelt sich zum *Embryo*. Innerhalb der ersten 4 Wochen wächst der Embryo auf etwa 6 mm heran. Schon jetzt beginnen sich die Grundrisse eines Menschen deutlich abzuzeichnen: der Kopf, der etwa $^1/_3$ der ganzen Gestalt einnimmt, die Anlagen des Gehirns und der Wirbelsäule sowie am Körper des Embryos die Arm- und Beinknospen. Auch das Herz arbeitet schon.

Am Ende der 8. Woche sind alle inneren Organe angelegt, das Herzbläschen schlägt bereits 65-mal in der Minute, obwohl das Blutgefäßsystem noch unfertig ist. Der Embryo ist jetzt 3 – 4 cm lang und 10 – 15 g schwer. Er liegt im Fruchtwasser der *Fruchtblase* und ist über die *Nabelschnur* mit der mütterlichen Plazenta verbunden.

Die *Nabelarterien* des Kindes verästeln sich sehr stark und ragen in die zahlreichen Hohlräume der Plazenta, die mit mütterlichem

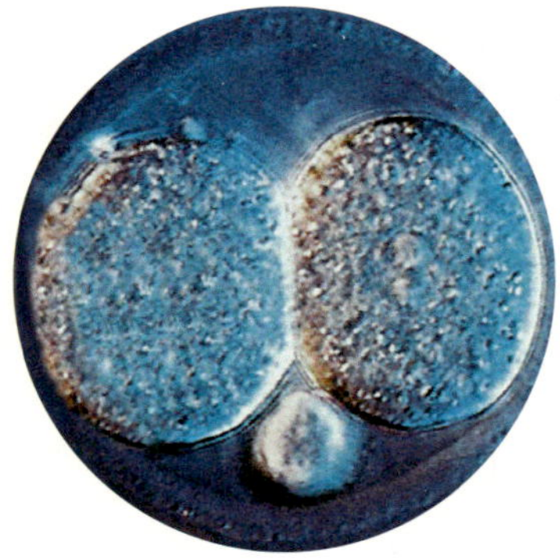

Zweizellstadium

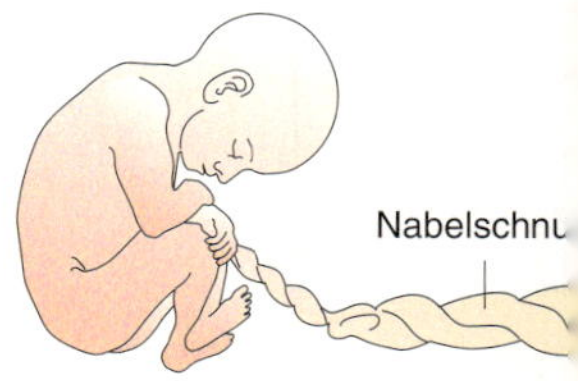

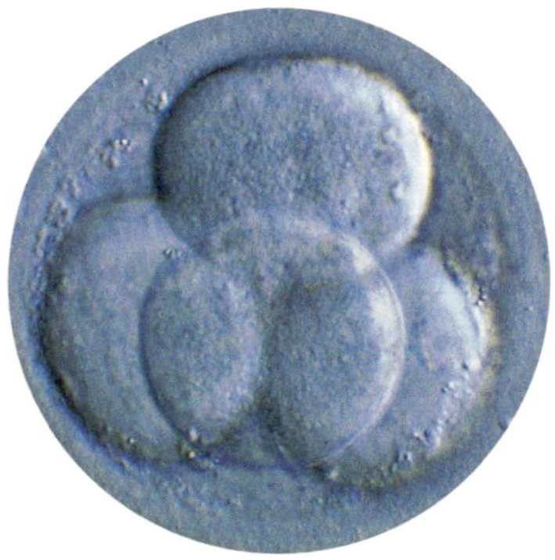

Vierzellstadium

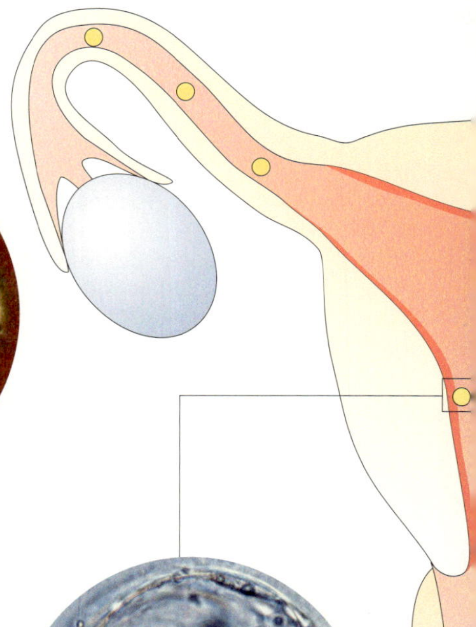

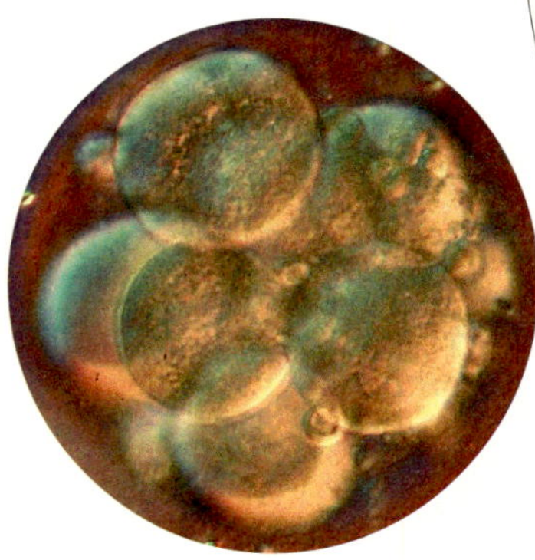

Sechzehnzellstadium

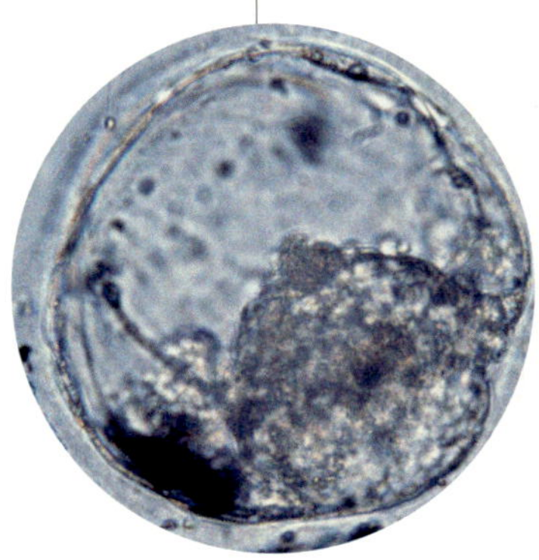

Blasenkeim

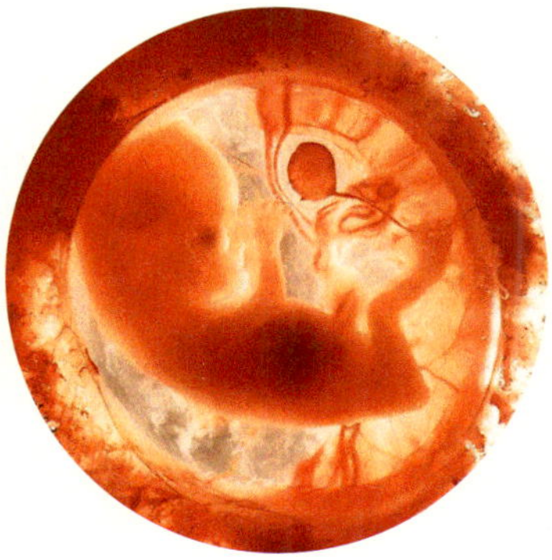

Fetus (14 Wochen)

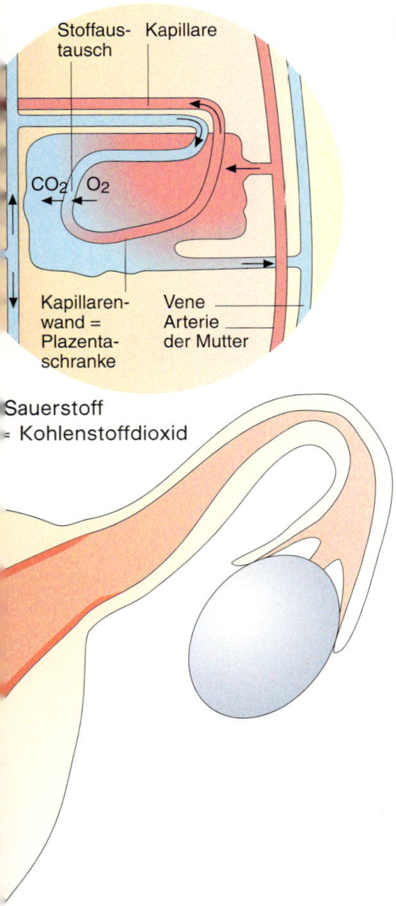

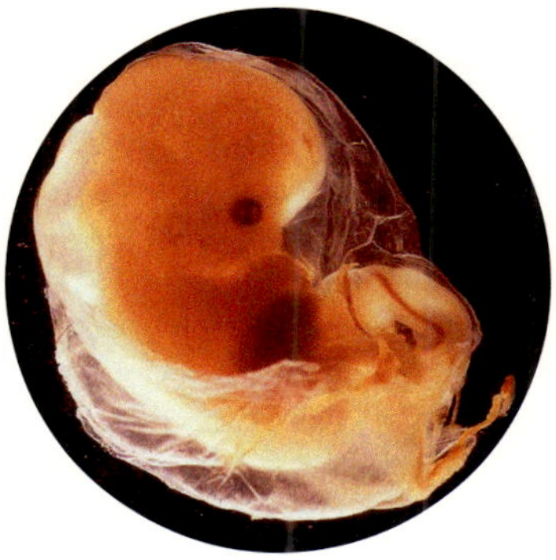

Embryo (8 Wochen)

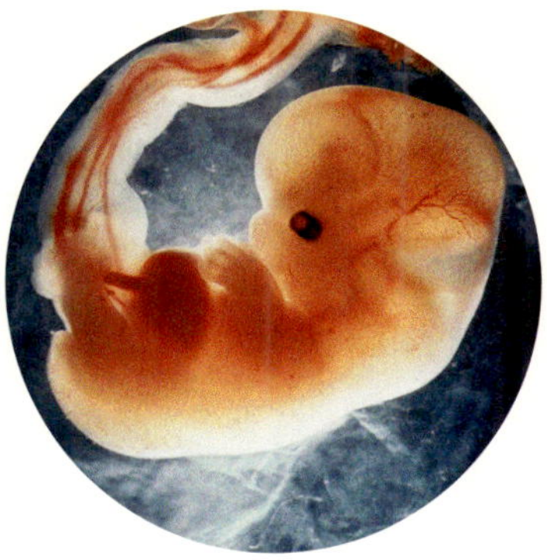

Embryo (6 Wochen)

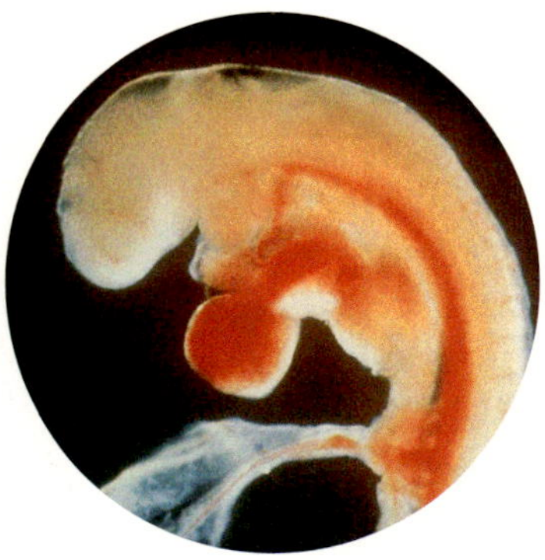

Embryo (4 Wochen)

Blut gefüllt sind. Die dünnen Wände der kindlichen Adern trennen das Blut von Mutter und Kind, sodass kein Blutaustausch und keine Durchmischung erfolgen kann. Dies nennt man die *Plazentaschranke*. Durch diese dünne Zellschicht kann jedoch ein kontrollierter Stoffaustausch erfolgen. Sauerstoff und Nährstoffe werden von Blutgefäßen *(Kapillaren)* des Kindes aufgenommen, das im Körper des Kindes entstandene Kohlenstoffdioxid und andere Stoffwechselprodukte an das mütterliche Blut abgegeben. Andere Stoffe, z. B. manche Vitamine, müssen aktiv, d. h. durch besondere Transportvorgänge, aufgenommen werden.

Die *Nabelvene* bringt das mit Sauerstoff und Nährstoffen angereicherte Blut in den kindlichen Körper zurück. Rote und weiße Blutzellen sowie Blutplättchen des mütterlichen Blutes können die Plazentaschranke kaum oder gar nicht durchdringen, wohl aber einige Krankheitserreger (z. B. diejenigen, die Röteln auslösen, s. auch Seite 158), im Blut befindliche Antikörper der Mutter, Alkohol, Nikotin und andere Drogen sowie Arzneimittel. Stoffe und Erreger, die die Plazentaschranke überwunden haben, können die Entwicklung des ungeborenen Kindes beeinträchtigen – z. B. lässt das von der Mutter eingeatmete Nikotin einer Zigarette das Herz des Kindes 20 Schläge pro Minute schneller schlagen. Kinder von Raucherinnen sind bei der Geburt oft kleiner und anfälliger gegen Krankheitserreger. Auch Medikamente, wie das Schlafmittel Contergan, das früher Schwangeren verschrieben worden ist, führen zu unterschiedlich schweren Missbildungen an Armen und Beinen bei den Kindern.

Mit Beginn des 4. Schwangerschaftsmonats endet die Embryonalzeit. Von nun an nennt man das im Mutterleib heranwachsende Kind *Fetus*. Es beginnt die Entwicklungsphase der bereits angelegten, inneren Organe bis zur Funktionstüchtigkeit, die bis zum Ende des 7. Monats andauert. Diesen Zeitraum nennt man auch *Wachstumszeit*.

In dieser Zeit beginnt der Fetus, die Funktionen mancher seiner Organe zu üben: Er beugt und streckt seine Arme und Beine und bewegt seinen Kopf. Der Fetus lernt schlucken und trinkt vom *Fruchtwasser*, in dem er schwimmt. Die „Verknöcherung" der knorpeligen Skelettanlagen beginnt, Haare wachsen, Nägel an Zehen und Fingern entstehen. Die äußeren Geschlechtsorgane sind erkennbar. (▶ S. 250/251, 254/255)

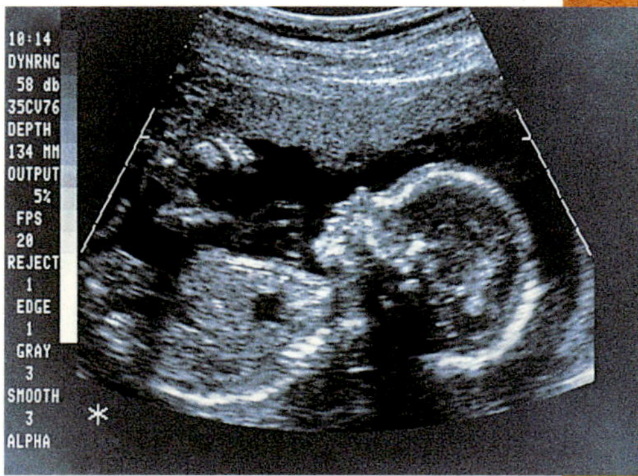

1 Ultraschallbild

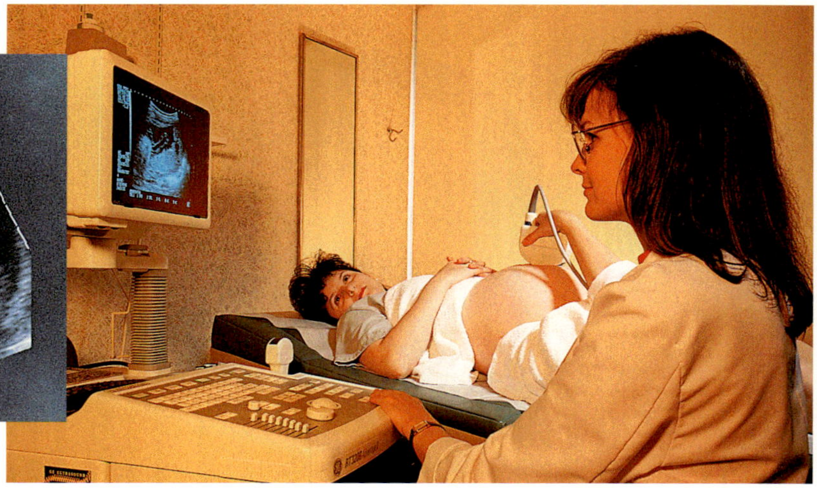

2 Vorsorgeuntersuchung

Schwangerschaft und Geburt

Mit der Befruchtung der Eizelle beginnt die durchschnittlich 280 Tage oder 40 Wochen dauernde *Schwangerschaft*. Erste Anzeichen dafür sind das Ausbleiben der Regelblutung und Spannungsgefühle in der Brust. Letztere werden durch die nun produzierten Schwangerschaftshormone verursacht. Da die Schwangerschaftshormone mit dem Urin ausgeschieden werden, kann die Frau selbst schon nach dem Ausbleiben der Menstruation mit Teststäbchen aus der Apotheke einen Schwangerschaftstest durchführen. Noch früher kann eine Schwangerschaft per Ultraschall vom Frauenarzt diagnostiziert werden.

Eine Schwangerschaft bedeutet nicht nur körperliche und seelische Veränderungen für die Frau, sondern auch die Übernahme einer großen Verantwortung für sich selbst und das in ihr wachsende Kind. Die Schwangere sollte unbedingt auf den Konsum von Alkohol, Nikotin und anderen Drogen verzichten, um die Entwicklung des Ungeborenen nicht zu gefährden und keine Fehlgeburt hervorzurufen.

Viel Bewegung und eine ausgewogene Ernährung sind nicht nur für das ungeborene Kind gut, sondern tragen auch zum Wohlbefinden der werdenden Mutter bei. Um eine größtmögliche Sicherheit für die werdende Mutter und das ungeborene Kind zu leisten, sollte die Frau regelmäßige Vorsorgeuntersuchungen beim Frauenarzt in Anspruch nehmen. Blut- und Harnuntersuchungen sowie Gewichtskontrollen bei der Mutter, das Abhören der Herztöne und Ultraschallaufnahmen des Kindes liefern wichtige Informationen darüber, ob die Schwangerschaft normal verläuft. Eine weitere Vorsorgemaßnahme ist die Rötelnimpfung, da der Fetus bei einer an Röteln erkrankten Schwangeren schwere Organschäden erleiden kann. Eine Impfung während der Schwangerschaft gegen Röteln ist nicht ohne Schädigung des Fetus möglich. Deshalb sollten Mädchen bereits vor Beginn der Pubertät die viele Jahre wirkende Rötelnimpfung durchführen lassen.

In Geburtsvorbereitungskursen können sich schwangere Frauen mit einer speziellen Schwangerschaftsgymnastik und der Erlernung von Atemtechniken auf die Geburt vorbereiten. Eine Teilnahme des Partners an diesen Kursen kann hilfreich sein, damit er die Frau psychisch optimal unterstützen kann.

Schon einige Tage vor der *Geburt* spürt die werdende Mutter ein verstärktes Ziehen im Rücken und im Bauchraum. Das sind die *Vorwehen*. Sie rühren daher, dass sich die Muskulatur der Gebärmutter zusammenzieht. Dadurch wird der enge, vom knöchernen Becken umgebene *Geburtskanal* geweitet. Er führt durch den Gebärmuttermund und die Scheide nach außen.

Kurz vor der Geburt setzen die eigentlichen *Wehen* ein; in regelmäßigen, zunächst etwa 10-minütigen Abständen, wird das Kind von der Muskulatur der Gebärmutter kräftig mit dem Kopf in Richtung Scheidenausgang gedrückt. Dabei öffnet sich der Gebärmuttermund und die Fruchtblase, die das Kind während der Schwangerschaft geschützt hat, platzt auf. Das Fruchtwasser läuft aus. Die Wehen werden dann noch stärker und häufiger. Die Mutter hilft in der anschließenden *Austreibungsphase* mit, indem sie die Bauchmuskulatur anspannt. So wird das Kind mit dem Kopf voran aus dem Körper gepresst. Der Vater kann bei der Geburt anwesend sein und die werdende Mutter unterstützen.

Arzt und Hebamme helfen mit, bis das Kind geboren ist. Es hängt nur noch an der Nabelschnur, durch die nun aber kein Blut mehr fließt. Die Sauerstoffversorgung durch die Mutter hört auf. Das Neugeborene macht seinen ersten Atemzug, oftmals ausgelöst von einem Klaps auf den Po, und schreit.

Das Abtrennen der Nabelschnur bereitet keine Schmerzen. Sie wird an zwei Stellen abgebunden und dazwischen durchschnitten. Die eigentliche *Entbindung* findet statt. Die Plazenta wird bald darauf als *Nachgeburt* abgestoßen.

Das Kind wird gewaschen, wenn möglich vom Vater, und dann der Mutter auf den Bauch gelegt. Das Neugeborene kann sofort Suchbewegungen nach der Mutterbrust ausführen. Sobald die Lippen die Brustwarzen berühren, beginnt es zu saugen (s. Seite 130). Die *Brustdrüsen* der Mutter sind schon während der Schwangerschaft angeschwollen und beginnen bald nach der Geburt Milch zu bilden. Die *Muttermilch* ist für das Kind zunächst die einzige Nahrung.

Die Geburt ist für die Frau ein sehr schmerzhafter, jedoch auch emotional sehr wichtiger und ergreifender Vorgang. Die Frau erlebt bewusst mit, wie ihr Kind geboren wird. Manche Frauen wollen, um die Schmerzen bei einer Geburt zu umgehen, gerne ihr Kind per *Kaiserschnitt* zu Welt bringen. Dazu öffnet man die Bauchdecke und die Gebärmutter und holt das Kind mit der Fruchtblase und der Plazenta aus dem Mutterleib. Ärzte raten davon jedoch dringend ab, da es sich bei einem Kaiserschnitt um eine Operation handelt, die, wie jede Operation, schon aufgrund des Einsatzes einer Narkose viel höhere gesundheitliche Risiken aufweist, als eine natürliche Geburt. Desweiteren wird eine Narbe aufgrund des Kaiserschnittes auf der Bauchdecke zurückbleiben. Ärzte raten nur dann zu einem Kaiserschnitt, wenn das Kind beispielsweise quer liegt oder der Geburtskanal zu eng ist und damit eine natürliche Geburt für Mutter und Kind lebensgefährlich werden kann.

Aufgaben

① Erkläre, warum Alkohol, Nikotin und andere Gifte gerade in den ersten Schwangerschaftsmonaten besonders gefährlich für das Kind sind.

② Erkläre, warum das Neugeborene sofort nach der Geburt selbstständig Suchbewegungen nach der Mutterbrust ausführt.

③ Erkläre, warum ein rascher Körperkontakt zwischen Mutter und Kind nach der Geburt wichtig ist.

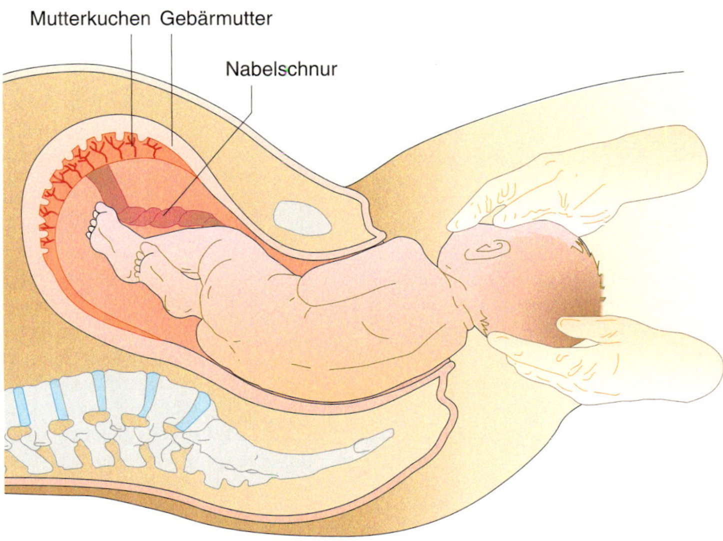

1 Kind mit Oberkörper im Geburtskanal

2 Mutter mit Neugeborenem

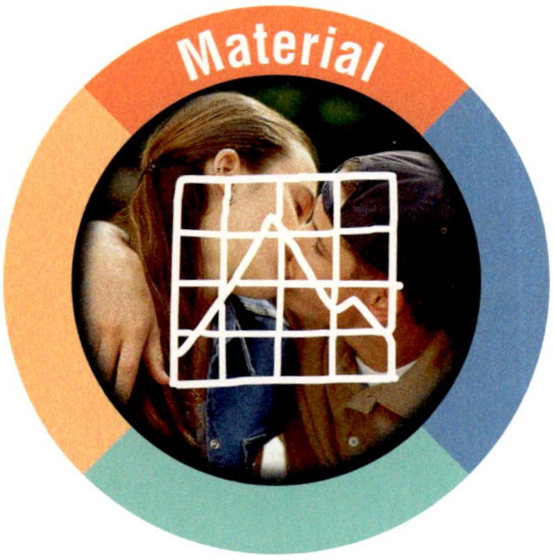

Schwangerschaftsabbruch

1. Auszüge aus einem Beratungsbuch

mit dem Ziel, Entscheidungshilfen für einen persönlichen Weg zu finden : „Ungewollt schwanger zu sein kann eine der schwierigsten und betrüblichsten Erfahrungen im Leben einer Frau sein – eine weitaus häufigere Erfahrung als gemeinhin angenommen. Jede dritte bis vierte Frau hat in ihrem Leben eine Abtreibung. Ungewollte Schwangerschaften sind aber keineswegs ein Phänomen unserer Zeit. In der Vergangenheit wurde jedoch von Frauen einfach erwartet, nicht erwünschte Kinder zu Welt zu bringen und großzuziehen. Im Unterschied zu früher besitzt die Frau von heute mehr persönliche Freiheiten, bessere Berufsaussichten und die Möglichkeit, ihren Kinderwunsch durch Verhütung zu steuern – Faktoren, die ihr mehr Entscheidungsspielraum und mehr Recht auf Selbstbestimmung verleihen. . . .“ (KLEIN und KAUFMANN: Schwanger – was nun?, Kösel Verlag 1999)

2. Aus einem Brief

„Gestern war ich in der Apotheke, weil mir schon seit ein paar Tagen morgens immer schlecht war. Irgendwie wusste ich, was bei dem Test herauskommen würde – ich war erst mal gar nicht erstaunt. Aber dann, nach einer halben Stunde, hab' ich bloß noch auf meinem Bett gehockt und geheult. Was soll ich denn jetzt machen, ich bin doch erst 16, und das Abi will ich auch. Ich hab' mir vorgestellt, wie ich mit dem Kinderwagen in der Englischstunde sitze und dem Baby den Schnuller 'reinschiebe. . . . Scheiße, und wir wollten noch Kondome kaufen, aber hatten beide kein Geld mehr. Michi weiß noch gar nichts und meinen Eltern hab' ich auch noch nichts erzählt. Die trifft der Schlag! Seit ich mit Michi zusammen bin, haben sie mich belämmert „pass' auf“. Als ob das nur an mir hängen würde! Und jetzt ist es passiert, beim ersten Mal ohne Gummi. Was soll ich denn bloß machen, ich hab' keine Ahnung. Du bist die Einzige, die mir helfen kann. . . .“

3. Erinnerungen

„Es ist jetzt genau drei Jahre her – ich erinnere mich noch genau an den Augenblick, als Anne auf mich zugelaufen kam, freudestrahlend, und mir um den Hals fiel: „Endlich, endlich hat es geklappt!“ Sie war damals 35, ich 37, und seit Jahren wollten wir schon ein Kind. Ich glaube, es war unser glücklichster Moment! Wir schmiedeten Pläne – eine größere Wohnung, den Erziehungsurlaub wollten wir uns teilen, stillen – unbedingt. Und natürlich sollte auch noch ein Brüderchen oder Schwesterchen kommen, vielleicht ein oder zwei Jahre später. Endlich würden wir eine richtige Familie sein. Anne ging regelmäßig zu ihrer Frauenärztin, alles lief normal – dachten wir. Weil Anne schon 35 Jahre alt war, riet ihr die Frauenärztin zu einer Fruchtwasseruntersuchung, nur um ganz sicher zu sein. Und das Ergebnis hat alle Träume zerstört: Mit 90 %iger Sicherheit würde das Kind schwerste körperliche und geistige Schäden haben! Für uns brach eine Welt zusammen, wir waren ratlos, verzweifelt, wir fühlten uns allein gelassen. . . . obwohl viele Leute uns gute Ratschläge gaben, uns trösten wollten. Vielleicht war es gut, dass wir nicht allzu viel Zeit hatten, um eine Entscheidung zu treffen – wir waren psychisch am Ende. Wir wussten nur, dass wir uns entscheiden mussten. . . . Heute ist der Schmerz nicht mehr so stark, aber die Erinnerungen werden nie weggehen. Wir haben uns entschlossen, ein Kind zu adoptieren – und wir werden es lieben wie unser eigenes“.

4. Marla

„Wir hatten uns auf meinem Abi-Ball kennen gelernt, sie war die jüngere Schwester einer Mitschülerin. Na ja, es hat gleich gefunkt zwischen uns, obwohl sie drei Jahre jünger war als ich. Bevor ich meinen Zivildienst anfing, blieben uns noch die Sommerferien – und wir haben die sechs Wochen fast rund um die Uhr zusammen verbracht. Wir waren unzertrennlich, so richtig verliebt. Und dieses Gefühl hielt auch noch die nächsten zwei Jahre an, obwohl ich zum Studieren in eine andere Stadt gezogen war. Etwa ein halbes Jahr vor ihrem Abi fing es an zu kriseln zwischen uns, irgendwie passte alles nicht mehr so gut. Immer öfter haben wir uns gezofft – und uns wieder versöhnt, es war ein dauerndes Hin und Her. Bis ich dann Schluss gemacht habe. Ich fühlte mich wieder frei, ungebunden, ich wollte Bäume ausreißen. Bis ihre Schwester mich anrief: Meine Ex war schwanger – von mir! Von einer Sekunde zur anderen gab es nur noch Wut und Hass in mir. Sie hat mein Leben kaputt gemacht, meine Zukunft, was soll ich mit einem Kind – ich wollte dieses Kind nicht, sie sollte es abtreiben. Ich habe in diesen Wochen nur an mich und mein durch sie verpfuschtes Leben gedacht – kein Gedanke an sie, wie sie mit dieser Situation zurecht kam, was aus ihrem Leben werden sollte. Vor zwei Jahren wurde meine Tochter Marla geboren – dank der Stärke ihrer Mutter. Ich bin heute ein stolzer Vater, der gelernt hat, Verantwortung zu übernehmen. Obwohl ihre Mutter und ich nicht wieder zusammen sind“.

5. Rechtliche Grundlagen des Schwangerschaftsabbruchs seit 1.10.1995 (Strafgesetzbuch)

§ 218 Abbruch der Schwangerschaft

(1) Wer eine Schwangerschaft abbricht, wird mit einer Freiheitsstrafe bis zu drei Jahren oder mit Geldstrafe bestraft. Handlungen, deren Wirkung vor dem Abschluss der Einnistung des befruchteten Eies in die Gebärmutter einhergeht, gelten nicht als Schwangerschaftsabbruch im Sinne des Gesetztes.

§ 218a, Straflosigkeit des Schwangerschaftsabbruchs

(1) der Tatbestand des § 218 ist nicht verwirklicht, wenn
   1. die Schwangere den Schwangerschaftsabbruch verlangt und dem Arzt durch eine Bescheinigung nach § 219 Abs. 2 Satz 2 nachgewiesen hat, dass sie sich mindestens drei Tage vor dem Eingriff hat beraten lassen,
   2. der Schwangerschaftsabbruch von einem Arzt vorgenommen wird,
   3. seit der Empfängnis nicht mehr als 12 Wochen vergangen sind.

§ 219 Beratung der Schwangeren in einer Not- und Konfliktlage

(1) Die Beratung dient dem Schutz des ungeborenen Lebens. Sie hat sich von dem Bemühen leiten lassen, die Frau zur Fortsetzung der Schwangerschaft zu ermutigen und ihr Perspektiven für ein Leben mit dem Kind zu eröffnen; sie soll helfen, eine verantwortungsvolle und gewissenhafte Entscheidung zu treffen. Die Beratung soll durch Rat und Hilfe

dazu beitragen, die im Zusammenhang mit der Schwangerschaft bestehende Konfliktlage zu bewältigen und einer Notlage abzuhelfen.

6. Deutschland seit 1871

1871: In der I. Deutschen Reichsverfassung wird im § 218 die Abtreibung mit Zuchthaus bis zu fünf Jahren bestraft.
1943: „Hat der Täter durch Beihilfe zur Abtreibung die Lebenskraft des deutschen Volkes fortgesetzt beeinträchtigt, so ist auf Todesstrafe zu erkennen".
1959: Katholische Kirche: „... Frauen haben die eventuellen Folgen einer ihnen zugefügten Straftat (Vergewaltigung) demütig als Schicksal hinzunehmen".
Mitte der 60er-Jahre: Durch das Schlafmittel Contergan werden zahlreiche Feten schwer geschädigt. Die Frage wird aufgeworfen, ob man Frauen zwingen dürfe, ein mit Sicherheit geschädigtes Kind auszutragen.
1976: Die neuen §§ 218 ff. treten in Kraft. Medizinische, kriminologische und Notlagenindikation führen unter bestimmten Voraussetzungen zur Straffreiheit.

7. Griechen und Römer

Aus dem *Eid des Hippokrates* (460 bis 377 v. Chr.):
„... Ich will weder irgend jemandem ein tödliches Medikament geben, wenn ich darum gebeten werde, noch will ich in dieser Hinsicht einen Rat erteilen. Ebenso will ich keiner Frau ein abtreibendes Mittel geben. In Reinheit und Heiligkeit will ich mein Leben und meine Kunst bewahren ... "

Stoizismus (etwa 250 v. Chr. bis in das 3. Jahrhundert n. Chr.): „Das empfangene Kind ist kein beseeltes, erst recht kein menschliches Wesen. Der Embryo ist Teil der mütterlichen Eingeweide. ... "

Bei den *Spartanern* und *Germanen* war die Kindesaussetzung erlaubt. Sie war bei schwächlichen Neugeborenen sogar staatlich geboten.

Römische Philosophen: „Der Fetus ist ein Teil der Mutter. Die künstliche Fehlgeburt ein belangloser Akt, der wie jeder andere Eingriff zu verstehen ist."

Das *römische Gesetz* befasst sich nicht mit der Abtreibung. Das väterliche Recht der Kindstötung, wie es im römischen Reich noch üblich war, wurde erst von Kaiser KONSTANTIN (270 – 337 n. Chr.) aufgehoben, der das Christentum zur Staatsreligion machte. Er verurteilte Eltern, die ihre Kinder töteten, zum Tod.

8. Wann beginnt menschliches Leben?

Medizinische Sicht: „Der Beginn des Lebens kann mit der Schwangerschaft gleichgesetzt werden, die Einnistung des Keims in die Gebärmutter ist dann der Zeitpunkt des Beginns."

Juristische Sicht: „Die Rechtsfähigkeit des Menschen beginnt mit der Vollendung der Geburt. Das werdende Leben wird in den §§ 218 ff. gesondert geschützt."

Biologische Sicht: „Das Leben beginnt mit der Vereinigung von Spermium und Eizelle."

Theologische Sicht: „..., so ist unzweifelhaft vom Augenblick der Empfängnis an nicht nur ein „Zellknäuel", sondern wirkliches menschliches Leben vorhanden, das schon vom Augenblick der Verschmelzung der Keimzellen an alle Anlagen individueller menschlicher Entwicklung in sich trägt. ... "

Gutachterkommission zum § 218: „Nach dreimonatiger Schwangerschaft kann man sagen, dass das werdende Leben eine feste Gestalt anzunehmen beginnt, dass es als verfestigtes Eigenleben anzusehen ist".

9. Zur Problematik des Schwangerschaftsabbruchs

Die Leibesfrucht spricht (KURT TUCHOLSKY, Schriftsteller, 1890 – 1935): „Für mich sorgen sich alle: Kirche, Staat, Ärzte und Richter. Ich soll wachsen und gedeihen; ich soll neun Monate schlummern; ich soll es mir gut sein lassen – sie wünschen mir alles Gute. Sie behüten mich. Wer mich anrührt, wird bestraft; meine Mutter fliegt ins Gefängnis, mein Vater hinternach; der Arzt, der es getan hat, muss aufhören, Arzt zu sein; die Hebamme, die geholfen hat, wird eingesperrt – ich bin eine kostbare Sache. Für mich sorgen sich alle: Staat, Ärzte und Richter. Wenn aber diese neun Monate vorbei sind, dann muss ich sehen, wie ich weiterkomme. Die Tuberkulose? Kein Arzt hilft mir. Nichts zu essen? Keine Milch? – Kein Staat hilft mir. Qual und Seelennot? Die Kirche tröstet mich, aber davon werde ich nicht satt. Und ich habe nichts zu brechen und zu beißen, und stehle ich: Gleich ist der Richter da und setzt mich fest. Fünfzig Lebensjahre wird sich niemand um mich kümmern, niemand. Da muss ich mir selbst helfen. Neun Monate bringen sie sich um, wenn mich einer umbringen will. Sagt selbst: Ist das nicht eine merkwürdige Fürsorge?"

Aufgaben

① Nenne Gründe für und gegen einen Schwangerschaftsabbruch. Berücksichtige dabei auch das Alter der Schwangeren.
② Versuche, dich in die jeweilige Situation der Texte 2. bis 4. hinein zu versetzen. Was empfindest du beim Lesen? Wie würdest du reagieren?
③ Welche grundlegenden Rechte stehen bei einer Abtreibung zueinander im Widerspruch? Lässt sich das Problem des Schwangerschaftsabbruchs für alle Seiten zufriedenstellend lösen?
④ Bewerte die Sichtweisen zum Schwangerschaftsabbruch aus der griechischen und römischen Geschichte und stelle sie den Sichtweisen in Deutschland seit 1871 gegenüber.
⑤ Diskutiert in eurer Klasse die verschiedenen Sichtweisen zum Beginn des menschlichen Lebens. Argumentiert pro und contra.
⑥ Nimm Stellung zum Text von KURT TUCHOLSKY.
⑦ Rat der evangelischen Kirche: „Dem Lebensstandard darf kein Leben geopfert werden." Was ist damit gemeint?
⑧ Bis zu welchem Zeitpunkt der Schwangerschaft ist ein Schwangerschaftsabbruch in der Bundesrepublik Deutschland möglich?
⑨ Der § 218 in der Fassung von 1976 beinhaltet u. a. die Begriffe Notlagenindikation, medizinische und kriminologische Indikation. Was ist darunter zu verstehen?
⑩ Vergleiche das heute in der Bundesrepublik Deutschland geltende Schwangerschaftsrecht mit dem eines anderen EU-Landes (z. B. Niederlande, Großbritannien). Welche Unterschiede kannst du feststellen?
⑪ Wie würdest du dich verhalten, wenn deine Freundin oder ein Mädchen aus deinem Bekanntenkreis schwanger würde?
⑫ Was wäre, wenn deine Freundin nach einer durchgeführten pränatalen Diagnostik, z. B. nach einer Fruchtwasseruntersuchung, erfahren würde, dass sie ein Kind mit Trisomie 21 erwartet?
⑬ Wie muss eine Schwangere vorgehen, die in einer Notlagensituation ist und einen Schwangerschaftsabbruch vornehmen lassen möchte?
⑭ Was bedeutet und beinhaltet das Embryonenschutzgesetz?
⑮ Welche Beratungsstellen dürfen in der Bundesrepublik Deutschland die so genannten Beratungsscheine ausstellen?

Grundlagen der Vererbung

Die Lehre der Vererbung *(Genetik)* beschäftigt sich mit dem Aufbau und der Funktion von Erbanlagen *(Gene)* sowie der Weitergabe von Erbinformationen von Generation zu Generation. Die Kenntnisse zu den Gesetzmäßigkeiten bei der Vererbung verdanken wir der *klassischen Genetik*, die *Molekularbiologie* liefert die Kenntnisse zum chemischen Aufbau der Erbsubstanz. In der Medizin werden die neuesten Erkenntnisse der Genetik genutzt, um Vorsorge bei genetisch bedingten Krankheiten zu treffen oder Krankheiten zu heilen. Es gelingt sogar, durch Methoden der Gentechnik Erbanlagen verschiedener Tier- bzw. Pflanzenarten neu zu kombinieren. In der Zukunft gilt es, mit diesem Wissen verantwortungsvoll umzugehen.

Wenn du die folgenden Kapitel durcharbeitest, gewinnst du einerseits Kenntnisse zur Vererbung und lernst andererseits Fragestellungen und Arbeitsweisen aus dem Bereich der Genetik kennen. Dabei entwickelst und übst du folgende Kompetenzen:

Du wirst
- die Bedeutung der Zellteilung für die Fortpflanzung und Zellvermehrung erkennen
- Gesetzmäßigkeiten der Vererbung aus Kreuzungsergebnissen ableiten und anwenden
- biologische Phänomene beobachten und beschreiben, dazu Hypothesen entwickeln und dazu recherchieren
- erkennen, dass für viele Möglichkeiten der Genetik, insbesondere der Gentechnik ethische Betrachtungen und Entscheidungen notwendig sind. Du wirst angeregt, darüber nachzudenken, deinen eigenen Standpunkt zu formulieren und zu diskutieren
- die Variabilität von Lebewesen verstehen lernen
- Familienstammbäume und genetische Beratung kennen und beurteilen lernen
- die Speicherung und Weitergabe genetischer Informationen unter Anwendung geeigneter Modelle kennen lernen.

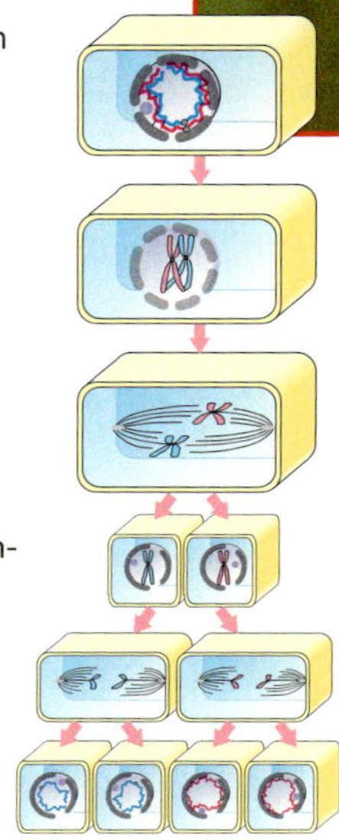

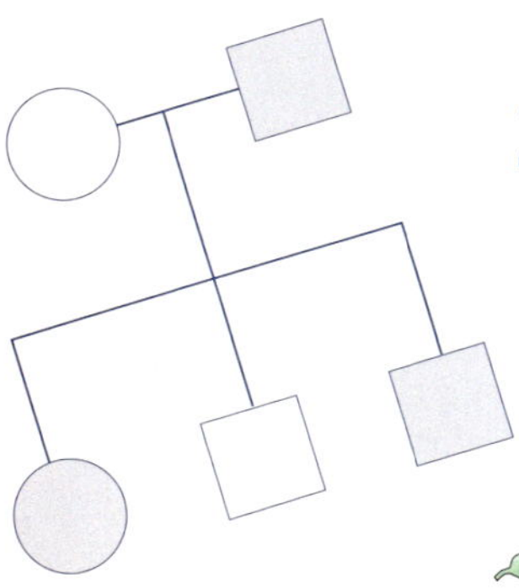

Zelluläre Grundlagen

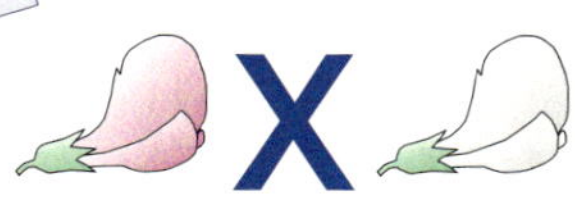

Phänotyp

dominant-rezessiv

Klassische Genetik

Gentechnik

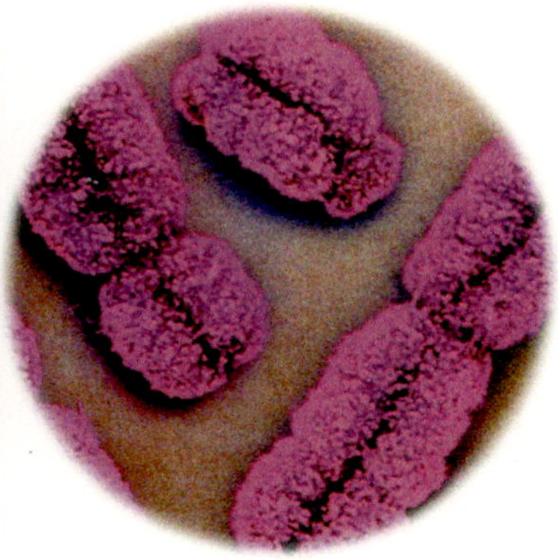

Vererbung des Menschen

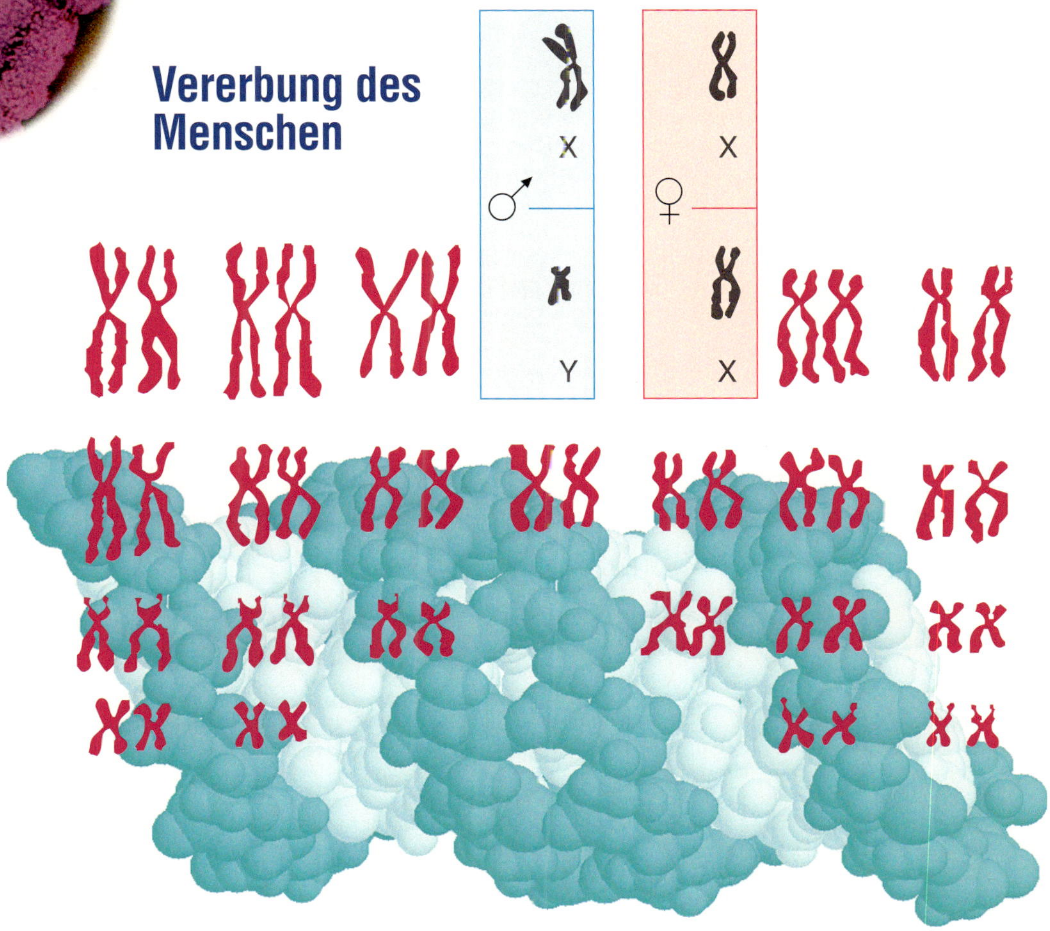

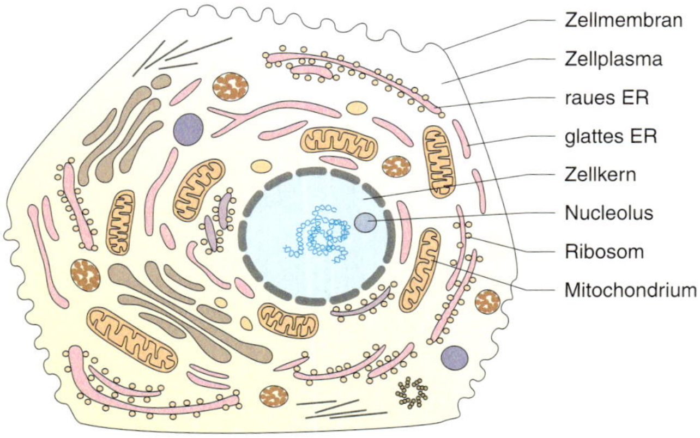

1 Schema einer Tierzelle

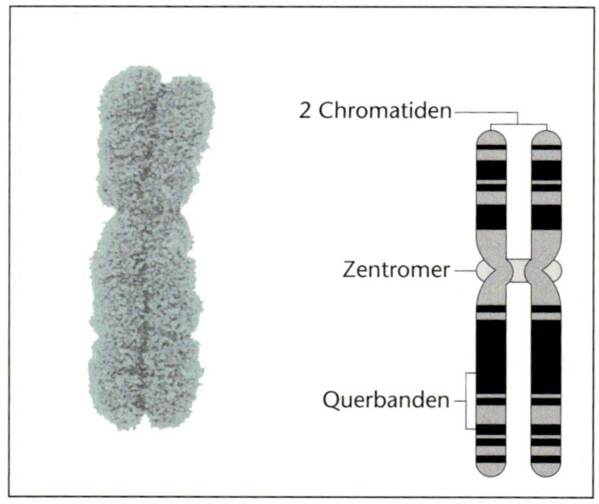

2 Chromosom (REM-Aufnahme/schematisch)

Chromosomen – Träger der Erbinformation

Chromosom
gr. *chromatos* = Farbe
gr. *soma* = Körper

Chromosomentheorie
Chromosomen sind die Träger der Erbinformation

In der Mitte des 19. Jahrhunderts war durch die Entwicklung des Mikroskops die Möglichkeit gegeben, neben den Zellbestandteilen den Zellkern näher zu betrachten. Man entdeckte in ihm nach dem Anfärben fädige Strukturen, die *Chromosomen*. Jedes Chromosom besteht aus zwei identischen Halbchromosomen, den *Chromatiden*. Eine charakteristische Einschnürung, das *Zentromer*, verbindet die Chromatiden miteinander. Man spricht von Zwei-Chromatiden-Chromosomen (Abb. 2).

Der Zusammenhang zwischen dem Auftreten von bestimmten Merkmalen bei den Nachkommen und den Chromosomen wurde vor etwa hundert Jahren gefunden. Die große Leistung, die 1903 von BOVERI und SUTTON dabei erbracht wurde, bestand in der gedanklichen Verknüpfung von Kenntnissen aus der Zellforschung und der klassischen Genetik. Man war sich sicher, dass bei der Befruchtung nur der Zellkern des Spermiums in die Eizelle eindringt und anschließend beide Kerne miteinander verschmelzen. Diese Beobachtung führte zu der Annahme, dass die Erbinformation im Zellkern zu finden sein muss. Aus dieser Vermutung und den Ergebnissen von Kreuzungsversuchen bei Pflanzen und Tieren leiteten BOVERI und SUTTON die Wahrscheinlichkeit ab, dass Merkmale an die Chromosomen im Zellkern gebunden sein müssen. Unabhängig voneinander stellten sie die *Chromosomentheorie der Vererbung* auf. Sie besagt, dass vererbbare Chromosomen die Träger der Erbanlagen sind.

Im 20. Jahrhundert wurde die Theorie durch viele genetische Experimente bestätigt. Beispielsweise 1911 durch MORGANS Arbeiten über *Drosophila* (Taufliege, Fruchtfliege). Bei diesem Tier konnten die Riesenchromosomen der Speicheldrüsen besonders gut beobachtet werden. Auch heute noch wird für Forschungszwecke viel mit Drosophila gearbeitet, weil sie zahlreiche Vorteile besitzt. So ist sie nur wenige Millimeter groß, demzufolge in kleinen Gefäßen zu halten und ihre Ernährung mit Griesbrei ist billig. Die Weibchen legen bis zu 500 Eier und diese Nachkommen entwickeln sich in nur 12 Tagen vom Ei bis zum geschlechtsreifen Tier.

Zettelkasten

Was ist Genetik?

Wie kommt es, dass Lebewesen ihren Eltern in vielen Merkmalen gleichen oder zumindest ähnlich sind? Warum sind Kinder des gleichen Elternpaares dennoch in vielen Eigenschaften untereinander verschieden? Die Wissenschaft, die sich mit solchen und ähnlichen Fragestellungen beschäftigt, heißt *Vererbungslehre* oder *Genetik*. Bei der Suche nach möglichen Antworten haben sich im Laufe der Zeit mehrere Forschungsrichtungen entwickelt.

Die *klassische Genetik* untersucht das Aussehen eines Lebewesens und es werden Regeln aufgestellt, die verständlich machen, wie Merkmale der Eltern an ihre Nachkommen weitergegeben werden. Die Ursachen lassen sich in den Zellen finden. Damit beschäftigt sich die *Molekulargenetik*, die nach den stofflichen Grundlagen der Vererbung fragt. Mit dem Erbgeschehen speziell beim Menschen befasst sich die *Humangenetik*, während das Hauptziel der *angewandten Genetik* die Züchtung von ertragreichen Pflanzen und Tieren ist.

Chromosomensätze in Körper- und Keimzellen

Jedes Lebewesen besitzt in den Zellkernen seiner Körperzellen eine gleich bleibende Anzahl von Chromosomen. Die Chromosomenzahl ist artspezifisch und wird als *Chromosomensatz* bezeichnet (Abb. 1). Man kann feststellen, dass sich in den Körperzellen jeweils zwei Chromosomen in Form und Größe gleichen. Diese beiden nennt man *homolog*. Im Aussehen stimmen die homologen Chromosomen überein. Aufgrund des Vorhandenseins von homologen Chromosomen in den *Körperzellen* kann man auch sagen: Körperzellen enthalten zwei Chromosomensätze (2n). Zellen mit zwei Chromosomensätzen werden als *diploid* bezeichnet (Mensch: 2n = 46).

Bei der Untersuchung von *Keimzellen* (s. Seite 154) wurde dagegen festgestellt, dass diese nur einen Chromosomensatz besitzen. Von jedem der beiden homologen Chromosomen ist exakt eines vorhanden. Solche Zellen nennt man *haploid*.

Über die Anzahl der menschlichen Chromosomen herrschte lange Zeit Unklarheit, da sie dicht beieinander liegen und deshalb einzeln nur schwer zu erkennen sind. 1956 wurde eine Methode entwickelt, mit der die Chromosomen identifiziert und gezählt werden können. Die geordnete bildliche Darstellung aller Chromosomen nennt man Karyogramm (Abb. 2).

Das Karyogramm einer menschlichen Körperzelle hat 46 Chromosomen (2n = 46). 44 dieser Chromosomen sind sowohl in männlichen als auch in weiblichen Zellen vorhanden *(Autosomen)* und können zu 22 Paaren aus je zwei homologen Chromosomen zusammengestellt werden. Im verbleibenden Chromosomenpaar, den beiden Geschlechtschromosomen *(Gonosomen)*, unterscheiden sich die Zellen von Männern und Frauen. Frauen besitzen zwei relativ große X-Chromosomen als homologes Chromosomenpaar (XX), Männer nur ein X-Chromosom und ein sehr kleines Y-Chromosom (XY). Es ist das einzige Paar, bei dem sich das Aussehen unterscheidet *(heterologes Chromosomenpaar)*.

Während bei Menschen haploide weibliche Keimzellen (Eizellen) immer ein X-Chromosom besitzen, liefert der Mann in seiner Samenflüssigkeit zu gleichen Teilen haploide Spermien mit X- und Y-Chromosomen (s. Seite 190).

Tiere	Chromosomensätze	
	in Körperzellen (diploid=2n)	in Geschlechtszellen (haploid=n)
Drosophila	8	4
Schimpanse	48	24
Kaninchen	44	22
Hund	78	39
Katze	104	52

Pflanzen	Chromosomensätze	
	in Körperzellen (diploid=2n)	in Geschlechtszellen (haploid=n)
Tomate	24	12
Wein	38	19
Natternzunge	480	240
Kartoffel	48	24
Erbse	14	7

1 Chromosomensätze einiger Organismen

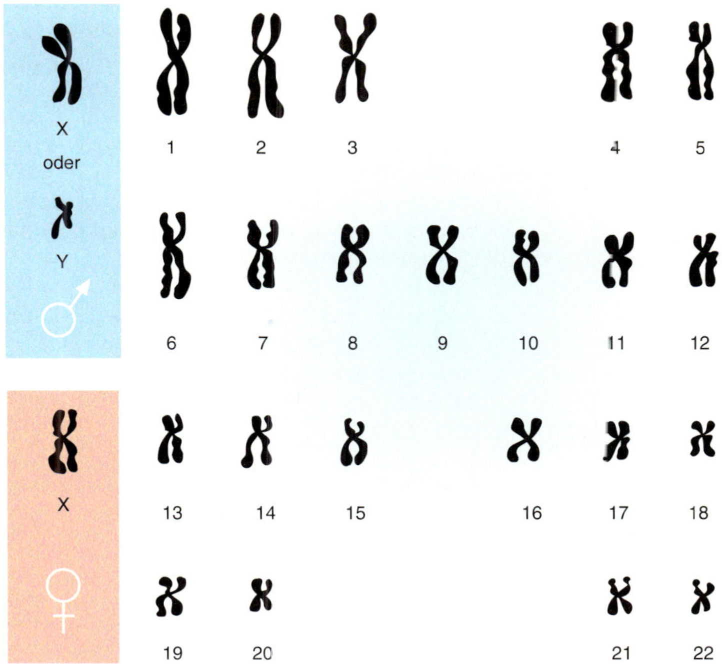

2 Karyogramm: haploider Chromosomensatz

Im Karyogramm werden die Chromosomen nach ihrer Größe und Gestalt geordnet. Die Autosomen erhalten Ziffern von 1 bis 22 (Abb. 2). (▶ S. 244/245)

Aufgaben

1. Erläutere die Chromosomentheorie der Vererbung.
2. Nenne mindestens drei Gründe, warum Drosophila so gut für genetische Experimente geeignet ist.
3. Definiere folgende Begriffe: Chromosomensatz, haploid, diploid, Karyogramm, Autosom, Gonosom.
4. Erläutere, warum es sich in Abbildung 2 um einen haploiden Chromosomensatz handelt. In welchen Zellen des menschlichen Körpers kommt dieser vor.
5. Erkläre, warum beim Menschen allein der Vater für das Geschlecht des Kindes verantwortlich ist.

Kernteilung – die Mitose

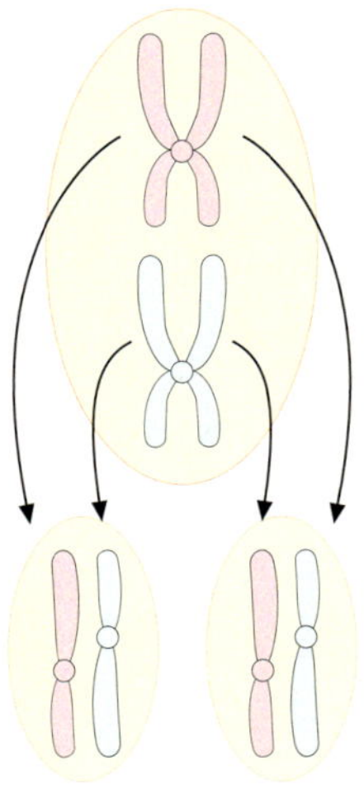

Jedes Chromosom besteht aus zwei Hälften, den *Chromatiden*. Diese liegen eng nebeneinander und sind nur an einer Stelle, dem *Zentromer*, miteinander verbunden. Wenn man die Chromosomen nach einem besonderen Verfahren anfärbt, lassen sich deutlich Querstreifen (Querbanden) erkennen. Sie zeigen auf beiden Chromatiden das gleiche Verteilungsmuster. Daraus kann man schließen, dass die zwei Chromatiden eines Chromosoms den gleichen Bau besitzen (s. Abb. 164. 2).

Weiterhin fällt auf, dass sich jeweils zwei Chromsomen in der Größe und Form gleichen. Diese beiden *homologen Chromosomen* besitzen ebenfalls jeweils das gleiche Querbandenmuster.

Aus dieser Individualität der Chromosomen ergibt sich ein grundlegendes Problem: Wie bleibt bei einer Zellteilung diese artspezifische Chromosomenanzahl und -form erhalten?

Aus der Betrachtung vieler mikroskopischer Präparate und aus der Lebendbeobachtung sich teilender Zellen weiß man gut über den Vorgang der Teilung Bescheid. Er verläuft bei allen Organismen im Wesentlichen gleich. Zunächst vollzieht sich mit großer Präzision eine Kernteilung, die *Mitose*. Daran schließt sich die mehr zufällige Aufteilung des übrigen Zellplasmas an. Die Abbildungen der folgenden Seite zeigen die Teilung einer Pflanzenzelle. Durch Anfärben treten die Chromosomen deutlich hervor.

Der Ablauf der Mitose ist in seinen Einzelheiten nicht leicht zu verstehen. Die wichtigsten Fakten kann man so zusammenfassen: Zu Beginn der Mitose besitzt jedes Chromosom bereits zwei gleichwertige Chromatiden. Durch Längsteilung entstehen daraus zwei *Tochterchromosomen* mit jeweils nur einem Chromatid. Diese Tochterchromosomen werden in gleicher Anzahl auf zwei gegenüber liegende Seiten der Zelle, die *Zellpole*, verteilt. Damit ist im Kern der beiden Tochterzellen die gleiche Chromosomenzahl vorhanden wie in der Ausgangszelle. Jedes Chromosom besteht allerdings jetzt nur aus einem Chromatid. (▶ S. 250/251)

Mitotische Zellteilungen sind auch die Grundlage für die ungeschlechtliche *(vegetative)* Vermehrung. Alle Nachkommen, die auf ungeschlechtlichem Weg entstehen, besitzen die gleiche Chromosomenausstattung und somit identisch ausgeprägte Merkmale.

Aufgabe

① Baue aus verschiedenfarbigen Drahtstücken (ca. 30 – 50 cm lang) und großen Druckknöpfen mehrere Chromosomenmodelle, wie es in Abbildung 1 dargestellt ist.

a) Was entspricht den Modellteilen in der Wirklichkeit?
b) Wie viel Meter Draht kannst du einschichtig auf eine Stricknadel (30 cm lang, Durchmesser 3,0 mm) wickeln? Übertrage deine Feststellung auf die Verhältnisse bei der Mitose.

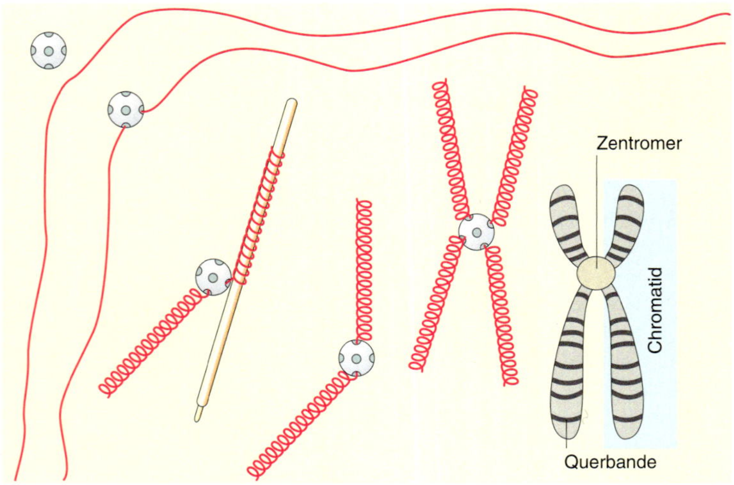

1 Chromosomenmodell und Schema (vgl. Aufgabe 1)

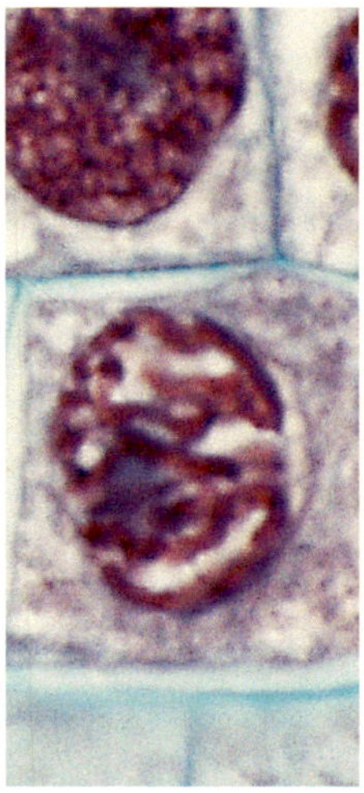

Interphase

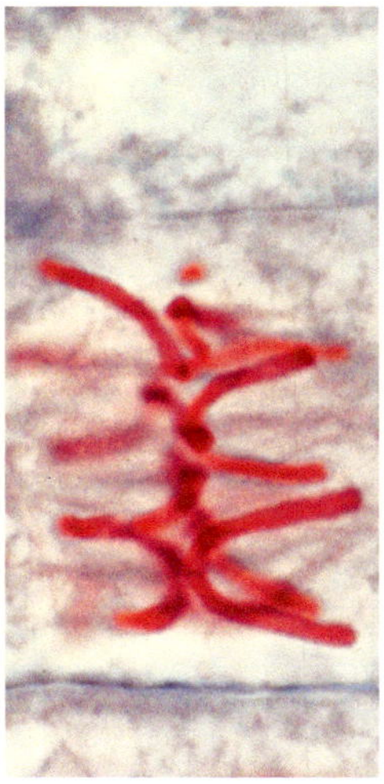

Metaphase

Zettelkasten

Der Ablauf der Mitose

Bei einer Zelle, die sich nicht in Teilung befindet, sind im Kern keine Chromosomen zu erkennen. Die anfärbbaren Bestandteile des Kerns bilden ein fädiges *Chromatingerüst* ohne deutlich erkennbare Struktur. In diesem Zustand betreibt die Zelle intensiven Stoffwechsel und wächst *(Interphase)*.

Der Beginn der Kernteilung ist daran zu erkennen, dass sich das Chromatingerüst zu fädigen Strukturen zusammenzieht. Die Fäden winden sich spiralig auf, sie verkürzen und verdichten sich. Nun sind die Chromosomen gut zu erkennen. Gleichzeitig werden Kernmembran und Kernkörperchen *(Nucleolus)* aufgelöst. An den Zellpolen bilden sich die Spindelfasern aus *(Prophase)*.

Es kommt nun zu einer extremen Verkürzung der Chromosomen. Die beiden Chromatiden, die nur noch am Zentromer miteinander verbunden sind, werden jetzt sehr deutlich sichtbar. Die Spindelfasern verbinden sich mit den Zentromeren der Chromosomen. Diese setzen sich in Bewegung und werden in einer Ebene zwischen den beiden Zellpolen, der *Äquatorialebene*, angeordnet *(Metaphase)*.

Die Zentromerregion wird nun getrennt, die Spindelfasern verkürzen sich. Von jedem Chromosom wird ein Chromatid als Tochterchromosom zu den Zellpolen befördert. Damit ist das Ziel der Kernteilung erreicht: An jedem Zellpol befindet sich die gleiche Zahl von Tochterchromosomen, die aber jeweils nur aus einem Chromatid bestehen *(Anaphase)*.

Nun entspiralisieren sich diese Chromosomen und bilden ein neues Chromatingerüst. Kernmembran und Kernkörperchen werden wieder sichtbar. Gleichzeitig verschwinden die Spindelfasern *(Telophase)*.

An diese Kernteilung, die Mitose, schließt sich die eigentliche Zellteilung an. Zwischen den neu entstandenen Zellkernen bildet sich eine Plasmamembran und bei Pflanzenzellen außerdem eine Zellwand aus. Das Cytoplasma und die anderen Zellorganellen werden dabei zufallsmäßig auf die beiden entstandenen identischen, d. h. auch *erbgleichen* Tochterzellen verteilt.

Vor der nächsten Zellteilung müssen die jungen Zellen heranwachsen. Außerdem muss im Zellkern das Material der Ein-Chromatid-Chromosomen verdoppelt werden, damit für die nächste Teilung wieder zwei gleiche Chromatiden pro Chromosom zur Verfügung stehen. Damit ist der sich stets wiederholende Lebenszyklus einer teilungsaktiven Zelle geschlossen.

Zur Vereinfachung ist in der Abbildung rechts nur ein homologes Chromosomenpaar abgebildet, obwohl sich der Ablauf auf alle Paare bezieht.

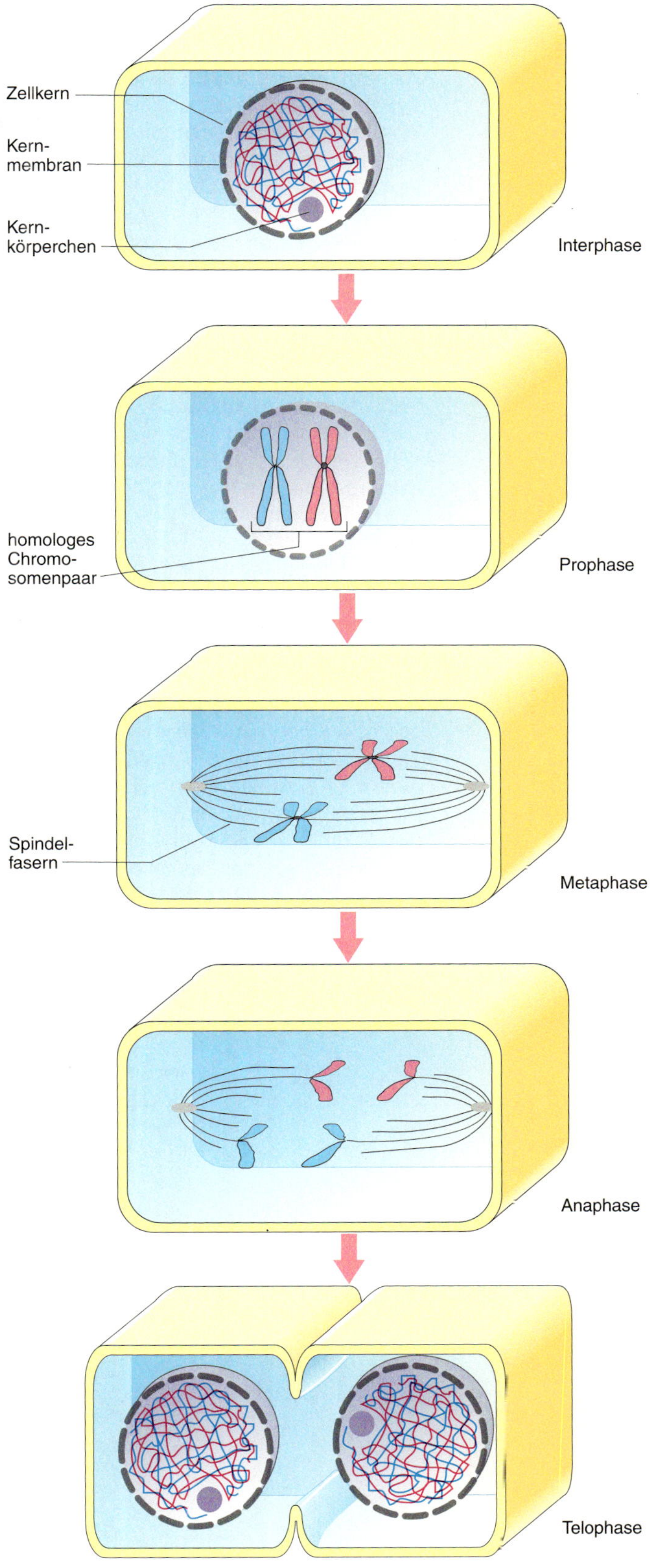

Die Meiose

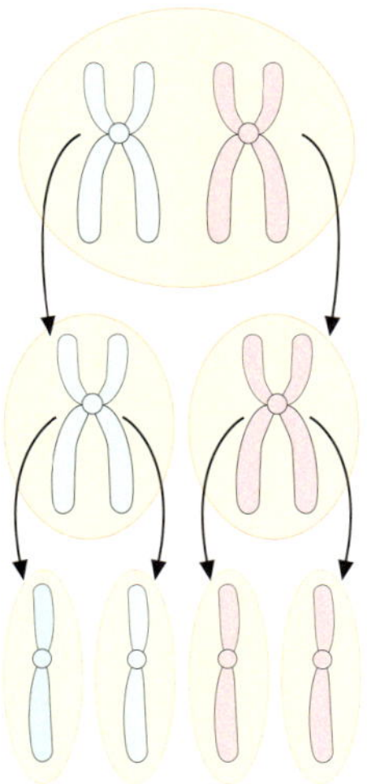

Die Befruchtung einer weiblichen Keimzelle durch eine männliche ist der Beginn eines neuen Lebewesens. Bei dieser *sexuellen* Fortpflanzung verschmilzt der Kern einer Spermienzelle mit dem einer Eizelle. Das Verschmelzungsprodukt der beiden Keimzellen ist die *Zygote*.

Wenn die Zellkerne der Keimzellen bei einem Menschen wie die Zellkerne der Körperzellen ebenfalls 46 Chromosomen enthielten, dann müssten in den Zellen der Kinder 92 Chromosomen vorhanden sein, 46 von der Mutter und 46 vom Vater. In der 10. Generation wäre die Zahl auf 23552 angewachsen. Da die Kinder aber auch nur 46 Chromosomen besitzen, muss spätestens bei der Bildung der Keimzellen die Chromosomenzahl reduziert worden sein.

In den Körperzellen eines Lebewesens befindet sich stets eine konstante Anzahl von Chromosomen, die paarweise homolog sind. Oder anders ausgedrückt: Körperzellen enthalten den doppelten Satz an Chromosomen. Bei der Untersuchung von Keimzellen stellt man dagegen fest, dass sie nur einen einfachen Chromosomensatz besitzen. Von jedem der beiden homologen Chromosomen ist exakt eines vorhanden. Man bezeichnet Zellen, in denen ein einfacher Chromosomensatz vorliegt, als *haploid*, solche mit dem doppelten Satz als *diploid*. Die Frage nach der Verminderung der Chromosomenzahl lässt sich auch folgendermaßen formulieren: Wie entstehen aus diploiden Körperzellen haploide Keimzellen?

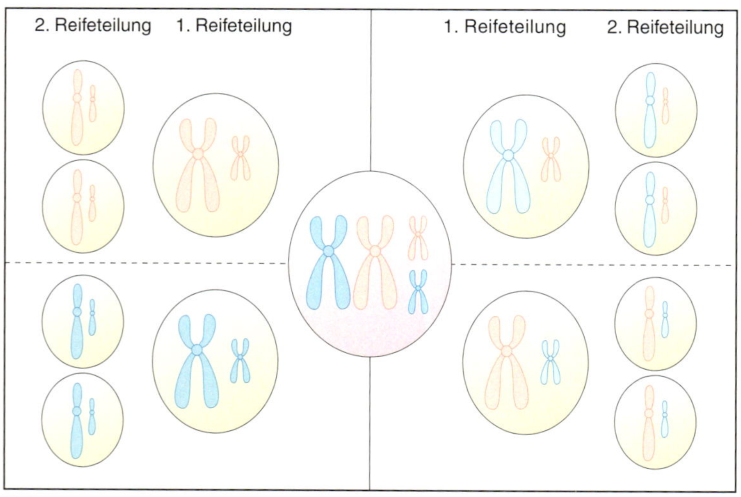

1 Die vier Möglichkeiten der Keimzelle bei $2n = 4$ Chromosomen

Der Vorgang, der den haploiden Chromosomensatz entstehen lässt, heißt *Meiose*. Er ist bei der Reifung der Keimzellen zu beobachten und läuft in zwei aufeinander folgenden Teilungsschritten ab. Diese Abschnitte bezeichnet man als 1. bzw. 2. *Reifeteilung*. Auf der folgenden Seite ist der Ablauf der Meiose genauer dargestellt.

Das Wesentliche daran ist Folgendes: In der 1. Reifeteilung werden zunächst die homologen Chromosomen paarweise angeordnet. Die Paare werden anschließend so voneinander getrennt, dass ganze Chromosomen zu den Zellpolen gezogen werden. Die so entstandenen haploiden Zellen werden in der 2. Reifeteilung, die wie eine Mitose verläuft, nochmals geteilt. Das Ergebnis sind vier Zellen mit einfachem Chromosomensatz.

Die Kerne haploider Keimzellen verschmelzen bei der Befruchtung miteinander. Das so entstehende Lebewesen ist somit wieder diploid. Um sich weiter geschlechtlich fortpflanzen zu können, müssen wieder haploide Keimzellen gebildet werden und so fort.

Nehmen wir beispielweise einen Organismus mit $n = 2$ Chromosomen im haploiden Satz. In den diploiden Körperzellen ($2n = 4$) sind dann je zwei Chromosomen vom Vater und zwei von der Mutter vorhanden. Bei der ersten Reifeteilung werden die homologen Chromosomen gepaart und als ganze Chromosomen auf die neuen Zellen verteilt. Da dies zufällig geschieht, gibt es vier verschiedene Möglichkeiten, wie die Chromosomen in den Keimzellen kombiniert werden können. Abbildung 1 zeigt diese $2^2 = 4$ gleich wahrscheinlichen Verteilungen.

Man kann sich nun leicht überlegen, dass für einen Chromosomensatz mit $n = 3$ insgesamt $2^3 = 8$ Möglichkeiten der Kombination existieren. Beim Menschen mit seinen $n = 23$ Chromosomen ergibt sich – konsequent weitergedacht – eine Zahl von $2^{23} = 8\,388\,608$ verschiedene Keimzellen. Den Vorteil der sexuellen Fortpflanzung gegenüber der vegetativen Vermehrung (s. Seite 31) ist die Neukombination des Chromosomensatzes und die daraus resultierende Variabilität der Nachkommen. (▶ S. 250/251, 252/253)

Aufgabe

① Erläutere die Begriffe: Keimzelle, Zygote, Meiose, 1. und 2. Reifeteilung.

Zettelkasten

Der Ablauf der Meiose

Die Erkenntnisse über den gesamten Ablauf der Meiose wurden durch die sorgfältige Auswertung von Mikropräparaten gewonnen. Weil es schwierig ist, diesen Ablauf darzustellen, soll hier nur auf die wichtigsten Vorgänge eingegangen werden.

Die erste Phase beginnt ähnlich wie bei der Mitose. In den Zellkernen der Keimzellen bilden sich aus dem Chromatingerüst die Chromosomen in typischer Form und Anzahl. Noch sind diese Zellen diploid. Die Chromosomen liegen der Länge nach gespalten vor. Die Chromatiden werden nur noch durch das Zentromer zusammengehalten.

Zu Beginn der Meiose zeigen die *homologen* Chromosomen ein eigenartiges Verhalten. Wie von einer unsichtbaren Kraft angezogen, beginnen sie, aufeinander zuzuwandern. Sie legen sich aneinander, wobei es zu einer Überkreuzung der Chromatiden kommen kann. Man spricht von der *Paarung* der homologen Chromosomen (Prophase I).

Nach einiger Zeit trennen sich die Partnerchromosomen wieder und ordnen sich in der Mitte der Zelle *(Äquatorialebene)* an. In der Zwischenzeit ist die Kernmembran aufgelöst und der Spindelapparat gebildet worden (Metaphase I).

Während in der Mitose einzelne Chromatiden zu den Polen der Zelle gezogen werden, sind es bei der Meiose zunächst die Chromosomen. Dabei bleibt es dem Zufall überlassen, welcher Partner der beiden homologen Chromosomen zu welcher Seite der Zelle wandert (Anaphase I).

Zum Abschluss dieses Vorgangs liegt der gesamte, ursprünglich diploide Chromosomensatz halbiert vor. Mit der Bildung von zwei haploiden Zellkernen ist die erste Reifeteilung – auch *Reduktionsteilung* genannt – beendet.

Nach einer kurzen Ruhepause tritt die Zelle in die *zweite Reifeteilung* ein. Sie trennt die Chromatiden der einzelnen Chromosomen voneinander und verläuft wie die Mitose (s. Seite 166). Die Meiose ist mit der Bildung von 4 haploiden Zellkernen mit Ein-Chromatid-Chromosomen abgeschlossen.

Beim Menschen verläuft die Meiose bei Mann und Frau verschieden. Während beim Mann als Ergebnis der Reifeteilung vier Spermien mit je einem haploiden Chromosomensatz entstehen, beginnt bei der Frau die erste Reifeteilung der Ureizellen im dritten Embryonalmonat und wird etwa mit der Geburt „eingefroren“. Erst im Verlauf des Monatszyklus geht jeweils die zum Follikel heranreifende Eizelle in die nächsten Teilungsstadien über (s. Seite 154).

Zur Vereinfachung wird in der Abbildung nur von einem homologen Chromosomenpaar ausgegangen.

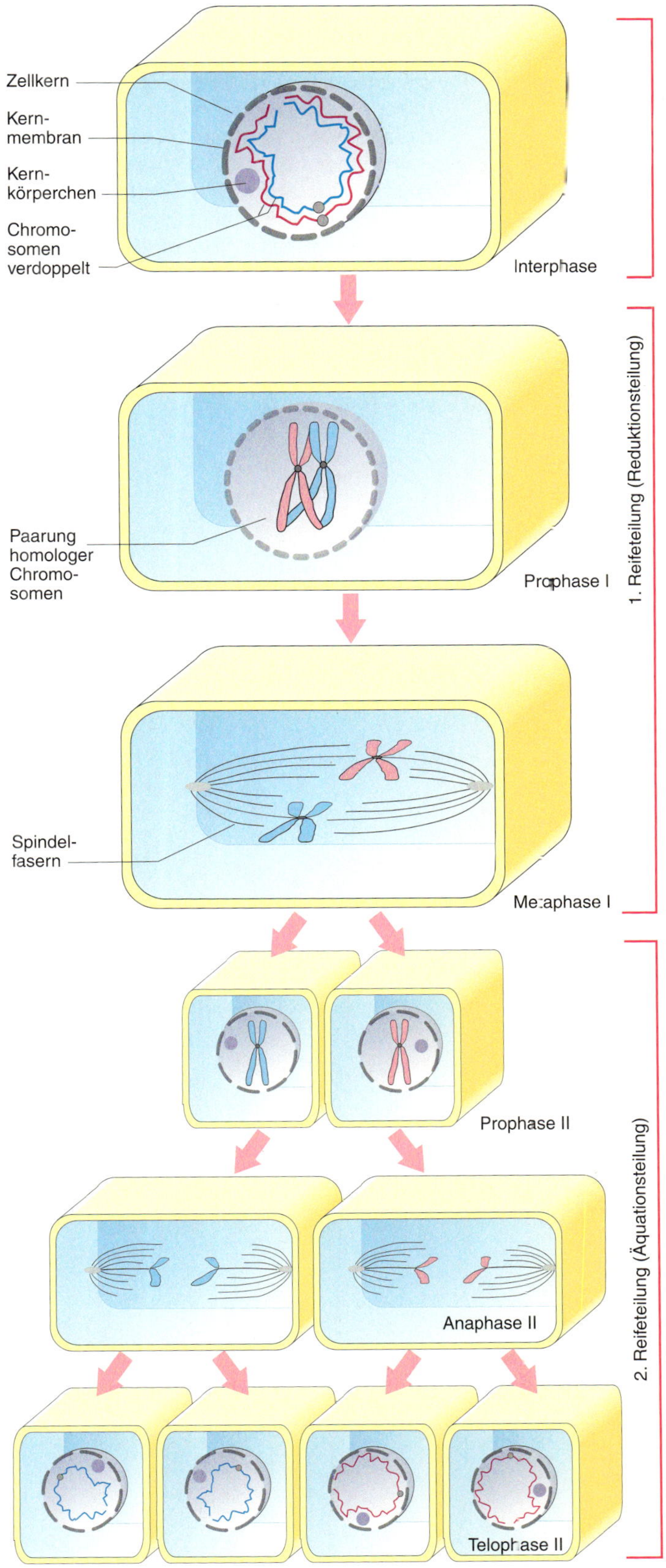

DNA
engl. **d**eoxyribo-**n**ucleic **a**cid
acid = Säure

Enzym
Protein, das als Katalysator chemische Reaktionen im Körper beschleunigt.

Bau der DNA

Die *Chromosomen* sind die Träger der Erbanlagen. Woraus die eigentliche Erbsubstanz jedoch besteht, war lange unklar. Chemische Untersuchungen haben ergeben, dass vor allem zwei Stoffgruppen im Zellkern vorkommen: Eiweiße *(Proteine)* und Kernsäuren *(Nucleinsäuren)*. Lange hielt man die Proteine für das genetische Material, denn ihre vielfältigen Wirkungsmöglichkeiten, zum Beispiel als *Enzyme*, waren bekannt.

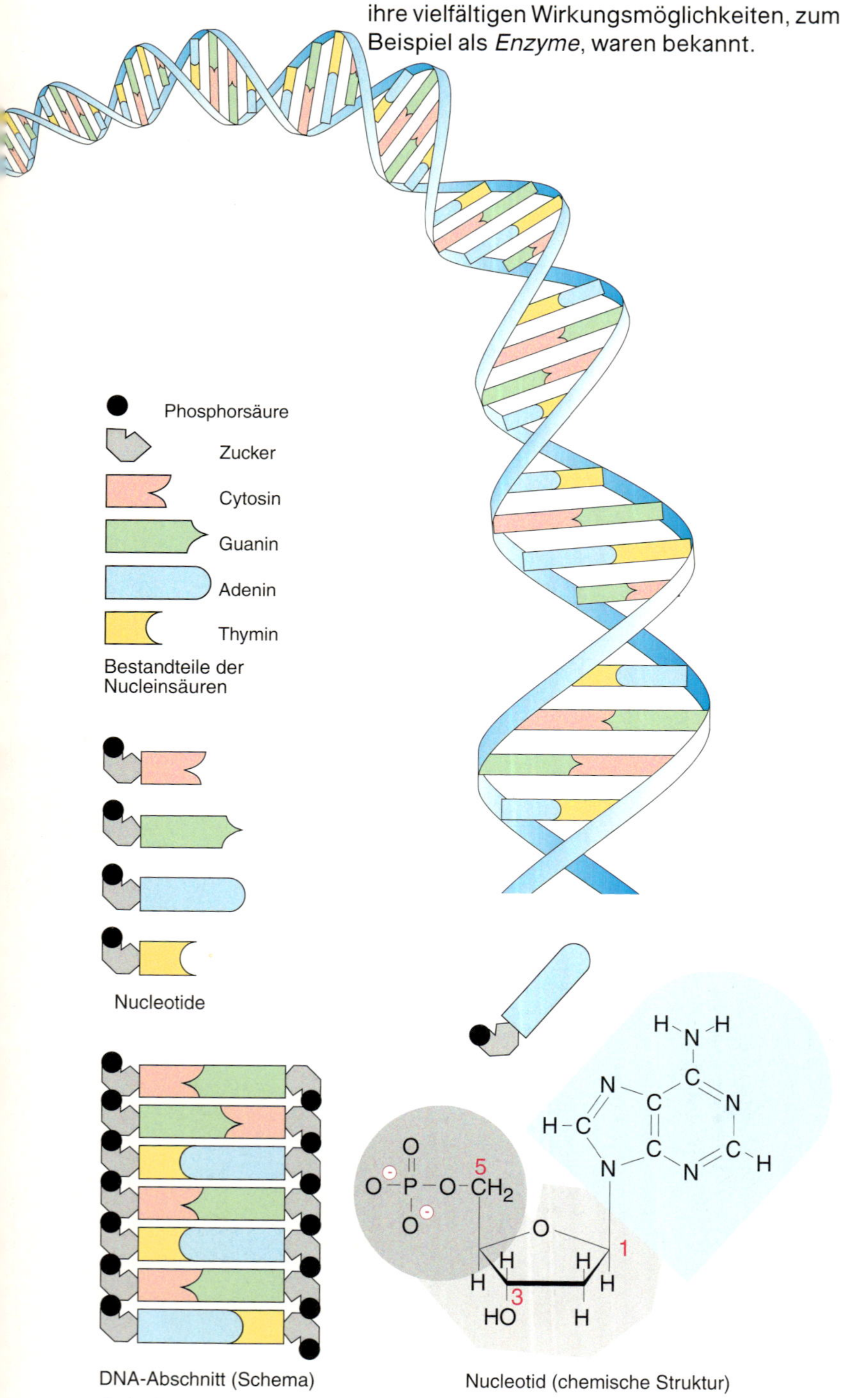

1 Aufbau der DNA und Vorgang der Verdopplung

Aber 1944 hatte Oswald Avery nachweisen können, dass eine Kernsäure das informationstragende Molekül ist, und zwar die *Desoxyribonucleinsäure* (DNA). Diese Substanz muss als Erbsubstanz sowohl die genetische Information speichern können als auch ihre eigene identische Verdopplung ermöglichen. Wie ist das möglich?

Francis Crick und James Watson haben 1953 mithilfe der Röntgenstrukturanalyse den räumlichen Bau der DNA aufgeklärt und erhielten dafür den Nobelpreis für Medizin. Sie erkannten, dass DNA-Moleküle einen langen unverzweigten Doppelstrang bilden. Man kann ihn mit einer Strickleiter vergleichen, die ganz regelmäßig um sich gedreht ist. Der prinzipielle Bau dieser Doppelschraube *(Doppelhelix)* ist bei allen Lebewesen gleich.

Die beiden „Seile" der Strickleiter zeigen einen Wechsel zwischen einem Molekül *Phosphorsäure* und einem Zuckermolekül, der Desoxyribose. Die „Sprossen" der Leiter werden von vier verschiedenen Bausteinen (organische Basen) gebildet. Am Aufbau der DNA sind folgende Basen beteiligt: *Adenin* (A), *Thymin* (T), *Cytosin* (C) und *Guanin* (G). Dabei ist Adenin immer mit Thymin bzw. Cytosin mit Guanin gepaart. Man bezeichnet sie als *komplementäre Basenpaare*. Die Basen der beiden Stränge sind durch Wasserstoffbrücken miteinander verbunden. Jeweils eine Desoxyribose, Phosphorsäure und Base bilden ein *Nucleotid*, den Grundbaustein der DNA.

Die Informationen des Lebens, die *Erbinformationen*, sind in der Abfolge der Nucleotide längs eines Stranges „niedergeschrieben". Die vier Basen sind die „Buchstaben des genetischen Alphabets". Ihre Reihenfolge bestimmt die Informationen der Gene eines Lebewesens. *Gene* sind Abschnitte auf einem DNA-Doppelstrang, die die Erbinformation enthalten, d.h. sie verschlüsseln jeweils die Information für den Bau eines Merkmals. Sie stellen also in der Summe die Erbanlagen eines Lebewesens dar. (▶ S. 244/245)

Aufgaben

① Zeichne einen kurzen DNA-Abschnitt als Schema (s. Abb. 1) und beschrifte diesen.

② Überlege dir eine Eselsbrücke, die die Komplementarität der Basenpaare A-T, C-G wiedergibt.

Identische Verdopplung der DNA – Replikation

Bei der Zellteilung ist es notwendig, dass jede Tochterzelle das gleiche genetische Material erhält. Das bedeutet, dass vor jeder Teilung der Zelle das Erbmaterial kopiert, also originalgetreu verdoppelt werden muss. Dieser Vorgang muss sehr präzise ablaufen, denn jeder Fehler würde eine Änderung im Erbgut bedeuten.

Die eindeutige Paarung der Basen ermöglicht es, von jedem DNA-Doppelstrang ein Duplikat herzustellen. Dazu wird das DNA-Molekül wie ein Reißverschluss mithilfe von Enzymen an den Wasserstoffbrückenbindungen gespalten.

Auf diese Weise wird das DNA-Molekül gleichzeitig an vielen verschiedenen Stellen verdoppelt. Das folgende Zahlenbeispiel soll für dieses Vorgehen eine Erklärung geben. Die Desoxyribonucleinsäure jedes Chromosomensatzes einer menschlichen Zelle besitzt ca. 2 x 3 Milliarden Basenpaare, sodass bei 46 Chromosomen im Mittel 130 Millionen Basenpaare pro Einfachchromosom neu zu bilden sind. Vergleichbar ist dieser Prozess mit dem Bau einer langen Bahnstrecke, wobei der Bau gleichzeitig an vielen Stellen erfolgt.

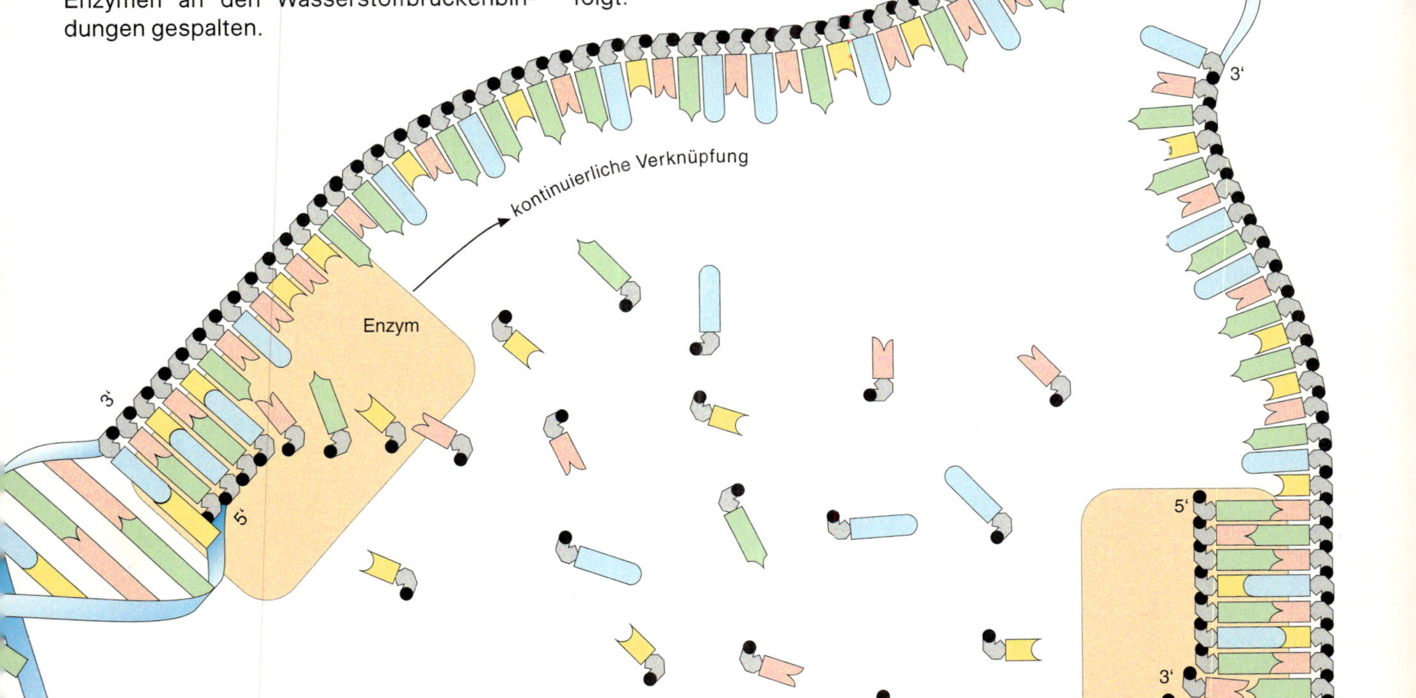

Die Einzelstränge weichen auseinander. Die zweite, fehlende Hälfte des Moleküls lässt sich nun wie bei einem Puzzlespiel genau ergänzen. Die benötigten Bausteine für die Replikation, die *Nucleotide*, sind im Zellkern in ausreichender Menge vorhanden.

Die Verknüpfung der Nucleotide erfolgt ebenfalls durch ein Enzym. Da dieses Enzym auf dem elterlichen Strang nur in einer Richtung (3'→ 5', Abb. 170.1) gleiten kann, werden die beiden Einzelstränge auf unterschiedliche Art und Weise ergänzt. An dem einen Strang werden die Nucleotide kontinuierlich nach der Basenpaarungsregel angelagert, also A – T; C – G. Bei dem anderen Strang (5'→ 3') werden immer nur kurze Stücke ergänzt, die anschließend durch Enzyme zu einem langen Molekül verknüpft werden.

Mit dieser Methode konnte z. B. in nur 25 Sommerhalbjahren die 9600 km lange transsibirische Eisenbahnl nie zwischen den Jahren 1891 und 1916 verlegt werden. (▶ S. 242/243, 250/251)

Aufgaben

① Übertrage einen Abschnitt von 15 Nucleotiden des Schemas in dein Heft und ergänze die komplementären Basenpaare unter Beachtung der Basenpaarungsregel.

② Inwiefern lässt sich der Replikationsvorgang aus dem Bau der Desoxyribonucleinsäure (DNA) ableiten?

Bau und Bedeutung der Proteine

Aminosäuren
Verbindung mit einer Amino- und einer Carboxylgruppe

Peptidbindung
Bindung zweier Aminosäuren unter Abspaltung von Wasser

Bau der Proteine

Das Leben ist an das Vorhandensein von *Proteinen* (Eiweißstoffe) gebunden. Sie haben unterschiedliche Strukturen und Funktionen. Die Grundbausteine der Proteine sind die *Aminosäuren* (AS). Sie bestehen aus den Elementen Wasserstoff, Sauerstoff und Stickstoff sowie zum Teil auch Schwefel. Die AS sind über die so genannte *Peptidbindung* kettenartig miteinander verbunden.

Es gibt unendlich viele verschiedene Möglichkeiten für die Reihenfolge der verschiedenen Aminosäuren *(Sequenz)* und die räumliche Anordnung *(Faltung)*. Daraus resultiert die Vielfalt der Eiweiße im Organismus. Am Aufbau aller lebenswichtigen Proteine sind allerdings nur bis zu 20 verschiedene Aminosäuren beteiligt. Diese proteinogenen Aminosäuren werden z. T. in pflanzlichen Zellen synthetisiert.

Da Menschen und Tiere die für sie notwendigen Aminosäuren nicht alle selbst bilden können, müssen sie die so genannten *essenziellen Aminosäuren* (z. B. Leucin) mit der Nahrung in Form von Eiweißen aufnehmen. Die Eiweiße werden im Verdauungskanal in Aminosäuren zerlegt. Die Aminosäuren können vom Blut resorbiert und so in alle Bereiche des Körpers transportiert werden. In den verschiedenen Zellen werden dann körpereigene Proteine (100 bis 500 AS) durch die typische Verknüpfung der Aminosäuren aufgebaut.

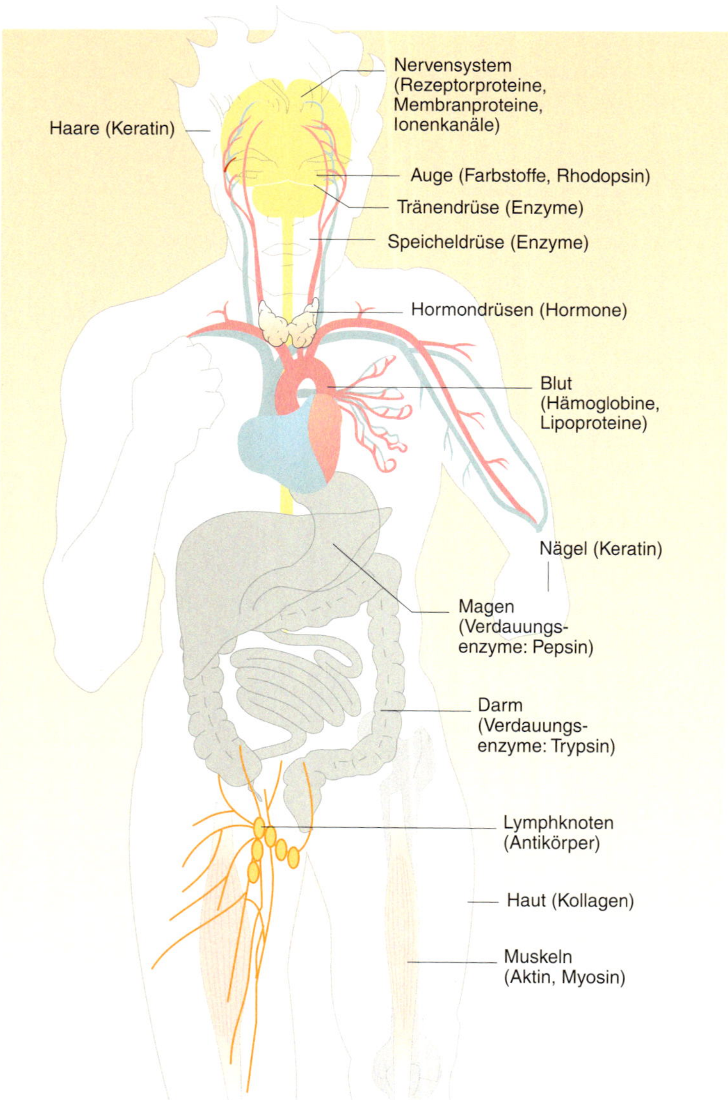

1 Wichtige Proteine und ihre Wirkorte

Bedeutung der Proteine

Proteine haben für den Menschen vielfältige Bedeutung. Sie halten die Zellen am Leben, sie ermöglichen die Muskelkontraktion, sogar die Verdauung wäre ohne Proteine nicht denkbar – Verdauungsenzyme sind Proteine. Hormone, die Wachstum, Entwicklung oder den Blutzuckerspiegel kontrollieren, sind Proteine. Selbst die Chromosomen als Träger der Gene bestehen zum Teil aus Proteinen. Man unterteilt Proteine in *faserartige* und *globuläre Proteine*.

Die wichtigsten *faserartigen Proteine* sind Kollagen, Fibrinogen, Keratin und Muskelprotein:
- *Kollagen* ist das häufigste Protein der Wirbeltiere. Knochen, Haut, Sehnen und Knorpel besitzen dieses Eiweiß.
- *Fibrinogen* kommt im Blutplasma vor und ist für die Blutgerinnung verantwortlich.
- *Keratin* bildet die äußere Schicht der Haut, Haare und Nägel.
- Die Muskelproteine *Aktin* und *Myosin* ermöglichen uns die Bewegung.

Globuläre Proteine sind kugelförmig und immer löslich. Zu ihnen gehören Enzyme, Hormone und Antikörper. Enzyme katalysieren die verschiedensten chemischen Reaktionen im Körper. Hormone sind chemische Botenstoffe, die Stoffwechselvorgänge und auch die Synthese von Enzymen regulieren. Antikörper haben bei der Immunabwehr die Aufgabe, Fremdkörper *(Antigene)* unschädlich zu machen. (► S. 244/245)

Transkription – erster Schritt der Proteinsynthese

Gen
Anlage für ein Merkmal = Teil der Erbinformation (Abschnitt auf der DNA), verschlüsselt ein Eiweiß (Protein)

Transkription
Kopieren der Information der DNA in die RNA

Basensequenz
Reihenfolge der Nucleotidbasen

Ribosom
Organell, an dem die Proteinsynthese stattfindet

Genom
Gesamtheit der Erbinformation einer Zelle

Wie werden die körpereigenen Proteine hergestellt?

Die „Rezeptur" für den spezifischen Aufbau der Eiweiße befindet sich im Zellkern im genetischen Material, der *DNA*. Die DNA ist ein sehr langes Molekül und enthält viele Gene. Der genaue Bauplan der einzelnen Eiweiße liegt in jeweils einem Gen der DNA verschlüsselt vor. Diese Verschlüsselung spiegelt sich in einer bestimmten Reihenfolge der Basen *(Basensequenz)* wider. Proteine werden aber nicht im Zellkern, sondern an den *Ribosomen* im Cytoplasma gebildet.

Daraus ergibt sich die Frage: Wie kommt die Information der DNA zum Ribosom? Wenn der Körper zum Beispiel Insulin benötigt, wird nur die Information entschlüsselt, die für die Bildung des Insulins gebraucht wird. Der DNA-Strang wird in diesem Bereich entspiralisiert und die Wasserstoffbrücken aufgespalten. Anschließend weichen die Einzelstränge auseinander. Damit die Information auch weiterhin erhalten bleibt, wird von einem der beiden Stränge eine Kopie erstellt. Dazu lagern sich die komplementären Nucleotide an. Anstelle von Thymin wird die ähnliche Base *Uracil* gebunden.

Durch Verknüpfung der Nucleotide mittels des Enzyms RNA-Polymerase entsteht ein kurzes einsträngiges Molekül, das als „Bote" *(messenger-RNA, m-RNA)* durch die Poren der Kernmembran ins Zellplasma wandert. Durch dieses Umschreiben *(Transkription)* eines Abschnittes der DNA auf ein Botenmolekül kann die Information zu den Ribosomen gelangen. (▶ S. 248/249)

Das Botenmolekül ist eine *Ribonucleinsäure* (RNA). Die RNA unterscheidet sich in einigen Merkmalen von der DNA:
- Sie besteht nur aus einem Einzelstrang von Nucleotiden.
- Sie ist viel kürzer, da sie nur die Information eines Gens trägt.
- Die RNA besitzt als Zuckermolekül anstatt der Desoxyribose die Ribose.
- Anstelle der Base Thymin kommt eine ähnlich gebaute, sich ebenfalls mit Adenin paarende Base, das Uracil, vor.

Aufgabe

① Beschreibe das Ergebnis der Transkription.

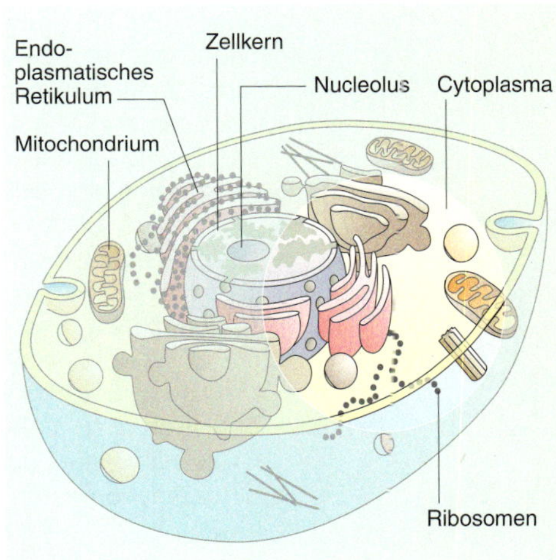

1 Lokalisation der Ribosomen in der Zelle

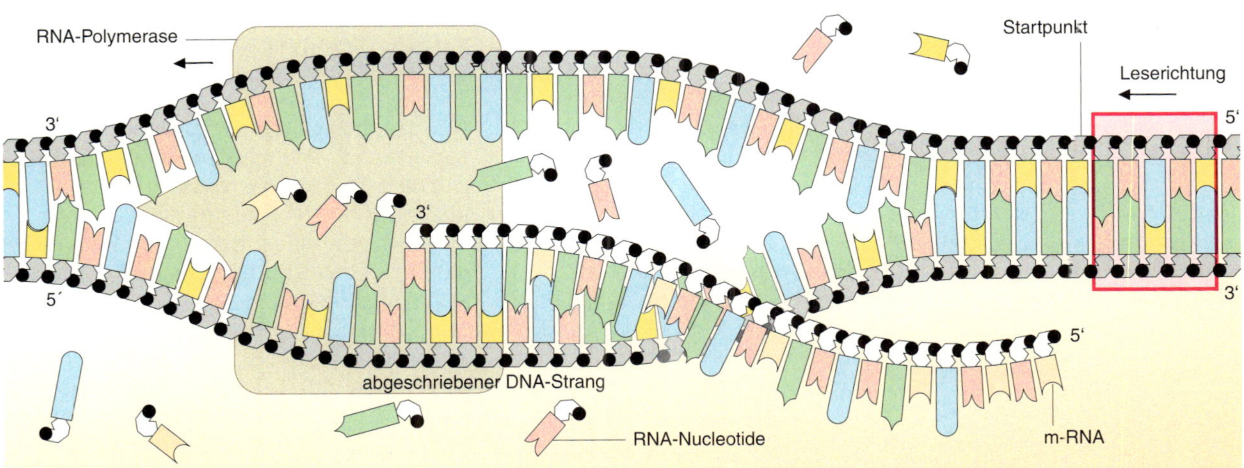

2 Der Transkriptionsvorgang im Schema: m-RNA wird nach der Basensequenz der DNA aufgebaut

Genetischer Code und Translation

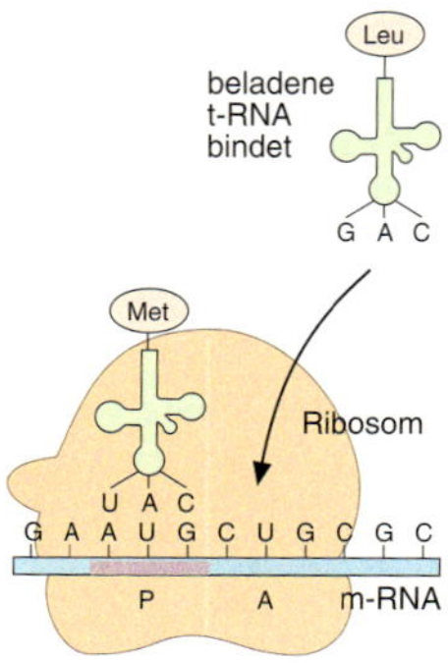

1. Schritt

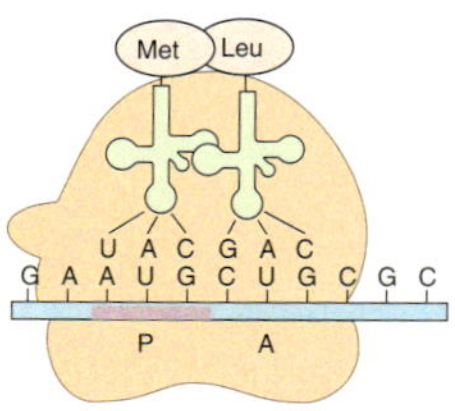

2. Schritt

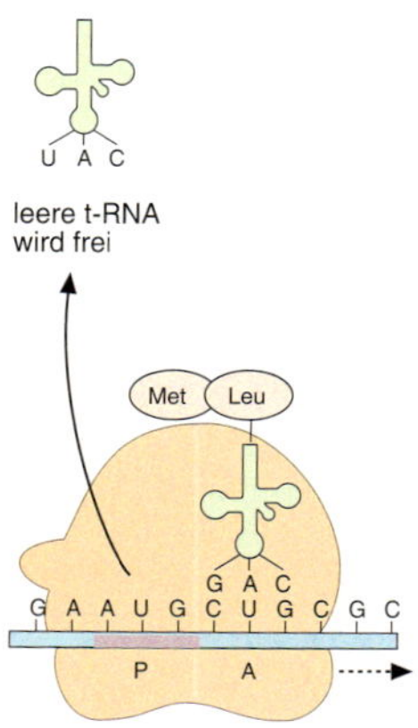

3. Schritt

A = Andockstelle
P = Kettenstelle

Codon
eine aus drei Nucleotiden bestehende DNA- oder RNA-Sequenz, die eine bestimmte AS oder ein Translationssignal codiert.

Der genetische Code

Für den Aufbau des Insulins werden verschiedene Aminosäuren in ganz bestimmter Reihenfolge *(Aminosäuresequenz)* benötigt. Die Information für den Aufbau des Insulins liegt auch in der m-RNA verschlüsselt vor. Die Basensequenz der m-RNA kann jedoch nicht direkt in das Protein übersetzt werden. Es muss ein Vermittler vorhanden sein, der die „Basenschrift" in die „Aminosäurenschrift" übersetzen kann.

Wie ein Code-Buch die Übersetzung verschiedener Schriften ineinander erlaubt, zum Beispiel das Morsealphabet in „normale" Buchstaben, so ist der genetische Code die Übersetzungsvorschrift auch für das Insulin.

Wie ist es nun möglich, mit den 4 Nucleotidbasen die 20 lebensnotwendigen Aminosäuren zu verschlüsseln *(codieren)*? Würde jede der 4 Basen jeweils eine Aminosäure codieren, so könnten nur 4 Aminosäuren verschlüsselt werden, d. h. es könnten 16 Aminosäuren nicht codiert werden ($4^1 = 4$).

Durch Zweiergruppen von Nucleotiden, zum Beispiel AT, AC, AG, ... könnten schon 16 Aminosäuren verschlüsselt werden. Es fehlen aber noch 4 Codierungsmöglichkeiten für Aminosäuren ($4^2 = 16$). Erst durch Dreiergruppen, zum Beispiel AAA, AAC, AAG, CCA, usw. sind ausreichend Verschlüsselungsmöglichkeiten gegeben ($4^3 = 64$). Das heißt sogar, dass es für einzelne Aminosäuren mehrere Möglichkeiten der Codierung gibt. Diese Dreiergruppe von Nucleotiden wird als *Basentriplett* bzw. Codon bezeichnet. Die Abfolge der Nucleotide codiert somit die Aminosäuresequenz.

Mithilfe eines Verschlüsselungsmodells, einer so genannten *Codesonne*, kann man die unterschiedlichen Codierungsmöglichkeiten für die einzelnen Aminosäuren ablesen (s. Seite 175). Die einzelnen Aminosäuren werden mit 3 Buchstaben abgekürzt, so steht zum Beispiel Ala für Alanin oder Leu für Leucin. Um die Codierungsmöglichkeiten zu ermitteln, wird die Codesonne von innen nach außen gelesen. So stehen UUA, UUG, CUU, CUC, CUG, CUA für Leucin. Leucin kann also 6-mal verschlüsselt werden.

Der genetische Code wird meist als m-RNA-Code angegeben, er lässt sich aber auch in die DNA übertragen.

Einige m-RNA-Codons haben spezielle Bedeutung: AUG gibt als *Startcodon* den Anfangspunkt für die Übersetzung an. Die entsprechende Aminosäure Methionin wird später wieder aus dem Protein entfernt. UAG ist ein mögliches *Stoppcodon*. Startcodon und Stoppcodon begrenzen das verschlüsselte Protein.

Durch zahlreiche Untersuchungen hat man herausgefunden, dass die einzelnen Codons bei nahezu allen Lebewesen die gleiche Bedeutung haben, also die gleiche Aminosäure verschlüsseln. Das bedeutet, dass eine bestimmte m-RNA in fast allen Organismen in das gleiche Protein übersetzt wird. Der genetische Code ist praktisch universell.

Translation

Durch die Transkription wurde die Information von der DNA auf die m-RNA übertragen. Die m-RNA wandert nun mit dieser Abschrift aus dem Zellkern heraus in Richtung Ribosomen. Gemäß dieser Information wird an den Ribosomen ein Protein mit einer bestimmten Aminosäurenreihenfolge zusammengebaut. Diesen Vorgang bezeichnet man als *Translation*.

Die m-RNA verbindet sich mit den Ribosomen zum m-RNA-Ribosomenkomplex. Die im Plasma befindlichen Aminosäuren werden mithilfe von speziellen Transportmolekülen, den t-RNAs *(transfer-RNAs)*, zum m-RNA-Komplex transportiert und dort entsprechend der passenden Basenpaarung angelagert. Jede t-RNA besitzt ein bestimmtes Basentriplett *(Anticodon)* und transportiert nur eine bestimmte Aminosäure. Dadurch wird gewährleistet, dass nur die von der m-RNA vorgegebene Aminosäure angelagert wird (1. Schritt).

Nun lagert sich an der zweiten Bindungsstelle erneut eine mit einer Aminosäure beladene t-RNA an die passende m-RNA an (2. Schritt). Unter Energieverbrauch werden die Aminosäuren verbunden und die t-RNA geht ins Plasma zurück und holt die nächste Aminosäure heran. Das Ribosom bewegt sich um ein Basentriplett vorwärts, sodass die A-Stelle wieder eine neue t-RNA binden kann (3. Schritt). Dieser Vorgang wiederholt sich so lange, bis das Protein fertig zusammengesetzt ist. Transkription und Translation werden als *Proteinsynthese* zusammengefasst. (► S. 248/249)

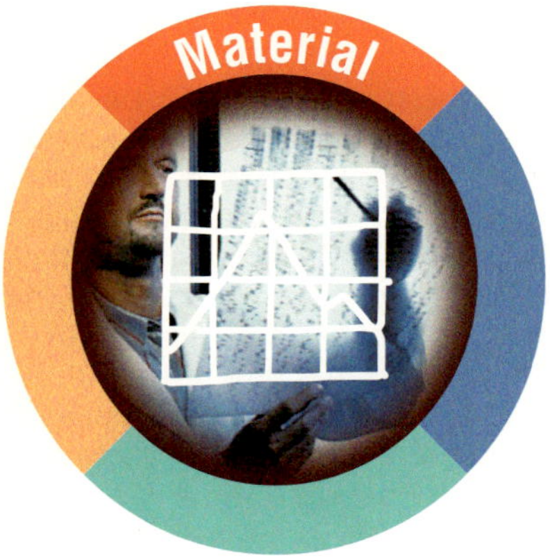

Genetischer Code

Codesonne

Durch den genetischen Code werden alle lebenswichtigen Aminosäuren zum Aufbau der Proteine verschlüsselt. Der genetische Code ist ein Triplettcode, d. h. eine Dreierkombination von Nucleotiden verschlüsselt jeweils eine Aminosäure.

Aufgaben

① Suche aus der Codesonne alle Verschlüsselungsmöglichkeiten für Valin (Val), Prolin (Pro), Serin (Ser) und Methionin (Met) heraus.

② Welcher Vorteil ergibt sich aus einer Mehrfachverschlüsselung für den Organismus?

Codierung der Proteine

Jedes Protein ist durch eine ihm eigene Reihenfolge der Aminosäuren gekennzeichnet. Diese *Sequenz* kennt man heute bereits von vielen Proteinen.

Aufgaben

③ Insulin besteht aus zwei Aminosäureketten. Die längere der beiden Ketten beginnt mit den Aminosäuren Phenylalanin — Valin — Asparagin — Glutaminsäure — Histidin — Leucin. Gib die Basensequenz der m-RNA an.

④ Wie müsste die Nucleotidreihenfolge der DNA lauten?

⑤ Aus wie vielen Nucleotiden besteht diese Kette?

⑥ Die kürzere Kette des Insulins endet mit den Aminosäuren Leucin — Tyrosin — Asparagin — Tyrosin — Cystein — Asparagin. Mit welcher Nucleotidreihenfolge der m-RNA endet das Insulin?

Leseraster

Wir können aus einem Text nur dann Informationen herauslesen, wenn die Buchstaben in einer bestimmten Reihenfolge (Sequenz) Worte ergeben und ein uns bekanntes Leseraster zugrunde liegt. So ergibt die Buchstabenfolge „MAXHATWUTAUFINA" auf den ersten Blick keinen Sinn. Legt man jedoch ein Leseraster an, können wir die Information verstehen: „MAX HAT WUT AUF INA"

Anders sieht es aus, wenn ein Buchstabe ausfällt, das Leseraster aber beibehalten wird. Sofort verändert sich die Information, zum Beispiel folgendermaßen:
„MAX ATW UTA UFI NA_"

Aufgaben

⑦ In der m-RNA AUG CCA ACA GAC … fällt das 5. Nucleotid aus. Wie verändert sich das Beispiel?

⑧ Gib die Reihenfolge der Aminosäuren vor und nach dem Ausfall an.

⑨ Wie kann sich solch ein Ausfall auf den Organismus auswirken?

⑩ In der gleichen m-RNA wird nach dem 4. Nucleotid Uracil eingeschoben. Wie verändert sich das Beispiel? Können sich die Veränderungen auf den Organismus auswirken?

Entschlüsselung von DNA-Molekülen

Ein Protein ist in allen Nucleinsäuren verschlüsselt, in der DNA, der m-RNA und der t-RNA. Bei allen Formen trifft die Triplettnatur des genetischen Codes zu.

Aufgaben

⑪ Die Nucleotidsequenz der DNA lautet: AGG GTC CGA GGG TTA GCT TTC … Wie sind die m-RNA und die t-RNA verschlüsselt? Welche Aminosäurereihenfolge ergibt sich für das Protein?

⑫ Ein Abschnitt eines Gens hat folgenden Aufbau: AAT ATA GGT CGC CCC GTT … Bestimme die Reihenfolge der Aminosäuren im Protein.

⑬ Wie verändert sich die Reihenfolge, wenn das 5. und 9. Nucleotid ausfallen?

⑭ Gib ein Beispiel dafür an, dass ein Einschub und Ausfall je eines Nucleotids sich nicht nachteilig auf den Organismus auswirken.

⑮ Gib die Nucleotidreihenfolge der DNA an, wenn folgende Aminosäuren im Protein aneinandergereiht sind: Leu - Asp - Pro - Val - Leu - Ser - … Achte dabei darauf, dass es mehrere Möglichkeiten der Verschlüsselung für die einzelnen Aminosäuren gibt (s. Codesonne).

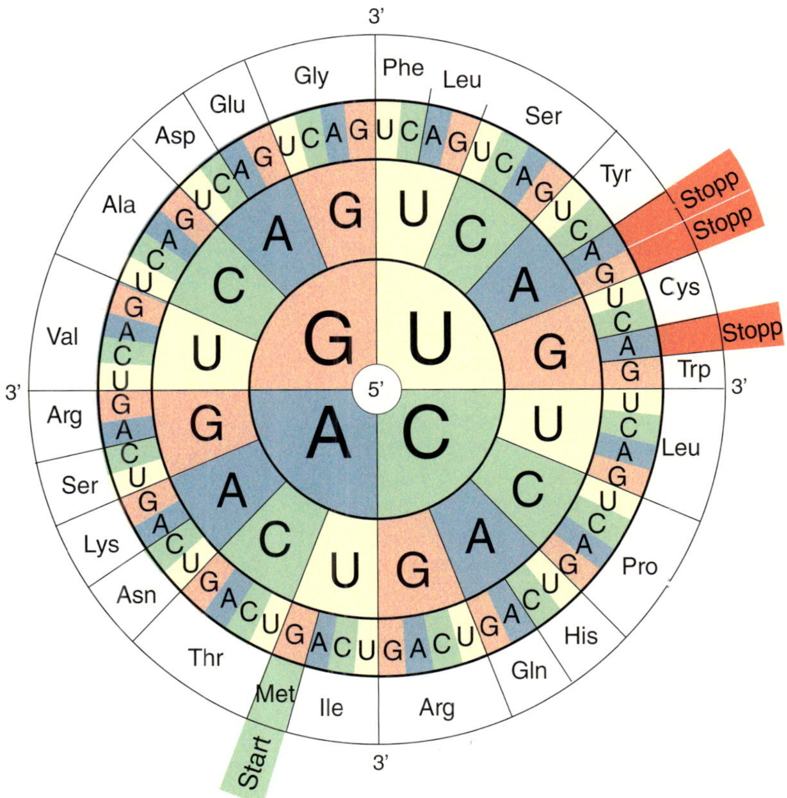

Mutationen

In der Natur treten manchmal zunächst unerklärliche Phänomene auf, wie z. B. dackelbeinige Schafe, Albinos oder Zwergwuchs beim Menschen. Diese veränderten äußeren Erscheinungsbilder entstehen meist ohne erkennbare Ursache. Sie treten plötzlich und spontan auf und beruhen auf Veränderungen im genetischen Material.

Man bezeichnet solche sprunghaften Änderungen des Erbgutes als *Mutationen*. Treten die Mutationen in den Körperzellen auf, werden sie nicht vererbt. Sind jedoch die Geschlechtszellen, die Keimzellen, von den Mutationen betroffen, werden diese an die Nachkommen weitergegeben.

Mutationen sind häufig nur erkennbar, wenn sie das äußere Erscheinungsbild betreffen. Allerdings sind mutierte Tiere, wie zum Beispiel Albinos, in freier Wildbahn sehr selten. Das heißt jedoch nicht, dass Mutationen an sich seltene Ereignisse sind. Gewöhnlich haben sie aber nachhaltige Wirkungen auf ihre Träger. Albino-Tiere beispielsweise werden von ihren Fressfeinden oder ihren Beutetieren leichter gesehen und haben deshalb geringere Überlebenschancen.

Bei Pflanzen nehmen Staubblätter durch Mutationen manchmal die Form von Blütenblättern an, es entstehen „gefüllte" Blüten. Eine solche Form war einem aufmerksamen Gärtner vor etwa 200 Jahren bei der Rosskastanie aufgefallen. Heute gibt es viele Kastanienalleen mit diesen Bäumen. Ihre Weiterzucht war jedoch nur durch Eingreifen des Menschen möglich, da diese Pflanzen keine Samen bilden, also steril sind und vegetativ vermehrt werden müssen.

Es gibt verschiedene Möglichkeiten, wie das Erbgut verändert sein kann. *Genommutationen* sind gekennzeichnet durch eine Veränderung der Gesamtchromosomenzahl eines Zellkerns. Es können einzelne Chromosomen fehlen oder überzählig sein *(Aneuploidie)*. Werden sogar ganze Chromosomensätze vervielfacht, spricht man von *Polyploidie*. Bei der Entstehung der Genommutation werden während der Meiose entweder die homologen Chromosomen oder die Chromatiden eines Chromosoms nicht getrennt.

Diese Mutationen lassen sich beim Aufstellen eines Karyogrammes erkennen. Wenn der ganze Chromosomensatz bzw. ganze Chromosomen betroffen sind, ist das für Tier und Mensch meist nachteilig, z. B. bei *autosomalen Trisomien* – also der Anwesenheit von drei homologen Chromosomen statt normal von zwei (s. Seite 194). Bei Pflanzen jedoch kann eine Vervielfachung des Chromosomensatzes sogar von Vorteil sein, da sie größere Zellen bilden und einen stärkeren Wuchs aufweisen können. Die Mittelspalte zeigt, wie durch Vereinigung diploider Chromosomensätze verschiedener Arten der ertragreiche Saatweizen entstand.

Entstehung des Saatweizens

Chromosomenmutationen, d. h. Veränderungen an einem einzelnen Chromosom, sind für Tier sowie Mensch in jedem Fall negativ. Sie sind unter dem Mikroskop feststellbar, zum Beispiel kann man Chromosomen finden, von denen kurze Stücke abgebrochen sind. Beim *Katzenschreisyndrom*, das katzenähnliches Schreien bei Säuglingen und schwere körperliche Missbildungen zur Folge hat, fehlt ein Stück des kurzen Arms am Chromosom Nummer 5.

Genmutationen beruhen auf einer chemischen Veränderung der Erbsubstanz. Dabei wird zum Beispiel eine Base der DNA gegen eine andere ausgetauscht. Die Transkription kann aufgrund dessen nur fehlerhaft ablaufen oder abbrechen und ein nicht funktionsfähiges Protein wird aufgebaut. Die *Albinos* sind ein Beispiel für solch eine Mutation.

Man vermutet, dass es Gene gibt, bei denen häufiger Mutationen auftreten als bei anderen. So verhalten sich beim Menschen die Erbanlagen für die Blutgruppen oder die Papillarlinien der Hände und Füße sehr stabil. Deshalb werden sie in der Gerichtsmedizin zur Klärung strittiger Abstammungsverhältnisse herangezogen. Die Gene für die Pigmentierung von Haut und Haaren sind dagegen sehr labil. Mutationen bewirken also auch die *Variabilität* von Artgenossen.

Aufgaben

① Liste die verschiedenen Mutationstypen auf und nenne deren Ursachen.

② Erkläre, warum Mutationen in Körperzellen nicht vererbt werden.

③ Röntgenstrahlen können Mutationen hervorrufen. Erkläre, warum beim Röntgen von Frauen der Unterleib durch eine Bleiplatte geschützt wird.

④ Begründe, warum eine genetische Variabilität innerhalb einer Art für das Überleben dieser Art vorteilhaft ist.

Modifikationen

Nicht jede Veränderung im Erscheinungsbild ist auf eine Mutation zurückzuführen. So kann das äußere Erscheinungsbild eines Lebewesens trotz unveränderten Erbgutes sehr unterschiedlich sein. Bedingt ist das durch die Wirkung verschiedener Umwelteinflüsse auf ein Individuum. Diese Anpassungsfähigkeit eines Lebewesens an die Wirkung von Umweltfaktoren nennt man *Modifikation*.

Teilt man z. B. eine *Löwenzahnstaude* in zwei Teile und verpflanzt diese in unterschiedliche Lebensräume, etwa in die Tiefebene und in das Hochgebirge, verändern beide Pflanzen ihr Aussehen. Während die Tieflandpflanze im Allgemeinen einen kräftigen Wuchs zeigt, bleibt die Pflanze im Hochgebirge infolge der ungünstigen Umweltbedingungen klein und kümmerlich. In das Flachland zurückversetzt, stellt sich nach einiger Zeit das ursprüngliche Erscheinungsbild dieses Korbblütlers wieder ein.

Bei einigen *Petunienrassen* beeinflussen sowohl die Temperatur als auch die Belichtung die Färbung und Zeichnung der Blüten. Hält man diese beliebten Balkonpflanzen längere Zeit unter starker Sonnenbestrahlung bei ca. 15 °C bis 20 °C, so blühen sie rein weiß. Wird die Belichtungsdauer und Belichtungsstärke herabgesetzt und die Temperatur gleichzeitig auf etwa 30 °C erhöht, so erscheinen einfarbig violette bis dunkelblaue Blüten.

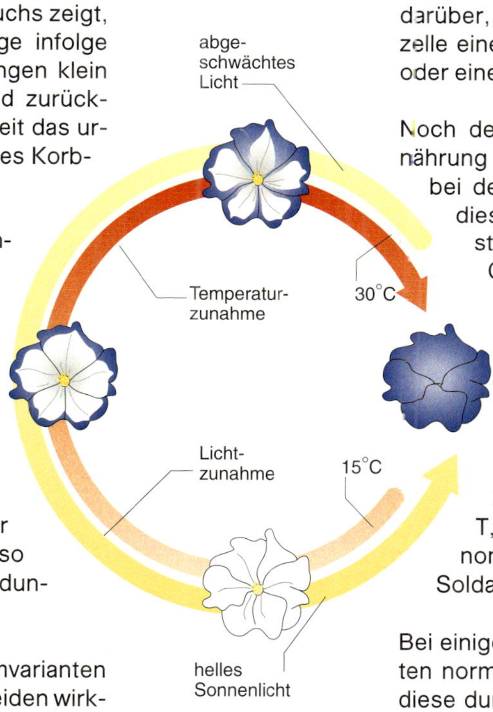

Zwischen diesen beiden Extremvarianten gibt es, in Abhängigkeit von den beiden wirksamen Außenfaktoren, alle möglichen Übergänge und Muster, wie es die Abbildung in der Mitte zeigt. Bei Petunien werden Blütenfärbung und -zeichnung also nicht nur durch die Erbanlagen bestimmt, sondern auch durch die Fähigkeit der Pflanzen, bei unterschiedlichen Temperaturen und Lichtverhältnissen verschiedene Farben und Zeichnungen auszubilden.

Auch beim Säugetier kann die Temperatur modifizierend wirken: Beim *Russenkaninchen* (einer beliebten Zuchtrasse unserer Hauskaninchen) tragen alle Hautstellen, deren Temperatur unter 34 °C liegen (Ohren, Pfoten, Schwanz und Schnauzenspitze) ein schwarzes Fell. Die übrigen gut durchbluteten Körperteile mit einer höheren Oberflächentemperatur bedeckt ein weißes Fell. Hält man die Russenkaninchen bei einer Temperatur über 30 °C, sinkt infolge geringeren Wärmeverlustes die Körpertemperatur auch an den weniger gut durchbluteten Stellen nicht unter 34 °C und die Tiere werden rein weiß. Kühlt man andererseits bestimmte Körperpartien längere Zeit, bilden sich dort schwarze Haare und es entsteht im Fell ein schwarzer Fleck.

Ein bekanntes Beispiel für den Einfluss der Umwelt auf die Entwicklung eines tierischen Organismus zeigt sich bei der *Honigbiene*. Hier entscheidet die Ernährung der Larven darüber, ob sich aus einer befruchteten Eizelle eine fortpflanzungsunfähige Arbeiterin oder eine Königin entwickelt.

Noch deutlicher wird der Einfluss der Ernährung auf Körperform und Entwicklung bei den *Termiten*. Die einzelnen Kasten dieser Staaten bildenden Insekten entstehen, von der Verschiedenheit der Geschlechter abgesehen, unter dem Einfluss des Vitamins T *(Termitin)*. Ohne diesen Wirkstoff entwickeln sich nur kleinköpfige Arbeiterinnen. Enthält das Futter der Larven während eines bestimmten Entwicklungsstadiums neben einer Mindestmenge an im Eiweiß vorkommenden Stickstoffs das Vitamin T, so entstehen je nach der aufgenommenen Menge die verschiedenen Soldaten mit vergrößerten Kopforganen.

Bei einigen Termitenarten, bei denen Soldaten normalerweise nicht auftreten, konnten diese durch Beimischung von Vitamin T zur Nahrung künstlich erzeugt werden. Dieser hormonartige Wirkstoff wird übrigens von keiner Termitenart selbst erzeugt, sondern befindet sich in verschiedenen Faden- und Hefepilzen. Er gelangt mit der Larvennahrung in den Tierkörper und wird dort abgelagert sowie gespeichert. (▶ S. 252/253)

Aufgaben

① Definiere den Begriff Modifikation und grenze ihn inhaltlich vom Begriff der Mutation ab.

② „Der Mensch nutzt Modifikationen, um günstige Bedingungen für maximale Erträge zu schaffen". Finde Beispiele für diese Aussage.

Mutagene

Die Häufigkeit von Mutationen kann stark ansteigen, wenn bestimmte Chemikalien *(mutagene Stoffe)* oder Strahlung, z. B. radioaktive Strahlung, auf Zellen einwirken. Die Erforschung mutagener Einflüsse und ihrer Wirkung ist für die Gesundheitsbehörden und Gesetzgeber wichtig, um die nötigen Schutzmaßnahmen für Bevölkerung und Umwelt anzuordnen und zu überwachen.

Nitrosamine, die z. B. beim Grillen von zu fettem oder gepökeltem Fleisch entstehen, sind als gefährliche Stoffe bekannt. Ihre Krebs auslösende Wirkung könnte auf Mutationen in Körperzellen beruhen. Sie bewirken eine chemische Veränderung der DNA-Basen. Dadurch erhalten diese neue Paarungseigenschaften. Ein Modell für ihre Wirkung liefert die salpetrige Säure. Aus Cytosin bildet sie Uracil, das nicht komplementär zu Guanin, sondern zu Adenin ist. Bei einer Replikation wird nach einer solchen Mutation in einem neuen Doppelstrang also ein CG-Basenpaar durch ein UA-Paar ersetzt.

Dass die *Teerstoffe* des Zigarettenrauchs mutagen wirken und Krebs auslösen können, ist bekannt. Es sind Moleküle mit Ringsystemen, die sich zwischen die Basen der DNA schieben und eine Base zu viel vortäuschen. Bei einer Replikation der DNA wird an diese vermeintliche Base eine beliebige andere angelagert. Damit ist dieser DNA-Einzelstrang — und alle, die nach seinem Muster später aufgebaut werden — um ein Nucleotid länger geworden.

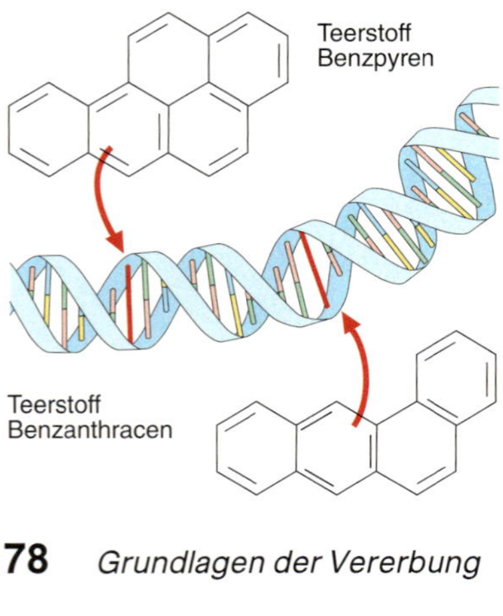

Energiereiche Strahlung, d. h. Röntgen-, radioaktive und ultraviolette Strahlung, wirkt ebenfalls mutagen. Natürliche Strahlenquellen sind beispielsweise radioaktive Stoffe im Boden (Uran), C-14 in Lebewesen und unserer Nahrung, *Radon* (z. B. auch aus Beton) in der Luft. Künstliche Strahlenbelastungen stammen vor allem aus Röntgenuntersuchungen sowie der Anwendung radioaktiver Stoffe in Diagnostik und Therapie.

Kurzwellige *ultraviolette Strahlung*, wie sie z. B. in der Sonnen- und Höhenstrahlung vorkommt, wird von der DNA gut absorbiert. Die Basen der DNA werden dabei durch die ionisierende Wirkung der UV-Strahlung verändert. Am häufigsten ist die Vernetzung zweier benachbarter Thyminmoleküle in demselben Einzelstrang. Dadurch sind keine Wasserstoffbrücken zu dem komplementären Basen mehr möglich. Die DNA wird nicht mehr richtig transkribiert und repliziert.

Der größte Teil der gefährlichen ultravioletten Strahlung wird durch die Ozonschicht der Stratosphäre absorbiert und in ungefährliches Blaulicht umgewandelt. Die zunehmende Zerstörung der Ozonschicht durch die von uns produzierten Schadstoffe erfordert Gegenmaßnahmen, um das Risiko für Mutationen zu mindern.

Radioaktive Strahlung und Röntgenstrahlung wirken nicht unmittelbar auf die DNA. Sie erzeugen aber in den Zellen eine Vielzahl von *Radikalen*, chemisch sehr reaktionsfähigen Teilchen. Diese gehen chemische Reaktionen mit der DNA ein und schädigen sie dadurch. Aufgrund ihrer Einwirkung kann es z. B. zu Brüchen in der DNA kommen.

Lebewesen haben verschiedene Reparaturmechanismen entwickelt, die Fehler in der DNA erkennen und beseitigen. Bestimmte Enzymkomplexe wandern dauernd an der DNA entlang und kontrollieren sie auf Unregelmäßigkeiten. Auffällige Stellen werden direkt repariert oder herausgeschnitten und nach dem Muster des komplementären DNA-Einzelstrangs neu aufgebaut.

Ohne diese Reparatursysteme wäre eine erheblich höhere Mutationsrate zu erwarten. So schätzt man, dass bei einem Raucher pro Zigarette in der Lunge ca. 30 000 Mutationen verursacht werden. Die meisten werden wieder repariert. Treten allerdings zu viele Schäden auf, so wird die DNA nur ungenau repariert. Mutationen bleiben, die auch später nicht mehr erkannt werden. Dadurch geschädigte Zellen werden aber oft vom Immunsystem zerstört. Versagen alle Schutzmaßnahmen, ist Krebs die Folge. Ursache von Krebs dürften Mutationen in den Genen sein, die Zellteilung und -differenzierung kontrollieren. Leider lassen sich nur schwer neue Behandlungsmethoden entwickeln, denn gezielte Eingriffe in die Erbinformation sind nicht möglich. Man kann die gestörten Steuerungsfunktionen der Krebszellen nicht reparieren, man kann nur die Krebszellen bekämpfen (Abb. unten).

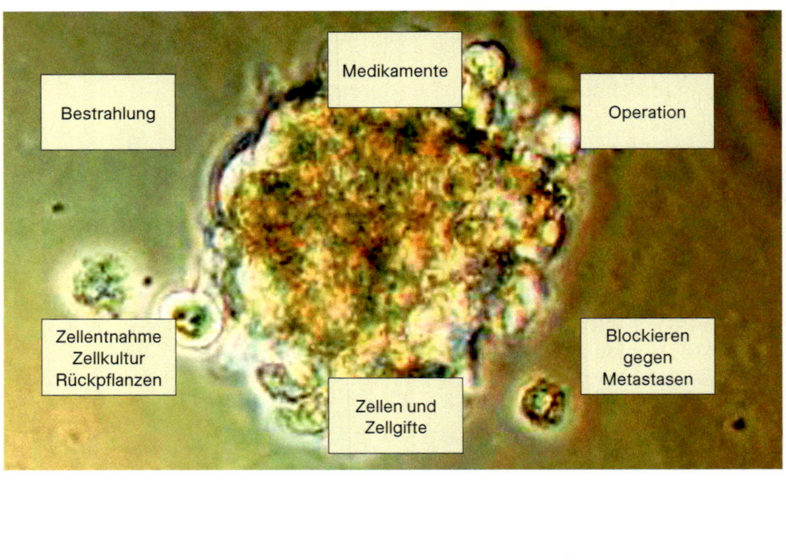

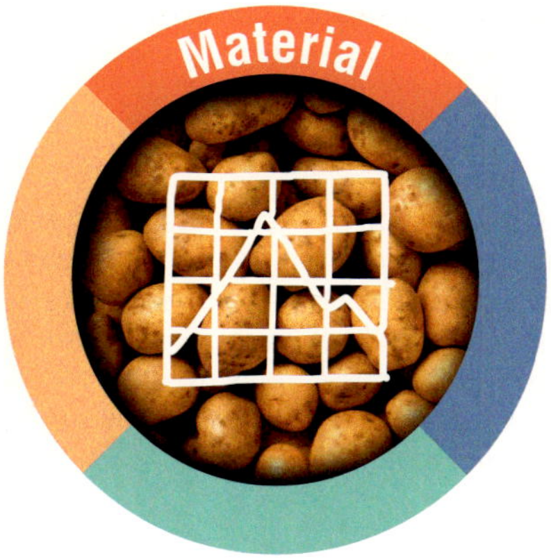

Mutationen und Modifikationen

Ordne die unter den Punkten a) bis e) aufgeführten Beispiele den Mutationen oder Modifikationen zu. Begründe deine Entscheidung.

a) Verschiedene Farben bei Erbsensamen einer Pflanze.
b) Weißkohl, Rotkohl und Rosenkohl sind aus dem Wildkohl hervorgegangen.
c) Die Blüten der Chinesischen Primel bleiben bei Zuchtbedingungen unter 30 °C rot, wird die Chinesische Primel bei Temperaturen über 30 °C gezüchtet, entstehen weiß blühende Pflanzen.
d) Unterschiedliches Körpergewicht bei eineiigen Zwillingen.
e) Gitarrenspieler haben Hornhaut an den Fingern.

Vergleiche Mutationen und Modifikationen. Nutze für die Unterschiede die unten stehende Tabelle. Übertrage diese in dein Heft.

	Modifikation	Mutation
Art der Veränderung	....	....
Ursache	....	....
Vererbbarkeit	....	....
Zeitraum der Wirkung	....	....
Bedeutung für das Individuum	....	....
Bedeutung für die Evolution	....	....

Textarbeit

Erkläre die in den folgenden Texten 1 bis 5 beschriebenen Phänomene. Gib für jedes Phänomen den jeweils entsprechenden Fachausdruck an und begründe deine Meinung.

Text 1: Der Trauermantel, ein Schmetterling, kommt bei uns in zwei verschiedenen Ausfärbungen vor: zum einen braun mit gelb, zum anderen braun mit gelbblauem Muster. Wenn eine bestimmte kurze Phase des Puppenstadiums bei niedriger Außentemperatur abläuft, wird die Musterbildung des Schmetterlings verhindert.

Text 2: In den Alpen fand man erstmals 1760 eine Erdbeerpflanze, die gleichzeitig Blüten und Früchte ausbildete.

Text 3: Keimt eine Kartoffelknolle bei Dunkelheit aus, so entwickeln sich lange, dünne Sprossachsen mit sehr kleinen, weißlichen Blättchen. Im Licht bildet die Kartoffelpflanze dagegen kurze Sprossachsen mit größeren grünen Blättern aus.

Text 4: Misst man die Länge aller Nadeln eines Tannenzweiges, so zeigen sich bei einzelnen Nadeln erhebliche Längenunterschiede.

Text 5: Rotblättrige Formen von Laubbäumen sind heute keine Seltenheit. Eine Buche mit roten Blättern wurde erstmals im Jahre 1190 in Zürich erwähnt.

beide Tiere stammen aus einem Wurf

Aufgabe

① Erkläre das unterschiedliche Erscheinungsbild der Schweine aus einem Wurf.

Zum Knobeln

In den Mittelmeerländern findet man oft riesige Sonnenblumenfelder. Die einzelnen Pflanzen eines Feldes unterscheiden sich zum Teil sehr stark in Merkmalen wie Wuchshöhe, Blütengröße, Anzahl und Länge der Samen. Im Folgenden werden die drei Felder A, B, C mit jeweils einer reinen Linie A, B oder C betrachtet. Im Feld A wird zum Beispiel eine Sonnenblume als Mutterpflanze A für Untersuchungen zur Samenlänge ausgewählt und vermehrt. Bei ihren Nachkommen sind folgende Samenlängen anzutreffen (vgl. Tabelle unten).

Aufgaben

② Fertige für die in der unten stehenden Tabelle angegebenen Werte eine geeignete Grafik an.
③ Worauf ist die unterschiedliche Samenlänge zurückzuführen? Welche Faktoren beeinflussen dieses Merkmal?
④ Warum sind die mittleren Samenlängen am häufigsten?
⑤ Von den Sonnenblumenkernen (siehe Tabelle) werden drei ausgesät: ein kleiner (8 mm), ein mittlerer (11 mm) und ein großer (14 mm). Begründe deine Vermutungen über die Samenlänge der Nachkommen.

Größenvariation von Kartoffelknollen

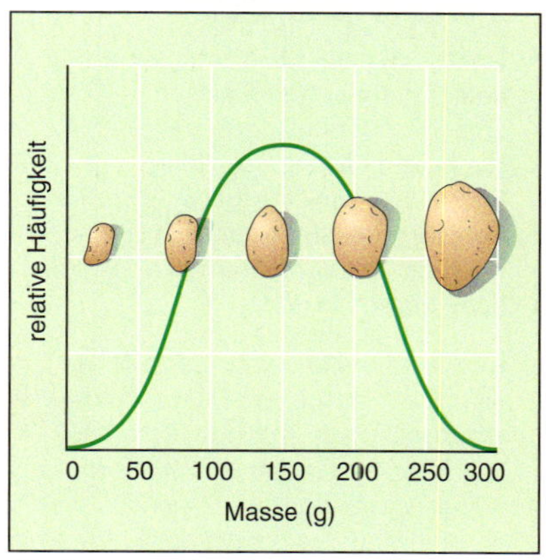

⑥ Interpretiere die Kurve.
⑦ Erfasse Möglichkeiten der Ertragssteigerung bei Kulturpflanzen.

Anzahl der Samen	1	3	10	19	28	48	72	86	83	50	18	14	9	2	1
Samenlänge in mm	7	8	8,5	9	9,5	10	10,5	11	11,5	12	12,5	13	13,5	14	15

Johann Gregor Mendel entdeckt die Vererbungsregeln

Der Augustinermönch JOHANN GREGOR MENDEL arbeitete bei seiner Suche nach den Regeln der Vererbung vor allem mit einer Pflanzenart, nämlich der *Saaterbse*. Diese Pflanze ist im Mittelmeerraum beheimatet und wird dort von relativ schweren Insekten bestäubt. In Mitteleuropa fehlen diese Insekten. Hier kommt es deshalb zur *Selbstbestäubung*, wobei die Pflanzen in gleicher Weise fruchtbar sind und Samen entwickeln. MENDEL konnte bei seinen Untersuchungen also sicher sein, dass keine unerwünschte Fremdbestäubung erfolgte.

Zu Beginn seiner Arbeit besorgte sich MENDEL in mehreren Samenhandlungen 34 verschiedene Erbsensorten. Er säte die Erbsen aus und züchtete die Pflanzen zwei Jahre lang im Klostergarten. Dabei stellte er fest, dass auf einigen Beeten ausschließlich gleich aussehende Erbsen wuchsen. Solche Pflanzen, die ohne Ausnahme ein bestimmtes Merkmal über mehrere Generationen beibehalten, heißen *reinerbig*. Diese Sorten schienen MENDEL besonders geeignet, sein Ziel zu erreichen, nämlich ein „allgemeingültiges Gesetz für die Bildung und Entwicklung der Hybriden aufzustellen".

JOHANN GREGOR MENDEL (1822 – 1884)

Als **Sorte** bezeichnet man die Angehörigen einer Art, die sich in einem (oder mehreren) Merkmalen konstant von den anderen Artangehörigen unterscheiden.

Hybride nennt man Mischlinge, die bei der Kreuzung von zwei Pflanzensorten entstehen. Bei Tieren heißen die Mischlinge Bastarde.

Eine erste, wichtige Voraussetzung für das Gelingen seiner Untersuchungen war, dass MENDEL mit solchen reinerbigen Sorten experimentierte. Darüber hinaus liegt seine besondere Leistung in dem methodischen Ansatz, in dem MENDEL drei grundlegende Ideen vereinigt hat:

1. Er beschränkte sich bei seinen Untersuchungen zunächst auf ein einziges Merkmal. Das heißt, dass er bei einer Versuchsreihe mit Erbsenpflanzen beispielsweise nur auf die *Farbe der Blüten* achtete; zu allen anderen Merkmalen, wie Wuchsform oder Samenfarbe, machte er in diesem Fall keine Aussage.
2. MENDEL überließ seine Kreuzungen nicht dem Zufall, sondern setzte gezielt ganz bestimmte Experimente ein. Seine Versuche konnten deshalb jederzeit wiederholt und die Ergebnisse von anderen Forschern überprüft werden.
3. Schließlich wertete er seine Ergebnisse *statistisch* aus. Dieser Sachverhalt brachte es mit sich, dass MENDEL sehr viele Experimente durchführen musste, um möglichst umfangreiches und abgesichertes Zahlenmaterial zu erhalten. Denn die von

Zettelkasten

Mendels Lebenslauf

JOHANN GREGOR MENDEL wurde am 22. Juli 1822 in Heinzendorf an der mährisch-schlesischen Grenze in der heutigen Tschechischen Republik geboren. Seine Eltern waren Kleinbauern. Nach dem Abitur trat MENDEL in das Augustinerkloster zu Brünn ein. 1847 wurde er zum Priester geweiht. Neben der Seelsorge widmete er sich besonders der Botanik und begann im Jahre 1851 ein zweijähriges Studium der Naturwissenschaften in Wien.

Nach seiner Rückkehr nach Brünn lehrte er Naturgeschichte und Physik an der dortigen Oberrealschule. In dieser Zeit (1853 – 1868) führte er im Garten des Klosters (s. Abb.) seine später berühmt gewordenen Experimente mit Erbsenpflanzen durch. Seine Ergebnisse trug er im Jahr 1865 vor dem „Naturforschenden Verein" in Brünn vor. Sie wurden in ihrer Bedeutung nicht verstanden, sondern nur belächelt. Dennoch veröffentlichte MENDEL seine Arbeit 1866 unter dem Titel „Versuche über Pflanzen-Hybriden".

Um die Bestätigung eines anerkannten Wissenschaftlers zu erhalten, sandte er seine Ergebnisse an den Schweizer Botaniker VON NÄGELI. Dieser hielt nicht viel von MENDELS „Erbsenzählerei". MENDEL war enttäuscht. Er widmete sich von nun an mehr seinen Aufgaben als Abt des Klosters in Brünn. Hier starb er am 6. Januar 1884.

Ein Jahr vor seinem Tod hatte MENDEL prophezeit: „Mir haben meine wissenschaftlichen Arbeiten viel Befriedigung gebracht und ich bin überzeugt, dass die Welt die Ergebnisse dieser Arbeit anerkennen wird."

Im Jahr 1900 war es dann soweit! Die Botaniker HUGO DE VRIES, ERICH VON TSCHERMAK und CARL ERICH CORRENS hatten unabhängig voneinander die gleichen Gesetzmäßigkeiten wie MENDEL gefunden. Jetzt war die Zeit reif für eine wissenschaftliche Vererbungslehre, deren Begründer MENDEL ist.

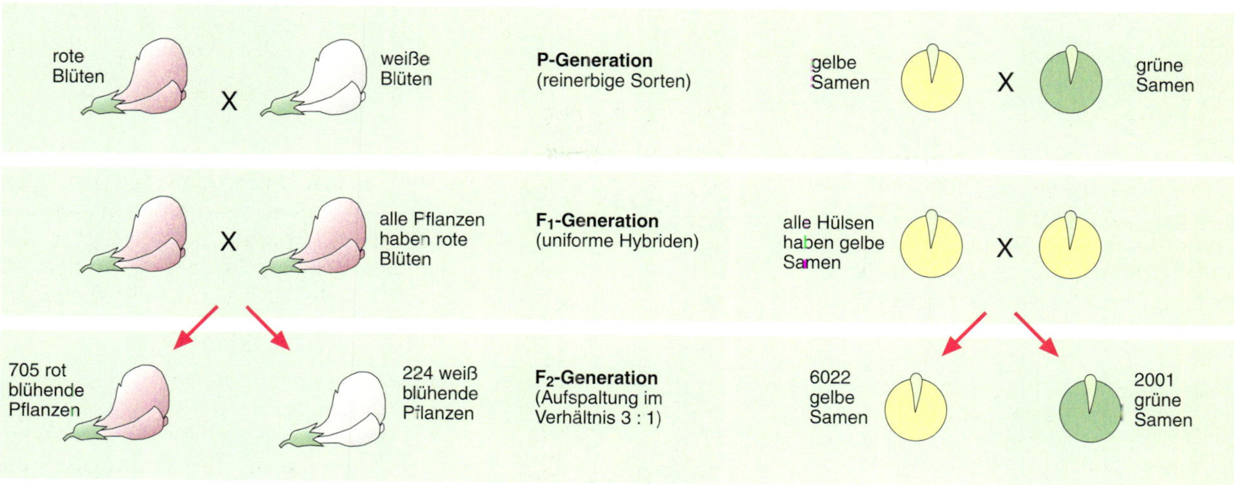

1 Mendels Versuche mit verschiedenen Saaterbensorten und deren Nachkommen

ihm entdeckten Regeln sind Wahrscheinlichkeitsaussagen, die nur für eine große Anzahl von Nachkommen gelten. Welches Merkmal im Einzelfall auftritt, lässt sich dabei nicht sicher vorhersagen.

Für seine ersten Experimente wählte Mendel eine Erbensorte mit grünen Samen aus und bestäubte sie künstlich mit dem Pollen von gelbsamigen Pflanzen. Diese Elterngeneration, die *Parentalgeneration* (P), erbrachte in ihren Hülsen ausschließlich gelbe Erbsen. Alle Nachkommen in der Tochtergeneration, der ersten *Filialgeneration* (F_1), sahen also gleich (uniform) aus.

Man könnte vermuten, dass die Herkunft des Pollens den Ausschlag für die Samenfarbe gibt. Zur Kontrolle führte MENDEL die umgekehrte *(reziproke)* Kreuzung durch: Pollen der grünsamigen Sorte wurde auf die Narbe von gelbsamigen Erbsenpflanzen übertragen. Auch jetzt traten wieder ausschließlich gelbe Samen in der F_1-Generation auf.

In gleicher Weise untersuchte MENDEL sechs weitere Merkmale, zum Beispiel Samenform (rund bzw. kantig), *Länge der Sprossabschnitte* (kurz bzw. lang), *Form* und *Farbe der Hülsen*. In allen Fällen stellte sich heraus, dass die Mischlinge der F_1-Generation uniform für das jeweilige Merkmal waren. Beispielsweise ergab die Kreuzung von rot blühenden mit weiß blühenden Erbsenpflanzen stets rote Blüten; kreuzte er Pflanzen mit runden Samen mit solchen, die kantige Samen hatten, so waren die Erbsen in der F_1-Generation immer rund. Diese Ergebnisse werden heute so zusammengefasst:

Mendels Methode der Fremdbestäubung:

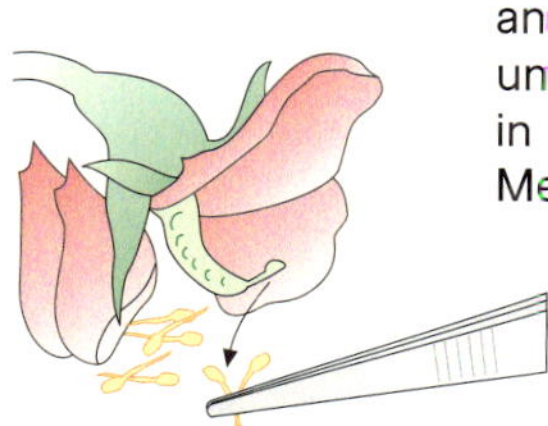

Entfernen der Staubblätter aus einer roten Blüte

Übertragen von Pollen aus Staubblättern einer weißen Blüte auf die Narbe der roten Blüte

1. Mendel'sche Regel:
Kreuzt man zwei Individuen einer Art miteinander, die sich in einem Merkmal reinerbig unterscheiden, so sind die Nachkommen in der F_1-Generation in Bezug auf dieses Merkmal untereinander gleich. Das gilt auch bei der reziproken Kreuzung *(Uniformitätsregel)*.

MENDEL bezeichnete das in der ersten Filialgeneration unterdrückte Merkmal als *rezessiv*, das auftretende als *dominant*. Das führte zu der Frage, ob das rezessive Merkmal völlig verloren gegangen sei. MENDEL brachte deshalb die gelben F_1-Erbsen zum Keimen, vermehrte diese Pflanzen durch Selbstbestäubung weiter und untersuchte das Aussehen der nächsten, also der zweiten Filialgeneration (F_2). Von 258 Pflanzen erntete er 8023 Samen, davon waren 6022 gelb und erstaunlicherweise 2001 grün. Das entspricht recht genau einem Verhältnis von gelb : grün wie 3 : 1.

MENDEL kontrollierte dieses Ergebnis bei allen sieben untersuchten Merkmalen. Stets tauchte in der F_2-Generation das zweite Merkmal der Eltern wieder im gleichen Verhältnis auf. Die zweite von ihm entdeckte Regel lautet damit:

2. Mendel'sche Regel:
Kreuzt man die Mischlinge der F_1-Generation untereinander, so treten in der F_2-Generation auch die Merkmale der Elterngeneration P in einem festen Zahlenverhältnis wieder auf. Beim dominant-rezessiven Erbgang erfolgt die Aufspaltung im Verhältnis 3 : 1 *(Spaltungsregel)*.

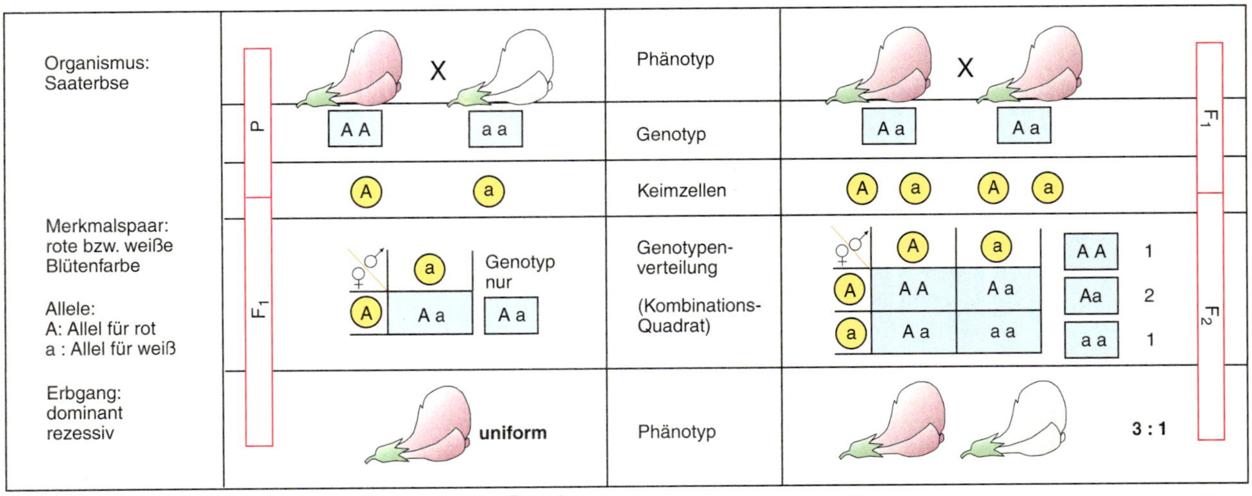

1 Kreuzungsschema zur 1. und zur 2. Mendel'schen Regel

Das Kreuzungsschema – ein Modell erklärt die Versuche

Gen
Anlage für ein Merkmal, Teil der Erbinformation (DNA)

Allel
mögliche Zustandsform eines Gens

A, a:
Allelbezeichnungen bei einem dominant-rezessiven Merkmalspaar

Genotyp
typische (Gen)Allelkombination

Phänotyp
typisches Erscheinungsbild = typische Merkmalsausprägung

Die von MENDEL entdeckten Regeln kann man anhand eines Kreuzungsschemas erklären. Diese Modellvorstellung soll am Beispiel der Saaterbse für die Vererbung des Merkmals „Blütenfarbe" vorgestellt werden.

Wesentlich für das Verständnis des Modells ist Folgendes: Man geht davon aus, dass nicht das beobachtbare Merkmal – also die weiße Blütenfarbe – an die Nachkommen weitergegeben wird, sondern nur eine Anlage für das Merkmal. Diese Anlage liegt auf der DNA und wird als *Gen* bezeichnet. Da es weiße und rote Erbsenblüten gibt, gibt es auch zwei Anlagen, die nebeneinander (parallel) vorkommen können. Diese zwei Zustandsformen eines Gens heißen *Allele*. Es gibt also das Allel für die Ausbildung der roten Blütenfarbe und das Allel für weiße Blütenfarbe. Man kennzeichnet das Allel für das dominante Merkmal durch einen großen, das für das rezessive Merkmal durch den gleichen kleinen Buchstaben.
A: Allel für rote Blütenfarbe,
a: Allel für weiße Blütenfarbe.

Da sich die reinerbigen, rot blühenden Pflanzen der Parental-Generation in ihrem Verhalten bei Kreuzungsexperimenten von denen in der F_1-Generation unterscheiden, geht man davon aus, dass jede Pflanze in ihren Zellen nicht nur ein, sondern zwei Allele eines Gens besitzt. Es bestehen demnach drei Möglichkeiten:
AA: reinerbig dominant (rot blühend),
aa: reinerbig rezessiv (weiß blühend) und
Aa: mischerbig (rot blühend).

Diese typische Allelkombination bezeichnet man als den *Genotyp* der Erbsenpflanze. Dieser Genotyp legt eindeutig das Erscheinungsbild, den *Phänotyp*, fest. Dem gleichen Phänotyp kann aber ein unterschiedlicher Genotyp zugrunde liegen, wie am Beispiel der rot blühenden Erbsen zu erkennen ist.

In den Keimzellen wird immer nur ein Allel eines Gens weitergegeben. Nach der Befruchtung besitzt das sich entwickelnde Lebewesen dann wieder zwei Allele, eines vom Vater und eines von der Mutter (s. Seite 168). Dieser Vorstellung entsprechend lässt sich ein *Kreuzungsschema* aufstellen (Abb. 1). Dadurch ist es möglich, das Ergebnis eines Kreuzungsversuches zu erklären bzw. statistisch vorherzusagen.

Aufgaben

① Eine reinerbig gelbsamige Erbsensorte wird mit einer reinerbig grünsamigen gekreuzt.
  a) Erstelle ein Kreuzungsschema für die F_1- und die F_2-Generation.
  b) Nenne die Verhältniszahlen der Genotypen bzw. Phänotypen.

② Aus der Kreuzung zweier mischerbig rot blühender Erbsen der F_1-Generation erhält man zufällig vier Nachkommen. Welche Phänotypen können sie haben?

③ Bei einer rot blühenden Erbsenpflanze weiß man nicht, ob sie rein- oder mischerbig ist. Beschreibe ein Experiment, das geeignet ist, eine Entscheidung über den Genotyp zu fällen.

Die Rückkreuzung

Die Kreuzung zwischen reinerbigen Lebewesen liefert nach der 1. Mendel'schen Regel gleich aussehende Nachkommen. Kreuzt man zwei Mischlinge miteinander, so besagt die 2. Mendel'sche Regel, dass beim dominant-rezessiven Erbgang zwei verschiedene Merkmalsausprägungen im Verhältnis 3:1 auftreten. Es gibt noch eine weitere wichtige Kreuzungsmöglichkeit, nämlich die zwischen einem mischerbigen und einem rezessiv-reinerbigen Lebewesen. Sie wird als *Rückkreuzung* bezeichnet. Welches Ergebnis ist hier zu erwarten?

Am Beispiel der Farbe von Erbsenblüten liefert das Kreuzungsschema folgende Aussage (Abb. 1): Die Nachkommen einer mischerbigen, rot blühenden Pflanze und einer weiß blühenden müssten sich in beide Merkmale aufspalten, und zwar im Verhältnis 1 : 1.

MENDEL stellte genau diese Berechnungen an und führte danach auch die entsprechende Kreuzung durch. Das experimentelle Ergebnis stimmte mit seiner Vorhersage überein. Damit war die Richtigkeit seiner Überlegungen bestätigt.

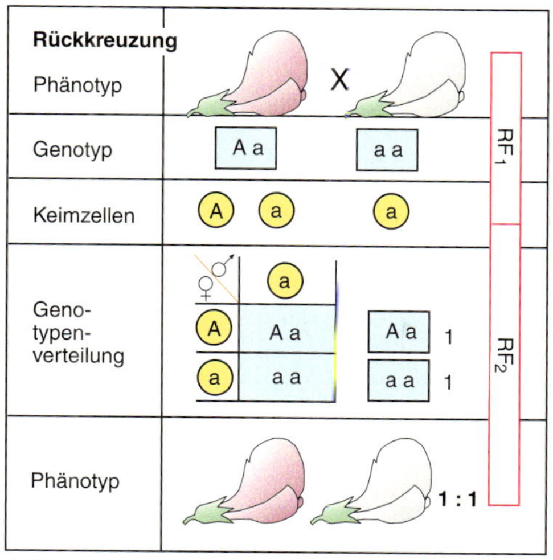

1 Kreuzungsschema zur Rückkreuzung

Aufgaben

① Die Rückkreuzung wird auch als „Testkreuzung" bezeichnet. Begründe!

② Zu welchem Ergebnis führt die Kreuzung einer mischerbig roten mit einer reinerbig roten Erbse? Erstelle ein Kreuzungsschema. Unterscheide zwischen Genotyp und Phänotyp.

Zettelkasten

Der intermediäre Erbgang

Der Tübinger Botaniker CORRENS benutzte um 1900 für seine Versuche die *Wunderblume*. Die Kreuzung zweier Sorten, einer rot und einer weiß blühenden, ergab in der F_1-Generation ausschließlich Pflanzen mit rosa Blüten. Die Nachkommen waren also uniform, die Merkmalsausprägung lag aber zwischen den beiden elterlichen Erscheinungsbildern. Dieser Erbgang, der wesentlich seltener zu beobachten ist als der dominant-rezessive, heißt *intermediär*.

Kreuzt man die F_1-Individuen untereinander, so treten in der F_2-Generation neben den rosa Hybridformen – entsprechend der Spaltungsregel – die Erscheinungsbilder der Parentalgeneration in einem bestimmten Verhältnis wieder auf. Beim intermediären Erbgang erfolgt die Aufspaltung jedoch im Verhältnis 1 : 2 : 1, wie das Kreuzungsschema zeigt. Hierbei benutzt man allerdings zwei verschiedene kleine Buchstaben für die entsprechenden Allele eines Gens.

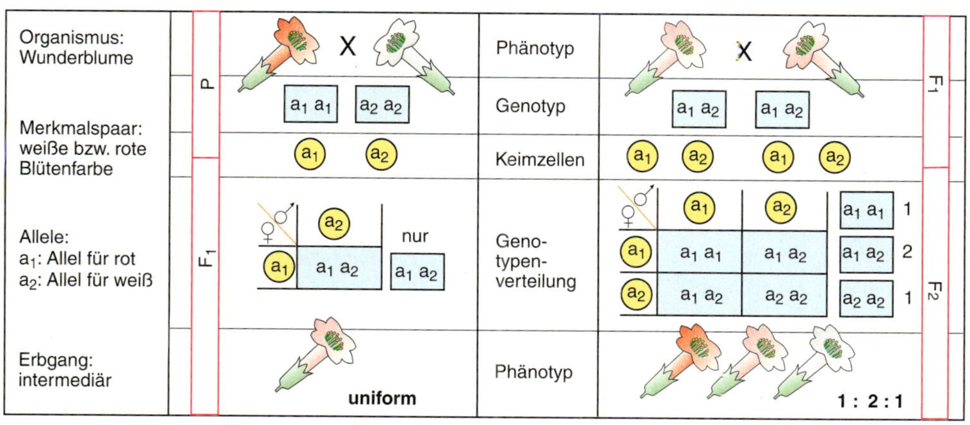

Aufgaben

① Erstelle für die Wunderblume ein Kreuzungsschema, das einer Rückkreuzung entspricht, und werte es aus.

② Der Kunde eines Gärtners bestellte tausend rosa Wunderblumen. Um diesen Wunsch möglichst schnell zu erfüllen, kreuzte der Gärtner mehrere rosafarbene Pflanzen untereinander. War das sinnvoll?
Stelle begründet dar, ob der Gärtner mit seiner Kreuzungsidee Erfolg hatte.

Mendels dritte Regel zur Vererbung

MENDEL führte auch Kreuzungen durch, bei denen er auf zwei Merkmalspaare achtete, z. B. auf *Farbe* und *Form* der Erbsensamen. Seine Ausgangssorten waren gelbe, runde bzw. grüne, kantige Erbsen. Die F_1-Generation war erwartungsgemäß uniform. Es traten nur gelbe, runde Samen auf, weil gelb bzw. rund gegenüber grün bzw. kantig dominant sind. Eine solche Kreuzung zwischen Sorten mit zwei unterschiedlichen Merkmalen nennt man *dihybrid*, im Gegensatz zur *monohybriden* mit nur einem Merkmalspaar.

Bei der Kreuzung von Mischlingen der F_1-Generation untereinander erhielt MENDEL 556 Samen in der F_2-Generation. Davon waren 315 gelb und rund, 101 gelb und kantig, 108 grün und rund sowie 32 grün und kantig. Das entspricht recht genau einem Zahlenverhältnis von 9 : 3 : 3 : 1, wie es nach dem zugehörigen Kreuzungsschema zu erwarten ist.

Es fällt auf, dass bei dieser Kreuzung in der F_2-Generation auch Erbsen mit neuen Merkmalskombinationen auftreten, nämlich gelbe, kantige und grüne, runde Erbsen. Das ist nur möglich, wenn die einzelnen Gene unabhängig voneinander sind. Dann können die Allele in neuen Kombinationen zusammentreten. Genau dieses besagt die

3. Mendel'sche Regel: Kreuzt man zwei Lebewesen einer Art, die sich in mehr als einem Merkmal reinerbig unterscheiden, so können die Merkmalspaare in neuen Kombinationen auftreten. Die Gene werden also unabhängig voneinander verteilt *(Unabhängigkeits-* und *Neukombinationsregel).*

Diese Tatsache hat zum Beispiel in der Tier- und Pflanzenzüchtung große Bedeutung.

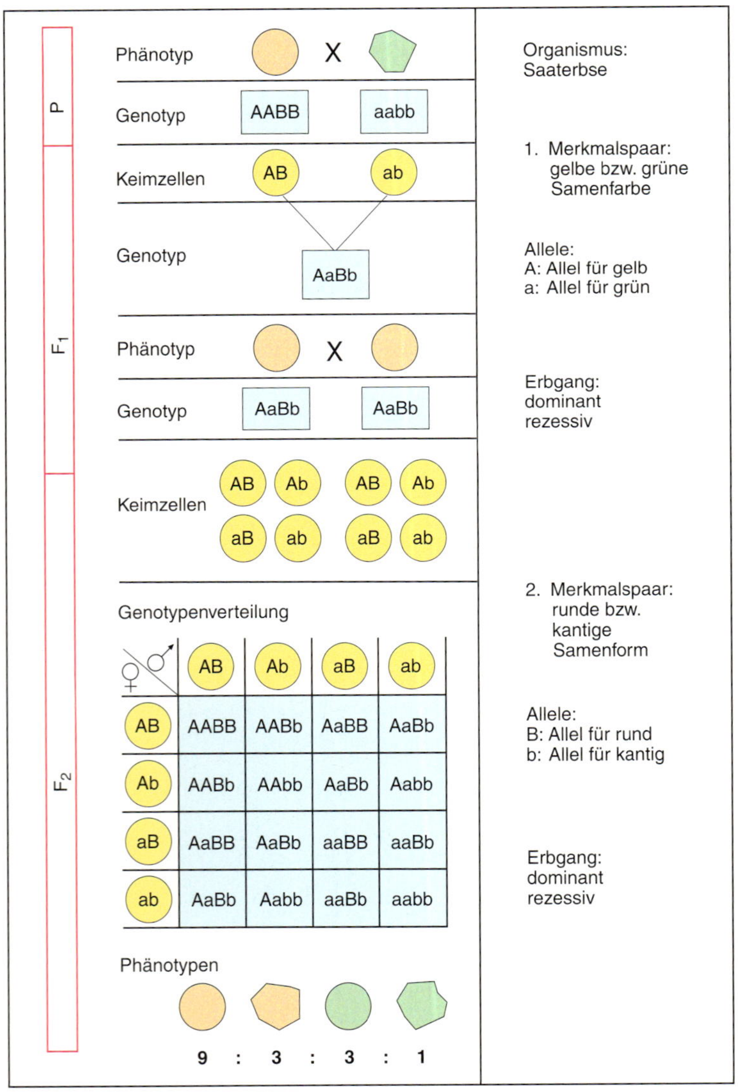

1 Kreuzungsschema zur 3. Mendel'schen Regel

Aufgaben

① Erkläre anhand des Kreuzungsschemas, warum für die Merkmale Samenfarbe bzw. Samenform die ersten beiden Mendel'schen Regeln zutreffen, wenn man jedes Merkmal für sich alleine betrachtet.

② Eine Erbsenpflanze aus der F_1-Generation mit gelb-runden Samen wird mit einer grün-kantigen gekreuzt (Rückkreuzung in zwei Merkmalspaaren). Entwickle das zugehörige Kreuzungsschema und werte es aus.

③ In der F_2-Generation tauchen im Kreuzungsschema (Abb. 1) auch grün-runde Samen auf. Nenne die Genotypen. Gib an, wie man die reinerbigen herausfinden kann.

④ Ein Züchter hat eine süße, aber reblausanfällige Traubensorte und außerdem eine reblausfeste Sorte mit sauren Früchten. Mache einen Vorschlag, wie eine süße, reblausfeste Rebsorte zu züchten ist. Die Allele für sauer bzw. für reblausanfällig sind jeweils dominant.

⑤ Eine Pflanzensorte mit großen Blättern und roten Blüten wird mit einer zweiten gekreuzt, die kleine Blätter und weiße Blüten besitzt. In der F_1-Generation tauchen nur mittelgroße Blätter und rosa Blüten auf. Wie viele Phänotypen sind in der F_2-Generation zu erwarten?

Modellversuche zu den Vererbungsregeln

Jedes Elternteil besitzt für ein bestimmtes Merkmal genau zwei Anlagen. Von den Anlagen des Vaters und von denen der Mutter wird für dieses Merkmal immer nur eine an die Nachkommen weitergegeben. Welche Anlage das ist, hängt vom Zufall ab.

Zufallsereignisse lassen sich experimentell simulieren, zum Beispiel durch Münzwurf oder durch verdecktes Ziehen aus einer Urne. Für die folgenden Versuche bildet ihr am besten Dreiergruppen.

Urnenversuch

Material:
Für jede Gruppe zwei undurchsichtige Behälter (Tüte oder Leinensäckchen), vierzig gleich große Perlen, davon jeweils 20 von gleicher Farbe, z. B. 20 rote und 20 weiße, Protokollmaterial.

Durchführung:
In jeden der beiden Behälter werden zehn rote und zehn weiße Perlen eingefüllt. Eine Person mischt die Perlen, eine zweite zieht, ohne hinzusehen, jeweils eine Perle aus jedem der beiden Behälter und legt sie auf den Tisch.

Eine dritte Person ist Protokollant und notiert das Ergebnis in Form der abgebildeten Liste. Danach werden die Perlen

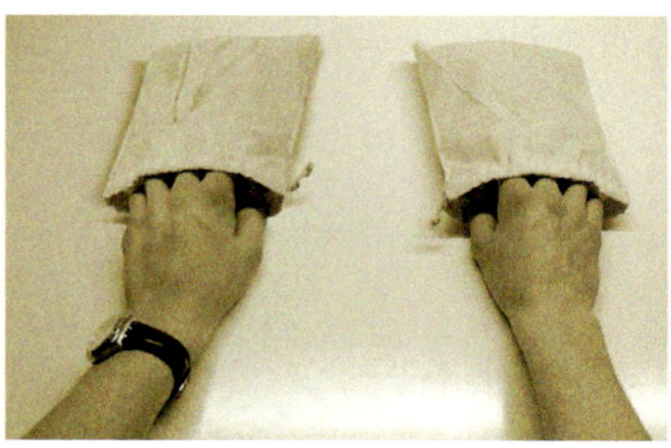

in den zugehörigen Behälter zurückgelegt, gemischt und der Vorgang wird insgesamt zwölfmal durchgeführt.

Die Rollen werden gewechselt, damit jede Person einmal alle drei Aufgaben übernommen hat.

Versuchs Nr.	Perlenfarben (Genotyp)	zugehöriger Phänotyp
1	rot/rot	
2	weiß/rot	
3	weiß/weiß	
4	rot/rot	
5		

Auswertung:

① Gib an, warum das Spiel als Modellversuch zur zweiten Mendel'schen Regel angesehen werden kann. Was bedeuten dabei:
- die zwei Behälter mit den Perlen;
- die Perlen als solche;
- die Verschiedenfarbigkeit der Perlen;
- die gleiche Anzahl der Perlen;
- das blinde Herausgreifen und Nebeneinanderlegen von zwei Perlen?

② Warum müssen die Perlen nach dem Ziehen wieder in den Behälter zurückgelegt werden?

③ Ordne nun jedem Ergebnis den Phänotyp der gedachten Nachkommen zu, wie es einem dominant-rezessiven Erbgang entspricht, zum Beispiel bei der Vererbung der Blütenfarbe von Erbsen.

④ Vergleiche deine Versuchsergebnisse mit den Vorhersagen nach der zweiten Mendel'schen Regel. Falls sich Abweichungen ergeben, nenne mögliche Gründe.

⑤ Addiert nun die Ergebnisse eurer Gruppe und dann alle Ergebnisse der ganzen Klasse. Wie verhält es sich jetzt mit der Genauigkeit?

Phänotyp	rot	weiß
Erwartung	9	3
Ergebnis		

⑥ Entwerft eine Versuchsanordnung zur 1. Mendel'schen Regel. Warum lohnt sich die Durchführung in diesem Fall nicht?

⑦ Entwerft eine Versuchsanordnung, die der Rückkreuzung entspricht. Wie müssen die Perlen nun auf die Behälter verteilt werden? Spielt entsprechend.

Münzwurfversuch

Bei diesem Modellversuch kann die dritte Mendel'sche Regel für dominant-rezessive Erbgänge simuliert werden.

Material:
Zwei verschiedene Münzen, jede doppelt vorhanden, Protokollmaterial.

Durchführung:
Zwei Personen erhalten je zwei verschiedene Münzen und lassen sie aus geringer Höhe auf den Tisch fallen. Man verabredet zum Beispiel, dass „Zahl" jeweils der Weitergabe des dominanten Allels entspricht, „Wappen" sei das rezessive Allel dieses Gens. In einer Strichliste werden sofort die zugehörigen Phänotypen, zum Beispiel gelb/grün oder rund/kantig notiert. Es werden insgesamt 48 Würfe durchgeführt.

Auswertung:

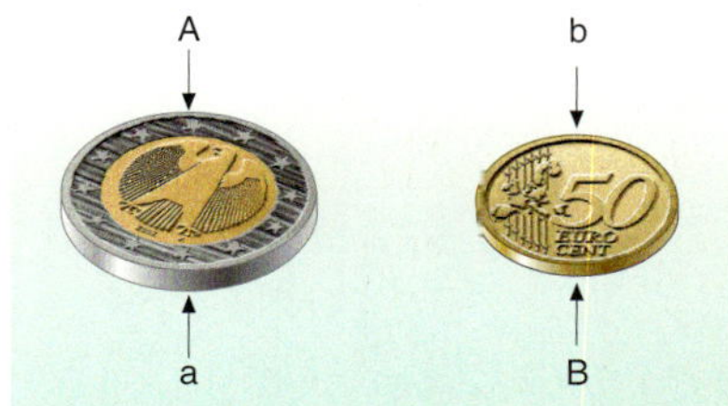

Beispiel:

1. Schüler/in	(A)	(b)	Genotyp Aabb
2. Schüler/in	(a)	(b)	Phänotyp gelb kantig

Phänotyp	gelb, rund	gelb, kantig	grün, rund	grün, kantig
Erwartung	27	9	9	3
Ergebnis				

⑧ Warum ist es günstig, den Münzwurf z. B. 48-mal zu protokollieren und nicht 50-mal?

⑨ Wie sind die Erwartungswerte entsprechend der 3. Mendel'schen Regel? Vergleiche mit deinem Versuchsergebnis. Begründe mögliche Abweichungen.

⑩ Fasst alle Ergebnisse der Klasse zusammen und vergleicht nun das Versuchsergebnis mit den erwarteten Werten.

⑪ Es hat sich beim Werfen ergeben, dass achtmal hintereinander eine gelbe Erbse erzeugt wurde. Erläutere, ob sich dadurch die Wahrscheinlichkeit erhöht hat, dass beim nächsten Wurf eine grüne Erbse entsteht.

1 Kinder verschiedener Hautfarbe

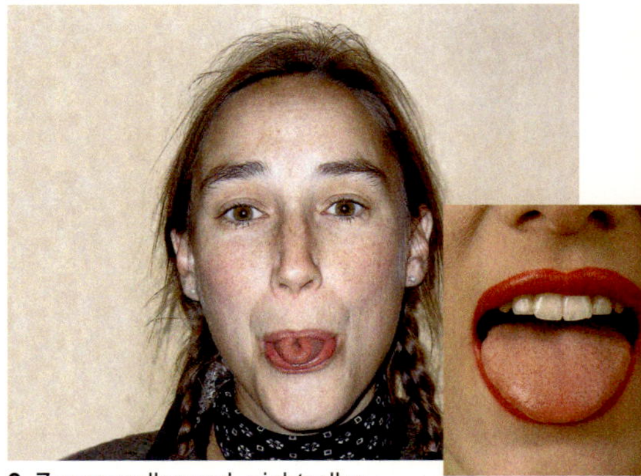

2 Zungenroller und -nichtroller

3 Verschiedene Haarfarben

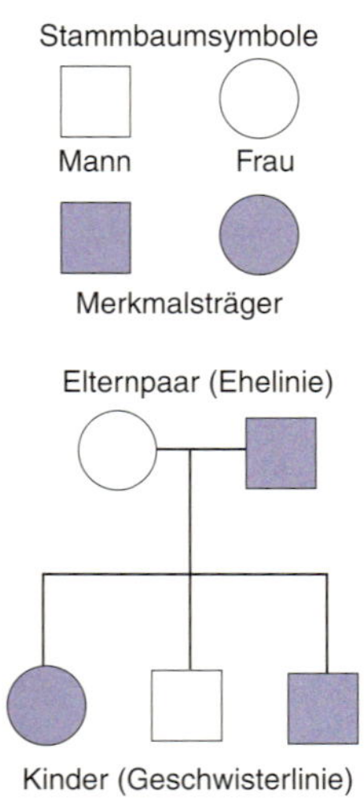

Methoden der Humangenetik

Menschen unterscheiden sich in einer Vielzahl von Merkmalen. Einige davon, wie Haut- und Haarfarbe oder die Fähigkeit, die Zunge einzurollen, lassen sich leicht beschreiben. Bei anderen, etwa bei Merkmalen des Gesichts oder bei Begabungen, fällt es schon schwerer, sie exakt zu erfassen.

Man schätzt, dass jeder Mensch etwa 20000 Gene besitzt. Trotz solcher Schwierigkeiten weiß man heute schon einiges über die Vererbung beim Menschen. Das hat man allerdings nicht durch Kreuzungsversuche herausbekommen. Zum einen verbieten sie sich für den Menschen schon aus ethischen Gründen. Zum anderen wären solche Versuche wenig sinnvoll, denn der Mensch bekommt in der Regel nur eine geringe Zahl an Nachkommen. Außerdem würde es viel zu lange dauern, bis man z. B. die F_2-Generation untersuchen könnte.

Deshalb werden in der Humangenetik folgende Verfahren benutzt:
- Bei der *Familienforschung* werden Stammbäume aufgestellt, an denen die Gültigkeit von Erbgesetzen für ein bestimmtes Merkmal untersucht werden kann.
- *Massenstatistische Verfahren* erlauben es, Aussagen über die Häufigkeit, Verteilung und Veränderung eines Merkmals in der Bevölkerung zu machen.
- Die *Zwillingsforschung* untersucht – besonders bei eineiigen Zwillingen – den Zusammenhang zwischen Genen und Umwelteinflüssen.
- *Mikroskopische* und *biochemische Untersuchungen* lassen Rückschlüsse auf Veränderungen von Genen zu.

Häufig wird nicht nur eines dieser Verfahren eingesetzt, sondern mehrere, die sich in ihren Aussagen ergänzen.

Familienstammbäume lassen Erbgänge erkennen

Statistische Untersuchungen und Stammbaumforschung sind zwei Methoden, die es erlauben, sichere Aussagen über den Erbgang eines bestimmten Merkmals zu machen. Folgende Beispiele verdeutlichen das.

Als dreieckigen Haarschwund („Witwenspitz", vom englischen widows peak) bezeichnet man das Auftreten eines dreieckigen Haaransatzes, wie in Abbildung 1 dargestellt. Aus statistischen Untersuchungen weiß man, dass dieses Merkmal genetisch bedingt ist. Im nebenstehenden Stammbaum sind die betroffenen Personen angegeben. Der Erbgang ist dominant-rezessiv, da keine Zwischenformen auftreten.

Das Merkmal „Witwenspitz" könnte dominant oder rezessiv sein. Am Stammbaum erkennt man, dass das Merkmal in jeder Generation auftritt. Das ist ein Hinweis darauf, dass „Witwenspitz" *dominant* ist, also als Allelbezeichnung A im Genotyp einzutragen ist. Ein sicherer Anhaltspunkt für diese Art des Erbganges liegt immer dann vor, wenn zwei Merkmalsträger ein nicht betroffenes Kind bekommen. Das ist in diesem Stammbaum der Fall. Die Genotypen lassen sich widerspruchsfrei angeben.

Das Fehlen von Pigmenten in der Haut, den Haaren und der Iris bezeichnet man als *Albinismus*. Die Häufigkeit ist regional recht unterschiedlich, z. B. in der Bundesrepublik Deutschland 1 : 40 000, bei bestimmten Indianerstämmen 1 : 200. In Abbildung 2 ist der Stammbaum einer Familie dargestellt, in der Albinismus gehäuft vorkommt. Das ist bei der Seltenheit ein deutlicher Hinweis darauf, dass z. B. eine Krankheit, wenn sie nicht ansteckend ist, nur durch Vererbung weitergegeben werden kann. Es handelt sich beim Albinismus um einen dominant-rezessiven Erbgang, allerdings ist in diesem Fall das Merkmal *rezessiv*, denn Albinismus tritt nicht in jeder Generation auf. (▶ S. 252/253)

Aufgabe

① Übertrage den Stammbaum zum Albinismus in dein Heft.
  a) Stelle sinnvolle Allelbezeichnungen auf und gib zu jeder Person die möglichen Genotypen an.
  b) Begründe, weshalb Ehen zwischen nahe verwandten Personen ein genetisches Risiko bergen können.

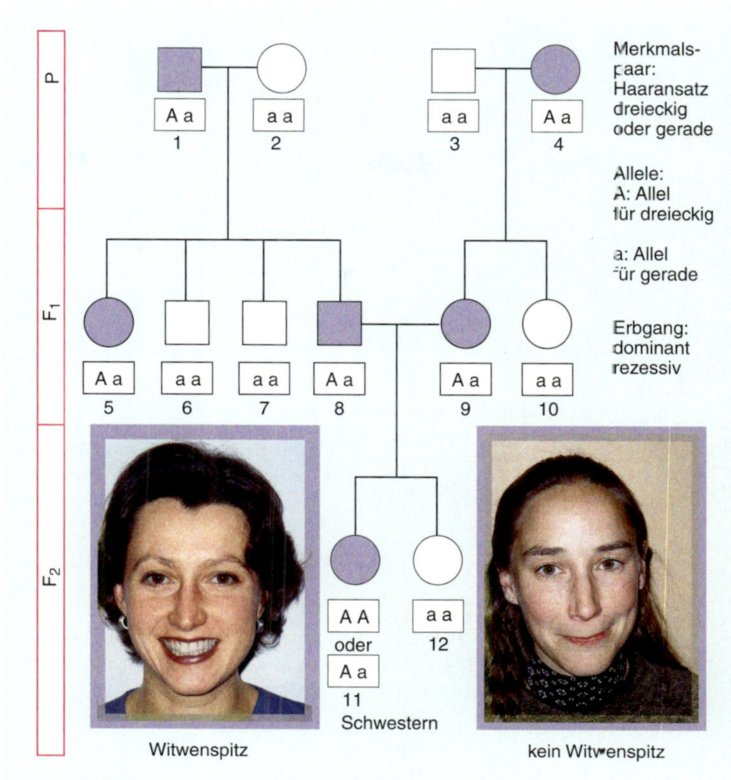

1 Erbgang zum dreieckigen Haaransatz („Witwenspitz")

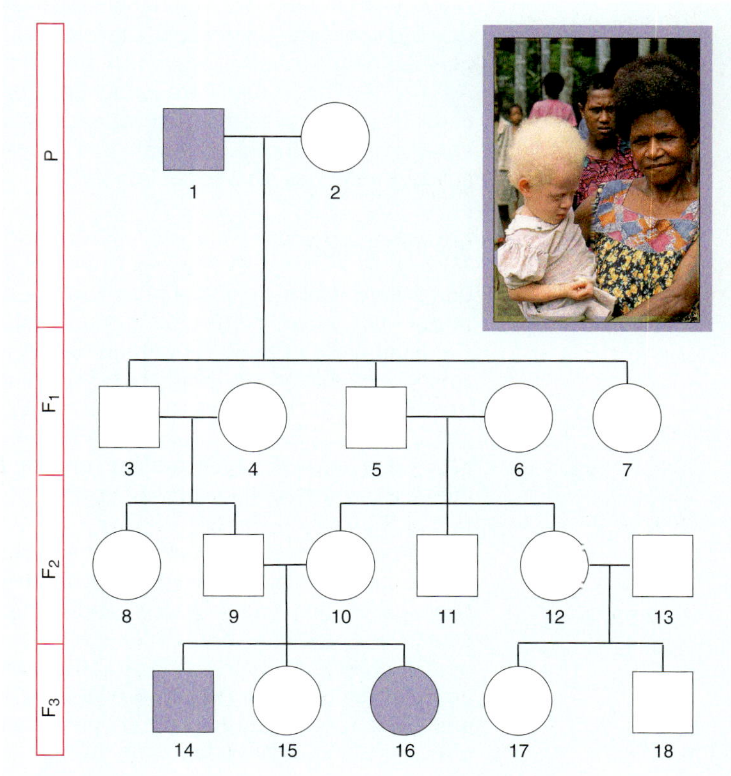

2 Familienstammbaum, in dem Albinismus mehrfach auftritt

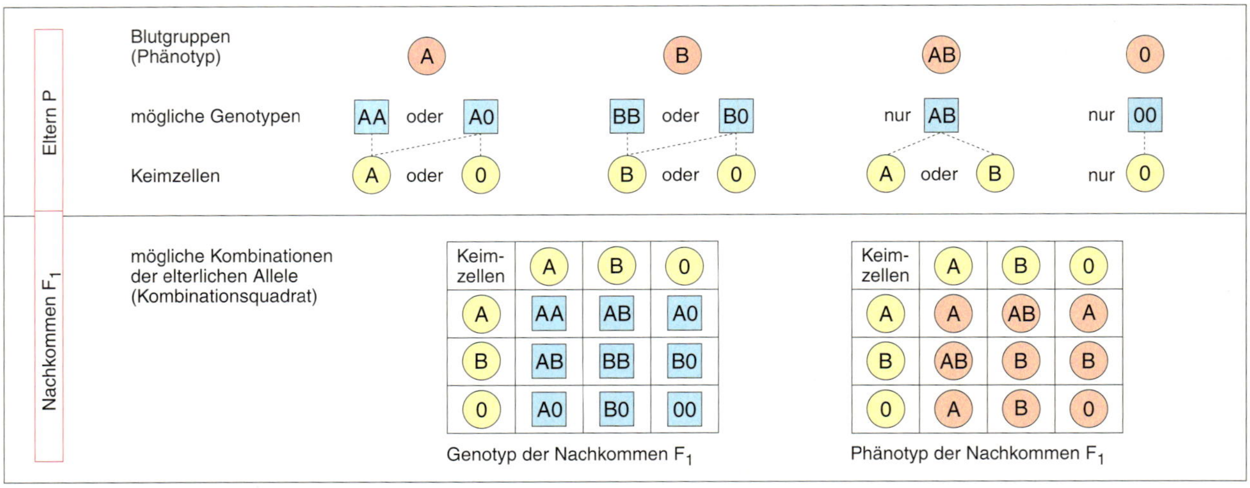

1 Vererbung der Blutgruppen im AB0-System

Vererbung der Blutgruppen

Man kennt beim Menschen mehr als 20 verschiedene Blutgruppensysteme. Die Unterschiede beruhen auf über 130 verschiedenen Proteinen der roten Blutzellen. Jeder Mensch besitzt aber eine charakteristische Blutgruppe, die er sein ganzes Leben lang unverändert behält.

Die Ausbildung der Blutgruppeneigenschaften wird von Genen gesteuert. Die zugehörigen Erbgänge sind weitgehend bekannt. Aus der Medizin ist nämlich ausreichend statistisches Material vorhanden, wodurch die Vererbung der Blutgruppe von den Eltern auf die Kinder geklärt werden konnte.

Das AB0-System

Bei der Vererbung dieser Blutgruppen begegnet uns etwas Neues. Das zugehörige Gen liegt nicht in zwei, sondern in drei verschiedenen Allelen vor, die man als A, B und 0 bezeichnet. Durch sie werden die vier Blutgruppen A, B, AB und 0 bestimmt. Diese Bezeichnung des Phänotyps darf man nicht mit den Allelbezeichnungen verwechseln!

In seinen Körperzellen hat jeder Mensch natürlich nur zwei dieser Allele. Sind die beiden Allele gleich, so ist der Mensch reinerbig für diese Blutgruppe. Treffen zwei verschiedene Allele aufeinander, so sind A und B beide dominant über das rezessive Allel 0. Da A und B auch gleichzeitig vorkommen können und beide dominant wirken, spricht man in diesem besonderen Fall von *codominanten* Allelen.

Den sechs möglichen Allelkombinationen entsprechen deshalb vier Blutgruppen mit folgenden Genotypen:

Blutgruppe A — Genotyp AA oder A0
Blutgruppe B — Genotyp BB oder B0
Blutgruppe AB — Genotyp AB
Blutgruppe 0 — Genotyp 00

Aufgaben

① Vervollständige die folgende Tabelle für alle denkbaren Blutgruppenkombinationen von Mutter und Vater.

	Blutgruppe des Vaters		A			B
Blutgruppe der Mutter	Genotyp ♂		AA	A0		
	♀	Keimzellen	A	A	0	
A	AA	A	A	A	A	
	A0	A	A	A	A	
		0	A	A	0	
B	BB	B	AB	AB	B	
	B0	B	AB			
		0	↑	↑	↑	↑
			mögliche Blutgruppen der Kinder			

② Auf einer Säuglingsstation liegen vier Kinder mit den Blutgruppen A, B, AB und 0. Die Phänotypen der Eltern sind 0/0, A/B, AB/0 und B/B. Stelle begründet dar, ob man die Kinder den Elternpaaren eindeutig zuordnen kann.

Der Rhesusfaktor

Trotz der Beachtung des AB0-Systems kam es bei Bluttransfusionen gelegentlich zu Komplikationen. Die Ursache dafür wurde 1940 gefunden. Damals wurde bei Rhesusaffen an der Membran von roten Blutzellen ein Protein entdeckt, das auch beim Menschen vorkommt. Es erhielt die Bezeichnung *Rhesusfaktor*. Etwa 85 % aller Mitteleuropäer besitzen diesen Faktor. Diese Menschen bezeichnet man als *rhesuspositiv* (Rh+). Die restlichen 15 % sind *rhesusnegativ* (rh−), ihnen fehlt dieses Protein. Der Rhesusfaktor ist unabhängig von anderen Blutgruppenmerkmalen. Der Erbgang ist dominant-rezessiv, die entsprechenden Allele werden mit D (für Rh+) bzw. mit d (für rh−) bezeichnet.

Inwiefern kann bei Bluttransfusionen eine *Rhesusunverträglichkeit* auftreten? Menschen, die rhesusnegativ sind, bilden *Antikörper* gegen den Rhesusfaktor, wenn sie zum ersten Mal mit Rh+-Blut in Berührung kommen. Bei einer zweiten Transfusion mit rhesuspositivem Blut bewirken diese Antikörper dann eine Verklumpung der roten Blutzellen des Spenderblutes. Es kommt zu Komplikationen, weil die roten Blutzellen zerstört werden. Der rote Blutfarbstoff, das Hämoglobin, wird freigesetzt *(Hämolyse)*.

Auch bei manchen Schwangerschaften besteht die Gefahr einer Rhesusunverträglichkeit. Hat eine rhesusnegative Mutter ein rhesuspositives Kind ausgetragen, so kann es passieren, dass sie während des Geburtsvorganges durch kleine Risse in den Gefäßen der Plazenta mit Rh+-Blut in Berührung kommt. Die Mutter bildet daraufhin Antikörper gegen Rh+-Blut, die bei einer zweiten Schwangerschaft durch die Plazentaschranke in den Kreislauf des eventuell wieder rhesuspositiven Kindes gelangen und es lebensbedrohlich schädigen können. Bei jeder weiteren Geburt können sich die Auswirkungen noch verstärken. Die Medizin kennt vorbeugende Möglichkeiten, um dieser Gefahr zu begegnen. (▶ S. 252/253)

Aufgaben

① In der Randspalte sind Familien mit der Verteilung des Rhesusfaktors angeführt.
  a) Gib die zugehörigen Genotypen an.
  b) Stelle begründet dar, in welchen Fällen die Gefahr der Rhesusunverträglichkeit besteht.

② Das erste Kind einer rh−-Mutter war rhesusnegativ. Welche Auswirkungen sind für das zweite Kind zu erwarten?

③ Bei einer Vaterschaftsklage kommen zwei Männer in Frage, Vater eines Kindes zu sein. Folgende Blutgruppen wurden bei den Beteiligten festgestellt:
Mutter: A, rh− — Kind: 0, rh−
Mann 1: A, Rh+ — Mann 2: AB, rh−
Lässt sich einer der Männer als möglicher Vater ausschließen? Begründe.

④ Bei Vaterschaftsuntersuchungen mithilfe von Blutgruppeneigenschaften spricht man von Vaterschaftsausschluss und nicht von Vaterschaftsnachweis. Erkläre, warum.

⑤ Ein weiteres Blutgruppensystem, das zum Vaterschaftsausschluss herangezogen werden kann, ist das MN-System. Informiere dich darüber und berichte vor der Klasse.

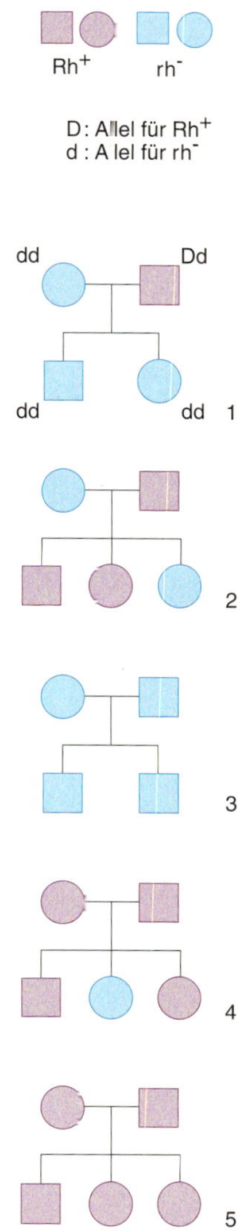

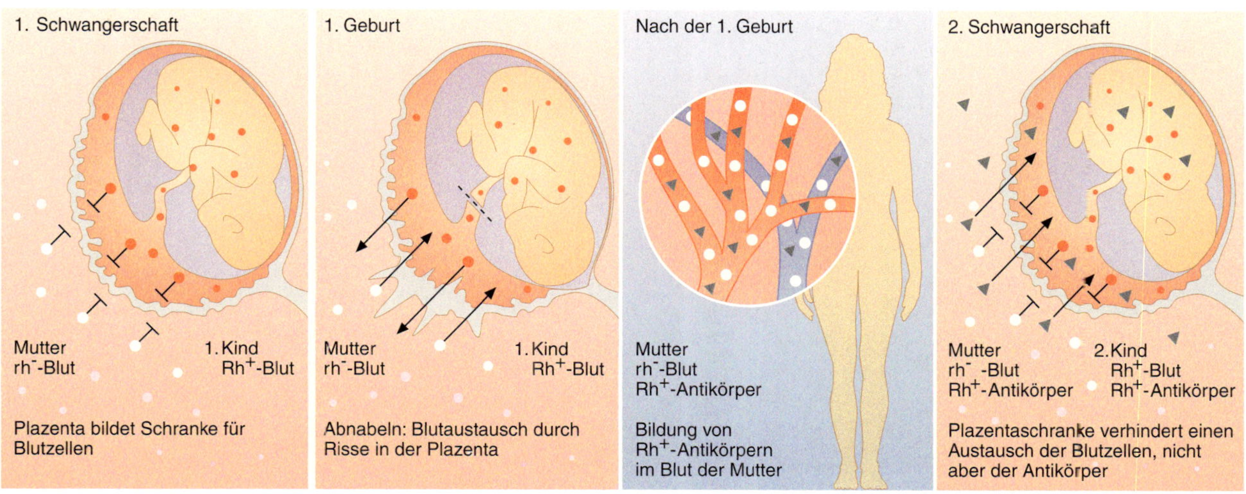

1 Rhesusunverträglichkeit

An den Chromosomen erkennt man das Geschlecht

In allen Körper- und Keimzellen des Menschen, mit Ausnahme der roten Blutzellen, befindet sich ein Zellkern mit den Chromosomen. Es ist möglich, die Chromosomen der Körperzellen zu homologen Paaren zu ordnen. Das Ergebnis heißt *Karyogramm* (s. Seite 165). Dabei geht man folgendermaßen vor: Einige Tropfen Blut werden in eine geeignete Nährlösung gebracht. Im Brutschrank werden die weißen Blutzellen bei 37 °C zur Teilung angeregt. Mit Colchicin, dem Gift der Herbstzeitlosen, lassen sich die Zellteilungen in einem Stadium unterbrechen, in dem die Chromosomen mikroskopisch gut zu erkennen sind.

Nach dem Anfärben werden sie unter dem Mikroskop betrachtet und fotografiert. Die einzelnen Chromosomen werden aus dem Foto ausgeschnitten und jeweils paarweise geordnet. Dabei vergleicht man

- die absolute Länge eines Chromosoms,
- den *Armindex* (Längenverhältnis des langen Chromosomenarms zum kurzen),
- und das *Muster der Querbanden.*

Nach ihrer Ähnlichkeit werden die Chromosomen in Gruppen zusammengefasst (Kennbuchstaben A – G) und paarweise durchnummeriert.

Bei dieser Zuordnung stellt sich ein wichtiger Unterschied im Karyogramm von Frau und Mann heraus: Im männlichen Geschlecht findet man ein ungleiches Chromosomenpaar. Das kleinere der beiden, das nur der Mann besitzt, wird als *Y-Chromosom* bezeichnet.

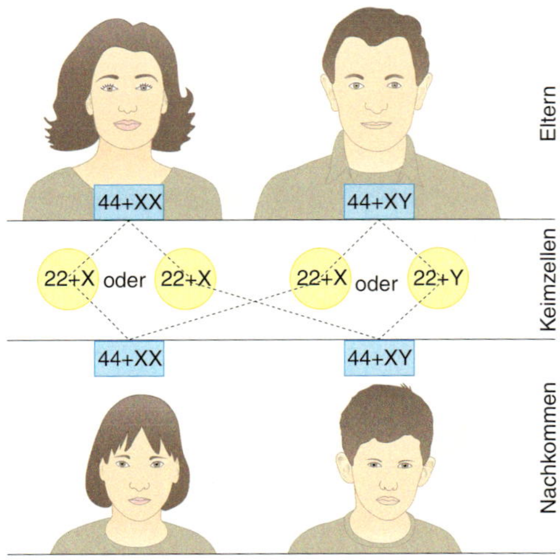

2 Vererbung des Geschlechts

Das größere heißt *X-Chromosom.* Es kommt beim Mann einfach, bei der Frau doppelt vor. Jeder Mensch besitzt also ein Paar *Geschlechtschromosomen (Gonosomen)* und 22 Paare *Körperchromosomen (Autosomen).* Abbildung 2 zeigt, wie die Geschlechtschromosomen in den Keimzellen von Mann und Frau verteilt sind. Daraus lässt sich ablesen, dass das Geschlecht des Kindes durch die Spermienzelle bestimmt wird.

Aufgabe

① Zur Erstellung eines Karyogramms werden die Körperzellen zu Zellteilungen angeregt. Stelle begründet dar, in welchem mitotischen Stadium die Chromosomen besonders gut zu erkennen sind.

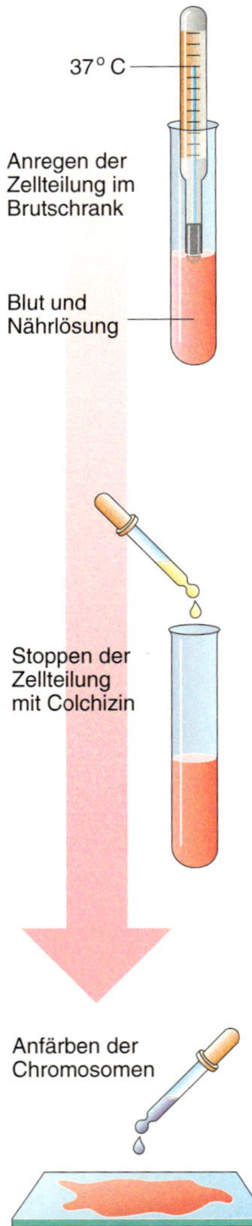

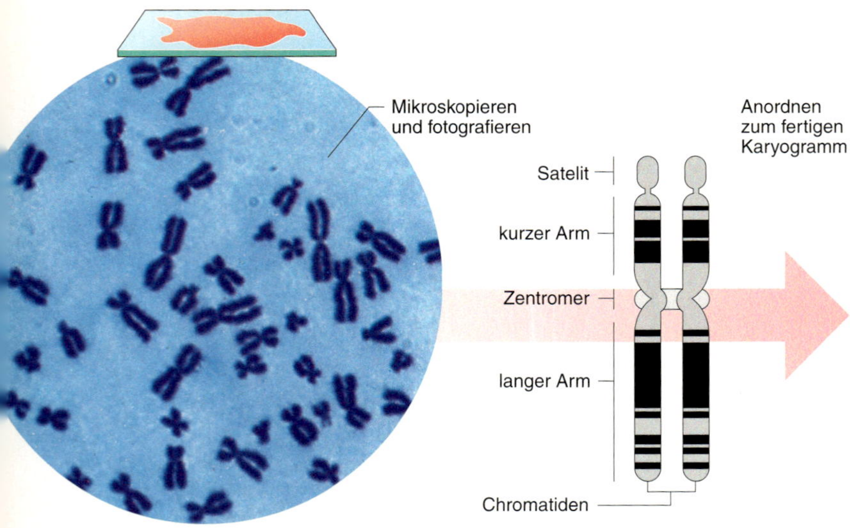

1 Chromosomen des Menschen (700 x vergr.)

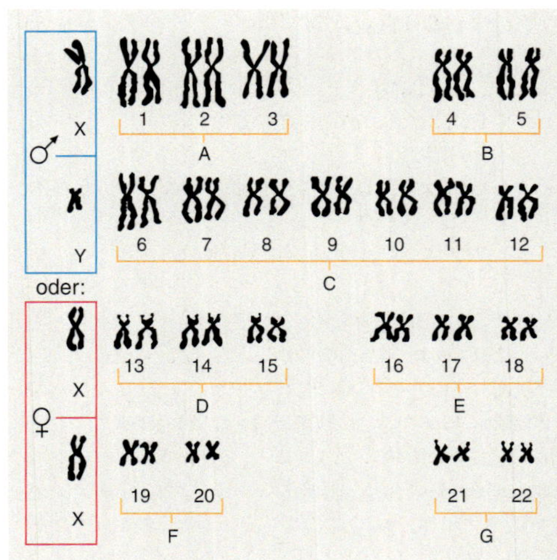

3 Karyogramm

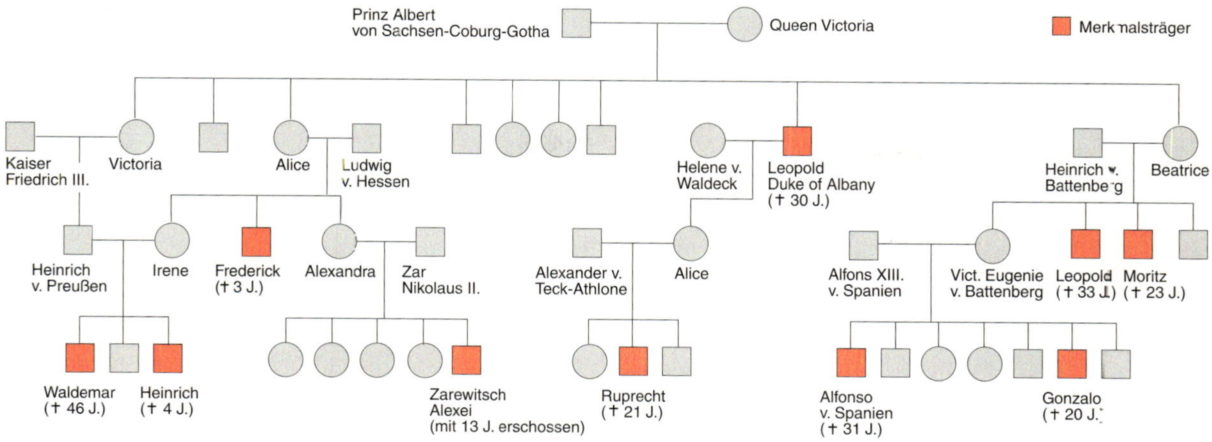

1 Historischer Stammbaum der Bluterkrankheit in europäischen Fürstenhäusern

Der Erbgang der Bluterkrankheit

Bei den meisten Menschen gerinnt aus einer Wunde austretendes Blut in 4 bis 7 Minuten. Ist die Gerinnungszeit auf über 15 Minuten verzögert, so spricht man von *Bluterkrankheit*. Sie ist in europäischen Fürstenhäusern gehäuft anzutreffen. Es fällt auf, dass ausschließlich Männer in diesem Stammbaum Bluter sind. Sollte der Erbgang in irgendeiner Weise mit der Weitergabe der Geschlechtschromosomen zusammenhängen?

Geht man davon aus, dass das Gen, das für die Blutgerinnung verantwortlich ist, auf dem Y-Chromosom liegt, so müsste die Krankheit immer vom Vater auf den Sohn vererbt werden. Der Stammbaum zeigt aber, dass das nicht der Fall ist. Man weiß heute, dass das Gen auf dem X-Chromosom liegt. Das wesentlich kleinere Y-Chromosom besitzt gar kein entsprechendes Gen.

Man muss also drei Fälle unterscheiden:

- X-Chromosomen mit dem Allel A für normale Blutgerinnung,
- X-Chromosomen mit dem Allel a für bluterkrank und
- das hierfür genleere Y-Chromosom.

X-Chromosomen kommen bei beiden Geschlechtern vor. Da ein Mann nur ein X-Chromosom besitzt, ist er krank, wenn dieses das entsprechende Allel trägt. Eine mischerbige Frau ist gesund; sie kann das Allel a jedoch auf ihre Söhne übertragen *(Konduktorin)*, selbst wenn der Ehemann gesund ist. Diesen besonderen Erbgang nennt man *geschlechtschromosomengebunden*.

Aufgaben

① Stelle begründet dar, ob es auch bluterkranke Frauen geben kann.

② Lies den folgenden Brief, den Mr. J. Scott am 26. Mai 1777 schrieb, genau durch. Stelle danach den Stammbaum der Familie Scott auf und erkläre den Erbgang. Wie heißt diese Krankheit?

„Es ist ein altes Familienleiden: mein Vater hat genau dieselbe Anomalie; meine Mutter und eine meiner Schwestern konnten alle Farben fehlerfrei sehen, meine andere Schwester und ich in der gleichen Weise unvollkommen. Diese letzte Schwester hatte zwei Söhne, beide betroffen, aber sie hat eine Tochter, die ganz normal ist. Ich habe einen Sohn und eine Tochter, und beide sehen alle Farben ohne Ausnahme; so ging es auch ihrer Mutter. Meiner Mutter Bruder hatte denselben Fehler wie ich, obgleich meine Mutter, wie schon erwähnt, alle Farben gut kannte.
Ich kenne kein Grün in der Welt; eine rosa Farbe und ein blasses Blau sehen gleich aus, ich kann sie nicht unterscheiden. Ein kräftiges Rot und ein kräftiges Grün ebenfalls nicht, ich habe sie oft verwechselt; aber Gelb und alle Abstufungen von Blau kenne ich absolut richtig und kann Unterschiede zu einem erheblichen Grad von Feinheit erkennen; ein kräftiges Purpur und ein tiefes Blau verwirren mich.
Ich habe meine Tochter vor einigen Jahren einem vornehmen und würdigen Mann vermählt. Am Tage vor der Hochzeit kam er in einem weinroten Mantel aus bestem Stoff in mein Haus. Ich war sehr gekränkt, daß er (wie ich glaubte) in Schwarz kam. Aber meine Tochter sagte, die Farbe sei sehr vornehm; es seien meine Augen, die mich trögen."

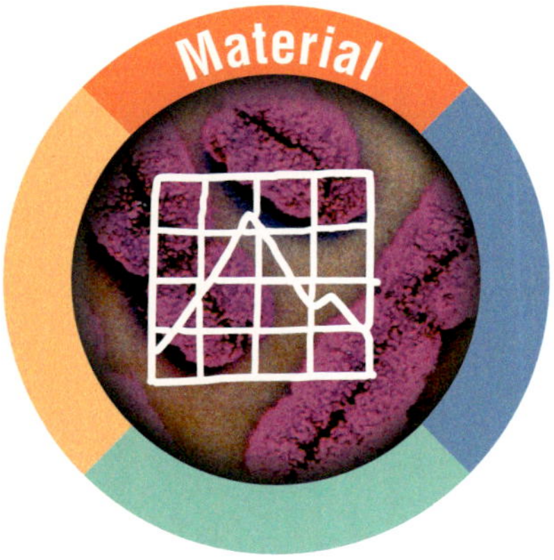

Übungen zur Humangenetik

Man kann sich unter sehr verschiedenen Fragestellungen mit der Vererbungslehre beschäftigen. Besonders wichtig sind im Zusammenhang mit der Humangenetik die gesellschaftlichen Folgen von genetisch bedingten Krankheiten. Gesetzliche Regelungen zur Vorbeugung und sinnvolle Beratung für Betroffene werden immer wieder diskutiert.

Im Folgenden kannst du deine Kenntnisse auf einige Beispiele anwenden.

Stammbaum und Erbgang

Die Eigenschaft, die Zunge einrollen zu können, beruht auf einem Gen. Die nebenstehenden Bilder aus einem Familienalbum lassen erkennen, wer ein „Roller“ bzw. ein „Nichtroller“ ist.

Aufgaben

① Gib begründet an, ob die Fähigkeit zum Zungenrollen dominant oder rezessiv ist.

② Ordne den Allelen begründet entsprechende Groß- bzw. Kleinbuchstaben zu und gib für alle Personen im Stammbaum die Genotypen an. In welchem Fall ist keine eindeutige Aussage möglich?

Stammbaum der Familie Kappler, Temperamalerei, Krems 1544

Erbgang bei den Blutgruppen

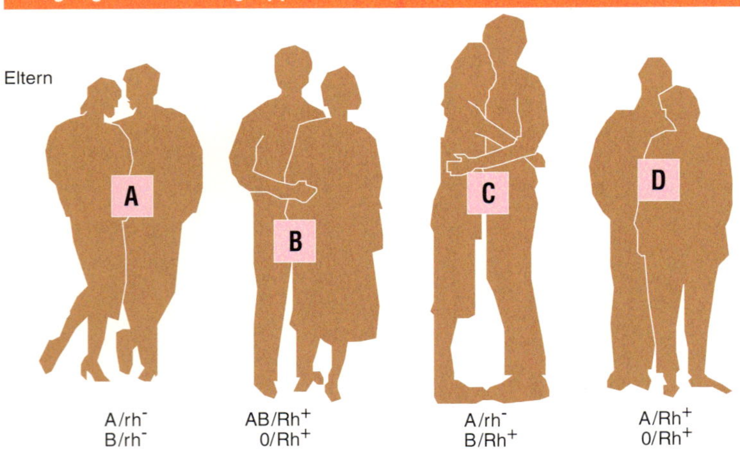

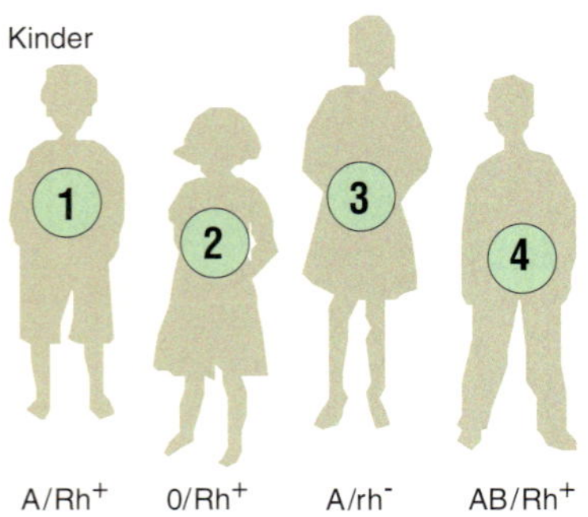

Auf den oben und neben stehenden Abbildungen sind vier Elternpaare und ihre Kinder mit ihren Blutgruppenmerkmalen angegeben. Jedes Paar hat genau ein Kind.

Aufgaben

③ Versuche, die vier Kinder den Elternpaaren eindeutig zuzuordnen. Begründe deine Entscheidung.

④ Gib die Genotypen aller Eltern und Kinder – so genau wie möglich – an.

⑤ Gib an, ob bei den vier Familien ein Fall von Rhesusunverträglichkeit zu befürchten ist?

⑥ Eine Frau mit der Blutgruppe A behauptet, ihr Kind besitze Blutgruppe B. Gib an, ob diese Blutgruppenkombination überhaupt möglich ist. Stelle dazu die Genotypen der beteiligten Personen einschließlich des Vaters auf und begründe daran deine Entscheidung.

Gesetzliche Vorschriften und Regelungen

Im „Bürgerlichen Gesetzbuch“ (BGB) ist angegeben, unter welchen Bedingungen eine Ehe geschlossen werden darf. Der § 1307 regelt zum Beispiel das Eheverbot zwischen Verwandten. Dort heißt es: „Eine Ehe darf nicht geschlossen werden zwischen Verwandten in gerader Linie, sowie zwischen vollbürtigen und halbbürtigen Geschwistern.“

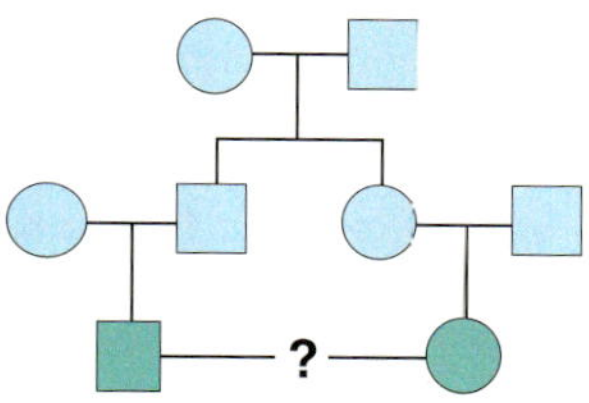

Der *Talmud* ist eine Vorschriftensammlung des Judentums. Bereits im 2. Jahrhundert vor Christi Geburt wurden darin Regeln festgelegt, die die Beschneidung von Knaben betreffen. Wenn zwei Söhne einer Mutter nach der Beschneidung durch Verbluten gestorben sind, so soll Folgendes gelten: Weitere Söhne der betreffenden Mutter werden von der Beschneidung befreit. Ebenso soll mit den Söhnen ihrer Schwester, nicht aber mit denen des Bruders verfahren werden. Die Söhne des selben Vaters mit einer anderen Frau sollen wie normale Knaben beschnitten werden.

Aufgaben

⑦ Gebe den Inhalt des Gesetzestextes mit eigenen Worten wieder und gib für die ausgeschlossenen Fälle je ein Beispiel an.

⑧ Ermittle, in welcher Verwandtschaftsbeziehung die beiden Personen bei nebenstehendem Stammbaum stehen und begründe, ob die Ehe zwischen ihnen erlaubt ist.

⑨ Wie verhält es sich bei einer Ehe zwischen Onkel und Nichte? Zeichne einen entsprechenden Stammbaumausschnitt.

⑩ Im Gesetztestext sind auch Aussagen zur Volljährigkeit der Partner gemacht. Informiere dich – z. B. beim Standesamt – über diese Regelungen und berichte.

⑪ Zeichne einen Stammbaum, der die im Talmud-Text geschilderte Verwandtschaftsbeziehung wiedergibt.

⑫ Beurteile den Sinn dieser Vorschrift aus deiner Kenntnis der Vererbungsregeln im Zusammenhang mit der Bluterkrankheit.

Stammbaumanalyse und genetische Beratung

Häufig wissen Ehepaare, dass in ihren Familien schon einmal eine genetisch bedingte Krankheit vorgekommen ist. Sie überlegen sich deshalb, ob sie es verantworten wollen, ein Kind zu zeugen. Die beiden Stammbäume stellen solche Situationen dar.

Aufgaben

⑬ Gib für jeden Stammbaum getrennt an, ob das Leiden dominant oder rezessiv vererbt wird und ob es sich um einen geschlechtschromosomengebundenen Erbgang handelt oder nicht. Begründe deine Entscheidung. Du darfst davon ausgehen, dass einheiratende Personen genetisch unbelastet sind.

⑭ Wie groß ist die Wahrscheinlichkeit, dass die beiden mit A und B gekennzeichneten Personen ein krankes Kind zeugen, wenn sie einen gesunden Partner heiraten?

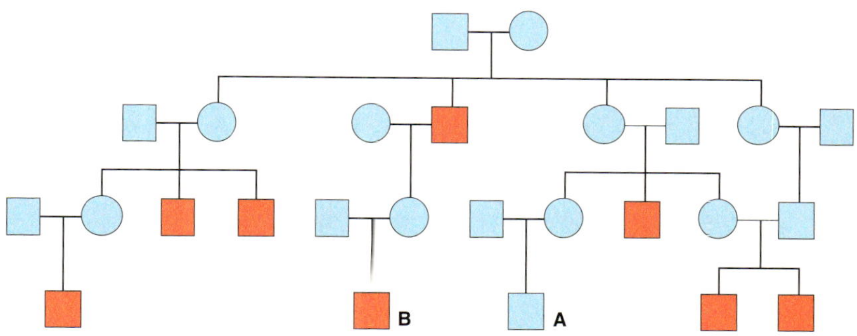

Stammbaum einer Familie mit erblich bedingtem Enzymdefekt (Merkmalsträger sind rot)

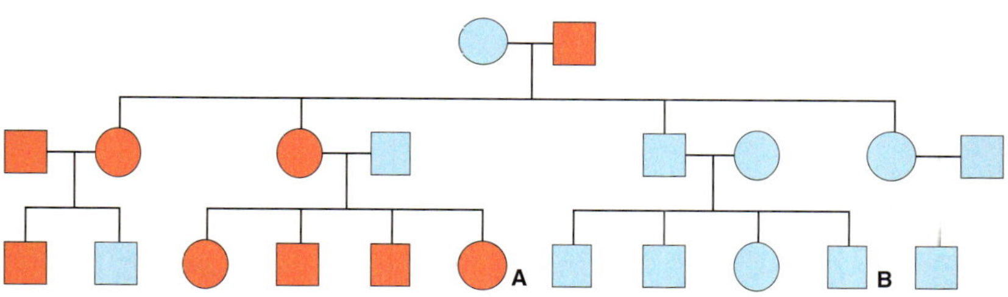

Stammbaum einer Familie, in der Sechsfingrigkeit auftritt (Merkmalsträger sind rot)

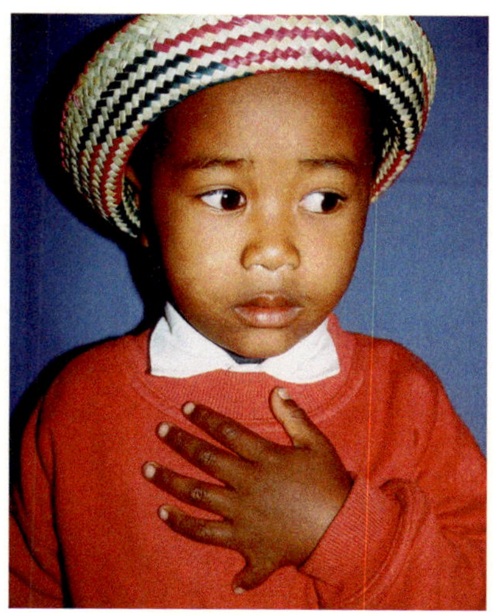

Trisomie 21 – ein Chromosom zu viel

Syndrom
Gruppe von mehreren Krankheitsanzeichen, die gleichzeitig auftreten können.

Die beiden unten abgebildeten Kinder besitzen ein Erscheinungsbild, das man nach einem englischen Kinderarzt als *Down-Syndrom* bezeichnet. Unbedachter Weise nennt man es leider auch manchmal *Mongolismus*. Diese Bezeichnung bezieht sich auf den Verlauf des oberen Augenlides, klingt aber auch abwertend. Man sollte deshalb nur die fachsprachliche Bezeichnung verwenden.

Seit 1959 kennt man den Ausgangspunkt des Down-Syndroms. Im Karyogramm der Betroffenen findet man ein zusätzliches Chromosom: das Chromosom Nr. 21 ist nicht nur doppelt, sondern dreifach vorhanden *(Trisomie 21)*. Die Auswirkungen dieses überzähligen Chromosoms sind vielfältig und beschränken sich nicht auf das Aussehen. Es kommt u.a. auch zu einer Fehlentwicklung innerer Organe, zu größerer Anfälligkeit gegen Infektionskrankheiten und zu einer Verminderung der geistigen Fähigkeiten. Durch eine früh einsetzende pädagogische Betreuung können die Auswirkungen abgeschwächt werden. Wegen der häufig auftretenden Herzfehler starben früher viele Betroffene schon im Kindesalter, die Fortschritte der modernen Medizin ermöglichen heute eine höhere Lebenserwartung.

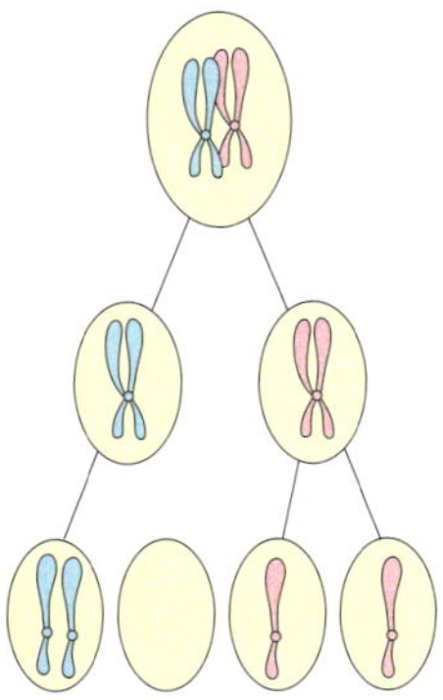

Die Ursache der Trisomie 21 liegt in einem fehlerhaften Verlauf bei der Meiose. Durch Nichttrennung der beiden Chromosomen 21 gelangt bei der ersten oder zweiten Reifeteilung ein zusätzliches Chromosom in eine der Keimzellen. So erhält die andere kein Chromosom 21.

Die Trisomie 21 tritt bei Geburten spontan mit einer Häufigkeit von 1 : 550 auf. Eigentlich ist zu erwarten, dass jedes Chromosom von einer Nichttrennung und Fehlverteilung während der Meiose betroffen sein kann, sodass auch Neugeborene mit anderen Trisomien auftreten müssten. Dennoch hat man nur noch die *Trisomie 18* und die *Trisomie 13* bei Neugeborenen festgestellt. Die Organschäden sind in diesen beiden Fällen so groß, dass die Lebenserwartung der Kinder weit unter einem Jahr liegt. Wahrscheinlich wirken sich andere Trisomien ebenso wie ein nur einmal vorkommendes Chromosom *(Monosomie)* schon während der Embryonalentwicklung tödlich aus. Eine Ausnahme bilden offenbar die Geschlechtschromosomen. Von ihnen sind verschiedene Fehlverteilungen bekannt.

So gibt es beispielsweise Frauen, die nur ein einziges X-Chromosom besitzen *(X0-Typ)*. Sie sind kleinwüchsig und besitzen keine funktionsfähigen Eierstöcke. Andererseits kommen Männer vor, die neben dem Y- noch zwei X-Chromosomen in ihren Zellen aufweisen *(XXY-Typ)*. Diese Männer sind etwa 10 cm größer als der Durchschnitt. Auch sie sind nicht fortpflanzungsfähig. (► S. 252/253)

Aufgabe

① Ermittle anhand der Abb. 2 bei welchem Alter der Mütter ein erhöhtes Risiko für die Geburt eines Kindes mit Down-Syndrom besteht.

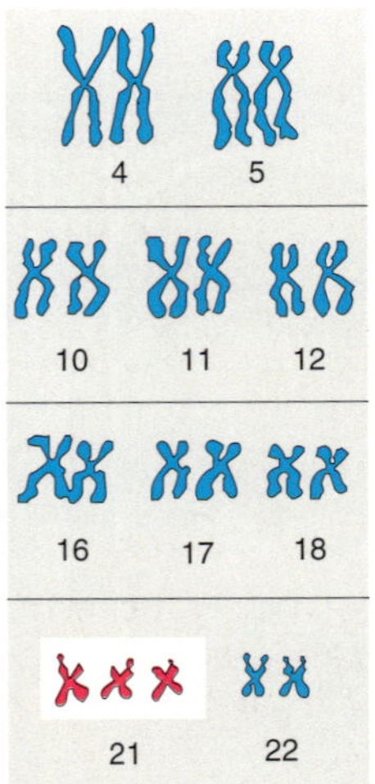

Ausschnitt aus dem Karyogramm

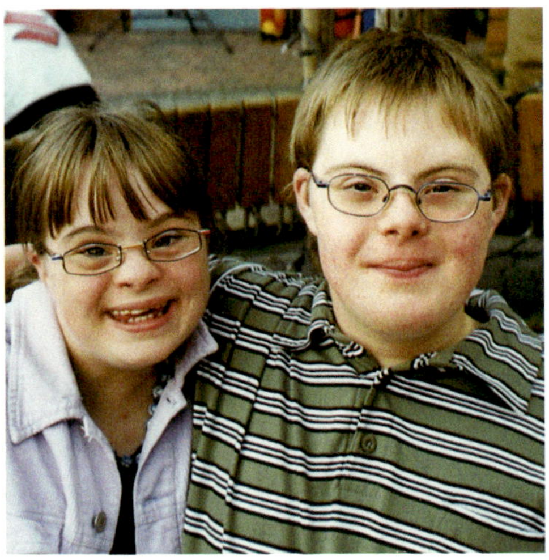

1 Kinder mit dem Down-Syndrom

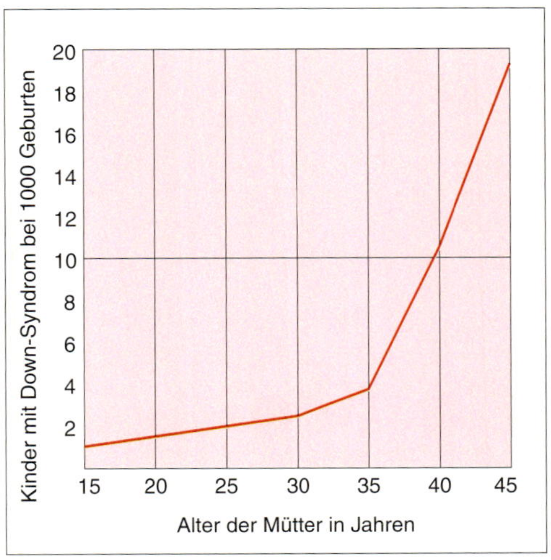

2 Altersabhängigkeit der Trisomie 21

Vorsorge bei genetisch bedingten Krankheiten

Jährlich werden in der Bundesrepublik Deutschland etwa 600000 Kinder geboren. Man schätzt, dass etwa 35000 von ihnen eine genetisch bedingte körperliche oder geistige Behinderung besitzen. In ihrer überwiegenden Zahl sind diese Abweichungen unauffällig. In manchen Fällen, wie bei der Trisomie 18, kann das Auftreten einer genetisch bedingten Krankheit zu schweren Belastungen des Kindes und der betroffenen Eltern führen. Auch Angehörige werden in dieses Leid mit einbezogen, weil es Außenstehende gibt, die solche Krankheiten als eine Schuld der Familie ansehen. Solchen Vorurteilen muss man entgegenwirken, vor allem im Hinblick auf das betroffene Kind.

Wie kann die Medizin den betroffenen Menschen helfen? Veränderungen in den Genen können noch nicht behoben werden. Man kann möglicherweise den Zustand der betroffenen Person durch medizinische Maßnahmen und entsprechende Betreuung bessern. Vielleicht kann man einen auf Trisomie 21 beruhenden Herzfehler durch eine Operation korrigieren. Manche genetisch bedingten Stoffwechselerkrankungen lassen sich durch Medikamente behandeln, so zum Beispiel bei der Bluterkrankheit.

Bei der *Phenylketonurie*, einer genetisch bedingten Veränderung im Eiweißstoffwechsel, hilft schon eine Diät ab dem Säuglingsalter. Dabei entwickeln sich die Kinder gesund weiter und die sonst auftretenden Hirnschäden unterbleiben. Für die Betroffenen ist das zwar eine „Heilung", das veränderte Gen wird dadurch aber nicht beseitigt. Es wird nach den Gesetzmäßigkeiten der Vererbung an die Nachkommen weitergegeben und kann bei ihnen erneut zur Krankheit führen.

Dennoch sind genetisch bedingte Leiden kein unabwendbares Schicksal, wenn man in verantwortungsvoller Weise Vorsorge trifft. Ein Paar, das sich ein Kind wünscht, sollte sorgfältig prüfen, ob in der eigenen Familie schon einmal entsprechende Krankheiten vorgekommen sind. In solchen Fällen kann ein Arzt über ein mögliches Risiko aufklären. Falls er selbst keine Entscheidung treffen kann, wird er die Ratsuchenden an eine genetische *Familienberatungsstelle* verweisen, die es in vielen Großstädten gibt.

Hat sich ein Paar trotz eines gewissen Risikos für ein Kind entschieden, so sind Untersuchungen des ungeborenen Kindes schon im Mutterleib möglich. Eine inzwischen verbreitete Form dieser *vorgeburtlichen Diagnose* zeigt die Abbildung. Diese *Fruchtwasseruntersuchung* wird in der 14. bis 16. Schwangerschaftswoche durchgeführt. Veränderungen im Chromosomensatz und etwa 50 verschiedene Stoffwechselerkrankungen des werdenden Kindes können damit relativ sicher erkannt werden. In begründeten Fällen lässt der Gesetzgeber auch zu diesem Zeitpunkt noch einen Abbruch der Schwangerschaft zu. Die persönliche Entscheidung darüber kann aber niemandem abgenommen werden.

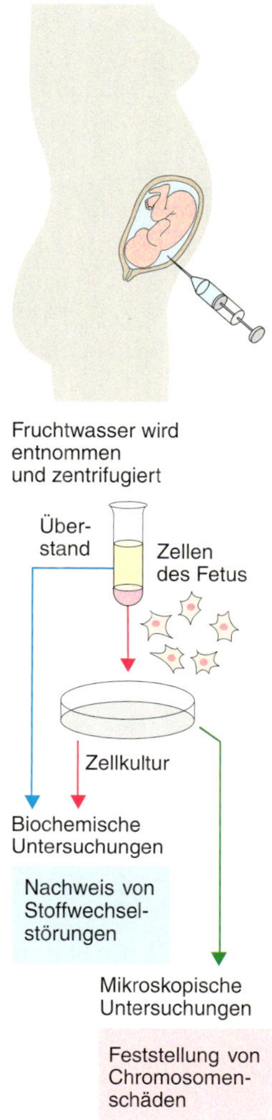

Ablauf einer Fruchtwasseruntersuchung

Ist es nicht humaner, die Zeugung solcher Kinder zu vermeiden, als die betroffenen Feten abzutreiben? Mit solchen und ähnlichen Fragen muss man sich auseinander setzen und eine eigene Einstellung dazu entwickeln. Darf man Menschen wirklich von der Fortpflanzung ausschließen, nur weil sie Gene tragen, die nicht einer bestimmten Norm entsprechen? In der Zeit des Nationalsozialismus ging man sogar so weit, die Tötung so genannter „erbkranker" Menschen mit ähnlichen Argumenten zu begründen. Insassen von Heilanstalten wurden in Gaskammern umgebracht, um das „Erbgut des deutschen Volkes zu reinigen" *(Euthanasie)*. Man rechtfertigte dieses Vergehen als Sterbehilfe.

An den Genen können jederzeit spontan Veränderungen *(Mutationen)* auftreten. Sie werden durch verschiedene Faktoren bewirkt. So besitzen einige chemische Stoffe *(Nikotin, Unkrautvernichtungsmittel, manche Medikamente)* sowie radioaktive und ultraviolette Strahlung *mutagene*, d.h. genverändernde Wirkung. Solchen mutagenen Faktoren sollte man sich möglichst wenig aussetzen. Wenn durch eine solche Mutation teilungsfähige Körperzellen betroffen sind, kann es zu schwerwiegenden Erkrankungen, zum Beispiel Krebs, kommen. Wenn aber die Keimzellen durch eine Mutation verändert sind, dann wirkt sich das bei den Nachkommen aus (s. Seite 178, 198).

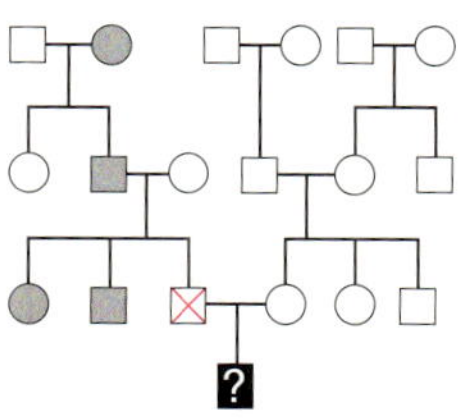

Aufgabe

① Eine Frau möchte einen Mann heiraten, in dessen Familie Kurzfingrigkeit auftritt. Welche Wahrscheinlichkeit besteht für Kinder aus dieser Ehe, wenn
a) der Mann selbst gesund ist,
b) der Mann kurzfingrig, aber seine Mutter gesund ist?

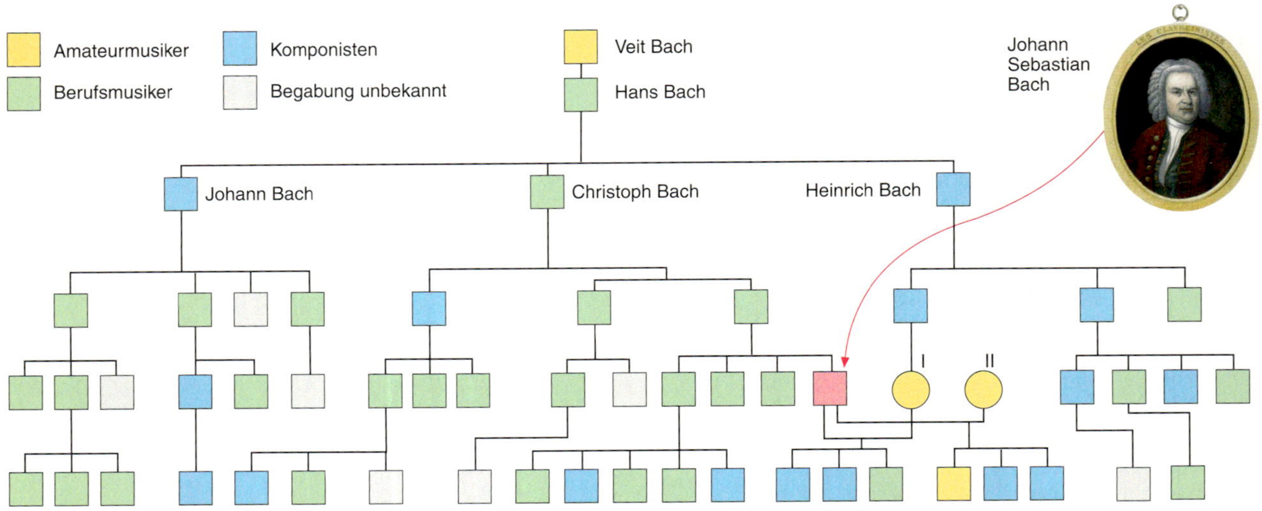

1 Stammbaum der Familie Bach (außer bei J. S. Bach sind die Ehefrauen und Töchter im Stammbaum weggelassen)

Zettelkasten

Vererbung bei der Hautfarbe

Bei Mischlingen von dunkel- und hellhäutigen Vorfahren lassen sich viele verschiedene Farbabstufungen der Hautfarbe beobachten. Diese Farbunterschiede sind genetisch bedingt. Andererseits kann sich die Bräune auch umweltbedingt in Abhängigkeit von der UV-Strahlung ändern. Es ist daher nicht leicht, den Erbgang für die Ausprägung der Hautfarbe zu bestimmen. Auf die Wirkung eines Gens allein lassen sich die Unterschiede nicht zurückführen. Das Schema zeigt, was sich ergibt, wenn man von zwei Paaren „verdunkelnder" bzw. „aufhellender" Allele ausgeht, die sich in ihrer Wirkung wechselseitig beeinflussen. Es sind dann schon neun Genotypen möglich. In Wirklichkeit sind noch mehr Gene an der Färbung der Haut beteiligt.

Man ist heute sicher, dass viele Merkmale des Menschen durch mehrere Gene kontrolliert werden. Dazu gehören Körpergröße, Haar- und Augenfarbe; Lernfähigkeit oder Gedächtnis werden vermutlich von mehreren Erbanlagen mitbestimmt. Erschwert wird die genetische Deutung solcher Persönlichkeitsmerkmale durch Einflüsse der Umwelt.

d, h: Allele, die aufhellend wirken

D, H: Allele, die verdunkelnd wirken

Hautfarbe der Eltern

dunkel x hell

DDHH ddhh

DH dh

F_1 DdHh „mittelbraun"

Mögliche Kinder von „mittelbraunen" Eltern (F_2)

← zunehmend dunkle Hautfarbe

Spermien / Eizellen	DH	Dh	dH	dh
DH	DDHH	DDHh	DdHH	DdHh
Dh	DDHh	DDhh	DdHh	Ddhh
dH	DdHH	DdHh	ddHH	ddHh
dh	DdHh	Ddhh	ddHh	ddhh

zunehmend dunkle Hautfarbe ↑ — zunehmend helle Hautfarbe ↓

zunehmend helle Hautfarbe →

Gene und Umwelt beeinflussen unser Leben

Für einzelne Körpermerkmale des Menschen bis hin zu bestimmten Eigenschaften seines Stoffwechsels ist bekannt, nach welchen Gesetzmäßigkeiten sie vererbt werden. Diese Merkmale sind, wie die Blutgruppenzugehörigkeit, in der Regel *umweltstabil*, das heißt, sie sind zeitlebens in der gleichen Ausprägung vorhanden, unabhängig von der Umwelt, in der wir gerade leben. Wie verhält es sich aber mit Eigenschaften wie Körpergewicht, Intelligenz oder Musikalität, die sich im Laufe des Lebens verändern?

Wenn man den Stammbaum der Familie Bach betrachtet (Abb. 1), ist man geneigt anzunehmen, dass die musikalische Begabung genetisch bedingt ist. Familienforschung und Stammbaumanalysen sind auch für andere geistige Fähigkeiten durchgeführt worden. In der Malerfamilie Brueghel lässt sich über mehrere Generationen hinweg künstlerisches Talent nachweisen; Charles Darwin besitzt viele naturwissenschaftlich hochbegabte Verwandte. Allerdings muss man auch berücksichtigen, dass in diesen Fällen nicht nur die Vererbung, sondern auch die Erziehung und der Umgang im Elternhaus wesentliche Rollen spielen.

Die Frage nach der Vererbung von Begabungen stößt auf viele Hindernisse. Für Musikalität ist, falls sie überhaupt vererbt wird, sicher nicht nur ein einzelnes Gen zuständig. Aber nach welchen Genen muss man suchen? Gibt es die Anlage für absolutes Gehör, für Rhythmus, für Klangvorstellung?

Zwillingsforschung

Um den Einfluss der Umwelt bzw. der Gene zu erforschen, müsste man zwei genetisch gleiche Menschen in verschiedener Umgebung aufwachsen lassen. *Eineiige Zwillinge* sind solche Menschen. Sie sind aus einer einzigen befruchteten Eizelle entstanden und haben die gleiche Kombination von Erbanlagen. Auf 1000 Geburten kommen eineiige Zwillinge, statistisch gesehen, drei- bis viermal vor.

An eineiigen Zwillingen sowie an gemeinsam aufgewachsenen *zweieiigen Zwillingen* wurden verschiedene statistische Erhebungen durchgeführt. Bei den eineiigen Zwillingen wurden zwei Gruppen gebildet: Solche, die möglichst lange gemeinsam erzogen worden sind *(gleiche Umwelt)* und solche, die durch Zufall in früher Kindheit getrennt wurden und in verschiedener Umgebung aufwuchsen *(verschiedene Umwelt)*. Da die letztgenannten Fälle äußerst selten sind, darf man die Ergebnisse nicht überbewerten (Abb. 3, 4).

Untersuchungen darüber, wie häufig bestimmte Krankheiten bei beiden Zwillingen übereinstimmend auftreten, zeigen, dass die Anfälligkeit bzw. Resistenz nicht ausschließlich genetisch bestimmt ist. Es gibt zwar bei eineiigen Zwillingen höhere Übereinstimmung, aber durch die Erbanlagen wird offensichtlich nur die Bandbreite, die *Reaktionsnorm*, festgelegt, innerhalb der ein Organismus reagiert.

Vergleicht man die übrigen Befunde, so stellt man fest, dass die Körpergröße weitgehend genetisch festgelegt ist. Das Körpergewicht hängt dagegen auch von der Umwelt, also der Ernährung, ab. Beim Vergleich der Intelligenz dürfte der Schluss zulässig sein, dass das, was man mit Intelligenztests messen kann, also logisches Denken oder Zahlenverständnis, zu einem hohen Grad genetisch bedingt ist. Damit ist jedoch nichts über die Leistungsfähigkeit allgemein ausgesagt; denn die Umwelt kann diese vorhandenen Anlagen fördern. Hierin liegt der Sinn des Erziehens und des Lernens. (▶ S. 252/253)

Aufgaben

① Erkläre, warum es für die Untersuchung an eineiigen Zwillingen wichtig war, zwei Gruppen (gleiche / unterschiedliche Umwelt) zu bilden.

② Erkläre den Zusammenhang zwischen Modifikation und Reaktionsnorm.

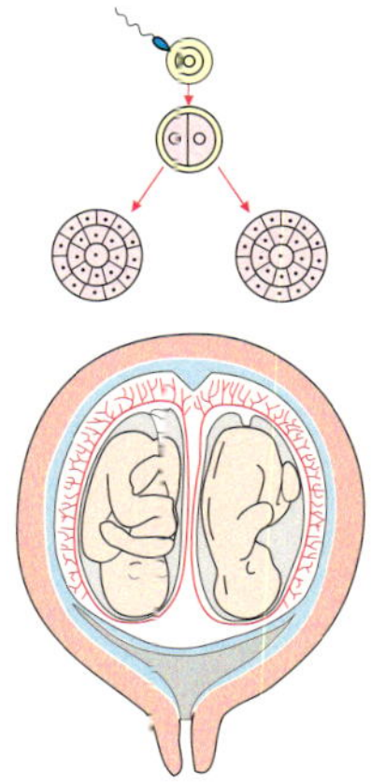

1 Eineiige Zwillinge und Schema der Entstehung

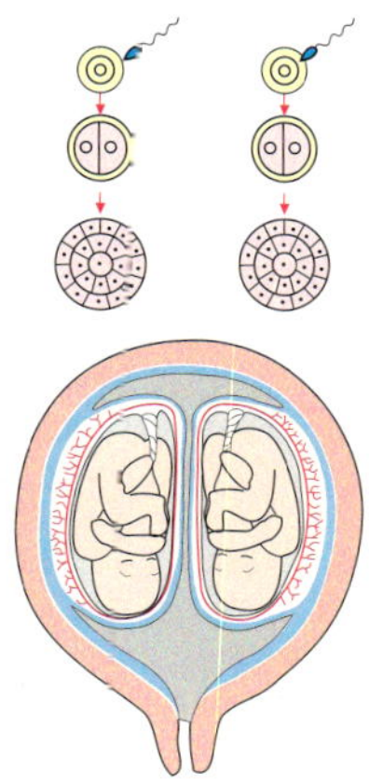

2 Zweieiige Zwillinge und Schema der Entstehung

Krankheit	Übereinstimmung in %	
	Eineiige Zwillinge	Zweieiige Zwillinge (gleiches Geschlecht)
Keuchhusten	96	94
Blinddarmentzündung	29	16
Tuberkulose	69	25
Zuckerkrankheit	84	37
Bronchialasthma	63	38
gleiche Art von Tumoren	59	24
Schlaganfall	36	19

3 Übereinstimmendes Auftreten von Krankheiten bei Zwillingspaaren

Untersuchte Zwillingsgruppe	Durchschnittlicher Unterschied in		
	Körpergröße (cm)	Körpergewicht (kg)	IQ-Punkten
Zweieiige Zwillinge	4,4	4,4	8,5
Eineiige Zwillinge (getrennt aufgewachsen)	1,8	4,5	6,0
Eineiige Zwillinge (gemeinsam aufgewachsen)	1,7	1,9	3,1

4 Mittlere Unterschiede in Größe, Gewicht und Intelligenzquotient (IQ)

Krebs – das Syndrom

Jedes Jahr sterben in Deutschland 200 000 Menschen an den Folgen von Krebs. Die Zahl der Neuerkrankungen liegt bei ca. 330 000, davon sind etwa 1700 Jugendliche. Krebs ist in Deutschland nach den Herz-Kreislauf-Erkrankungen die zweithäufigste Todesursache. Krebs entsteht durch genetische Veränderungen und es steigt die Gefahr, daran zu erkranken, durch Umwelteinflüsse oder durch Krebs erregende Substanzen, wie das *Benzpyren* im Tabakrauch oder der *Asbest*, der in der Industrie verwendet wird.

Obwohl die moderne Medizin intensive Forschungsarbeit leistet und auch schon auf beachtliche Behandlungserfolge verweisen kann, bleibt die Furcht vor dieser Krankheit weiterhin berechtigt. Durch unvernünftige Verhaltensweisen werden außerdem die Voraussetzungen für manche Krebserkrankungen bereits in jungen Jahren geschaffen.

Zum Beispiel ist ein Zusammenhang zwischen Sonnenbrand und später auftretendem *Hautkrebs* nachgewiesen. Die Sonne sendet nicht nur Licht und Wärme aus, sondern auch energiereiche ultraviolette Strahlen *(UV-Strahlen)*. Durch sie kann das genetische Material der Hautzellen so geschädigt werden, dass sie beginnen, sich ungehemmt und unkontrolliert zu teilen. Verlieren diese Zellen im Zuge der Teilungen ihre eigentlichen Zellfunktionen, nennt man sie *entartet* oder *Tumorzellen*.

Zettelkasten

Braune Haut ist chic – Hautkrebs nicht

1. Vermeide jede Rötung der Haut.
2. Leichte Kleidung und Sonnenhüte verhindern einen Sonnenbrand.
3. In den ersten Urlaubstagen viel im Schatten liegen und mit einem hohen Lichtschutzfaktor bei der Sonnencreme beginnen.
4. Sonnencreme 30 Minuten vor dem Sonnenbad im Schatten auftragen. Erst dann kann sie ihre Schutzfunktion entfalten.
5. Meide die Mittagssonne, gönne deiner Haut eine Siesta.
6. Beim Baden und Schwimmen wasserfeste Sonnenschutzmittel verwenden.

Da sich Tumorzellen auch an der Zellmembran verändern, werden sie vom Körper als fremdartig erkannt und von den weißen Blutzellen vernichtet. Schafft es das Abwehrsystem des Körpers jedoch nicht, mit den Tumorzellen fertig zu werden, bildet sich eine *Gewebswucherung*. Diese wird als gutartig bezeichnet, solange sie lokal begrenzt bleibt. Zerstört sie jedoch Organe durch weitere, ungezügelte Zellteilungen oder dringt in umliegendes Gewebe ein, spricht man von einem *bösartigen Tumor* oder *Karzinom*. Gelangen Tumorzellen in die Blut- und Lymphbahn, können sie sich an anderen Stellen im Körper festsetzen und dort Tochtertumore *(Metastasen)* bilden.

Solange der Tumor nicht stark in das Nachbargewebe eingedrungen ist und keine Metastasen gebildet hat, kann er durch eine Operation entfernt werden. Treten jedoch Metastasen auf, so ist eine vollständige operative Entfernung nicht mehr möglich. Eine Behandlung mit Medikamenten, die die Zellteilung hemmen *(Chemotherapie)*, und die Bestrahlung mit radioaktiven Strahlen zur Zerstörung der Krebszellen sind dann die einzige Heilungschance. Erfolg versprechende Therapieansätze sind heute modifizierte, gegen Krebszellen gerichtete Immunzellen, die mit radioaktiven Substanzen oder starken Zellgiften gekoppelt werden. Die Tumorzellen werden zerstört, während die gesunden Zellen mit fehlender Tumor-Oberflächenstruktur nicht angegriffen werden.

Alle Methoden sind umso erfolgreicher, je früher Krebs erkannt wird. Hat man z. B. auf der Haut dunkle Pigmentmale, sollte man sie nach der **ABCD**-Regel beobachten und unbedingt zum Arzt gehen, vor allem, wenn sie sich verändern:

A - Asymmetrie (unregelmäßige Form),
B - Begrenzung (an den Rändern scheint das Pigmentmal auszulaufen),
C - Colour (das Pigmentmal ist an einigen Stellen heller oder dunkler) und
D - Durchmesser. Das Pigmentmal ist größer als 5 mm. (► S. 246/247)

Aufgaben

① Liste Behandlungsmethoden bei der Krebstherapie auf.

② Beschreibe, wie das Risiko einer Krebsentstehung vermindert werden kann.

Krebs – Folge fehlgesteuerter Gene?

Bösartige Tumore verdrängen durch ihr Wuchern das gesunde Gewebe und entziehen dem Organismus lebenswichtige Nährstoffe für ihren eigenen übersteigerten Stoffwechsel. Gutartige Tumore wachsen langsam und dringen nicht in das umgebende Gewebe ein, sie sind daher nicht unbedingt lebensbedrohend. Bösartige (entartete) Tumore dringen in das umgebende Gewebe ein; ihre Zellen können sich aus dem Krebsgeschwulst lösen und im Körper ausbreiten. Sie bilden dann *Metastasen.*

Während die Häufigkeit und der Zeitpunkt der Zellteilungen bei gesunden Körperzellen gesteuert wird, entziehen sich Krebszellen dieser Kontrolle. Sie teilen sich unablässig. Im Verlauf dieser Teilungen verlieren sie ihre speziellen Funktionen (sie differenzieren sich nicht mehr) und ordnen sich auch nicht mehr zu einem Gewebe an. Die Biologie bietet inzwischen Erklärungsansätze für die Entstehung von Krebszellen.

Heutzutage gilt das Rauchen als eine der häufigsten Ursachen für Krebserkrankungen, da Raucher neben dem Zellgift Nikotin ebenfalls Krebs erregende Teerstoffe inhalieren. Neben diesen Stoffen können auch energiereiche Strahlen wie UV-, Röntgen- oder radioaktive Strahlen Krebs auslösen. Da diese Stoffe Mutationen in menschlichen Körperzellen verursachen, also das Erbgut verändern, nennt man sie *Mutagene* (s. Seite 178). Es liegt nahe zu vermuten, dass Veränderungen der Gene Krebs verursachen. Zudem gibt es auch spezielle Viren, die, durch die Art und Weise wie sie Zellen infizieren und sich darin vermehren, als Mutagene wirken und ebenfalls Krebs hervorrufen können.

Der Einfluss von Mutagenen auf den menschlichen Körper kann zu Krebs führen, wenn Gene, die für Zellwachstum und Zellteilung zuständig sind, mutieren. Mutieren diese Gene, geraten Zellwachstum und Zellteilung außer Kontrolle. Die Zellen teilen sich unentwegt weiter und bilden Wucherungen *(Tumore)*. Im Zuge dieser ungezügelten Teilungen treten weitere Mutationen auf, die schließlich den gesamten Stoffwechsel der Zellen derart verändern, dass sie ihre eigentlichen Funktionen im Gewebe verlieren. Der Tumor entartet.

Krebs kann aber nicht nur entstehen, wenn zellwachstumsfördernde Gene mutieren, sondern auch dann, wenn solche Gene verändert werden, die normalerweise das Zellwachstum hemmen und die Entstehung eines Tumors verhindern würden.

Krebs wird meistens durch mehrere Mutationen verursacht. Das erklärt auch das vermehrte Auftreten von Krebs im Alter. Mutationen können aber auch vererbt werden, sodass bestimmte Krebserkrankungen (z. B. Darmkrebs) in bestimmten Familien vermehrt auftreten. Betroffene mit einer familiären Veranlagung (genetische Disposition) haben bereits ein mutiertes Gen geerbt, z. B. eines für die Regulation der Zellteilung. Die Mutation von weiteren Genen reicht dann aus, um die Entstehung von Krebs auszulösen. (▶ S. 252/253)

Tumor
Geschwulst

gutartiger Tumor
z. B. Myom, Polyp

bösartiger Tumor
Krebs, z. B. Karzinom, Sarkom

Aufgaben

① Erkläre kurz, was Mutagene sind.
② Informiere dich über weitere Risikofaktoren, die zur Entstehung von Krebs führen können.
③ Informiere dich über Viren, die Krebs hervorrufen können.
④ Erkläre, wie es zur Entstehung von Krebs kommt und nimm Bezug zur Überschrift dieses Textes.
⑤ Nenne die Eigenschaften von Tumorzellen und erkläre den Unterschied zwischen einem gutartigen und bösartigen Tumor.
⑥ Erkläre, warum manche Krebsarten gehäuft in bestimmten Familien auftreten.

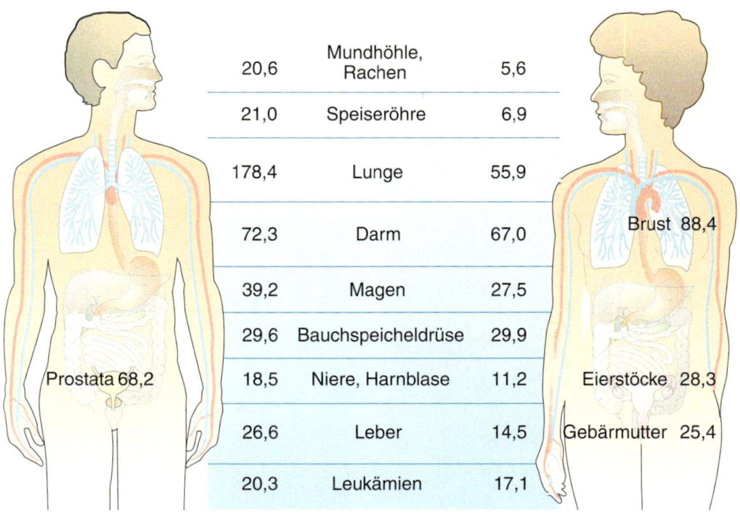

20,6	Mundhöhle, Rachen	5,6
21,0	Speiseröhre	6,9
178,4	Lunge	55,9
72,3	Darm	67,0
39,2	Magen	27,5
29,6	Bauchspeicheldrüse	29,9
18,5	Niere, Harnblase	11,2
26,6	Leber	14,5
20,3	Leukämien	17,1

1 Krebstote in der Europäischen Union 2004 (pro 1000 Personen)

Züchtung durch verschiedene Methoden

Domestikation
Haustierwerdung

Bis zum Beginn dieses Jahrhunderts war die *Auslesezüchtung* die einzige Methode, die konsequent angewandt werden konnte. Sie beruht darauf, dass in einer Population zufällig Mutanten auftauchen, deren Eigenschaften man erhalten möchte. Diese Pflanzen oder Tiere werden ausgelesen und ausschließlich zur Weiterzucht benutzt.

Erst durch die Wiederentdeckung der Mendel'schen Regeln wurde die *Kombinationszüchtung* möglich. Hierbei werden aus verschiedenen Rassen einer Art, die die gewünschten Eigenschaften besitzen, durch gezielte Kreuzungen neue Merkmalskombinationen erzielt.

Beispiele für diese Züchtungsmethoden findet man bei Haustieren, die durch *Domestikation* aus wild lebenden Vorfahren entstanden sind. Aus dem *Wildkaninchen* wurde lange vor MENDEL das *Angorakaninchen* ausgelesen. Die ersten Tiere, die 1777 nach Deutschland eingeführt wurden, waren schon weiß und langhaarig, wie sie auch heute noch gezüchtet werden.

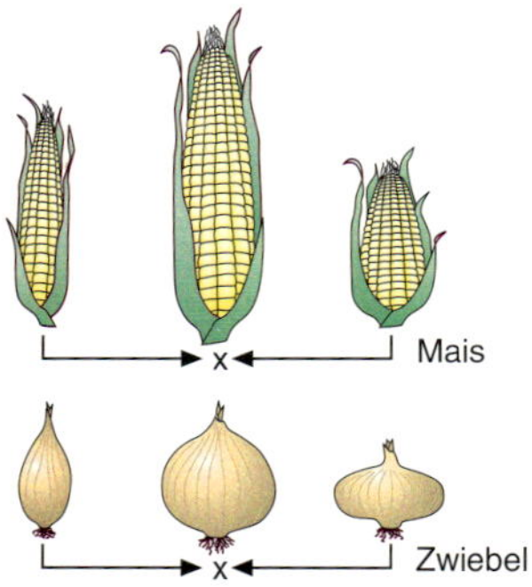

Kreuzung von Mais- und Zwiebelsorten

Bei der *Mutationszüchtung* versucht man, die Mutationsrate auf künstlichem Weg zu steigern. Zum Beispiel erhalten Pollenkörner oder Pflanzensamen eine hohe Dosis Röntgenstrahlung. Unter den daraus entstehenden Pflanzen werden dann brauchbare Mutanten ausgelesen.

Eine Mutation der Chromosomenzahl lässt sich bei Pflanzen durch das Herbstzeitlosengift *Colchicin* erreichen. Die Vervielfachung des Chromosomensatzes *(Polyploidie)* bewirkt einen kräftigeren Wuchs und bessere Erträge. Zum Beispiel beim *Kulturweizen*, der vom *Wildeinkorn* abstammt, sind die Chromosomensätze von zwei weiteren Wildgrasarten hinzugekommen (s. Seite 176).

Bei der Kreuzung reinerbiger Pflanzensorten hat man festgestellt, dass Hybridformen die gewünschten Merkmale oft noch besser ausbilden als die reinen Sorten. Diese Erscheinung wird bei der *Hybridzüchtung* ausgenutzt. Diese Hybridpflanzen eignen sich aber nicht zur Weiterzucht, denn die Hybride kann in der Meiose keine Keimzellen bilden, weil die Chromosomen der beiden Ausgangssorten nicht homolog zueinander sind. Deshalb müssen die Samen fortwährend in Saatgutbetrieben durch Kreuzung der beiden reinerbigen Stammformen gewonnen werden.

Die Hybridzüchtung spielt bei vielen Nutzpflanzen wie Tomate, Blumenkohl und Zwiebel eine wichtige Rolle. Besonders erfolgreich wird sie beim Mais eingesetzt. Hier wird durch Doppelkreuzung eine mehrfache Hybridisierung erreicht. Das Ergebnis ist eine Ertragssteigerung bis zu 37 %.

Auch bei Tieren sind die Bastarde manchmal in ihren Eigenschaften günstiger als die reinen Rassen. Die entsprechende Kreuzung, die zu den gewünschten Mischlingsformen führt, nennt man *Gebrauchskreuzung*. Auch hier ist die Weiterzucht der Bastarde oft nicht möglich.

1 Wildkaninchen

2 Angorakaninchen

Aufgaben

① Erkläre, warum Hybriden sich nicht für die Weiterzucht eignen.
② Colchicin verhindert die Bildung des Spindelapparates während der Meiose. Beschreibe die Folgen, die sich durch den Einsatz von Colchicin ergeben.
③ Notiere in deinem Heft kurze Definitionen zu den im Text genannten Methoden der Züchtung.
④ Diskutiert, ob es im Bereich der Züchtung Grenzen gibt, die nicht überschritten werden sollten.

Neue Methoden in der Züchtung

Um 1900 konnte ein Bauer mit seiner Arbeit 5 Menschen ernähren; 1980 waren es in der Bundesrepublik Deutschland 64. Dennoch reicht das nicht aus, um die Ernährung auch in Zukunft zu sichern. Neue Techniken in der Pflanzen- und Tierzüchtung lassen es möglich erscheinen, dass die Produktivität sich noch steigern lässt.

Ein ganz neuer Ansatz in der Pflanzenzüchtung ist die Methode, genetisches Material artüberschreitend neu zu kombinieren. So existiert bereits ein *Gattungshybrid* aus Weizen und Roggen, der in seiner Qualität dem Weizen entspricht; in seiner Genügsamkeit, was Bodenverhältnisse und Witterung angeht, hat er die Eigenschaften des Roggens. Solche Hybride lassen sich heute auch mit anderen Süßgräsern herstellen, weil man die Samen der Hybride auf besonderen Nährböden in Petrischalen zum Wachsen bringen kann. Unter natürlichen Bedingungen keimen solche Samen nämlich äußerst selten. Das zweite Problem ist, dass diese Hybride steril sind. Sie können keine Keimzellen bilden, da in der Meiose keine homologen Chromosomen vorhanden sind. Deshalb setzt man *Colchicin* zu, das die Bildung des Spindelapparates verhindert. Damit werden die Chromosomensätze der Kreuzungspartner verdoppelt.

Eine andere Methode, gewünschte Eigenschaften bei Pflanzen herauszuzüchten, liefert die *Gewebekultur*. Dazu wird ein Stück pflanzliches Gewebe entnommen und in einem Glasgefäß zur Teilung angeregt. Der entstehende Zellhaufen *(Kallus)* kann bei Bedarf später wieder zu einer vollständigen Pflanze heranwachsen. Man hat zum Beispiel nach einer Kartoffelsorte gesucht, die gegen die *Kartoffelfäule*, eine häufige Pilzkrankheit, resistent ist. Gewebeproben von 42 000 Kartoffelstückchen wurden in der Kalluskultur dem Gift dieses Pilzes ausgesetzt. 173 überlebten. Daraus konnten 36 Pflanzen gezogen und zur Weiterzucht im Freiland eingesetzt werden.

In manchen Fällen gelingt es auch, Einzelzellen von Pflanzen zu gewinnen, indem man durch Enzyme die Zellwände auflöst. Ruft man nun Mutationen hervor, die man auf Resistenz gegen bestimmte Gifte untersucht, so kann man im Reagenzglas wesentlich schneller zum Ziel kommen als bei der Freilandkultur. Dabei ersetzt eine Petrischale eine Anbaufläche von einem Hektar.

Bei Tieren werden in der Regel andere Methoden eingesetzt, um Hochleistungsrassen zu züchten. Da ein Rind nur wenige Nachkommen hat, muss man überlegen, ob eine „Superkuh" ihr Erbgut nicht häufiger weitergeben kann. Eine Möglichkeit ist der *Embryotransfer*. Dabei werden bei der Kuh durch Hormongaben möglichst viele Eizellen gleichzeitig zur Reife gebracht. Sie werden künstlich mit Spermien eines besonders wertvoll erscheinenden Zuchtbullen besamt und aus der Gebärmutter ausgespült. Diese Embryonen werden anderen Muttertieren eingesetzt und von ihnen ausgetragen. So kann man bis zu 50 Kälber im Jahr von einer Kuh erzeugen. Durch künstliche Besamung wurde es möglich, dass ein Bulle über 100 000 Kälber zeugt.

Man kann auch die ausgespülten Embryonen in bestimmten Zellteilungsstadien (8 – 16 Zellen) unter dem Mikroskop nochmals teilen. Dieser Vorgang dauert etwa 20 Minuten. Man hat damit eineiige Zwillinge hergestellt, die dann von verschiedenen Muttertieren ausgetragen werden.

Eine neuere Form der Züchtung ist das *Klonen*. Dabei wird aus einer teilungsfähigen Körperzelle eines Spenders der diploide Zellkern entnommen. Dieser wird dann in eine unbefruchtete, entkernte Eizelle übertragen. Wenn es gelingt, dieses Ei zu Zellteilungen anzuregen, entwickelt sich ein Embryo, der genetisch mit dem Spender identisch ist.

Man muss sich allerdings fragen, ob es nicht auch im Bereich der Tierzüchtung Grenzen gibt, die man nicht überschreiten sollte, und ob man das technisch Mögliche auch tatsächlich immer tun soll.

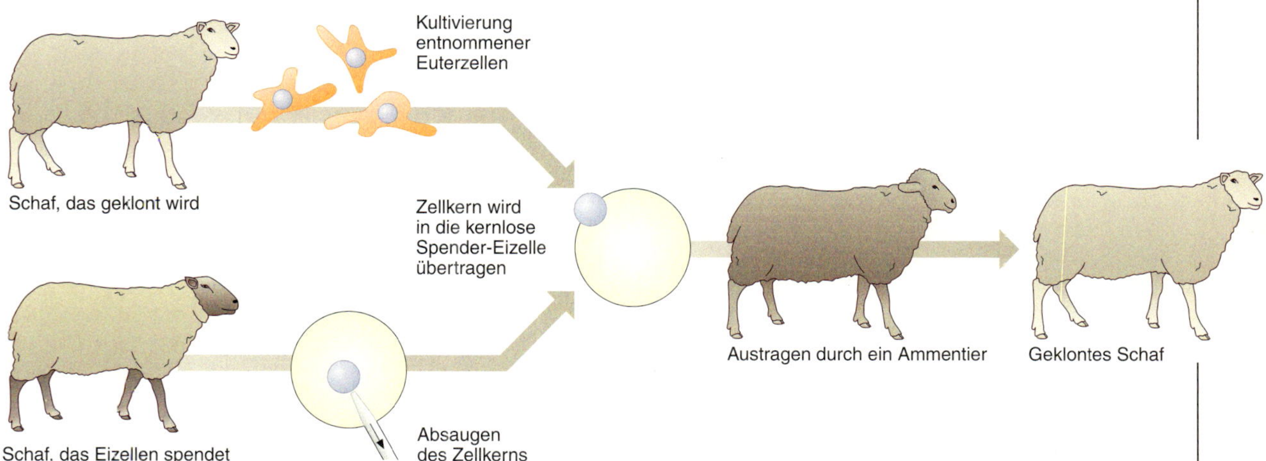

1 Methode des Klonens beim Schaf

Gentechnik – was ist das?

Schon in frühgeschichtlicher Zeit machten sich unsere Vorfahren die Stoffwechselleistungen von Kleinstlebewesen, wie Bakterien und Pilzen, zunutze, ohne jedoch zu wissen, wie das im Einzelnen funktioniert, z. B. bei der Herstellung von Käse, Sauerbrot oder beim Bierbrauen. Die Nutzung biologischer Prozesse ist also fast so alt wie die Menschheit selbst. Nach und nach haben Wissenschaftler solche alten, auf Zufallsentdeckungen beruhenden Verfahren gezielt weiterentwickelt. Das nennt man *Biotechnologie*.

Die *Gentechnik* geht nun noch einen Schritt weiter. Sie versucht, Lebewesen in ihren Erbanlagen künstlich so zu verändern, dass sie ganz bestimmte, von den Wissenschaftlern gewünschte Stoffwechselvorgänge zeigen. Voraussetzung dafür waren die Arbeiten von WATSON und CRICK, die es ermöglichten, die stofflichen Träger der Gene in Form von DNA-Abschnitten zu identifizieren. Das Zeitalter der Gentechnik begann, als man in der Lage war, Gene auch zu isolieren und dann gezielt auf andere Organismen zu übertragen.

Wichtige Werkzeuge eines Gentechnikers sind unter anderem:
- „Scheren" *(Restriktionsenzyme)*, mit denen die DNA-Moleküle an genau festgelegten Basenabfolgen geschnitten werden können.
- „Kleber" *(Ligasen)* sind Enzyme, die die DNA-Bruchstücke an den Schnittstellen wieder verbinden.
- *„Genfähren"* (Vektoren), z. B. Plasmide, die in Zellen eindringen und dabei die eingebauten Fremdgene mitnehmen.
- *„Sonden"* (kurze DNA- bzw. RNA-Moleküle), durch die bestimmte Gene gekennzeichnet und entdeckt werden können.

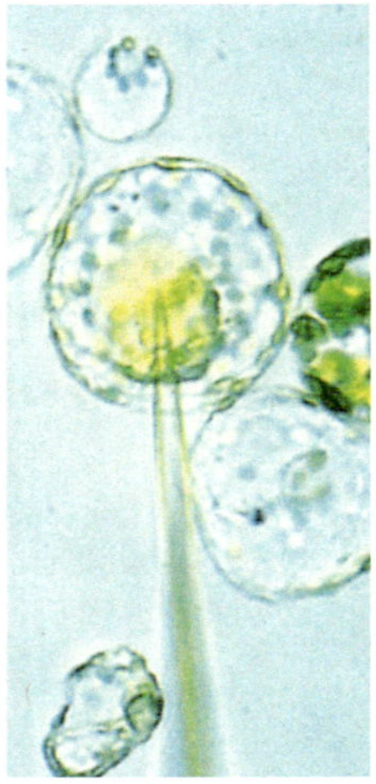

Sogar mit Glaskanülen lassen sich Gene (hier gelb markiert) in fremde Zellen einspritzen.

Als Beispiel für die Anwendung gentechnischer Methoden soll das im Zusammenhang mit der *Zuckerkrankheit* wichtige Hormon Insulin dienen. 300 000 zuckerkranke Menschen in der Bundesrepublik Deutschland benötigen täglich Insulin. Es wurde früher in einem aufwändigen Verfahren aus der Bauchspeicheldrüse von Schlachttieren, vor allem von Schweinen, gewonnen. Der Bedarf konnte damit kaum gedeckt werden. Ziel der Gentechnik war es nun, Insulin von einem anderen Lebewesen herstellen zu lassen und zwar von einem Bakterium. Der daraus gezüchtete Bakterienstamm sollte dann in der Lage sein, menschliches Insulin in beliebiger Menge herzustellen.

Die Fähigkeit, Insulin herzustellen, beruht auf einem Gen. Es ist gelungen, dieses Gen mit entsprechenden Schnittstellen aus dem Erbgut von Menschen zu isolieren. Bakterien besitzen neben ihrer eigentlichen DNA noch weitere kleine ringförmige DNA-Moleküle, die Plasmide. Diese Plasmide benutzt man als Vektoren, für das Fremdgen. Dazu werden die Plasmide mithilfe der Restriktionsenzyme aufgeschnitten, das Fremdgen wird durch die Ligase eingesetzt und mit in die Wirtszelle eingeschleust. Das Ergebnis dieser Manipulation ist, dass die betroffene Zelle die Anweisung zur Produktion von Insulin, die ja in dem neuen Gen enthalten ist, in die Tat umsetzt. Sie stellt also neben ihren eigenen Produkten auch das von dem Fremdgen codierte Protein *(Insulin)* her.

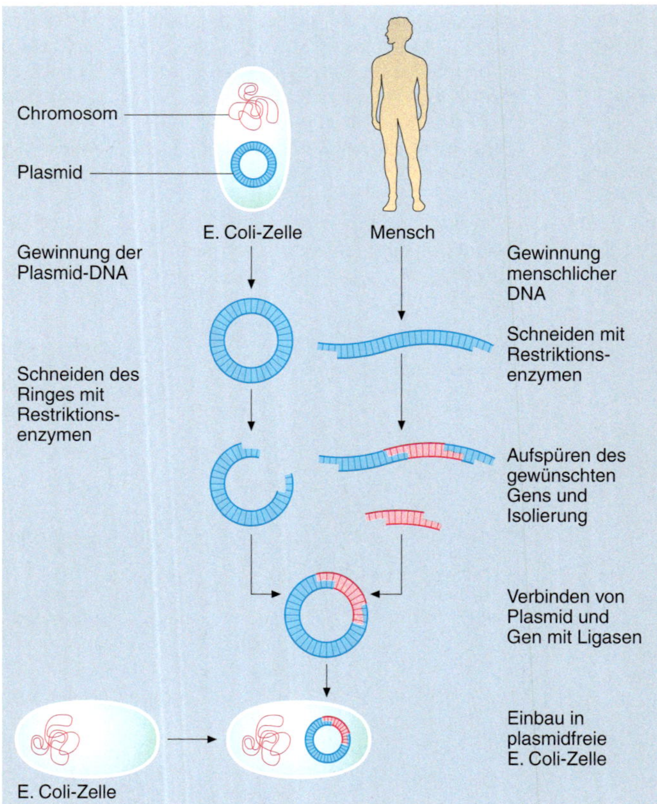

1 Einbau eines menschlichen Gens in ein Bakterium (E. coli)

Aufgabe

① Welche Eigenschaft des genetischen Codes ist dafür verantwortlich, dass Gene von verschiedenen Organismen zusammengefügt werden können.

Gentechnik – Möglichkeiten und Folgen

Beim Menschen sind gentechnische Methoden in erster Linie im Zusammenhang mit der Diagnose und Behandlung (Therapie) genetisch bedingter Krankheiten interessant. Am Beispiel der Bluterkrankheit wollen wir uns die theoretischen Möglichkeiten einer Behandlung überlegen.

Nehmen wir an, dass einem Menschen, der Bluter ist, der Blutgerinnungsfaktor VIII fehlt. Das ist ein Eiweiß, das für die Blutgerinnung unentbehrlich ist. Fehlt dieses Eiweiß, so führt jeder Stoß zu inneren Blutungen. Jede offene Wunde kann zum Verbluten führen.

Man kann dieses Protein aus dem Blut gesunder Menschen isolieren und den Betroffenen als Medikament verabreichen. Das wäre die klassische Form der Behandlung.

Die Gentherapie

Wir wissen aber, dass der Faktor VIII als Protein durch ein Gen codiert ist. Dieses fehlt bei einem Bluter oder es ist so verändert, dass kein funktionsfähiges Eiweiß hergestellt werden kann. Leider führt in diesem Fall die Übertragung auf ein Bakterium nicht zu dem gewünschten Ergebnis, denn das Protein des Faktors VIII muss noch mit einem Zucker verknüpft werden, damit es funktionsfähig wird. Diese Verbindung kann aber von Bakterienzellen nicht durchgeführt werden. Deshalb hat man in diesem Fall Hefezellen gentechnisch verändert. Heute gewinnt man diesen Faktor weitgehend aus entsprechend veränderten Hamsterzellkulturen.

Man könnte sich aber auch überlegen, die Zellen des Erkrankten zu verändern. Bei einer Therapie durch gentechnische Verfahrensweisen müssten diejenigen Körperzellen, in denen der Faktor VIII normalerweise hergestellt wird, das funktionsfähige Gen von einem Spender erhalten. Die Schwierigkeit liegt in diesem Fall vor allem darin, das Gen genau in jede dieser Zellen „einzuschmuggeln".

Eine letzte Überlegung schließlich gilt den Kindern des betroffenen Bluters. Es wäre durchaus denkbar, seine Keimzellen so zu manipulieren, dass sie das intakte Gen enthalten und somit die Nachkommen nicht belastet wären. Diese *Keimzelltherapie* ist gesetzlich allerdings untersagt.

„Der genetische Fingerabdruck"

An diesem Beispiel soll eine völlig andere Anwendung gentechnischer Verfahrensweisen vorgestellt werden.

Der Brite ALEC JEFFREY entdeckte, dass jeder Mensch unverwechselbare Stücke Erbsubstanz besitzt. Das sind Bereiche auf den Chromosomen, die zwischen den eigentlichen Genen liegen. Diese Abschnitte lassen sich mit einer Gensonde, einem extra dafür hergestellten Molekül, auffinden. Es gelingt, dieses Erbmaterial aufzutrennen und die Bruchstücke der Größe nach zu ordnen. Bei diesem Trennungsverfahren entsteht ein *Bandenmuster*, das wie der Fingerabdruck eines Menschen unverwechselbar ist. Dieses Verfahren ist in der Kriminaltechnik weiter entwickelt worden und wird von Gerichten als Beweismittel anerkannt.

Man kann diesen „genetischen Fingerabdruck" aus einem winzigen Blut-, Speichel- oder Spermafleck, einer Hautabschürfung oder einigen Haaren gewinnen. Man schätzt, dass von einer Milliarde Menschen nicht zwei den gleichen „genetischen Fingerabdruck" besitzen. Durch dieses Verfahren werden zunehmend Straftäter identifiziert.

Wo liegen die Grenzen?

Es ist nicht nur möglich, Menschen anhand ihres genetischen Materials zu identifizieren. In zunehmendem Maß gelingt es, einzelne Gene zu analysieren und auf Defekte hin zu untersuchen. Man weiß beispielsweise, dass ein Gen auf dem Chromosom 2 Veränderungen an Blutgefäßen hervorruft und den Herzinfarkt fördert. Ein anderes Gen auf Chromosom 3 begünstigt die Entstehung von Nierenkrebs.

Hieraus ergibt sich manches Problem: Darf man zum Beispiel bei einer Fruchtwasseruntersuchung solche Gene analysieren und den werdenden Eltern das Ergebnis mitteilen? Was fängt ein Mensch an, der selbst um Risikofaktoren in seinem Erbgut weiß? Darf ein Arbeitgeber einen Bewerber vor der Einstellung genetisch untersuchen lassen und ihm dann möglicherweise die Anstellung verweigern?

Wie geht es weiter?

Mit der Übertragung von Genen von einem Organismus auf einen anderen beschäftigt sich inzwischen ein ganzer Industriezweig. Bakterien mit besonders „gelungenen" Eigenschaften

werden zum Patent angemeldet. Das wirft viele Fragen auf: Was geschieht, wenn die genetisch veränderten Lebewesen in die Umwelt gelangen? Darf man auch fremde Gene in menschliches Erbgut einschleusen?

Wissenschaftler, Juristen, Theologen und Politiker versuchen, auf die vielen Fragen, die durch die Gentechnologie aufgeworfen werden, verbindliche Antworten zu finden.

Viele Fragen warten heute noch auf eine Antwort und ebenso viele werden in den nächsten Jahren neu gestellt werden. Bei der Manipulation des genetischen Materials liegen Nutzen und Gefahren eng beieinander. Die Zukunft muss zeigen, ob der Mensch mit seinem Wissen und seinen Möglichkeiten verantwortungsvoll umzugehen versteht.

Impulse

Gentechnisch veränderter

Mais

Man schätzt, dass im Jahre 2025 etwa 8 Milliarden Menschen die Erde bevölkern werden. Deren gesunde und ausreichende Ernährung ist ein wichtiges Ziel der Landwirtschaft. Die Produktion von Nahrungsmitteln lässt sich durch Methoden der Gentechnik möglicherweise deutlich steigern.

— Wie könnte das gelingen?
— Welche Folgen ergeben sich?

Das soll an einem Beispiel, nämlich beim Mais, untersucht werden.

Das Problem: hoher Ernteverlust

Mais ist neben Weizen und Reis das wichtigste Getreide. Weltweit werden knapp 600 Millionen Tonnen geerntet. Es könnten aber noch 7–8 % mehr sein, wenn nicht Schädlinge schon vor der Ernte einen Teil vernichtet hätten. Der wichtigste Verursacher des Schadens ist der *Maiszünsler.*

Mais wird zwar zu fast 80 % als Tiernahrung für Schweine, Rinder bzw. Hühner genutzt, aber in verarbeiteter Form findet er sich auch in Lebensmitteln für den Menschen, zum Beispiel in Backwaren, Saucen und Suppen, in Mayonnaise, Öl und Margarine sowie in Kaugummi, Glasuren und angedickten Getränken.

Alle 3,6 Sekunden stirbt ein Mensch an Hunger;

75 % davon sind Kinder unter fünf Jahren!

Der Schädling

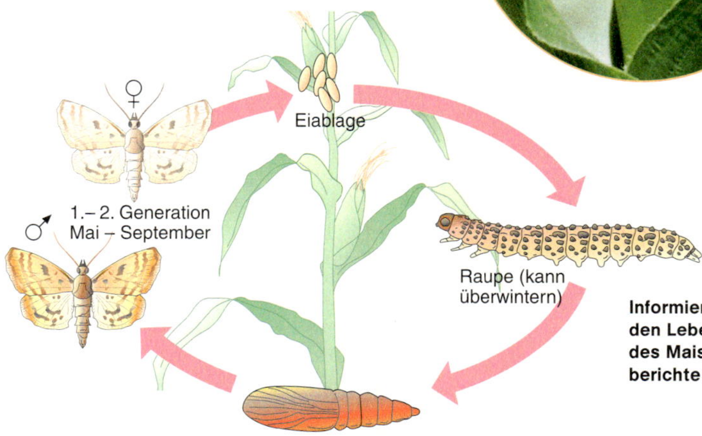

Informiere dich über den Lebenszyklus des Maiszünslers und berichte darüber.

Der Maiszünsler *(Ostrinia nubilalis)* ist ein Schmetterling, dessen Größe 2,6 bis 3 cm beträgt. Die Raupen bohren sich in die Stängel verschiedener Pflanzen ein. Sie ernähren sich von dem Pflanzengewebe und die Stängel knicken ab.

— Der Maiszünsler ist ursprünglich eine rein europäische Schmetterlingsart.
— Der Mais ist eine Kulturpflanze, deren wilde Vorfahren in den Anden beheimatet sind.
— Der Maiszünsler ist heute weltweit in allen Maisanbaugebieten verbreitet.

Welche Erklärung kannst du dafür angeben?

Wo liegen die Hungergebiete der Erde?
Wovon ernähren sich die Menschen dort hauptsächlich?

Maispflanze, von der Maiszünsler-Raupe befallen

Bt-Mais – die Lösung?

Das Bakterium *Bacillus thuringiensis*, abgekürzt Bt, besitzt eine Eigenart, die bereits 1911 entdeckt wurde: Wenn bestimmte Schmetterlingslarven, z. B. die Raupen des Kohlweißlings oder des Maiszünslers, diese Bakterien mit ihrer Nahrung aufnehmen, so sterben sie wenig später. Woran kann das liegen?

Bt besitzt in seinen Zellen Eiweißkristalle, die im Darm der Larve aufgelöst werden. Verdauungsenzyme spalten diese Eiweiße weiter auf und so entsteht ein Gift, das die Darmwand des Insekts durchlöchert. Die Larve hört auf zu fressen und stirbt. Es ist gelungen, das Bt-Gen des Bakteriums auf Maispflanzen zu übertragen. Dieser Bt-Mais stellt in seinen Zellen also die gleichen Eiweißkristalle her wie *Bacillus thuringiensis*. Dem Bt-Mais kann der Maiszünsler nichts anhaben.

Inwiefern ist das die Lösung?

– Ein Eiweiß wird durch ein Gen, also durch einen bestimmten DNA-Abschnitt, verschlüsselt. Es wird entsprechend dieser Information im Organismus bei Bedarf in mehreren Schritten hergestellt.
– Gene lassen sich mit Methoden der Gentechnik von einem Organismus auf einen anderen übertragen. Wiederhole diese Vorgänge und berichte, wie das jeweils geschieht!

Zur Diskussion: Thesen zu möglichen Folgen

– Im Bt-Mais befindet sich ein Protein, das natürlicherweise dort nicht vorkommt. Eiweiße können Allergien hervorrufen. Es besteht also ein Gesundheitsrisiko für den Menschen.
– „Gentechnische Methoden sind sicher und gut kontrollierbar." Das behaupten Gentechniker und Industrie.
– Das Problem des Welthungers ist ein Verteilungsproblem. Das kann auch durch Bt-Mais nicht gelöst werden.
– Länder der dritten Welt werden wirtschaftlich von Großkonzernen abhängig, weil sie das Saatgut teuer kaufen müssen.
– Durch Bt-Mais kann der Ernteertrag um etwa 40% gesteigert werden.
– Bt-Mais vernichtet ausschließlich Schadinsekten, die vom Gewebe der Pflanze fressen.
– Florfliegen, die Larven des Maiszünslers fressen, nehmen auf diesem Weg ebenfalls das Bt-Eiweiß auf und sterben. Florfliegen sind aber sehr nützliche Insekten.
– Pollen von Bt-Mais wird durch den Wind auf „normale" Maispflanzen übertragen. Er verbreitet sich dadurch unkontrolliert.

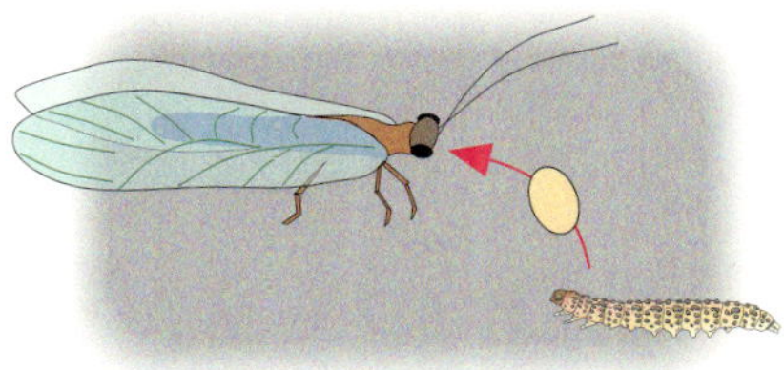

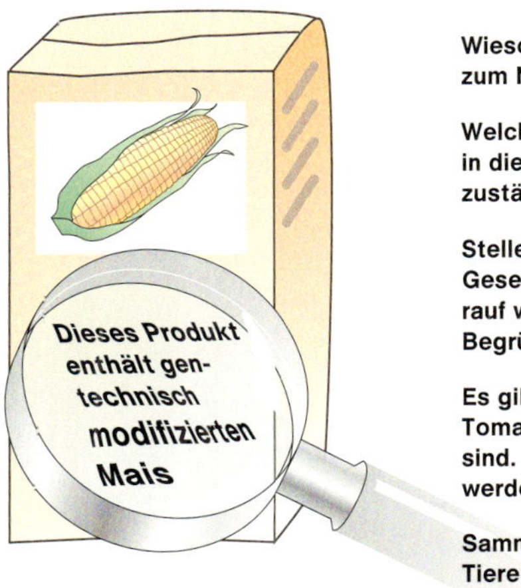

– Für gentechnisch hergestellte Nahrungsmittel besteht eine Kennzeichnungspflicht. Der Verbraucher kann selbst entscheiden, ob er solche Produkte kaufen möchte.
– Die landwirtschaftlich nutzbare Fläche lässt sich nicht beliebig vergrößern. Also muss man neue Produktionsmethoden einsetzen.
– Bt-Mais ist wesentlich umweltschonender und billiger als der Einsatz von Schädlingsbekämpfungsmitteln.

Wieso gibt es so unterschiedliche Aussagen zum Nutzen bzw. Risiko der Gentechnik?

Welche gesetzlichen Regelungen kennst du in diesem Zusammenhang? Erfrage sie bei zuständigen Ämtern.

Stelle dir vor, du solltest als Politiker an Gesetzen zur Gentechnik mitarbeiten. Worauf würdest du besonderen Wert legen? Begründe!

Es gibt noch andere Nutzpflanzen (Reis, Tomaten, ...), die gentechnisch verändert sind. Auch Gene von Tieren und Menschen werden auf andere Organismen übertragen.

Sammle Berichte über solche Pflanzen und Tiere! Suche im Internet nach weiteren Beispielen!

Abstammungslehre

Evolutionstheorien – Darwin

Entstehung der Erde und des Lebens

Evolution des Menschen

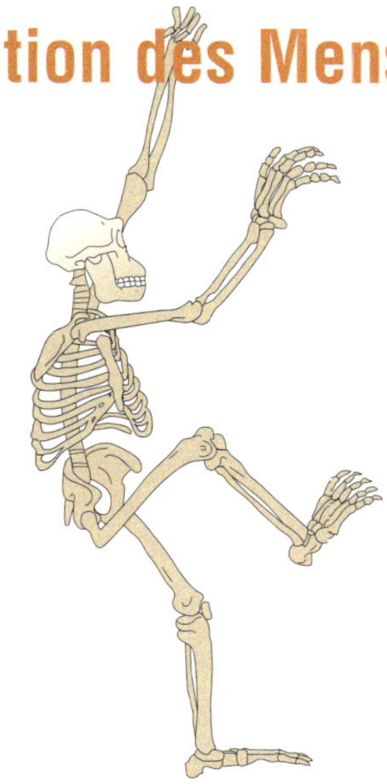

Wie du bestimmt schon weißt, gibt es Millionen von Pflanzen- und Tierarten auf unserer Erde. Die Evolutionstheorie versucht Antworten darauf zu geben, wie sich diese Pflanzen- und Tierarten im Laufe der Erdgeschichte entwickeln konnten.

Entwicklung heißt hier, dass die Evolution erkennen lässt, wie neue Lebewesen im Laufe der Erdgeschichte entstanden sind. Sie umfasst die Entwicklung von Pflanzen als auch die von Tieren, einschließlich der des Menschen.

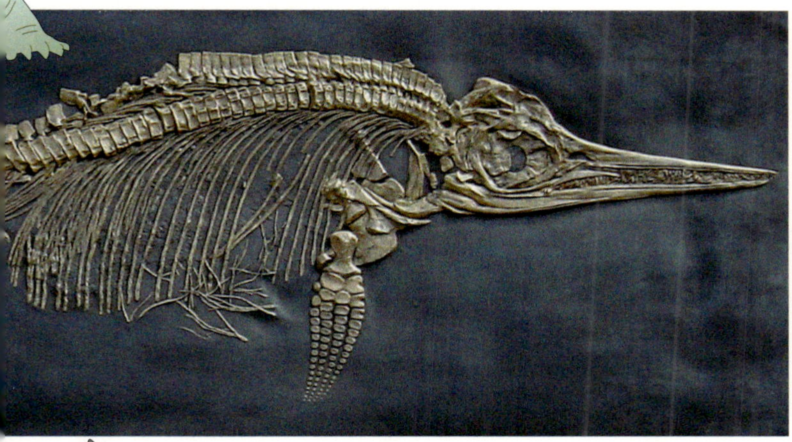

Wenn du die folgenden Kapitel liest und bearbeitest, wirst du vielfältige Mechanismen der Evolution kennen lernen und damit verstehen, wie es — auch heute noch — immer wieder zur Bildung neuer Arten kommt. Dabei entwickelst und übst du folgende Kompetenzen:

Du wirst
- Menschenaffen und Menschen vergleichen
- mögliche Stammbäume des Menschen vergleichen und diskutieren
- Werkzeugentwicklung und Kulturentwicklung des Menschen sowie die Ausbreitung des modernen Menschen kennen lernen
- die Veränderung von Arten unter Verwendung der Evolutionstheorie nach Darwin erklären
- Organsystem und deren Angepasstheit im Zusammenhang mit der Evolutionstheorie beschreiben lernen
- Indizien für die Evollutionstheorie finden
- die Variabilität von Lebewesen erklären können
- Untersuchung und Vergleich der Anatomie und Morphologie von Organismen vermittelt bekommen
- die Bedeutung von Fossilfunden erkennen

Stammesentwicklung

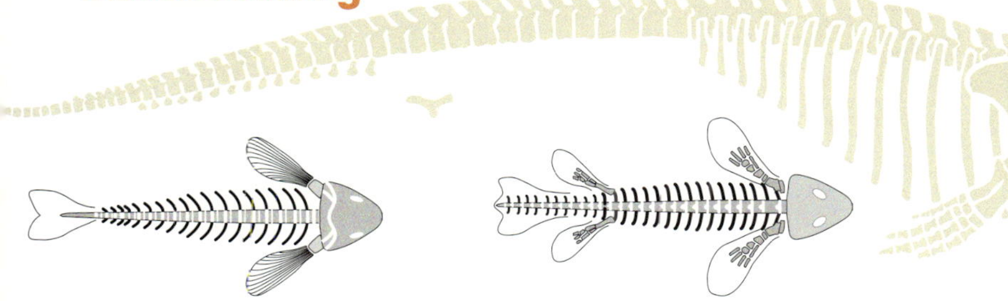

Fossilien – Spuren aus der Vergangenheit des Lebens

Evolution
alle Prozesse, die zur Entstehung des Lebens in seiner heutigen Vielfalt führen

In einem Steinbruch wird aus grauem Schiefergestein eine Platte herausgelöst. Mit feinen Meißeln werden die versteinerten Knochen eines riesigen Tieres Stück für Stück aus dem Schiefer herausgeschält. Nach vielen Wochen sorgfältiger Arbeit legen Wissenschaftler das Skelett eines *Fischsauriers* frei.

Versteinerungen geben uns Auskunft über Lebewesen, die in der Vergangenheit gelebt haben. Ihre Funde trugen mit zur Entstehung des Evolutionsgedankens bei. Danach haben sich nämlich Lebewesen im Verlauf der Erdgeschichte allmählich verändert. Viele von ihnen sind heute ausgestorben. Zeugnisse aus der Vergangenheit müssen aber nicht immer Versteinerungen von Fußspuren, Pflanzenresten, Knochen ausgestorbener Tiere oder deren Kot sein. Einschlüsse von Organismen in Bernstein, Mumien in Wüstengebieten oder tiefgefrorene Mammuts aus dem Dauerfrostboden Sibiriens gehören ebenso dazu. In der Gesamtheit nennt man solche Fundstücke aus der Vergangenheit *Fossilien.* Diese Fossilien sind oft nicht gut erhalten und unvollständig. Dann beginnt die schwierige Aufgabe, ein solches Fossilienpuzzle richtig zusammenzusetzen, um Informationen über die Art und das Aussehen eines ausgestorbenen Lebewesens zu erhalten. Kennt man außerdem das Alter der Gesteinsschicht, in der das Fossil gefunden wurde, dann weiß man auch, wann dieser Organismus gelebt hat.

Fossilien, wie zum Beispiel die Versteinerung des unten abgebildeten Fischsauriers, konnten entstehen, weil nach seinem Tod das Tier in kurzer Zeit von abgelagertem Sand oder Schlick überdeckt wurde und es wegen Sauerstoffmangels nicht vollständig zersetzt werden konnte. Im Laufe der folgenden Jahrmillionen verdichteten sich die über dem Tier liegenden Ablagerungen zu Gestein *(Ablagerungs- oder Sedimentgestein).* Hartteile, wie Knochen, konnten so lange Zeit erhalten bleiben und versteinerten später.

Fischsaurier lebten im Wasser. Ihre Versteinerungen findet man heute aber auf dem Land, z. B. auf der Schwäbischen Alb. Die Ursache für diesen „Ortswechsel" ist, dass sich im Verlauf der Jahrmillionen über dem Fossil langsam Gesteinsablagerungen bilden konnten. Wenn sich durch diese Ablagerungen oder durch Erdverschiebungen ein solches Gebiet hebt und schließlich über den Meeresspiegel herausragt, ist das abgelagerte Gestein den Klimaeinflüssen ausgesetzt, und so kann das Fossil wieder freigelegt werden.

Aufgaben

① Definiere den Begriff „Fossilien".
② Welche fossilen Lebewesen kennst du?
③ Gib mit eigenen Worten die Entstehung von Versteinerungen an und erkläre, welche Rolle Sauerstoff spielt.
④ Warum können Abdrücke nur entstehen, wenn sich das Lebewesen nach seinem Tod unter Ausschluss von Sauerstoff zersetzt?
④ Erläutere die Bedeutung von Fossilfunden für die Entstehung des Evolutionsgedankens.

1 Versteinertes Skelett eines Fischsauriers

1 Das geologische Profil des Grand Canyon, USA, ein „offenes Buch“ der Erdgeschichte

Methoden der Altersbestimmung

Zu welcher Zeit die als Fossil gefundenen Lebewesen auf unserer Erde existierten, kann man heute mithilfe verschiedener Methoden relativ gut ermitteln.

Viele Gesteine, z. B. Sandstein oder Muschelkalk, entstehen aus Ablagerungen *(Sedimenten)*. Aus heute noch ablaufenden Sedimentationsvorgängen kann man schließen, wie viel Zeit für die Ablagerung einer bestimmten Schichtdicke etwa erforderlich ist und dann auf das ungefähre Alter der verschiedenen Gesteinsschichten schließen. Je dicker eine Schicht ist, desto längere Zeit war normalerweise zu ihrer Ablagerung erforderlich. Je weiter unten sie liegt, desto älter ist sie daher. Das ist die Grundlage der *indirekten Altersbestimmung*. Manchmal helfen Fossilien, deren Alter man bereits kennt, das Alter bestimmter Schichten genauer einzugrenzen. Bedingung dafür ist, dass solche *Leitfossilien* häufig zu finden sind, sie möglichst weltweit verbreitet waren und nicht sehr lange auf der Erde gelebt haben. Findet man neben bestimmten Leitfossilien weitere noch unbekannte Fossilien, müssen sie zur gleichen Zeit gelebt haben. So kann man indirekt auf das Alter des neuen Fundes schließen. Als wichtige Leitfossilien gelten heute z. B. bestimmte Ammonitenarten.

Stufen des Zerfalls nach Halbwertszeiten

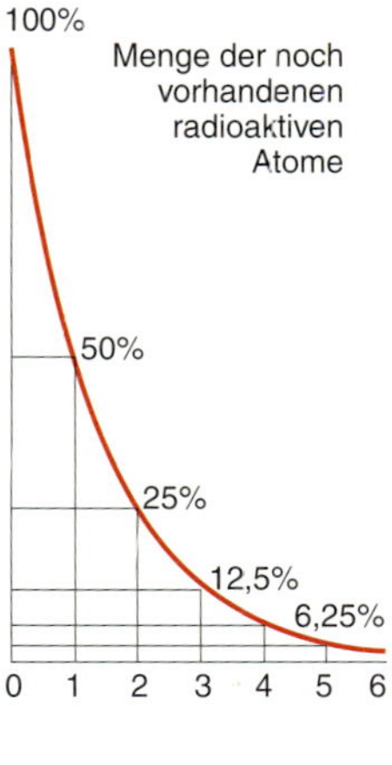

Allerdings ist man bei der Methode der indirekten Altersbestimmung vergleichsweise ungenau. Eine genauere Methode liefert uns die moderne Physik: Seit der Entdeckung der Radioaktivität wurden Bildung und Zerfall radioaktiver Stoffe intensiv erforscht. Ein Beispiel für die *direkte Altersbestimmung* ist die *Radiokarbonmethode*. In den höheren Schichten der Erdatmosphäre entsteht unter dem Einfluss der intensiven Strahlung *radioaktiver Kohlenstoff* (^{14}C). Dieser ist mit einem bestimmten Anteil neben nicht radioaktivem Kohlenstoff im Kohlenstoffdioxid enthalten und gelangt bei der Fotosynthese in die Pflanzen. Über die verschiedenen Nahrungsketten nehmen auch Tiere und Menschen ^{14}C auf. Da beim Stoffwechsel eines Lebewesens ständig Kohlenstoffverbindungen aufgenommen und abgegeben werden, ist die ^{14}C-Menge in Lebewesen und ihrer Umgebung konstant, solange sie leben. Nach dem Tod wird jedoch kein ^{14}C mehr aufgenommen. Durch den radioaktiven Zerfall wird der Anteil des ^{14}C nun immer kleiner. Das vorhandene ^{14}C zerfällt so, dass nach ca. 5 570 Jahren nur noch die Hälfte der ursprünglichen Menge vorhanden ist. Man nennt dies *Halbwertszeit*. Nach weiteren ca. 5 570 Jahren ist nur noch die Hälfte der Hälfte, d. h. ein Viertel der ^{14}C-Atome vorhanden usw. Misst man nun die in den Tier- oder Pflanzenresten noch vorhandene Menge an radioaktivem Kohlenstoff, so ist bestimmbar, wann das Lebewesen gestorben ist. Mit der Radiokarbonmethode gewinnt man direkte Altersangaben, die bis etwa 50 000 Jahre zurückliegen.

Aufgabe

① Stelle begründet dar, welche Kriterien erfüllt sein müssen, damit Fossilien zu Leitfossilien werden.

Die Entwicklung des Lebens auf der Erde – ein Überblick

Das Alter der Erde wird auf 4,6 bis 4,8 Mrd. Jahre geschätzt. In der **Frühzeit** war die Erde unbelebt. Sie musste zunächst abkühlen, bis sich an der Oberfläche eine feste Kruste gebildet hatte. Später entstanden Meere, in denen dann die Bedingungen herrschten, unter denen Leben möglich wurde.

Die ältesten Lebensspuren, die bekannt sind, stammen aus Gesteinen, deren Alter auf mehr als 3,5 Milliarden Jahre geschätzt wird. Es sind mikroskopisch kleine, kugelförmige Einzeller, in denen auch Reste von Chlorophyll gefunden wurden. Diese *Blaualgen* waren also pflanzliche Organismen und konnten Fotosynthese betreiben. Da die Zellen schon einen relativ komplexen Aufbau zeigen, muss man annehmen, dass es vorher bereits einfachere Lebensformen gab. Es waren wahrscheinlich bakterienähnliche Organismen, die ebenfalls im Meer lebten. Diese *Urbakterien* sind sicherlich schon mehrere Millionen Jahre vorher entstanden. Deshalb kann man den Beginn des Lebens und damit die Urzeit der Erde vor rund 3,5 bis 4 Milliarden Jahren annehmen. (▶ S. 254/255)

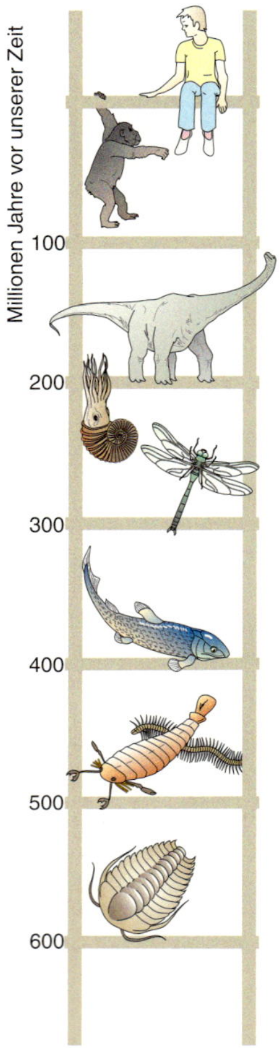

Aus dem **Präkambrium**, das erst 600 Millionen Jahre vor unserer Zeit endete, sind nur wenige Fossilien erhalten. Neben einzelligen Organismen haben aber mit Sicherheit schon einfach gebaute vielzellige Pflanzen und Tiere, z. B. *Algen* und *Quallen*, in den Urmeeren dieses Erdzeitalters gelebt.

Mit dem **Kambrium** (vor 600 – 500 Mio. Jahren) beginnt die Zeit der Ablagerungen von Fossilien in größerer Zahl. Man weiß daher, dass damals alle Tierstämme außer den Wirbeltieren bereits vorhanden waren.

Im **Ordovizium** (vor 500 – 440 Mio. Jahren) traten mit den kieferlosen *Panzerfischen* die ersten Wirbeltiere auf.

Ein wichtiger Schritt in der Entwicklung der Lebewesen fand im **Silur** (vor 440 – 400 Mio. Jahren) statt: Erste Pflanzen *(Nacktfarne)* und Tiere (*urtümliche Skorpione* und *Tausendfüßer*) besiedelten das Land.

Im **Devon** (vor 400 – 350 Mio. Jahren) traten neben vielen Fischen auch die Vorläufer der Landwirbeltiere auf. Erste *Insekten* eroberten den Luftraum. In Gesteinen des späten Devon wurden die Überreste von *Ichthyostega*, einem fischähnlichen Amphibium gefunden.

In der Pflanzenwelt hatten nun *Farne, Schachtelhalme* und *Bärlappgewächse* die Nacktfarne abgelöst. Sie bildeten im **Karbon** (vor 350 – 270 Mio. Jahren) die riesigen Wälder, aus denen unsere heutige Steinkohle entstand. Unter den Tieren sind *Dachschädler*, *Riesenlibellen* mit bis zu 80 cm Flügelspannweite und erste *Reptilienformen* typisch.

Reptilien und Nacktsamer waren bei ihrer Fortpflanzung vom Wasser unabhängig geworden. Sie konnten deshalb im **Perm** (vor 270 – 225 Mio. Jahren) auch trockenere Lebensräume besiedeln.

Für die **Trias** (vor 225 – 180 Mio. Jahren) ist die starke Verbreitung und Zunahme der Artenvielfalt der Reptilien charakteristisch. Nadelbäume traten an die Stelle der urtümlichen Pflanzengruppen. Vorläufer der Säugetiere nahmen eine Zwischenstellung zwischen Reptilien und den erst später auftretenden Säugern ein.

Fischsaurier, *Flugsaurier* und *Landsaurier* beherrschten im Jura (vor 180 – 135 Mio. Jahren) alle Lebensräume. Die *Dinosaurier* entwickelten sich zu den größten Landwirbeltieren aller Zeiten. Wie unscheinbar waren dagegen die kleinen *Urvögel* und *Ursäuger*! Feder- bzw. Haarkleid deuten auf eine gleichmäßige Körpertemperatur hin. Dadurch konnten sie sogar in der Kühle der Nacht auf Nahrungssuche gehen, wenn Feinde, wie z. B. die wechselwarmen unter den Sauriern, fast starr vor Kälte waren.

In der **Kreide** (vor 135 – 65 Mio. Jahren) lebten die ersten echten *Vögel*. Durch Beuteltiere, Halbaffen und Insektenfresser waren die *Säugetiere* vertreten. Vorherrschende Tiergruppe blieben nach wie vor die *Saurier*, die allerdings aus noch nicht sicher geklärter Ursache am Ende der Kreidezeit von der Erdoberfläche verschwanden.

Nach dem Aussterben vieler Tiergruppen am Ende der Kreide entwickelten sich Säugetiere und Vögel während des **Tertiärs** (vor 65 bis 2 Mio. Jahren) zu großer Formenvielfalt. Gegen Ende dieser Zeit begann die Evolution menschenähnlicher Lebewesen.

Das **Quartär** (seit 2 Mio. Jahren) ist die Epoche, in der wir heute leben. Sie ist gekennzeichnet durch Wechsel von Warm- und Eiszeiten. Erst im Quartär beginnt mit der Gattung *Homo* die Entwicklung des *Menschen*.

Aufgaben

① Wie lang müsste die Leiter bei dem angegebenen Maßstab gezeichnet werden, wenn sie bis zur Entstehung der Erde zurückreichen sollte?

② Erläutere die Radiocarbonmethode und begründe, warum diese einen sicheren Altersnachweis der Fossilien bedeutet.

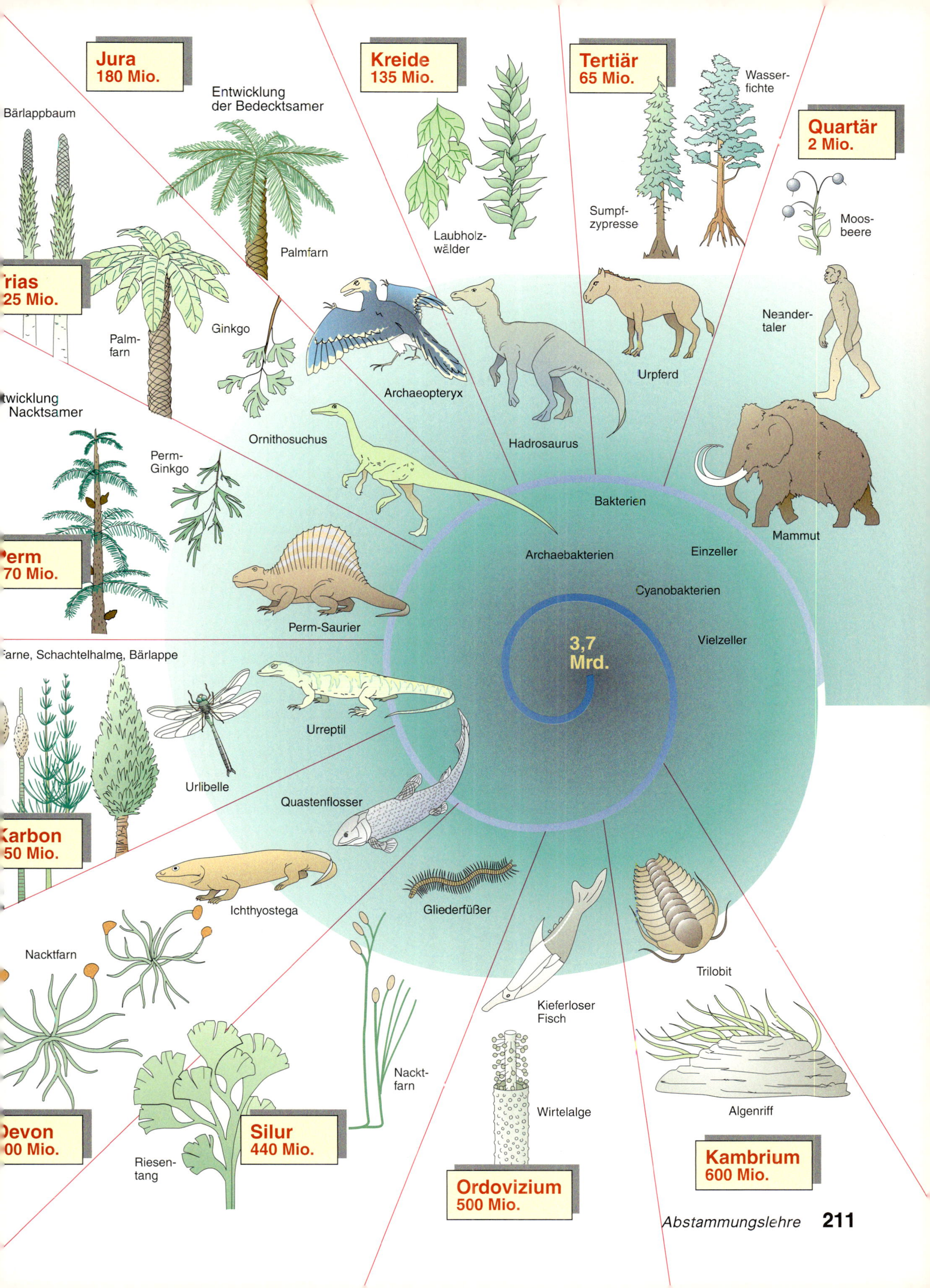

Jura
180 Mio.
Kreide
135 Mio.
Tertiär
65 Mio.
Quartär
2 Mio.
Bärlappbaum
Entwicklung
der Bedecktsamer
Laubholz-
wälder
Wasser-
fichte
Sumpf-
zypresse
Moos-
beere
Palmfarn
Palm-
farn
Ginkgo
rias
25 Mio.
Archaeopteryx
Hadrosaurus
Urpferd
Neander-
taler
twicklung
Nacktsamer
Perm-
Ginkgo
Ornithosuchus
Mammut
Bakterien
Archaebakterien
Einzeller
Cyanobakterien
Vielzeller
3,7
Mrd.
erm
70 Mio.
Perm-Saurier
arne, Schachtelhalme, Bärlappe
Urreptil
Urlibelle
Quastenflosser
arbon
50 Mio.
Ichthyostega
Gliederfüßer
Trilobit
Nacktfarn
Kieferloser
Fisch
Algenriff
Nackt-
farn
Wirtelalge
Devon
00 Mio.
Silur
440 Mio.
Riesen-
tang
Kambrium
600 Mio.
Ordovizium
500 Mio.

Chemische und frühe biologische Evolution

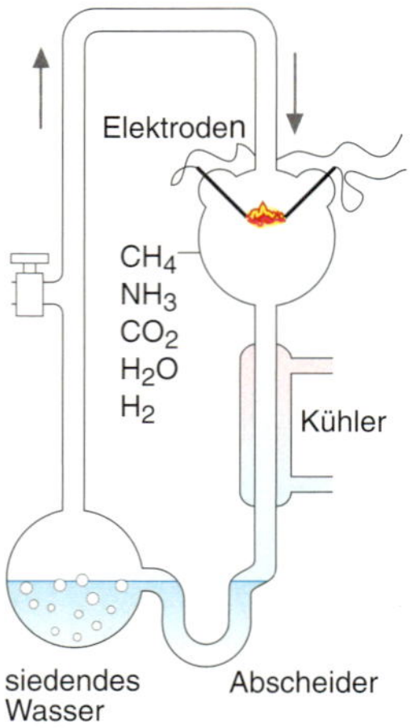

CH_4 = Methan
NH_3 = Ammoniak
CO_2 = Kohlenstoffdioxid
H_2O = Wasser
H_2 = Wasserstoff

Nach der Entstehung unseres Sonnensystems durch Zusammenballung kosmischer Materie war die Erde vor über 4,5 Mrd. Jahren ein brodelnder, heißer und lebensfeindlicher Himmelskörper, der sich erst nach und nach beruhigte. Die äußeren Schichten kühlten ab und es bildete sich die Erdkruste. Dabei entstand die *Uratmosphäre*. Vermutlich enthielt sie Methan, Kohlenstoffmonooxid und -dioxid, Schwefelwasserstoff, Ammoniak, Wasserstoff und Wasserdampf, aber keinen Sauerstoff. Nach weiterer Abkühlung kondensierte der Wasserdampf zu riesigen Wolkentürmen. Gewitterstürme und Wolkenbrüche beherrschten nun lange Zeit die Erde. Dabei entstanden die Urozeane, in denen sich etwa 1 Milliarde Jahre nach Entstehung der Erde das erste Leben entwickelt haben könnte.

Dass die Entstehung des Lebens unter solch extremen Bedingungen grundsätzlich möglich scheint, zeigte bereits 1953 das berühmte Experiment des amerikanischen Studenten STANLEY MILLER. In einer Apparatur mit den vermutlichen Bestandteilen der Uratmosphäre ließ er elektrische Entladungen („Gewitter") auf diese einwirken. In einem anderen Teil der Apparatur kondensierte er den Wasserdampf, sodass sich dort ein kleiner „Urozean" bildete: Dieser enthielt organische Moleküle, z. B. Aminosäuren, die Bausteine der Lebewesen! Diese Entwicklung, bei der aus anorganischen Verbindungen organische Moleküle entstanden, nennt man *chemische Evolution*. Damit waren die Voraussetzungen für die frühe *biologische Evolution* gegeben, bei der sich erste einfache Lebensformen und daraus erste einfache Zellen bildeten. Wie dies genau ablief, ist bis heute allerdings weitgehend unklar.

Fest scheint jedoch zu stehen, dass die ersten einfachen, bakterienähnlichen Organismen vor mehr als 3,5 Mrd. Jahren gelebt haben. So alt ist offensichtlich das Gestein, in dem man diese als Fossilien gefunden hat. Diese ersten Lebensformen lebten ohne Sauerstoff und ernährten sich von den energiereichen Verbindungen, die sie aus ihrer Umgebung aufnahmen. Aus den ersten Lebensformen entstanden verschiedene Bakteriengruppen. Darunter waren auch blaugrüne Bakterien *(Cyanobakterien)*, welche durch ihr Chlorophyll zur Fotosynthese befähigt waren. Diese Cyanobakterien bildeten Stromatolithen, das sind kissenförmige Abscheidungen von Kalk. Fossilien belegen, dass sie bereits vor über 3,5 Milliarden Jahren existierten. Stromatolithen gibt es aber auch heute noch.

Die Tätigkeit der Cyanobakterien führte zu einer allmählichen Anreicherung der Ozeane und später auch der Atmosphäre mit Sauerstoff. Das war die Voraussetzung dafür, dass Organismen entstehen konnten, die zur Zellatmung befähigt waren. Mithilfe der Zellatmung konnten sie die in den energiereichen Kohlenhydraten enthaltene Energie durch Umsetzung mit Sauerstoff wirkungsvoller für ihren Stoffwechsel nutzen. (▶ S. 240/241)

1 Wie auf der frühen Erde

2 Stromatolithen bei Ebbe

1 Quastenflosser

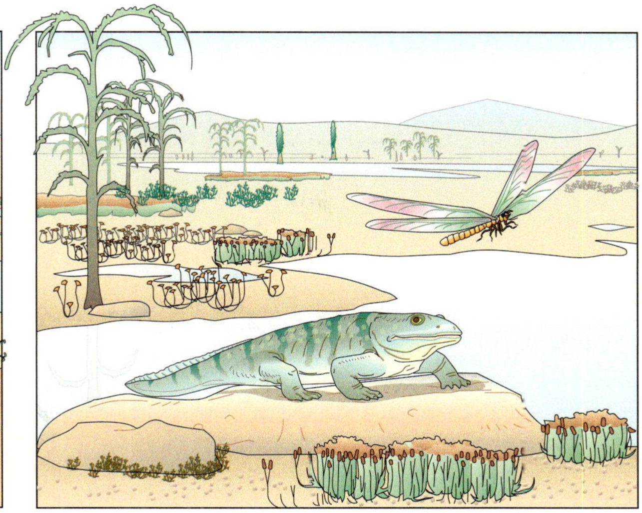

2 Fischlurch Ichthyostega und Riesenlibelle

Fische und Amphibien – vom Wasser zum Landleben

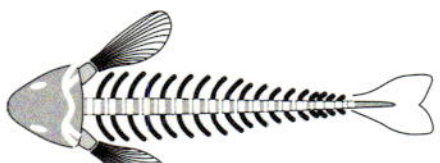

Karpfen

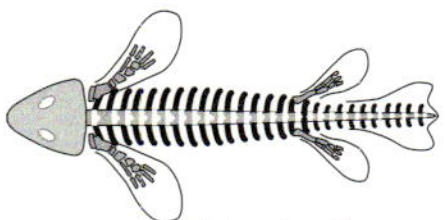

Quastenflosser

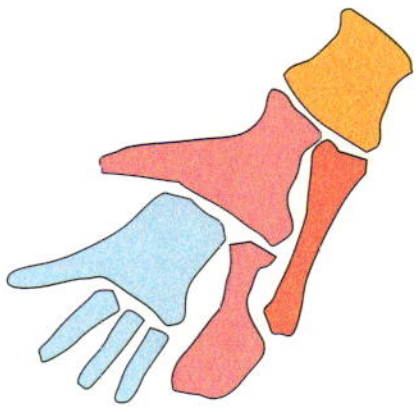

Fossiler Quastenflosser

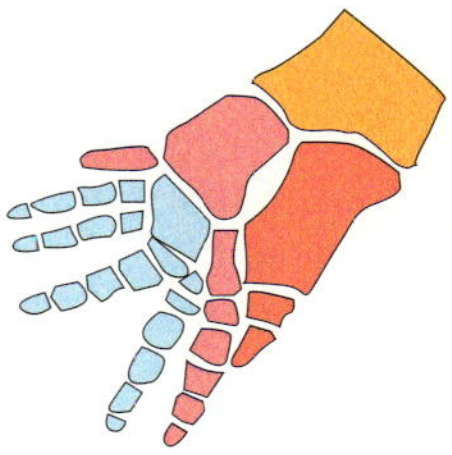

Ichthyostega

Aus den ersten Einzellern entstanden allmählich einfache Vielzeller, über die man allerdings nur wenig weiß. Mit dem Beginn des Kambriums bildete sich eine erstaunliche Artenvielfalt aus. Bis auf die Wirbeltiere entstanden damals alle heutigen Tierstämme.

Wenig später traten auch die Wirbeltiere auf. Zu den ursprünglichen Vertretern gehörten die *Kieferlosen Fische* und *Panzerfische*. Wahrscheinlich eroberten ihre Vorfahren vom Meer aus den Lebensraum Süßwasser. Später entstanden Lungenfische und *Quastenflosser*. Diese bildeten bereits ein knöchernes Innenskelett mit einer Wirbelsäule aus. Lungenfische und Quastenflosser besaßen neben ihren Kiemen bereits einfach gebaute Lungen, sodass sie in sauerstoffarmen Gewässern zusätzlich Sauerstoff aus der Luft aufnehmen konnten. Quastenflosser trugen außerdem durch Knochen gestützte Brustflossen, mit denen sie sich möglicherweise kurzzeitig über Land bewegen und neue, für das Überleben geeignete Gewässer aufsuchen konnten.

Zu dieser Zeit eroberten die ersten Pflanzen und wenig später Vertreter anderer Tiergruppen, z. B. Insekten, das Land. Ihnen folgten vor etwa 380 Mio. Jahren die ersten Landwirbeltiere, die *Amphibien*. Sie entstanden wahrscheinlich aus Quastenflosservorfahren. Der Sauerstoffgehalt war damals bereits hoch genug, damit sich in 30 bis 50 Kilometer Höhe die vor UV-Strahlen schützende Ozonschicht in ausreichender Stärke ausbilden konnte.

Dass sich die Amphibien aus Fischen gebildet haben, beweisen uns Fossilfunde von Tieren, die Merkmale beider Tiergruppen zeigen. Ein solches *Brückentier* (s. Seite 215) ist der Fischlurch *Ichthyostega*. Er besaß nämlich einerseits Hautschuppen, ein Seitenlinienorgan und einen Flossensaum am Schwanz, also typische Fischmerkmale. Andererseits hatte er aber auch vier Beine wie ein heutiges Amphibium.

Amphibien sind bis heute sehr stark vom Wasser abhängig. Die meisten Amphibienarten sind bei ihrer Fortpflanzung auf das Wasser angewiesen. In ihm entwickeln sich ihre Larven. Erst nach der Metamorphose können sie an Land leben. Aus Amphibien entstanden vor etwa 330 Mio. Jahren die ersten *Reptilien*. Sie sind weitgehend vom Wasser unabhängig. In der Geschichte der Lebewesen waren sie zu dieser Zeit die bedeutsamste Wirbeltiergruppe.

Aufgaben

① Ermittle die Voraussetzungen für den Landgang der Tiere

② Erläutere, aufgrund welcher Merkmale die Reptilien im Gegensatz zu den Amphibien weitgehend unabhängig vom Wasser sind. Zeige dies jeweils an einem Beispiel und nenne das passende Basiskonzept.

③ Vergleiche Karpfen, Fischlurch und Quastenflosser. Stelle Unterschiede und Gemeinsamkeiten heraus. Fertige dazu eine Tabelle an.

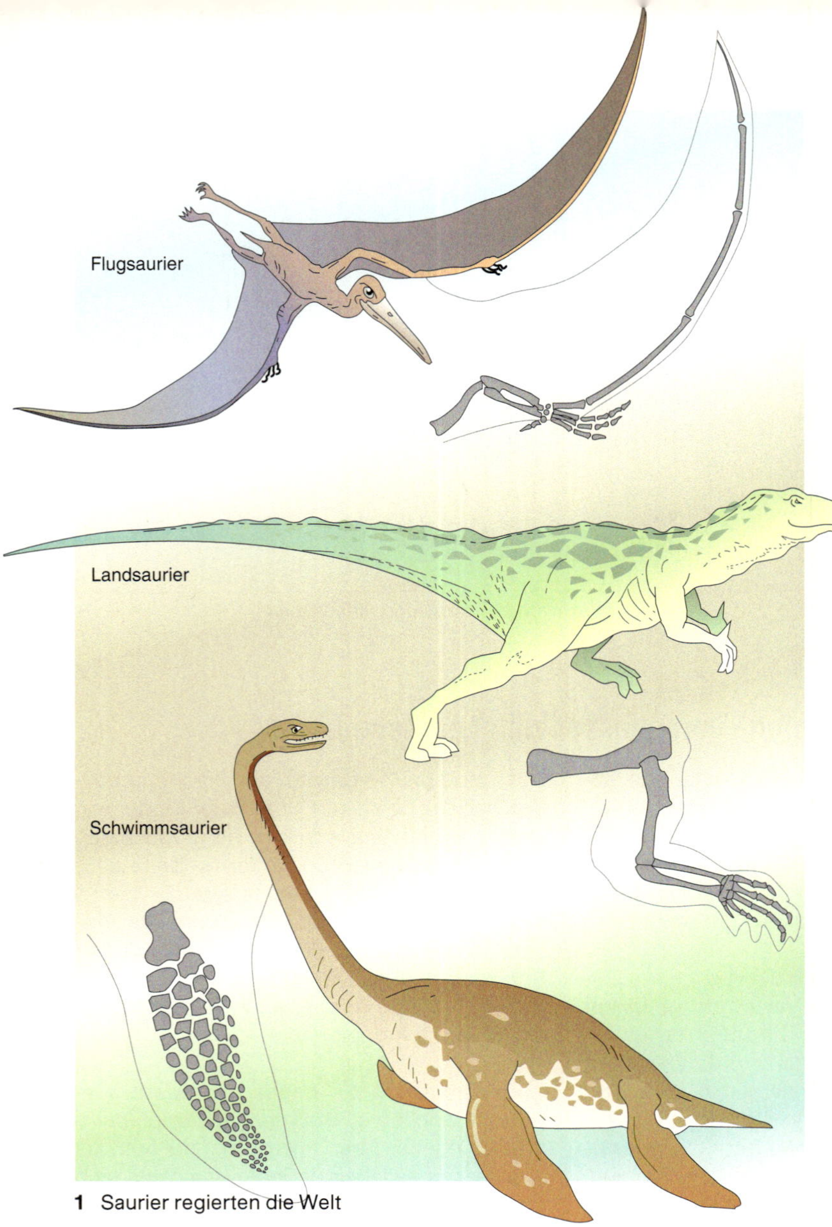

1 Saurier regierten die Welt

Reptilien der Kreidezeit

Im Erdmittelalter, vor allem in der *Kreidezeit* vor 135 bis 65 Millionen Jahren, hatten die Reptilien mit den *Sauriern* den Höhepunkt ihrer Entwicklung erreicht. Sie waren die beherrschenden Organismen auf dem Land, in der Luft und auch im Wasser. Die Zahl der verschiedenen Saurierarten war größer als die der heute lebenden Säugetiere. Säugetiere und Vögel gab es damals zwar auch schon, aber sie spielten noch eine untergeordnete Rolle.

Alle Saurier gehen auf kleine, echsenartige Vorfahren zurück, die vor 350 – 270 Mio. Jahren im Karbon lebten. Vor 180 bis 225 Mio. Jahren, in der Trias, gab es die ersten Saurier. Die Saurier konnten sich über alle Erdteile ausbreiten, weil diese damals noch zusammenhingen und einen einzigen Urkontinent bildeten. Deshalb können wir heute die Spuren der ersten Saurier in allen Erdteilen finden. Später zerbrach der zusammenhängende Urkontinent in die heutigen Kontinente, die sich langsam auseinander bewegten.

Diese riesigen Lebensräume boten den Sauriern vielfältigste Umweltbedingungen und Lebensmöglichkeiten. Das ermöglichte die Entstehung ganz unterschiedlich angepasster Saurier. Aus relativ wenigen Arten entstand eine große Anzahl von Saurierarten, die fast alle Lebensräume besiedelten. Es gab neben den land- auch wasser- und luftlebende Saurierarten mit den vielfältigsten Ernährungsweisen, zum Beispiel Allesfresser oder spezialisierte Pflanzen- und Fleischfresser. Die jeweiligen Angepasstheiten an die unterschiedlichen Fortbewegungs- und Ernährungsweisen erkennt man an Merkmalen im Körperbau. So hat sich die ursprüngliche Form des Arm- bzw. Beinskeletts mehr oder weniger deutlich abgewandelt, zum Beispiel zu flossenförmigen Fortbewegungsorganen.

Am Ende der Kreidezeit, vor etwa 65 Mio. Jahren, starben die Saurier innerhalb relativ kurzer Zeit aus. Das ist erstaunlich, immerhin hatten die Saurier doch zuvor über 150 Mio. Jahre lang die Erde bevölkert und beherrscht. Viele Wissenschaftler gehen heute von einer furchtbaren Naturkatastrophe durch einen Meteoriteneinschlag im heutigen Mexiko aus. Er soll einen Großteil des damaligen Lebens ausgelöscht haben. Unabhängig davon, ob diese oder eine andere Hypothese über das Aussterben der Saurier richtig ist, steht fest, dass auch andere Organismenarten das Ende der Kreidezeit nicht überlebten. An die neuen Umweltbedingungen waren diese, wie auch die Saurier, nicht mehr angepasst. Der Niedergang der bis dahin die Erde beherrschenden Saurier schuf die Voraussetzungen dafür, dass die Säugetiere neue Lebensräume besiedeln und die große Vielfalt ausbilden konnten, wie wir sie heute kennen. (► S. 252/253)

Aufgabe

① Informiere dich über die Vielfalt der Saurier. Stelle in einer Tabelle Daten zu mehreren Sauriern übersichtlich zusammen (Größe, Vorkommen, Angepasstheiten an Fortbewegung, Lebensweise und Lebensraum, Zeitalter ...).

Brückentiere – die Entstehung der Vögel

Vögel gehen auf Reptilienvorfahren zurück, was verschiedene Fossilfunde zeigen. Bereits im Jahr 1861 fand man das erste Exemplar eines fossilen Tieres, das vor mindestens 150 Mio. Jahren gelebt hatte. Es konnte aber nicht ohne Weiteres einer bestimmten Tiergruppe zugeordnet werden, da es gleichermaßen Merkmale der Reptilien und der Vögel aufwies. Fossilien, die Merkmale zweier Tiergruppen aufweisen, stellen ein evolutives Bindeglied zwischen diesen Tiergruppen dar und werden als *Brückentiere* bezeichnet.

Das weltweit bekannteste Beispiels eines Brückentiers ist der *Archaeopteryx lithographica*. Archaeopteryx wird aufgrund seines Federkleides und seiner Flügel als *Urvogel* bezeichnet, obwohl er nicht eindeutig der Klasse der Vögel zuzuordnen ist, sondern ein Brückentier darstellt.

Wahrscheinlich war Archaeopteryx nicht in der Lage, richtig zu fliegen, sondern er war vermutlich nur zu einem einfachen Gleit- oder Flatterflug fähig. Er hatte nämlich kein großes Brustbein mit großem Kiel, an dem bei Vögeln die starken Flugmuskeln ansetzen. Zudem waren seine Knochen nicht hohl und damit leicht wie die der heutigen Vögel, was ihm ein längeres Fliegen unmöglich gemacht haben dürfte. Sein Federkleid war jedoch ein guter Wärmeschutz, der das wahrscheinlich gleichwarme Tier vor Auskühlung schützte. Reptilien hingegen besitzen Hornschuppen und sind wechselwarm. Ihre Körpertemperatur passt sich der jeweiligen Außentemperatur an. Mit seinen scharfen Krallen an Finger und Zehen, wie sie auch Reptilien aufweisen, war Archaeopteryx wahrscheinlich in der Lage, auf Bäume zu klettern und sich geschickt im Geäst zu bewegen. Vermutlich war er durch Schwungfedern – wie sie für Vögel typisch sind – in der Lage, im kurzen Gleitflug den Boden oder andere Bäume zu erreichen. Jedoch wird sich Archaeopteryx wahrscheinlich überwiegend laufend als Insektenjäger vorwärts bewegt haben, wie seine vermutlichen Vorfahren: schnell laufende, kleinere Saurier.

Archaeopteryx wies ebenso wie Vögel einen Hornschnabel auf. Er verfügte aber auch über Zähne, wie sie bei Reptilien zu finden sind. Der Schädel des Archaeopteryx war eher vogelähnlich. Weitere Reptilienmerkmale waren eine lange, bewegliche Schwanzwirbelsäule und ein nicht verwachsenes Schien- und Wadenbein.

Aufgaben

① Stelle die Merkmale von Reptilien, Vögeln und Archaeopteryx tabellarisch gegenüber.

② Begründe, warum es sich bei Archaeopteryx um ein Brückentier handelt.

③ Auch Schildkröten verfügen über einen Schnabel. Begründe, warum es sich bei der Schildkröte nicht um ein Brückentier handelt.

④ Begründe, mit welchem Basiskonzept sich die Entstehung von Brückentieren erklären lässt.

1 Skelettvergleich Reptil – Archaeopteryx – Vogel

1 Schnabeltier

Brückentiere – die Entstehung der Säuger

Aus Reptilienvorfahren entstanden wahrscheinlich auch die heute lebenden Säuger. Auch für diese Tiergruppe gibt es fossile Tiere, die als *Brückentiere* gelten können. *Cynognathus*, der Hundszahnsaurier, besaß beispielsweise ein Gebiss mit unterschiedlichen Zahntypen und wahrscheinlich auch ein Haarkleid. Beides sind typische Säugermerkmale. Die bekanntesten Tiere, die ein Mosaik von Säuger- und Reptilienmerkmalen aufweisen, sind jedoch die *Kloakentiere*.

Die gleichwarmen Kloakentiere zählt man zu den primitivsten heute noch lebenden Säugetieren. Die Mischung von Reptilien- und Säugermerkmalen deutet auf eine lange Entwicklungsgeschichte hin. Man nimmt an, dass die Entwicklung der Kloackentiere vor 150 Mio. Jahren begonnen hat. Zu einem der bekanntesten Vertreter der Kloakentiere gehört das *Schnabeltier*.

Schnabeltiere leben im Osten Australiens und auf Tasmanien an den Ufern von Flüssen und Seen. Das erste Schnabeltier wurde im Jahre 1791 entdeckt. Bei genauen Untersuchungen vor über 200 Jahren fand man beim Schnabeltier eine *Kloake*, d. h. einen gemeinsamen Ausführgang für die Genital- und Exkretionsorgane, wie wir sie bei Amphibien, Reptilien und Vögeln kennen. Der stromlinienförmige, etwa 50 cm lange Körper, ein breiter abgeplatteter Schwanz sowie das Vorhandensein von Schwimmhäuten zeigen die *Angepasstheit* dieses Tieres an ein Leben im Wasser. Der Hornschnabel erinnert an den einer Ente, das Haarkleid hingegen an das Fell eines Säugetieres. Die Frage, ob es sich beim Schnabeltier um ein eierlegendes Säugetier oder um ein behaartes Reptil handelt, wurde erst später beantwortet.

Schnabeltiere legen tatsächlich dotterreiche, weichschalige Eier und ihre Keimesentwicklung sowie Teile des Skeletts ähneln denen der Reptilien. Die Weibchen legen in einem Nest in einer Erdhöhle am Ufer von Flüssen und Seen zwei Eier ab und brüten diese aus. Untersuchungen des Skeletts zeigten, dass Schnabeltiere die für Säuger typische Anzahl von 7 Halswirbeln zeigen, die Halsrippen sind allerdings nur bei Reptilien zu finden. Schnabeltiere weisen neben dem Fell noch ein weiteres für Säugetiere typisches Merkmal auf: Sie verfügen über hochentwickelte Milchdrüsen. Da sie allerdings über keine Zitzen verfügen, drücken die Weibchen die haarlosen, aus den Eiern geschlüpften Jungen an ihren Bauch, wo sich die Milchdrüsen befinden. Die Jungtiere lecken dann die Milch vom Bauch der Mutter ab.

Aufgaben

① Nenne die Säugetier- und Kriechtiermerkmale des Schnabeltiers.

② Stelle begründet dar, warum es sich beim Schnabeltier um ein Brückentier handelt.

③ Begründe, warum Kloakentiere trotz ihres Mosaiks aus Reptilien- und Säugermerkmalen zu den Säugern gezählt werden.

④ Nenne begründet zwei passende Basiskonzepte zum Thema Brückentiere.

Wale – vom Landleben zum Wasser

Säugetiere gibt es seit etwa 150 Mio. Jahren, Wale sind sehr viel später entstanden. Erst als die alle Lebensräume beherrschenden Saurier vor ca. 65 Mio. Jahren ausstarben, konnten die landlebenden Vorfahren der Wale den Lebensraum Meer nach und nach besiedeln. Im heutigen Pakistan, Indien und Ägypten fanden Forscher eine große Zahl von *Fossilien*, die uns zeigen, dass die Wal-Vorfahren tatsächlich Landtiere waren. Diese bildeten nach und nach besondere Merkmale aus, durch die sie vollständig an den Lebensraum Wasser angepasst waren. Von der *Angepasstheit* der Lebewesen spricht man allgemein, wenn bei Lebewesen Merkmale zu finden sind, durch die sie sich für ihren Lebensraum besonders gut eignen.

Einer der ersten Wal-Vorfahren war *Pakicetus*, ein etwa wolfsgroßes, räuberisch lebendes Tier, das mit den Huftieren verwandt ist. Pakicetus jagte noch an Land. Möglicherweise lauerte er jedoch Tieren auf, die zum Trinken ans Wasser kamen. Die Lebensweise der Nachfahren *(Ambulocetus)* von Pakicetus war wahrscheinlich bereits krokodilähnlich. Aus dem Wasser heraus erbeuteten sie zum Trinken ans Wasser kommende Tiere. Die vergleichsweise kurzen Beine, die Schwimmhäute zwischen den Zehen und der muskulöse Schwanz deuten darauf hin. Diese krokodilähnlichen *Urwale* veränderten sich in nur wenigen Millionen Jahren so, dass die Hinterbeine immer kleiner und die Vordergliedmaßen flossenähnlich wurden. Gleichzeitig übernahm vor allem die Schwanzwirbelsäule mit den daran befestigten kräftigen Muskeln die Fortbewegung, indem sie auf und ab bewegt wurde.

Diese Entwicklung brachte Tiere hervor, die das Wasser nicht mehr verlassen konnten, wie zum Beispiel *Dorudon*, der wahrscheinlich am Schwanzende schon eine *Fluke* und auf dem Rücken eine *Finne* besaß. Das Haarkleid war zurückgebildet, unter der Haut gab es eine dicke Fettschicht. Aus Dorudon und seinen Verwandten gingen die heute lebenden *Zahnwale*, zu denen die Delfine gehören, und die Bartenwale hervor. Sie besitzen keine Hinterbeine mehr.

Aufgabe

① Erläutere die Veränderung der Körperform, der Fortbewegungsorgane und des Kälteschutzes der Wale und Delfine mithilfe der genannten Vorfahren.

1 Früherer Vorfahr der Wale bei der Jagd (Rekonstruktion)

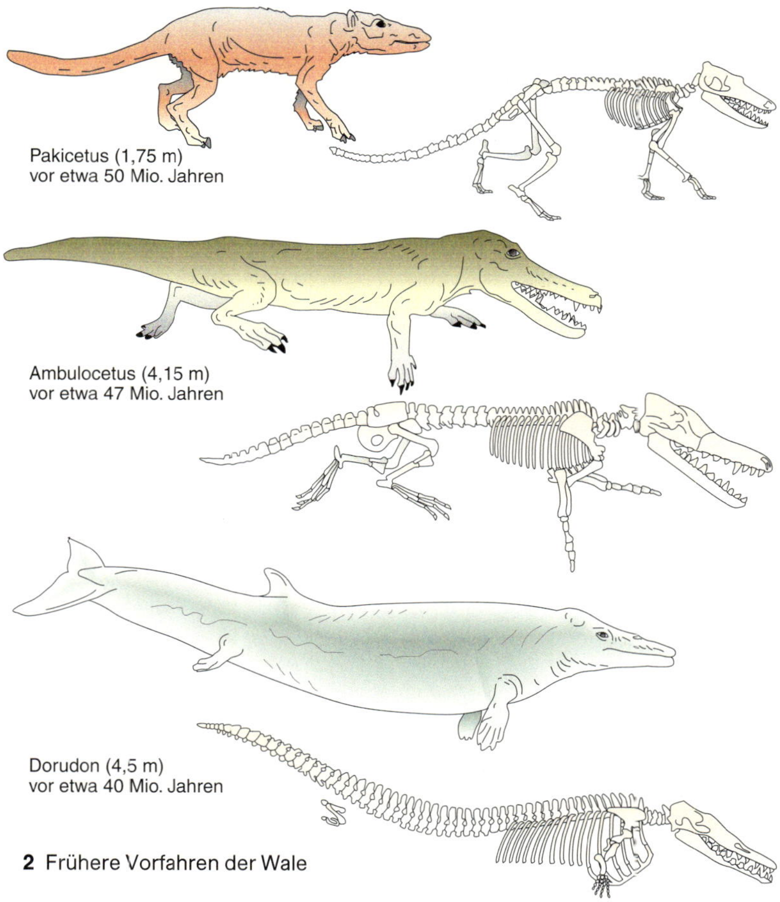

2 Frühere Vorfahren der Wale

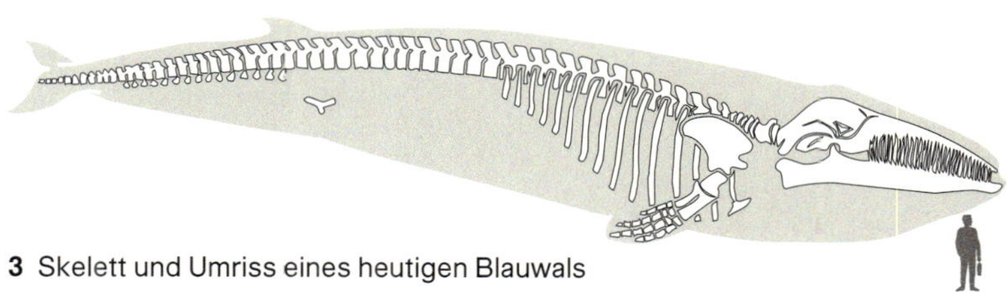

3 Skelett und Umriss eines heutigen Blauwals

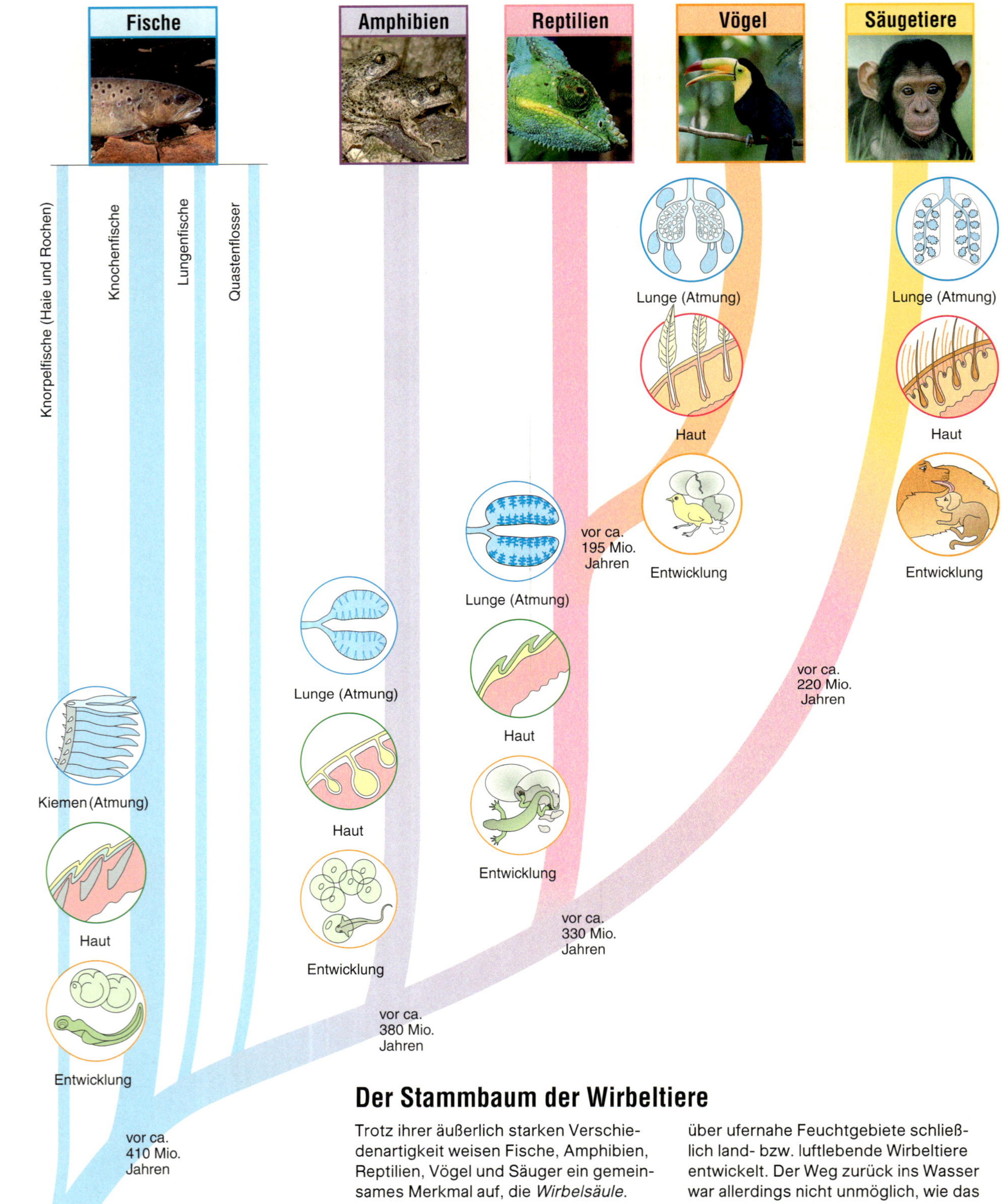

Der Stammbaum der Wirbeltiere

Trotz ihrer äußerlich starken Verschiedenartigkeit weisen Fische, Amphibien, Reptilien, Vögel und Säuger ein gemeinsames Merkmal auf, die *Wirbelsäule*. Man fasst sie deshalb zum *Stamm der Wirbeltiere* zusammen.

Die Entwicklung der oben genannten fünf *Wirbeltierklassen* war verbunden mit der Besiedlung neuer Lebensräume. Ausgehend vom Wasser haben sich über ufernahe Feuchtgebiete schließlich land- bzw. luftlebende Wirbeltiere entwickelt. Der Weg zurück ins Wasser war allerdings nicht unmöglich, wie das Beispiel der Pinguine, Robben und Wale zeigt (s. Seite 217). Die Besiedlung neuer Lebensräume war nur möglich durch die Entstehung neuer Merkmale der Tiere (z. B. im Körperbau), durch die sie jetzt optimal an die veränderten Umweltverhältnisse angepasst waren.

Der Stammbaum der Pferde

Der Wirbeltierstammbaum vermittelt nur einen allgemeinen Überblick über die Herkunft und Verwandtschaftsbeziehungen der 5 Wirbeltierklassen. Der Stammbaum der Pferde dagegen ist ein Beispiel für einen gut rekonstruierten Stammbaum für eine Tierfamilie. Er ist ein Ausschnitt aus dem Stammbaum der Säugetiere.

Fossilfunde zeigen, dass die frühen Vorfahren unseres Pferdes bereits vor etwa 55 Mio. Jahren existierten und kleine, im Wald lebende Tiere waren. Ihr Gebiss deutet nämlich darauf hin, dass sie sich wahrscheinlich von weichen Laubblättern ernährten: Die Backenzähne besaßen Höcker, zwischen denen keine harte Nahrung zerrieben werden konnte. Diese so genannten Urpferdchen der Gattung *Hyracotherium* hatten zudem im Gegensatz zur heute lebenden Pferdeart 4 Zehen, mit denen sie sich gut auf dem relativ weichen Waldboden fortbewegen konnten.

Aus Hyracotherium entstanden im Laufe von Jahrmillionen größere Arten, die weniger und längere Zehen hatten. Die harten Schmelzfalten der Backenzähne wirkten wie eine Raspel. Man schließt daraus, dass Pferdevorfahren mit solchen Backenzähnen harte Pflanzen, z. B. Gräser, gut verwerten konnten. Diese sind aber charakteristisch für steppenartige Landschaften. Dazu passt, dass gleichzeitig offensichtlich größere Tiere mit längeren Gliedmaßen durch die Selektion begünstigt wurden. Außerdem kam es zu einer Reduktion der Zehenzahl von vier auf drei Zehen und schließlich auf nur eine Zehe, die infolge ihrer stabilen Konstruktion das ganze Tier tragen kann. Pferde können sich deshalb schnell und ausdauernd fortbewegen. Voraussetzung für diese Entwicklung war ein Klimawechsel vor etwa 20 Mio. Jahren. Es wurde trockener, die Wälder wurden zu großen Teilen verdrängt durch steppenartige Landschaften.

Viele der in der Vergangenheit lebenden Pferdearten starben aus. Heute gibt es nur eine einzige Pferdeart, aus der die Menschen in den letzten 6000 bis 8000 Jahren die heutigen Hauspferdearten züchteten. Die Wildform unserer Hauspferdearten, das *Przewalskipferd*, war fast ausgestorben. Doch Zucht- und Auswilderungsprogramme verschiedener Zoos haben es ermöglicht, dass heute einige Wildpferdeherden auf den mongolischen Hochebenen wieder frei leben. (▶ S. 254/255)

Aufgaben

① Beschreibe mithilfe der Abbildung und des Textes die Veränderungen von Gliedmaßen und Zähnen beim Pferd.

② Erkläre, weshalb sich diese Veränderungen erfolgreich durchsetzten.

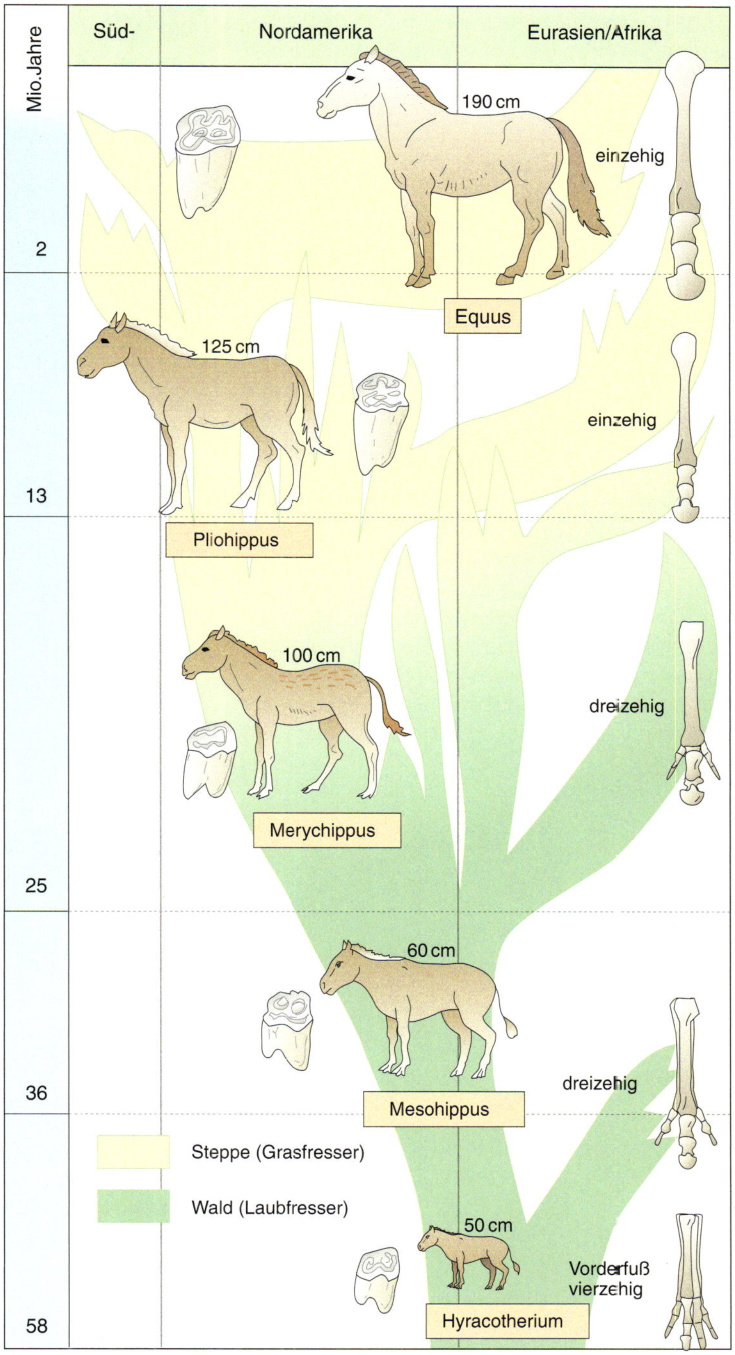

1 Stammbaum der Pferde

Unsere nächsten Verwandten

Vergleichende Untersuchungen haben gezeigt, dass sich die DNA des Menschen von der des Schimpansen nur zu etwa 1,4 % unterscheidet. Kein anderer Organismus besitzt darin mit dem Menschen mehr Übereinstimmungen. Schimpansen sind sogar mit dem Menschen näher verwandt als mit Gorillas, was bedeutet, dass beide gemeinsame Vorfahren gehabt haben. In der zoologischen Systematik werden die Menschen gemeinsam mit den Schimpansen und den übrigen Affen in die Ordnung der Herrentiere *(Primaten)* eingeordnet (s. Abb. 221.1).

Mensch und Schimpanse im Vergleich

Das Skelett des Menschen ist an den aufrechten Gang angepasst. Der gewölbeförmige Fuß erlaubt einen federnden Gang und dämpft so die Erschütterungen beim Gehen und Laufen. Die Wirbelsäule ist doppelt S-förmig gekrümmt. Der Bau der Kniegelenke ermöglicht einen ständig aufrechten Gang. Das Hinterhauptsloch liegt in der Mitte der Schädelunterseite, sodass sich der Schädel bei aufrechter Körperhaltung in einer günstigen Schwerpunktlage befindet. Der Körperschwerpunkt liegt auf der Körperachse. Das schüsselförmige Becken kann die Last der Eingeweide gut aufnehmen. Die im Vergleich zu den Beinen kürzeren Arme tragen Hände, die universell einsetzbare Greifwerkzeuge sind. Der Unterarm ist um seine Längsachse drehbar. Da der Daumen jedem Finger der Hand gegenüber gestellt werden kann, ist ein *Präzisionsgriff* möglich.

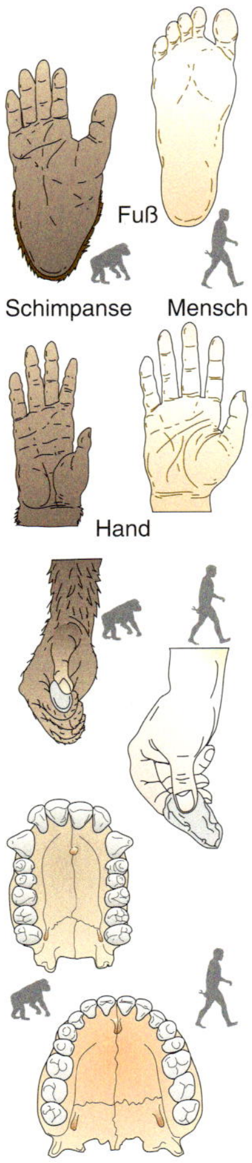

Schimpansen sind Waldbewohner. Sie schwingen oder klettern geschickt von Ast zu Ast, manchmal springen sie auch. Die Arme können dabei gut in alle Richtungen bewegt werden. Am Boden gehen sie meist auf allen Vieren, wobei sie die längeren Arme mit den Fingerknöcheln abstützen *(Knöchelgang)*. Der Kopf wird von der kräftigen Nackenmuskulatur gehalten. Das Hinterhauptsloch liegt weit hinten am Schädel. Selten erheben sich

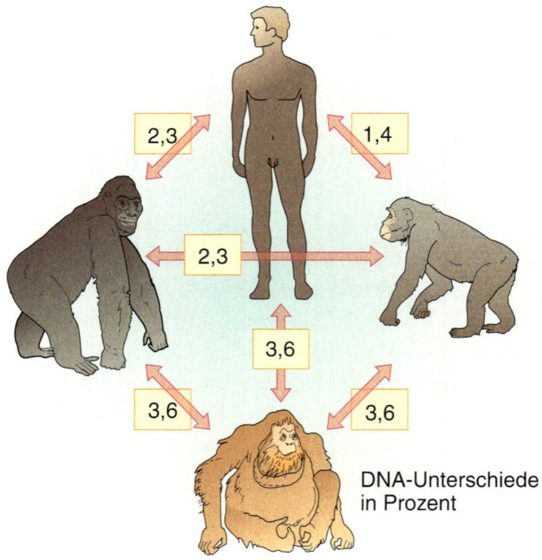

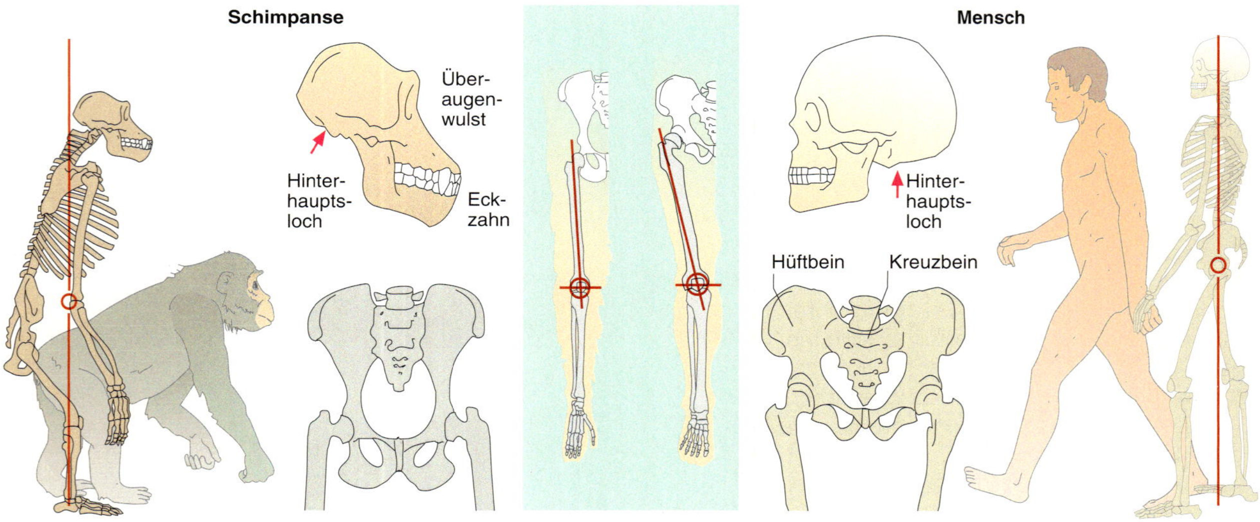

1 Vergleich von Skelettmerkmalen von Schimpanse und Mensch

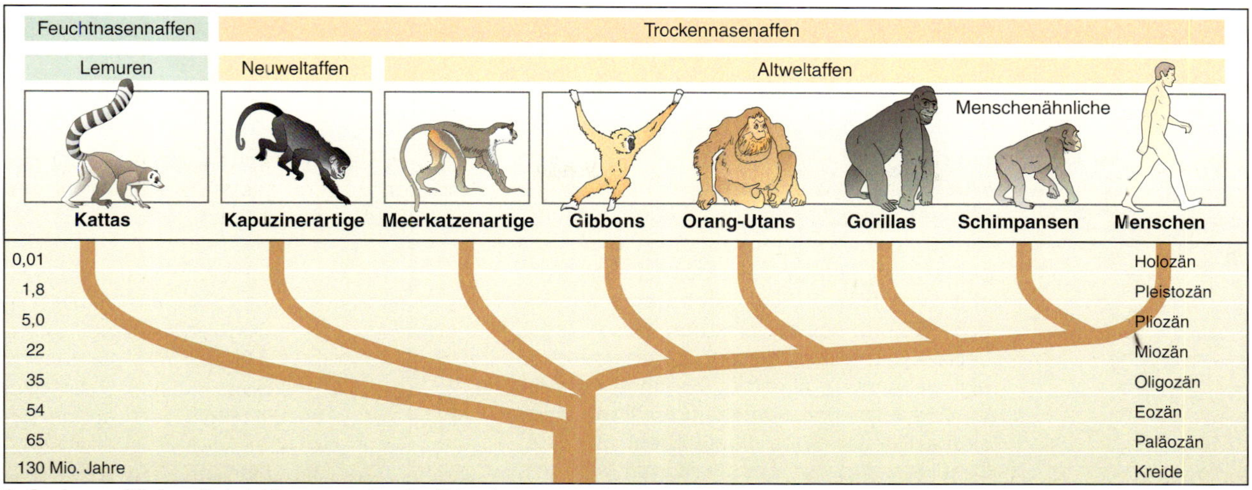

1 Grobes zeitliches Entwicklungsmuster der Primaten

2 Schimpansen

Schimpansen zum aufrechten, zweibeinigen Gehen *(Bipedie)*, es sei denn, sie bringen Früchte mit den Händen an einen anderen Ort. Beim Laufen auf zwei Beinen ist der Körper gebeugt. Knie- und Hüftgelenk sind dabei abgeknickt. So bleiben die Füße unterhalb des Körperschwerpunktes und ein Umkippen wird verhindert. Beim Klettern stellen Schimpansen nicht nur den Daumen den anderen Fingern, sondern auch die große Zehe den anderen Zehen gegenüber. So können sie mit Händen und Füßen Äste umgreifen *(Greifhand und Greiffuß)*. Dadurch sind Schimpansen an das Leben in Bäumen angepasst, auf denen sie Früchte und Blätter suchen und Schutz finden. Kleinere Gegenstände werden zwischen Daumen, Zeige- und Mittelfinger gefasst. Im Unterschied zum Menschen halten Schimpansen den Gegenstand dabei nur seitlich am Daumen, nicht mit der Daumenkuppe (s. Abb. 220 Mitte). Die Hände eignen sich zum einfachen *Werkzeuggebrauch*. So angeln wild lebende Schimpansen mittels eines passenden Halmes zum Beispiel Termiten.

Charakteristisch für den Schädel des Schimpansen sind die vorspringende Schnauze und die *Überaugenwülste*. Am Unterkiefer und den Schläfen findet man Ansatzstellen für die kräftige Kaumuskulatur. Im Gebiss ragen die großen und spitzen Eckzähne heraus, wobei jeweils im gegenüber liegenden Kiefer eine Zahnlücke vorhanden ist. Die Eckzähne sind gefährliche Waffen.

Das Gehirn des Schimpansen ist mit etwa 400 cm^3 im Vergleich zu anderen Säugetieren gleicher Größe groß und weit entwickelt — eine Voraussetzung für das komplexe *Sozialverhalten* dieser Tiere. Sie leben in Gruppen, in denen sich alle Mitglieder persönlich kennen und in denen es eine Rangordnung gibt. Der Verständigung dienen differenzierte Laute und Gebärden. Das Verhalten des Schimpansen setzt sich aus angeborenen und einem sehr großen Teil erlernter Elemente zusammen. Das zeigt die lange Kinder- und Jugendzeit von etwa 8 Jahren, in der viele Verhaltensweisen erlernt werden.

Aufgabe

① Vergleiche mithilfe des Textes und den Abbildungen die Merkmale von Mensch und Schimpanse. Stelle sie in einer Tabelle gegenüber.

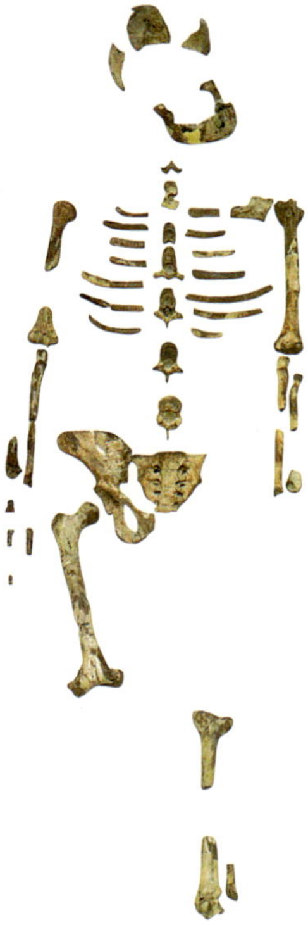

gefundene Skelettteile von Lucy

Lucy – ein Vorfahr des Menschen?

Einen der bedeutendsten Funde zur Stammesgeschichte des Menschen machte der Amerikaner DONALD JOHANSON. Er entdeckte mit seiner Arbeitsgruppe im Jahre 1974 im Wüstengebiet des Afar-Dreiecks im südlichen Äthiopien einen Schädel und in nächster Nähe weitere Knochen, die alle von dem selben Skelett stammten. Das Alter der Knochen von über 3 Mio. Jahren und der Bau des Skeletts ließen vermuten, dass dieses Lebewesen wahrscheinlich zu unseren bisher bekannten ältesten Vorfahren gehörte. Die Forscher tauften ihren Fund nach einem Beatles-Song *Lucy*. Allein mit einer Beschreibung der Knochenfunde gibt sich ein Wissenschaftler aber nicht zufrieden. Er stellt darüber hinaus weitere Fragen:

- Wie sah Lucy aus?
- Ging sie aufrecht?
- Wovon ernährte sie sich?
- Zu welchen Leistungen war sie fähig?
- Benutzte sie Werkzeuge?

Bei der *Rekonstruktion* eines fossilen Lebewesens bringt man die gefundenen Skelettteile zunächst in die richtige Lage zueinander. Fehlende Knochen werden durch nachgebildete Teile aus plastischem Material ergänzt. Aus Lage und Größe der Muskelansatzstellen auf dem Knochen kann die Muskulatur rekonstruiert werden. Binde- und Fettgewebe werden ergänzt, die vermutliche Farbe der Haut und die Art der Behaarung hinzugefügt.

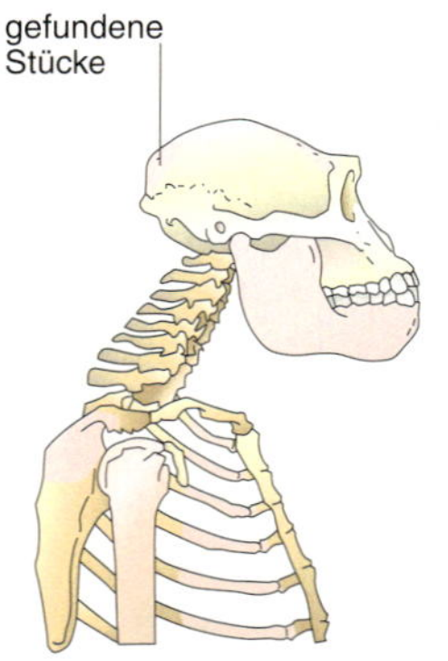

Lucy hatte bereits den ersten Schritt zur Menschwerdung vollzogen: Sie ging aufrecht und hatte ein etwas größeres Gehirnvolumen als der heute lebende Schimpanse. Lucy ist eine frühe Vertreterin der Menschenartigen *(Hominiden)* und wird heute der Art *Australopithecus afarensis* zugeordnet. Neben Lucy wurden viele weitere Fossilien früher Hominiden im ostafrikanischen Grabenbruchsystem gefunden, die unserer Vorfahrenreihe zugeordnet werden können. (▶ S. 254/255)

Rekonstruktion von Lucy

Aufgaben

① Stelle mittels des Textes und der Abbildung 1 begründet dar, warum Lucy zu den Hominiden zählt und warum Forscher anfänglich Zweifel an dieser Einordnung hatten.

② Erstelle mithilfe des Textes von Seite 223 einen beschrifteten Zeitstrahl zur Entwicklung des Menschen.

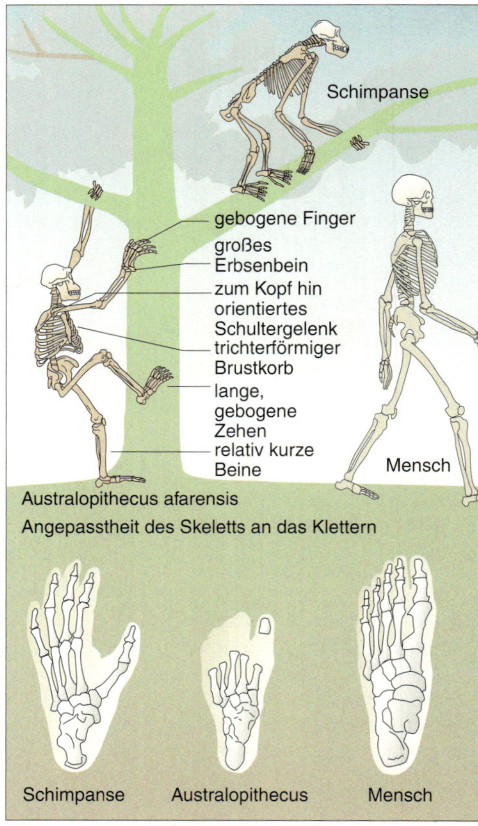

1 Vergleich von Skelettmerkmalen

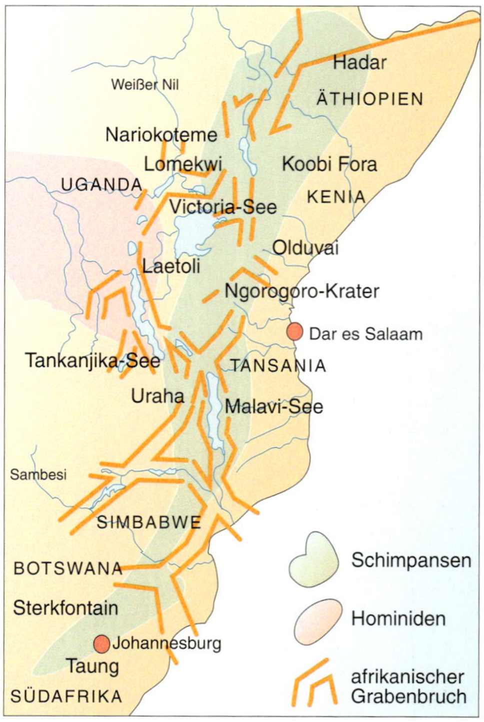

2 Fundstellen der frühen Hominiden

Die Vorfahren des Menschen

Am Beginn der Entwicklung der Hominiden stehen verschiedene Arten der Gattung **Australopithecus** (3,5 – 1,5 Mio. Jahre). Entlang des ostafrikanischen Grabenbruchsystems waren offenbar geeignete Umweltbedingungen für die Entstehung der ersten Hominiden vorhanden. In diesem Bereich bricht seit ca. 6 Mio. Jahren der afrikanische Kontinent langsam auseinander. Damit einhergehende Klimaveränderungen bewirkten dort die Entstehung savannenartiger Landschaften, während westlich davon nach wie vor Wälder existieren.
In diesen sind aus den gemeinsamen Vorfahren die heutigen Schimpansen entstanden.

Aus Vertretern der Gattung Australopithecus entwickelten sich Hominiden mit sehr robustem Körperbau, die heute der Gattung *Paranthropus* zugeordnet werden. Ein Mitglied dieser Gattung ist **Paranthropus boisei**. Charakteristisch sind der Scheitelkamm als Indiz für seine kräftige Kaumuskulatur und sein an die Verwertung harter Nahrung angepasstes „Nussknackergebiss". Die Gattungen Australopithecus und Paranthropus verbreiteten sich nicht über Afrika hinaus (Gehirnvolumen 400 – 550 cm^3).

Bereits vor ca. 2,5 – 1,2 Mio. Jahren gab es die ersten Menschen mit verschiedenen Arten der Gattung *Homo*, *Homo habilis* und *Homo rudolfensis.*

Homo habilis (der „geschickte" Mensch) benutzte nachweislich einfache, selbst hergestellte Werkzeuge aus Stein und hatte bereits ein deutlich größeres Gehirn (600 – 800 cm^3) als seine Vorfahren.

Vor etwas weniger als 2 Mio. Jahren trat **Homo ergaster**, eine Menschenart mit noch größerem Gehirn, in Ostafrika auf, die das Feuer und eine bestimmte Art von Faustkeilen nutzte.

1,6 bis 1,8 Mio. Jahre alte Fossilfunde aus Asien werden der Art **Homo erectus** zugeordnet. Diese Menschenart war über große Teile Asiens verbreitet. Europa wurde erst vor etwa 1 Mio. Jahren, ebenfalls von Afrika aus, zum ersten Mal von Menschen besiedelt. Diese wurden in der Vergangenheit Homo erectus zugeordnet (Gehirnvolumen 800 – 1200 cm^3).

Inzwischen werden sie von vielen Wissenschaftlern wegen abweichender Merkmale einer weiteren Art zugeordnet, nämlich **Homo heidelbergensis** (in Anlehnung an den Unterkieferfund in der Nähe von Heidelberg) Diese Menschenart war auch im westlichen Asien und nördlichen Afrika verbreitet.

Der an das Eiszeitalter angepasste **Homo neanderthalensis** entstand im Nahen Osten und Teilen Europas vor mehr als 200 000 Jahren. Charakteristisch für ihn ist der kräftige und gedrungene Körperbau. Sein Gehirn war bereits so groß wie das des heutigen Menschen. Vor ca. 30 000 Jahren starben die Neandertaler (Gehirnvolumen 1500 bis 1700 cm^3) weitestgehend aus.

Erst vor 40 000 Jahren tauchten in Mitteleuropa die ersten Vertreter des heutigen Menschen, des **Homo sapiens**, auf. Er entstand vor ca. 150 000 bis 200 000 Jahren in Ostafrika, das er vor 100 000 bis 70 000 Jahren verließ. Von dort aus besiedelte er nach und nach die ganze Erde. In allen bekannten Merkmalen war Homo sapiens bereits damals mit dem heutigen Menschen weitgehend identisch. Homo sapiens ist die einzige heute noch lebende Menschenart.

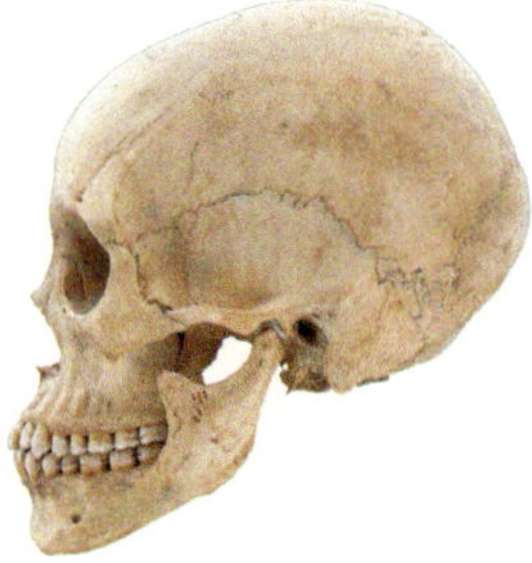

Wie der Mensch zum Menschen wurde

Beim Vergleich der Evolution des Menschen mit anderen Evolutionsprozessen wird deutlich, dass die Entwicklung zum Menschen mit einer vergleichsweise rasanten Geschwindigkeit abgelaufen ist. Innerhalb weniger Millionen Jahre entwickelte sich aus affenähnlichen Vorfahren der Mensch. Die heute lebende Menschenart *Homo sapiens* gibt es sogar erst seit höchstens 150 000 Jahren. Die ersten Säugetiere entstanden dagegen bereits vor ca. 225 Millionen Jahren.

Ein besseres Verständnis dieser schnellen Entwicklung zum Menschen bringt die Beantwortung folgender Fragen:
- Was hat die enorme Größenzunahme des Gehirns bewirkt (s. Seite 223)?
- Warum ist Ostafrika die „Wiege der Menschheit"?
- Was hat unsere Vorfahren dazu veranlasst, Afrika zu verlassen?

Einige Annahmen *(Hypothesen)* stützen sich auf Überlegungen zum Werkzeuggebrauch und Sozialverhalten des Menschen, andere mehr auf ökologische Zusammenhänge.

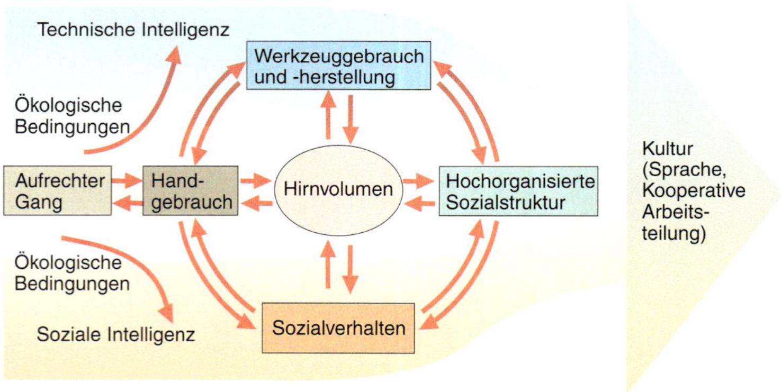

1 Modell zur Menschwerdung

Die *Zunahme des Hirnvolumens* wird mit der Wechselwirkung verschiedener Faktoren erklärt. Der aufrechte Gang ermöglichte den Gebrauch der Hände. Das förderte einerseits die Entwicklung des Werkzeuggebrauchs, andererseits auch die Höherentwicklung des Sozialverhaltens. So ist zum Beispiel das Handausstrecken eine freundschaftliche, besänftigende Geste.

Vorfahren mit einem zufällig größeren Gehirn waren zu komplexerem Sozialverhalten und differenzierterem Werkzeuggebrauch befähigt. Wenn sie dadurch Überlebensvorteile hatten, förderte das im Laufe der Zeit die evolutive Entwicklung größerer Gehirne. Diese wurden dadurch noch leistungsfähiger, was nun umgekehrt positive Auswirkungen auf den Werkzeuggebrauch und das Sozialverhalten hatte. Das förderte wieder die Entwicklung größerer Gehirne usw. Die Zunahme der Gehirngröße bewirkte, dass sich menschliche Gesellschaften mit einer geordneten und komplizierten Sozialstruktur entwickelten, in denen Arbeitsteilung praktiziert wurde *(Jagen und Sammeln)*. Die Weiterentwicklung von Kooperation und Arbeitsteilung sowie die Entwicklung einer abstrakten Wortsprache förderte die Fähigkeit unserer Vorfahren, Großtiere zu jagen. Die Sprache war außerdem die Voraussetzung dafür, dass sich eine menschliche Kultur entwickeln konnte, wie wir sie heute kennen.

Andererseits könnten *ökologische Bedingungen* in Ostafrika zum Menschwerdungsprozess und der damit verbundenen Vergrößerung des Gehirns beigetragen haben. So könnten die Großtierherden Ostafrikas (Gnus, Zebras, ...) ideale Lebensbedingungen für unsere Vorfahren geboten haben, da immer hinreichend tote Tiere als Nahrungsgrundlage vorhanden waren. Dabei mussten unsere Vorfahren mit anderen Aasfressern konkurrieren. In der Luft kreisende Geier zeigten an, wo Nahrung zu finden war. Es kam also darauf an, möglichst schnell am Aas zu sein. Die Fortbewegung auf zwei Beinen verschaffte einen besseren Überblick und war energiesparend. Bei der Nahrungssuche waren ausdauernde Läufer/innen im Vorteil. Durch Schwitzen können Menschen im Gegensatz zu vielen Tieren Wärme abführen, sodass der Körper bei Dauerbelastung nicht überhitzt wird. Das könnte ein Grund dafür gewesen sein, dass sich bei unseren Vorfahren wahrscheinlich schon vor über 3 Mio. Jahren das ursprünglich vorhandene Fell zurückgebildet hat. Ein nackter Körper führt die Wärme noch besser ab.

Unsere Vorfahren verzehrten nicht nur das Fleisch, sondern auch das phosphatreiche Knochenmark der Beute. Eiweiß und Phosphat sind wichtige Stoffe für die Gehirnentwicklung. Die Vorfahren, die zum ersten Mal mithilfe von primitiven Steinwerkzeugen in der Lage waren, die Haut des Tieres zu öffnen und es zu zerlegen, erwarben damit weitere Überlebensvorteile. Sie konnten so leichter frische Tiere verwerten, deren Haut noch sehr widerstandsfähig ist. Dadurch verminderte sich die Gefahr der Vergiftung durch Leichengifte, die für Geier keine Gefahr darstellen. Zum anderen war es möglich, mithilfe von Werkzeugen auch Großtiere als Nahrungsgrundlage zu verwerten, da sie nun zerlegt und abtransportiert werden konnten. In der weiteren Entwicklung hat sich später die Jagd als wirkungsvollere Art des Nahrungserwerbs herausgebildet, was unsere Vorfahren vielleicht ortsunabhängiger machte.

Eine Verschlechterung der Lebensbedingungen in Afrika durch *Klimaveränderungen* könnte der Grund für die Auswanderungswellen aus diesem Kontinent gewesen sein. In Europa und Asien fanden die Ausgewanderten in der damaligen Eiszeit-Tundra ebenfalls Großtierherden vor, sodass die Nahrungsgrundlage ähnlich der in Afrika war. Sie waren wahrscheinlich bereits in der Lage, Großtiere zu jagen. Ganz sicher konnten das die Neandertaler und Homo sapiens. Die Neandertaler Europas und Asiens waren vermutlich optimal an die Lebensbedingungen der Eiszeit angepasst. Sie verfügten über kleine gedrungene Körper, die weniger Wärme abstrahlten als die großen, grazilen des Homo sapiens und sie waren spezialisierte Eiszeitjäger. Dennoch waren sie der Konkurrenz durch den vor 40000 Jahren nach Europa vordringenden, flexibleren Homo sapiens nicht gewachsen.

Die Neandertaler starben aus, obwohl sie eine hoch entwickelte Werkzeugkultur besaßen. Sie fertigten Schmuck an und bestatteten wahrscheinlich ihre Toten. Aber erst Homo sapiens hinterließ umfangreiche und eindrucksvolle Zeugnisse seines kulturellen Schaffens. Das belegen die 15000 bis 30000 Jahre alten Höhlenmalereien im heutigen Frankreich und Spanien. Belege in Deutschland sind Tierfiguren aus fast 40000 Jahre altem Elfenbein aus der Vogelherd-Höhle im Lonetal (Ostalbkreis). Sie zeigen, welch große Bedeutung die jagdbaren Tiere für Homo sapiens hatten.

Aufgaben

① Erkläre Abbildung 225. 1.
② Nenne Vorteile des aufrechten Gangs.
③ Nenne das Basiskonzept, das sich auf die Entwicklung des Menschen bezieht.
④ Erstelle eine Tabelle mit den kennzeichnenden Veränderungen auf dem Weg vom Affen zur Menschwerdung und gib die entsprechenden evolutiven Vorteile dazu an.

Zettelkasten

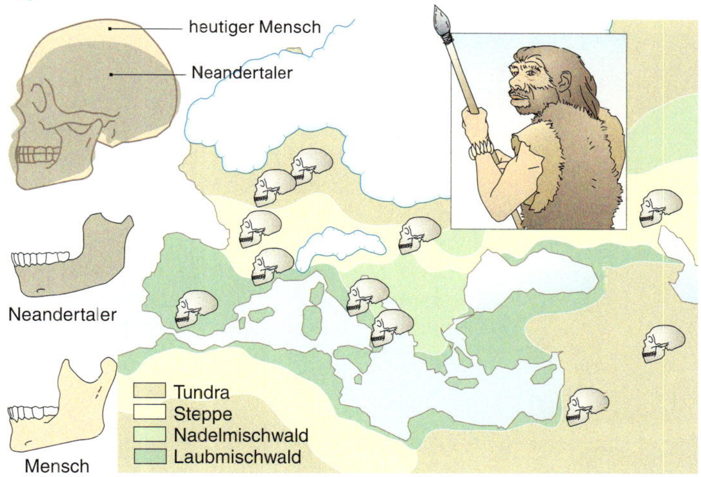

Neandertaler und heutige Menschen

Der Neandertaler ist der erste fossile Mensch, von dem Skelettteile gefunden wurden. Seine Reste wurden bereits 1856 im Neandertal bei Düsseldorf entdeckt. Der Neandertaler und der heutige Mensch zeigen charakteristische Unterschiede in ihrem Körperbau. Den heutigen Menschen bezeichnet man in der Evolutionsbiologie auch als „anatomisch modernen Menschen". Neandertaler waren kräftig gebaute, etwa 1,60 Meter große Menschen, deren Gehirngröße etwas über der des Jetztmenschen lag. Ihr Schädel unterscheidet sich zu dem des heutigen Menschen durch seine fliehende Stirn, die ausgeprägten Überaugenwülste und das nicht vorspringende Kinn.

Da der Neandertaler und der Jetztmensch etwa 40000 Jahre lang im heutigen Israel gemeinsam vorkamen, wurde von mehreren Forschern die Meinung vertreten, dass der Neandertaler als Vorfahre des heutigen Menschen in Frage kommt. Auch Funde aus Spanien wurden so interpretiert. Ein Vergleich des Erbmaterials beider Menschenarten mithilfe der modernen Gentechnik ergab jedoch größere Unterschiede. Danach ist zu vermuten, dass die Neandertaler nicht zu unseren direkten Vorfahren zählen, sondern eine Menschenart waren, die ausgestorben ist.

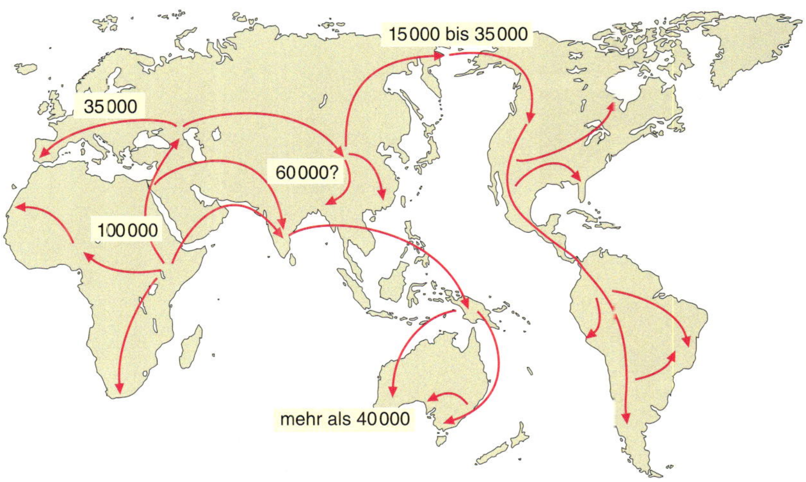

1 Mögliche Ausbreitungswege des Homo sapiens

Die Vielfalt der heutigen Menschen

Variabilität

Ein außerirdischer Betrachter würde die Erdbevölkerung auf den ersten Blick wohl als bunt zusammengewürfelte, sehr unterschiedliche Lebewesen sehen. Die genauere Betrachtung zeigt aber, dass die Vielfalt der auf der Erde lebenden Menschen nicht zufällig ist. Sie ist offensichtlich abhängig von der geografischen Region, in der die Menschen leben. Man deutet sichtbare äußerliche Unterschiede vor allem als *Anpassungsmerkmal* an unterschiedliche klimatische Gegebenheiten in den einzelnen Verbreitungsgebieten.

Typisches Merkmal der meisten *Menschen Afrikas* sind die sehr dunkle Haut-, Augen- und Haarfarbe, geringe Gesichts- und Körperbehaarung, wulstige Lippen und eine breite Nase mit kräftigen, geblähten Nasenflügeln. Diese Menschen haben durch ihre melaninreiche Haut einen sehr wirksamen Schutz vor der intensiven, Krebs erregenden UV-Strahlung in tropischen Gebieten. Ihre gekräuselte Kopfbehaarung wird als Schutz vor zu starker Erwärmung gedeutet.

Menschen Europas haben eine helle bis dunkelbraune Haut, eine schmale Nase, dünne Lippen und starke Körperbehaarung. Haar- und Augenfarbe variieren von hell bis dunkel, auch die Körpergröße kann sehr unterschiedlich sein. Das Kopfhaar ist dünn und glatt bis wellig. Die helle Haut der Menschen Europas ist als Anpassung an Erfordernisse des Vitaminstoffwechsels erklärbar: In der Haut wird unter dem Einfluss ultravioletter Strahlung aus Vorstufen Vitamin D gebildet. Mangel an Vitamin D führt zu Knochenerweichung, Knorpelschwellung und Rachitis. Die melaninarme Haut lässt aber so viel UV-Strahlung durch, dass sie trotz der vergleichsweise geringen Strahlung in den gemäßigten Klimazonen genügend Vitamin D bilden kann. Menschen Nordeuropas haben in der Regel eine sehr helle Haut. Die Verteilung der Hautpigmentierung bei den übrigen Menschengruppen lässt sich aus Abbildung 1 ablesen.

Trotz ihrer Verschiedenartigkeit sind alle Menschen auf einen Ursprung zurückzuführen. Das haben die Forschungsergebnisse der Genetik, der Verhaltens- und der Fossilienforschung gezeigt. Die erblich bedingten Unterschiede sind äußerst gering. Das gilt nicht nur innerhalb einer Bevölkerungsgruppe, sondern auch zwischen den Mitgliedern verschiedener Menschengruppen, z. B. denen aus Mitteleuropa und Schwarzafrika.

Daraus ergibt sich die Schlussfolgerung, dass man nicht von menschlichen „Rassen“ sprechen sollte! Dafür sind die erblich bedingten Unterschiede zwischen den Menschen dieser Erde viel zu klein.

Aufgaben

① Erkläre den in Abbildung 1 dargestellten Zusammenhang und nenne das passende Basiskonzept.

② Recherchiere mithilfe verschiedener Quellen den aktuellen Stand eines möglichen Stammbaums des Menschen.

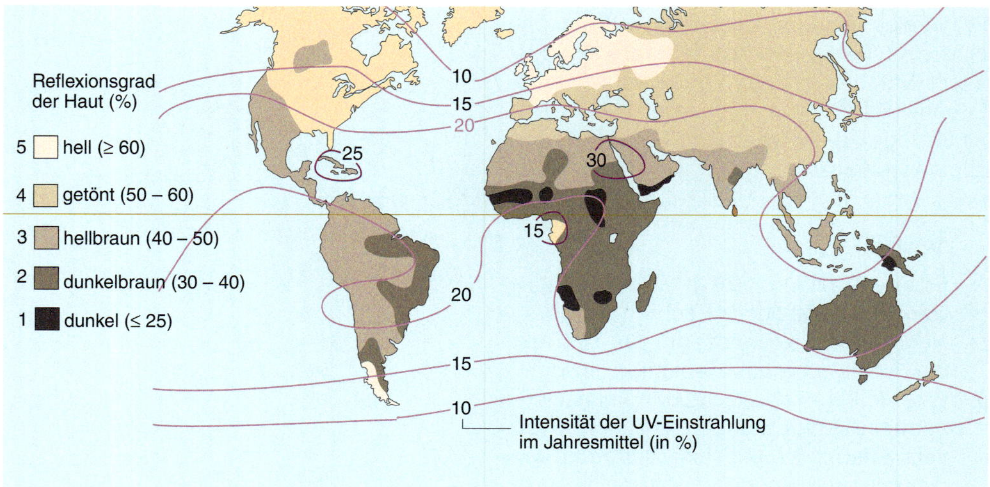

1 UV-Strahlung und Verteilung der Hautpigmentierung

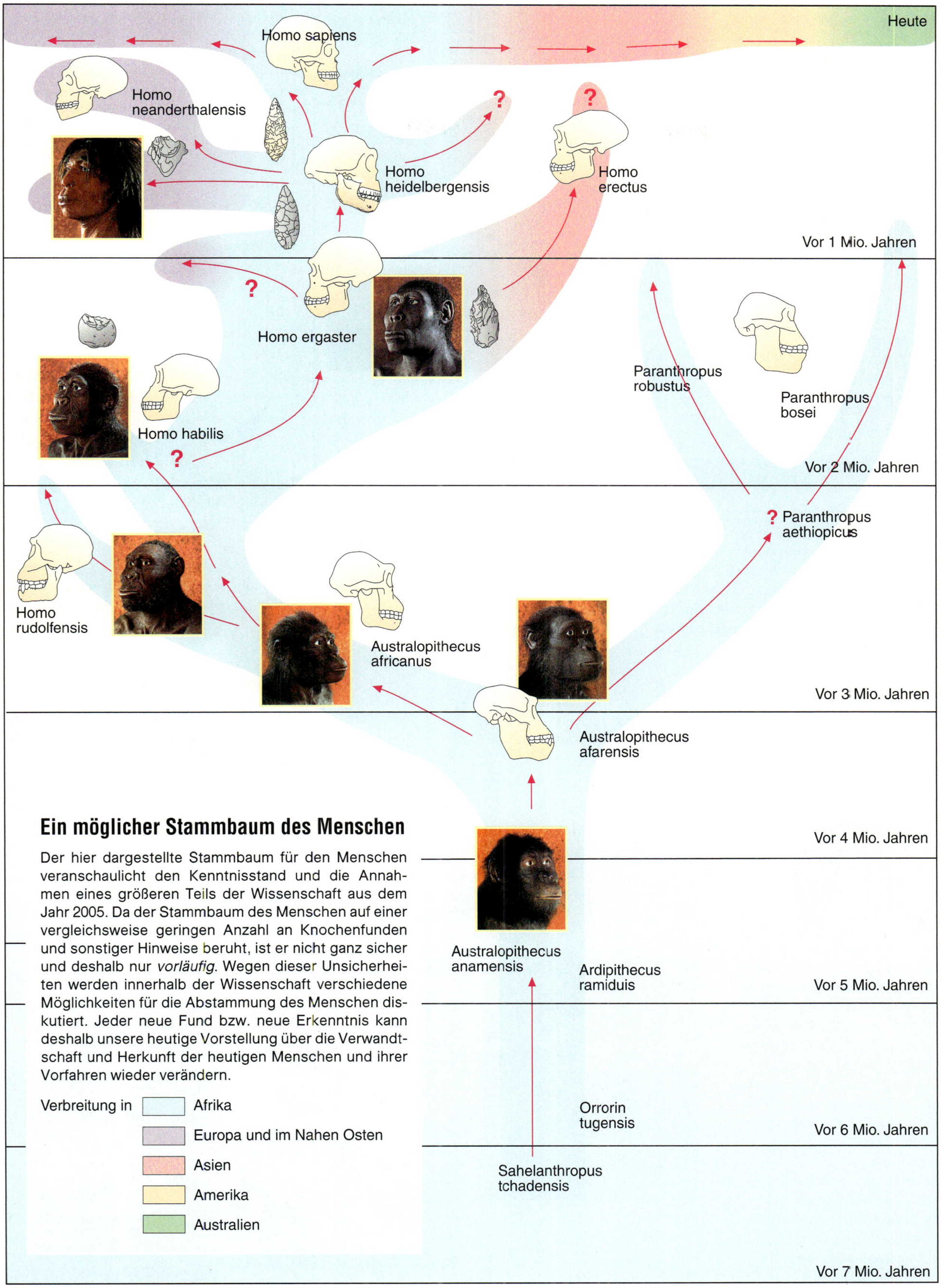

Ein möglicher Stammbaum des Menschen

Der hier dargestellte Stammbaum für den Menschen veranschaulicht den Kenntnisstand und die Annahmen eines größeren Teils der Wissenschaft aus dem Jahr 2005. Da der Stammbaum des Menschen auf einer vergleichsweise geringen Anzahl an Knochenfunden und sonstiger Hinweise beruht, ist er nicht ganz sicher und deshalb nur *vorläufig*. Wegen dieser Unsicherheiten werden innerhalb der Wissenschaft verschiedene Möglichkeiten für die Abstammung des Menschen diskutiert. Jeder neue Fund bzw. neue Erkenntnis kann deshalb unsere heutige Vorstellung über die Verwandtschaft und Herkunft der heutigen Menschen und ihrer Vorfahren wieder verändern.

Verbreitung in
- Afrika
- Europa und im Nahen Osten
- Asien
- Amerika
- Australien

Der Mensch – auch ein Kulturwesen

Spurensuche

Die einzigartige Stellung des Menschen innerhalb der Lebewesen beruht vor allem auf seinem hoch entwickelten Gehirn, der Fähigkeit Werkzeuge zu benutzen und herzustellen und der abstrakten Symbolsprache, die Voraussetzung für seine enorme Kommunikationsfähigkeit. Der Mensch konnte sich vor allem in den letzten 100 Jahren sehr stark vermehren. Er veränderte seine Umwelt derart, dass er sich heute durch sein Wirken selbst bedroht.

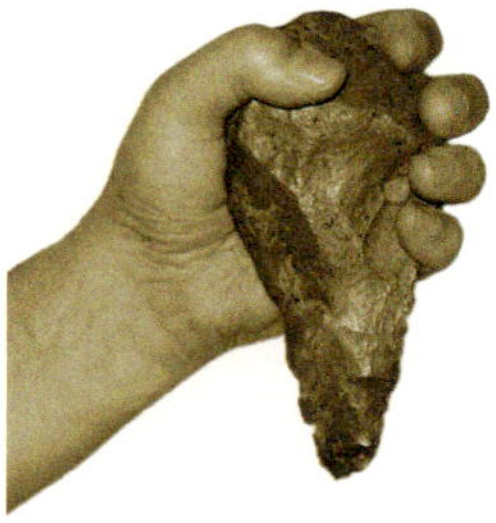

Einen großen Teil unseres Wissens über die weiter zurückliegende Vergangenheit des Menschen verdanken wir der Paläontologie. Mithilfe ihrer fossilen Funde konnte ein Puzzle zusammengesetzt werden, das uns inzwischen ein recht gutes Bild unserer Vorfahren liefert.

Archäologe – ein interessanter Job? Informiere dich über seine Arbeit. Versuche an einem Beispiel nachzuvollziehen, wie er Informationen über unsere Vorfahren bekommt.

Nahrung und Überleben

Man kann davon ausgehen, dass unsere frühen Vorfahren, ähnlich wie heute noch lebende Naturvölker, einen großen Teil ihrer Zeit für den Nahrungserwerb aufwenden mussten. Pflanzliche Nahrung konnte vergleichsweise einfach gesammelt werden. Der Erwerb von eiweißreicher, fleischlicher Nahrung war dagegen sicherlich schwieriger.

Recherchiere im Internet, wann und wo die ersten Nutzpflanzen und Haustiere entstanden.

Es ist doch gar nicht so lange her, dass Mammutjäger in Mitteleuropa unterwegs waren. Ihr Erbe steckt noch in uns. Es gibt viele Beispiele im Verhalten der heutigen Menschen, die das zeigen. Oder?

Schon früh begannen die Menschen, Pflanzen und Tiere gezielt für ihre Zwecke zu nutzen und durch Züchtung und Auslese zu verändern. Die Verfügbarkeit von Nahrung verbesserte sich dadurch drastisch.

Weißt du, wann und wo die ersten Nutzpflanzen und Haustiere entstanden? Nenne mehrere Beispiele.

In den modernen Industrieländern sammelt und jagt der Mensch im Supermarkt, im Fast-Food-Restaurant usw. Grundlage dafür ist die industrielle Landwirtschaft, die Nahrung im Überfluss produziert.

Einerseits prima, aber nicht ohne Probleme für die Umwelt und den Menschen selbst. Erläutere.

Zusammenleben

Auf der Suche nach Nahrung werden unsere frühen Vorfahren in kleineren Familienverbänden ein größeres Gebiet ständig durchstreift haben. Neandertaler und auch unsere direkten Vorfahren benutzten Höhlen als zeitweisen Unterschlupf, der ihnen Schutz bot.

Im Verlauf der Sesshaftwerdung errichteten die Menschen Hütten. Heute findet man an deren Stelle in den Ballungszentren Hochhäuser. Die Menschen leben dort weitgehend anonym.

Recherchiere im Internet, wann und wo die ersten Menschen sesshaft wurden bzw. die ersten Städte entstanden?

Kommunikation

Sprache und Mimik sind für die Menschen im Zusammenleben die wichtigsten Kommunikationsmittel. Die auf diese Weise übermittelten Informationen werden jedoch nicht dauerhaft gespeichert. Erst die Erfindung von Informationstechniken, die Informationen dauerhaft speichern, brachte einen gewaltigen Entwicklungsschub für die kulturelle Evolution des Menschen.

Recherchiere, in welcher Weise und wann dieses geschah. In einem Schema mit einer Zeitachse lässt sich diese Entwicklung gut veranschaulichen.

Technik und Wissenschaft

Die Beherrschung einfacher Werkzeugtechniken ist bereits über 2 Mio. Jahre alt. Infolge der zahlreichen Funde kann man heute die Abfolge immer höher entwickelter Werkzeugkulturen nachweisen. Erst in jüngerer Zeit wurden auch andere Materialien als Stein für die Herstellung von Werkzeugen benutzt. Damit setzte eine immer schnellere Entwicklung der Technik ein, die heute immer noch andauert.

Erstaunlich, welch präzise Werkzeuge aus Stein unsere Vorfahren herstellen konnten. Kannst du erläutern, wie sie dieses angestellt haben könnten?

Die Entwicklung der Technik trug mit zur industriellen Revolution bei. Informiere dich darüber.

Welche Erfindungen haben den technischen Fortschritt besonders stark beschleunigt? Was meinst du?

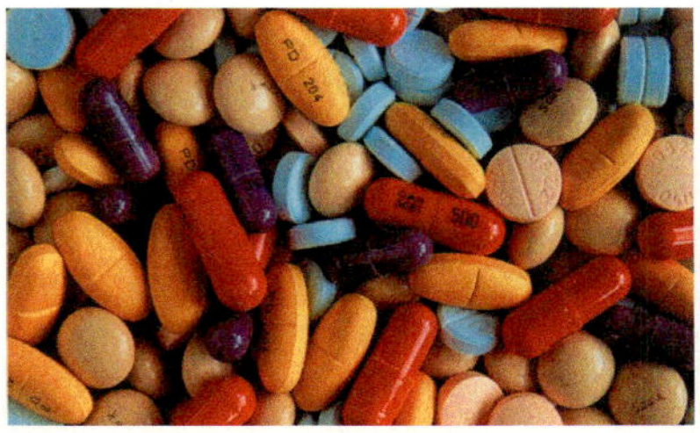

Der enorme Zuwachs an Wissen ermöglichte es, mithilfe der modernen Naturwissenschaft und Medizin die Ursachen für viele Phänomene genau zu erklären, z. B. für erblich bedingte Krankheiten. Die Medizin half, viele Krankheiten erfolgreich zu bekämpfen. Heute denkt der Mensch daran, Krankheiten mithilfe der Gentechnik zu heilen und sogar Menschen nach Maß zu schaffen.

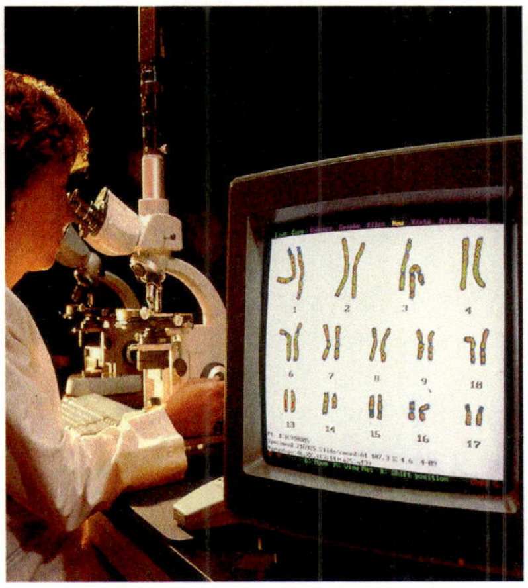

Der Mensch greift heute aktiv in die Evolution ein. Kannst du erklären, warum?

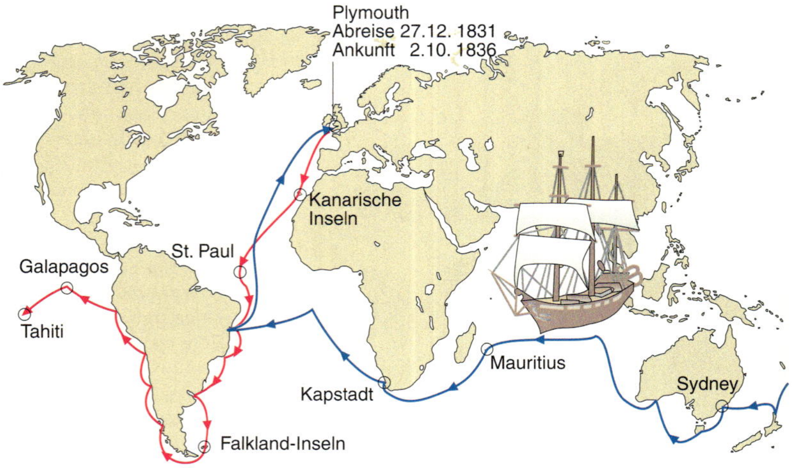

Darwin – der Wegbereiter der modernen Evolutionstheorie

CHARLES DARWIN (1809 – 1882) veröffentlichte 1859 sein bahnbrechendes Werk „Die Entstehung der Arten durch natürliche Zuchtwahl". Es löste zwischen den Verfechtern der Schöpfungslehre und den Anhängern seiner Lehre einen heftigen wissenschaftlichen Streit aus, der zum Teil noch heute andauert. Dennoch zählt die *Evolutionstheorie* heute zu den am besten fundierten Theorien in der Biologie überhaupt. Sie beruht auf Ergebnissen aus sehr verschiedenen biologischen Bereichen, wie Anatomie, Paläontologie, Embryologie, Tiergeografie, aber auch der Molekularbiologie und Genetik.

Die entscheidenden Impulse für seine späteren Arbeiten erhielt DARWIN auf einer fast fünfjährigen Forschungsreise mit einem Vermessungsschiff der britischen Marine, der *Beagle*. Die Reise dauerte vom 27. 12. 1831 bis zum 2. 10. 1836 (Abb. 1). Die wissenschaftliche Ausbeute war so umfangreich, dass DARWIN zur Auswertung seiner geologischen, botanischen und zoologischen Daten und Funde Jahrzehnte benötigte. Dabei gelangte er zu Ergebnissen, die mit der damals herrschenden Vorstellung von der „Unveränderlichkeit der Arten" nicht in Einklang zu bringen waren. Ab 1837 versuchte er, Belege für die Veränderlichkeit der Arten zu finden und die Ursachen des Artenwandels zu klären. Dazu wertete er nicht nur das umfangreiche Material seiner Forschungsreise aus, sondern arbeitete insbesondere auch eng mit Tierzüchtern und Gärtnern zusammen. Er verglich heute lebende Organismen einerseits untereinander und andererseits mit Fossilien, die ähnliche Merkmale im Körperbau zu den heutigen Lebewesen zeigten. Er folgerte, dass die Ähnlichkeiten im Körperbau, z. B. im Bau der Gliedmaßen bei Wirbeltieren, auf Verwandtschaft und Abstammung von gemeinsamen Vorfahren zurückzuführen sind. Bestätigt wurde dies durch die Beobachtung, dass die Fossilien ausgestorbener Lebewesen um so ähnlicher mit heute lebenden Vertretern der untersuchten Organismengruppe sind, je jünger sie entwicklungsgeschichtlich sind. DARWIN erkannte außerdem, dass Tierzüchter durch Auslese der gewünschten Formen z. B. neue Taubenrassen züchten konnten. Er fragte sich, welche Faktoren in der Natur eine solche Auslese bewirken, sodass sich Arten verändern und sogar neue Arten entstehen können.

Die grundlegenden Aussagen der Theorie DARWINS sind noch heute gültig. Sie lauten:

- Lebewesen aller Arten erzeugen mehr Nachkommen, als zur Erhaltung der Art notwendig sind *(Überproduktion)*. Die Individuenzahl einer Art bleibt trotzdem langfristig konstant.
- Die Nachkommen eines Elternpaares sind untereinander verschieden *(Variation)* und dadurch unterschiedlich für das Überleben tauglich.
- Lebewesen stehen untereinander in einem ständigen Wettbewerb um Nahrung, Lebensraum, Geschlechtspartner usw. *(Konkurrenz)*.

Diesen Wettbewerb nannte DARWIN *„struggle for life"*. Lebewesen, die gut an ihre Umwelt angepasst sind, haben höhere Überlebenschancen als weniger gut angepasste *(„survival of the fittest")*. Räuber, die schneller und kräftiger sind als ihre Artgenossen, werden öfter Beute machen als diese. Andererseits werden die Beutetiere, die schneller und früher flüchten kann als andere, dem Beutegreifer eher entkommen und länger leben. Damit ist auch die Häufigkeit größer, dass gut angepasste Individuen sich öfter fortpflanzen und ihre Erbanlagen häufiger an die nächste Generation weitergeben können. Andere mit weniger guten Angepasstheiten sterben früher oder sogar, bevor sie Nachkommen haben. Durch diese natürliche Auslese *(„natural selection")* kommt es zu einer immer besseren Angepasstheit der Lebewesen an ihre Umwelt und zu einer allmählichen Veränderung der Arten.

In der Zeit vor DARWIN galt fast nur eine Vorstellung über die Entstehung der Pflanzen, der Tiere und des Menschen: Die *Schöpfungsgeschichte* der Bibel. Allerdings gab es auch damals bereits Wissenschaftler, welche die Veränderlichkeit von Pflanzen und Tieren annahmen und Hypothesen zu möglichen Ursachen dafür formulierten. Zu ihnen gehörte JEAN BAPTISTE DE LAMARCK (1744–1829). Er war Professor der Zoologie am naturhistorischen Museum von Paris und verglich den Bauplan lebender Tiere mit dem von Fossilien. Dabei fand er Abstufungen im Bau von Organen. Er vermutete deshalb, dass sich die Arten im Laufe der Zeit verändern können. Nach seiner Überzeugung waren alle Lebewesen miteinander verwandt und höher entwickelte Arten waren aus einfacheren entstanden.

LAMARCKS Vorstellungen über die Entwicklung der Lebewesen lassen sich in wenigen Aussagen zusammenfassen:

- Die Veränderung der äußeren Umstände *(Umweltbedingungen)* schafft in den Organismen eine physiologische Notwendigkeit *(„inneres Bedürfnis")*, sich ihrer Umwelt anzupassen.
- Lebewesen passen sich durch Gebrauch oder Nichtgebrauch von Organen an ihre Umwelt an.
- Werden bestimmte Organe in einer bestimmten Umwelt nicht gebraucht, so verkümmern sie. Regelmäßiger Gebrauch führt zu ihrer Verbesserung.
- Diese *erworbene Anpassung* vererben Lebewesen an ihre Nachkommen.

So einleuchtend sich LAMARCKS Theorie auch anhören mag, sie ließ sich nicht beweisen. Die Vererbung erworbener Eigenschaften konnte trotz intensiver Forschung an keinem einzigen Beispiel nachgewiesen werden.

Heute gelten DARWINS Aussagen grundsätzlich als richtig. Auf ihrer Basis und aufgrund neuer Erkenntnisse vor allem aus der Molekularbiologie und Genetik wurde DARWINS Theorie zur *synthetischen Evolutionstheorie* weiterentwickelt. Sie befasst sich z. B. mit Befunden, die darauf hinweisen, dass Evolution stattgefunden hat, und mit der Frage nach den Ursachen für die Evolution.

Aufgabe

① Erkläre die Entstehung der langen Hälse bei Giraffen mithilfe der Randspaltenabbildung und unter Verwendung der Evolutionstheorie nach DARWIN.

Zettelkasten

Der Kreationismus – die etwas andere Theorie

Als DARWIN 1859 sein Werk „Über die Entstehung der Arten durch natürliche Zuchtwahl" veröffentlichte, wurden er und seine Theorie aus allen gesellschaftlichen Schichten heraus bekämpft. Die Kirche hatte zu dieser Zeit einen großen Einfluss auf das Handeln und Denken der Menschen. Die Tatsache, dass DARWIN feststellte, dass der Mensch von Affen abstammt und die Erde, ebenso wie der Mensch, nicht von Gott erschaffen wurden, untergrub die kirchliche Autorität massiv.

Auch heute noch, besonders in den USA, sind viele Menschen streng gläubig und vertreten ausschließlich die kirchliche Schöpfungsgeschichte. Innerhalb des protestantischen Fundamentalismus bildete sich in den USA Anfang des 20. Jahrhundert der Kreationismus aus. Die Kreationisten empfinden die Darwin'sche Evolutionstheorie als ein Angriff auf die heilige Schrift. Mit der Bibelinterpretation in Bezug auf die Schöpfungsgeschichte versuchen die zahlreichen Anhänger des Kreationismus in den USA die Evolutionstheorie zu widerlegen. Eines ihrer Ziele ist es, die Evolutionstheorie in den amerikanischen Schulbüchern durch die des Kreationismus zu ersetzen, was ihnen in einigen Bundesstaaten auch bereits gelungen ist.

Der Kreationismus versucht die Entstehung der Erde und der Arten u. a. mit folgenden Argumenten zu belegen:

- Die in der Bibel beschriebenen groben Umrisse der Schöpfung seien historische Tatsachen.
- In der ersten Schöpfungswoche seien sämtliche Grundarten der Organismen entstanden. Danach seien keine weiteren Arten entstanden.
- Bei der Schöpfung seien viele Prozesse wirksam gewesen, die es heute nicht mehr gibt und die deshalb auch nicht mehr erforschbar seien.
- Die vielen Ähnlichkeiten zwischen vielen Organismen seien keine Beweise für die Evolution, sie seien vielmehr auf gleichartige Lebensweisen bzw. auf gleichartige Einflüsse der Umwelt zurückzuführen. Diese Ähnlichkeiten seien zudem Produkt eines meisterhaften Grundbauplans eines meisterhaften Planers, nämlich Gott.

„Die wörtliche, vollständige Inspiration der Bibel stellt in den Augen mancher vielleicht die radikalste Sicht dar und doch ist sie die einzige, die sich biblisch einwandfrei begründen lässt. Wenn wir fair und ohne Vorurteile an die Bibel herangehen und sie selbst zu Wort kommen lassen, gibt es keine andere Möglichkeit, als sie als die vollständig und wörtlich inspirierte schriftliche Offenbarung Gottes an uns Menschen anzuerkennen."
(TILL BISKUP, Botaniker, 2002)

„Es gibt keinen Sinn im Leben, wenn wir als Tiere im Kampf ums Dasein dargestellt werden. So etwas schafft Hoffnungslosigkeit und Selbstzweifel und führt zu Leid, Mord und Freitod."
(MARC LOODY, Gruppe „Answers in Genesis", Kansas, 1999)

„What Darwin's theory really is: Darwin's theory of evolution represents an unscientific, unproven, anti-Christian, atheistic, naturalistic, hoax, adult fairytale, pseudo-religious theory that should be banned in public education under the classification of „science". Instead, let it be taught in a comparative religions or philosophy class where it rightfully belongs." (WILLIAM D. MAYERCHECK, Creationist/Engineer, Pennsylvania, 2000)

„[Die Evolutionstheorie] ... ist beispielsweise nicht imstande, experimentell vorzuführen, wie Leben aus unbelebter Materie entstanden sein soll." (HANSRUEDI STUTZ, Mitarbeiter bei Pro Genesis, 1999)

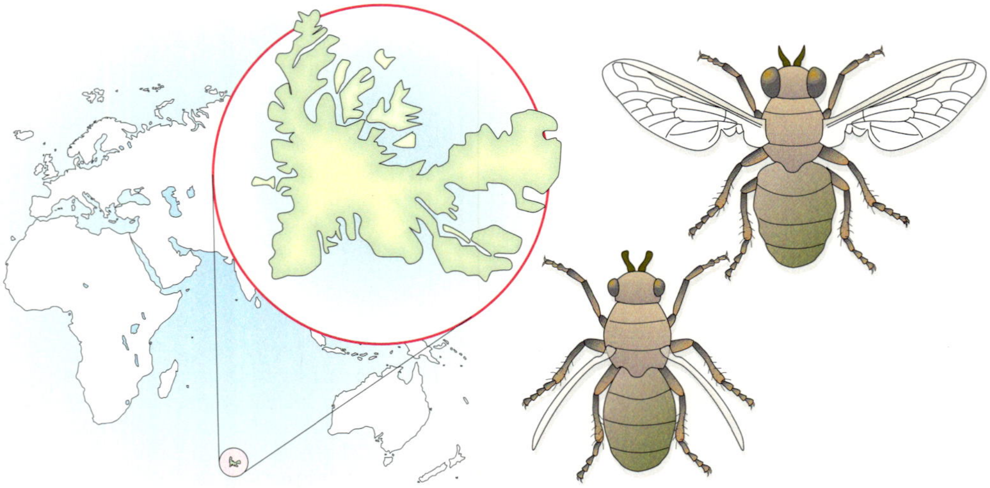

1 Flugunfähige und flugfähige Fliegen der Kerguelen-Inseln

Mutation und Selektion – Motoren der Veränderung

Im südlichen Indischen Ozean nahe der Antarktis liegt eine kleine Inselgruppe, die Kerguelen-Inseln. Entsprechend der geografischen Lage dieser Inseln herrscht dort ein raues Klima, das sehr sturm- und nebelreich ist.

Auf diesen Inseln leben viele Fliegenarten, die reduzierte Flügel, z. B. kleine Stummelflügel, aufweisen und damit flugunfähig sind. Wissenschaftler haben festgestellt, dass es von diesen flugunfähigen Fliegen auf dem Festland nahe verwandte Arten gibt, die über ausprägte Flügel verfügen und damit sehr gut flugfähig sind.

Die Ursache für die Stummelflügel (und damit Flugunfähigkeit) der Fliegen auf den Kerguelen-Inseln sind *Mutationen*. Das sind Veränderungen der Erbanlagen, die entweder spontan auftreten oder durch äußere Einflüsse, z. B. durch Röntgenstrahlen, ausgelöst werden können. Es ist weder vorhersehbar, welche Erbanlagen und wie sie durch eine Mutation verändert werden. Mutationen sind damit zufällig und ungerichtet. In unserem Fall gab es auf den Kerguelen-Inseln in der Fliegenpopulation vermutlich flugunfähige und flugfähige Fliegen, neben einer Vielzahl von Varianten, die eine Mischung zwischen Stummelflügeln und voll ausgeprägten Flügeln aufwiesen.

Mutationen alleine können noch keine Anpassung an bestimmte Umweltbedingungen bewirken. Erst die natürliche Auslese, die *Selektion*, gibt dem Evolutionsprozess eine Richtung. Die Träger ausgeprägter Flügel waren flugfähig, was für sie aber auf den Kerguelen-Inseln nicht von Vorteil, sondern sogar von Nachteil war. Hier weht nämlich – im Gegensatz zum Festland – ein starker und rauer Wind, der diese flugfähigen Fliegen auf das Meer hinaustrieb, sodass viele von ihnen verstarben. Die Fliegen, die bedingt durch Mutationen über Stummelflügel verfügten, blieben auf dem Boden und konnten folglich auch nicht während eines Fluges durch den starken Wind auf die raue See hinausgetrieben werden, d. h., diese flugunfähigen Fliegen überlebten.

Die Zusammensetzung der Fliegenpopulation veränderte sich dadurch. Die stummelflügligen Varianten kamen häufiger zur Fortpflanzung als die Varianten mit voll ausgeprägten Flügeln. Nicht mehr die flugfähigen Formen waren in der Mehrheit, sondern die flugunfähigen. In der Verteilung der Ausbildung der Flügel innerhalb der Population stellte sich somit ein neues Gleichgewicht ein. (▶ S. 252/253)

Aufgaben

① Stelle begründet dar, ob die ersten Fliegen, die die Kerguelen-Inseln besiedelten, flugfähige oder flugunfähige Insekten waren.

② Nenne ein Basiskonzept, mit dem die Entstehung der flugunfähigen Fliegen zu erklären ist.

③ Erkläre, warum Albinos in der Natur kaum verbreitet sind.

1 Grünspecht

2 Grauspecht

Genpool
Gesamtheit aller Gene in einer Population zu einem bestimmten Zeitpunkt

Population
Gruppe von Individuen einer Art in einem bestimmten Gebiet

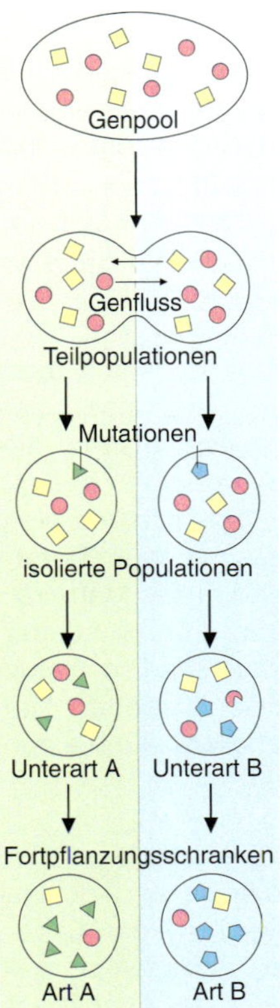

Trennung von Genpools

Isolation und Artbildung

Grünspecht und Grauspecht sind zwei Spechtarten, die bei uns gemeinsam Waldränder und lockere Mischwälder besiedeln. Bei flüchtiger Betrachtung kann ein auffliegender Grauspecht leicht mit der anderen Art verwechselt werden. Doch zeigen beide Spechtarten bei genauer Betrachtung deutliche Unterschiede im Gefieder. Der Grünspecht ist in vielen Schattierungen grün gefärbt, besitzt eine schwarze Gesichtsmaske und trägt eine rote Haube. Beim Grauspecht ist der Vorderkopf des Männchens rot, beim Weibchen graugrün. Das Gefieder ist an einigen Stellen grau statt grün.

Die Entstehung dieser zwei Spechtarten aus einer Art ist auf einschneidende Klimaveränderungen in der Vergangenheit zurückzuführen. Im Verlauf der letzten Kaltzeit rückten in Europa Eisfronten von Skandinavien nach Süden und von den Alpen nach Norden vor. Auf dem Höhepunkt dieser Kaltzeit vor etwa 20 000 Jahren waren die Gletscher in unserem Raum etwa 00 km voneinander entfernt und es bildete sich eine lebensfeindliche Kältesteppe aus. Es blieben für viele wärmebedürftige Arten nur Lebensräume im Südosten und im Westen Europas. Dadurch wurden Tier- und Pflanzenpopulationen in östliche und westliche *Teilpopulationen* getrennt. Diese *geografische Isolation* durch die Eisbarriere bewirkte die *genetische Isolation* der *Genpools*; ein Austausch an Genen war nicht mehr möglich. Es folgte die unabhängige Entwicklung der getrennten Populationen bei unterschiedlichen Umwelt- und Selektionsbedingungen. Beide Genpools wurden verändert. Dadurch entstanden zwei Unterarten, die man als *geografische Rassen* bezeichnet. Sie unterschieden sich zwar voneinander, hätten aber bei Aufhebung der Isolation zu einem früheren Zeitpunkt wieder zu einer Population verschmelzen können.

Nach dem Rückzug der Gletscher wurden die Gebiete wieder besiedelt. Jetzt trafen die lange Zeit getrennten Populationen erneut aufeinander, vermischten sich aber nicht. Die genetischen Unterschiede waren so groß, dass sie sich jetzt im gleichen Lebensraum nicht mehr kreuzten. Der Genfluss blieb unterbrochen. Die Isolation ermöglichte, dass sich aus einer Art zwei Arten entwickelten. Im Osten entstand der Grauspecht, im Westen der Grünspecht: Isolation kann Artaufspaltung bewirken.

Die beiden Spechtarten konkurrieren nur wenig um Nahrung. Der Grünspecht ernährt sich hauptsächlich von Ameisen. Mit seiner langen Leimrutenzunge stochert er regelmäßig in Nestern und Ameisenhaufen. Der Grauspecht hält sich häufig an Baumstämmen auf und sucht hier baumbewohnende Insekten und deren Larven. Weil asiatische Grauspechte überwiegend Bodenspechte sind, darf man annehmen, dass die europäischen Grauspechte an die speziellen Bedingungen ihres Lebensraumes angepasst wurden. Als Baumspechte stehen sie mit den bodenbewohnenden Grünspechten nicht mehr in Konkurrenz. Dieser Prozess, der zur Anpassung einer bestehenden Art an die speziellen Lebensbedingungen führt, heißt *Einnischung*. Eingenischte Arten haben gegenüber anderen weniger gut angepassten Arten, die denselben Lebensraum nutzen, einen Selektionsvorteil.

Bei der Aaskrähe hat die eiszeitliche Trennung nur zur Bildung von Unterarten geführt. Die Rabenkrähe besitzt vollständig schwarzes Gefieder und lebt im westlichen Europa. Die Nebelkrähe hat einen grau gefärbten Rumpf und ist im östlichen Europa zu finden. In einem schmalen Gebiet im Bereich der Elbe vermischen sich die Populationen. Das Auftreten von Mischformen zeigt, dass Raben- und Nebelkrähe noch eine Art bilden.

Aufgabe

(1) Was könnten die Faktoren dafür sein, dass sich mit Grün- und Grauspecht zwei Tochterarten aus einer Stammart entwickelt haben, bei den Krähen jedoch nur zwei Unterarten?

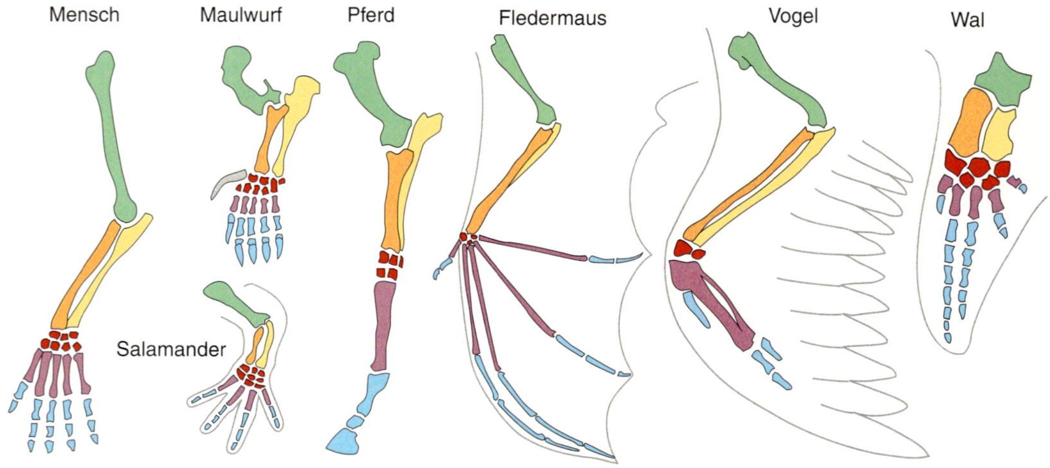

1 Vergleich der Vorderextremitäten von verschiedenen Wirbeltieren

Homologe Organe

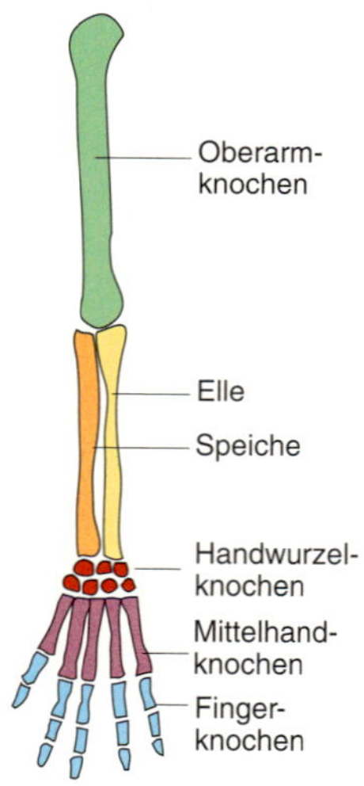

Grundbauplan

Neben den Faktoren, die Evolution bewirken, gibt es darüber hinaus Belege, welchen Verlauf die Evolution in der Vergangenheit genommen hat.

Vergleicht man äußerlich den Flügel einer Fledermaus und das Grabbein eines Maulwurfs, so zeigen sich kaum Ähnlichkeiten der beiden Organe, die bei diesen Tieren darüber hinaus unterschiedliche Funktionen erfüllen. Untersucht man jedoch die Skelette, so zeigen sich deutliche Übereinstimmungen: Ein Oberarmknochen, zwei Unterarmknochen, Handwurzelknochen, Mittelhandknochen und fünf Finger sind die gemeinsamen Grundstrukturen. Sie sind jedoch unterschiedlich geformt und damit angepasst an die Bedingungen der jeweiligen Lebensweise. So fällt auf, dass der Oberarm des Maulwurfs sehr kurz ist und die beiden Unterarmknochen stark verdickt sind. Das kräftige Armskelett besitzt für kraftvolles Graben günstige Hebelverhältnisse. Dagegen besteht das leichtgewichtige Flügelskelett der Fledermaus aus dünnen, langen Knochen, zwischen denen die Flughaut großflächig ausgebreitet wird.

Abbildung 1 zeigt, dass auch der innere Aufbau der Vorderextremitäten weiterer Wirbeltiere ähnlich ist, obwohl diese sehr unterschiedlich genutzt werden. Alle verbindet dasselbe Grundmuster, das mehrfach abgewandelt auftritt.

Während Mensch, Fledermaus und Maulwurf noch fünf Finger bzw. Zehen besitzen, sind es bei Salamandern vier. Beim heutigen Hauspferd ist nur noch eine Zehe (die dritte) vorhanden. Organe, die dasselbe Grundbaumuster besitzen, bezeichnet man als *homologe Organe*.

Dass sich das Grundmuster der Vorderextremitäten bei vielen Tausenden von Wirbeltierarten zufällig in derselben Weise gebildet hat, ist sehr unwahrscheinlich. Wesentlich wahrscheinlicher ist, dass die Ursache für eine gemeinsame Grundstruktur auf gemeinsame Erbinformationen zurückzuführen ist. Kreuzungen zwischen diesen Organismen sind aber unmöglich. Deshalb kann man wohl davon ausgehen, dass die Wandelbarkeit der Arten und ihre Vermehrung durch Aufspaltung aus Stammarten die Ursache ist.

Die Abstammungslehre geht davon aus, dass für die hier betrachteten Tiergruppen gemeinsame Vorfahren existiert haben, die entsprechend gebaute Extremitäten besessen haben. Aus diesen Ahnen haben sich in langen Zeiträumen verschiedene Tierarten entwickelt, die heute noch das Merkmal, teilweise in gestaltlich stark abgewandelter Form, besitzen. Während dieses Prozesses haben sich die Lebensweisen verändert. Dabei haben die Organe manchmal auch einen Funktionswechsel erfahren.

Nimmt man diese Deutung an, so lässt sich ableiten: *Homologie* ist die Folge von Abstammung. Findet man bei verschiedenen Lebewesen homologe Organe, so haben sie gemeinsame Vorfahren, die mit der Ausgangsform der homologen Organe ausgestattet

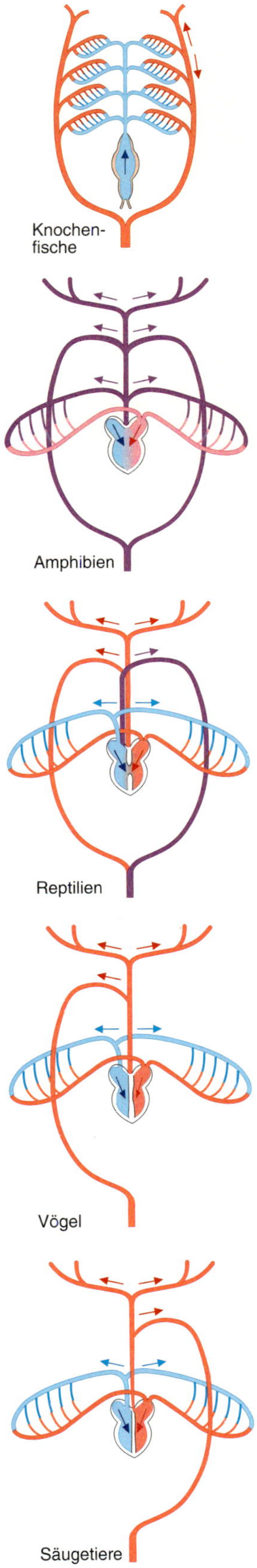

1 Blutkreisläufe

waren. Sind bei verschiedenen Arten einige Organe zueinander homolog, so gilt dies nicht automatisch auch für alle anderen Organe.

Beispielsweise besitzen Wale keine sichtbaren Hinterextremitäten. Die Entwicklung hierzu wird verständlich, wenn man annimmt, dass die gemeinsamen Vorfahren aller Säugetiere zwei Paar Extremitäten besaßen und nach der Aufspaltung der gemeinsamen Entwicklung bei Walen die Hinterextremitäten zurückgebildet wurden (s. Seite 217). So wie in einzelnen Entwicklungslinien Organe zurückgebildet werden, kann es auch zur Bildung neuer Organe kommen.

Die Homologiekriterien

Das Urteil, ob Strukturen homolog sind oder nicht, ist nicht immer so einfach zu fällen wie im vorigen Beispiel. Zur Aufklärung von Homologien hat man bestimmte Kriterien. Beim Vergleich der Vorderextremitäten wurde das *„Kriterium der Lage"* herangezogen. Nach diesem sind Strukturen dann homolog, wenn sie in einem vergleichbaren Gefügesystem die gleiche Lage einnehmen.

Die Hautschuppen der Haie zeigen denselben Grundbauplan wie die Zähne der Säuger. Trotz unterschiedlicher Lage im Organismus sind Struktur und Schichtung der Einzelelemente des Organs identisch. Beide Organe sind homolog, weil sie in ihren Strukturdetails übereinstimmen und dies überzeugend nur mit Abstammung erklärbar ist (Abb. 2).

Hier kommt das *„Kriterium der spezifischen Qualität"* zur Anwendung. Es besagt, dass komplex aufgebaute Organe, unabhängig von ihrer Lage im Organismus, dann homolog sind, wenn sie in mehreren besonderen Merkmalen übereinstimmen. Für das Beispiel lässt dies den Schluss zu, dass es gemeinsame Vorfahren gab, die bereits Zähne oder zahnähnliche Strukturen in der Körperbedeckung besessen haben.

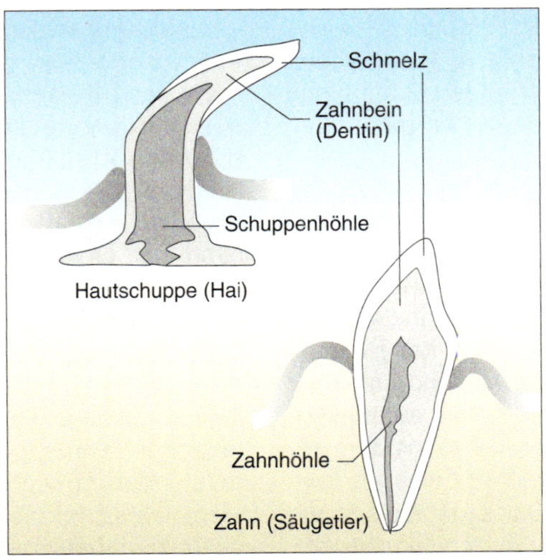

2 Hautschuppe und Zahn im Vergleich

Der Vergleich von Herz und herznahen Blutgefäßen bei Knochenfischen und Säugern zeigt erhebliche Unterschiede. Das Fischherz besitzt einen Vorhof und eine Herzkammer. Das Blut wird in einen Arterienstamm gepumpt und über bogenförmige Arterien in die Kiemen geleitet. Die weiterführenden Gefäße münden in die Körperschlagader *(Aorta)*. Der Kopf wird durch Arterien, die dem vordersten Kiemenbogen entspringen, mit Blut versorgt. Beim Säugetier besteht das Herz aus zwei Vorhöfen und zwei Herzkammern. Es pumpt Blut durch den Lungen- und den Körperkreislauf. Es sind jeweils paarige Lungen- und Kopfarterien vorhanden. Die Körperschlagader ist unpaarig.

Vergleicht man damit die Kreislauforgane von Amphibien und Reptilien, so lässt sich eine stete Reihe bilden. Die Anzahl an Kiemenbögen wird verringert; sie werden zu Schlagadern. Das Herz ausgewachsener, lungenatmender Amphibien ist dreiteilig. Es zeigt zwei Vorhöfe und eine Herzkammer, in der sich sauerstoffreiches und sauerstoffarmes Blut vermischt. Beim vierteiligen Reptilienherz sind die zwei Herzkammern meist unvollständig getrennt. Bei Säugetieren ist eine vollständige Trennung von Körper- und Lungenkreislauf vorhanden (Abb. 1).

Da es sehr wahrscheinlich ist, dass diese stete Reihe auch den Ablauf der evolutiven Entwicklung bei der Umstellung von Kiemen- auf Lungenatmung widerspiegelt, geht man von Homologie aus. Das *„Kriterium der Stetigkeit"* besagt, dass verschieden gestaltete Organe dann homolog sind, wenn sie sich durch Zwischenformen miteinander verbinden lassen, die entweder bei verschiedenen Arten bestehen oder im Verlauf der Embryonalentwicklung eines Lebewesens oder als Fossilien auftreten.

Die homologen Organe einer Organismengruppe und deren Lage ergeben zusammen den Grundbauplan. So hat jeder Tierstamm einen eigenen Bauplan. Er enthält die Grundstrukturen, die bei jedem Vertreter dieses Stammes zu finden sind. Dasselbe gilt auch für die Pflanzenabteilungen. (▶ S. 252/253)

1 Kaktus

2 Wolfsmilch

3 Maulwurf

4 Maulwurfsgrille

Analoge Organe

austretender Milchsaft

Die einheimische *Maulwurfsgrille*, ein etwa 4,5 cm großes Insekt, lebt unterirdisch und kommt nur zur Paarungszeit an die Erdoberfläche. Ihr Körperbau weist viele Merkmale auf, die für das unterirdische Leben vorteilhaft sind. Dazu gehören beispielsweise der kegelförmige Kopf, Gehörorgane mit Schutz gegen eindringende Erde und kräftige, schaufelähnliche Vorderbeine. Diese Grabbeine sind in ihrer Gestalt den Vorderbeinen eines Maulwurfs sehr ähnlich.

Der Maulwurf besitzt als Wirbeltier ein knöchernes Innenskelett, während die Maulwurfsgrille, wie alle Insekten, ein Außenskelett aus Chitin trägt. Übergangsformen zwischen beiden Arten existieren nicht. Überdies sind die Grundbaupläne von Insekten und Säugern so verschieden, dass Homologie nicht vorliegen kann. Von gemeinsamen Vorfahren mit derartigen Grabbeinen kann also nicht ausgegangen werden.

Analogie
Ähnlichkeit funktionsgleicher Strukturen verschiedener Lebewesen, die bei gemeinsamen Vorfahren nicht aufgetreten sind

Wie ist in diesem Beispiel die auffallende Ähnlichkeit erklärbar? Beide Tierarten besiedeln Lebensräume, in denen die selben Anforderungen an die Lebewesen gestellt werden. Nimmt man eine Evolution der Arten an, so wird verständlich, dass bei gleichen Einflüssen durch die Umwelt und ähnlicher Lebensweise gleiche Merkmale entstanden sind, mit denen sie an ihren Lebensraum angepasst sind. Man bezeichnet dies als *konvergente Entwicklung*. Das Ergebnis sind die in Gestalt und Funktion übereinstimmenden Organe. Sie heißen *analoge Organe*.

Sukkulenz
Ausbildung von Wasserspeichergeweben und Reduzierung der Oberfläche zur Einschränkung der Transpiration

Analogien sind kein Beweis für eine Verwandtschaft, aber ein weiteres Indiz für Entwicklung und Veränderung der Arten, verursacht durch Umweltbedingungen. Weitere Beispiele für analoge Organe sind die Flossen von Meeressäugern und Fischen.

Auch im Pflanzenreich sind Analogien beobachtbar. Die in den Trockengebieten Amerikas heimischen *Kakteen* sind an ihre Standortbedingungen besonders angepasst: Sie besitzen Wasserspeichergewebe im stark verdickten Spross *(Stammsukkulenz)* und zu Stacheln reduzierte Blätter zur Einschränkung der Transpiration. In den Trockengebieten Afrikas findet man *Wolfsmilchgewächse*, für die kennzeichnend ist, dass bei Verletzung weißlicher Saft ausläuft. Sie sind ebenfalls gut an das knappe Wasserangebot ihrer Standorte angepasst. Dass die ähnliche Form des Pflanzenkörpers und das Wasserspeichergewebe analoge Strukturen sind, erkennt man an folgenden Merkmalen: Während bei Kakteen das Rindengewebe des Sprosses die Wasserspeicherung übernimmt, ist es bei den Wolfsmilchgewächsen das Mark. Außerdem haben die Pflanzen einen unterschiedlichen Blütenbau. Die Homologiekriterien sind nicht erfüllt, d.h. es liegt *Analogie* vor. Das bedeutet, dass die *Sukkulenz* im Verlauf der Entwicklungsgeschichte dieser Pflanzen unabhängig voneinander entstanden ist. Nicht verwandte Arten haben vergleichbare ökologische Nischen inne und deshalb haben sie analoge Anpassungen nutzen können.

Koevolution

Windblütler sind Blütenpflanzen, deren Pollen durch den Wind auf die Blüten anderer Pflanzen derselben Art übertragen wird. Da der Wind den Pollen ungezielt über eine große Fläche verteilt, ist diese Art des Pollentransports nicht sehr zuverlässig. Es müssen große Mengen Pollen produziert werden. Nur wenn windblütige Pflanzen in relativ dichten Beständen wachsen, gelangt mit hoher Wahrscheinlichkeit Pollen auf benachbarte Blüten der eigenen Art. Bekannte Beispiele für windblütige Pflanzen sind Gräser und Nadelbäume, deren Blüten so unscheinbar sind, dass sie oft gar nicht als Blütenpflanzen erkannt werden.

Pflanzen, die ihren Pollen durch Insekten übertragen lassen, müssen diese Tiere anlocken können und den Besuch der Blüte attraktiv machen. Mit weithin sichtbaren Blütenblättern, mit Duftstoffen oder mit einer besonderen Form der Blüte werden die Insekten angelockt. Die Blüten bieten den Insekten Pollen und Nektar als Nahrung. Nektar hat für den Stoffwechsel der Pflanze selbst keine Bedeutung, er wird ausschließlich als Belohnung für die bestäubenden Insekten gebildet.

Durch die Bestäubung mithilfe von Insekten sind die Pflanzen nicht mehr vom Wind abhängig. Besonders vorteilhaft ist es für die Pflanzen, wenn die Insekten nur Blüten der eigenen Art besuchen, weil so der Pollen nicht auf fremde Arten übertragen wird, wo er für die Bestäubung verloren ist. Für eine bestimmte Insektenart ist es vorteilhaft, wenn durch den speziellen Bau der Blüte nur sie für die Bestäubung infrage kommt, weil sie so keine Konkurrenz durch andere Insekten mehr hat. Ein interessantes Beispiel dafür ist die Madagaskar-Sternorchidee *Angraecum sesquipedale* (s. Randspalte). Sie weist einen bis zu 30 cm langen Blütensporn auf, an dessen Grund die Pflanze Nektar bildet. DARWIN kannte diese Orchidee; es war damals jedoch keine Insektenart bekannt, die diese Blüten bestäuben und den Nektar als Nahrungsquelle nutzen konnte.

DARWIN sagte bereits 1862 voraus, dass es sich um ein Insekt mit einem ungewöhnlich langen Saugrüssel handeln müsse. Derart lange Rüssel weisen z. B. Schmetterlinge aus der Familie der Schwärmer auf. Erst im Jahre 1903 wurde ein Schmetterling entdeckt, der die Orchidee bestäuben und den Nektar nutzen konnte. Es handelt sich dabei um einen Schwärmer mit extrem langem Rüssel (s. Randspalte). Orchidee und Schwärmer haben offensichtlich im Laufe ihrer Stammesgeschichte wechselseitige Anpassungen entwickelt. Derartige Wechselbeziehungen zweier sich gegenseitig beeinflussender Arten bezeichnet man allgemein als *Koevolution*. (▶ S. 254/255)

Aufgaben

① Erkläre den Ablauf und die Bedeutung der Koevolution zwischen Blütenpflanze und Insekt anhand der Abbildungen.

② Nenne ein Basiskonzept mittels dessen die Koevolution zu beschreiben ist.

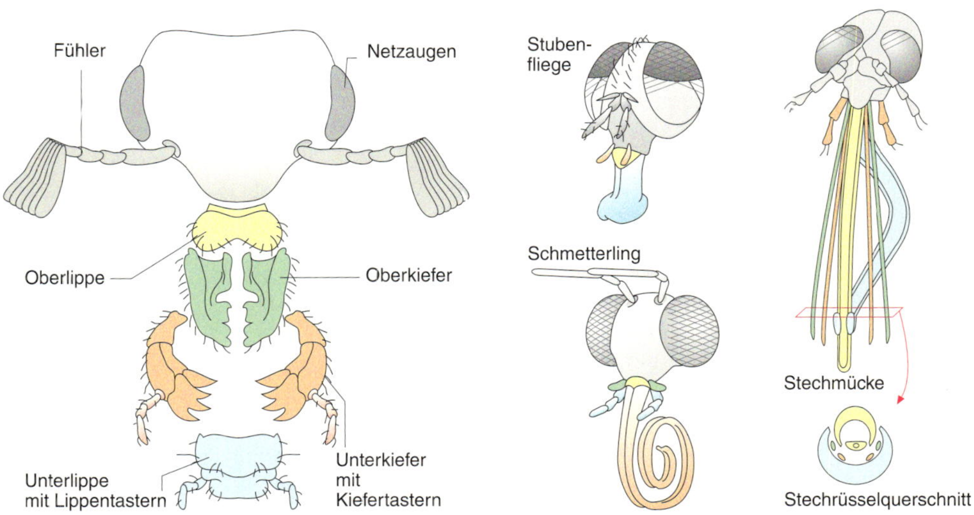

1 Anpassungen von Insektenmundwerkzeugen (Maikäfer, Fliege, Schmetterling, Stechmücke)

1 Borneo-Flugfrosch

2 Quastenflosser

Präadaption

Präadaption (Vorabanpassung) entsteht durch das Vorhandensein von Merkmalen, die durch zufällige Mutationen entstanden sind und die sich bei veränderten Umweltbedingungen für ihre Träger als vorteilhaft erweisen können.

Genkombinationen, die für den Organismus in seiner alten Umwelt keine oder eine nachteilige Auswirkung hatten, können sich in ihrer phänotypischen Ausprägung plötzlich als optimale Anpassung für ein Individuum an eine neue Umwelt erweisen. Diese Vorabanpassung an die neuen Umwelt- und damit Lebensbedingungen wird als *Präadaption* bezeichnet, da die Anpassung bereits vor der Änderung der Umweltbedingungen im genetischer Material des Individuums besteht.

Präadaption ist nur möglich, weil alle Individuen einer Art genetisch unterschiedlich sind. Rezessive Allele, die für das Individuum in seiner alten Umwelt keine oder eine nachteilige Bedeutung haben, werden – häufig heterozygot – an die Nachkommen über Generationen hinweg weitergegeben. Ändern sich die Umwelt- und damit auch die Lebensbedingungen der Individuen einer Art, so können die homozygoten Träger dieser Allele plötzlich im Vorteil sein. Innerhalb der neuen Umweltbedingungen kann sich eine ursprünglich neutrale oder sogar nachteilige Erbinformation plötzlich als Selektionsvorteil erweisen, indem diese Individuen nun besser an ihre neue Umwelt angepasst sind, als andere Artgenossen.

Als präadaptiv können sich auch bereits phänotypisch vorhandene Bestandteile des Bauplans von Individuen erweisen. Ein Beispiel hierfür ist die Funktion der Flughäute einer Art der *Borneo-Flugfrösche*. Als Anpassung an das Leben im Wasser haben sie Häute zwischen den Zehen sowie im Ellenbogengelenk ausgebildet. Sie nutzen diese Häute jedoch nicht nur zum Schwimmen: Auf der Flucht vor Fressfeinden lassen sie sich von Bäumen fallen und segeln zu Boden. Diese Flughäute sind homolog zu den Schwimmhäuten anderer Froscharten und stellen eine Vorabanpassung an das Gleitfliegen dar.

Ein anderes Beispiel für eine Präadaption sind die paarigen Bauch- und Brustflossen des *Quastenflossers*. Diese Flossen sind gut für kurze Strecken auf dem Lande präadaptiert, da er in der Lage ist, kurze Strecken auf ihnen zu laufen.

Aus den Flossen einiger Fischsaurierarten, die ursprünglich zum Schwimmen dienten, entwickelten sich durch Präadaption im Laufe der Evolution die Laufbeine der landlebenden Tiere. (▶ S. 254/255)

Aufgaben

① Erläutere Möglichkeiten der präadaptiven Entwicklung von Laufbeinen.

② Finde eine Begründung, warum der Quastenflosser, trotz seiner Fähigkeit sich auf dem Lande fortzubewegen, nicht zu einem landlebenden Tier geworden ist.

Weitere Belege für die Evolution

Die vorhergehenden Seiten beschrieben bereits ausführlich eine Reihe von Belegen für den Ablauf der Evolution. Dieses Lexikon fasst weitere Indizien zusammen.

Rudimentäre Organe

Das *Pferd* hat als Unpaarhufer eine stark ausgebildete Mittelzehe. Dem dritten Mittelfußknochen liegt links und rechts je ein dünner, schwacher Knochen an, der für die Fortbewegung offensichtlich keine Bedeutung mehr hat. Wegen ihrer Form nennt man diese Knochen *Griffelbeine*.
Sie sind den zweiten und vierten Mittelfußknochen anderer Wirbeltiere homolog. Derartige rückgebildete Organe bezeichnet man allgemein als *Rudimente* oder *rudimentäre Organe* (lat. *rudimentum* = Rest). Rudimentäre haben teilweise oder gänzlich ihre Funktion verloren und zeigen deshalb Rückbildungserscheinungen verschiedenen Ausmaßes. Dazu gehören beispielsweise die Reste eines Schultergürtels bei unserer einheimischen Blindschleiche oder die Flügelreste bei flugunfähigen Vögeln, wie dem neuseeländischen Kiwi oder dem australischen Kasuar.

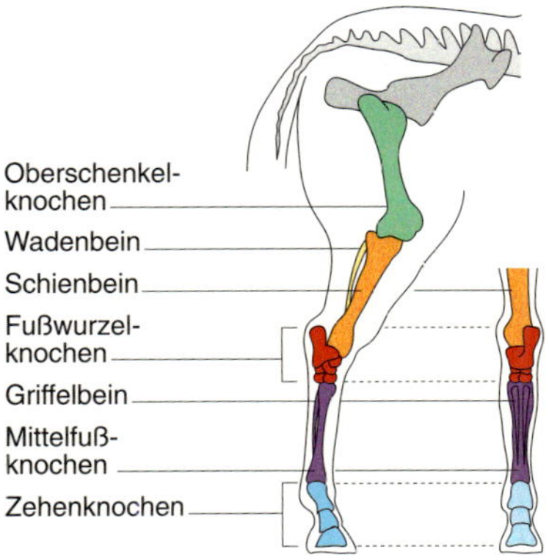

Häufig haben Rudimente jedoch auch eine Aufgabe übernommen, die von ihrer ursprünglichen Funktion verschieden ist. So hat der Wurmfortsatz des Menschen für die Verdauung keinerlei Bedeutung. Er hat stattdessen die Aufgabe eines lymphatischen Organs übernommen. Weitere Rudimente des Menschen sind beispielsweise das Steißbein und die funktionslosen Muskeln der Ohrmuscheln. Bei Walen dienen die Reste der Beckenknochen nicht zur Fortbewegung, sondern bilden eine Ansatzstelle für Muskeln der männlichen Geschlechtsorgane. Höhlentiere, wie der Grottenolm, haben beispielsweise rudimentäre Augen, die in der völligen Dunkelheit der Höhlen für die Orientierung der Tiere aber nicht mehr von Bedeutung sind. Die Bildung von Rudimenten erklärt man als Funktionsverlust oder Funktionsänderung von Organen, die in Verbindung mit Änderungen der Lebensweise entstanden.

Atavismen

In seltenen Ausnahmefällen werden Pferde geboren, die eine zweite oder sogar eine dritte Zehe mit einem Huf aufweisen. Diese mehrzehigen Pferde weisen also ein Merkmal auf, das auf die fünfstrahlige Wirbeltierextremität hinweist. Derartige urtümliche Merkmale, die bei rezenten Lebewesen nur ausnahmsweise auftreten, für deren Vorfahren aber typisch waren, nennt man *Atavismen* (lat. *atavus* = Großvater). Atavismen findet man bei zahlreichen Lebewesen: Rosen und Tulpen weisen gelegentlich grüne, blattförmig ausgebildete Staubblätter auf. Bei der Taufliege gibt es eine Mutante mit vier Flügeln *(Drosophila tetraptera)*.

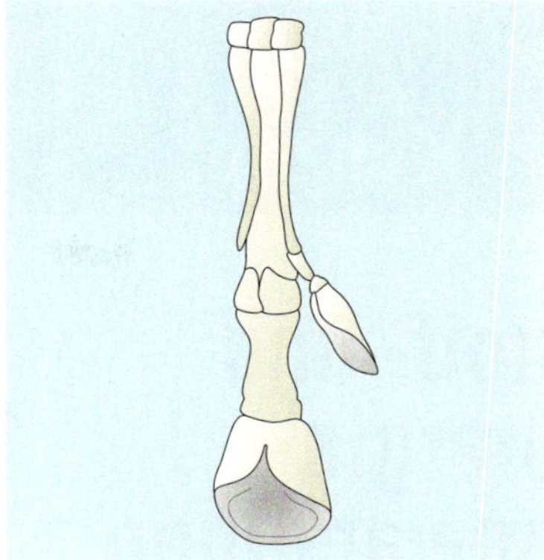

Auch beim Menschen sind Atavismen immer wieder zu beobachten: z. B. starke Körperbehaarung, Ausbildung einer Schwanzwirbelsäule oder überzählige Brustwarzen.

Die Biogenetische Grundregel

Im Jahr 1866 formulierte HAECKEL die *„Biogenetische Grundregel"*: Diese Regel besagt, dass die Embryonalentwicklung von Lebewesen eine kurze Wiederholung der Stammesgeschichte ist. Das heißt, es treten während der Embryonalentwicklung Merkmale auf, welche die frühen Vorfahren besaßen, die dann aber im weiteren Verlauf der Entwicklung wieder verschwinden.
So bildet ein menschlicher Embryo in einem sehr frühen Stad um Kiemenbögen aus, wie sie Fische besitzen.
Die Biogenetische Grundregel hat ihre Grundlage in der Beobachtung, dass die Embryonen verschiedener Organismen, z.B. der Wirbeltiere, sich in einem frühen Entwicklungsstadium sehr ähneln, wie aus der Abbildung unten ersichtlich ist. Diese Ähnlichkeit führte er auf einen gemeinsamen stammesgeschichtlichen Ursprung zurück.

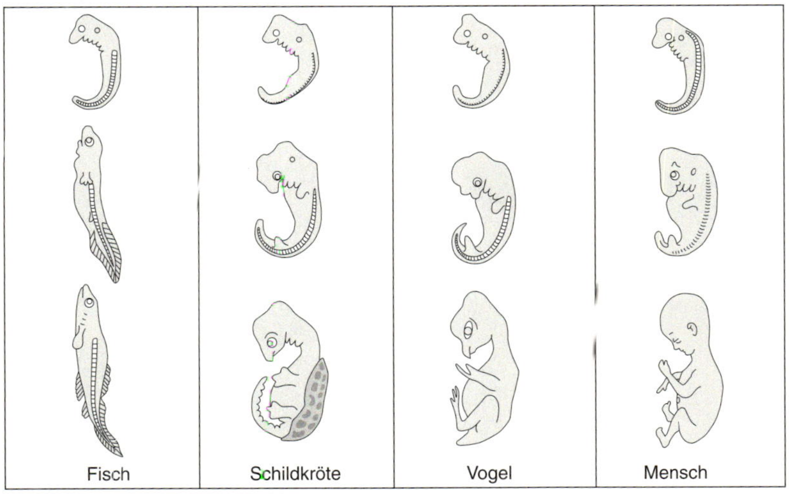

Stoff- und Energieumwandlung

In einer Frucht befindet sich Zucker, in der Kartoffelknolle ist Stärke enthalten, Nüsse sind fettreich und das Holz einer Eiche besteht zu einem großen Teil aus Zellulose. Diese „organischen Stoffe" werden von den grünen Pflanzen produziert, die dazu nur Wasser, Mineralstoffe, Kohlenstoffdioxid und Licht brauchen. Ohne die grünen Pflanzen gäbe es keine Lebewesen in der uns bekannten Form auf der Erde. Nur die grünen Pflanzen sind mithilfe der Fotosynthese in der Lage, die Energie des Sonnenlichts in chemische Energie umzuwandeln.

Durch diese *Fotosynthese* entsteht als Schlüsselsubstanz der Traubenzucker. Er ist der Ausgangsstoff für die organischen Substanzen. Er ist aber auch Energiespeicher und Energielieferant, wenn die Pflanzen oder Tiere ihn letztlich in der *Zellatmung* „verbrennen". Schließlich ist Traubenzucker auch Baustein weiterer Verbindungen, wie Stärke und Zellulose zeigen. Im *Bau-* und *Betriebsstoffwechsel* der Organismen spielt der Traubenzucker damit die zentrale Rolle.

Fotosynthese und Zellatmung

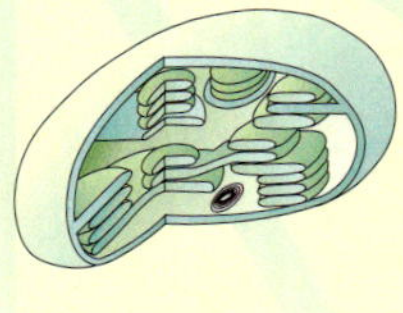

Fotosynthese und Zellatmung

Die *Chloroplasten* grüner Einzeller und Algen haben oft ungewöhnliche Formen, aber trotzdem die gleiche Funktion wie die linsenförmigen Chloroplasten der höheren Pflanzenzellen. Sie besitzen – eingebettet in ein Membransystem – dicht gepackt den grünen Blattfarbstoff. Mithilfe dieses *Chlorophylls* wird die Energie des Sonnenlichts in chemische Energie verwandelt, die letztlich im Traubenzucker gebunden wird. Alle Zellen benötigen den Traubenzucker zur Energieversorgung. Unter Sauerstoffverbrauch wird er zu Kohlenstoffdioxid und Wasser abgebaut. Dabei wird die chemische Energie wieder freigesetzt. Diesen Vorgang der Energieumwandlung bezeichnet man als *Zellatmung*, da die Sauerstoffaufnahme im Gegensatz zur Lungenatmung in den Zellen stattfindet. Die Zellatmung läuft in den Mitochondrien ab, die daher oft „Kraftwerke der Zelle" genannt werden.

Energieträger

Energieträger

Alle Teile der Pflanze, die kein Blattgrün besitzen, und alle Organismen ohne Chlorophyll sind auf die Nährstoffe angewiesen, die die grünen Pflanzenzellen durch die Weiterverarbeitung des Traubenzuckers herstellen. In 100 g Traubenzucker sind etwa 400 kcal (= 1715 kJ) gespeichert, die die Zellen direkt in der Zellatmung verwerten können. Verbrennt man Zucker wie z. B. in der Feuerzangenbowle, wird sein Energiegehalt deutlich sichtbar. Traubenzucker *(Glucose)* ist Grundbaustein zahlreicher *Kohlenhydrate* und wird als tierische oder pflanzliche Stärke gespeichert.

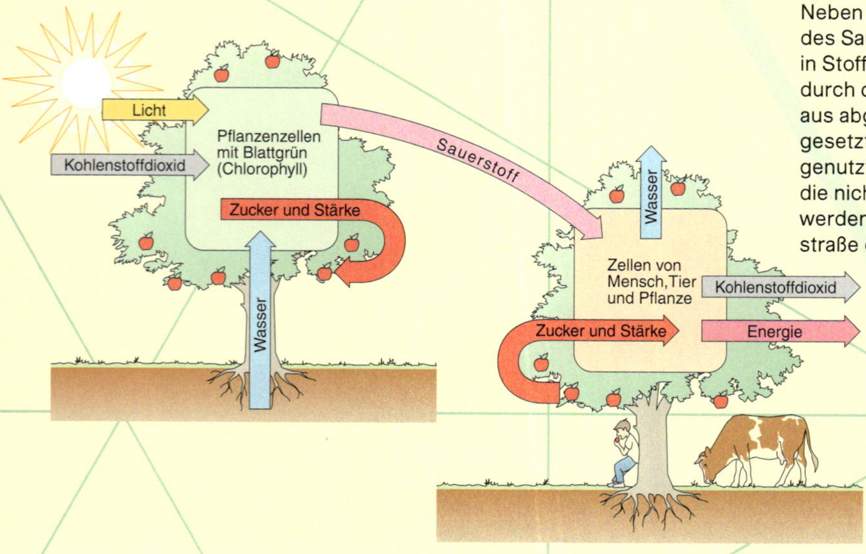

Stoffkreisläufe und Energiefluss

Neben dem Kohlenstoffkreislauf und dem Kreislauf des Sauerstoffs gibt es weitere Substanzen, die in Stoffkreisläufen eine Rolle spielen. Sie werden durch die Tätigkeit der Zersetzer oder Mineralisierer aus abgestorbenen Pflanzenteilen, Kot und Aas freigesetzt und können dann von den Pflanzen wieder genutzt werden. Alle Reaktionen setzen Wärme frei, die nicht wieder in Sonnenenergie zurückverwandelt werden kann. Man spricht daher von der „Einbahnstraße der Energie" oder dem *Energiefluss*.

Stoffkreisläufe und Energiefluss

Ernährungsspezialisten

Ernährungsspezialisten

Manchen Blütenpflanzen fehlt das Chlorophyll, andere können über ihre Wurzeln kaum Mineralstoffe oder Wasser aufnehmen. So überlebt z. B. der gelblich gefärbte Fichtenspargel nur durch eine Symbiose mit einem Pilz und die Mistel lebt als Halbschmarotzer auf Laubbäumen. Die kleine Sommerwurz entzieht als Vollschmarotzer ihrer Wirtspflanze Wasser, Mineral- und Nährstoffe. Sonnentau oder Venusfliegenfalle, die auf stickstoffarmen Böden vorkommen, fangen Insekten und decken so ihren Stickstoffbedarf.

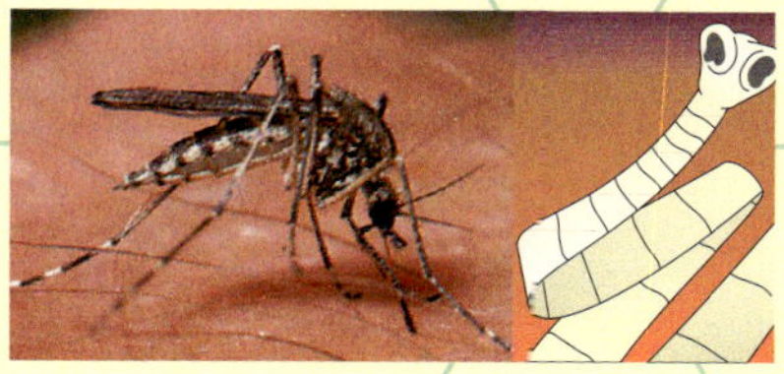

Nicht nur bei Pflanzen gibt es Ernährungsspezialisten. Unter den Wirbellosen Tieren sind z. B. die Zerkleinerer, Weidegänger, Räuber, Sedimentfresser, und Filtrierer in Fließgewässern auffällige Sonderformen, ebenso die parasitischen Bandwürmer oder die Blut saugenden Insekten bzw. der medizinische Blutegel.

Nachwachsende Rohstoffe

Dies ist die Bezeichnung für Substanzen, die überwiegend von Pflanzen (seltener von Tieren) gebildet werden und als industrielle Rohstoffe im so genannten Nicht-Nahrungsmittelbereich genutzt werden können. Zu ihrer Herstellung wird eigentlich nur Sonnenlicht, Luft und Wasser benötigt. Holz und Pflanzenfasern sind die bekanntesten Beispiele. Statt Kohle könnte z. B. Holz zum Heizen, aber auch zum Bauen verwendet werden. Pflanzliche Öle dienten früher als Lampenöle und Pflanzenfasern oder Tierprodukte wurden für die Kleidung genutzt (Lein, Baumwolle, Wolle). Vorteile der nachwachsenden Rohstoffe sind z. B. die Möglichkeit, dass sie rückstandsfrei wieder abzubauen oder leicht kompostierbar sind.

Nachwachsende Rohstoffe

Aufgaben

① Beschreibe den wesentlichen Unterschied, der zwischen Mineralstoffen und Nährstoffen besteht.

② Was bezeichnet der Begriff „Kraftstoffe“?

③ Die vorhandenen Reserven an fossilen Brennstoffen werden in absehbarer Zeit erschöpft sein. Ihre Nutzung führt zu erheblichen Umweltproblemen (z. B. Smog, Treibhauseffekt). Welche Lösungen könnte es geben?

④ Eine wesentliche Rolle im Stoffwechsel spielen Proteine. Sie dienen nicht nur als Energielieferant, sondern sind vor allem im Baustoffwechsel oder als Enzyme tätig. Erstelle eine Mindmap zum Bau und zur Bedeutung der Proteine.

⑤ Koala und Großer Panda sind Nahrungsspezialisten. Informiere dich über ihre jeweilige Hauptnahrung. Gibt es eine vergleichbare Erscheinung bei Pflanzen? Suche nach Beispielen und vergleiche die Zusammenhänge.

Fossile Energie

Fossile Brennstoffe sind durch Umwandlung von Biomasse entstanden *(Inkohlung)* und im Gegensatz zu den nuklearen Brennstoffen fest (Kohle), flüssig (Erdöl) oder gasförmig (Erdgas). Sie bestehen überwiegend aus Kohlenstoff und Wasserstoff, enthalten jedoch auch Sauerstoff, Stickstoff und Schwefel. Fossile Brennstoffe sind die weltweit wichtigsten Primärenergieträger. Sie werden durch Verbrennung genutzt. Dabei kann die Energie direkt oder zur Erzeugung von Elektrizität verwendet werden.

Fossile Energie

Basis Konzept

Struktur und Funktion

„Abgeschaut und nachgebaut". So könnte man das Vorgehen beschreiben, das in der *Bionik* eingesetzt wird. Dieser Wissenschaftszweig beschäftigt sich mit dem „Lernen der Technik von der Natur". Betrachtet man den Aufbau von Lebewesen, findet man auf allen Organisationsebenen eine enge Beziehung zwischen Struktur und Funktion. Diesen Zusammenhang gibt es in der Natur nur bei Lebewesen. Der Biologe untersucht die Beziehung zwischen beobachtbarem Merkmal und seiner Bedeutung für den Träger dieses Merkmals. Der Bioniker versucht, den Zusammenhang zwischen Form und Funktion zu verstehen und auf die Lösung technischer Probleme zu übertragen. Dabei ergeben sich oft auch wieder für die Biologie neue Erkenntnisse.

Sehr bekannt ist der *Lotuseffekt*. Das Ende der 70er-Jahre des letzten Jahrhunderts entdeckte Selbstreinigungsprinzip von Blättern beruht auf winzigen Wachsnoppen. Über sie werden Wassertropfen und Schmutzpartikel so weitergegeben, dass die Blätter immer sauber erscheinen. Nach diesem Prinzip wurden selbstreinigende und schmutzabweisende Lacke, Farben und Oberflächenbeschichtungen entwickelt.

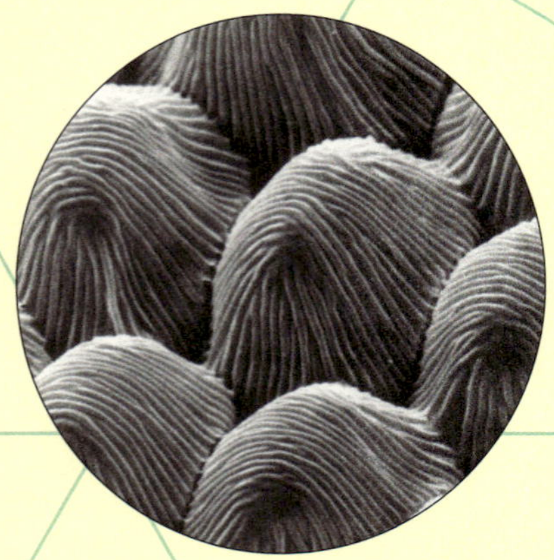

Blattoberfläche der Hundskamille

Abwandlung

Abwandlung

Durch Blattmetamorphosen wird der Grundbauplan des Laubblattes abgewandelt und durch Spross- und Wurzelmetamorphosen verändert sich die Grundstruktur dieser Organe entsprechend ihrer Funktion. So speichern *Sprossknollen*, wie die Kartoffel, den Nährstoff Stärke und die fleischigen *Sprossachsen* der Kakteen das Wasser. *Erdsprosse* verankern zusätzlich die Pflanze.

Untersucht man die Zellen dieser abgewandelten Organe, zeigt sich die Beziehung zwischen Struktur und Funktion auch auf der Ebene der Zellorganellen. So gibt es z. B. in der Kartoffel keine grünen Chloroplasten, sondern Stärke speichernde Plastiden. Auch die Speicherblätter der Zwiebel enthalten keine Chloroplasten.

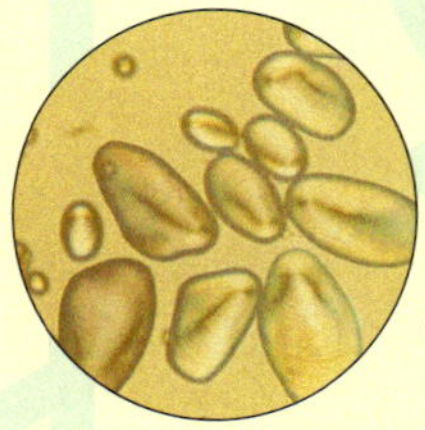

Stärkekörner

Nano-srukturen

Nanostrukturen

Für winzig kleine Strukturen in der Technik stehen z. B. die Mikrochips. Aber auch das Leben wird auf vielfältige Weise durch kleine Strukturen bestimmt. Wasserläufer und Basilisken nutzen z. B. kleine Luftkissen, die zwischen ihren Füßen und der Wasseroberfläche entstehen. Käfer, Spinnen, Fliegen und Geckos besitzen eine Vielzahl feinster Hafthaare, die es ihnen ermöglichen, kopfüber an der Decke zu hängen und trotzdem schnell zu laufen.

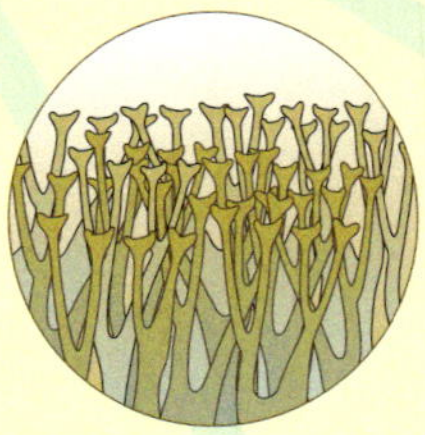

Hafthaare des Geckos

Oberflächen-strukturen

Oberflächenstrukturen

Das Prinzip der *Oberflächenvergrößerung* ist bei den Atmungsorganen, in den Darmzotten oder bei den Wurzelhaaren zu beobachten. Einfaltungen oder Ausstülpungen vergrößern die Austauschfläche. Auch Chloroplasten und Mitochondrien zeigen dieses Prinzip. Das Gegenteil lassen Nadelblätter erkennen: Durch ihre Struktur schützen sie die Pflanzen bei Kälte und Trockenheit.

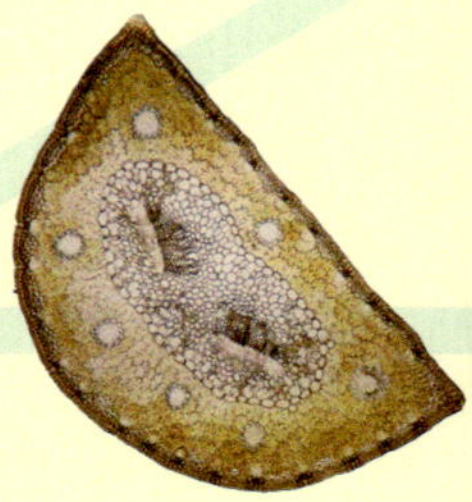

Querschnitt Nadelblatt

Gegenspieler-prinzip

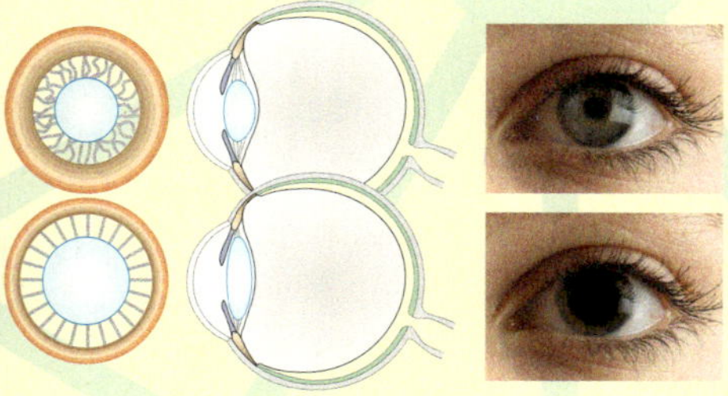

Gegenspielerprinzip

Das Gegenspielerprinzip wie es an Beuger und Strecker des Oberarms oder an der Katzenkralle vorkommt, betrifft die Zusammenarbeit zweier Muskeln oder eines Muskels mit einer dehnbaren Sehne. Im Auge wirken für scharfes Sehen in der Nähe und Ferne der Ciliarmuskel, die Linsenbänder und die Linse zusammen. Für die Einstellung der Pupillenöffnung sind Radiär- und Ringmuskeln verantwortlich.

Das osmotische Verhalten der Pflanzenzellen wird von zwei völlig anderen Gegenspielern bestimmt: Hier arbeiten die Saugkraft der Vakuole und der Wanddruck als Gegenspieler. Die Einstellung des Blutzuckerspiegels zeigt schließlich, dass auch zwei Hormone (Insulin und Glukagon) als Gegenspieler wirken können.

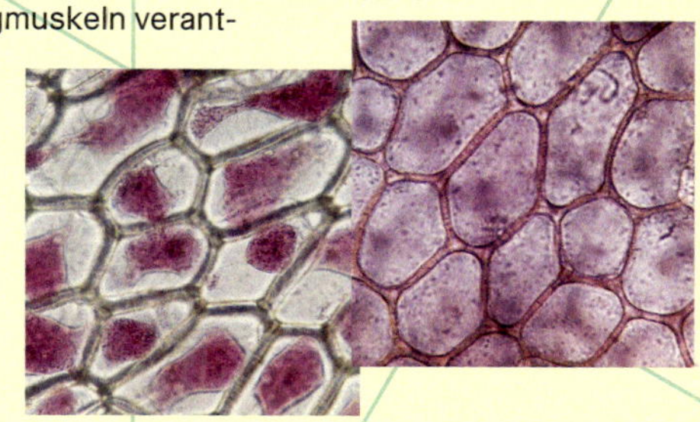

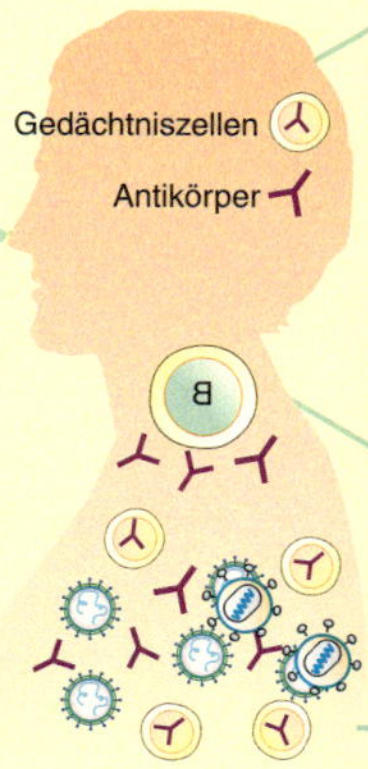

Schlüssel-Schloss-Prinzip

Bekannt ist die Zusammenarbeit zwischen Gelenkkopf und Gelenkpfanne oder zwischen Blutzellen-Antigenen und den entsprechenden Antikörpern. Nach dem gleichen Prinzip arbeiten auch Hormone mit den Rezeptoren in den Zellen des Zielorgans zusammen oder die Überträgerstoffe an den Synapsen der Nervenzellen mit ihren Rezeptoren.

Auch der Aufbau und die Arbeitsweise der DNA oder die Proteinbiosynthese bieten zahlreiche Beispiele dafür, dass zwei Dinge in der Form aufeinander abgestimmt sind. Verändert sich z. B. durch Mutation der Aufbau eines Enzymmoleküls, kann es sein Substrat nicht mehr abbauen.

Schlüssel-Schloss-Prinzip

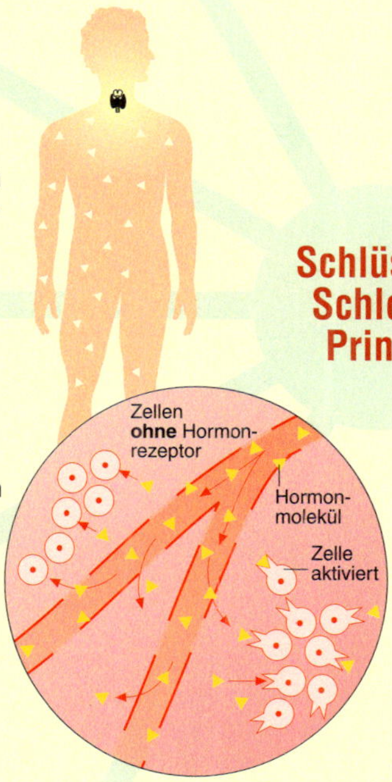

Aufgaben

① Antikörper passen wie Puzzleteile zu ihren Antigenen. Welches weitere Merkmal zeigen sie in ihrer Struktur, das auf ihre Funktion schließen lässt?

② Auch Sympathicus und Parasympathicus können als Gegenspieler betrachtet werden. Vergleiche ihre Tätigkeit mit den genannten Gegenspieler-Systemen.

③ Suche nach weiteren Beispielen dafür, dass Dinge exakt zueinander passen wie im Schlüssel-Schloss-Prinzip beschrieben. Entsprechen alle Beispiele dem bildlichen Ablauf, dass ein Schlüssel ein Schloss aktiviert?

④ Spermien besitzen nicht nur eine charakteristische Struktur für eine schnelle Bewegung. Welche weiteren Besonderheiten spiegeln ihre Funktion wieder?

⑤ Auch die m- und die t-RNA-Moleküle haben Eigenschaften, die mehreren Themen der Basiskonzepte zugeordnet werden können. Nenne Beispiele und begründe sie.

⑥ Die Veränderungen der Gliedmaßen und Zähne im Stammbaum der Pferde lassen ebenfalls einen engen Bezug zwischen Struktur und Funktion erkenne. Beschreibe ihn.

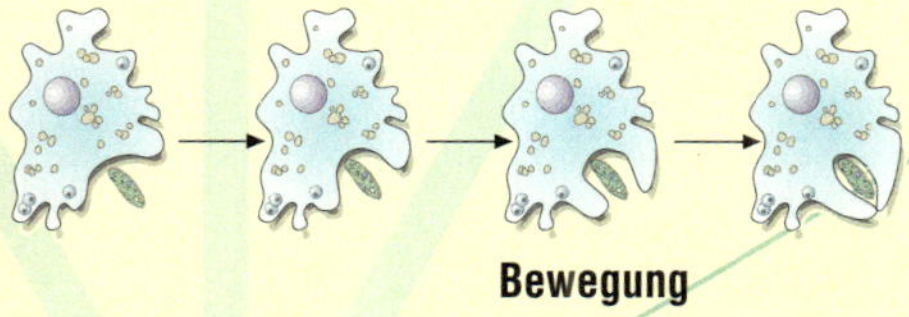

Bewegung

Muskeln bewegen den Körper. Ein beweglicher Schwanzfaden treibt das Spermium nach vorne. Spezielle Weiße Blutzellen verlassen die Blutbahn, um eingedrungene Krankheitserreger zu vernichten. Dabei bewegen sie sich wie Amöben und verändern ständig ihre Zellform. In allen Fällen sind die Strukturen auf die spezifische Bewegung abgestimmt.

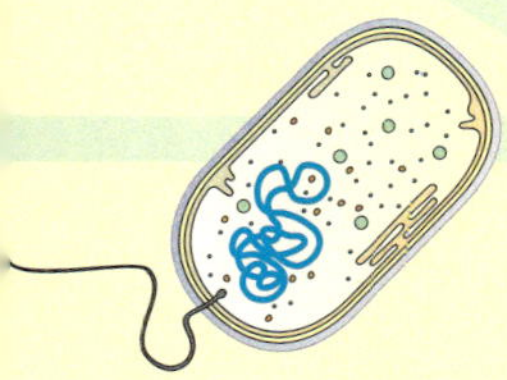

Bewegung

Basis Konzept

Organisationsebenen

Die Zelle ist die kleinstmögliche selbstständig lebensfähige Einheit. In ihr sind durch zahlreiche Membransysteme kleinere Reaktionsräume (so genannte *Kompartimente)* gegeneinander abgetrennt. Die größeren Organellen, wie z. B. Mitochondrien und Plastiden, übernehmen spezifische Funktionen wie die Zellatmung oder die Fotosynthese. Große Moleküle, wie die DNA, die Proteine oder Fette und Kohlenhydrate, bestimmen in ihnen die Stoffwechselvorgänge.

Gleichartige Zellen bilden ein *Gewebe*, mehrere Gewebe ein *Organ* und mehrere Organe oder Organsysteme einen *Organismus*. Gleichartige Organismen werden einer *Art* zugeordnet und mehrere Arten leben in einem *Ökosystem* zusammen. Auf jeder dieser Organisationsebenen findet man die verschiedenen biologischen Prinzipien wieder vertreten, sodass sich von hier aus Vernetzungen zu den anderen Basiskonzepten ergeben.

Eine besondere Stellung in dieser Hierarchie der Organisationsebenen nehmen die Chromsomen ein, die in Form und Zahl spezifisch für jede Art und jedes Geschlecht sind.

„Vor langer Zeit wurde mir klar, dass der Schlüssel zu jedem biologischen Problem schließlich in der Zelle gesucht werden muss, denn jeder lebende Organismus ist oder war zu irgendeiner Zeit eine Zelle."
EDMUND B. WILSON, 1925

Makromoleküle

In Zellen spielen zwei Stoffgruppen eine besondere Rolle: Nucleinsäuren wie DNA und RNA sowie Eiweiße (Proteine). Entsprechend dem *Bausteinprinzip* sind sie jeweils wieder aus zahlreichen identischen oder ähnlichen Grundeinheiten zusammengesetzt. So ergibt sich eine Vielzahl unterschiedlicher Moleküle in den beiden Stoffgruppen. Proteine kann man als Bindeglied zwischen den Erbanlagen eines Lebewesens und seinem Erscheinungsbild betrachten. Die DNA enthält die genetische Information für die aufbauenden Strukturproteine und für die Enzymproteine, die festlegen, welche Reaktionen in der Zelle ablaufen.

Makromoleküle

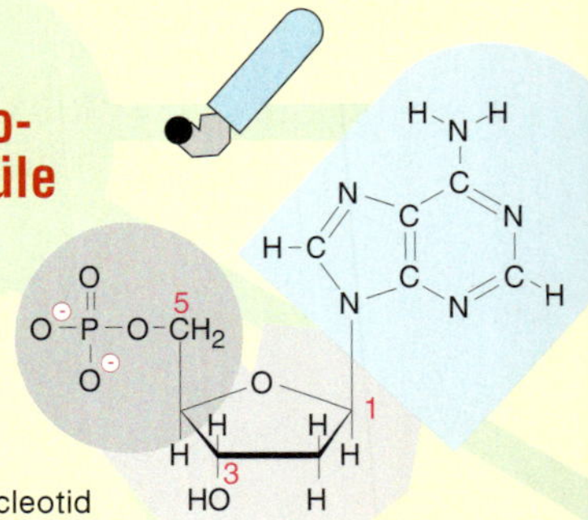

Nucleotid

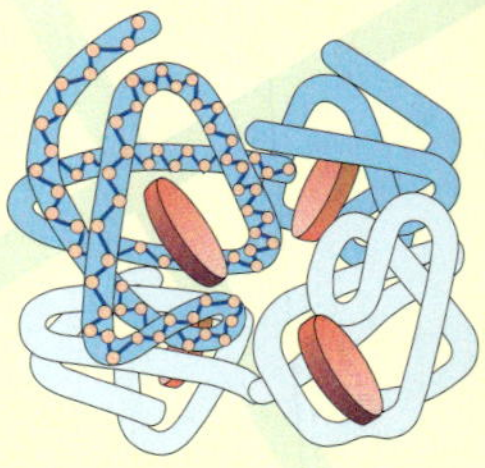

Hämoglobin

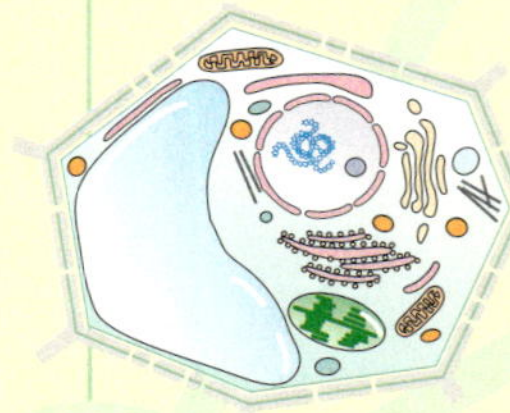

Pflanzenzelle

Organellen

In pflanzlichen oder tierischen Zellen ist der Zellkern eine der größten membranumschlossenen Untereinheiten. Er steuert die Lebensvorgänge, verändert sich während der Zellteilung, speichert die genetische Information und weist inhaltliche Unterschiede bei Keim- und Körperzellen auf. Der Zellkern hat ebenso wie die Chloroplasten und die Mitochondrien als Umhüllung eine Doppelmembran, die aber beim Zellkern durch Poren unterbrochen ist. Damit ist ein Austausch großer Moleküle mit dem Cytoplasma möglich.

Organellen

Zellen

Nicht nur Organellen besitzen gemäß ihrer Funktion eine bestimmte Form, auch Zellen sind spezialisiert. Innerhalb eines höheren Organismus findet man z. B. Nerven- und Sinneszellen, Drüsen- und Muskelzellen. Keimzellen unterscheiden sich von Körperzellen und die Zellen des Laubblattes von denen der Wurzel. Unsere Darmflora zeigt schließlich, dass unterschiedliche Zellen in einer Symbiose zusammenarbeiten können: Bakterien helfen, Zellulose zu verdauen oder liefern dem Menschen wertvolle Vitamine.

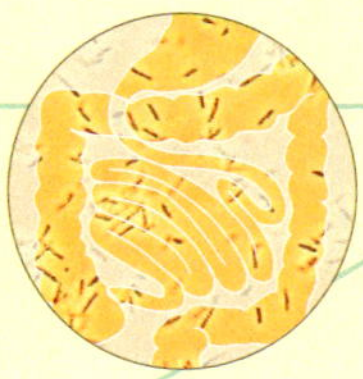

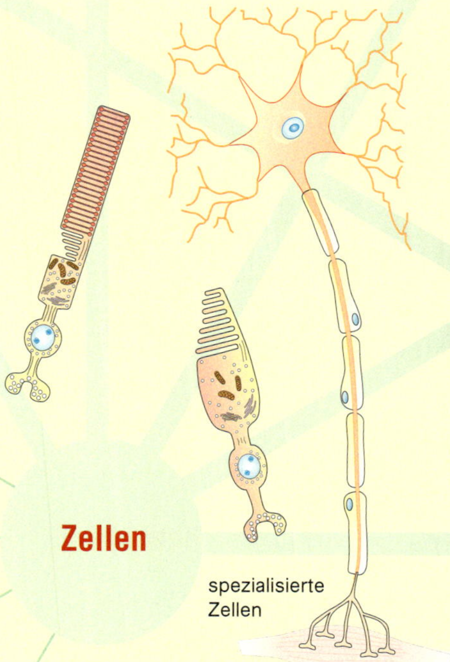

Zellen

spezialisierte Zellen

Organe

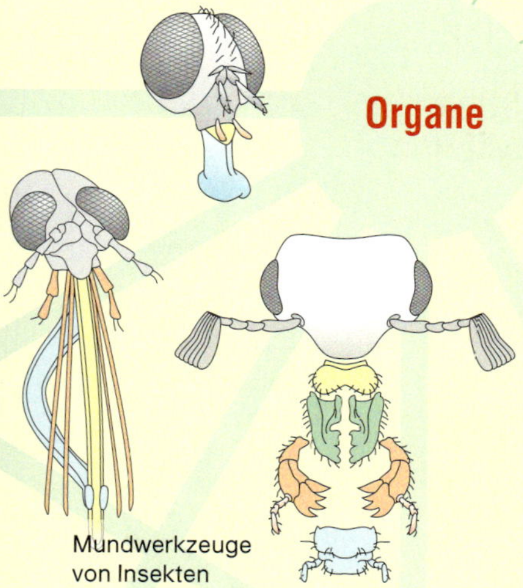

Mundwerkzeuge von Insekten

Organe

In der Abstammungslehre wird zwischen *homologen* und *analogen Organen* unterschieden. *Homologie* beschreibt eine Ähnlichkeit infolge gemeinsamer Abstammung, *Analogie* eine Ähnlichkeit infolge gleicher Funktion ohne eine gemeinsame Abstammung. In beiden Fällen erfüllen die aus unterschiedlichen Geweben bestehenden Organe eine bestimmte Aufgabe. So dienen z. B. die Arme, Beine oder Flügel der Fortbewegung oder Wasser speichernde Sprosse dem Überleben in Trockenheit und Hitze. Damit ergeben sich Bezüge zur stammesgeschichtlichen Entwicklung.

Organsysteme

In abgegrenzten Organsystemen wie z. B. im Nervensystem sind einzelne Abschnitte wie das Gehirn oder das Rückenmark leicht zu unterscheiden. Im Immunsystem arbeiten zahlreiche Zelltypen zusammen, die keine festumgrenzten Organe bilden. Außerdem zählen zum Immunsystem einzelne verstreute Organe wie Lymphknoten, Milz, Thymus, und Knochenmark, aber auch die von den Zellen produzierten Antikörper *(Makromoleküle)*.

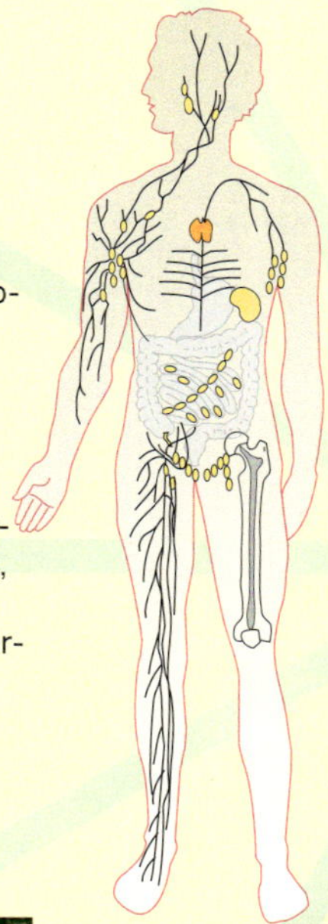

Organsysteme

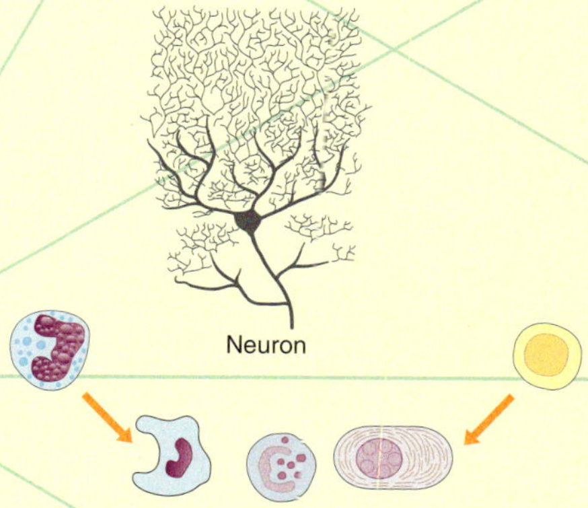

Zelltypen Immunsystem

Maultier

Nahe verwandte Arten können Nachkommen haben, die dann aber meistens steril sind. Angehörige verschiedener Arten können sich nicht miteinander fortpflanzen.

Arten

Arten

Will man definieren, was man unter einer Art versteht, findet man verschiedene Sichtweisen: Mehr dem Äußeren folgt der *morphologische Artbegriff*, der besagt, dass eine Art eine Gruppe von Lebewesen ist, die in wesentlichen Merkmalen übereinstimmen. Man kann aber auch alle Individuen, die unter natürlichen Bedingungen miteinander fruchtbar fortpflanzungsfähig und von anderen abgetrennt sind, als eine Art betrachten *(genetischer Artbegriff)*. Paaren sich Hunde unterschiedlicher Rassen, gibt es fruchtbare Nachkommen. Je nachdem, ob sich die stammesgeschichtliche Entwicklung von Lebewesen schon lange getrennt hat oder nicht, spricht man auch von nahe verwandten Arten.

Aufgaben

① Beschreibe die Grundeinheiten, aus denen die Nucleinsäuren und die Proteine aufgebaut sind. Wodurch unterscheiden sich die Nucleinsäuren bzw. die Proteine untereinander?

② Nenne Beispiele, die zeigen, dass gerade die Proteine eine enge Beziehung zwischen Struktur und Funktion erkennen lassen.

③ Welcher Organisationsebene könnte man die Chromosomen oder die Bakterien zuordnen? Begründe jeweils deine Zuordnung.

④ Sind Viren Molekülzusammenlagerungen oder lebende System?

⑤ Begründe, warum das Immunsystem ein besonderes Organsystem ist.

⑥ Kann man auch „Arten“ als eigene „Kompartimente“ betrachten. Diskutiere pro und contra.

Basis Konzept

Steuerung und Regelung

Verschiedene Vorgänge im menschlichen Körper zeigen die große Bedeutung von Steuerungs- und Regulationsvorgängen. Beispiele sind die Steuerung von Bewegungsabläufen, die Regulation der Körpertemperatur, der Pupillenweite und des Blutzuckerspiegels, die Produktion der Schilddrüsenhormone sowie der Hormone im weiblichen Zyklus und vieles mehr. Bei Pflanzen und Tieren findet man vergleichbare Leistungen und auch auf der Ebene der Moleküle gibt es Rückkopplungsmechanismen, die z. B. verhindern, dass eine Substanz im Überschuss produziert wird. Insbesondere in der Technik werden viele Prozesse gesteuert und geregelt. Ein gängiges Beispiel ist der Thermostat, der die Raumtemperatur einstellt.

Den Vorgängen ist gemeinsam, dass sie in der abstrakten Form eines Regelkreises dargestellt werden können. Dafür gibt es Pfeildiagramme oder Blockschaltbilder, die, wenn mehrere Regelkreise ineinander greifen, auch vernetzt sein können.

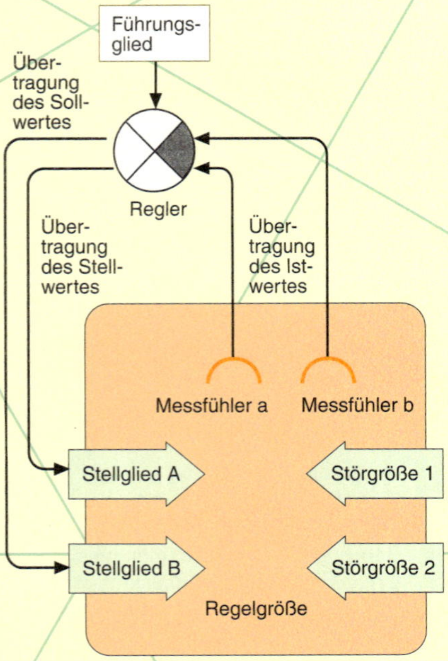

Steuersysteme

Steuersysteme

Die Schilddrüse bildet und speichert das Hormon Thyroxin, dessen Konzentration im Blut den Grundumsatz bestimmt. Ein längerer Aufenthalt in kalten Klimazonen kann die Abgabe der Schilddrüsenhormone steigern, damit mehr Energie für die Wärmeproduktion zur Verfügung steht. Die Aktivität der Schilddrüse wird vom übergeordneten Hypothalamus-Hypophysen-System verändert. Dies verdeutlicht die enge Zusammenarbeit von *Nerven-* und *Hormonsystem*.

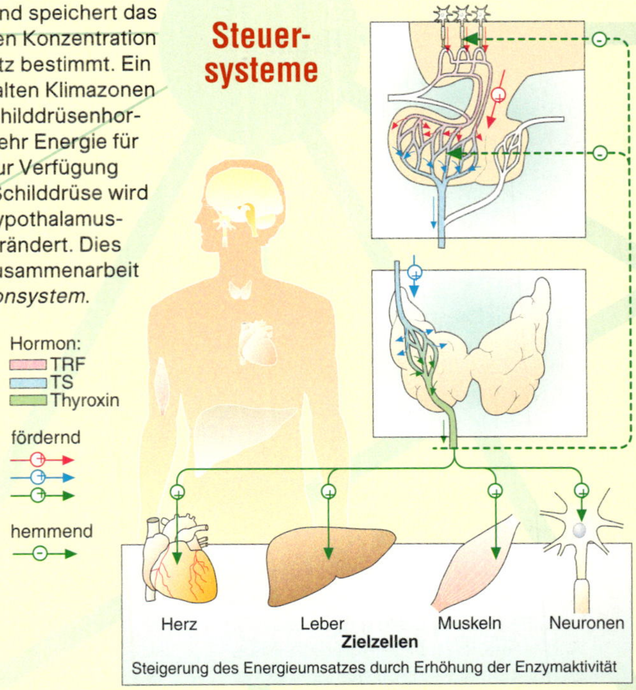

Verhaltenssteuerung

Verhaltenssteuerung

Mit Werbung versuchen Firmen, das Verhalten ihrer Kunden zu steuern. Besondere Reize wecken auf einem Plakat oder in einem Werbespot die Aufmerksamkeit des Betrachters und sprechen genetisch fixierte oder in unserem Kulturkreis gelernte Verhaltensmuster an. Auch geschickt gewählte Musik in den Verkaufsräumen oder deren Ausstattung beeinflussen die Kunden.

Bewegungssteuerung

Auf der Unterseite der Laubblätter unserer Landpflanzen liegen die bereits bekannten Spaltöffnungen. Ihre Öffnungsweite wird durch die Temperatur und Wasserversorgung geregelt, sodass die Pflanze stets ausreichend Kohlenstoffdioxid aufnehmen kann, ohne dabei zu viel Wasser zu verdunsten. Zusätzlich können viele Pflanzen wie z. B. der Waldsauerklee, auch die Blattstellung verändern, sodass die Chloroplasten stets optimal mit Licht für die Fotosynthese versorgt werden.

Spaltöffnungen

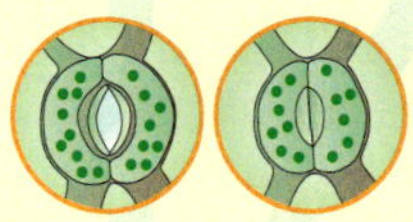

Bewegungssteuerung

Waldsauerklee

Regulation der Zellteilung

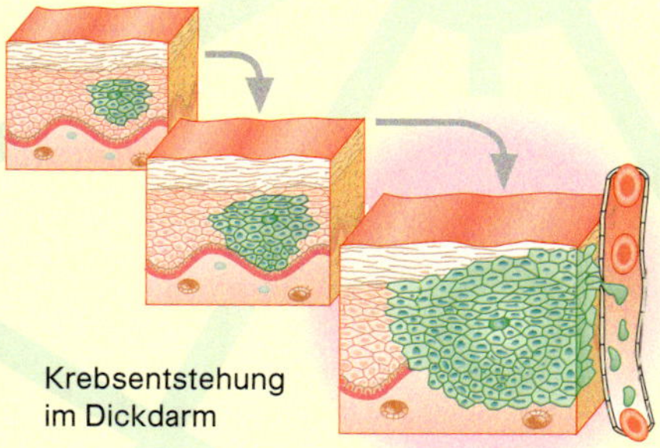

Krebsentstehung im Dickdarm

Regulation der Zellteilung

Beim Wachstum eines Organismus oder während der Regeneration von Geweben, wie z. B. in der Mundschleimhaut, wird die Zellteilungsrate durch genetische Faktoren und die Kontakte der Zellen untereinander geregelt. Werden z. B. Zellen der Haut durch energiereiche ultraviolette Strahlen geschädigt, können sie damit beginnen, sich ungehemmt und unkontrolliert zu teilen. Solche Tumorzellen bilden dann Gewebswucherungen oder breiten sich im Körper aus. Krebszellen entgehen der Kontrolle des Zellteilungszyklus.

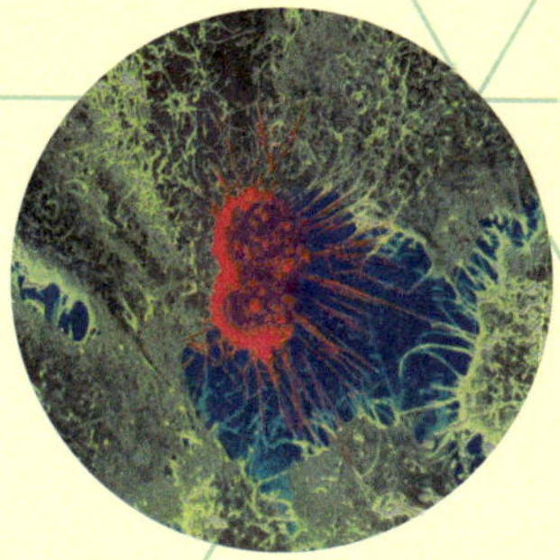

Tumorzelle in gesundem Zellverband

Blutzuckerregulation

In den rund 6 Litern Blut eines Erwachsenen sind ständig etwa 5,4 g Glucose (Traubenzucker) enthalten. Dieser Blutzuckerspiegel wird im Wesentlichen durch die beiden Hormone *Insulin* und *Glukagon* geregelt, die als Gegenspieler wirken. Nahrungsaufnahme – insbesondere zuckerhaltige Nahrungsmittel – erhöht die Werte, körperliche Tätigkeit – etwa sportliche Aktivität – senkt sie. Leber- und Muskelzellen können Glucose vorübergehend aufnehmen und speichern. Gelingt dies nicht, wie etwa bei Diabetikern, wird überschüssiger Blutzucker über den Urin ausgeschieden. Dies kann durch Teststäbchen festgestellt werden.

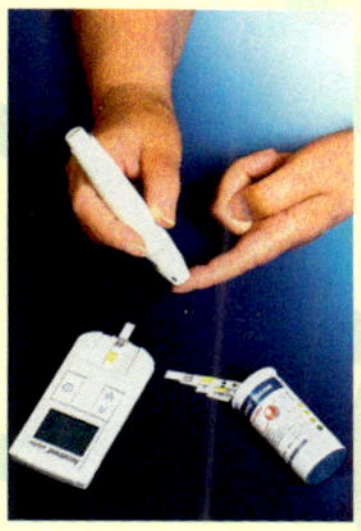

Blutzuckerregulation

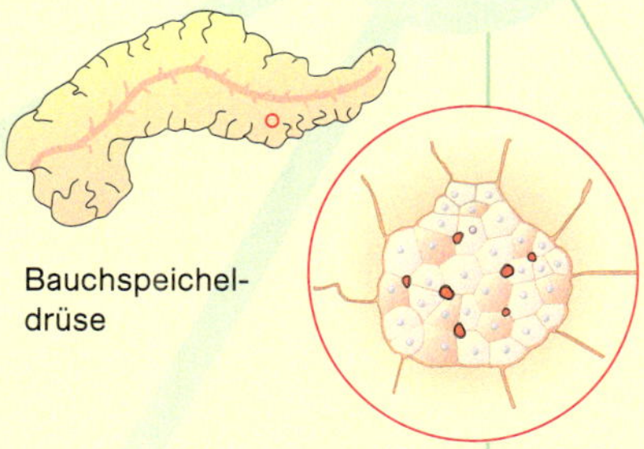

Bauchspeicheldrüse

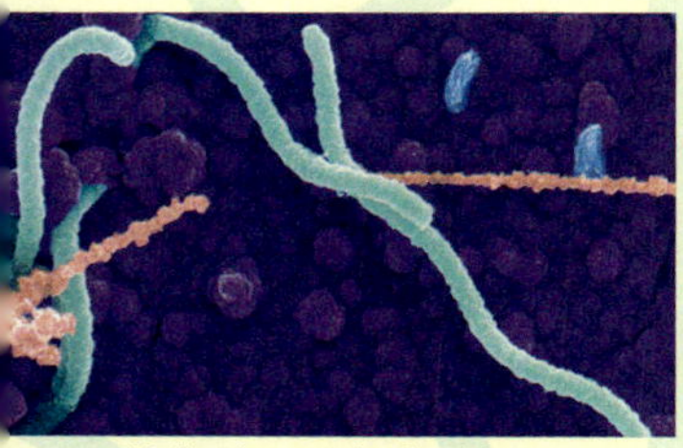

Helicobacter in der Magenschleimhaut

Parasiten/Wirte

Das Magenbakterium *Helicobacter pylori* kommt bei mehr als der Hälfte der Weltbevölkerung vor. Trotz intensiver Abwehrreaktionen gelingt es oft nicht, den Krankheitserreger zu vernichten. Chronische Entzündungen und verschiedene Folgeerkrankungen schwächen die Infizierten. Das Bakterium kann sein Erbgut mit einer bisher noch nie beobachteten Geschwindigkeit verändern und entgeht damit den Zellen des Immunsystems. Ähnlich verhalten sich andere Parasiten im Tierreich, die ihren Wirt zwar schwächen, aber nicht umbringen.

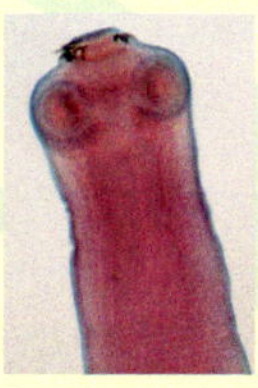

Bandwurmkopf

Parasiten/Wirte

Aufgaben

① Beschreibe die Zusammenarbeit von Nerven- und Hormonsystem bei Eustress.

② Die „Leistung verschiedener Organsysteme im Dienst der Bewegung" (s. Seite 106/107) verdeutlicht den Unterschied zwischen Steuerung und Regelung.
Definiere die Begriffe und belege die Unterschiede anhand genannter Beispiele.

③ Die Fanbetreuer großer Fußballvereine nutzen manchmal ähnlich wie die Werbung „unbewusste Mittel" zur Verhaltenssteuerung.
Welche Bereiche des menschlichen Verhaltens betrifft dies?

④ Licht steuert nicht nur die Blattbewegung. Sauerkleepflanzen, die an besonders lichtarmen Standorten wachsen, haben oft größere Blätter als solche an mäßig schattigen Plätzen. Setzt man die Pflanzen um, so haben die nachwachsen Blätter eine für den neuen Standort angemessene Größe.
Auf welche Vorgänge hat das Licht hier gewirkt?

⑤ Rauchen ist Auslöser zahlreicher Krebsformen. Informiere dich über die Bestandteile des Zigarettenrauchs und erkläre Zusammenhänge zur gestörten Zellteilungsrate.

⑥ Benutze das allgemeine Regelkreisschema und ordne die Vorgänge bei der Blutzuckerregulation den Begriffen Regelgröße, Störgröße, Stellglied, Regler, Ist- und Sollwert zu.

⑦ Begründe, warum ein Parasit seine Vermehrung genau dosieren muss. Welcher Bezug besteht zum vorliegenden Thema?

Basis Konzept

Austausch und Verarbeitung von Information

Für ein Referat oder eine Hausarbeit sammelst du Informationen aus dem Unterricht, aus Büchern oder über das Internet. Entsprechend deiner Fragestellung verarbeitest du diese Angaben und trägst sie dann vor. Aus den Fragen dazu ergibt sich eine Kommunikation mit deinen Mitschülern oder -Schülerinnen.

Nach einem ähnlichen Prinzip funktioniert die Informationsverarbeitung und Kommunikation auf allen Organisationsebenen eines lebenden Organismus. Innerhalb der Zelle sind Moleküle Sender oder Empfänger von Botschaften, die ver- und entschlüsselt werden. Auch Signalstoffe zwischen den Zellen oder die Botenstoffe im Organismus sind chemische Substanzen, die eine Zusammenarbeit der Organe oder Organsysteme gewährleisten.

Kommunikation findet beim Menschen häufig über die Sprache statt. Eine Verständigung zwischen Individuen muss aber nicht immer an Worte gebunden sein. Ameisen verständigen sich z. B. über Duft- und Körpersignale, Schmetterlinge finden ihre Weibchen durch spezielle Pheromone und der Mensch kommuniziert zu einem großen Teil auch durch seine Körpersprache.

Missverständnisse lassen sich vermeiden, wenn Sender und Empfänger die Ver- und Entschlüsselung der Information nach dem gleichen System vornehmen.

japanische Schriftzeichen

Genetischer Code

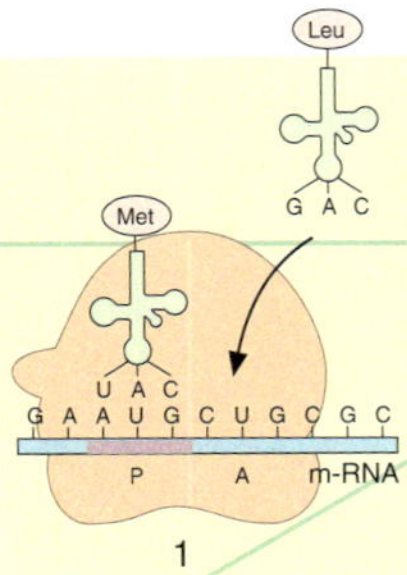

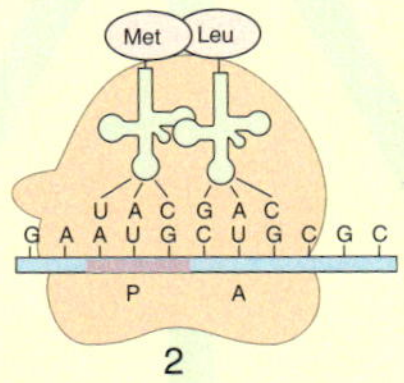

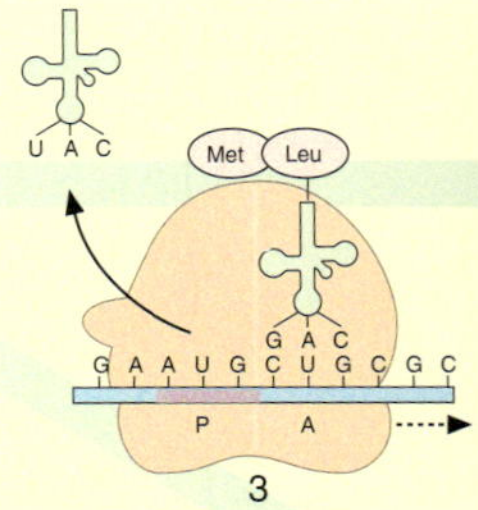

Translation in drei Schritten

Genetischer Code

Ähnlich wie verschlüsselte Morsezeichen oder Texte in Bits und Bytes einen Code brauchen, damit ihre Information sinnvoll übersetzt werden kann, ist ein Code auch bei der Entschlüsselung der Erbinformation notwendig. Die DNA als Sender enthält eine Basensequenz als Information. Die m-RNA transportiert diese zu den Ribosomen, wo der Code entschlüsselt und das Eiweiß hergestellt wird. An den Ribosomen wird die „Sprache der Nucleinsäuren" in die „Sprache der Aminosäuren" übersetzt.

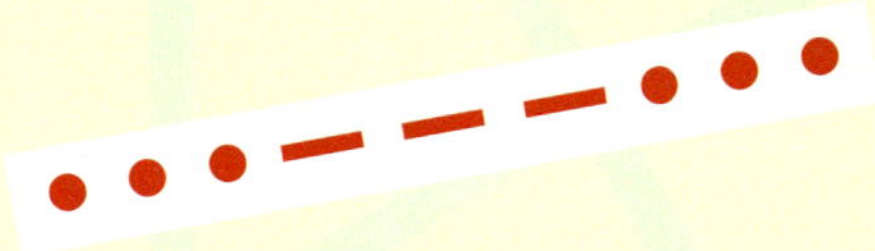

Internationaler Seenotruf SOS als Morsezeichen:
„kurz", „lang" und Pause kann z. B. als Lichtzeichen gesendet werden.

Zelluläre Rohrpost

Zelluläre Rohrpost

Immunzellen kommunizieren nicht nur über „chemische Post", sie können auch eine Art Rohrpostsystem über winzig kleine Röhrchen aufbauen. Diese *Nanotubuli* fanden Forscher bei bäumchenartig verzweigten Zellen, die in den Körper eingedrungene Bakterien vertilgen. Über diese Tubuli kommunizieren die Immunzellen und können so, schon lange bevor der Kontakt mit Bakterien stattfindet, Zellfortsätze zum Auffressen der Eindringlinge ausstrecken.

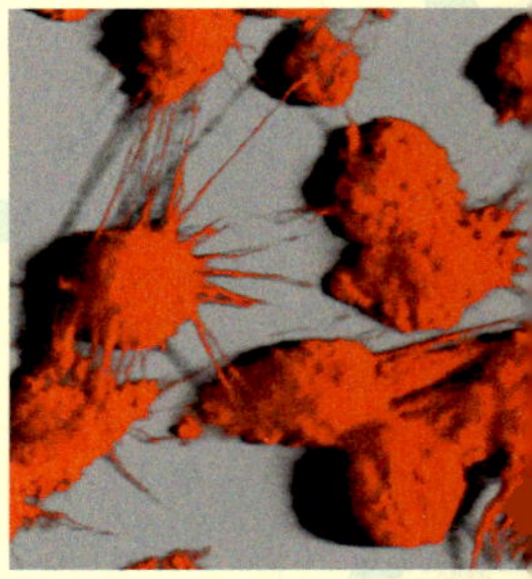

Zellen kommunizieren miteinander

Sinnesorgane

Sinnesorgane

Die Sinnesleistungen der Tiere beruhen auf einer Vielfalt verschiedenartiger Sinnesorgane: Luftaugen und Wasseraugen brechen das Licht unterschiedlich, Insektenaugen bestehen aus tausenden von Einzelaugen, Schlangen besitzen ein spezielles Grubenorgan, Delfine ein Sonarsystem und Fische ein Seitenlinienorgan. In allen Fällen muss eine Umcodierung einer externen Botschaft in zellinterne Signale erfolgen, die letztlich in elektrische Impulse übersetzt werden, die die Nervenzellen „verstehen". Nervenzellen stehen untereinander wieder durch chemische Signale an den Synapsen in Verbindung. Damit kann eine mehrfache Verarbeitung eingehender Information erfolgen.

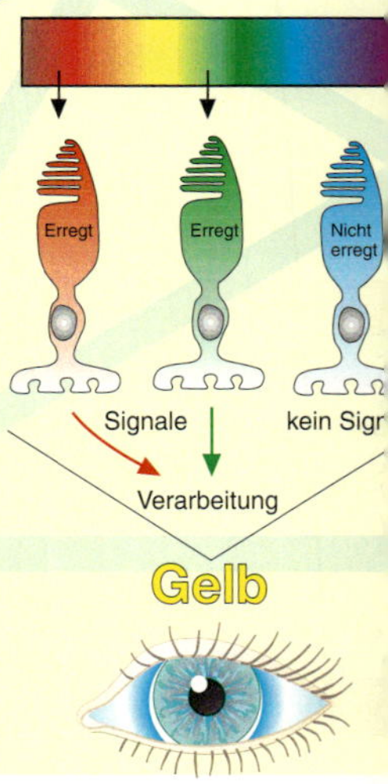

Immunsystem

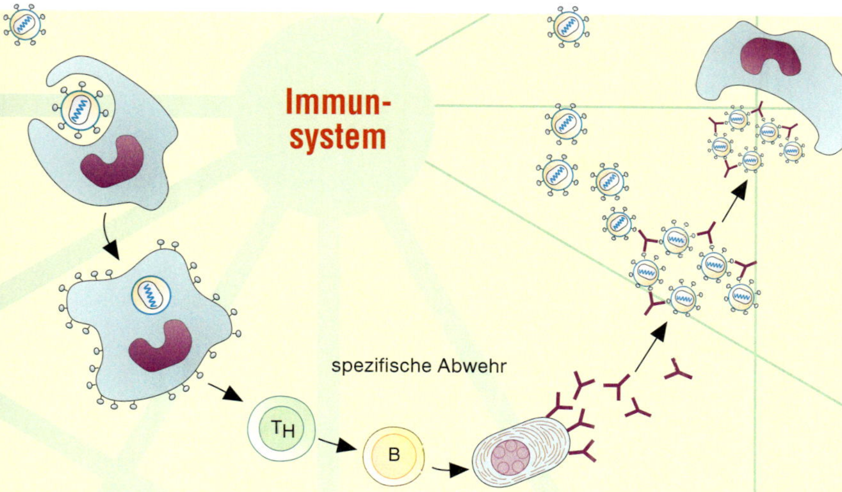

Organsysteme

Auf der Ebene der Organsysteme kann man den Austausch und die Verarbeitung von Information anhand von zwei Gesichtspunkten unterscheiden: Soll die Information schnell verbreitet werden und sofort eine Reaktion auslösen, dann ist z. B. das Nervensystem gefragt oder muss eine längerfristige und lang anhaltende Umsteuerung oder Verarbeitung erfolgen, dann springt das Hormonsystem an. Im Immunsystem schließlich sind beide Prinzipien vertreten: eine schnelle Abwehr durch unspezifische Fresszellen und ein langfristiges immunologisches Gedächtnis für den Fall, dass der gleiche Krankheitserreger erneut in den Körper eindringt.

Körpersprache

Jeder Mensch kann von Geburt an durch bestimmte Gesten und Gebärden anderen Menschen etwas mitteilen, ohne ein Wort zu sprechen. Bewegungen der Hände und des gesamten Körpers „sagen" oft mehr als die gesprochenen Worte. Diese „nonverbale" Kommunikation ist oft unbewusst und verrät manchmal mehr, als wir wollen.

Körpersprache

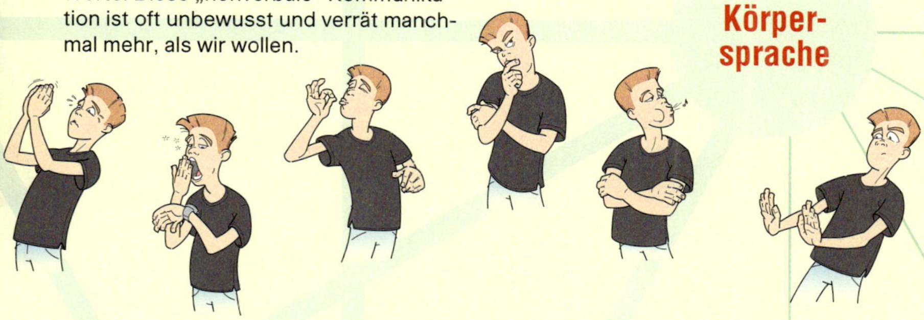

Aufgaben

① Vergleiche die Zeichen des Morsealphabets, der Blindenschrift, des Fingeralphabets und der Gebärdensprache (s. Seite 84/85) mit dem genetischen Code. Definiere allgemein, was man unter einem Code versteht.

② An allen Sinnesorganen wird durch die vielfältigen „Sprachen der Sinneszellen" der Reiz in die „Sprache der Nervenzellen" übersetzt. Erkläre am Beispiel des Auges oder des Ohres wodurch starke und schwache Reize unterschieden werden können.

③ Begründe, warum die aktive Immunisierung nicht nur dem Basiskonzept „Struktur und Funktion", sondern auch dem Austausch und Verarbeitung von Information zugerechnet werden kann.

④ Suche nach Beispielen für eine nonverbale Kommunikation bei Tieren, die der Körpersprache des Menschen entsprechen.

⑤ Die Blüten und ihre Bestäuber werden oft auch als eine Symbiose betrachtet. Vergleiche diese wechselseitige Beziehung mit der Beziehung Pilz – Alge in den Flechten.

Symbionten

Flechten können an Standorten wachsen, an denen keine andere Pflanze im wahrsten Sinne des Wortes „Fuß fassen" kann: Auf kahlen Felsflächen oder Dachziegeln lösen Flechten durch eine spezielle Säure langsam das Gestein auf und verankern darin ihre Pilzfäden. Die Säure gehört zu den Flechtenstoffen, die überwiegend von den Pilzfäden gebildet werden. Diese Zellen können die Produktion aber nur dann starten, wenn die symbiontischen Algenzellen die entsprechenden Grundsubstanzen und Signale liefern. Eine ähnliche Symbiose bilden Pilze, die die Wurzeln höherer Pflanzen umhüllen *(Mykorrhiza)*. In beiden Fällen müssen die Partner über spezielle Substanzen kommunizieren und Stoffe austauschen können.

Flechten

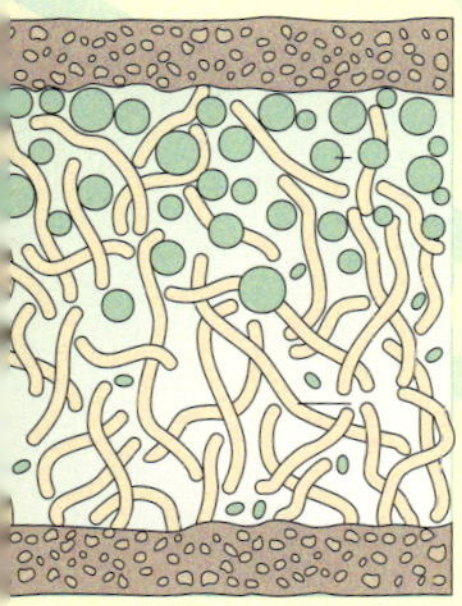

Symbionten

Mykorrhiza

Basis Konzept

Reproduktion

Bakterien und einzellige Lebewesen pflanzen sich durch Zweiteilung fort und können als potentiell unsterblich angesehen werden, da die Bestandteile jeder Zelle in den Tochterzellen wieder vorhanden sind. Als eine vergleichbare ungeschlechtliche Vermehrung kann man z. B. auch die Bildung der Brutzwiebeln bei der Tulpe oder die Entstehung von Ausläufern bei der Erdbeerpflanze betrachten.

Die meisten höher entwickelten Lebewesen besitzen jedoch spezielle Fortpflanzungszellen, die in männlichen oder weiblichen Geschlechtsorganen heranreifen. Diese können wie bei den Zwittern in einem Organismus vorhanden sein oder zur Ausbildung des getrennten männlichen oder weiblichen Erscheinungsbildes beitragen. Manche Pflanzen zeigen mit der Einhäusigkeit eine Besonderheit: Hier sind männliche und weibliche Organe getrennt, aber auf der gleichen Pflanze vorhanden.

Durch die Entstehung von Eizelle und Spermium und die Bildung der Zygote, d. h. durch das Verschmelzen der männlichen und weiblichen Keimzellen, werden Erbinformationen neu kombiniert. Dies führt zu einer besseren Angepasstheit der Organismen an ihre Umwelt.

Zellteilungsstadien eines Amphibiums nach der Befruchtung

Befruchtungsstoffe

Befruchtungsstoffe

Als so genannte *Gamone* werden geschlechtsspezifische Wirkstoffe bezeichnet, welche die Anlockung und Verschmelzung der Keimzellen bewirken. Sie sind bei einzelligen Algen und Seeigeln gut untersucht. Beim Seeigel erfolgt der Ei-Sperma-Kontakt durch spezifische Makromoleküle, die sowohl an der Gallerthülle des Eies als auch am Kopf der Spermien lokalisiert sind. Eine Sperma-Substanz reagiert spezifisch mit einem Rezeptor an der Oberfläche der Eizelle und ermöglicht dadurch die Anheftung von Spermien.

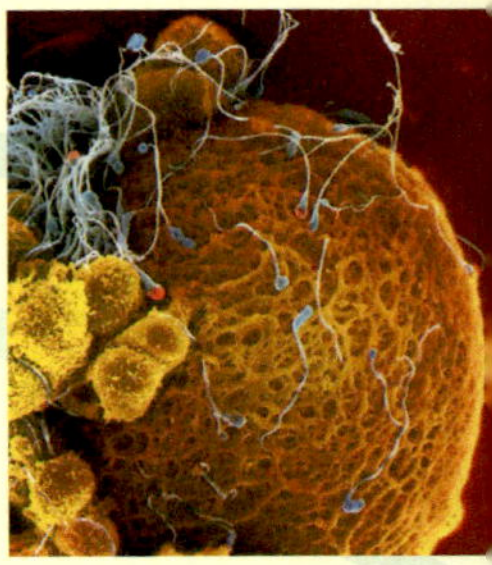

Spermien an einer Eizelle

Mitose und Meiose

Mitose und Meiose

Jedes Lebewesen besitzt im Zellkern seiner Körperzellen eine gleich bleibende und für seine Art charakteristische Anzahl von Chromosomen. Die Kern- und Zellteilungen beim Ersatz von Zellen oder beim Wachstum müssen also den Chromosomenbestand unverändert erhalten. Dies gewährleistet die *Mitose.*

Da bei der Befruchtung die Zellkerne der beiden Geschlechtszellen verschmelzen, muss die Chromosomenzahl vorher halbiert werden. Ansonsten würde sich die Zahl der Chromosomen von Generation zu Generation verdoppeln. Die Kern- und Zellteilungen, die zur Entstehung der Eizelle und der Spermien führen, müssen sich also von den normalen Zellteilungen deutlich unterscheiden. Das zeigt die *Meiose.*

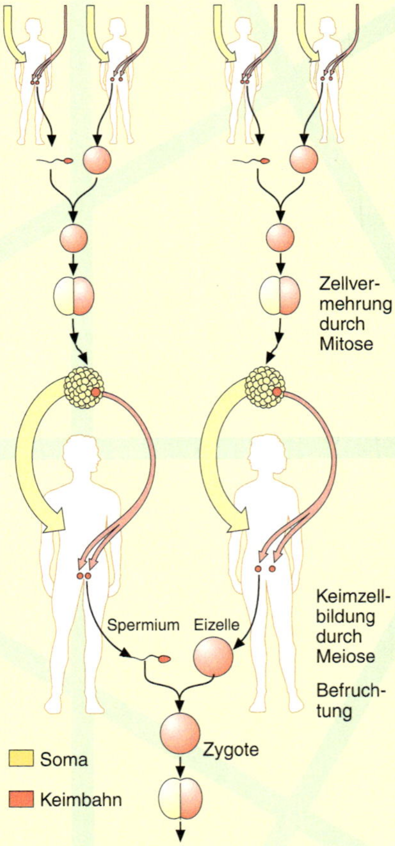

Kosten und Nutzen

Kosten und Nutzen

Spermien sind physiologisch gesehen billig: Der energetische Aufwand für ihre Produktion ist vergleichsweise gering. Die Herstellung der Eizellen ist aufwändiger. Wird von den Eltern Brutfürsorge oder gar Brutpflege betrieben, wird die Fortpflanzung und Vermehrung noch *kostenintensiver.* Bei den Kurzflügelgrillen kopulieren die Weibchen mit mehreren Partnern. So soll sichergestellt werden, dass eine Befruchtung stattfindet und dass durch die größere Auswahl an Genen der Nachwuchs sicher überlebensfähig ist.

Befruchtung

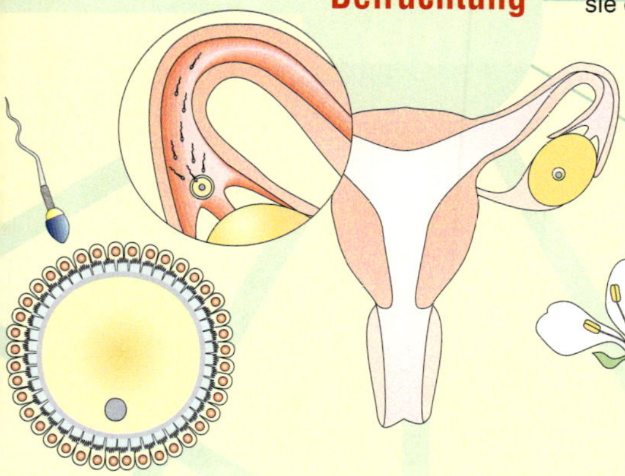

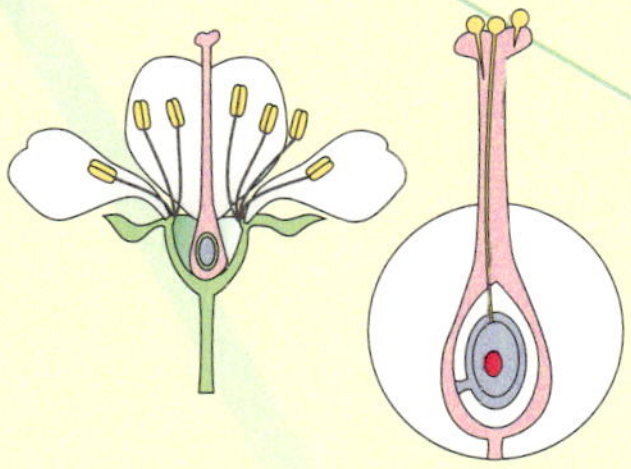

Befruchtung

Alle Lebewesen pflanzen sich fort, d. h. sie erzeugen Nachkommen. Obwohl jede Art dabei Besonderheiten aufweist, gibt es Gemeinsamkeiten die die Befruchtung der Eizelle betreffen.

Nur bei Blütenpflanzen muss man zwischen Bestäubung und Befruchtung unterscheiden, da der Pollen zunächst nur auf die Narbe kommt und die Befruchtung erst mit der Verschmelzung der Zellkerne vollzogen ist.

Außerdem wird noch zwischen äußerer und innerer Befruchtung unterschieden. Äußere Befruchtung findet z. B. bei Fischen und Amphibien statt.

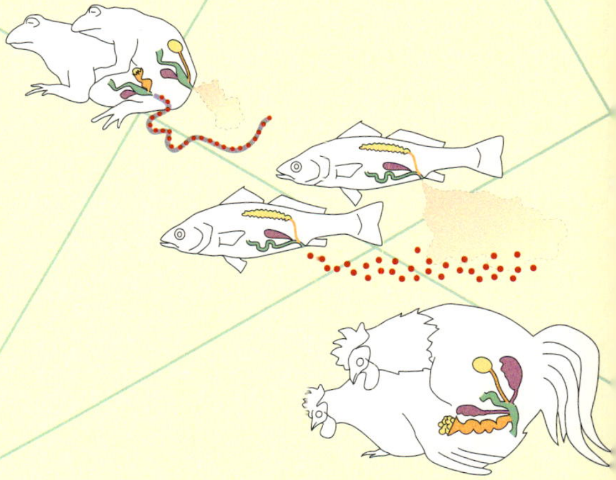

Sporen und Samen

Moose entstehen nicht aus Samen sondern entwickeln sich aus einzelligen Sporen. Auch Farne bilden keine Blüten aus und gehören wie die Moose zu den Sporenpflanzen. Moose und Farne produzieren aber auch männliche und weibliche Keimzellen, die zu einer Zygote verschmelzen. Auch Pilze bilden in ihren Fruchtkörpern Sporen. Eine Kernverschmelzung erfolgt im unterirdischen Pilzgeflecht, dem so genannten *Myzel*.

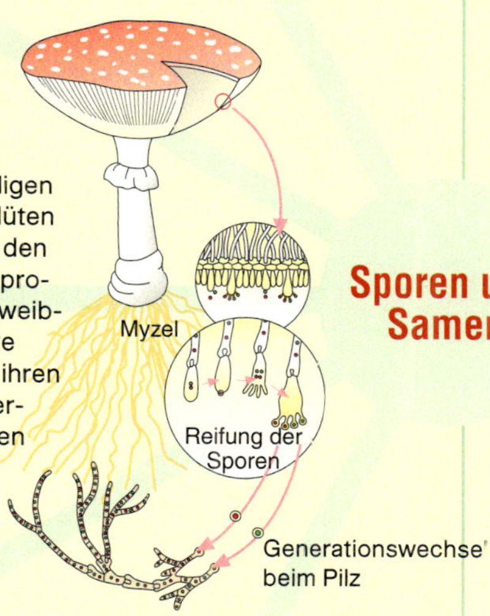

Generationswechsel beim Pilz

Sporen und Samen

Aufgaben

1. Können einzelne Themen mit anderen Basiskonzepten verknüpft werden? Wähle aus und begründe.
2. Die Reaktion des Spermiums mit der Oberfläche des Eies ermöglicht die Besamung, stellt aber noch nicht die Befruchtung dar. Begründe.
3. Wodurch unterscheiden sich Sporen und Samen?
4. Welche Vor- und Nachteile könnte die Sporenbildung bei Moosen und Farnen haben? Untersuche auch, an welchen Faktor die geschlechtliche Fortpflanzung der beiden Pflanzengruppen gebunden ist.
5. Vergleiche die Befruchtung bei Mensch und Blütenpflanze.
6. Pflanzen, deren Bestäubung durch den Wind erfolgt, produzieren wesentlich mehr Pollen als solche, die durch Insekten bestäubt werden. Auch bei äußerer Befruchtung ist die Zahl der produzierten Keimzellen viel größer als bei innerer Befruchtung. Erkläre die Zusammenhänge.

Ähnlichkeit der Gene

Ähnlichkeit der Gene

Angehörige verschiedener Arten können sich nicht miteinander fruchtbar fortpflanzen. Die Chromosomensätze oder die Informationen auf den einander entsprechenden Chromosomen der Keimzellen sind nicht mehr miteinander zu vereinbaren. Die Möglichkeit zur so genannten *Bastardierung* und die Fruchtbarkeit der Nachkommen hängen von der Ähnlichkeit der Gene beider Eltern ab. Zwischen Haushund und Wolf ist noch eine Fortpflanzung möglich, da zu jedem Chromosom des haploiden Satzes ein Gegenstück existiert. Die seit dem Altertum bekannte Bastardierung von Pferd (2n = 64) und Esel (2n = 62) führt zu Nachkommen, die sich nicht fortpflanzen können.

Basis Konzept

Variabilität und Angepasstheit

Eine Stuhl- oder Tischhöhe kann variabel angepasst werden oder ein Mensch verhält sich angepasst. Das Körpergewicht kann variieren oder die Kleidung ist den Umständen wenig angepasst. Diese Begriffe aus der Alltagssprache sind auf die biologischen Zusammenhänge nicht immer übertragbar.

Als *Variabilität* wird in der Biologie die Tatsache bezeichnet, dass sich die Nachkommen immer ein wenig von ihren Eltern unterscheiden. Diese geringfügigen Unterschiede ermöglichen es den Organismen, auch dann zu überleben, wenn sich einige Bedingungen in der Umwelt ändern. Wären Lebewesen nicht gut angepasst, würden sie über kurz oder lang aussterben.

Im Laufe der Evolution haben sich daher bestimmte Angepasstheiten der Lebewesen herausgebildet. Sie müssen von einer kurzfristigen Anpassung wie z. B. der vorübergehenden Hautbräunung im Sommer oder das Angleichen der Kleidung an die Gewohnheiten in einer Gruppe unterschieden werden.

Erbanlagen

Erbanlagen

Junge Katzen oder Hundewelpen eines Wurfs haben unterschiedliche Fellfarben und -zeichnungen. Das ist von Geburt an festgelegt und in den Genen verankert. Viele Merkmale können entsprechend den Mendel'schen Regeln verfolgt werden.

Unter natürlichen Bedingungen werden z. B. gut getarnte, wenig auffallende Tiere häufig sein. Eine weiße Katze hätte in unseren Breitengraden sicherlich weniger Jagderfolg und würde selbst schneller Opfer von Räubern werden als eine grau-braun gefleckte. Die verschiedenen Rassen der Hauskatze, die der Mensch im Verlauf von Jahrhunderten gezüchtet hat, haben hingegen auffallende Farben, oft sehr langes und vom Tier kaum selbst zu pflegendes Fell oder andere Eigenschaften, die in den Erbanlagen verankert sind.

Umweltfaktoren

Umweltfaktoren

Die Sonneneinstrahlung ist auf unserer Erde nicht gleichmäßig verteilt. Gerade in den Gebieten um den Äquator zählt man die meisten Sonnenstunden im Jahr.
Mit dem Sonnenlicht gelangt auch die UV-Strahlung auf die Erde, die tödlichen Hautkrebs hervorrufen kann. Der braune Hautfarbstoff stellt einen Schutzfilter dar. In Gegenden mit viel Sonneneinstrahlung haben sich daher besonders dunkle Hauttypen herausgebildet (z. B. Afrika, Australien). Dies ist eine Angepasstheit gegen zu viel UV-Licht und damit auch ein Schutz vor Hautkrebs.

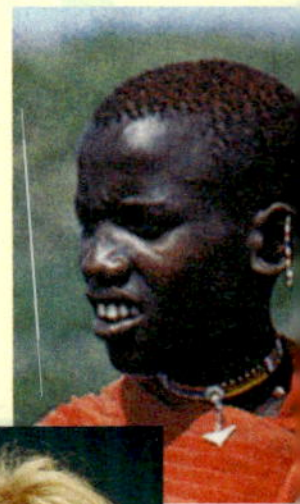

Mutation und Modifikation

Mutationen sind sprunghafte Veränderungen des Erbgutes, die – wenn sie Keimzellen betreffen – an die Nachkommen weitergegeben werden. *Modifikationen* hingegen können nicht vererbt werden. Ein Beispiel hierfür ist die Löwenzahnstaude: Im Tiefland hat sie wesentlich größere Blätter und höhere Blütenstiele als Pflanzen im Hochgebirge. Außerdem besitzt die Gebirgspflanze viel längere Wurzeln und einen dichten Haarfilz auf den Blättern. Gräbt man die Hochgebirgsform aus und pflanzt sie im Tiefland, so stellt man fest, dass auch diese Pflanze große, unbehaarte Blätter und lange Blütenstiele treibt.

Mutation und Modifikation

Konvergenz

Konvergenz

Gleichartige Umweltbedingungen können auch bei nicht näher verwandten Arten eine gleichartige Angepasstheit bewirken. Dies nennt man *Konvergenz*. Ein Beispiel dafür sind Kolibris und Nektarvögel (Nektar saugende Blütenbewohner) sowie Mauersegler und Rauchschwalbe (jagen fliegende Insekten). Die Abstammungsverhältnisse zeigen, dass Kolibri und Mauersegler bzw. Nektarvögel und Rauchschwalben miteinander verwandt sind.

Vielfalt

Für ein Ökosystem ist die *Artenvielfalt* von besonderer Bedeutung: Kommen nur wenige und eng aufeinander angewiesene Arten vor, kann das System zusammenbrechen, wenn eine Art dezimiert wird oder ganz verschwindet. Für das Weiterbestehen und die Anpassungsfähigkeit der Arten ist die genetische Vielfalt innerhalb einer Art wichtig. Dies zeigt z. B. die Vielfalt der heutigen Menschen und ihre Ausbreitung über alle Kontinente.

Vielfalt

Aufgaben

① Welche Vorteile bietet es für die Tiere einer Art, wenn sie aufgrund unterschiedlicher Erbanlagen stark variieren? Betrachte dazu auch den Nachteil einer weitgehenden Gleichförmigkeit.

② Erkläre die „Vielfältigkeit in den Erbanlagen" aus den Mechanismen der Keimzellenbildung und Befruchtung.

③ Mutation und Selektion werden als „Motoren der Evolution" bezeichnet. Begründe, warum dies für Modifikationen nicht gelten kann.

④ Ökologisch bedingte Ähnlichkeiten können auf allen Organisationsebenen auftreten, fallen aber am stärksten bei den analogen Organen (s. Seite 236) oder dem gesamten Körperbau eines Organismus auf. Erkläre, wie solche Ähnlichkeiten entstehen.

⑤ Informiere dich über verschiedene herkömmliche und neuere Methoden in der Züchtung und beurteile die Gefahren einer einseitig ausgerichteten Züchtung.

⑥ Artenvielfalt und genetische Vielfalt charakterisieren zusammen mit der Vielfalt der Ökosysteme die so genannte *Biodiversität*. Nach Ansicht von Wissenschaftlern ist sie weltweit bedroht. Welche Gründe könnte es dafür geben?

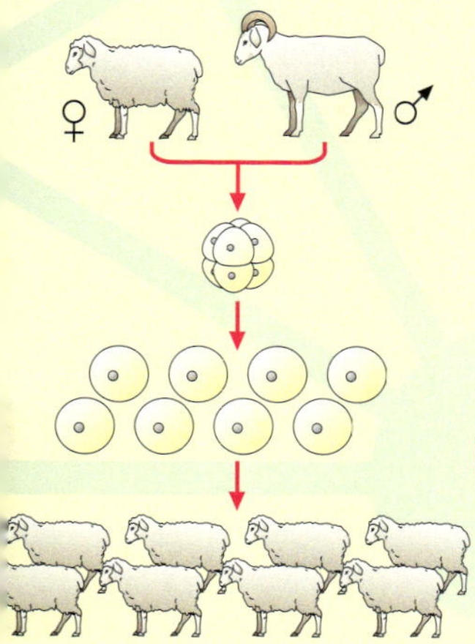

Klone

Klone

Bei der Züchtung von Tieren und Pflanzen nutzt der Mensch die Variabilität innerhalb einer Art und betreibt eine Auslese nach seinen Vorstellungen: So sollen besonders ertragreiche Getreidesorten entstehen oder Kühe mit einer besonders hohen Milchleistung. Nicht selten wird – besonders bei Pflanzen – nach Erreichen des Ziels eine ungeschlechtliche weitere Vermehrung etwa über Gewebekulturen vorgenommen. Bei Tieren versucht man, über das Klonen „identische Ebenbilder" zu schaffen.

Basis Konzept

Entwicklung

„Lebewesen verändern sich im Verlauf der Zeit". Diesen Satz kann man unter zwei völlig unterschiedlichen Aspekten betrachten.

Ein Kind wird geboren, wird zum Jugendlichen, durchläuft die Pubertät und wird als Erwachsener schließlich alt. Diese *Individualentwicklung*, fachsprachlich als *Ontogenese* bezeichnet, umfasst für uns überschaubare Zeiträume und betrifft alle Organismen. Es kann sich dabei um eine Entwicklung aus dem Ei, wie z. B. bei den Vögeln handeln oder um eine aus Samen, wie bei den Blütenpflanzen. Ausgangspunkt ist die Zygote. Der Bauplan für die Organismen ist in den Genen festgelegt und wird durch Stoffwechselvorgänge realisiert.

Die Vielfalt der Lebewesen kann sich aber auch in sehr langen Zeiträumen verändern. So sind z. B. die Reptilienvorfahren (Dinosaurier) ausgestorben und heutige Vögel und Säugetiere entstanden.

Für diese stammesgeschichtliche Entwicklung, fachsprachlich als *Phylogenese* bezeichnet, gibt es keinen Plan. Für sie sind kleine Veränderungen in der Erbinformation von Bedeutung, die zu abgewandelten Merkmalen führen. Sie können – abhängig von den Umweltfaktoren, die zu einem bestimmten Zeitpunkt vorherrschen – z. B. positiv für den Merkmalsträger sein und zu einer Weiterentwicklung führen.

Individuelle Entwicklung

Individuelle Entwicklung

Während der individuellen Entwicklung nutzen Tiere häufig unterschiedliche Lebensräume. Dabei zeigt z. B. der Baumpython in den Wäldern Neuguineas einen spektakulären Farbwechsel: Jugendliche Pythons haben ein gelb-rötliches, erwachsene hingegen ein grünes Schuppenkleid. Junge Pythons leben außerhalb des geschlossenen Regenwaldes und fressen Insekten und kleine Reptilien. Durch die gelb-roten Töne fallen sie am Waldrand zwischen den Gräsern kaum auf. Erwachsene Pythons leben im Kronenbereich des Waldes und jagen größere Vögel und Nagetiere. Die farbliche Häutung und der Umzug finden dann statt, wenn das Tier sein Maul weit genug öffnen kann, um auch größere Tiere zu erlegen. Damit ergibt sich ein besonderer Bezug zur Variabilität und Angepasstheit.

Stammbäume

Stammbäume

In der Humangenetik zeigen Stammbäume die Abfolge von Generationen oder die Vererbung bestimmter Merkmale. Die Abstammungslehre benutzt Stammbäume, um Verwandtschaftsverhältnisse über riesige Zeiträume zu verdeutlichen. In diesen evolutionären Stammbäumen zeigen die Aufgabelungen die Entstehung neuer Arten an.

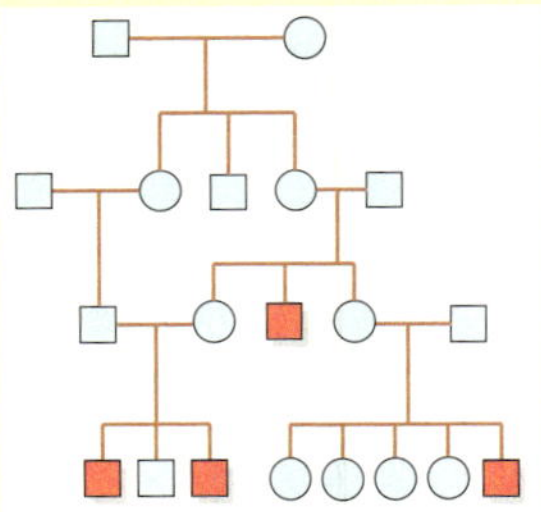

Rot-Grün-Blindheit

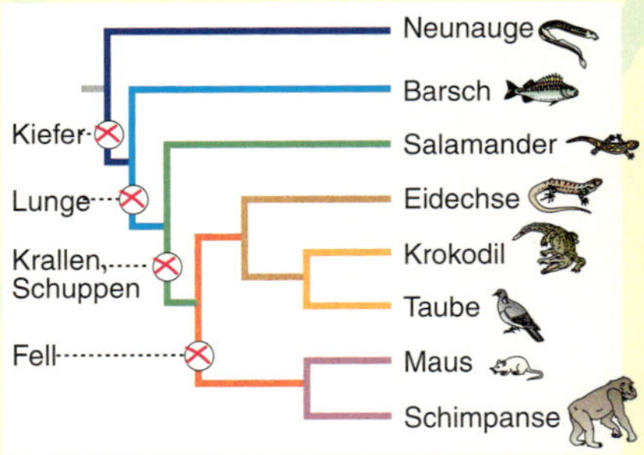

Gehirnentwicklung

Gehirnentwicklung

Ein zentraler Punkt im Modell zur Menschwerdung ist die Veränderung des Gehirns während der Evolution. Dass die Fähigkeit zur Ausbildung neuer Verhaltensweisen eng mit dem Hirnvolumen verknüpft ist, konnten Wissenschaftler jetzt auch bei Vögeln nachweisen.

Europäische Singvogelarten, die ein im Vergleich zur Körpermasse großes Gehirn besitzen, können z. B. bei der Nahrungssuche flexibler auf Umweltveränderungen reagieren. Sie sind im Winter eher ortstreu als Tiere mit kleinem Gehirn.

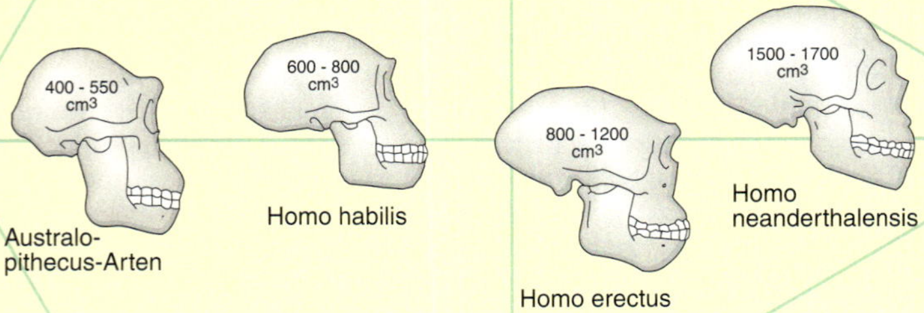

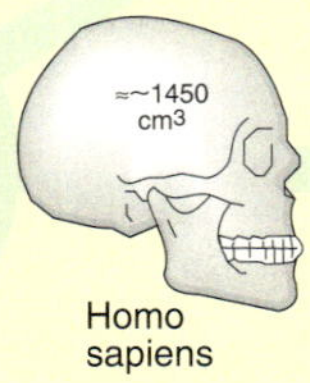

Evolution der Theorien

Evolution der Theorien

Die Beurteilung der stammesgeschichtlichen Entwicklung der Lebewesen hat selbst eine Entwicklung erfahren: Bis zur Mitte des 19. Jahrhunderts war der Glaube an die biblische Schöpfungsgeschichte in der westlichen Welt weit verbreitet, obwohl sich schon ab dem 16. Jahrhundert durch die immer weiteren Seereisen und später durch die Fossilfunde Erkenntnisse häuften, die nicht in dieses Bild passten. Die Erklärungsversuche von JEAN BAPTISTE DE LAMARCK, sowie später die Erkenntnisse von CHARLES DARWIN und schließlich die Einsichten aus der Genetik und Molekularbiologie führten zu der heutigen Evolutionstheorie.

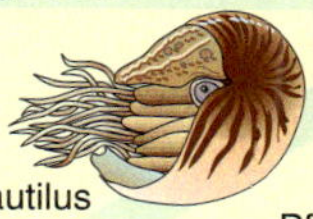

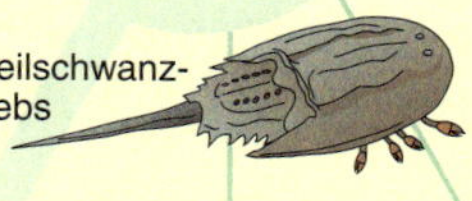

Übergangs- und Dauerformen

Übergangs- und Dauerformen

Früher waren Reptilien die beherrschende Lebensform auf der Erde. Während Amphibien für ihre Entwicklung immer noch das Wasser benötigen, passten sich die Reptilien vollständig an das Leben auf dem Land an. Zu ihren wichtigsten Errungenschaften gehörten Eier, die auch an Land nicht mehr austrocknen. Ausgestorbene Tiere, die Übergangsformen und Bindeglieder zu den übrigen Wirbeltierklassen sind, belegen diese Entwicklung. „Lebende Fossilien“ zeigen Baupläne längst vergangener Tiergruppen.

Koevolution

Die wechselseitigen Angepasstheiten werden nicht nur für die Blüten und ihre Bestäuber durch die vielfältigen „Bestäubungstricks“ belegt. Auch die Verbreitung von Früchten und Samen liefert Beispiele. Eine Besonderheit zeigt der Akazienbaum. In seinen großen hohlen Dornen nisten Ameisen. Sie jagen nach Insekten und halten dadurch ihren Wohnbaum schädlingsfrei.

Auch beim Täuschen von Feinden kann man Wechselbeziehungen beobachten: Einige Arten der Passionsblumen besitzen gelbe Punkte auf den Blättern. Sie signalisieren dem Heliconiusfalter, dass das Blatt schon „besetzt“ ist. Um Kannibalismus zu vermeiden, untersucht das Schmetterlingsweibchen die Blätter vor der Eiablage, ob bereits die gelben Eier von Artgenossen vorhanden sind. Somit schützt sich die Pflanze durch ihre Signale vor dem Blattfraß durch die Raupen.

Koevolution

Aufgaben

① Nach dem Zitat eines bekannten Biologen macht nichts in der Biologie Sinn, außer man betrachtet es im Licht der Evolution. Erläutere das anhand eines selbst gewählten Beispiels.

② Vergleiche die „Metamorphose“ des Baumpythons mit der Metamorphose der Amphibien oder Insekten. Nenne Unterschiede und Gemeinsamkeiten.

③ Suche entsprechende Beispiele zu den beiden Stammbaum-Typen. Beschreibe jeweils, was sie verdeutlichen.

④ Nervenzellen als Zelltyp sind schon sehr früh in der Evolution entstanden. Welche Erklärung gibt es dafür?

⑤ Es gibt verschiedene Hinweise und Belege für den Ablauf der Evolution. Wähle einige aus und beschreibe, warum sie als Hinweis oder Beleg dienen. Gestalte damit ein Lernplakat oder ein Referat.

⑥ Einige Tiergruppen, wie die Schildkröten, der Pfeilschwanzkrebs oder Nautilus bzw. Pflanzenarten wie der Ginkgo, zeigen sehr urtümliche Merkmale. Recherchiere die Besonderheiten dieser „lebenden Fossilien“.

⑦ Auch Parasit und Wirt oder die beiden Partner einer Symbiose unterliegen einer Koevolution. Damit ergeben sich enge Verknüpfungen zu anderen Basiskonzepten. Zeige diese auf und erkläre sie.

Adaptation
Die Anpassung des Auges an veränderte Lichtintensitäten. Dabei wird durch die Muskelfasern der Iris die Pupille vergrößert oder verkleinert und somit der Lichteinfall ins Auge reguliert.

afferent
bei Nerven: von Sinneszellen zum Zentralnervensystem hinleitend

Agglutination
Zusammenballung von Blutzellen oder Bakterien unter dem Einfluss von Brückenmolekülen (z. B. Antikörpern)

Aggression
Sammelbezeichnung für Angriffs-, Verteidigungs- und Drohverhalten innerhalb einer Art oder zwischen Arten

AIDS
Abkürzung für **a**quired **i**mmune **d**eficiency **s**yndrome, was übersetzt soviel heißt wie erworbenes Immunschwächesyndrom. Es ist eine sexuell übertragbare Krankheit, die durch sogenannte HI-Viren (**HIV** = **h**uman **i**mmunodeficiency **v**irus) ausgelöst wird. Die Krankheit ist bis heute noch nicht heilbar und es gibt auch keine wirksame Schutzimpfung gegen sie. Allgemeine Aufklärung will mögliche Ansteckungswege aufzeigen und somit eine Übertragung des Erregers durch geeignete Maßnahmen verhindern. Die wichtigste Maßnahme ist geschützter Geschlechtsverkehr durch Benutzen von Kondomen.

Akkommodation
Anpassung des Auges an Nah- und Fernsicht. Durch Akkommodation entsteht auf der Netzhaut immer ein scharfes Bild. Sie wird beim Menschen durch Änderung der Wölbung der elastischen Augenlinse erreicht.

Aktionspotential
kurzzeitige Änderung des *Ruhepotentials* bei erregbaren Zellen, ausgelöst durch Ionenwanderung durch die Zellmembran

Alge
Vertreter einer vielgestaltigen Gruppe autotropher Lebewesen. Neben einzelligen und wenigzelligen Algen existieren große Formen. Algen leben im Wasser, zumindest aber an feuchten Stellen. Innerhalb der Gruppe lässt sich der Übergang von Einzellern zu Vielzellern gut verfolgen.

Allel
eine von mehreren möglichen Ausführungen eines Gens, von dem diploide Körperzellen zwei enthalten, haploide Keimzellen eines

Allergie
überhöhte Reaktionsfähigkeit des Immunsystems gegenüber körperfremden, eigentlich unschädlichen Stoffen, den Allergenen

Aminosäure
Moleküle, aus denen Eiweiße (Proteine) zusammengesetzt sind. Natürlich vorkommende Eiweiße bestehen aus 20 verschiedenen Aminosäuren. Ihre Art, Anzahl und Anordnung bewirken die Eigenschaften der Eiweiße.

Analogie
Ähnlichkeit in Gestalt oder anderen Merkmalen, die aufgrund übereinstimmender Selektionsbedingungen unabhängig voneinander entstanden sind und die nicht auf gemeinsamer Herkunft beruht (vgl. *Homologie)*

Angepasstheit
Eigenschaft eines Lebewesens, die sein Überleben in einer bestimmten Umwelt fördert

Anpassung
Prozess, in dessen Verlauf Individuen Eigenschaften aufweisen, die für das Überleben förderlich sind

Antibiotikum
Von Mikroorganismen produzierter Stoff, der in geringer Konzentration die Vermehrung anderer Mikroorganismen hemmt oder diese abtötet. Das erste 1928 von A. FLEMING entdeckte Antibiotikum war Penicillin.

Antigen
Substanz, die eine Antikörperproduktion durch das Immunsystem der Wirbeltiere auslöst

Antikörper
Moleküle des Immunsystems der Wirbeltiere, die spezifisch andere Moleküle *(Antigene)* binden können

Art
Hierzu gehören Lebewesen, die sich untereinander fortpflanzen.

Artbildung
Prozess der Entstehung neuer Arten aus einer Ursprungsart, z. B. durch geografische Isolation

Atavismus
Bei einzelnen Individuen innerhalb einer Art auftretende phänotypische Abweichungen, die der Merkmalsausprägung ihrer stammesgeschichtlichen Arten entsprechen

Atmung
Austausch der Gase Sauerstoff und Kohlenstoffdioxid an den Oberflächen der Organismen bzw. in deren Atmungsorganen. Bei der Zellatmung werden die körpereigenen Substanzen mithilfe des Sauerstoffs unter Energiefreisetzung vollständig zu Kohlenstoffdioxid und Wasser abgebaut *(Zellatmung)*.

Attrappenversuch
In diesem Versuch wird der Reiz, von dem man annimmt, dass er ein bestimmtes Verhalten auslöst, in Form einer Attrappe nachgebildet und präsentiert.

Autoimmunerkrankung
Erkrankung, die durch Immunreaktionen des Körpers gegen körpereigene Zellen ausgelöst wird; zu den Autoimmunerkrankungen gehört Multiple Sklerose

Autosom
Chromosom, das im Gegensatz zum *Gonosom* keine geschlechtsbestimmenden Gene trägt; in Körperzellen sind bei diploiden Zellen von jedem Autosom zwei homologe Ausgaben vorhanden

autotroph
Ernährungsweise aller grünen Pflanzen und einiger Bakterien, die für die Bildung ihrer körpereigenen Substanzen einfache und energiearme Stoffe wie Kohlenstoffdioxid und Wasser nutzen, um daraus energiereiche Verbindungen herzustellen *(Fotosynthese)*.

Axon
bis zu 100 cm langer Ausläufer einer Nervenzelle, über den die Erregungen vom Zellkörper zu den Synapsen geleitet werden

Bakteriologie
Teilgebiet der Mikrobiologie, das sich mit der Untersuchung von Bakterien beschäftigt

Bakterium
Vertreter einer großen Gruppe von einzelligen Lebewesen, deren Zelle keinen echten Zellkern besitzt. Bakterien

erbringen außerordentlich vielfältige physiologische Leistungen. Sie sind in der Natur weit verbreitet und treten massenhaft auf.

Basensequenz
Reihenfolge der Nucleotidbasen

Befruchtung
Verschmelzung von Ei- und Spermienzelle zur Bildung einer befruchteten Eizelle *(Zygote)*.

Bestäubung
Übertragung von Pollen auf die Narbe der Bedecktsamer oder bei Nacktsamern auf die Samenanlage.

Biogenetische Grundregel
Während der Keimesentwicklung eines Individuums zeigen einige Stadien Merkmale von Organismengruppen, die man als frühere Stufen der Stammesentwicklung ansieht. Die Keimesentwicklung scheint also die Stammesgeschichte sehr kurz zu wiederholen.

Biotechnologie
Einsatz und Nutzung von biologischen Prozessen oder Lebewesen in technischen Verfahren bzw. industriellen Produktionen

Chloroplast
fotosynthetisch aktives, *Chlorophyll* enthaltendes Zellorganell (siehe *Plastid)*

Chlorophyll
Blattgrün, grüner Farbstoff der Pflanzen und einiger Bakterien, der Lichtenergie aufnehmen und in andere Energieformen umwandeln kann und damit die Fotosynthese ermöglicht. In Pflanzenzellen findet die Fotosynthese in bestimmten Organellen, den Chloroplasten statt.

Chromosom
Hauptträger der Erbinformation *(DNA)* in einer Zelle; bei Eukaryoten werden sie vor allem bei der Zellteilung lichtmikroskopisch sichtbar. Im erweiterten Sinne wird auch die ringförmige DNA der Prokaryoten als (Bakterien-) Chromosom bezeichnet.

Chromosomenmutation
Veränderung der Erbinformation, die durch Bruch und Fusion zum Umbau eines Chromosoms führt; dabei können Teile eines Chromosoms verloren gehen, an eine andere Stelle verlagert werden, verdoppelt werden oder um 180 Grad gedreht wieder eingebaut werden

Chromosomentheorie
Die Chromosomen sind die Träger der Erbinformation.

Code, genetischer
verschlüsselte Anweisung für die Proteinsynthese, nach der die genetische Information der DNA (Basensequenz) in die Aminosäuresequenz der Proteine übersetzt wird

Codon
aus 3 *Nucleotiden* bestehender m-RNA-Abschnitt (Basentriplett), der eine Aminosäure codiert

Darwinismus
Konzepte, die sich auf die Selektionstheorie von Charles Darwin berufen, ausgehend von gemeinsamer Abstammung, Artbildung in Populationen, allmählichem Ablauf und natürlicher *Selektion*, die auf verschiedene Phänotypen in einer Population wirkt

Destruent
Vertreter einer Gruppe von Lebewesen, überwiegend Mikroorganismen, die Ausscheidungsprodukte anderer Lebewesen und tote Organismen zersetzen und mineralisieren, d.h. in einfache Stoffe wie Kohlenstoffdioxid, Wasser und Mineralstoffe umwandeln. Als Glied des Stoffkreislaufes unserer Erde schaffen sie die Voraussetzung für die *autotrophe Assimilation.*

Diffusion
Physikalischer Vorgang, durch den auf der Grundlage der Eigenbewegung von Teilchen ein Konzentrationsausgleich zwischen unterschiedlich konzentrierten Flüssigkeiten oder Gasen erfolgt.

diploide Zelle
Zelle mit zwei homologen Chromosomensätzen (2n), von denen einer von der Mutter und einer vom Vater stammt (vgl. *haploide Zelle)*

DNA (engl. **d**eoxyribo-**n**ucleic **a**cid)
schraubig gewundene, zweisträngige Kette von *Nucleotiden* (besteht aus dem Zucker Desoxyribose, Phosphat und einer der 4 Basen Adenin, Thymin, Guanin und Cytosin); die Reihenfolge der Nucleotid-Typen in einem Nucleinsäurestrang verschlüsselt die genetische Information einer Zelle

dominantes Allel
Allel, das bei heterozygoten Lebewesen zur Ausprägung eines Merkmals führt (siehe *Erbgang).* Dominante Allele werden im Kreuzungsschema durch Großbuchstaben symbolisiert.

Droge
Ursprünglich nannte man Heilmittel, die aus Pflanzen gewonnen wurden, *Drogen.* Heute werden alle Stoffe mit Abhängigkeits- oder Suchtwirkung als *Droge* bezeichnet.

Drüse
Gewebekomplex, der zur Produktion und Abgabe von Sekreten fähig ist. Wichtige Drüsen im menschlichen Körper sind z.B. das Pankreas, die Schilddrüse und die Drüsen in den Geschlechtsorganen und im Gehirn. Die von Drüsen erzeugten Hormone erfüllen wichtige Steuer- und Regelfunktionen.

einhäusig
Männliche und weibliche Blüten befinden sich auf einer Pflanze.

Einkeimblättrige
Klasse der Bedecktsamer mit einem Keimblatt und meist paralleladrigen Blättern.

Einzeller
Ein aus einer einzigen Zelle bestehender Organismus (z.B. Bakterien, Protozoen, einzellige Algen). Die Einzelzelle erfüllt alle für Lebewesen typischen und notwendigen Funktionen.

Endhandlung
von Konrad Lorenz geprägter Begriff für die abschließende Verhaltensweise einer *Instinkthandlung*

Energie
Energie beschreibt die Fähigkeit eines Körpers, Arbeit zu verrichten. Sie wird in Joule (J) angegeben. Eine Energieform kann in eine andere Energieform umgewandelt, aber nicht verbraucht werden. Wird in Lebewesen chemische Energie in Muskelarbeit o.ä. umgewandelt, wird auch Wärmeenergie frei.

Enzym
Wirkstoff, aus Eiweiß bestehend, der biochemische Reaktionen in und außerhalb der Zelle beschleunigt oder erst ermöglicht. Enzyme werden von lebenden Zellen gebildet und steuern Stoffwechselvorgänge.

Epidemie
Seuche, örtlich und zeitlich gehäuftes Auftreten einer ansteckenden Krankheit

Erbgang
statistisch gesetzmäßiges Auftreten von Merkmalen in den Nachkommengenerationen; beim *rezessiv-dominanten Erbgang* bestimmt das Allel von nur einem Elternteil die Ausprägung des Phänotyps in der mischerbigen Tochtergeneration, beim intermediären (*kodominanten) Erbgang* dagegen zwei Allele, sodass die Merkmalsausprägung zwischen beiden Erscheinungsbildern liegt.

Erbkrankheit
Erkrankung, die sich auf die Vererbung veränderter *Gene* oder *Chromosomen* zurückführen lässt

Evolution
alle Prozesse, die zur Entstehung des Lebens in seiner heutigen Vielfalt geführt haben

Fight-or-Flight-Syndrom
rasche Anpassung des Körpers an Notsituationen

Fortpflanzung
Kennzeichen des Lebens, wobei durch die Weitergabe genetischer Information artgleiche, eigenständige Individuen entstehen. Zur geschlechtlichen *(sexuellen)* Fortpflanzung gehört die Befruchtung von Keimzellen. Bei der ungeschlechtlichen *(asexuellen)* Fortpflanzung entstehen neue Lebewesen aus einem Teil des Elternorganismus. Fortpflanzung ist meistens mit einer *Vermehrung* verbunden.

Fossil
Rest eines Lebewesens aus der erdgeschichtlichen Vergangenheit

Fotosynthese
Dies ist die wichtigste Form der autotrophen Ernährungsweise auf unserer Erde, die mithilfe des *Chlorophylls* unter Einwirkung des Lichtes die Umwandlung von Kohlenstoffdioxid und Wasser zu Traubenzucker und Sauerstoff ermöglicht.

Frucht
Wird nur bei Bedecktsamern gebildet, entsteht nach der Befruchtung aus dem Fruchtknoten und anderen Blütenteilen, enthält die Samen und dient zu deren Verbreitung.

Gedächtnis
Speicher für erworbene Informationen im Gehirn, die als Erinnerung wieder abrufbar sind

Gedächtniszellen
spezielle Weiße Blutzellen des Immunsystems, die nach erstmaligem Kontakt mit einem *Antigen* entstehen und über Jahre im Körper verbleiben können; sie sorgen bei weiteren Antigenkontakten für die schnelle Produktion spezifischer Antikörper

Gefäßteil
Leitgewebe in Pflanzen, die langgestreckte Röhren bilden; dient dem Wasser- und Mineralsalztransport.

Gen
Funktionseinheit der Erbinformation (DNA), die auf einem Chromosom liegt; ein Gen ist der DNA-Abschnitt, der für ein Protein (ein Merkmal) codiert.

Genom
Gesamtheit des genetischen Materials (codierende und nicht codierende DNA-Abschnitte) eines Organismus im einfachen Chromosomensatz

Genommutation
führt zu einer Veränderung der Chromosomenanzahl in einer Zelle. Es können entweder einzelne Chromosomen hinzukommen oder verloren gehen, oder der ganze Chromosomensatz kann vervielfacht oder halbiert werden

Genotyp
Beschreibung der Gesamtheit der Gene eines Organismus

Genpool
Gesamtheit aller Erbanlagen einer Population

Gentechnik
Verfahren zur gezielten Veränderung des Genoms einer Zelle durch Übertragung oder Entfernung definierter DNA-Abschnitte zu Forschungs-, Heilungs- oder Produktionszwecken

Gentransfer
Methoden, mit denen man DNA (Gene) beliebigen Ursprungs in Zellen einbringen kann (siehe *Plasmid)*

getrenntgeschlechtlich
Männliche und weibliche Geschlechtsorgane befinden sich in verschiedenen Individuen.

Gewebe
Zusammenschluss vieler Zellen mit annähernd gleicher Gestalt und gleicher Funktion, also eines Typs, zu einer Einheit. Typische pflanzliche Gewebe sind beispielsweise die Epidermis als Abschlussgewebe, das Palisaden- und Schwammgewebe als Grundgewebe und der Gefäß- und Siebteil als Leitgewebe. Nerven-, Muskel-, Knochen-, Knorpel-, Bindegewebe und andere machen den tierischen Organismus aus.

Gonaden (Keimdrüsen)
Organe der Tiere, in denen Keimzellen gebildet werden; weibliche Keimdrüsen nennt man Eierstöcke (Ovarien), männliche Keimdrüsen Hoden

Gonosom (Geschlechtschromosom, Heterosom)
Chromosom, das im Gegensatz zum *Autosom* geschlechtsbestimmende Gene trägt; Gonosomen legen bereits in der diploiden Zygote das Geschlecht fest und werden meist als X- oder Y-Chromosom bezeichnet

haploide Zelle
Zelle mit einem einfachen Chromosomensatz (n) (vgl. *diploide Zelle)*

heterotrophe Ernährungsweise
bei Tieren, Pilzen, Menschen und den meisten Bakterien, die zur Bildung körpereigener Substanzen energiereiche Stoffe anderer Organismen, z. B. Traubenzucker, nutzt.

heterozygot (mischerbig)
mit zwei verschiedenen *Allelen* für ein bestimmtes Merkmal ausgestattet (vgl. *homozygot)*

Hominiden
Menschenaffen (Orang Utan, Gorilla, Schimpanse, Bonobo) und Menschen einschließlich aller ausgestorbener Vorfahren; nach älterer Gliederung nur der Mensch und seine ausgestorbenen Vorfahren (heute: Hominine)

Homologie
Ähnlichkeit in Gestalt oder anderen Merkmalen, die sich auf Verwandtschaft bzw. gleiche Herkunft und damit ähnliche genetische Ausstattung begründet (vgl. *Analogie)*

homozygot (reinerbig)
mit zwei gleichen Allelen für ein bestimmtes Merkmal ausgestattet (vgl. *heterozygot)*

Hormone
Botenstoffe, die in *Drüsen* oder Geweben gebildet und ins Blut ausgeschüttet werden und in kleinen Mengen an Zielzellen im Körper wirken.

Immunität
Unempfindlichkeit des Organismus für eine Infektion mit krankheitserregenden Mikroorganismen bzw. Schutz vor der Wirkung pflanzlicher oder tierischer Gifte. Grundlage dafür sind die unspezifische und spezifische Immunantwort des Körpers.

Infektion
Ansteckung, das Eindringen von Krankheitserregern (Viren, Bakterien, Pilze und Parasiten) in einen lebenden Organismus.

Infektionskrankheit
Krankheit, die durch bestimmte Krankheitserreger, die in den Körper eingedrungen sind und sich dort vermehrt haben, hervorgerufen wird.

Inkubationszeit
Zeit zwischen dem Eindringen von Erregern in den lebenden Organismus und dem Auftreten der ersten Krankheitsanzeichen.

Instinkthandlung
von KONRAD LORENZ eingeführter Begriff für ein „angeborenes", durch bestimmte *Schlüsselreize* über einen entsprechenden Auslösemechanismus ausgelöstes weitgehend formkonstantes Verhalten, das nur bei Vorliegen einer spezifischen Handlungsbereitschaft abläuft

intermediär
Merkmalsausprägung bei heterozygoten Lebewesen, die zwischen den beiden phänotypischen Erscheinunsbildern liegt

Iris
die farbige Regenbogenhaut des Auges; sie enthält eine kreisförmige Öffnung, die *Pupille*. Durch die Pupille gelangt das Licht in das Augeninnere. Ihr Durchmesser wird, je nach Helligkeit der Umgebung, durch die Muskelfasern der Iris vergrößert oder verkleinert.

Isolation
trennt zwei Arten voneinander und damit deren Genpools; ermöglicht so über einen längeren Zeitraum die Entstehung von zwei neuen Arten

Kambium
Bildungsgewebe des Leitbündels der Nacktsamer und zweikeimblättriger Pflanzen, aus dem infolge der Zellteilung neue Zellen für Gefäß- und Siebteil entstehen (sekundäres Dickenwachstum).

Kapillare
auch *Haarröhrchen* genannt; Röhrchen mit sehr kleinem Innendurchmesser

Kapillarität
Aufsteigen von Wasser in Haargefäßen *(Kapillaren)*, verursacht durch das Zusammenwirken von Kräften zwischen den Teilchen des Wassers (Kohäsionskräfte) und Kräften, die das Haften der Wasserteilchen an der Gefäßwand ermöglichen (Adhäsionskräfte)

Kaspar-Hauser-Versuch
Versuch mit Tieren, die direkt nach der Geburt von ihren Artgenossen isoliert aufgezogen werden, sodass sie keine Möglichkeit haben, von diesen zu lernen

Keimzelle (Geschlechtszelle, Gamet)
haploide Ei- oder Spermienzelle, die sich im Gegensatz zur *Spore* erst nach einer Befruchtung zu einem mehrzelligen Organismus weiterentwickelt; in diploiden Organismen entstehen Keimzellen in spezialisierten Organen durch die *Meiose*, in haploiden Organismen durch *Mitose*.

Koevolution
gegenseitige Beeinflussung der Evolution zweier oder mehrerer Arten, die miteinander in Wechselbeziehungen stehen und durch Anpassung bzw. Gegenanpassung ihre Existenz und Fortpflanzung zunehmend sichern

Konditionierung
einfacher Lernprozess durch Ausbildung einer bedingten Reaktion *(Reflex* oder Aktion) als Antwort auf einen spezifischen *Reiz*

Konsument
auch *Verbraucher* genannt; innerhalb des Stoffkreislaufs die Gruppe von heterotrophen assimilierenden Organismen, die die Produkte der autotrophen Lebewesen verbrauchen.

Konvergenz
beschreibt eine im Verlauf der Evolution zunehmende phänotypische Ähnlichkeit von Individuen oder Organen bei verschiedenen Arten; Ursache ist meist ein ähnlicher Selektionsdruck

Krankheit
Störung des Wohlbefindens eines Organismus durch Unterbrechung der normalen Funktion seiner Organe und Organsysteme. Sie wird durch schädigende Umweltfaktoren, wie z.B. Bakterien, Viren oder Chemikalien ausgelöst. Während der Krankheit stellen Schädigung, Immunreaktion des Körpers und Wiederherstellung der ursprünglichen Funktionen eine Einheit dar.

Kreationismus
Schöpfungslehre; religiöse Strömung, die die Evolution als Ursache der Artenvielfalt ablehnt und stattdessen von göttlicher Schöpfung ausgeht

Krebs
Sammelbezeichnung für bösartige Geschwülste in Körpergeweben; im Gegensatz zu den gutartigen Tumoren können sich Krebsgeschwüre im Körper ausbreiten *(Metastasen)*

Kutikula
von Epidermiszellen der Pflanze nach außen abgesonderte, meist wenig durchlässige Schutzschicht aus wachsartigen Substanzen

LAMARCKS Evolutionstheorie
überholte Lehre von der allmählichen Veränderung der Lebewesen durch Gebrauch oder Nichtgebrauch von Organen sowie der Vererbung der dabei erworbenen Eigenschaften

Leitbündel
In Strängen zusammengefasste Leitgewebe. Wichtigster Bestandteil sind *Gefäß-* und *Siebteil*.

Leitfossil
Fossil, das für eine bestimmte erdgeschichtliche Zeit charakteristisch ist und damit eine zeitliche Einordnung von Gesteinen bzw. von anderen Fossilien ermöglicht

Lernen
Verhaltens- oder Wissensänderung infolge individueller Erfahrung auf der Grundlage veränderter neuronaler Strukturen

Lymphe
Gewebsflüssigkeit ohne Rote Blutzellen; Filtrat des Blutes von Tierarten mit geschlossenem Blutsystem

Makrophage (Fresszelle)
spezielle Zelle des Immunsystems, die auf die *Phagocytose* spezialisiert ist, also dem Abbau meist körperfremder Zellen und Stoffe

Meiose
zweischrittige Kern- und Zellteilung im Rahmen der geschlechtlichen Fortpflanzung; die Meiose führt zur Bildung von Keimzellen mit einem einfachen *(haploiden)* Chromosomensatz aus Urkeimzellen mit einem doppelten *(diploiden)* Chromosomensatz. Dabei wird die genetische Information neu kombiniert.

Membranpotential
elektrische Spannung über die Zellmembran, hervorgerufen durch eine unterschiedliche Verteilung von Ionen; wechselt am Axon zwischen *Ruhepotential* und *Aktionspotential*

Mendel'sche Regeln
drei von GREGOR MENDEL aufgestellte Vererbungsregeln (Uniformitätsregel, Spaltungsregel und Neukombinationsregel)

Metamorphose
hormongesteuerter Gestaltwandel innerhalb des Grundbauplans von Organismen

Metastase
Tochtergeschwulst eines bösartigen Tumors; sie entsteht, wenn Krebszellen sich über die Blutbahn ausbreiten und an anderer Stelle des Körpers vermehren (siehe *Krebs)*

Mitochondrium
in der Eucyte vielfach vorhandenes Organell mit einer Doppelmembran, in dem die *Zellatmung* abläuft

Mitose
Kernteilung, bei der die zwei Chromatiden eines Chromosoms auf die beiden neu entstehenden Tochterzellen verteilt werden; die Chromosomenzahl bleibt dabei erhalten. Der Kernteilung folgt in der Regel die Zellteilung.

Modifikation
umweltbedingte Veränderung im Erscheinungsbild *(Phänotyp)* eines Organismus, die nicht vererbt wird

Mutagene
Substanzen, die in einem DNA-Molekül Veränderungen der Erbinformation *(Mutationen)* auslösen können

Mutation
spontan oder durch *Mutagene* verursachte Veränderung des genetischen Materials; in Abhängigkeit vom Ausmaß unterscheidet man *Gen-, Chromosomen-* und *Genommutationen*

Nerv
ein Bündel von Nervenfasern (Axone mit Hüllzellen), von Bindegewebe umgeben; er dient der Leitung elektrischer Erregungen (siehe *Aktionspotential)*

Neuron (Nervenzelle)
spezialisierter Zelltyp, der elektrische Erregungen bildet bzw. leitet

Nucleinsäure
aus *Nucleotiden* aufgebautes Makromolekül, das als DNA oder RNA Erbinformation speichert bzw. überträgt

Nucleotid
aus Zucker, Phosphat und einer stickstoffhaltigen Base zusammengesetzter Baustein der *Nucleinsäuren (DNA* bzw. *RNA)*

Onkogen
Gen, das an der Auslösung von *Krebs* beteiligt ist; es entsteht in Zellen aus Genen, die das Zellwachstum kontrollieren

Osmose
Diffusion durch eine halbdurchlässige Membran und die Eigenbewegung der Teilchen des Wassers führen unter der Voraussetzung unterschiedlicher Konzentrationen zu beiden Seiten der Membran zu einem vermehrten Strom der Wasserteilchen durch die Membran hindurch in Richtung der konzentrierten Lösung.

Parasit
Organismus, der auf oder in einem *Wirt* und auf dessen Kosten lebt, indem er sich von ihm ernährt, ihn aber nicht unbedingt tötet.

Parasympathicus
Teil des vegetativen Nervensystems, der bestimmte Organe (z. B. Skelettmuskulatur) hemmt und andere (z. B. Verdauung, Schweißproduktion) zu höherer Leistungsfähigkeit des Körpers aktivieren kann

Pasteurisieren
Wärmebehandlung insbesondere von Lebensmitteln mit dem Ziel, unerwünschte Mikroorganismen abzutöten.

Peptidbindung
Bindung zweier Aminosäuren unter Abspaltung von Wasser

Phagocytose
Anlagerung, Einverleibung und Verdauung körperfremder Materialien, insbesondere durch Zellen des Immunsystems (siehe *Makrophage)*

Phänotyp
Gesamtheit aller Merkmale eines Organismus (vgl. *Genotyp),* die das Erscheinungsbild eines Lebewesens bestimmen

Population
Gruppe von Individuen einer Art in einem bestimmten Gebiet, die eine Fortpflanzungsgemeinschaft bilden

Präadaption
Voranpassung durch Merkmale, die unter veränderten Umweltbedingungen einen Selektionsvorteil bieten

Prägung
Lernvorgang, dessen Ablauf auf eine sensible Entwicklungsphase (meist in der frühen Jugend) beschränkt ist und der zu einem sehr stabilen Lernergebnis führt

Produzent
Pflanze, die mittels Fotosynthese die energiereichen Stoffe produziert, die von *Konsumenten* aufgenommen werden. Er bildet damit die Basis der Nahrungsbeziehungen.

Protein (Eiweiß)
hochmolekulare Kette aus verschiedenen Aminosäuren mit einer dreidimensionalen Struktur, die an fast allen Strukturen und Prozessen des Lebens beteiligt sind (z. B. *Enzyme)*

Proteinbiosynthese
Herstellung von *Proteinen* nach den Informationen der *DNA* mit den beiden Teilschritten *Transkription* und *Translation*

Reflex
Eine unwillkürliche, vom Zentralnervensystem gesteuerte Reaktion auf einen Reiz. Die beteiligten Elemente bilden den *Reflexbogen.* Er besteht aus Rezeptor, sensorischer Nervenbahn, Umschaltzentren im Zentralnervensystem, motorischer Nervenbahn und dem ausführenden Organ. Es gibt *unbedingte* (angeborene) und *bedingte* (erlernte) *Reflexe.*

Reiz
Eine Veränderung der Umwelt, die in einem Lebewesen eine Erregung auslöst. Ein Reiz kann z. B. durch Licht, Temperatur oder Druck bewirkt werden.

Reizbarkeit
Die Fähigkeit eines Organismus Reize aufzunehmen und verarbeiten zu können. Die Reaktion auf einen Reiz äußert sich meist in Bewegung.

Replikation
identische Verdopplung der DNA, die vor jeder Zellteilung *(Mitose* und *Meiose)* stattfindet; der DNA-Doppelstrang wird getrennt und die elterlichen Einzelstränge dienen jeweils als Vorlage für die Bildung eines Tochterstrangs

Resistenz
Widerstandsfähigkeit eines Organismus gegen Schädigung durch Krankheitserreger und andere Umweltfaktoren, wie extreme Temperaturen, Trockenheit oder Gifte.

Rezeptor
membrangebundenes Molekül, das nach dem *Schlüssel-Schloss-Prinzip* andere spezifische Moleküle binden kann und damit spezifische Prozesse der Zelle auslöst

Rhesusfaktor
Merkmal von Blutzellen, das vor allem auf das Antigen D zurückzuführen ist; im Gegensatz zum AB0-System entstehen D-Antikörper bei einer rh-negativen Person erst nach einem Kontakt mit Rh-positivem Blut

Ribosom
aus RNA und Proteinen aufgebautes Organell, an dem die Proteinsynthese *(Translation)* stattfindet

RNA (Ribonucleinsäure)
im Vergleich zur *DNA* kurze Kette von *Nucleotiden*, bestehend aus dem Zucker Ribose, einem Phosphatrest und einer der vier Basen Adenin, Uracil, Guanin und Cytosin; man unterscheidet messenger-RNA, transfer-RNA und ribosomale RNA; m-RNA dient der Transkription, t-RNA der Translation und r-RNA ist Bestandteil von Ribosomen

Rudiment
in der Entwicklungsgeschichte einer Art verkümmertes, ganz oder teilweise funktionslos gewordenes Organ; manche Rudimente haben eine andere Funktion als vorher, die sich aus einer ursprünglichen Nebenfunktion entwickelt hat

Ruhepotential
elektrische Spannungsdifferenz zwischen Innen- und Außenseite einer erregbaren Membran im nicht erregten Zustand, z. B. an Nerven- oder Muskelzellen

Samen
Fortpflanzungs- und Verbreitungseinheit der Samenpflanzen, die aus dem Keimling und dem Nährgewebe besteht und von einer Samenschale umschlossen wird.

Schlüsselreiz
Reiz oder Reizkombination, die eine erbkoordinierte Handlung auslöst (siehe *Instinkthandlung)*

Schlüssel-Schloss-Prinzip
räumliches Passen zweier Moleküle zueinander, z. B. Enzym und Substrat

Selektion (Auslese)
natürliche Selektion (natürliche Auslese): beruht auf dem unterschiedlichen Fortpflanzungserfolg verschiedener *Phänotypen*, der auf die Wechselbeziehungen zwischen den Organismen und ihrer Umwelt zurückzuführen ist
künstliche Selektion (künstliche Zuchtwahl): Auswahl von Haustieren und Kulturpflanzen entsprechend der menschlichen Zuchtziele
sexuelle Selektion (geschlechtliche Zuchtwahl): Auswahl durch den Geschlechtspartner; beruht auf der Variabilität der sekundären Geschlechtsmerkmale, verstärkt den Geschlechtsdimorphismus

sensible Phase
begrenzter Zeitraum, in dem über obligatorische Lernvorgänge spezifische Verhaltensmuster festgelegt werden können (z. B. *Prägung)*

Siebteil
Leitgewebe in Pflanzen, bestehend aus lebenden Zellen, die zu Röhren aneinandergereiht sind und vorwiegend dem Transport von Nährstoffen dienen

Sinneszelle
Zelle, an der spezifische Reize Nervenerregungen auslösen

Spaltöffnungen
liegen in der Pflanzenepidermis und bestehen aus einem Spalt und zwei Schließzellen; sie dienen dem Gasaustausch

Spore
Einzellige Fortpflanzungs- und Verbreitungseinheit von Pilzen und Sporenpflanzen, auch Überdauerungszellen einiger Bakterien.

Sporenpflanze
Sammelbegriff für Pflanzen, die keine Blüten und Samen ausbilden, sondern sich durch Sporen vermehren

Stoffwechsel
Alle Vorgänge in Lebewesen, die mit der Aufnahme, Umwandlung und Abgabe von Stoffen verbunden sind, ordnet man dem *Stoffwechsel* zu, z.B. wird bei der Atmung Sauerstoff aufgenommen, im Körper wird Sauerstoff zu Kohlenstoffdioxid umgewandelt, der anschließend abgegeben wird.

Stress
Summe der Reaktionen eines Organismus auf erhöhte Anforderungen aus der Umwelt

Sukkulenz
Fähigkeit von Pflanzen, Wasser in spezifischen Geweben zu speichern, z. B. im Spross und / oder in Blättern

Symbiose
Zusammenleben verschiedener Pflanzen- und Tierarten zu beiderseitigem Nutzen

Sympathicus
Teil des vegetativen Nervensystems, der bestimmte Organe (z. B. Skelettmuskulatur, Herz) zu höherer Leistungsfähigkeit des Körpers aktivieren kann und andere (z. B. Verdauung, Sexualfunktion) hemmt; Gegenspieler zum *Parasympathicus*

Symptom
Merkmal, Anzeichen. In der Medizin ist es ein *Krankheitsanzeichen.* Anhand der Symptome kann man eine *Krankheit* erkennen, um dann die erforderliche Behandlung zur Beseitigung der Erkrankung einzuleiten.

Synapse
Kontaktstelle zur Erregungsübertragung zwischen Nervenzelle einerseits und Nerven-, Muskel- oder Drüsenzelle andererseits

Syndrom
Gruppe von mehreren Krankheitsanzeichen, die gleichzeitig auftreten können

Therapie
Heilbehandlung Kranker. Werden dazu physikalische Heilmethoden benutzt, spricht man von *Physiotherapie.* Andere Formen sind z. B. die Heilbehandlung mit Wasser, die *Hydrotherapie* oder die Behandlung mit Chemikalien, die *Chemotherapie*.

Toxin
Von Mikroorganismen, Pflanzen oder Tieren gebildeter Giftstoff mit spezifischer Wirksamkeit.

Transformation
Übertragung von DNA in eine beliebige lebende Zelle

Transkription
Umschreiben der Information der *DNA* in die m-RNA

Translation
Umschreiben der *RNA*-Information in eine Aminosäuresequenz

Transmitter
Überträgersubstanz, die an einer *Synapse* die Übertragung der Erregung von der prä- auf die postsynaptische Seite bewirkt

Transpiration
Regulierbare Wasserdampfabgabe durch die Spaltöffnungen der Samenpflanzen

Tumor (Geschwulst)
undifferenzierte Zellmasse, die sich durch die unkontrollierte Vermehrung einer Zelle im Gewebe bilden kann; gutartige Tumore wachsen nur langsam, bösartige Tumore *(Krebs)* können sich im Körper ausbreiten.

Variabilität
heißt, dass die Individuen einer Population ungleich sind; dies kann genetisch bedingt oder durch Umweltunterschiede hervorgerufen sein

vegetativ
ungeschlechtliche Vermehrungsform ohne sexuelle Fortpflanzung

Vermehrung
ist die Erzeugung von Nachkommen auf geschlechtlichem oder ungeschlechtlichem Wege. Sie dient der Erhaltung der Art und gehört zu den Kennzeichen des Lebens. Bei der *Vermehrung* übersteigt die Anzahl der Nachkommen die der Eltern.

Virus
Aus Eiweiß und Erbsubstanz bestehendes Partikel von sehr geringer Größe ($< 1\,\mu m$). Viren sind Krankheitserreger bei Pflanze, Tier und Mensch. Sie gehören nicht zu den Lebewesen, haben keinen eigenen Stoffwechsel und können sich nicht selbstständig vermehren.

Wachstum
ist bei Lebewesen die bleibende Stoff- und Volumenzunahme; sie ist häufig mit Entwicklung verbunden.

Wirt
Organismus, auf dem oder in dem sich ein *Parasit* angesiedelt hat, der sich von ihm ernährt und sich mit seiner Hilfe vermehrt. Der Parasit schädigt den Wirt.

Zellatmung
Bei der Zellatmung werden körpereigene Substanzen mithilfe des Sauerstoffs unter Energiefreisetzung vollständig zu Kohlenstoffdioxid und Wasser abgebaut.

Zelle
Die kleinste Bau- und Funktionseinheit (Grundbaustein) aller Lebewesen. Sie besitzt alle Kennzeichen des Lebens. Der Körper mancher Organismen besteht aus nur einer Zelle *(Einzeller)*, der anderer Lebewesen aus vielen Zellen *(Mehr- oder Vielzeller).*

zweihäusig
Pflanzen einer Art, die entweder nur Blüten mit Staubblättern (männliche Blüten) oder nur Blüten mit Fruchtblättern (weibliche Blüten) ausbilden.

Zweikeimblättrige
Klasse der Bedecktsamer mit zwei gegenständigen Keimblättern und netzadrigen Blättern.

zwittrig
Alle Lebewesen, bei denen sich weibliche und männliche Geschlechtsorgane im selben Organismus befinden. Zwittrig sind alle Blüten, die Staub- und Fruchtblätter enthalten, aber auch Tiere, wie z.B. der Bandwurm.

Bildnachweis

Fotos: 6.S Mauritius (Phototeque SDP), Mittenwald – 6.1 Okapia (Hapo), Frankfurt – 6.2 Okapia (Hans Reinhard), Frankfurt – 7.1 Okapia (Hans Reinhard), Frankfurt – 8.S Mauritius (Phototeque SDP), Mittenwald – 8.1 Okapia (Eberhard Morell), Frankfurt – 8.2 Okapia (Dr. Eckart Pott), Frankfurt – 9.1 Panther Media GmbH (Herbert Esser), München – 10.S Mauritius (Phototeque SDP), Mittenwald – 10.1 Reinhard-Tierfoto, Heiligkreuzsteinach – 11.2 Fotosearch RF (Photodisc/Andersen Ross), Waukesha, WI – 11.5 W. Wehrmeyer, Bonn – 12.S Mauritius (Phototeque SDP), Mittenwald – 12.1 Visum (Andreas Reeg), Hamburg – 12.2, 3 Reinhard-Tierfoto, Heiligkreuzsteinach – 12.4 Okapia (Hans Reinhard), Frankfurt – 12.5 Okapia (Rainer Förster), Frankfurt – 13.1 Photodisc – 14.S Mauritius (Phototeque SDP), Mittenwald – 14.1 Dietmar Gust, Berlin – 15.1a Reinhard-Tierfoto, Heiligkreuzsteinach – 15.1b Silvestris (Partsch), Dießen – 15.2a Klett-Archiv (Aribert Jung), Stuttgart – 15.2b Klett-Archiv (Aribert Jung), Stuttgart – 15.3a Okapia, Frankfurt – 15.3b Okapia (Wolfgang Steinmetz, Naturbild), Frankfurt – 15.4 Reinhard-Tierfoto, Heiligkreuzsteinach – 15.5 Okapia (Hans Reinhard), Frankfurt – 16.1a Silvestris (Gerd Wagner), Dießen – 16.1b Silvestris (Hans Heitmann), Dießen – 16.1c Silvestris (Siegfried Kerscher), Dießen – 16.1d Mauritius (Thonig), Mittenwald – 16.1e Okapia (A. u. H. F. Michler), Frankfurt – 16.2 Okapia (D. Delfino, BIOS), Frankfurt – 16.3 Corbis (zefa/Manfred Ruckszio), Düsseldorf – 16.4 Corbis (zefa/G.Grob), Düsseldorf – 16.5 Okapia (B. Marielle, BIOS), Frankfurt – 17.1Klett-Archiv (Nature + Science), Stuttgart – 17.2 Okapia (J. Frebel, BIOS), Frankfurt – 17.3 Okapia, Frankfurt – 18.1 Reinhard-Tierfoto, Heiligkreuzsteinach – 19.2 Okapia (Hans Reinhard), Frankfurt – 20.S Reinhard-Tierfoto, Heiligkreuzsteinach – 20.1 Dr. Helmut Länge, Stuttgart – 21.1a Klett-Archiv (Nature + Science), Stuttgart – 21.1b Silvestris, Dießen – 21.1c G. Bauer – 21.1d Reinhard-Tierfoto, Heiligkreuzsteinach – 21.2a/b Klett-Archiv (Nature + Science), Stuttgart – 21.2c Silvestris (Siegfried Kerscher), Dießen – 21.2d Silvestris (Erich Kuch), Dießen – 22.1, 5 Dr. Eckart Pott, Stuttgart – 22.2 Okapia (Hans Reinhard), Frankfurt – 22.3 Okapia (Hans Reinhard), Frankfurt – 22.4 Reinhard-Tierfoto, Heiligkreuzsteinach – 25.S Angermayer (Hans Pfletschinger), Holzkirchen – 25.1 Naturfotografie Frank Hecker (Sauer), Panten-Hammer – 25.2 Manfred Ruppel, Frankfurt/M. – 25.3 Silvestris (Günter Roland), Dießen – 25.4 Angermayer, Holzkirchen – 25.5 Okapia (Dr. Hermann Brehm), Frankfurt – 26.1a Dr. Eckart Pott, Stuttgart – 26.1b Reinhard-Tierfoto, Heiligkreuzsteinach – 26.1c Silvestris (Brockhaus), Dießen – 26.1d Silvestris (Partsch), Dießen – 27.S Angermayer (Hans Pfletschinger), Holzkirchen – 27.1, 2 Tilman Wischuf, Tilman, Cleebronn – 27.3 Okapia (Erich Geduldig), Frankfurt – 27.4 Naturfotografie Frank Hecker (Sauer), Panten-Hammer – 28.S, 2, 4, 6 Reinhard-Tierfoto, Heiligkreuzsteinach – 28.1 Dr. Eckart Pott, Stuttgart – 28.3 Silvestris (Kuch), Dießen – 28.5 Silvestris (Walz), Dießen – 29.1 Silvestris (Kuch), Dießen – 29.2 Silvestris (Rodich), Dießen – 29.3 Klett-Archiv (Aribert Jung), Stuttgart – 29.4 Bildarchiv Sammer, Neuenkirchen – 29.5 Dr. Eckart Pott, Stuttgart – 29.6 Silvestris (Partsch), Dießen – 29.7 Silvestris (Willner), Dießen – 29.8 Reinhard-Tierfoto, Heiligkreuzsteinach – 30.1 Angermayer (Ernst Elfner), Holzkirchen – 31.1 Silvestris (Stephen Dalton), Dießen – 32.1a Claus Kaiser, Rantum/Sylt – 34.1a/b Ralph Grimmel, Stuttgart – 34.3a/b Klett-Archiv (Aribert Jung), Stuttgart – 35.S Reinhard-Tierfoto, Heiligkreuzsteinach – 36.2, 4 Johannes Lieder, Ludwigsburg – 37.2 FWU, Grünwald – 38.1a Klett-Archiv (Aribert Jung), Stuttgart – 38.1b Rainer Bergfeld, Freiburg – 40.S Reinhard-Tierfoto, Heiligkreuzsteinach – 43.S Okapia (TH Foto, Tschanz-Hofmann), Frankfurt – 44.1 Bernhard Teichfischer, Meißen – 44.2 Klett-Arch v (Aribert Jung), Stuttgart – 45.1 Okapia (Martin Mildenberger), Frankfurt – 46.1 Greiner & Meyer (Meyer), Braunschweig – 46.2 Klett-Archiv, Stuttgart – 46.K Okapia (Karl Gottfried Vock), Frankfurt – 48.1 Reinhard-Tierfoto, Heiligkreuzsteinach – 48.2 Okapia (K. G. Vock), Frankfurt – 49.1a Greiner & Meyer (Meyer), Braunschweig – 49.1b Dr. Helmut Länge, Stuttgart – 49.2 Greiner & Meyer (Schrempp), Braunschweig – 50.1a Hans Oberhollenzer, Tübingen – 50.1b Prof. Dr. Ingrid Kottke, Tübingen – 51.1 Okapia (Hans Reinhard), Frankfurt – 52.1 Okapia (Jürgen Vogt), Frankfurt – 53.1 Dr. Eckart Pott, Stuttgart – 54.1a/b Prof. Dr. Manfred Keil, Neckargemünd – 54.1c/d Prof. Dr. Hans-Dieter Frey, Tübingen – 55.1 Silvestris (S. Kerscher), Dießen – 55.2, 4 Silvestris (Hans Heitmann), Dießen – 55.3 Silvestris (Colordia Rauch), Dießen – 55 5 Okapia (G. Büttner, Naturbild), Frankfurt – 55.6 Claus Kaiser, Rantum/Sylt – 56.Rd. W. Wehrmeyer, Bonn – 57.1a Okapia (Hapo H. P. Oetelshofen), Frankfurt – 57.1b Silvestris (TH Foto-Werbung), Dießen – 57.1c Silvestris (TH Foto-Werbung), Dießen – 57.1d Okapia (G. Büttner, Naturbild), Frankfurt – 57.1e Thomas Raubenheimer, Thomas, Stuttgart – 57.1f Silvestris (Heppner), Dießen – 57.1g Silvestris (TH Foto-Werbung), Dießen – 57.1h Okapia (Hans Reinhard), Frankfurt – 60.S Okapia (Colin Milkins), Frankfurt – 60.2 Okapia (Colin Milkins), Frankfurt – 62.S Klett-Archiv (Aribert Jung), Stuttgart – 62.1 Bruce Coleman Collection (Kim Taylor), Chalfont St Peter Bucks – 62.2 Okapia (Hapo H. P. Oetelshofen), Frankfurt – 62.3 Dr. Eckart Pott, Stuttgart – 62.4 Okapia (David Fleetham, OSF), Frankfurt – 63.1, 6 Reinhard-Tierfoto, Heiligkreuzsteinach – 63.2 laif (Jacana/Lieutier), Köln – 63.3 Arco Images GmbH (Bahr, C.M.), Lünen – 63.4 Bruce Coleman Collection (Kim Taylor), Chalfont St Peter Bucks – 63.5 Klett-Archiv (Aribert Jung), Stuttgart – 65.1 Mauritius (Thonig), Mittenwald – 68 1 Corbis (Chuck Keeler), Düsseldorf – 68.2, 4 Okapia (G. I. Bernard/ OSF), Frankfurt – 68.3, 69.1 Prof. Jürgen Wirth, Dreieich – 70.2 Albert Bonniers Förlag AB (Lennart Nilsson), Stockholm – 71.1 Johannes Lieder, Ludwigsburg – 71.2 aus REM-Atlas „Zellen und Gewebe", Gustav Fischer Verlag – 73.1 Mauritius (Hackenberg), Mittenwald – 73.2 Mauritius (Frauke), Mittenwald – 73.Rd. Picture-Alliance (dpa-Bildarchiv), Frankfurt – 75.2 M. Montkowski – 77.S Okapia (G. I. Bernard/OSF), Frankfurt – 77.3, 5 Klett-Archiv (Jens Sladek), Stuttgart – 78.1 Christa Winkler, Stuttgart – 80.3a, 81.K Johannes Lieder, Ludwigsburg – 82.S Prof. Jürgen Wirth, Dreieich – 82.1 Erhard Müller, Leipzig – 82.2 Das Fotoarchiv (Rupert Oberhäuser), Essen – 83.S Okapia (G. I. Bernard/OSF), Frankfurt – 84.S Wildlife (R.Nagel), Hamburg – 84.1, 2 Klett-Archiv (H. Fahrenhorst), Stuttgart – 84.3 Rainer Wohlfahrt, Bochum – 85.3a Mauritius (Habel), Mittenwald – 85.3b Okapia (Jeffrey Telner), Frankfurt – 86.1 Imago Stock & People (Emil Umdorf), Berlin – 86.Rd.1 Avenue Images GmbH (IT Stock Free), Hamburg – 86.Rd.2 Avenue Images GmbH (Pixtal), Hamburg – 86.Rd. 3 Mauritius (Foodpix/Jupiterimages), Mittenwald – 87.Rd.1 Okapia (Manfred Ruckszio), Frankfurt – 87.Rd.2 Avenue Images GmbH (BrandXPictures), Hamburg – 87.Rd.3 Avenue Images GmbH (Stockdisc), Hamburg – 88.S, 4 Angermayer (Hans Pfletschinger), Holzkirchen – 88.1 blickwinkel (K. Wothe), Witten – 88.2 Okapia (Alan Root), Frankfurt – 88.3 Okapia (John Cancalosi), Frankfurt – 88.5 Klett-Archiv (Nature + Science), Stuttgart – 88.6 Okapia (Herbert Kehrer), Frankfurt – 89.1 IFA (BCI), Ottobrunn – 89.3 Mauritius (Rauschenbach), Mittenwald – 89.4 Wildlife (N.Wu), Hamburg – 89.5 Corbis (Jeffrey L. Rotman), Düsseldorf – 94.1 Okapia (S. Camazine, NAS), Frankfurt – 95.K Volker Steger, (M. Raichle, St. Louis), Stuttgart – 99.S Okapia (S. Camazine, NAS), Frankfurt – 99.1 Okapia (NAS/Tim Davies), Frankfurt – 99.2 Dieter Baumann, Ludwigsburg – 102.Rd. Okapia (Manfred P. Kage), Frankfurt — 103.K Mauritius (C. Bayer), Mittenwald — 104.1a Okapia (E. Reschke, P. Arnold), Frankfurt — 108.1a AKG, Berlin — 109.Rd. Okapia (D. Scharf, P. Arnold Inc.), Frankfurt — 110.S Okapia (Photri Inc.), Frankfurt — 111.1 Fa. E. Merck, Darmstadt — 111.Rd. Deutsches Museum, München — 113.1a Manfred P. und Christina Kage, Lauterstein — 116.Rd. Medina, Hamburg — 120.S, 2 FOCUS (Science Photo Library), Hamburg — 120.1 Okapia (Institut Pasteur CNRI), Frankfurt — 120.3 FOCUS (CNRI, Science Photo Library), Hamburg — 120.4 Okapia (J. L. Carson, CMSP), Frankfurt — 121.1 FOCUS (EOS), Hamburg — 121.3 FOCUS (Science Photo Library, G. Murti), Hamburg — 121.4 Okapia (L. Georgia, PR Science Source), Frankfurt — 121.5 Okapia (Hans Reinhard), Frankfurt — 122.1 FOCUS (EOS, Oliver Meckes), Hamburg — 123.1 Okapia (V. Steger, P. Arnold Inc.), Frankfurt — 123.2 FOCUS (Oliver Meckes), Hamburg — 124.S Okapia (Hans Reinhard), Frankfurt — 124.1 Naturfotografie Frank Hecker (Frieder Sauer), Panten-Hammer — 124.2 AKG, Berlin — 125.1 Mauritius (Torino), Mittenwald — 125.2 BPK, Berlin — 125.3 FOCUS (EOS), Hamburg — 127.1 Manfred Ruppel, Frankfurt/M. — 127.K Okapia (Manfred P. Kage), Frankfurt — 128.S MEV, Augsburg — 128.1 Das Fotoarchiv (Klaus Rose), Essen — 128.2 Stockphoto (audaxl), Calgary, Alberta — 128.3 ECARF, Berlin — 128.4 Okapia (Z.Oelbaum), Frankfurt — 129.K Okapia (Ulrich Zillmann), Frankfurt — 130.1 MEV, Augsburg — 130.2 Argum (Thomas Einberger), München — 131.K Klett-Archiv, Stuttgart — 132.1 Okapia (Oxford Scientific Films, J. A. L. Cooke), Frankfurt — 133.S MEV, Augsburg — 133.1 Okapia (Ingo Gerlach), Frankfurt — 133.2 Bilderberg (Nomi Baumgartl), Hamburg — 133.3 Okapia (Ulla Spiegel), Frankfurt — 134.1 Cinetext (Bambi, USA 1942), Frankfurt/M. — 134.2 Corbis (zefa/Tim Garcha), Düsseldorf — 134. Rd. Klett-Archiv, Stuttgart — 135.1 Raimund Cramm, Langenhagen — 135.2 Visum (Chris Stowers, Panos Pictures), Hamburg — 135.3 Picture-Alliance (dpa/Sammer), Frankfurt — 136.1 Corbis (zefa/Sven Hagolani), Düsseldorf — 136.2 I. Eibl-Eibesfeldt, Liebe und Hass, Piper-Verlag 1970, Zeichnungen nach Aufnahmen aus Filmen des Autors — 136.Rd.1-Rd.3 Avenue Images GmbH (StockDisc), Hamburg — 136.Rd.4 Stockphoto (RF/Duncan Walker), Calgary, Alberta — 136.Rd.5 Das Fotoarchiv (Yavuz Arslan), Essen — 137.2 Foto Oster, Mettmann — 140.S Avenue Images GmbH (Digital Vision), Hamburg — 140.3 Creativ Collection Verlag GmbH, Freiburg — 142.1 Mauritius (Fiona Fergusson), Mittenwald — 142.2 Photothek.net Gbr. (Thomas Imo), Radevormwald — 142.3 Christoph Papsch, Bonn — 144.1, K1, K2 Prof. Dr. Jürgen Lethmate, Ibbenbüren — 145.S Okapia (NAS, Tim Davies), Frankfurt — 145.1 Prof. Dr. Jürgen Lethmate, Ibbenbüren — 145.6 FWU, Grünwald — 146.S FOCUS (Paul Fusco, Magnum), Hamburg — 146.1 FOCUS (Paul Fusco, Magnum), Hamburg — 146.2 Prof. Dr. Jürgen Lethmate, Ibbenbüren — 147.1 FOCUS (Sam Ogden, Science Photo Library), Hamburg — 149.1 Picture-Alliance (Oliver Berg), Frankfurt — 150.1 Mauritius (Gutekunst), Mittenwald — 151.1 Picture-Alliance (dpa, Stephan Jansen), Frankfurt — 152.1 Picture-Alliance (dpa/ Nordfoto, Asger Carlsen), Frankfurt — 152.2 aus „Grzimeks Tierleben“ Bd. 11 (Säugetiere 2), S. 76/77 (Abb. 19, 13, 32, 10) — 153.1 Corbis (Michael Keller), Düsseldorf — 155.2, 156.1, 3 Albert Bonniers Förlag AB (Lennart Nilsson), Stockholm — 156.2 FOCUS (Pascal Goetgeluck), Hamburg — 156.4 FOCUS (SPL), Hamburg — 157.1, 3, 4 Albert Bonniers Förlag AB (Lennart Nilsson), Stockholm — 157.2 FOCUS (Science Pictures, Science Photo Library), Hamburg — 158.1 Getty Images (Stone/ UHB Trust), München — 158.2 FOCUS (Matt Meadows, Science Photo Library), Hamburg — 159.2 Mauritius (Mahrholz), Mittenwald — 160.S Corbis (Tom and Dee Ann McCarthy), Düsseldorf — 162.1 Silvestris (Wilmshurst), Dießen — 162.2 Deutsches Museum, München — 162.3 Silvestris (Daniel Bühler), Dießen — 162.4 Silvestris (U. Lochstampfer), Dießen — 163.1 Silvestris (Werner Layer), Dießen — 163.2 Silvestris (Usher), Dießen — 163.3 Okapia (Biophoto, NAS), Frankfurt — 163.4 aus „Koolman/Röhm, Taschenatlas Biochemie“, Thieme Verlag — 164.2 Okapia (Biophoto, NAS), Frankfurt — 166.2a/b Johannes Lieder, Ludwigsburg — 175.S Hoechst AG, Frankfurt — 178.S Hoechst AG, Frankfurt/M. — 178.2 Das Fotoarchiv (Emmevi), Essen — 179.S Creativ Collection Verlag GmbH, Freiburg — 180.K FOCUS (SPL), Hamburg — 180.Rd. Deutsches Museum, München — 185.1 Prof. Jürgen Wirth, Dreieich — 186.1 Helga Lade (BAV), Frankfurt — 186.2a Thomas Raubenheimer, Stuttgart — 186.2b Mauritius (Arthur), Mittenwald — 186.3 Mauritius (AGE), Mittenwald — 187.1a Peter Anselment, Stuttgart — 187.1b Thomas Raubenheimer, Stuttgart — 187.2a Silvestris (Heiner Heine), Dießen — 190.1a FWU, Grünwald — 192.S Okapia (Biophoto, NAS), Frankfurt — 192.1 AKG, Berlin — 193.1 Picture-Alliance (dpa), Frankfurt — 194.1 Marlies Grieb-Bubbel, Düsseldorf — 196.1a AKG, Berlin — 197.1 Helga Lade (NDS), Frankfurt — 197.2 Sujeedsan Thungaraja, Ludwigsburg — 198. K Okapia (Jan Zimmermann), Frankfurt — 200.1 Okapia (Manfred Danegger), Frankfurt — 200.2 Okapia (Hans Reinhard), Frankfurt — 201.S Picture-Alliance (dpa, Bildverkauf-stg), Frankfurt — 202.Rd. Bayer AG, Leverkusen — 203.S, 1 Hoechst AG, Frankfurt — 203.2 Helga Lade (H. R. Bramaz), Frankfurt — 204.1 Greiner & Meyer (Greiner), Braunschweig — 204.2, 205.1 Monsanto, St. Louis, USA (aus: „M. Regenass-Klotz, Grundzüge der Gentechnik“, Birkhäuser-Verlag, S. 118 (Abb. 39a) — 205.2 Agrar-Press, St. Goar — 206.1 AKG, Berlin — 206.2 Prof. Jürgen Wirth, Dreieich — 206.3 aus: Museumsführer Senckenberg, Verlag W. Kramer, Frankfurt — 207.1 aus: Geo-Wissen: Die Evolution des Menschen 9/98 — 208.1 Staatliches Museum für Naturkunde, Stuttgart — 209.1 Dr. Eckart Pott, Stuttgart — 209.Rd. Okapia (KHS), Frankfurt — 212.1 Okapia (Jeff Foott), Frankfurt — 212.2 Okapia (F. Gohier), Frankfurt — 216.1 Okapia (Alan Root), Frankfurt — 217.1 Karen Carr, Silver City — 218.1 Angermayer (Hans Reinhard), Holzkirchen — 218.2 Wildlife (B. Stein), Hamburg — 218.3 Wildlife (Pete Oxford), Hamburg — 218.4 Wildlife (M. Harvey), Hamburg — 218.5 Okapia (NAS, Tim Davis), Frankfurt — 221.2 Okapia (NAS, Tim Davis), Frankfurt — 222.Rd.1 FOCUS (John Reader, SPL, Photo Researchers), Hamburg — 223.1-4, 7 David L. Brill (National Museums of Kenya, Nairobi), Fairburn — 223.5 Staatliches Museum für Naturkunde, Stuttgart — 223.6 FOCUS (John Reader, Science Photo Library), Hamburg — 226.Rd.1 Corbis (Dave Bartruff), Düsseldorf — 226.Rd.2 Corbis (Frans Lanting), Düsseldorf — 226.Rd.3, Rd.5 Corel Corporation, Unterschleißheim — 226.Rd.4 Silvestris (Hans-Dieter Brandl, GDT-Tierfoto), Dießen — 226.Rd.6 Corbis (Galen Rowell), Düsseldorf — 226.Rd.7 MEV, Augsburg — 226. Rd.8 Mauritius (Fritz), Mittenwald — 227.1-7 Bilderberg (Ernsting), Hamburg — 228.S Mauritius (fm), Mittenwald — 228.1 AKG, Berlin — 228.2 aus Geo-Wissen 26/2000 — 228.3 Prof. Jürgen Wirth, Dreieich — 228.4 Okapia (Francois Gohier), Frankfurt — 228.5 Mauritius Habel), Mittenwald — 228.6 Mauritius (S. & M. Herzog), Mittenwald — 228.7 Mauritius (J. Beck), Mittenwald —229.1 Mauritius (fm), Mittenwald — 229.2 Mauritius (Macia), Mittenwald — 229.3 AKG, Berlin — 229.4 Prof. Jürgen Wirth, Dreieich — 229.5 Okapia (M. P. Gadomski, NAS), Frankfurt — 229.6 Corbis (Lester Lefkowitz), Düsseldorf — 229.7 Corbis (RM), Düsseldorf — 233.1, 2 Angermayer (Rudolf Schmidt), Holzkirchen — 236.1 Corel Corporation, Unterschleissheim — 236.2 Dr. Eckart Pott, Stuttgart — 236.3 Reinhard-Tierfoto, Heiligkreuzsteinach — 236.4 Okapia (Dr. Frieder Sauer), Frankfurt — 236.Rd. Roland Frank, Stuttgart — 237.Rd. Konrad Wothe, Penzberg — 238.1 Getty Images (National Geographic/ Timothy Laman), München — 238.2 Wildlife (G. Lacz), Hamburg — 239.S Corel Corporation, Unterschleissheim — 240.1 Food Centrale (Seiffe), Hamburg — 241.1 Naturfotografie Frank Hecker (Dr. F. Sauer), Panten-Hammer — 241.2 Angermayer (H.

Pfletschinger), Holzkirchen — 241.3 Helga Lade (Benier), Frankfurt — 241.4 Greenfleet Australia, Koonwarra Victoria — 241.5 Okapia (A. u. H. F. Michler), Frankfurt — 242.1 Klett-Archiv (Aribert Jung), Stuttgart — 242.2 Hermann Eisenbeiss, Bad Kohlgrub — 242.3 Prof. Dr. Wilhelm Barthlott, Bonn — 242.4 Klett-Archiv (Nature + Science, Mangler), Stuttgart — 243.1a/b Okapia (Ulla Spiegel), Frankfurt — 243.2, 3 Klett-Archiv (Nature + Science AG/ Mangler), Stuttgart — 243.4 FOCUS (EOS/Meckes), Hamburg — 244.1 American Philosophical Society, Philadelphia — 245.1 Okapia (Michael Leach, OSF), Frankfurt — 245.2 Okapia (Joe McDonald), Frankfurt — 245.3 Corbis (Kit Houghton), Düsseldorf — 245.4 Zefa (Picture Book), Düsseldorf — 245.5 Okapia (Klein u. Hubert, BIOS), Frankfurt — 246.1 Hermann Bredehorst, Berlin — 247.1 Okapia (Bill Longcore/ Science Source), Frankfurt — 247.2 Okapia (Jeffrey Telner), Frankfurt — 247.3 Okapia (Dr.Gary Gaugler), Frankfurt — 247.4 Peter Arnold, Berlin — 248.1 Simon C. Watkins and Russell D. Salter, University of Pittsburgh School of Medicine — 249.1 Okapia (Jürgen Vogt), Frankfurt — 249.2 Prof. Dr. Ingrid Kottke, Tübingen — 250.1 Albert Bonniers Förlag AB (Lennart Nilsson), Stockholm — 250.2a-d Okapia (G. I. Bernard, OSF), Frankfurt — 250.3 Manfred Pforr, Langenpreising — 252.1 Reinhard-Tierfoto, Heiligkreuzsteinach — 252.2 Silvestris (Hans-Dieter Brandl, GDT-Tierfoto) Dießen — 252.3 Corbis (Dave Bartruff), Düsseldorf — 252.4 Corbis (Patrick Ward), Düsseldorf — 252.5 Armin Opherden, Monheim am Rhein — 253.1 Okapia (Robert A. Tyrell/ OSF), Frankfurt — 253.2 Dietmar Nill, Berlin — 253.3, 4 Corel Corporation, Unterschleissheim — 253.5 Corbis (Frans Lanting), Düsseldorf — 254.1 Panther Media GmbH (Markus Thiele), München — 254.2 Avenue Images GmbH (Brand X Pictures), Hamburg — 254.3 Bildagentur-online (J.Milchanowsi), Burgkunstadt — 255.1 IPN (Chuck Pefley), Berlin

Grafiken: Prof. Jürgen Wirth, Visuelle Kommunikation, Dreieich unter Mitarbeit von Eveline Junqueira, Matthias Balonier und Nora Wirth

Nicht in allen Fällen war es uns möglich, den Rechteinhaber der Abbildungen ausfindig zu machen. Berechtigte Ansprüche werden selbstverständlich im Rahmen der üblichen Vereinbarungen abgegolten.